생명의 기원부터 동물의 발생을 지나 그 죽음에 이르기까지, 산소라는 하나의 기체가 차지하는 역할에 대해 놀랍도록 폭넓은 통찰을 보여준다. 이 책은 [...]에 대한 흥미로운 이야기로 가득하다. ─ 피터 앳킨스

삶과 죽음에서 산소가 행하는 이중 역할에 관한 놀라운 저서. 닉 레인은 그 어떤 창조신화와 비교해도 좋을 만큼 흥미진진한 과학판 영웅전설을 특유의 열정으로 독자에게 들려준다. ─『타임스 하이어 서플리먼트』

산소의 역사에 대해 이 정도로 잘 다룬 책은 지금까지 없었다. ─『포커스 매거진』

지금까지 읽은 것 중에서 생각할 거리를 많이 던져주는 책으로 손꼽을 수 있다. ─ 존 엠슬리(『화학의 변명』지은이)

지은이 닉 레인은 풍부한 학식과 역사에 관한 넓은 시야로, 진화의 흐름을 결정하는 산소의 역할에 대해 생생하게 묘사하고 있다. 광범위하면서도 밀도 있는 주장이 돋보이는 섬세하고 야심적인 저술이다. ─『타임스 리터러리 서플리먼트』

서로 전혀 다른 과학 분야들을 훌륭하게 통합한 책. 지구상 생명의 기원을 인간의 질병과 노화, 그리고 죽음과 연결해 풀어냈으며, 책 말미에는 항산화제와 식이요법에 대해 우리가 알아야만 하는 많은 것들을 알려주고 있다. ─『선데이 타임스』

노화에서 자유라디칼이 차지하는 역할에 대해 면밀하게 분석한 책. 최신 논문을 포함해 다방면에 걸친 참고문헌으로 뒷받침되는 흥미로운 정보가 가득하다. 뚜렷한 메시지와 더불어 상세한 정보와 재미를 함께 선사하는 역작이다. ─『아메리칸 사이언티스트』

독자들에게 새로운 사실을 보여주는 의욕적인 연구 저서. ─『인디펜던트』

산소

OXYGEN
The Molecule that made the World

산소

세상을 만든 분자

닉 레인 지음 | 양은주 옮김

뿌리와
이파리

아나에게

차례

한국어판 서문

정치계에서 일주일이 긴 시간이라면, 과학계에서 15년이란 영겁의 세월이다. 『산소』는 2002년에 처음 출간되었고 내 첫 저서였다. 이전부터 10년이 넘도록 산소가 어떻게 인간의 건강에 영향을 미치는지에 대해 연구하고 있었지만, 이 책 전반부에서 다룬 내용은 많은 부분에서 내게 오싹하도록 새로웠다. 산소가 맨 처음에 어디에서 왔는지, 어떻게 대기에 축적되었는지, 그리고 생명의 진화에는 어떻게 영향을 미쳤는지, 이 모든 것들을 연구하면서 나는 과학과 또다시 사랑에 빠졌다. 우리가 호흡하는 바로 그 공기라고 하는 빈약한 물질이 30억 년 전에 어떻게 조성되어 있었고, 또한 오랜 시간에 걸쳐 어떻게 변했는지에 대한 여러 발상을 짜맞추는 데에는 얼마나 숨 막히도록 놀라운 창의성이 필요한가. 이러한 것들은 대부분 당시 내게 계시처럼 다가왔고, 이제 독자 여러분에게도 그렇게 다가가기를 바란다. 내게 있어서, 그러한 새로운 시각은 책 전체에 걸쳐 긴장을 불러일으켰다. 진화적 관점에서, 산소는 명백히 좋은 것이다. 화석기록에서 그것이 유독한 가스이며 노화와 질병에 일부 책임이 있다는 것을 보여주는 흔적은 없다. 의학과 생물학이 서로 충돌하고 있는 듯하고, 이렇게 양분된 상황은 끝없는 매력의 원천이다.

　나는 이 책을 낸 이후로 줄곧 에너지가 어떻게 진화에 영향을 미쳤는지에 대해 연구해왔다. 당시 썼던 몇몇 내용에 대해 내가 생각을 바꿨다는 사실을 알더라도 여러분은 크게 놀라지 않을 것이다. 한편으로는 그간 빠른 속도로 축적되어온 새로운 증거에 대응하기 위해서이기도 하고, 다른 한편으로는 내가 그러한 몇몇 증거를 해석하는 방법에 대해 마음을 바꿨기 때문이기도 하다. 나는 젊은 시절의 나 자신과 의견을 달리한다. 그러나 당시의 내가 옳았을까, 아니면 지금 내 생각이 옳을까? 솔직히 잘 모르겠다. 문제는, 똑같은 사실을 해석하는 방법은 거의 늘 한 가지 이상 존재하며, 우리의 판단은 전후 사정에 따라 달라진다는 점이다. 예를 들어 지금의 나는 LUCA라는 귀여운 이름으로 알려진, 모든 생물의 마지막 공통조상 세포가 어떤 종류였을지에 대해 당시와 다른 견해를 갖고 있다. 이 책에서는 LUCA가 산소를 처리할 수 있었으리라고 주장했지만, (이제 와서 생각할 때) 세균이 모든 종류의 다른 세포들한테서 유용한 유전자를 뽑아내는 경향이 있다는 사실을 전제로 하자면, 그 주장에는 의심의 여지가 생기며 고대 유전자 계통수를 재구성하는 시도들도 무의미해진다. 그러나 내가 때로는 젊은 시절의 나 자신과 의견을 달리하더라도, 일부 동료 학자들은 지금의 내 의견에 반대하고 예전의 내가 진실에 더 가까웠다고 생각한다. 그들이 옳을 수도 있다. 내가 실제로 썼던 것을 돌아보면, 관련된 이론들이 참으로 훌륭하다는 점을 설명하려는 열정으로 내 주장의 문제점들과 다른 가능한 해석에 대해 간단히나마 언급했다는 사실을 알 수 있어 만족한다.

또한 나는 과학의 순환성에 줄곧 반해 있다. 때때로 우리는 앞으로 나아가다가도 의심스러운 '사실'을 번복하며, 그 결과로 15년이 지난 후에는 어느덧 출발했던 지점으로 되돌아가 있는 것이다.

이 책에서 논의하는 이야기들 가운데 한 가지 예를 들어보도록 하겠다. 바로 광합성의 기원인데, 말하자면 세균이 최초로 태양에너지를 이용하여 공기 중의 이산화탄소를 유기분자로 변환한 방법이다. 화석기록 내에서 최초의 광합성 징후는 애매하다. 세균일 수도 있고 아닐 수도 있는, 현미경으로 볼 수 있는 크기의 미화석들이라든지, 살아 있는 세포에서 나온 것처럼 보이는, 고대 암석 안에 붙잡힌 흑연 가루들이라든지, 스트로마톨라이트로 알려져 있는, 세균에 의해 형성된 돔 모양 바위들이 그렇다. 『산소』가 출간된 바로 그해에, 이러한 증거들 대부분이 가상에 지나지 않는다고 일축되었다. 만일 내가 몇 년 후에 이 책을 수정했더라면, 나 자신의 해석에 대해 가혹한 평을 했을 것이다. 그러나 10년이 넘게 흐른 지금, 우리는 다시 원점으로 돌아왔다. 전후 사정이 여럿 있고 미묘한 차이도 많지만, 광합성의 최초 형태는 35억 년 전에 확실히 발생했으며, 공기 중에 산소를 배출하는 더 복잡하고 정교한 현대적 형태의 광합성은 30억 년 전에서 25억 년 전쯤에 진화했다는 점을 시사하는 폭넓은 범위의 증거가 제시되어 있다. 공교롭게도 이는 내가 이 책에 썼던 내용에 가깝다. 하지만 필시 정반대일 수도 있을 것이다. 『은하수를 여행하는 히치하이커를 위한 안내서』의 항목이 떠오른다. 거기서 지구는 '무해함'으로 묘사되는데, 성난 항의와 추가적인 '조사' 후, 지구에 대한 항목은 '대체로 무해함'으로 갱신된다. 만일 내가 쓴 내용을 바꾸도록 압박을 받았다면, 나 역시 똑같이 했을 것이다.

우리 행성이 적도 해수면까지 얼어붙었던 시기인 눈덩이 지구라든지 동물이 최초로 화석기록에 갑자기 터져 나온 시기인 캄브리아기 대폭발에 대해 내가 썼던 내용에서 많은 부분이 현재 진행 중인 토론의 주제가 되어왔다. 심지어 우리는 아직도 해답을 정확히는 모른다. 다시 한번 이야기하자면, 당시에 내가 썼던 내용이 명백하게 틀린 것은 아니며 나는 그것을 바꾸지 않을 것이다. 그러나 가끔씩 새로운 연구는 훌륭한 방법으로 근본적인 메커니즘을 매우 뚜렷하게 만든다.

갑자기 떠오르는 예가 하나 있다. 바로 3억 년 전쯤인 석탄기 동안의 높은 대기 중 산소 농도인데, 그 덕분에 잠자리가 날개폭이 1미터 가까이 되도록 거대하게 자랄 수 있었다. 산소 농도가 높은 공기에서 잠자리를 몇 세대에 걸쳐 사육하여 연구한 결과, 이 잠자리들은 정말로 커졌지만, 그렇게 된 까닭은 놀랍게도 바로 물리적 힘이었다. 혈액과 순환계를 가진 포유류와는 달리, 곤충은 기관氣管이라고 하는 속이 빈 관을 통해 호흡한다. 곤충의 기관은 가지를 뻗으며 점점 가늘어지다가 끝이 막히게 되는데, 그 속은 공기로 차 있다. 산소는 이 기관을 통과해 세포로 바로 운반된다. 산소의 운반속도는 이러한 기관의 지름에 따라 달라지기도 한다. 즉 관이 굵을수록 더 많은 산소가 운반되는 것이다. 관이 굵을수록 당연히 몸에는 결합조직이 채워질 자리가 줄어드는데, 바로 이 결합조직이 물리적 힘을 제공한다. 여기서 문제가 생긴다. 곤충이 커질수록 기관도 더 굵어져야 하는데, 그래야 관 안쪽 맨 끝에 있는 최종 소비자에게 산소를 충분히 공급한다. 하지만 곤충이 커질수록 결합조직도 물리적으로 더 강해져야 한다. 더 많은 무게를 견뎌야 하기 때문이다. 휑한 구멍투성이가 되어서는 안 된다는 얘기다. 따라서 곤충의 최대 크기는 물리적 힘과 산소 운반 사이의 균형에 좌우된다. 산소 농도가 올라가면 기관은 더 가늘어지더라도 충분한 산소를 운반할 수 있다. 따라서 결합조직이 채워질 공간이 더 많아지고, 물리적 힘이 더 커지면서도 몸집이 같이 커질 수 있다. 결정적으로(왜냐하면 바로 이것이 과학의 미이기 때문에) 여러 실험들을 통해 산소 농도가 높은 공기에서 배양된 잠자리들은 확실히 기관이 더 가늘고 따라서 물리적 힘도 더 강하다는 사실을 알 수 있다.

『산소』의 후반부는 대부분 노화와 질병에서 산소 독성의 역할에 대한 것이다. 그간 다른 사람들의 지지 없이 꽤나 급진적인 주장을 몇 가지 해왔는데, 이제 최근의 연구에 의해 정당성을 입증받은 듯하다. 항산화제를 다량으로 복용하더라도 건강에는 이롭지 않으며(영양결핍이 있는 경우가 아니라면), 오히려 해로울 수도 있다는 사실이 지난 20년간 점점 더 분명해졌다. 이와는 정반대로 가벼운 스트레스를 일으키는 처방이나 식이요법은 실제로 이로울 수 있는데, 적어도 동물의 경우엔 건강한 상태로 수명을 연장시킨다. 일부 과학자들의 주장에 따르면, 항산화제가 이롭지 못하다는 점은 노화의 '자유라디칼' 이론(산소의 독성이 결국 우리를 죽인다는 발상)이 틀렸음을 입증한다. 하지만 나는 이런 주장이 사실이 아니라고 생각한다. 나는 『산소』에서 새로운 가설을 제안했고, 그 가설에 이중인자 이론이라는 이름을 붙였다. 즉 자유라디칼은 우리가 감염에 대응할 수 있도록 해주는 필수 신호인데, 시간이 흐르면서 노화를 일으킨다. 노화와 질병은 우리가 어린 시절의 건강을 위해 지불하는 대가다. 그리고 항산화제가 작용하지 않는 것은 만일 효과를 발휘하게 되면 우리의 건강을 해치기 때문이다. 이러한 발상들은 지금도 통용될 뿐 아니라 『산소』가 출간된 이래 계속해서 지지를 얻어오고 있다. 최근의 훌륭한 연구를 하나 보면, 명백히 불특정한 자유라디칼 신호가 훨씬 더 특정한 어떤 표적으로 전환될 수 있다는 사실을 알 수 있다. 단지 몇 안 되는 단백질만이 과산화수소라고 하는, 산소의 가장 흔한, 반응성 높은 형태의 분자에 의해 산화된다. 이러한 단백질들은(페록시레독신) 산화되었을 때 활성화하며, 다른 특정한 단백질을 목표로 삼아 그것들을 활성화한다. 따라서 일련의 반응이 단계적으로 일어난다. 일반적인 형태의 손상(베인 상처 같은)이 일어났을 때 혈액이 응고되면서 일어나는 단계적인 반응이 대규모의 특정한 반응을 만들어내는 것과 마찬가지다. 산화성 스트레스에 대한 반응으로 이와 비슷한 일이 일어나며, 앞으로 다가올 10년에 걸쳐 우리는 그 세세한 실마리를 풀게 될 것이다.

지금까지 모든 이야기는 사실 지난 15년간을 매우 잘 버텨준 『산소』가 자랑스럽다는 말을 하기 위함이다. 마땅히 시대에 뒤떨어져 있어야 함에도 그렇지가 않다. 세계에 대한 우리의 깊은 이해가 얼마나 천천히 바뀌는지를 입증하는 증거로서 여전히 유효하다. 맹렬하게 쏟아지는 새로운 데이터의 홍수에도 불구하고 말이다. 우리가 어떻게 생명과 우리 행성의 역사에 대해 무엇이 됐든 알 수 있는지, 초창기 세계를 재구성할 때 우리가 얼마나 조심해야만 하는지, 상충하는 데이터의 불협화음을 우리가 어떻게 이해할 수 있을지, 그리고 무엇보다도, O_2라는 저 단순한 분자가 어떻게 해서 우리가 오늘날 알고 사랑하는 세계를 존재할 수 있도록 하면서도 궁극적으로는 우리를 이 세계에서 떠나게 하는지에 대해, 이 책이 독자 여러분에게 이해를 안겨주기를 바란다. 나는 그저 감사할 따름이다.

2016년 가을, 런던에서 닉 레인

1

들어가며
삶과 죽음의 영약

산소를 뭐라 딱 잘라 이야기하기는 어렵다. 1770년대에 산소가 처음 발견된 이래 사람들은 학자든 돌팔이든 할 것 없이 모두 그 특성과 화학적 성질에 대해 끊임없이 논란을 벌여왔다. 그런 논쟁은 지금까지 이어지고 있다. 한편에서는 산소를 기적의 강장제, 노화 치료제, 미용요법, 효험 있는 의학 치료법 등 삶의 영약으로 칭송하고 있다. 동시에 다른 한편에서는 화재를 일으키는 위험한 기체이며 결국 우리를 죽일 위험한 유해물질이라고 주장한다. 항간의 건강 관련 매체에서는 모순된 이야기를 하고 있다. 전 세계에 널리 퍼진 '산소 바'와 건강 클리닉에서 순수한 산소 기체를 들이마시면 기적 같은 효과가 있다고들 한다. 그러면서도, 그 반대라 할 수 있는 '고도요법 high-altitude therapy'은 남아도는 산소를 없애 건강에 이롭다고 주장한다. 오존과 과산화수소를 뜻하는 이른바 '활성' 산소 처방은 세균 감염에 대항하는 기적의 무기 또는 암 치료법이라고 칭송한다. 하지만 동시에 바로 그 '활성' 상태의 산소로부터 우리 몸을 보호하기 위해 항산화물질을 많이 먹는 것이 장수의 비결이라고도 한다. 이렇듯, 산소는 난센스와 그릇된 정보를 자석처럼 끌어당기는 듯하다.

여러 이야기들이 뒤죽박죽 혼란스럽기는 하지만, 어쨌든 한 가지 사실에 대해서는 똑같다. 바로 산소가 중요하다는 점이다. 사람은 산소를 들이마시지 않으면 금방 죽게 된다. 우리 몸은 15조 개의 세포에 각각 산소가 전달되도록 훌륭하게 설계되어 있다. 붉은 피에는 여러 가지 상징적 의미가 있지만 궁극적으로는 우리 적혈구 안에서 산소와 헤모글로빈 사이에 화학결합이 일어났음을 나타낸다. 숨이 막히거나 물에 빠지는 등 물리적으로 산소를 박탈당하는 일은 인간이 지닌 가장 깊고 어두운 공포라 할 수 있다. 산소가 없는 별이라고 한다면, 곧바로 달이나 화성처럼 분화구가 울퉁불퉁하고 황폐한 풍경이 떠오를 것이다. 어느 행성의 대기에 산소가 존재하느냐 아니냐는 곧 생명의 존재 여부를 가리킨다. 물은 생명이 존재할 가능성을 나타내지만, 산소는 그 가능성이 실현되었음을 뜻한다. 오직 생물만이 독립적으로 존재하는 산소를 많든 적든 공기 중에 내놓을 수 있기 때문이다. 만일 열대 밀림을 벌채하거나 바다를 오염시켜서는 안 되는 이유를 냉정하게 대라고 한다면 뭐라고 할까? 아마 대부분 사람들은, 이런 거대한 자원이 생물에 생명을 주는 산소를 공급하여 지구의 공기를 정화하는 '세계의 허파' 구실을 하고 있기 때문이라고 대답할 것이다. 그런데 앞으로 보게 되겠지만 이것은 사실이 아니다. 다만, 이런 대답을 통해 우리가 산소에 대해 얼마나 큰 경외심을 갖는지 단적으로 알 수 있다. 인간이 산소라는 이 무색무취의 기체에서 신비스러운 효능이나 치료 효과를 찾는 것도 어찌 보면 당연한 일이라고 하겠다.

이 책은 삶과 죽음, 그리고 산소에 관한 것이다. 생물이 왜 그리고 어떻게 산소를 만들어냈고 거기에 적응했는지, 지구 생물이 과거에 어떻게 진화했으며 그 미래는 어떠할지, 또 에너지와 건강, 질병과 죽음, 생식과 재생에 대해, 그리고 우리 인간에 대해 이야기할 것이다. 산소는 우리가 미처 상상하지 못하는 여러 면에서 중요하다. 신문과 방송이 건강 특집을 통해 소리 높여 주장하는 것보다 훨씬 더 매력적이고 재미있는 면을 가지고 있다. 하지만 본격적으로 이야기를 시작하기 전에 일단 확실히 해둘 것이 있다. 산소는 만병통치약일까, 독약일까, 아니면 둘 다일까? 어떻게 그 차이를 알 수 있을까? 해답을 구하려면, 시간을 거슬러 올라가서 우리가 알고 있는 것을 처음부터 되새겨보는 게 가장 좋을 듯하다.

§

산소의 발견조차 논란의 여지가 많다. 산소를 발견한 공로는 영국의 신학자이자 화학자인 조지프 프리스틀리와 스웨덴의 약사 칼 셸레, 프랑스의 세금징수원이자 현대 화학의 아버지 앙투안 라부아지에가 나눠 갖고 있다. 셸레는 이 세 사람 중 제일 먼저 산소를 발견했지만 귀족의 불안정한 후원을 지나치게 믿고 발표도 하지 않은 채 6년이나 헛되이 보냈다. 반면 프리스틀리에게는 그런 문제가 없었다. 1774년에 볼록렌즈로 햇빛을 모아 수은 산화물을 가열하다가 산소를 발견했고, 그 주제에 대한 책을 재빨리 세 권이나 썼다. 셸레와 프리스틀리는 훌륭한 업적을 세웠지만 그 새로운 기체의 중요성을 완전하게 파악하지 못한 것이 흠이었다. 두 사람 모두 순수한 산소 내에서 불이 더 활발하게 탄다는 사실은 올바르게 인식했다. 심지어 셸레는 산소에 '불의 공기'라는 이름을 붙이기도 했다. 그러나 두 사람 모두 연소에 대해 잘못된 이론을 바탕으로 삼았다. 연소가 일어날 때 산소가 흡수되는 것이 아니라 플로지스톤이라는 보이지 않는 물질이 공기 중으로 빠져나간다고 생각했던 것이다. 두 사람은 산소를 순수하게 '탈脫플로지스톤' 공기, 즉 플로지스톤이 전부 제거된 공기라고 생각했다.

한편, 화학에서는 혁명론자이면서 정치적으로는 보수주의자였던 라부아지에는 프랑스 혁명이 일어나기도 한참 전에 이 비틀린 이론을 벗어던졌다. 산소라는 이름을 남긴 사람도, 마침내 산소가 공기의 일부인 반응성 성분이라는 사실을 밝힌 사람도 라부아지에였다.[*] 라부아지에의 말에 따르면, 연소는 산소가 탄소나 다른 물질과 반응하는 것이다. 그가 했던 유명한 실험에서(볼록렌즈 장치를 이용해 햇빛으로 다이아몬드를 가열하여 태웠다—옮긴이) 탄소로 이루어진 다이아몬드는 산소가 존재할 때 가열하면 기체, 즉 이산화탄소가 되어 날아가버린다. 하지만 산소가 제거된 환경에서라면 가열해도 사라지지 않는다. 다이아몬드는 영원하다지만 그건 산소가 없을 때의 이야기인 것이다. 라부아지에는 여기서 더 나아가 기체들을 모아 초정밀저울로 정확하게 측정하여 연소와 인간의 호흡은 근본적으로 같은 과정임을, 즉 탄소와 수소를 포함한 유기물과 산소를 소비하고 이산화탄소와 물을 방출한다는 사실을 보여주었다.

라부아지에가 호흡과 땀으로 발산된 기체들의 무게를 재는 일에 한창일 때, 통제 불가능한 군중들을 앞세운 혁명재판소 군인들이 그를 방해하고 나섰다. 사실 그에게는 권세 높은 적이 몇 명 있었는데, 그중 한 명이 혁명 지도자 장 폴 마라였다. 결국 군인들의 담배에 물을 섞었다는 어이없는 죄목에다 국가의 수입을 착복했다는 죄목이 덧붙여져, 1794년 5월 라부아지에는 단두대에서 참수당했다. 위대한 수학자 라그랑주는 "그 머리를 베어버리는 일은 일순간으로 족하나, 같은 두뇌를 만들려면 100년도 더 걸릴 것이다"라고 말했다.

그런데 재미있는 것은, 산소의 발견에 대한 이 유명한 이야기가 잘못되었다는 점이다. 연금술사들이 이들보다 더 앞서 있었을 뿐 아니라 산소의 중요성에 대해서도 명확하게 이해하고 있었다. 셸레나 프리스틀리, 라부아지에보다 170년이나 앞선 1604년에 폴란드의 연금술사 미하엘 센디보기우

---

[*] '산소oxygen'라는 이름은 그리스어에서 유래한 것으로, '산酸을 만드는 물질'이라는 뜻이다(oxys+gennao—옮긴이). 이는 모든 산을 만드는 데에 반드시 산소가 필요하다는 잘못된 믿음에서 나온 것이다. 사실 황산이나 질산 같은 산을 만들려면 산소가 필요하지만, 염산이나 다른 산을 만들 때는 산소가 필요하지 않다.

스는 다음과 같이 썼다. "인간은 땅에서 만들어졌으며 대기의 힘으로 살아 간다. 왜냐하면 대기에는 생명의 비밀 양식이 있기 때문이다. … 눈에 보이 지 않는 이 응결된 원기는 대지 전체보다도 더 훌륭한 것이다." 센디보기우 스는 이 '공기 중에 있는 생명의 양식'이 진귀한 염류인 질산칼륨(초석)을 거 쳐 대지와 공기 사이를 순환한다고 주장했다.* 섭씨 336도 이상으로 가열하 면 질산칼륨이 분해되어 산소가 발생하는데, 연금술사들은 그것을 질산칼 륨 기체라고 생각했다. 센디보기우스는 '그것 없이는 어떤 인간도 살 수 없 으며 세상의 어떤 것도 자라거나 생겨날 수 없는' 삶의 영약을 발견했다고 굳게 믿었다. 그의 생각은 단순한 이론 이상으로 발전했다. 센디보기우스가 질산칼륨을 가열하여 산소를 만든 것은 거의 분명하며, 네덜란드의 발명가 이자 동료 연금술사이며 르네상스 과학의 잃어버린 영웅인 코르넬리위스 드레벨에게 당연히 그 방법을 설명했을 것이다.

드레벨은 1621년에 산소의 실용성을 훌륭하게 보여주었다. 영국의 제임 스 1세를 위해 태양에너지를 이용한 영구운동 기계와 여러 가지 냉장고 및 자 동장치들을 만든 후, 그는 세계 최초의 잠수정을 만들었다. 제임스 1세는 수 천 명의 신하들을 대동하고 템스 강변에 서서 잠수정의 처녀 출항을 지켜보 았다. 잠수정은 웨스트민스터부터 그리니치까지 약 15킬로미터에 이르는 거 리를 잠항했다. 그 잠수정은 나무로 만든 것이었는데, 노 젓는 사람 열두 명 을 태운 채 세 시간이나 물속에 머물렀다. 이 동안에 노 젓는 사람들이 숨 쉴 공기를 드레벨이 어떻게 공급했는지에 주로 관심이 쏠렸다. 그 후 1660년에 당시 목격자였던 위대한 화학자 로버트 보일이 기술한 바에 따르면, 드레벨

---

* 질산칼륨KNO₃은 질소 비료를 잘 준 토양 위에 하얗게 덮여 있는 모습 때문에 꼭 공기 중에서 응 결된 것처럼 보인다. 질산칼륨은 몇 가지 놀라운 성질을 가지고 있다. 우선 훌륭한 비료일 뿐 아니라 고기를 저장하는 데에도 쓰이며 민간요법으로도 이용된다. 음료수에 섞으면 질산칼륨은 얼음처럼 음 료를 차갑게 만들지만, 약으로 섭취하면 몸을 따뜻하게 만드는 효과가 있다. 질산칼륨의 산은 금도 녹 일 수 있는데(질산과 염산의 혼합액을 왕수aqua regia라고 하는데, 이는 '물의 여왕'이라는 뜻이다. 왕 수는 금이나 백금 같은 귀금속을 녹이는 데에 사용된다—옮긴이), 이는 연금술사들의 흥미를 끌었다. 질산칼륨은 또한 화약의 주된 성분이기도 하다. 화약은 9세기에 중국 도교의 도사道士들이 발명했다.

은 공기 중 '생명 유지에 꼭 필요한' 부분을 공급하기 위해 '액체(다른 사람들
은 그것을 기체라고 했지만)'한 병을 사용했다.

> 드레벨은 공기 전체가 아니라 그중에서도 어떤 정수精粹 또는 증류된 부분이 호
> 흡에 필요하며 소비되고 남은 더 탁한 공기, 즉 공기의 사체는 심장 속에 존재하
> 는 생명의 불꽃을 품을 수 없다고 생각했다. … 그는 공기 중에서 특히 더 순수하
> 고 깨끗한 부분이 소비된 것을 알아차릴 때마다… 이 액체로 가득 찬 병의 마개
> 를 뽑아서 오염된 공기 중 생명에 필요한 부분이 차지하는 비율을 예전 수준으
> 로 재빨리 되돌려, 한동안 다시 호흡에 알맞도록 만들었다.

아마, 드레벨은 스승인 센디보기우스의 지도에 따라 질산칼륨을 가열하여 산
소 기체를 병에 담는 데에 성공했을 것이다. 센디보기우스와 드레벨, 보일은
공기를 여러 기체들의 혼합물이라고 확신했다. 그리고 그 기체들 중 하나가
생명에 필요한 기체인 산소라고 생각했다. 그들은 제한된 공간 안에서는 공
기 중의 산소가 호흡이나 연소에 쓰여 고갈된다는 사실을 깨달았다. '심장 속
에 존재하는 생명의 불꽃'이라는 표현을 보면 보일은 호흡과 연소를 비슷한
맥락으로 본 것이 분명하지만, 실제로 그 두 반응이 정확하게 얼마나 유사한
지는 인식하지 못했다. 보일과 동시대 사람이며 영국 왕립학회의 특별회원이
었던 존 메이오는 이보다 훨씬 앞서 나갔다. 그는 기체 질산칼륨, 즉 산소가
허파 안으로 흡입되면 동맥혈이 붉은빛을 띤다는 사실을 보여주었다. 그의
주장에 따르면 기체 질산칼륨은 공기의 정상적인 구성성분으로, "불의 연료
가 되며 또한 호흡에 의해 동물의 핏속으로 이동한다. … 공기 자체, 특히 그
중에서도 더 활발하며 포착하기 어려운 일부분이 불의 원료인 것이다". 다
시 말해, 비록 고풍스러운 어휘로 표현하였지만 메이오는 1674년에 벌써 산
소에 대해 두드러지게 현대적인 개념을 갖고 있었다는 이야기다.
  이러한 배경을 놓고 볼 때 연소작용으로 보이지 않는 물질이 방출된다

는 생각, 즉 플로지스톤 이론에 대한 프리스틀리의 심취는 여기서 이미 1세기가 지난 후라는 점에서 우스꽝스러워 보일 정도다. 하지만 그렇게 생각하는 사람은 프리스틀리 혼자가 아니었다. 플로지스톤이라는 잘못된 이론을 따르다 보니 공기에 대한 연구는 거의 1세기에 걸쳐 뜬구름을 잡고 있었다. 각각의 실험결과를 설명하기 위해 플로지스톤은 필요에 따라 양의 무게가 되기도 하고, 전혀 무게가 없기도 하고, 음의 무게가 되기도 했다. 프리스틀리가 산소를 발견했다고 믿는 사람들조차 이 이론에 대한 집착이 그 발견의 진정한 의미를 깨닫지 못하게 했다는 사실을 인정하고 있다.[*] 하지만 다른 의미에서 프리스틀리는 신기할 정도로 선견지명이 있었다. 그는 산소의 의학적 적용뿐 아니라 그 잠재적 위험성도 예견했다. 고집스럽게 탈플로지스톤 공기라고 하기는 했지만 말이다. 1775년에 발표한 『여러 종류의 공기에 대한 실험과 관찰』에서, 프리스틀리는 자신이 직접 순수한 산소를 들이마신 경험에 대해 다음과 같이 적었다.

> 허파 안에 들어간 느낌은 보통의 공기를 들이마셨을 때와 비교해 현저하게 다르지 않았다. 그러나 얼마 후 가슴이 유난히 가볍고 편안해졌다. 언젠가 때가 되면 이 순수한 공기가 사치품으로 유행하게 될지도 모르겠다. … 이 순수한 공기 안에서 촛불이 더 크고 활발하게 타는 것을 보면, 어떤 특정한 병에 걸려 보통의 공기로는 썩은 내를 빨리 없앨 수 없을 때에 특히 허파에 유익할 것이라고 생각해 볼 수 있다. 그러나 이런 실험들에서 미루어 짐작하건대, 탈플로지스톤 공기(산소)가 매우 유용한 치료법이 될 수는 있겠지만 몸이 건강한 상태에서는 그렇게까지 이롭지 않을지도 모른다. 왜냐하면 여느 공기 중에서보다 탈플로지스톤 공기 속에서 촛불이 훨씬 더 빨리 타는 것처럼 우리 역시 **살아가는 속도가 너무 빨**

---

[*] 공정을 기하기 위해 덧붙이자면, 프리스틀리는 플로지스톤 이론이 가진 문제점들을 속속들이 알고 있었다. 그는 플로지스톤을 빛과 열에 비교했는데, 당시에는 무게를 잴 수 없는 것이었다. (그것은 지금도 마찬가지다.)

라질 수도 있으며(프리스틀리는 이 부분을 강조했다) 이 순수한 공기 속에서는 육체적인 힘이 너무 빨리 고갈될 수도 있기 때문이다. 적어도 도덕주의자라면 자연이 이미 우리 분수에 맞는 공기를 제공하고 있다고 말할 것이다.

오늘날 '산소 바'에서 순수한 산소를 들이마시는 사람이라면 누구나 프리스틀리의 예스러운 설명과 도덕적인 감상에 피식 웃겠지만, 학자들 대부분은 이러한 이야기에 고개를 끄덕일 것이다. 프리스틀리의 말을 자세히 들여다보면, 놀랍게도 산소가 노화를 촉진할 수도 있다는 이론을 최초로 제시하고 있다(내가 아는 바로는 최초다). 이 경고는 동시대 사람들에게 별 효과가 없어서, 18세기가 채 끝나기도 전에 벌써 산소의 의학적인 잠재력은 계속해서 기꺼이 받아들여졌다. 미심쩍은 부분이 있었음에도 불구하고 산소의 독성은 그 후 100년 동안 문서로 기록되지 않았다.

넓은 범위에서 보았을 때, 순수한 산소를 맨 먼저 치료법에 도입한 사람은 토머스 베도스다. 베도스는 1798년에 기체흡입 요법을 위한 공기압치료연구소를 영국 브리스틀에 세우고, 젊고 뛰어난 화학자 험프리 데이비를 고용했다. 두 사람은 불치병 치료를 목표로 삼았다. 하지만 불행히도 환자들을 선택하는 데에 지나치게 야심이 컸고, 그들의 치료법은 임상적으로 효험을 거의 보지 못했다. 게다가 불순물이 섞인 기체는 자주 허파에 염증을 일으켰다(아이러니컬하게도 염증은 불순물에 의한 것만이 아니었을 것이다. 순수 산소 또한 허파에 염증을 일으킨다). 이러한 문제점들이 닥친 데다 산소의 공급도 불안정했던 탓에, 결국 연구소는 1802년에 문을 닫았다. 나중에 데이비는 그곳에서 자신이 했던 연구를 이렇게 묘사했다. "맞지 않은 자리에 앉은 천재의 꿈이었으며, 실험과 관찰의 빛은 결코 진리로 통하지 않았다."

이런 식의 희망과 실패는 19세기 대부분에 걸쳐 계속되었다. 불순물 문제와 더불어 환자에게 시술한 방법이 각각 달랐다는 점은 임상적 일치가 결코 나타나지 않았다는 사실을 의미했다. 어떤 경우에는 마스크나 공기 주머니로 환자가 직접 산소를 흡입하도록 했는가 하면, 다른 경우에는 물 한 양동이를 침대 근처에 두고 거기서 산소가 올라오도록 하면서 방 안의 공기를 환자 쪽으로 부채질하기도 했다. 실패가 뻔했다. 그렇게 서로 전혀 다른 시술 과정에 체계적인 비교도 거의 없는 상태에서는 결과가 서로 어긋나는 것이 당연하다. 산소요법을 지지하는 사람들은 그 방법을 이용하면 기적 같은 치료가 가능하다고 주장했다(폐렴 같은 경우에는 사실일 것이다). 하지만 주류 의학의 대변자들은 대부분 그러한 주장을 받아들이지 않았다. 다소 효과가 있더라도 그것은 일시적으로 증상을 완화하거나 착각일 뿐이라는 것이었다. 양쪽의 입장 차이는 훨씬 커졌다. 흔히 있는 사기꾼들과 돌팔이들은 '혼합 산소'라는 비밀 조제약을 속아 넘어가기 쉬운 대중에게 팔았다. 1880년대에 사람들이 내놓은 주장들 중에는 오늘날 '활성 산소' 요법을 지지하는 사람들이 주장하는 바와 매우 비슷한 것도 있었다. 오늘날과 마찬가지로, 당시에도 양심 있는 산소요법 개업의들은 그러한 주장들을 무시했다.

　산소요법에 대한 의학적 관심이 커진 것은, 많은 사례가 보고되어 산소 분압이 정말로 건강에 영향을 미친다는 사실이 드러난 이후였다. 예를 들어, 멕시코시티처럼 고도가 높아 산소 분압이 낮은 곳에 사는 폐렴 환자들은 산소 분압이 더 높은 평지로 내려와 머물면 회복될 확률이 더 높다. 비슷하게, 심장혈관 질환을 앓는 환자들은 대개 고도가 높은 곳보다 해수면 높이에 가까운 저지대에서 더 편하게 지낸다. 이러한 보고들에 큰 관심을 보인 미국의 내과 의사 오벌 커닝햄은, 기압이 훨씬 더 높아지면 그 효과가 커질 거라고 판단했다. 그리고 수많은 환자들을 치료하는 데에 성공했다. 치료를 받은 환자들 중 한 명이 감사의 표시로 재정을 지원해준 덕분에, 1928년 미국 오하이오 주 클리블랜드에 당시 최대 규모의 고압 산소실이 들어서게 되었다. 이 고압 산소실은 100만 달러짜리 속이 빈 강철 공ball 모양으로 지름 20미터에 높이가 건물 5층에 달했으며, 내부 압력을 해수면 기압의 약 두 배가 되도록 일정하게 유지했다.

커닝햄은 그 거대한 강철 공을 호텔처럼 꾸며 흡연실, 로비, 레스토랑, 거기에 호화로운 카펫을 깐 객실까지 갖춰놓았다. 하지만 불행히도 그는 산소가 아닌 압축공기를 사용했고, 그래서 전체 산소 분압은 그보다 훨씬 적은 비용을 들여 마스크로 흡입할 때보다 그다지 높지 않았다. 게다가 폐렴이나 심장혈관 질환 같은 질병을 앓는 환자들 정도였다면 효험을 보았겠지만 도를 지나치고 말았다. 당뇨병, 악성 빈혈, 암 환자들까지 다룬 것이다. 이런 모든 질병들의 원인이 혐기성(산소를 싫어하는) 세균이라고 오인했기 때문이었다. 결국 커닝햄의 목적과 결과 양쪽 모두 미국의학협회를 감동시키지 못하고 '과학적인 치료보다는 돈벌이를 하려는 의도가 훨씬 더 짙다'는 비난을 샀다. 그 강철 공은 겨우 몇 년밖에 유지되지 못했고, 결국 1942년에 해체되어 고철로 팔려나가 전쟁 중인 미국의 살림에 보태지는 신세가 되었다.

커닝햄은 현명하지 못했지만, 그 모호한 역사에도 불구하고 산소요법이라는 분야는 이미 20세기 초에 스코틀랜드의 저명한 생리학자 존 스콧 홀데인(생물학자 J. B. S. 홀데인의 아버지)이 다져놓은 확실한 과학적 발판을 갖고 있었다. 홀데인은 잠수의학 전문가였으며 제1차 세계대전 중에 염소 가스가 일으킨 손상을 치료하는 데에 산소를 이용했다. 그는 1922년에 발표한 선구적인 저서 『호흡』에서 자신의 경험을 기술해 호흡기·순환기·감염성 질환을 앓는 몇몇 환자들에게 지속적으로 산소를 흡입시키면 병을 **치료할 수 있다**고 주장했다. 산소요법을 적절하게 사용하면 증세가 일시적으로 호전되는 데에 그치지 않고 몸이 스스로 건강한 평형 상태를 회복할 기회가 생겨 질병의 악순환을 끊을 수 있다는 것이다.

홀데인의 학설은 현대 산소요법을 뒷받침하고 있지만, 오늘날에조차 이런 요법이 얼마나 이로운 것인지는 명확하게 밝혀져 있지 않다. 2000년 1월에 유명한 학술지 『뉴잉글랜드 의학 저널』에 다음과 같은 사실이 보고되었다. 다수의 임상실험에 따르면, 대장이나 직장 수술을 받은 환자에게 두 시간 동안 80퍼센트의 산소를 흡입시킬 경우 평소(2시간 동안 30퍼센트 산소를 흡입)보다 상처 부위가 감염될 위험이 절반으로 줄어들었다. 단순한 처방이 큰 차이를 가져온다는 발견은 고무적이라 할 수 있다. 그러나 지난 200년 동안 할 수 있었던 것과 본질적으로 똑같은 형태의 처방이 21세기 벽두부터 여전히 의학 잡지의 헤드라인을 장식하고 있다는 사실은 다시 생각해볼 문제다. 적어도, 어중이떠중이나 돌팔이들의 과장된 주장에 대한 전문가들의 판에 박은 반응이 과학의 진보를 얼마나 심하게 저해할 수 있는지 알 수 있다.

그런 신중함의 또 다른 이유는 일찍이 홀데인이 20세기 초에 명확하게 설명했다. 바로 산소가 유독할지도 모른다는 가능성이다. 홀데인은 이렇게 적었다.

순수 산소를 장기적으로 흡입하는 데에는 위험성이 있다는 것을 명심해야 하며, 만일 꼭 필요한 경우라면 산소 부족 상태가 계속되는 데에 따른 위험성과 비교하여 평가해야 한다. 딱히 정해진 규칙은 없다. 의사가 환자를 주의 깊게 관찰한 후에 경험과 지식에 비추어서 치료 방침을 결정해야 한다.

의사들이 지나치게 경계하는 것도 이해할 만하다. 그런데, 위험성이란 어떤 것일까? 홀데인이 표현을 조심스럽게 했기 때문에 그런 위험성이 이론상으로만 존재하는 것처럼 느껴질 수도 있다. 그러나 산소는, 특히 압력을 받으면 신체에 엄청난 반응을 일으킬 수 있다. 홀데인은 잠수의학 연구를 통해 그것을 아주 잘 알고 있었다.

산소의 독성은 서서히 나타나기도 하거니와 정상적인 환경에서는 잘 드러나지도 않는다. 많은 사람들이 병원에서 산소요법을 받거나 산소 텐트 안에서 며칠 또는 몇 주씩 보내고, 바에서 산소를 흡입한다. 이때 나쁜 효과는 없다. 또 우주비행사들은 종종 몇 주씩 계속해서 순수 산소를 흡입하지만 우주에서 캡슐 내부의 기압은 정상 기압의 겨우 3분의 1 수준으로 일정하게 유지되어 결과적으로는 33퍼센트의 산소를 흡입하는 것과 마찬가지다. 압력이 변하면 대기 중 산소 농도도 변한다. 1967년에 아폴로 1호의 지상 시험 중 화재가 났을 때 우주비행사 세 명이 죽은 것은 바로 그 때문이다. 우주에서 캡슐 내부는 항상 주위의 진공보다 기압이 더 높게 유지된다. 즉 우주선이 외부보다 큰 내부 압력을 견뎌내도록 만들어졌다는 뜻이다. 이러한 압력 차이를 유지하기 위해, 아폴로 1호 내부는 지상에 있는 동안 대기압보다 압력이 높은 상태로 유지되고 있었다. 불행히도 이 우주선의 내부 공기는 계속해서 순수 산소로 정화되고 있었다. 그러니까 우주비행사들은 산소 33퍼센트로 평형을 이룬 공기 대신 실제로 130퍼센트에 해당하는 산소를 호흡하고 있었다는 얘기다. 이렇게 산소가 풍부한 공기 속에서 전기 배선에 불꽃이 일어나자, 삽시간에 섭씨 2500도에 이를 정도로 걷잡을 수 없는 화재가 발생한 것이다.

그러나 산소가 위험하다는 것은 화재 때문만이 아니다. 산소는 흡입하기에 유독한 기체다. 그 유독성은 농도와 노출 시간에 따라 다르다. 대부분 하루 이틀 정도 순수 산소를 흡입하는 것까지는 괜찮지만 그보다 더 오래 흡입할 경우에는 위험하다. 만일 공기를 압축해 산소 농도를 훨씬 더 증가시킬 경우 유독성은 극적으로 커진다.

산소가 유독하다는 사실은 19세기 끝 무렵의 초기 스쿠버scuba 다이버들의 경험으로 세상에 알려졌다(스쿠버라는 단어는 나중에 만들어진 것으로, 독립식 수중호흡 장비self-contained underwater breathing apparatus의 약자다). 스쿠버 다이버들은 호흡장비를 직접 가지고 잠수했기 때문에 위험한 상황에 취약했고, 대개 순수 산소를 호흡했다. 호흡장비 내의 산소는 수압에 의해 압축될 수 있었다. 수심 8미터 아래에서 순수 산소를 호흡하면 간질성 경련과 비슷한 발작이 일어난다. 만일 다이버가 물속에서 의식을 잃는다면 엄청난 비극이 닥치게 되는 것이다.

산소 발작을 맨 먼저 체계적으로 설명한 사람은 파리 소르본 대학의 생리학 교수였던 프랑스의 생리학자 폴 베르다. 1878년에 발표한 기압에 대한 유명한 논문을 보면, 그는 고압 산소실 안에 동물을 넣고 각각 압력을 달리하여 산소의 영향을 관찰했다. 산소 농도가 아주 높은 경우에 실험동물은 단 몇 분만에 발작을 일으키고 죽었다. 10년 후인 1899년에 스코틀랜드의 병리학자 제임스 로레인 스미스는 산소 농도가 낮을 경우에도 그 결과는 마찬가지로 치명적이지만 좀 늦게 나타난다는 사실을 보여주었다. 산소 농도 75퍼센트 이상(정상 기압에서)에 노출된 동물들은 며칠 후 허파에 심각한 염증을 일으켜 죽고 말았다. 이러한 이유로 병원에서는 산소 투여량을 항상 엄격하게 관리한다. 어쨌거나 발작과 허파 손상은 스쿠버 다이버들에게 일상적인 골칫거리가 되었다. 폴 베르와 제임스 로레인 스미스 두 사람 모두 오늘날까지 잠수 전문 용어에 그들의 이름이 남아 있다. 스미스는 자신을 J. 로레인 스미스라고 자칭하던 버릇이 있었기 때문에 그의 이름을 기리는 용어는 자주 '로레인 스미스 효과'라고 바꾸어 불리기도 한다.

많은 다이버들이 순수 산소를 호흡하는 동안 너무 깊이 잠수하지 않으려고 주의를 기울이지만, 해군들의 경우 매번 그렇게 조심할 여유가 있는 것은 아니다. 1942년에 출간된 「영국 해군 잠수함 탈출 지침서」를 보면 수병들이 산소 중독 증상을 경계하도록 교육하고 있다. 그 증상은 '손가락 발가락이 저리고, 근육(특히 입 주변)에 경련이 일어나며, 치료를 하지 않으면 발작 후 의식을 잃고 죽게' 되는 것이다. 해군 다이버들은 전쟁 중에 상상의 괴물 '산소 피트Oxygen Pete'를 만들어냈다. 바다 밑바닥에 숨어 있다가 방심한 다이버들을 덮친다는 것이다. 당시 산소 중독에 '당하는' 것을 흔히 '피트를 만난다'고 했다.

문제를 해결하려면 산소의 독성과 인간의 한계, 그리고 기체 혼합물에 대해 더욱 정확하게 이해할 필요가 있었다. J. B. S. 홀데인은 영국 해군의 의뢰를 받아 아버지의 뒤를 이었다. 자기가 직접 실험대상이 되어야 한다고 항상 주장했던 사람답게, 홀데인은 각기 다른 압력 하에서 다양한 산소 농도에 자신과 동료들을 노출시켰다. 그러고 나서 발작이 시작될 때까지 시간이 얼마나 걸리는지 기록했다.* 이를테면 7기압에서 순수 산소에 노출되면 5분 이내에 발작이 일어났다는 식이다. 그는 나중에 다음과 같이 썼다.

> 그 발작은 매우 격렬해서, 그때 등을 다친 것이 1년이 지난 지금까지도 낫지 않고 아프다. 발작은 약 2분간 지속되며 곧이어 온몸에 맥이 빠진다. 나는 극도의 공포 상태에서 깨어났고, 그 철제 방에서 탈출하려 했지만 소용없었다.

비록 고생했지만 그의 노력은 성공적이었다. 영국 해군은 비밀리에 다양한 질소와 산소 혼합물(나이트록스)을 개발해 산소 중독과 질소 마취의 위험성을 동시에 낮췄다. 이러한 나이트록스는 제2차 세계대전에서 지브롤터 해협을 방어하는 영국 특공대원들에게 사용됐다. 그리고 엄중히 기밀에 부쳐졌다. 미국 해군조차 1950년대까지 그 사실을 알지 못했을 정도였다. 나이트록스를 사용하면서 영국 다이버들은 더 깊은 곳에서 작업할 수 있었다. 영국의 주된 전략은 적의 전투원들을 깊은 물속으로 유인해 발작을 일으켜 익사시키는 것이었다. 산소로 목을 조르다니, "역시 영국 놈들은 믿을 게 못 된다".

§

고농도에서 산소 호흡은 확실히 유독하다. 약 2기압 이상의 순수 산소를 흡입하면 발작이 일어나며 때로는 죽기도 한다. 산소는 대기압의 약 5분의 1을 차지하므로, 산소 분압은 보통 5분의 1기압이 된다. 따라서 2기압의 순수 산소라면 우리가 정상적으로 노출되는 것의 열 배다. 농도가 더 낮을 경우에

---

* 1928년에 출간된 『나에게 실험하기』는 자가 실험에 대한 유명한 에세이다. 여기서 홀데인은 다음과 같이 썼다. "평범한 의과대학 학생에게 하는 것을 개 한 마리에게 하려면 대주교 서명을 받은 허가서 세 통이 필요하다." 또 그는 산성이나 염기성으로 변한다든지 희석되는 것이 실제로 어떤 **느낌**인지 궁금해하는 화학자가 거의 없다는 점을 이상하게 생각했다.

는 발작을 일으키지 않는다. 그러나 1기압의 순수 산소(우리가 정상적으로 노출되는 산소 분압의 다섯 배)를 며칠씩 흡입하면 생명이 위험할 정도로 허파가 손상될 수도 있다. 허파의 염증이 심해지면 정상적으로 호흡을 할 수 없다. 그렇게 되면 피에 산소를 공급할 수 없게 되고, 얄궂게도 몸에 산소가 부족해 죽게 된다. 이보다 더 낮은 농도(40~50퍼센트의 산소, 즉 우리가 정상적으로 노출되는 농도의 두 배 정도)라면 대개 허파가 손상을 견뎌내고 기능을 계속할 수는 있지만 결과적으로 허파의 손상은 피할 수 없다. 이런 상황이 되면 우리 몸은 심장 박동을 늦추고 적혈구를 더 적게 생산하여 환경에 적응한다. 이러한 적응은 고도가 높은 곳에서 산소가 부족할 때 일어나는 변화와 정반대다. 양쪽 경우 모두, 결과적으로 몸의 각 조직은 더도 덜도 아닌 전과 똑같은 양의 산소를 공급받는다. 이는 몸속의 산소 농도를 항상 일정하게 유지하는 일이 매우 중요하다는 사실을 나타낸다. 또한 병에 걸려 비정상적으로 몸에 산소가 부족할 때를 제외하면 산소 농도가 낮든지 높든지 모두 장기적으로 이롭지 않다는 것을 알 수 있다.*

대체로 산소가 너무 많으면 나쁠 수도 있다는, 즉 좋은 것도 도가 지나치면 해로울 수도 있다는 생각에는 별 거부감이 없을 것이다. 비슷한 얘기로, 우리 몸이 생리 상태를 현재 그대로 유지하려는 반응을 통해 혼란을 완화할 것이라는 생각에도 이견은 없을 것이다. 하지만, 21퍼센트의 산소가 유독한 것이며 결국 우리를 죽일 것이라고 말하는 것은 사뭇 다른 진술이다. 이는 사실상 수백만 년 동안 진화를 해왔음에도 불구하고 우리 인간이 아직 자연이 제공하는 산소 농도에 적응하지 못했다는 이야기나 다름없다. 이런 주장은 직관에 반대되는 것이지만, 이른바 노화에 관한 '**자유라디칼**' 이론의 기

---

* 고지에서 훈련받은 운동선수들은 해수면 높이의 저지대로 내려와 반드시 며칠 또는 몇 주 안에 경기에 출전해야 한다. 그러지 않으면 훈련한 효과가 없어진다. 고지에서 훈련을 하게 되면, 희박한 공기에서 더 많은 산소를 흡수하기 위해 우리 몸은 적혈구를 더 많이 생산한다. 그러다가 해수면 높이로 돌아오면 적혈구를 적게 생산해서 높아진 산소 농도에 다시 적응하게 된다. 고지 훈련으로 얻은 이득은 절대로 적응보다 오래가지 않는다.

본이다. 이 이론이 본질적으로 주장하는 바는 이렇다. 노화와 그 결과인 죽음은 평생 동안 산소를 호흡하기 때문에 일어난다. 따라서 산소는 생명에 반드시 필요할 뿐 아니라 노화와 죽음의 주된 원인이기도 하다.

자유라디칼에 대해서는 많이 들어보았겠지만 그것이 실제로 무엇인지에 대해서는 막연할 것이다. 생물학적으로 중요한 자유라디칼은 대부분 그저 반응성이 높은 형태의 산소 분자인데, 이것이 생물 분자를 손상시킬 수 있다(이 부분에 대해서는 제6장에서 자세히 이야기할 것이다). 발작을 일으키든 돌연사를 일으키든, 허파를 점진적으로 손상하든 노화를 유발하든, 어쨌거나 산소가 작용하는 방법은 항상 똑같다. 모든 형태의 산소 독성은 산소에서 자유라디칼이 형성되어 일어난다. 16세기의 위대한 연금술사 파라셀수스도 말한 바 있듯이, 모든 약에는 독성이 있다. 발작은 뇌에 작용하는 자유라디칼이 대량으로 넘쳐서 생기며, 허파 손상은 허파에 작용하는 자유라디칼이 그보다 좀 덜한 수준으로 과다해져 일어난다. 그러나 자유라디칼이 단순히 독성만 갖고 있는 건 아니다. 자유라디칼이 없으면 연소가 일어나지 않는다. 광합성이나 호흡도 할 수 없다. 우리가 산소를 이용해 음식에서 에너지를 얻으려면 중간 생성물로 자유라디칼을 생산해야만 한다. 우리가 '좋다'고 여기든 '나쁘다'고 여기든 상관없이, 산소의 모든 화학작용에 대한 비밀의 열쇠는 자유라디칼의 형성에 달려 있다.

관습적으로 이야기하는 바와 같이 산소를 호흡하는 일이 노화를 초래한다는 생각은 천진할 정도로 단순하다. 우리 몸 안의 모든 세포들은 호흡하는 동안 자유라디칼을 계속 생산한다. 자유라디칼 대부분은 항산화 방어물이 '처리'해 그 작용을 중화한다. 문제는 방어가 완벽하지 않다는 것이다. 자유라디칼들이 일정 부분 방어 그물을 슬쩍 빠져나가 DNA나 단백질처럼 생명 유지에 필수적인 세포와 조직의 구성요소를 손상시킬 수 있다. 이 손상은 서서히 축적되어 마침내 우리 몸을 온전하게 유지하는 능력을 압도해버리게 된다. 이렇게 몸이 점진적으로 퇴보해가는 과정이 바로 노화다.

극단적으로 단순화하기는 했지만 어쨌든 이런 전통적인 설명에 따르면, 항산화제를 많이 먹을수록 자유라디칼이 입히는 손상에 대항해 우리 몸을 지킬 수 있다. 과일과 채소가 우리 몸에 좋다고 하는 이유는 항산화제가 많이 들어 있기 때문이다. 요즈음에는 많은 사람들이 음식만으로는 부족하다며 강력한 항산화제를 따로 먹는다. 여기에는 이런 뜻이 숨어 있다. 만약 올바른 종류의 항산화제를 충분히 먹는다면, 노화와 노인병을 영원히 뒤로 미룰 수 있다는 얘기다. 이런 주장은 '항산화제의 기적'이라고 해서 아주 인기가 높다.

진실은 좀 더 복잡하지만 훨씬 더 재미있다. 우선 한 가지 짚고 넘어갈 점은, 분명히 산소 자유라디칼이 노화를 일으킨다는 사실이다. 하지만 이것이 시사하는 바는 우리가 예상하는 것과는 거의 정반대다. 아무리 강력한 항산화제 보조식품을 잔뜩 먹더라도 우리 수명이 150~200세까지 크게 늘어나는 일은 절대로 없을 것이다. 오히려 항산화제 보조식품 때문에 실제로 어떤 질병에 더 취약해질 수도 있다. 공기 중의 산소에 대한 생물의 적응이라는 커다란 무대에서 항산화제는 단역 배우에 불과하다. 연극의 맥락을 전체적으로 놓고 생각해야만 배우들의 역할을 이해할 수 있다. 산소가 주는 위협과 가능성에 대한 생물의 반응 중에는 아주 중요한 결과를 가져오는 적응도 포함된다.

몇 가지 예를 생각해보자. 이를테면 광합성이 있다. 광합성은 햇빛의 에너지를 이용해 식물, 조류藻類, 일부 세균이 유기물질을 합성하는 것을 말하며, 오늘날 지구상의 거의 모든 생명체를 유지하는 수단이다. 광합성(노폐물로 산소를 방출한다)은 생물이 환경 내에서 자외선으로 인해 만들어진 산소 자유라디칼에 대항해 스스로 방어하도록 이미 적응했기 때문에 진화할 수 있었다고 생각해볼 수 있다. 생물이 화성이 아닌 지구에 나타난 것도 이런 이유에서일 것이다. 이 세상에 수많은 거대 동식물들이 존재한다는 점을 생각해보자. 최초의 다세포 생물은 아마도 광합성에 의해 생산된 산소가 대기 중에서 점점 증가하자 공동으로 대처하기 위해 떼 지어 모인 세포 덩어리들로부터 진화해서 생겨났을 것이다. 산소의 독성이라는 위협이 없었다면 생물은 결코 녹색 점균 粘菌 이상으로는 발전하지 못했을 것이다. 개체의 크기가 커진 것도 산소와 관련이 있다. 몸이 커지는 것은 산소의 위협에서 벗어나는 수단이 된다. 아주 커다란 동물의 경우 대사율이 더 느리기 때문이다. 갈매기만큼 날개가 큰 거대 잠자리의 진화와 공룡의 흥망은 이런 면에서 설명할 수 있다. 또 성별을 생각해보자. 왜 암수 딱 두 종류의 성만 존재해야 할까? 어째서 하나나 셋, 또는 그 이상은 아닌 것일까? 양성兩性의 진화는 아마도 산소에 대처하는 수단이었을 것이다. 아기는 양성 사이에서만 어린 상태로 태어날 수 있다. 성별이 두 가지가 아니라면 산소 때문에 너무 빨리 나이를 먹을 수밖에 없는 자손이 태어나게 된다. 복제된 동물들이 대체로 어릴 때 죽는 것은 이 때문이다. 예를 들어 복제양 돌리는 다섯 살에 관절염을 앓고 있다. '진짜' 나이인 열한 살의 특성을 나타내는 것이다(복제양 돌리는 지은이가 이 책을 출간한 후인 2003년 2월에 죽었다—옮긴이). 마지막으로, 동력 비행을 생각해보자. 새나 박쥐는 몸집에 비해 유난히 오래 산다. 왜일까? 비행을 하려면 산소에 대해 대사적응을 해야만 하며, 이것이 수명을 늘려주기 때문이다. 우리 인간이 수명을 연장하고 싶다면 새에게 주의를 돌려야 할 것이다.

이 책에서 이야기할 내용은 대충 이러한 것들이다. 산소가 어떻게 우리의 삶과 죽음에 영향을 미치는지 알아내기 위한 여행의 일부분이라고 하겠다.

§

이렇게 이야기하면 주제넘는 일일지 모르지만, 이 책은 과학에 관한 것이다. 하지만 세계가 어떻게 돌아가는지에 대해 무미건조한 사실들을 나열해놓은 것은 아니다. 과학 자체가 그렇듯이 우연과 실험, 기이함과 고찰, 가설과 예측으로 이루어져 있다. 종종 과학을 간단하게 '사실'이라고 소개하는 경우가 많고, 과학적인 방법은 '진리'를 일정한 방식에 따라 풀어내는 것이라고 흔히 이야기한다. 만일 이것이 사실이라면 많은 과학자들을 포함해 사람들 대부분은 하품이 나도록 지루해할 것이다. 윤리학의 주관적 세계에 반대되는 것으로서 객관적 현실에 접근하는 수단이라는 인상 때문에 과학은 윤리적 체계인 종교의 반대편 자리에 앉아 있으며, 과학자들은 설교하는 태도를 갖게 된다. 그러나 과학이 자연의 작용에 대한 생생한 통찰력을 제공하는 것은 사실이지만 객관적 사실에는 미치지 못한다. 과학적 '사실'이라는 것들이 실은 틀린 것이었거나 사람들을 오도했다고 밝혀지는 일은 너무나 많다. 프랑켄슈타인적 재앙의 '위험은 없다'는 이야기를 들었는데도 그 일이 우리 눈앞에서 현실로 일어난다. 또 어떤 때는 과학자들이 불분명한 연구결과에 대해 말다툼을 벌이고 동료들끼리 공공연히 험담을 하기도 한다. 일반 대중들이 과학과 과학자들을 점점 더 회의적으로 바라보는 것도 어찌 보면 당연한 일이다. 이렇게 되면 사회에 드러나는 유감스러운 분열은 별문제로 치더라도 과학자가 되려는 꿈을 꾸는 젊은이들이 점점 더 줄어들게 된다. 이것은 큰 비극이다. 과학 활동에 대해 재미, 창조성, 모험 같은 좋은 생각을 사람들에게 심어준다면 그런 비극을 피할 수 있지 않을까?

과학의 진정한 재미는 미지의 세계, 새로운 땅의 지도를 그리는 흥분에 있다. 미지의 영역을 헤매면서 세계를 완벽하게 그려내는 경우는 드물다. 오히려 현실에 대해 중세의 지도 같은, 왜곡되어 있지만 알아볼 수는 있는 그림을 그리게 될 것이다. 과학자들은 이곳저곳 상세한 부분을 메우는 실험들을 통해 전체 윤곽선을 이으려고 애쓴다. 이렇게 가설적인 풍경을 시험하기 위한 실험을 고안하고 그 결과를 해석하는 것이 과학을 하는 기쁨의 큰 부분을 차지한다. 그래서 이 책에서는 가설을 실증하는 실험과 관찰에 대해 설명하는 데에 특히 주의를 기울였다. 어떻게 해서 과학이 여러 방법으로 해석될 수 있는지 보여주려고 노력했고, 내 해석이 설득력 있는 것인지 독자 여러분이 스스로 판단할 수 있도록 증거와 함께 그 증거가 가진 결함도 내놓았다. 이런 식의 접근을 통해, 이미 알려진 세계와 미지의 세계 사이의 경계를 따라 떠나는 모험의 정신을 독자 여러분과 나눌 수 있기를 바란다.

이렇듯 과학은 뚜렷하지만 범위가 제한된 증거에 근거하여 가설들을 내놓는다. 무지의 바다에 떠 있는 지식의 섬인 셈이다. 각각의 결과는 더 큰 그림이라는 맥락에서 볼 때만 뜻이 통하는 경우가 아주 많다. 모든 과학 논문에는 논의discussion라는 항목이 있다. 여기서 새로 얻은 결과를 전체적인 시야에서 평가하기 위해서다. 하지만 오늘날 과학은 고도로 전문화해 있다. 의학자가 지질학자와 고생물학자의 연구에 대해 언급하거나 화학자가 진화 이론에 크게 관심을 갖는 일은 드물다. 이러한 것은 대부분 거의 문제가 되지 않는다. 그러나 산소의 경우에는 시각이 지나치게 한정되면 전체를 보지 못하게 된다. 이 경우에 지질학과 화학은 진화 이론에 대해 할 이야기가 아주 많다. 또 고생물학과 동물행동학은 의학에 많은 도움을 줄 것이다. 이 모든 분야가 우리 인간의 삶과 죽음에 대한 통찰력을 제공한다.

생물의 삶과 죽음에 산소가 어떤 역할을 하는지 이해하기 위해서는 여러 분야의 학문에서 접근해야 하는데, 산소의 역할을 이해하다 보면 역으로 그런 각각의 분야에 대해 새로운 시각을 갖게 된다. 산소라는 프리즘을 통해 진화와 건강을 바라보면 오래전부터 내려온 수수께끼가 풀리기도 한다. 앞서 이야기한 두 가지 성별의 진화가 하나의 예다. 만일 왜 성별이 두 가지만 존재하도록 진화했는가 하는 문제 자체에서 출발한다면 여러 가설들을 서로 분간하기도 어렵다. 심지어 '그냥' 그렇게 되었을 가능성도 배제할 수 없게 된다. 산소가 노화에 어떤 역할을 하는지 생각하는 것은 이 문제와 그다지 관계가 없어 보일지도 모르겠다. 하지만 거기서 출발해 생각하다 보면, 만약 어떤 종種이 운동성 있는 생식세포를 생산하고 그 세포들이 짝을 찾아야만 한다면 생식을 하기 위해서는 반드시 두 가지 성별이 있어야 한다는 결론을 내리게 된다. 여기서 또다시 수많은 예측을 해볼 수 있다. 이런 식으로 생명에 대해 생각해보면 그저 항산화제 보조식품을 먹기만 해서는 수명을 연장시킬 수 없는 이유를 알 수 있으며 노화와 노인병을 지연하는 좀 더 현실적인 방법을 찾게 된다. 따라서 산소는 보통과 다른 각도에서 생명을 자세히 관찰할 수 있는 돋보기 역할을 한다. 그러므로 이 책은 단지 산소에 관한 책이 아니라 삶과 죽음, 그리고 산소에 관한 책이다.

이 책을 쓰면서 폭넓은 독자들이 읽을 수 있도록 노력했다. 과학 지식이 거의 없더라도 조금만 노력할 마음이 있다면 누구나 쉽게 이해할 수 있을 것이다. 이 책은 전체에 걸쳐 점점 논의가 완성된다. 그러니까 어떤 이야기인지 알고 싶다면 끝까지 다 읽어야 할 것이다. 하지만 각 장마다 그 자체의 이야기가 있으며, 앞장에 나온 이야기를 다 알지 못하더라도 그다음 장을 읽는 데에는 무리가 없을 것이다. 앞으로 이야기하겠지만, 산소에 대한 생물의 적응은 거의 40억 년 전에 시작되었고 우리 몸 가장 깊은 곳에 여전히 기록되어 있다. 이제 우리는 방사선 피폭, 원자로, 노아의 홍수, 광합성, 눈덩이 지구, 거대 곤충, 거대 포식자, 음식, 성, 스트레스, 감염병이 모두 산소와 연결되어 있다는 사실을 알게 될 것이다. 또 산소 중심의 시각은 노화와 질병, 그리고 죽음의 본질에 대한 놀라운 식견을 가져다줄 것이다. 그리하여 우리는 산소라는 이 단순한 무색무취의 기체로 인해 우리가 사는 세계가 만들어졌으며 우리가 나아갈 길 또한 정해졌다는 사실을 알게 될 것이다. 그러기 위해서, 우선 산소가 애초에 왜 그리고 어떻게 생물의 진화에 영향을 미쳤는지 그것부터 생각해보자. 맨 처음부터 말이다.

2

태초에

산소의 기원과 중요성

태초에 산소는 없었다. 40억 년 전의 공기에는 아마도 산소가 극히 적었을 것이다. 오늘날에는 공기 중에 1만당 2085, 그러니까 산소가 약 21퍼센트나 있다. 어떻게 이러한 변화가 일어났든, 이것은 지구에 생물이 살아온 역사상 유례를 찾아볼 수 없는 오염이다. 보통은 이것을 오염이라고 생각하지 않는다. 왜냐하면 산소는 우리 생명을 유지하는 데에 반드시 필요하기 때문이다. 그러나 원시 지구에 살았던 작은 단세포 생물들에게 산소는 생명을 주는 기체가 결코 아니었다. 아주 약간만 존재해도 생물을 죽일 수 있는 독이었다. 산소를 싫어하는 생물들은 물 고인 늪이나 바다 밑바닥, 심지어 우리 소화관 안에 여전히 존재한다. 이 생물들은 현재 공기 중 산소 농도의 0.1퍼센트 정도에만 노출되어도 죽는다. 원시 세계를 지배하고 있던 이러한 생물들의 조상에게 산소 오염은 엄청난 재난이었을 것이다. 그들은 세계를 주름잡는 위치에서 쫓겨나 변두리 신세로 전락하게 되었다.

산소를 싫어하는 생물들을 **혐기성**이라고 한다. 이 생물들은 산소를 이용할 수 없으며, 많은 경우에 산소가 없을 때만 살아갈 수 있다. 이들의 문제는 산소 중독에 대항해 자신을 지킬 수단이 전혀 없다는 것이다. 항산화제를 가지고 있더라도 거의 없는 것이나 마찬가지로 조금뿐이다. 이와 대조적으로 오늘날 많은 생물들은 항산화제를 잔뜩 가지고 있기 때문에 공기 중에 산소가 그렇게 많아도 잘 견딘다. 이러한 발달에는 모순점이 숨어 있다. 현대 생물들은 어떻게 항산화제를 갖추도록 진화했을까? 보통의 교과서적인 시각을 따르자면, 유독성 노폐물로 산소를 내뿜기 시작한 최초의 세포들은 항산화제를 갖추지 못했을 거라고 한다. 전에 존재하지도 않던 기체에 어떻게 적응할 수 있었겠는가? 하지만 산소가 대기에 등장한 후에 항산화제가 진화했다는 추측이 사실이라면, 대기에 산소가 크게 증가한 것은 분명 원시 생물들에게 매우 심각한 문제였을 것이다. 만일 최초의 혐기성 세포들이 오늘날 후손들과 조금이라도 비슷하게 산소의 영향을 받았다면, 공룡들의 멸종이 무색할 정도로 대멸종이 일어났을 것이다.

그런데, 그게 도대체 우리와 무슨 상관이 있을까? 제1장에서 이야기했던 노화에 관한 자유라디칼 이론에 따르면 산소의 독성은 우리 수명을 제한한다. 만약 이것이 사실이라면, 생물이 진화를 거쳐 산소에 적응한 방법은 우리에게 아주 중요한 의미가 있다. 대기 중 산소의 증가가 정말로 대멸종을 초래했을까? 생물은 어떻게 적응했을까? 궁극적인 적응 실패가 노화와 죽음을 초래했다면, 살아남은 생물들이 그러한 대량 학살에 대처한 방법에서 뭐든 배울 것이 있을까? 그 방법이 무엇이었든 우리가 그보다 '좀 더' 잘 대처할 수 있을까? 지금부터, 과거 오랜 시간에 걸쳐 일어난 산소 농도의 변화에 대해 생물들이 어떻게 반응했는지 살펴보면서 이러한 질문들에 대한 답을 찾아보도록 하자.

§

생명의 기원과 원시 시대의 역사는 과거 수십 년 동안 계속해서 새로이 학문적인 관심을 불러모았다. 그 과정에서 학자들이 세운 가설들이 바로 지금 우리가 생명의 기원에 대해 가장 기본적으로 갖고 있는 개념이 되었다. 그러나 예전의 시각이 너무 설득력 있고 뿌리 깊이 박혀서인지 최근의 생물학 교과서들조차 그 교조적인 믿음에 집착하고 있다. 다른 분야에서 연구하는 많은 과학자들은 자기들이 믿는 절대적인 진리를 고쳐 쓰는 것을 잊어버린 듯하다. 여기서 옛날 이야기를 자세히 소개할 필요가 있겠다. 생명의 기원에서 산소의 역할이라고 생각되는 것이 산소의 독성을 강조하고 있기 때문이다.

1920년대에 영국의 J. B. S. 홀데인과 러시아의 알렉산드르 오파린은 각자 지구의 원시 대기의 구성이 어땠을지 생각하기 시작했다. 그들은 목성의 대기에 존재한다고 알려진 기체들을 기초로 삼았다(그것은 광학 스펙트럼을 통해 알아낼 수 있었다). 홀데인과 오파린의 주장은 이러했다. 만일 지구가 목성이나 다른 행성들과 마찬가지로 기체와 먼지구름이 압축되어 생겼다면, 지구의 원시 대기 또한 유독한 수소, 메탄, 암모니아 혼합물을 포함하고 있었을 것이 당연하다는 것이다. 시간이 지나도 그들의 가설은 흔들리지 않았고, 1950년대에 미국의 스탠리 밀러와 해럴드 유리가 발표한 유명한 실험의 토대가 되었다. 밀러와 유리는 세 가지 목성 기체로 이루어진 기체 혼합물에 전기방전을 가하고(번개를 만들어낸 것이다) 그 결과물을 모았다. 이 실험에서 얻은 복잡한 유기 혼합물에는 아미노산이 높은 비율로 포함되어 있었다(모든 생물은 아미노산에서 생명의 기본 단위인 단백질을 만든다). 그들의 주장에 따르면, 이러한 반응을 통해 원시 바다는 묽은 유기물질 수프가 되었고, 그 안에 생명의 선구先驅물질들이 모두 들어 있었다. 이 수프에서 생명체가 생겨나는 데에 필요한 또 다른 요소라면 기회와 시간뿐이었다. 그리고 사실상 이 두 가지 모두 무제한으로 주어졌다. 지구의 나이는 45억 년이다. 최초의 거대 동물 화석은 5억 년 전에 생겼다. 40억 년이라면 시간은 충분했을 것이다.

실험에 선택된 기체들은 이론적으로는 물론 실제로도 이치에 맞는다. 수소와 메탄과 암모니아는 산소와 빛이 존재할 경우에 오래가지 못한다. 이 기체 혼합물은 산화되며, 이때 생성되는 유기화합물의 양은 급격히 줄어든다. 화학적으로 말해 **산화**oxidation란 원자나 분자에서 전자가 떨어져 나가는 것을 말한다. 반대로 전자가 더해지는 것을 **환원**reduction이라고 한다.

산화는 산소에서 따온 명칭이다. 산소는 분자에게서 전자를 잘 떼어내는 성질이 있다. 산소가 사물을 부식시키거나 파괴하는 성질이 있다고 생각하면 기억하기 쉬울 것이다.* 이를테면 페인트 제거제와 비슷하다고 할 수 있다. 산화는 전자 페인트를 벗겨내고, 환원은 새로 전자 페인트를 칠해 덮는 효과가 있다. 요점은 이런 것이다. 산소는 유기분자에서 전자를 떼어낼 수 있으며, 그 과정에서 전자를 내놓는 분자들이 자주 분해되기도 한다. 오늘날 세포들은 항산화제를 이용해 이런 손상에 대항하지만 처음에는 항산화제가 없었다. 자유 산소는 감당하기 어려운 문제였을 것이다. 만약 산소가 존재했다면 어떠한 유기분자나 초기 형태의 생물도 산산이 분해되고 말았을 것이기 때문이다. 생명이 시작되었다는 사실은 산소가 조금도 존재하지 않았음을 의미할 수밖에 없다.

따라서 최초의 세포는 아마도 산소가 없는 대기 중에서 진화하면서 산소의 도움 없이 에너지를 발생시켰을 것이다. 19세기 말에 루이 파스퇴르가 발효를 '산소 없는 생명활동'이라고 설명하고 연구를 통해 자신이 옳다는 것을 증명하면서, 이런 주장은 논리적인 것처럼 보였다. 효모나 다른 여러 단세포 생물들은 발효로 에너지를 얻는 데다가 그 구조가 단순하기 때문에 이들

---

* '사자LEO(Loss of Electron is Oxidation)가 그르렁GER(Gain of Electron is Reduction)'이라는 암기법도 예전부터 있다(전자를 잃으면 산화, 전자를 얻으면 환원이라고 한다는 걸 외우려고 만든 암기법인데, 우리나라에서는 딱히 암기법을 만들어서 외우지 않는다―옮긴이)

을 원시 생물의 잔재로 추측하는 것은 쉬운 일이었다. 이 이론에 따르면, 이런 단세포 생물은 바다에 녹아 있는 유기화합물들을 발효시켜 에너지를 얻으며 살아가다가 산소를 사용하는 최초의 광합성 세균인 시아노박테리아가 등장하면서 그 자리를 빼앗겼다(예전에는 시아노박테리아를 청록 조류, 즉 남조류blue-green algae라고 불렀다. 잘못된 이름이지만 시적이다).

시아노박테리아는 태양의 에너지를 이용하는 방법을 익혔다. 현미경으로나 볼 수 있을 정도로 아주 작은 생물이었지만 오랜 세월이 지나면서 그 수가 터무니없이 많아졌고(물 한 방울에 수십억 마리씩 들어갈 정도다) 유독성 산소 폐기물로 주위 환경을 소리 없이 더럽혔다. 배출된 산소는 우선 바다에 녹아 있거나 바위에서 침식되어 나온 무기물질들과 반응했을 것이다. 무기물질이 산화되면서 산소는 무기화합물 안에 갇혔다. 거대한 천연자원이 수억 년 동안 자유 산소를 막아주는 방패 역할을 했던 것이다. 하지만 결국 이 방패도 완전히 산화되었다. 이제 막을 수단이 아무것도 남아 있지 않은 상태에서, 대기와 바다는 갑자기(지질학적으로 볼 때 그렇다는 얘기다) 산소로 오염되었다. 그 결과는 끔찍했다. 말하자면 산소 대학살이 일어난 것이다. 미국 매사추세츠 주 애머스트 대학의 유명한 생물학 교수인 린 마굴리스는 1986년에 다음과 같이 썼다.

이것은 단연 지구가 지금까지 견뎌온 중에 가장 큰 위기였다. 많은 종류의 미생물들이 즉시 죽어버렸다. 미생물들이 이러한 천재지변에 대항할 방어책은 DNA 복제와 중복, 유전자 전달과 돌연변이라는 표준적인 방법뿐이었다. 다수가 죽었고, 독소에 노출된 세균들은 생식활동을 강화했다. 이로부터 흔히 미소 생태계microcosm라고 하는 초유기체의 재편성이 이루어졌다. 새로 생긴 적응성 강한 세균들은 증식을 계속하면서 산소에 민감한 개체들이 차지하고 있던 지구 표면을 재빨리 점령했다. 다른 세균들은 그 아래 흙이나 진흙 등 산소가 없는 장소에서 살아남았다. 오늘날 우리가 두려워하는 핵무기 대학살과 맞먹는 대학

살로부터 생명의 역사상 가장 눈부시고 중요한 진화가 탄생한 것이다.

이러한 견해에 따르면, 새로운 세계 질서의 성공은 산소의 독성을 이겨내는 미생물들의 능력에서가 아니라 놀라운 진화의 역작으로부터 얻은 것이다. 이 진화를 통해 세포들은 치명적인 독이었던 바로 그 물질에 의존하게 되었다. 용감한 신세계 주민들은 산소로 에너지를 얻었다.

옛 이론은 계속 이어진다. 우리 인간은 산소에 의존하고 있기 때문에, 산소가 유독성 기체이며 심각한 화재 위험은 물론 노화 및 죽음과도 밀접하게 연관되어 있다는 사실을 흔히 잊어버린다. 오랜 진화 기간에 걸쳐 산소의 반응성은 산소가 대기에 축적되는 것을 조절하는 역할을 했다. 5억 5000만 년 전쯤 다세포 생물이 폭발적으로 증가한 이래 대기의 산소는 21퍼센트 안팎으로 유지되었는데, 이는 계속해서 자연적으로 평형이 이루어진 결과다. 산소의 농도가 일정 수준 이상으로 지나치게 높아지면, 산소의 독성이 식물의 성장을 억제한다. 따라서 광합성으로 생산되는 산소의 양은 떨어지며, 결과적으로 대기 중의 산소 농도를 떨어뜨리는 것이다. 대기 중의 산소가 약 25퍼센트 이상이 되면 습한 열대우림조차 큰 화재를 일으키며 타버린다고 한다. 거꾸로 산소 농도가 약 15퍼센트 이하로 떨어지면, 동물들은 질식하고 마른 나뭇가지들조차 타지 않는다. 지난 3억 5000만 년 동안에 쌓인 퇴적암에서 목탄 화석이 계속 발견되는 것을 보면 화재가 줄기차게 지구를 휩쓸었다는 사실을 짐작할 수 있다. 만일 그렇다면, 산소 농도는 15퍼센트 밑으로는 떨어진 적이 없다는 이야기가 된다. 따라서 생물권은 동식물이 살아온 현세를 통틀어 대기 중 산소를 스스로 알맞은 수준으로 조절해온 것이다.

여기까지가 학생 때 내가 배운 이야기다. 그중 많은 부분이 여전히 널리 받아들여지고 있으며 적어도 이의가 제기되지는 않는다. 다소 제한된 증거를 근거로 하고 있음에도 불구하고, 저런 주장은 대부분 생물학적으로 그럴듯하게 들린다. 요약하자면 이런 것이다. 메탄, 암모니아, 수소를 포함하고 있는 행성 대기에서 원시 수프가 형성되었고, 그 안에서 화학적인 진화를 통해 생물이 진화했다. 최초의 세포들은 수프를 발효시키며 살아가다가 시아노박테리아에게 자리를 빼앗겼다. 시아노박테리아는 태양에너지를 이용해 광합성을 하면서 산소라는 유독성 폐기물을 방출했다. 이 유독한 기체는 바위와 바다를 전부 산화시키고 마침내 대기에 축적되어 세계 종말을 방불케 하는 멸종을 불러왔다. 산소 대학살이 일어난 것이다. 시체들을 딛고 새로운 세계의 질서가 등장했다. 생물은 조상들 대부분을 쓸어버린 바로 그 기체에 의존해 살게 되었다. 산소는 새로운 질서 아래에서 에너지를 얻는 수단이 되었다. 그렇더라도 산소의 독성과 반응성 때문에 생물권은 어쩔 수 없이 대기 함유량을 21퍼센트로 조절하게 되었다.

이 이야기가 머릿속에 너무 깊이 뿌리박혀 있었기 때문에, 산소 농도가 3억 년쯤 전인 석탄기 동안 35퍼센트에 달했던 적이 있다는 주장을 텔레비전에서 접했을 때 나는 화가 났다. 그게 말이 되겠는가? 모든 것이 다 타버렸을 텐데? 식물이 자랄 수 없었을 게 아닌가! 이런 반응을 보인 것은 나 혼자만이 아니었다. 세계적으로 명성 높은 지질학자가 진지하게 내놓은 것이었음에도 불구하고, 처음에 그 주장은 지질학계와 생물학계에서 비웃음을 받았다. 그 주제에 대해 조사하기 시작하고 나서야 나는 비로소 그 수정주의 지질학자가 옳았다고 확신하게 되었다. 많은 주장들이 아직 논란의 여지가 있으며, 그 증거들은 대부분 결점이 있다. 하지만 동시에 여기에는 다른 결점을 보충할 수 있는 장점이 하나 있다. 지난 20년 동안 우리는 과학적 상상력에서 기인한 판타지의 영역에서 벗어나 지구의 변화에 대한 새로운 모델들을 분자적 증거를 들어 뒷받침하는 시대에 접어들었다. 비록 새로운 진술이 산소가 유독하다는 사실에 어긋나고 때로는 상식에 맞지 않는다 해도, 증거들을 종합해보면 설득력이 있다.

증거를 고찰하고 그것이 어떻게 해서 오늘날 우리 생활에 영향을 미치는지 묻기 전에, 우선 새로 등장할 그림을 바라보는 방향을 바꿔야 한다. 앞서 요약했던 이야기는 대부분 뒤집혔다. 새로운 이론에 따르면, 생물은 원시 수프에서 합체한 것이 아니다. 대양의 중앙해령 깊은 곳에는 유황 성분이 풍부하고 검으며 뜨거운 물을 뿜어내는 구멍이 있다. 흔히 연기 열수공 black smoker이라고 하는데, 이곳이 바로 생명이 시작된 장소다. 지구상의 모든 생물들이 하나의 조상으로부터 진화했다고 할 때 이 조상 생물이 다른 종류로 나뉘기 직전의 단계를 가리켜 모든 생물의 마지막 공통조상the Last Universal Common Ancestor(LUCA)이라고 한다. 앞뒤가 안 맞는 이야기 같겠지만, 이 공통조상은 호흡하는 데에 극소량의 산소를 사용했다. 후손들이 광합성을 시작하기도 전에(그러니까 적어도 산소를 생성하기 전에) 말이다. 최초의 세포들은 발효를 하면서 그럭저럭 살아간 게 아니라 질산염이나 아질산염, 황산염, 아황산염, 산소 같은 여러 무기질 원소와 화합물에서 에너지를 추출했다고 추정된다. 만일 그렇다면, 우리 모든 생물의 마지막 공통조상은 공기 중에 자유 산소가 존재하기 전부터 이미 산소의 유독성에 대한 저항력이 있었다는 이야기가 된다. 그리고 아마 시아노박테리아 같은 후손들도 그 비슷하게 자기들이 내놓은 노폐물로부터 스스로를 보호했을 것이고, 따라서 산소 대학살에 죽지도 않았을 것이다.

사실, 산소가 일찍이 대멸종을 일으켰다는 믿을 만한 증거는 하나도 없다. 지구의 산소량은 생물권에 의해 조절된 평형 상태까지 한 방에 휙 하고 늘어난 게 아니라 일련의 뚜렷한 단계를 이루며 증가한 듯하다. 그러한 단계적 변화는 판구조론과 빙결작용 같은 비생물적 요소들에 의해 촉진되었다. 각 단계별로 대기 중의 산소가 늘어날 때마다 생물은 크게 다양해졌고, 점점 퍼져 나가 생태계의 빈틈을 메웠다. 미국 서부 개척시대의 빈 초원에 사람들이 퍼져 나간 것과 아주 똑같다. 공기 중에 산소가 늘어나면서 곧이어 단세포 진핵생물이 생겨났다. 진핵생물은 세포에 핵이 있는 생물을 말하는데, 우리 인간을 포함해 모든 다세포 생물들의 조상이다. 이와 비슷하게 캄브리아기 초(5억 4300만 년 전)에 산소가 늘어났을 때는 바로 뒤이어 다세포 동식물들이 폭발적으로 늘어났고, 석탄기와 초기 페름기(3억 2000만 년 전부터 2억 7000만 년 전까지) 사이에 산소가 늘어났을 때에는 거대 곤충들과 식물들이 등장했다. 아마 공룡도 그때 나타났을 것이다. 반대로 몇몇 대멸종은 산소 농도가 하락한 시기와 연관되어 있다. 페름기 말(약 2억 5000만 년 전)에 일어났던 대멸종인 '모든 멸종의 어머니'도 마찬가지였다. 결국 산소는 '좋은 것'이라는 결론을 내릴 수밖에 없다. 이런 결론 때문에 잠을 설칠 사람은 얼마 없을지도 모르겠지만, 노화와 질병에 미치는 산소의 독성에 대한 생각을 잠재우는 데에는 확실히 도움이 될 것이다.

§

신성불가침으로 여겨졌던 옛 이론 중에서 제일 먼저 단념할 부분은 지구의 원시 대기를 구성하고 있던 성분이 목성과 비슷했을 것이라는 점이다. 사실, 생물은 메탄과 수소, 암모니아가 거의 없는 대기 중에서 진화했을 것이다. 이에 대한 직접적 증거를 지질학에서 얻을 수 있다.

지구와 달은 45억 년 전보다 더 오래전에 형성되었다. 아폴로 우주선이 가져온 월석月石 표본으로 달 분화구의 나이를 추정해보면, 우리 태양계는 적어도 5억 년 동안 운석의 폭격을 받았음을 알 수 있다. 그 운석 폭격은 38억 년 전부터 40억 년 전쯤에 끝났다. 지구에서 가장 오래된 퇴적암은 현재 그린란드 서부 해안에 있는데, 38억 5000만 년 전의 것으로 확실하게 인정받고 있다. 지구가 형성되고 나서 겨우 7억 년 후이며, 운석 폭격이 끝나고 그리 오래 지나지 않았을 때의 것이다.

그렇게 오래되었는데도 불구하고, 이 고대의 암석들이 나타내는 당시의 대기며 물의 순환은 현대와 놀라울 정도로 비슷하다. 이런 암석들이 한때는 퇴적물이었다는 사실에서 그 장소가 커다란 바다나 호수 밑바닥이었다는 것을 알 수 있다. 아마도 땅덩어리가 빗물에 의해 침식되어 퇴적물들을 이루게 되었을 것이다. 이런 일이 일어나려면, 당연히 물이 증발되고 구름이 형성되어 비가 내릴 수 있는 범위 내에서 온도가 변화해야 한다. 암석에 들어 있는 광물들을 살펴보면 당시 공기의 구성을 자세하게 추정할 수 있다. 예를 들어, 탄산염은 오늘날 그렇듯이 당시에도 이산화탄소가 규산염 암석과 반응하여 형성되었던 듯하다. 그렇다면 당시 공기 중에는 이산화탄소가 존재했다고 추정할 수 있다. 또 그린란드 퇴적암에는 다양한 산화철이 들어 있다. 화학적으로 볼 때 산화철은 목성과 비슷한 대기 환경에서는 형성될 수 없다. 공기 중에 산소가 극미량 이상으로 존재하는 경우에도 마찬가지다. 따라서 당시에는 공기 중에 산소가 극미량밖에 없었다고 생각해도 좋을 것이다. 결국, 당시 공기의 주된 성분은 오늘날과 마찬가지로 질소였을 것으로 추정하는 것이 옳다. 왜냐하면 질소는 기체 형태로는 활성이 거의 없으며 생물에 의해 많은 양이 방출되지도 않기 때문이다. 지금까지 알려진 어떤 화학반응이나 생물반응으로도 공기 중에 이렇게 많은 질소를 만들어낼 수는 없다. 그러므로 질소는 처음부터 대기 중에 있었을 것이다. 따라서 약 40억 년 전 지구의 대기는 아마도 오늘날처럼 주로 질소로 이루어져 있었으며, 약간의 이산화탄소와 수증기, 그리고 극미량의 산소와 다른 기체들이 포함되어 있었을 것이다. 메탄과 암모니아와 수소는 원래 없었다.

고대 암석들의 성분에 근거를 두고 있는 이런 예상들을 뒷받침할 증거가 또 있다. 이 증거를 통해 원시 대기의 기원에 대한 실마리를 찾아볼 수 있을 것이다. 바로 오늘날 지구의 대기 중에는 활성이 없는 비반응성 기체들이 드물다는 사실이다. 특히 네온이 그렇다. 네온은 우주에서 일곱 번째로 많은 원소다. 우주의 먼지구름과 가스에 풍부한데, 지구를 포함해서 태양계 행성들은 바로 이런 먼지와 가스가 압축되어 형성되었다. 네온은 비활성 기체로, 질소보다도 반응성이 훨씬 더 낮다. 지구의 원시 대기 중 어떤 성분이든, 운석폭격 후에 조금이라도 남아 있다면 질소와 양이 비슷해야 이치에 맞는다. 그런데 사실상 네온은 질소의 6만 분의 1밖에 없다. 만약 지구의 대기가 목성과 비슷했다면 운석들이 맨 처음 쏟아졌을 때 통째로 날아가버렸을 것이다.

그렇다면 오늘날 같은 지구 대기는 어떻게 해서 생긴 것일까? 그 해답은 화산인 것 같다. 화산가스에는 유황가스뿐 아니라(이 성분은 빗물에 녹았을 것이다) 질소와 이산화탄소가 (적절한 균형을 유지하면서) 존재하고, 또 네온이 약간 포함되어 있다. 메탄과 암모니아, 산소는 거의 없다.

산소는 어디에서 나타났을까? 공기 중에 산소를 내보내는 원천이 될 만한 것은 딱 두 가지가 있다. 그중 가장 중요한 것은 단연 **광합성**이다. 광합성 과정을 통해 식물, 조류, 시아노박테리아는 녹색 색소인 엽록소로 붙잡은 햇빛의 에너지를 이용해 물을 '쪼갠다'. 물을 쪼개면 산소가 나오고, 이 산소는 노폐물이기에 대기로 방출된다. 한편 빛에너지를 흡수해 물을 쪼개면 에너지가 풍부한 화합물들이 생기는데, 이 화합물들이 공기 중에서 이산화탄소를 붙잡아 당, 지방, 단백질, 핵산을 만들고 이를 재료로 각종 유기물질을 만든다. 정리하자면, 광합성은 햇빛과 물, 이산화탄소를 이용해 유기물질을 생산하는 반응이다. 그리고 노폐물로 산소를 방출한다.

만일 광합성이 지구에서 유일한 생태작용이었다면, 산소는 공기 중에 계속해서 쌓이고 식물들은 이산화탄소를 전부 써버렸을 것이다. 그런 다음에 모든 것이 딱 멈췄을 것이다. 하지만 그런 일은 일어나지 않았다. 사실, 산소를 소비할 수 있는 반응은 수없이 많다. 산소는 바닷물이나 암석에 포함된 광물들과 반응할 수도 있고 화산가스와 반응할 수도 있다. 하지만 오늘날 식물이 생산한 산소는 대부분 동물과 균류와 세균의 **호흡**에 사용된다. 호흡이란 생물이 먹이로 섭취한 유기물질을 산소를 이용해 '태워서', 즉 산화시켜서 에너지를 뽑아내 이용하고 이산화탄소를 다시 공기 중에 방출하는 것이다.[*] 동물과 세균(박테리아), 균류는 모두 다른 생물이 만든 유기물질을 섭취

---

[*] 식물과 조류, 시아노박테리아도 호흡을 한다. 광합성 중에 생긴 산소를 일부 이용해 광합성으로 만든 탄수화물을 태우고, 그 안에 저장된 에너지를 뽑아 쓰는 것이다.

해 소비하기 때문에 다 같이 **소비자**로 분류할 수 있다. 정의에 따르면, 소비자는 광합성을 하는 1차 **생산자**들이 만든 당, 지방, 단백질을 호흡해(즉 연소 작용을 통해) 에너지를 얻는다. 호흡에서 일어나는 반응을 전체적으로 보면, 산소와 당이 소비되고 노폐물로 이산화탄소와 물이 생긴다. 광합성과 정반대 반응이라고 할 수 있다. 그리고 본질적으로 광합성으로 생기는 것과 거의 똑같은 양의 산소를 소비한다. 우리가 섭취한 음식을 연소하면 산소를 소비할 뿐 아니라 광합성에 필요한 이산화탄소를 다시 만들게 된다. 우리 인간을 스스로 기생충 같다고 여기는 시각도 있지만, 사실 우리에게 식물이 필요한 만큼 식물들도 우리가 필요한 것이다.

만약 1차 생산자들이 만든 유기물질들을 소비자들이 전부 먹어치운다면 공기 중에 배출된 산소도 호흡으로 모두 소비될 것이다. 놀랍게도, 실제로 벌어지는 일도 이와 매우 비슷하다. 광합성 생물들이 방출한 산소는 생산자를 먹거나 서로 잡아먹고 사는 동물과 균류와 세균이 거의 완전히(99.99퍼센트) 소비한다. 여기서 하찮아 보이는 0.01퍼센트의 불일치가 사실은 모든 생물들이 지금처럼 살고 있는 원인이 된다. 이 불일치는 연소되지 않고 퇴적물 아래 파묻히는 유기물질들을 나타낸다. 이러한 불일치가 수십억 년 동안 쌓여서 막대한 양의 유기물질들이 땅속에 묻혀 있게 된 것이다.

유기물질이 일부 남아서 다른 생물들에 의해 섭취되지 않고 파묻힌다면 산소 또한 완전히 소비되지 않는다.* 나머지 산소는 대기에 축적된다. 우리의 귀중한 산소는 거의 모두 1차 생산자들이 만든 산소의 양과 소비자들이 사용한 산소의 양 사이에 30억 년 동안 불균형이 이어진 결과인 것이다. 죽은 유기체가 막대한 양으로 땅속에 파묻혔기 때문에 생물계의 전체 탄소 함유량은 줄어든다. 미국 예일 대학의 지구화학자 로버트 버너가 주장한 바에

---

* 화학에 관심 있는 독자들을 위해 간단히 적어보면, 광합성의 전체 반응식은 $CO_2 + H_2O \rightarrow CH_2O$(탄수화물 형태의 유기탄소)$+O_2$로 나타낼 수 있다. 호흡은 이 반응식의 방향을 거꾸로 하면 된다. 그러니까 땅속에 파묻혀 호흡으로 연소되지 못한 각각의 CH_2O 분자에 대해 (또는 동량의 다른 유기물질에 대해) O_2 한 분자가 공기 중에 남게 되는 것이다.

따르면, 전체 살아 있는 생물권에 존재하는 것보다 2만 6000배나 많은 탄소가 지각에 파묻혀 있다. 바꿔 말하자면, 전체 생물계가 차지하는 유기탄소는 현재 지구상에 또는 땅속에 존재하는 유기탄소의 0.004퍼센트에 불과하다는 이야기다. 만일 모든 유기물질이 산소와 반응했다면, 지금 공기 중에는 산소가 하나도 남아 있지 않았을 것이다. 전체 유기탄소 중에 겨우 0.004퍼센트(즉 생물 전체)가 산소와 반응한다고 해도, 대기 중 산소의 99.996퍼센트는 그대로 남게 된다. 따라서 온 세상의 숲을 아무리 마구잡이로 파괴하더라도 산소 공급이 크게 줄어들지는 않는다. 물론, 다른 점에서 볼 때 그런 짓은 당치도 않은 바보짓이며 비극이지만 말이다.

매장된 유기물질들은 석탄이나 석유, 천연가스의 형태를 취하고 있으며, 나머지는 눈에 잘 띄지 않게 황철석 같은 광물들과 퇴적암에 섞여 있다. 보통 사암에는 탄소가 전혀 없는 것처럼 보이지만 대체로 무게의 몇 퍼센트 정도는 유기탄소를 포함하고 있다. 이러한 암석들은 양이 매우 많기 때문에 사실상 땅속에 매장된 유기탄소의 대부분을 차지한다. 화석연료의 형태로 이용할 수 있는 것은 그중 아주 적은 부분이다. 그러니까 설령 우리가 땅속에 매장된 석탄과 석유, 천연가스를 전부 태워버리더라도 대기 중의 산소는 겨우 몇 퍼센트만 없어질 것이다.

원래 대기 중의 산소는 생물의 광합성이 아니라 그와 비슷한 화학반응에 의해 생긴 것이다. 그 과정을 보면 반응속도가 얼마나 중요한지, 그리고 생물이 어떤 차이를 불러올 수 있는지 생생하게 알 수 있다. 태양에너지, 그중에서도 특히 자외선은 생물 촉매의 도움 없이도 물을 산소와 수소로 쪼갤 수 있다. 수소 기체는 아주 가볍기 때문에 지구의 중력에서 벗어날 수 있다. 하지만 산소는 훨씬 더 무거운 기체라 중력에 붙잡혀 대기에 남는다. 고대 지구에서, 이런 식으로 형성된 산소는 대부분 암석과 바닷물에 함유된 철과 반응해 지각 속에 영구히 붙잡혔다. 그 결과로 물이 없어지게 되었다. 물이 쪼개져서 산소와 수소로 나뉜 후, 수소는 우주로 확산되었고 산소는 공기 중에 축적되는 대신에 지각에 붙잡혔기 때문이다.

수십억 년에 걸쳐 자외선에 의해 물이 사라지는 작용이 일어나면서 화성과 금성에는 바다가 사라졌다.* 현재 두 행성 모두 건조하고 황폐한데, 지각은 산화된 상태이며 대기는 이산화탄소로 가득 차 있다. 양쪽 모두 서서히 산화되었고 대기에는 자유 산소가 극미량밖에 축적되지 않았다. 화성과 금성은 이런데, 지구는 어째서 다를까? 결정적인 차이점은 산소가 형성된 속도였다. 만일 산소가 천천히 생성되어서 그 속도가 풍화작용과 화산활동에 의해 암석과 광물, 화산가스가 공기 중에 새로 노출되는 속도보다 빠르지 않다면, 생성된 산소는 공기 중에 축적되지 않고 전부 산화작용으로 소비될 것이다. 지각은 천천히 산화되고, 산소는 결코 공기 중에 축적되지 않을 것이다. 새로운 암석과 광물이 공기에 노출되는 속도보다 산소가 더 빨리 생성되어야 공기 중에 축적되기 시작할 수 있다.

화성이나 금성처럼 불모의 땅이 될 운명에서 지구를 구해낸 것은 생물이었다. 생물이 광합성으로 산소를 더 만들어냈기 때문에 육지와 바다를 통틀어 산소와 반응할 것이 모자라게 되었고, 결국 대기 중에 자유 산소가 축적된 것이다. 자유 산소가 존재하게 되면 물의 손실은 중단된다. 이 산소가 물에서 쪼개져 나온 수소 대부분과 반응하여 다시 물을 만들기 때문이다. 그렇게 해서 지구에 바다가 보존된 것이다. 가이아 이론의 창시자인 제임스 러브록이 오늘날 공기 중의 산소량을 이용해 추정한 바에 따르면, 수소는 1년에 약 30만 톤씩 우주로 날아간다. 지구가 매년 약 300만 톤의 물을 잃는다는

---

* 1999년부터 화성 주위를 돌고 있는 화성 탐사선 MGS(The Mars Global Surveyor)는 상세한 퇴적암 사진들을 보내왔는데, 미 항공우주국에 따르면 그 퇴적암들은 호수나 얕은 바다에서 형성된 것이라고 한다. 침식된 흔적들을 보면 과거에는 화성에도 물이 흘렀다는 것을 알 수 있다. 이는 오래 전에 설명이 된 부분이지만, 새로 입수된 사진들은 화성에 바다가 존재했다는 것을 확실하게 증명하고 있다. 그 바다가 땅속으로 흘러 들어갔는지 아니면 우주로 증발해버렸는지 또는 둘 다인지는 아직 밝혀지지 않았다.

이야기다. 이렇게 양만 놓고 보면 뭔가 불안하게 들릴 수도 있겠지만, 러브록의 계산에 따르면 이런 속도로 지구의 바다가 딱 1퍼센트 손실되는 데에만도 45억 년이나 걸린다. 바로 광합성 덕분이다. 만약에 화성과 금성에 생물이 존재했다 하더라도 광합성은 하지 못했을 것이 분명하다. 아주 실제적인 의미에서 볼 때, 오늘날 우리 인간이 존재할 수 있었던 것은 원시 지구의 생물들이 광합성 기술을 개발하고 생물 촉매의 작용을 통해 빠른 속도로 산소를 대기에 주입한 덕분이라 할 수 있다.

§

지구에 생명이 어떻게 시작되었는가 하는 이야기는 이 책에서 다루지 않는다. 관심 있는 독자들은 더 읽어보기에 있는 폴 데이비스, 그레이엄 케언스 스미스, 프리먼 다이슨의 저서를 읽어보기 바란다. 여기서는 생물이 바다에서 진화했으며 당시의 지구 대기는 질소와 이산화탄소로 꽉 차 있었고, 산소는 아직 극미량뿐이었다는 데에서 출발한다. 생물은 아주 일찍 광합성을 시작했을 것이다. 그 일이 왜, 어떻게 일어났는지는 제7장에서 이야기하도록 하겠다. 지금은 광합성을 통해 공기와 바다로 산소가 방출되면서 높아진 산소 농도에 생물이 어떻게 반응했는지를 알아보자. 산소 오염은 린 마굴리스나 다른 학자들의 주장대로 엄청난 대멸종을 초래했을까, 아니면 진화의 혁신을 가져왔을까? 그렇게 오래전의 일인데, 이쪽이든 저쪽이든 근거가 될 만한 증거가 남아 있기는 할까?

　지질학의 선구자들 중 한 명인 프레스턴 클라우드가 1960년대에 벌써 여기에 도전장을 냈다. 이후 그 분야는 기술적으로 장족의 발전을 했지만, 클라우드의 연구와 견해는 오늘날까지도 매우 중요한 위치를 차지하고 있다. 클라우드의 주장에 따르면, 원시 진화의 주요 사건들은 공기 중 산소량의 변화와 짝을 지어 일어났다. 공기 중 산소의 농도가 올라갈 때마다 생물은

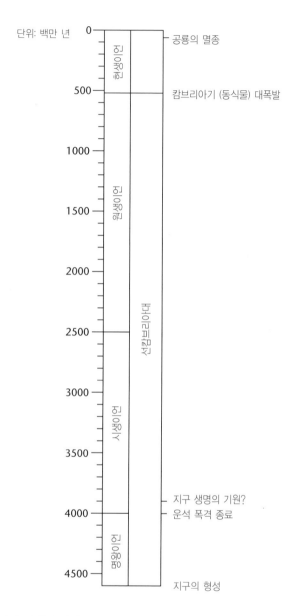

그림 1 46억 년 전 지구의 형성부터 현재까지를 나타낸 지질연표. 선캄브리아대가 엄청나게 길었던 점에 주목하자. 최초의 동식물들은 5억 4300만 년 전에 캄브리아기 대폭발을 전후해 나타났다. 공룡의 멸종은 6500만 년 전에 일어난 일이었다.

풍부해졌다. 클라우드는 이 가설을 증명하기 위한 세 가지 기준을 제시했다. 1) 정확히 언제, 어떻게 산소 농도가 변했는지 알아야만 한다. 2) 생물의 적응이 정확히 동시에 일어났다는 사실을 증명해야 한다. 3) 산소 농도의 변화를 진화적 적응에 연관시킬 확실한 이유가 있어야 한다. 앞으로 세 장에 걸쳐, 클라우드의 가설이 어디까지 사실인지 새로운 증거를 통해 알아볼 것이다.

지구의 역사를 편의상 세 부분으로 크게 나눠보자(〈그림 1〉). 처음 선캄브리아대는 눈에 보이는 화석이 나타나기 전의 길고 조용한 시기다. 단, 마지막에 가서 다세포 생물의 실험이 미약하게 한 번 있었다. 그다음이 이른바 캄브리아기 대폭발인데, 다세포 생물의 화석기록이 폭발적으로 증가한 시기다. 이 화석들은 아테나가 제우스의 머리에서 튀어나온 것처럼 완전히 모양을 갖추고 갑옷 차림으로(이들 화석에는 단단한 껍데기가 있다) 나타났다. 마지막으로 현생이언은 육상식물과 동물과 균류가 살고 있는 '현대'다. 삼엽충과 암모나이트, 공룡, 포유류가 지질학적으로 보면 눈 깜짝할 사이에 차례차례 등장했다. 다세포 생물들이 그렇게 폭발적으로 증가할 수 있었던 조건은 모두 선캄브리아대에 갖춰졌다. 이 시기를 제3장에서 다루고, 그다음에 캄브리아기 대폭발과 현생이언 이야기를 차례로 제4장과 제5장에서 하도록 하자.

3

침묵의 시기

미생물 진화의 30억 년

역사에 대해 겨우 수십 년, 또는 수백 년 동안 갈고 닦은 시각을 가지고 선캄브리아대라는 막대한 시간의 자취를 이해한다는 것은 거의 불가능하다고 해도 과언이 아니다. 지금 우리는 40억 년이나 되는 기간을 다루고 있다. 지구가 존재해온 기간의 10분의 9에 해당한다. 1초에 1000년씩 시간을 거슬러 올라가며 여행을 한다고 생각해보자. 2초 후에는 예수가 살던 시대로 돌아갈 것이고, 10초 후에는 농업이 탄생하는 순간을 볼 것이며, 30초가 지나면 최초로 동굴 벽화를 그리는 사람을 만날 것이다. 그리고 2분도 채 안 되어서 원숭이를 닮은 우리 조상들이 아프리카 대초원을 터벅터벅 걸어가는 모습을 엿볼 수 있을 것이다. 계속해서 과거로 가다가 18시간이 지나면 공룡들을 쓸어버린 비극이 펼쳐질 것이다. 4일 하고도 12시간이면 캄브리아기 대폭발에서 다세포 생물들이 펼치는 연극의 서막을 제일 좋은 자리에서 관람할 수 있다. 그런 다음 침묵의 여행이 계속된다. 드디어 44일 만에 최초의 생명이 꿈틀거리는 모습을 만날 것이고, 53일 후에는 가스와 먼지구름에서 덩어리가 응집

되어 지구가 형성되는 장면을 보게 될 것이다.

　이렇게 시간을 압축해보면, 지구에는 40박 40일에 걸쳐 현미경으로나 볼 수 있는 작은 단세포 세균들과 단순한 조류가 꽉 들어차게 된다. 상상을 가로막을 진짜 화석기록이 하나도 없기 때문에, 생물의 원시 역사를 이해하자면 처음에는 당연히 추측이나 다름없는 과정부터 시작하게 된다. 암석에 흔적을 거의 남기지 않은 미생물에게 일어난 생화학적 변화라든지 오래전에 사라진 대기의 산소 농도에 대해 지금 와서 어떻게 논리적인 설명을 할 수 있을까? 실제로 그 해답은 암석에, 때로는 현미경으로만 볼 수 있는 미화석에, 그리고 때로는 고대 지구과학적 순환의 분자 유령에 적혀 있다. 이보다 더 확실한 것이 있다. 현대 생물들의 격세 유전자(조상이 가지고 있던 형질이 세대를 건너뛰어 나타나는 것을 격세 유전이라고 한다―옮긴이)는 종종 진화적 뿌리를 드러낸다. 유전자에 적혀 있는 문자는 불가사의하지만 분명히 어떤 의미를 가지고 있다. 말하자면 분자로 이루어진 로제타석石(이집트 상형문자 해독의 열쇠가 되어준 비석 조각―옮긴이)이라 할 수 있다. 우리의 유일한 길잡이가 될 분자들로 이루어진 유전자는 암호를 구성하고, 그 암호를 풀어 만든 단백질을 오늘날 생물들이 이용하고 있다. 그러니까 이를테면 오늘날 적혈구의 붉은 색소 단백질인 헤모글로빈은 산소를 붙잡는 특정한 일을 담당하는데, 어떤 세균의 유전자 서열을 연구했더니 그 세균도 헤모글로빈과 비슷한 단백질을 만드는 유전자를 가지고 있더라고 한다면, 우리의 공통조상 역시 그런 유전자를 갖고 있었을 가능성이 아주 높다. 그렇다면 공통조상 또한 헤모글로빈을 이용해 산소를 붙잡았을 것이라고 추측할 수 있다. 만일 이 단백질을 다른 용도로 사용했다면 그 용도가 무엇이었는지에 대한 실마리는 아직 분자구조 안에 숨어 있다.

　산소가 진화에 미치는 영향을 이해하려면 암석과 유전자에 숨은 두 이야기를 따라가야 한다. 미생물들 자체의 진화와, 공기 중에 산소가 축적된 때와 규모가 그것이다. 하지만 우선 이야기를 시작하기 전에 짚고 넘어갈 것이 있다. 흔히 두 가지 오해를 하는데, 하나는 진화란 반드시 더 복잡한 방향으로 나아간다는 것이고, 다른 하나는 미생물이 현미경으로나 보이는 작은 크기이고 뇌가 없기 때문에 진화의 맨 밑바닥 단계에 위치한다는 것이다. 진화가 더 높은 단계로 진행되는 과정이라는 개념에 대해 수없이 많은 진화학자들이 반박했지만 거의 보람이 없었다. 이쯤 되면 뭔가 국제적인 음모라도 있는 게 아닌지 의심이 들 정도다. 지금부터 나올 두 가지 이야기를 통해 선캄브리아대 진화에 대해 더 명확한 시각을 가질 수 있을 것이다. 첫 번째 이야기는 진화가 더 복잡한 방향으로 나아가는 경향이 있다는 가정을 반박한다. 그리고 두 번째 이야기는 미생물이 절대로 단순하지 않다는 사실을 보여준다.

1967년, 미국 일리노이 대학의 분자생물학자 졸 슈피겔만은 일련의 실험을 통해 자연선택으로 진화할 수 있었던 최소 단위를 증명했다. 그는 단순한 바이러스를 실험재료로 삼았는데, 이 바이러스는 스스로 복제하는 데에 유전자를 소량만 사용한다. 이 유전자들은 한 가닥, 즉 4500개의 '글자 서열'로 이루어진 것이다. 이 유전자들이 만들어낸 단백질은 감염된 세포들의 분자조직을 파괴해 새로운 바이러스를 만들었다. 슈피겔만은, 만일 복잡한 분자조직을 가진 숙주세포 대신에 곧바로 이용할 수 있는 재료를 시험관 안에 같이 넣어준다면 바이러스의 생활사가 얼마나 단순해질 수 있는지 살펴보았다. 우선 바이러스의 생활사를 완성하는 데에 꼭 필요한 주요 효소를 주고, 자기 유전자들을 복제하는 데에 필요한 모든 기본 재료를 충분히 주었다. 그 결과는 놀라웠다. 한동안 바이러스는 원래 유전자 서열을 유지하며 자신을 정확하게 복제했다. 그러나 세대가 지나자 돌연변이가 일어나 유전자 하나가 사라졌다. 사라진 유전자는 감염된 세포 내에서 바이러스가 정상적인 생활사를 완성하는 데에 꼭 필요한 것이었지만, 시험관 안에서는 필요 없었기 때문에 바이러스는 그것 없이도 잘 살아남았다. 사실, 잘 살아남은 것 이상이었다. 이제 유전자가 하나 없어졌기 때문에 유전자 서열은 예전보다 더 짧아졌고, 그래서 돌연변이 바이러스는 기존 바이러스보다 자기복제 속도가 더 빨라졌다. 이렇게 복제속도가 빨라지자 돌연변이들은 기존 바이러스와 겨루는 경쟁에서 이겼다. 하지만 이들 역시 새로 나타난 돌연변이 바이러스에게 지고 말았다. 복제를 더 빨리할 수 있도록 훨씬 날씬해진 돌연변이가 등장한 것이다. 결국 작은 유전자 파편만 남은 집단이 생겼다. 이 바이러스는 '슈피겔만의 괴물'이라는 이름이 붙었다. 작은 괴물 유전자 각각에는 겨우 220글자밖에 들어 있지 않았다. 이 바이러스들은 시험관 안에서 맹렬한 속도로 복제할 수 있었지만 바깥세상에서 생존한다는 것은 있을 수 없는 일이었다.

이 이야기가 말하고자 하는 바는 간단하다. 진화는 특정 환경에서 이로운 쪽으로 적응 방향을 선택하며, 가장 단순하고, 가장 빠르고, 가장 효율적인 해답을 찾는 개체가 성공하는 경향이 있다. 비록 그 과정에서 필요 없는 부분을 줄이고 더 단순하게 변하더라도 말이다. 따라서 많은 단순한 단세포 생물들은 복잡한 생활양식을 진화시키지 못하고 원시의 모습으로 남아 있는 것이 아니라, 오히려 옛날의 복잡한 모습을 버린 것이라는 사실을 알 수 있다. 지난 장에서 발효에 대해 간단히 이야기했다. 발효 역시, 에너지를 만드는 단순한 시스템이어서 나중에 산소를 이용하는 더 효과적인 메커니즘으로 대체된 것이 아니다. 오히려 발효는 효모의 경우처럼 최근에(진화적 기준으로 볼 때 그렇다는 뜻이다) 산소가 없는 환경에서 일어난 적응이다. 이런 발효생물들은 실제로 산소를 이용하는 조상들의 능력을 필요에 따라 버린 것이다.

두 번째 이야기는 단순할 것 같은 미생물의 대사 과정이 사실은 복잡하다는 점을 보여준다. 인간이나 다른 큰 동물들은 산소가 없다면 금방 질식해 죽을 것이다. 왜냐하면 약 15조 개나 되는 세포가 모여 이루어진 우리 인간의 커다란 몸은 다른 종류의 호흡을 이용할 수 없기 때문이다. 결과적으로, 우리 인간이 수행할 수 있는 생화학반응들은 제한된 자원을 모아서 사용하는 데에 매우 효과적이기는 하지만 달리 선택할 여지도 없다는 얘기다. 반면에 어떤 미생물들은 호흡에 산소를 이용하면서 살아가고 있지만, 공기가 없어질 경우 다른 방법으로 필요한 에너지를 만들어내 탈없이 살아남을 수 있다.

티오스파이라 판토트로파*Thiosphaera pantotropha*라는 세균이 바로 그런 예로, 우리가 흔히 생각하는 진화의 정점과는 사뭇 멀어 보인다. 이 세균은 배설물을 먹고 산다. 1983년에 폐수처리 공장에서 처음 분리되었는데, 오물에서 에너지를 뽑아내면서 묘기를 부린다. 산소가 존재할 때, 이 세균은 산소 호흡을 통해 여러 유기물질과 무기물질에서 에너지를 얻는다. 그러다가 무산소 환경이 되면 산소 대신에 일산화질소를 이용해 티오황산염 또는 황화물에서 에너지를 얻을 수 있다. 이런 물질대사 묘기에서 딱 하나 모자란 것이 있다면 발효 능력뿐이다. 이런 생화학적인 융통성 덕분에 이 세균의 생활 방식은 적응성이 아주 높다. 에너지를 생산하는 과정을 환경에 따라 이것저것 바꿔가며 쓸 수 있는 것이다. 처리 공장에서 폐수의 분해속도를 빠르게 하기 위해 주기적으로 산소를 주입하지만 이 세균은 갑작스러운 화학적 변화에 잘 대응할 수 있다.

흥미롭게도 생물들의 유전자를 광범위하게 분석해보면 약 40억 년 전의 LUCA 역시 이와 비슷하게 물질대사 형태를 이리저리 바꿀 수 있는 능력을 가지고 있었음을 알 수 있다. LUCA란 오늘날 세계 모든 생물들의 조상이 되는 가상의 세균으로, 모든 생물의 마지막 공통조상이기도 하다. 그러나 LUCA의 자손들은 조상들의 빛나는 적응성을 잃어버린 듯하다. 이 이야기는 제8장에서 다시 하도록 하자.

따라서 선캄브리아대는 놀라운 물질대사 혁신의 시대였다. 미생물들은 산소의 산화력은 물론 태양의 힘을 에너지로 바꾸는 법을 익혔으며, 황과 질소, 금속 화합물들을 이용해 에너지를 만드는 법도 익혔다. 이러한 생명반응들의 화학작용은 때로는 퇴적암에 탄소 지문이나 황 지문 같은 미세한 흔적을 남기기도 하고, 때로는 수십억 톤이나 되는 암석의 형태로 거대한 흔적을 남기기도 했다. 고대 미생물들의 대사작용은 직간접적으로 우리 인간에게 아주 중요한 자원이 되는 철이나 망간, 우라늄, 금 같은 매장물을 남겼다. 금을 찾는 사람들을 현혹하는 황철석도 그렇게 해서 땅에 묻혔다. 이런 암석이나 광석은 연속적이거나 또는 동시에 퇴적된 것이 아니라 각기 다른 시간 다른 환경에서 형성된 것이다. 그 형성 순서는 정확한 방사성 연대 측정을 통해 주의 깊게 재구성되었고, 그 연구결과를 살펴보면 우리가 사는 지구가 갓 생겨났을 때 산소와 생명이 어떤 활동을 했는지 알 수 있다.

§

최초의 생명이 암석에 남긴 흔적은 제2장에서 이야기했던 그린란드 암석에서 찾을 수 있다. 여기에 포함된 각기 다른 동위원소들의 비율은 예외적인 형태를 취하고 있다. 1996년에 당시 미 항공우주국NASA의 연구 지원을 받는 박사과정 학생이었던 스티븐 모지스와 미국 캘리포니아 주 라호이야에 위치한 스크립스 해양대학의 동료들이 과학 학술지『네이처』에 이 중요한 발견을 보고했다. 이 암석에 나타난 탄소 지문들은 우리가 살펴볼 이야기에서 매우 중요한 위치를 차지하고 있기 때문에, 그것이 무엇인지 그리고 왜 그 자리에 있는지를 잠시 설명할 필요가 있다. 탄소 동위원소들은 생물의 성공과 고난의 기록을 담고 있을 뿐 아니라, 그들의 변하기 쉬운 비율을 통해 고대 지구의 대기 구성에 일어난 변화를 놀랄 만큼 정량적으로 추정할 수 있다.

탄소에는 몇 가지 서로 다른 원자 형태가 있다(다이아몬드나 흑연 같은 분자적 형태와 대립되는 것이다). 이러한 원자의 변형들을 **동위원소**라고 한다. 각 탄소 동위원소는 핵에 양성자를 여섯 개씩 가지고 있다. 그래서 원자번호는 6번으로 모두 똑같다. 이들 모두 탄소이며 모두 똑같은 화학적 특성을 가지고 있다는 뜻이다. 그러나 탄소 동위원소들이 핵 안에 가지고 있는 중성자 개수는 서로 다르다. 그래서 원자량이 매우 다양하다. 중성자를 더 많이 가지고 있을수록 원자는 더 무거워진다. 예를 들어 탄소−12는 중성자를 여섯 개 가지고 있고, 따라서 원자량은 12이다(양성자 여섯 개+중성자 여섯 개). 반면에 탄소-14는 중성자가 여덟 개라서 원자량은 14이다(양성자 여섯 개+중성자 여덟 개).

탄소-12는 단연 지구상에서 가장 풍부한 탄소 동위원소다(98.89퍼센트의 비율을 차지한다). 그리고 다른 모든 원소들의 상대적 질량을 측정하는 기준이 된다. 탄소-12의 핵은 안정적이며 붕괴하지 않는다. 이와 대조적으로, 탄소-14는 대기의 상층에서 우주선cosmic ray의 영향으로 계속해서 조금씩 생긴다(10^{12}분의 1, 즉 1조 개에 한 개꼴로). 불안정한 탄소 핵은 일정한 비율로 자연히 붕괴되면서 방사선을 낸다. 그 반감기(전체 질량의 절반으로 분해되는 데에 걸리는 시간)는 정확히 5570년이다. 이렇게 반감기가 (지질학적으로) 짧기 때문에 방사성 탄소 연대 측정법은 선사시대의 자취나 역사적 문헌의 시대를 추정하고 진위를 확인하는 데에 유용하게 이용된다. 사해문서(사해 북서 해안 동굴에서 발견된 구약성서 필사본과 유대교 관련 문서—옮긴이)나 토리노의 수의(이탈리아 토리노 대성당에는 예수의 시신을 감싼 수의로 알려진 아마포가 있는데, 이 수의를 찍은 사진에서 예수의 형상으로 추정되는 이미지가 나타나 논란이 되었다—옮긴이)를 검증할 때도 이 방법이 사용되었다.[*]

재미있기는 하지만 탄소-14 이야기는 여기서 끝내도록 하자. 지금 우리에게 중요한 것은 또 다른 주요 탄소 동위원소인 탄소-13이다. 탄소-14와는 달리, 탄소-13은 안정적인 핵을 가지고 있으며 붕괴하지 않는다. 이런 점은 탄소-12와 비슷하다. 따라서 지구와 그 대기에서 탄소-13의 전체 양은 일정하다(전체의 1.11퍼센트). 이는 지구상이나 지구 내부의 탄소-12 대 탄소-13의 총 비율이 일정하다는 뜻이다(99.89 대 1.11). 바꿔 말해, 만일 식물과 동

---

[*] 탄소-14는 대기 구석구석으로 흩어져서 광합성을 통해 살아 있는 식물들에게 흡수된 다음, 다시 동물들에게 먹힌다. 탄소-14가 이산화탄소에 많이 들어 있을수록 생물에게 흡수되는 양도 많아진다. 탄소-14의 양은 대체로 일정하게 유지되는데, 이는 장기적으로 볼 때 형성되는 속도와 붕괴되는 속도 사이에 평형이 맞춰지기 때문이다. 그러나 동식물이 죽으면 가스 교환, 즉 호흡이 정지되기 때문에 몸속의 조직은 더 이상 대기와 평형을 이루지 않는다. 그래서 죽은 생물 안에 들어 있는 탄소-14의 양은 방사성 붕괴 비율과 비례하여 줄어든다. 따라서 오래된 유기화합물일수록 탄소-14를 적게 포함하고 있다.

물, 균류, 세균 내에 포함된 탄소의 총량을 더하고, 거기에 석탄, 석유, 가스로 묻혀 있는 탄소의 양을 더하고, 또 공기 중에 이산화탄소로 존재하는 탄소의 양과 바다와 늪에 탄산염 형태로 녹아 있는 탄소의 양, 그리고 석회암 같은 탄산염 암석으로 굳어진 탄소의 양까지 전부 다 더해보면 안정적인 탄소 동위원소의 전체 비율이 99.89 대 1.11이 된다는 얘기다.

이렇게 고정된 비율에도 불구하고, 암석에 포함되어 매장된 탄소-12와 탄소-13의 비율에는 작지만 분명한 편차가 존재한다. 이러한 편차는 생물 때문에 일어난다. 그리고 지금까지 알려진 바로는 생물에 의해서**만** 일어난다. 그 이유는 다음과 같다. 공기나 바다에서 얻는 이산화탄소를 이용해 유기물질을 만드는 광합성 세포들은 탄소-12를 선호한다. 이는 탄소-12 원자가 더 가볍고 따라서 더 약한 화학결합을 형성하기 때문이다. 탄소-12가 만든 화학결합은 상대적으로 더 무거운 탄소-13 동위원소가 만든 결합보다 효소들에 의해 더 쉽게 끊어진다. 탄소-12의 결합이 깨지는 속도가 더 빠르다는 것은, 유기물질에 탄소-13보다 탄소-12가 더 많아진다는 것을 의미한다. 사실상 탄소-12 대 탄소-13의 비율은 원래 고정된 비율과 비교할 때 탄소-12 쪽으로 평균 2~3퍼센트 기울어져 있다.

식물, 조류, 시아노박테리아의 잔해들이 퇴적암에 매장될 때, 더 많이 흡수된 탄소-12도 함께 매장된다. 매장된 유기물질에 탄소-12가 풍부하다는 것은 탄소-13의 양이 상대적으로 적다는 뜻이 된다. 즉 탄소-13은 해양이나 암석에 탄산염으로, 또는 공기 중에 이산화탄소로 더 많이 남아 있다. 이것을 물질수지의 법칙이라고 한다. 간단히 말해서, 땅속에 묻힌 것은 땅 위에 없다는 얘기다. 이 당연하고 기본적인 아이디어의 의미는 놀라울 정도로 넓은 범위에 적용된다. 탄소-12와 탄소-13은 모두 탄산염 암석(이를테면 석회암)에 들어 있다. 그 비율을 보면 이 두 동위원소가 바닷물에 녹아 있는 상대적인 농도를 알 수 있다. 탄소-12가 유기물질의 일부가 되어 더 많이 매장되어 있으므로 바닷물에는 탄소-13이 더 많이 남아 있다. 따라서 바닷물에서 생긴 탄산염 암석의 탄소-13 함유량은 상대적으로 높아지는 것이다. 그러니까 생물의 활동이 있었는지 여부는 두 가지를 조사해보면 알 수 있다. 우선 석탄 같은 매장된 유기물질에 탄소-12가 풍부한지, 그리고 석회암 같은 탄산염 암석에 탄소-13이 풍부한지를 알아보면 된다.

특히 탄소가 많이 매장된 지질시대가 있다. 예를 들자면 석탄기(약 3억 년 전)가 대표적인데, 저지대에 거대한 습지가 있었고 석탄 광상이 대량으로 존재한다. 이때 매장된 암석에는 석탄 같은 유기성분에 확실한 탄소-12 지문이 있다. 시간을 더 멀리 거슬러 올라갈수록 탄소 지문을 읽기는 더 힘들다. 손상되지 않고 남아 있는 유기물질이 점점 더 줄어들기 때문이다. 결국 표본들은 티끌 크기로 줄어들고, 이런 표본들을 조사하기 위해서는 매우 복잡하고 정교한 장비가 필요하다. 이 점을 염두에 두고, 스티븐 모지스와 동료들은 고대 그린란드 암석들을 연구하기 시작했다. 작은 부분에 집중하는 접근법의 효과는 금방 나타났다. 인회석이라는 인산칼슘 광물의 결정에 들어 있는 미량의 탄소 잔류물을 발견한 것이다. 인회석은 미생물들에 의해 분비되어 생길 수도 있고, 생물과 상관없이 바닷물에서 결정이 만들어질 수도 있다. 그래서 탄소가 인회석과 결합되어 있다는 것 자체만으로는 생물이 존재했을지도 모른다는 암시 정도밖에 되지 않는다. 그러나 탄소 동위원소 비율을 조사하자 놀라운 결과가 나타났다. 탄소 성분 중에 탄소-12가 원래 비율보다 3퍼센트나 높게 나온 것이다. 저명한 지구화학자 하인리히 홀란트는 학술지 『사이언스』에 다음과 같이 썼다. "그 데이터를 가장 이치에 맞게 해석하자면, 38억 5000만 년 전보다 더 이전에 지구상에 생명체가 존재했다고 말할 수밖에 없다." 그리고 그 생명체는 그저 존재했을 뿐 아니라 광합성 기술까지 발견했을 것이다. 이 광합성 기술이 바로 오늘날 발견되는 탄소 지문의 주된 원천이기 때문이다.

　이 이야기를 믿을 수 있을까? 다른 증거가 또 있다. 겨우 3억 년 후인 35억 년 전의 암석이 오스트레일리아 서부 와라우나에서 발견되었는데, 이 암석에서 현생 시아노박테리아와 비슷하며 현미경으로만 보이는 미화석을 찾아볼 수 있다. 선캄브리아대에 걸쳐, 대부분의 시아노박테리아는 스트로마톨라이트라는 공동구조를 이루어 살았다. 이 스트로마톨라이트는 거대한 돔 모양으로 겉보기에 바위와 비슷하며, 몇 미터 높이까지 자란다. 오늘날에도 오스트레일리아 서부의 샤크 만 같은 곳에는 온전한 상태로 살아 있는 스트로마톨라이트가 있다. 그리고 현생 스트로마톨라이트와 비슷한 형태가 35억 년 전의 암석에 새겨져 있다. 이 장소에는 과거나 현재에 지열활동이 있었다는 증거가 없고, 따라서 이런 고대 스트로마톨라이트에 모여 살던 미생물들은 오늘날과 마찬가지로 광합성을 통해 에너지를 얻었을 것이다. 이런 발견들은 그 자체만 놓고 보면 뭐라고 결정을 내릴 수 없지만, 탄소 지문과 미화석과 화석 스트로마톨라이트를 한데 모아 생각하면 광합성을 하는 세균이 적어도 35억 년 전에 이미 원시 지구에 살고 있었음이 분명해 보인다.

시아노박테리아의 존재를 결정적으로 보여주는 가장 오래된 증거는 여기서 다시 8억 년이 지난 다음의 것이다. 지금으로부터 27억 년 전, 얕은 바다에서는 세계에서 가장 큰 철광석 층상의 일부가 형성되고 있었다. 오늘날 오스트레일리아 서부 위터눔 근처의 해머즐리 산맥을 찾아가면 이런 철광층을 구경할 수 있다. 이 오래된 암석에는 지질학자들이 '변성'이라고 부르는 물리·화학적 변화가 비교적 거의 일어나지 않았다. 변성을 일으키는 두 가지 요소인 열과 압력은 연약한 생물 분자들을 파괴하는 경향이 있다. 해머즐리 산맥이 변성을 거의 겪지 않았다는 점에 착안해, 요헨 브로크스와 오스트레일리아 지질조사국과 시드니 대학의 학자들은 철광층 밑에 있는 셰일(얇게 벗겨지기 쉬운 성질을 가진 퇴적암―옮긴이)에 몇몇 고대 분자들이 손상되지 않고 남아 있을 것이라는 희망을 품었다. 그런 고대 분자들을 '생체지표biomarker'라고 하는데, 생물이 남긴 독특한 지문이라고 할 수 있다. 고생스러운 일련의 추출 과정과 실험실 검사를 거쳐 최근 분자들로 오염될 가능성을 없애고 나자, 이들이 품었던 희망은 고스란히 현실이 되었다. 인식할 수 있는 생체지표가 풍부한 혼합물을 발견한 것이다. 이 연구는 즉시 발표되어 1999년 8월 『사이언스』에 실렸고 소나기 같은 논평을 받았다. 그들은 시아노박테리아의 독특한 지문, 즉 시아노박테리아에서만 발견되는 분자들을 발견했을 뿐 아니라 스테란sterane 복합체도 다수 발견했다. 스테란이란 콜레스테롤 등의 스테롤에서 유도된 분자들의 모임인데, 우리 인간의 직계조상인 단세포 진핵생물들의 세포막에만 존재한다.

이 발견은 학계에 이중으로 충격을 주었다. 산소를 생산하는 시아노박테리아와 우리 인간의 최초의 조상인 진핵생물이 적어도 27억 년 전에 공존하고 있었던 것이다. 알려진 중에 가장 오래된 진핵세포 화석은 21억 년 전의 것으로 추정되고 있었으니, 브로크스와 동료들은 진핵생물의 진화를 6억 년이나 앞당긴 셈이 되었다. 이런 세포들이 살아갈 수 있었던 환경을 생각해보면 이는 아주 중요하다. 다른 것들은 별문제로 하고, 우선 스테롤의 생합성은 산소에 의존하는 과정이다. 따라서 대기 중에 극미량 이상의 산소가 필요하다. 현생 진핵생물들은 적어도 현재 대기 중 산소 농도의 0.2~1퍼센트가 있어야만 스테롤을 합성할 수 있다. 선조들이라고 크게 다르지는 않았을 것이다. 만일 와라우나 암석의 화석 증거와 탄소 지문이 나타내는 대로 시아노박테리아가 정말로 35억 년에서 38억 5000만 년 전 사이에 진화했다면, 이때쯤 자유 산소가 어느 정도 대기에 축적되었으리라는 추측은 매우 그럴듯하다. 그러나 이렇게 산소가 증가한 것이 진핵생물들의 진화와 시간적으로 정확히 일치했을까? 만약 그렇다면, 산소의 증가가 실제로 생물들의 진화를 촉진했을까?

§

원칙적으로 탄소 동위원소비의 추세를 이용해 대기 중 산소의 변화를 계산할 수 있다. 이는 유기물질이 매장되면 광합성으로 만들어진 탄소가 호흡을 통해 완전히 산화되지 못하기 때문이다. 광합성과 호흡은 본질적으로 서로 반대되는 반응이다. 한쪽은 산소를 생산하는 반응이고, 다른 한쪽은 소비하는 반응이다. 따라서 매장된 탄소의 양이 조금이라도 늘어난다면 공기 중에 남은 자유 산소의 양도 똑같이 늘어나야 한다. 그러니까, 이론적으로 얘기해서 만일 어떤 한 시기에 탄소가 정확히 얼마나 매장되었는지만 알면 공기 중에 산소가 얼마나 많이 남았는지 계산할 수 있다. 하지만 실제 문제에 적용할 경우, 화산가스나 육지의 침식으로 산소가 없어지는 비율이 일정하다는 것을 확신할 수 없다면 대기의 산소 성분이 증가했다는 것 이상은 말할 수 없다. 최근의 지질시대에 대해서라면, 일단 덜 오래된 암석에는 환경이 변화한 상황이 상세히 보존되어 있으며 탄소 매장량을 근거로 산소 농도를 계산하기 위한 한정요소들도 대부분 잘 알고 있다. 이 이야기는 제5장에서 할 것이다. 그런데 유감스럽게도 아주 고대인 선캄브리아대의 경우엔 이런 식의 접근법은 신뢰할 수 없다. 불확실성이 너무 많기 때문에 기껏해야 변화의 방향을 막연하게 짐작할 수 있을 뿐이다. 좀 더 정량적으로 계산하려면 다른 방법을 써야 한다.

이 시기의 산소 농도에 대한 실마리는 조금 전에 얘기한 해머즐리 산맥의 셰일 위에 덮인 철광층에서 찾을 수 있다. 이곳 말고도 다량의 퇴적철광층이 세계 곳곳에 있다. 붉은색 또는 검은색 철광석(각각 적철석과 자철석)과 특히 플린트나 석영 같은 퇴적암이 교대로 띠처럼 쌓여 줄무늬를 이루고 있다. 각각의 띠는 두께가 몇 밀리미터부터 몇 미터까지 다양하며, 층상 자체의 두께는 600미터에 이르기도 한다. 이런 층상은 대부분 26억 년 전에서 18억 년 전 사이에 형성되었지만, 때때로 발견되는 노출부는 연령이 38억 년부터 8억 년 사이에 속한다.

오늘날 아주 값비싼 광석 매장물은 대부분 고갈된 상태다. 좀 질이 낮은 철광석 중에서는 줄무늬철광층이 세계에서 단연 가장 풍부하다. 미 지질조사국에 따르면 전 세계에는 아직 8000억 톤이 넘는 미가공 철광석이 남아 있고, 철 성분만 따지면 2300억 톤 이상이다. 그 대부분은 오스트레일리아와 브라질, 중국에 있다. 이 중 적어도 6400억 톤이 26억 년 전에서 18억 년 전 사이에 형성되었다. 해머즐리 층상 한 곳에만 200억 톤의 철광석이 있는데, 철 함유량은 55퍼센트다.

어떻게 해서 이런 철광층이 생겨나게 되었을까? 왜 이 철광층에 줄무늬가 생겼을까? 이 부분은 비밀에 싸여 있다. 더 정확히 말하자면, 가능한 설명은 너무도 많지만 각 이론을 뒷받침할 증거가 너무 적다. 그래서 확실히 이것이다, 하고 장담할 만큼 대담한 지질학자는 거의 없다. 그럼에도 상상력 풍부한 설명이 몇 가지 있었다. 고대 미신에 따르면, 큰 전투 후에 땅속으로 스며든 피가 개울을 이루어 거대한 적철광층이 되었다고 한다(적철석을 뜻하는 hematite라는 단어는 그리스어로 '피와 같은'이라는 말에서 유래한 것이다). 더 과학적인 설명을 보자면, 조류 집단이 자기들이 낸 산소 노폐물을 견디지 못해 주기적으로 멸종하면서 철광석에 줄무늬가 생겼다고 한다. 양쪽 이론 모두 그다지 신빙성은 없다. 사실, 모든 층상들이 다 똑같은 방법으로 형성되었다고 생각할 이유는 없다. 특히 그 층상들이 엄청난 시간을 사이에 두고 형성된 것이라면 더욱 그렇다. 하지만 모든 경우에 적용되는 몇 가지 일반적인 원칙이 있다. 이런 원칙을 통해 그 층상이 형성되었을 당시의 환경에 대해 조금쯤 알 수 있다. 가장 중요한 원칙 하나는, 대기 중 산소 농도가 현재 수준과 비슷해진 이후에는 줄무늬철광층이 형성되지 않았다는 점이다. 산소가 존재할 때 철은 물에 녹지 않는다. 따라서 바닷물에 산소가 없을 때는 줄무늬철광층이 퇴적되지 않았고, 나중에 산소가 지나치게 많이 공급되자 이 철광층이 형성된 것이라고 생각할 수 있다. 여기서 출발해 진실을 따라가보기 전에, 철의 성질을 조금 더 자세히 살펴볼 필요가 있다.

순수한 철은 지구의 중심핵과 운석에만 존재한다. 운석에서 나온 철로 도구를 만드는 일은 엄청난 사치다. 지구의 지각에서 나온 광석에 들어 있는 철은 모두 어느 정도 산화되어 있다. 단, 앞으로 이야기하겠지만 철이 산화되어 있더라도 반드시 산소가 존재한다는 뜻은 아니다. 자연에서 철은 두 가지 주된 형태로 존재한다. 물에 녹기 쉬운 제1철(Fe^{2+})과 더 많이 산화된 상태로 물에 녹지 않는 제2철(Fe^{3+})이다. 제2철은 녹(산화제2철) 상태로 가장 잘 알려져 있다.[*] 산소가 존재할 때, 물에 녹는 제1철은 산화되어 물에 녹지 않는 녹으로 변한다. 오늘날 공기가 잘 통하는 바닷물에는 당연히 철이 거의 녹아 있지 않다. 물에 녹은 철이 자기들끼리 모이기도 전에 산소에게 전자를 빼앗겨 산화제2철 화합물이 되어 녹의 형태로 침전되기 때문이다. 여기서 예외가 하나 있다. 홍해 깊은 곳에는 공기가 잘 통하지 않는데, 이 바닷물에는 철이 정상 농도보다 5000배나 많이 녹아 있다. 이곳에서는 세균만이 살 수 있다. 초기 선캄브리아대의 바다는 이런 점에서 비슷했을 것이다. 산소가 없는 환경에서, 화산활동이나 육지의 침식으로 인해 생긴 철은 바닷물에 아주 높은 농도로 녹아 축적되었을 것이다.

현대에 찾아볼 수 있는 두 번째 예를 보면 그다음에 무슨 일이 일어났을지 짐작해볼 수 있다. 산소가 부족한 상태의 물이 가장 큰 규모로 모여 있는 곳이 바로 흑해다. 흑해는 두 층을 이루고 있다. 표면에서 약 200미터 깊이까지는 산소가 풍부하며, 인간이 남획하지만 않는다면 생태계가 풍부하게 유지된다. 흑해산 철갑상어의 캐비아는 유명하다. 이와 대조적으로, 부피상 흑해의 약 87퍼센트를 차지하는 심해는 흐르지 않는 정체 상태다. 여기서는 동물이 살 수 없다(딱 하나 예외가 선충류線蟲類 벌레인데, 산소가 없는 상태에서 생활사를 완성할 수 있는 유일한 동물로 알려져 있다). 흑해가 지금 같은 상태가 된 시기는 마지막 빙하기가 끝나고 수천 년 후인 7500년 전으로 추정된다. 미국 콜롬비아 대학의 해양지질학자 윌리엄 라이언과 월터 피트먼은

---

[*] 이 두 가지 형태의 철은 산화된 정도가 서로 다르다. 제2철(Fe^{3+})은 제1철(Fe^{2+})보다 더 산화된 상태다.

이 사건을 노아의 홍수와 연결지어 설명했다. 빙하기가 끝나고 육지의 빙하가 녹자, 전 세계의 해수면은 수십 미터씩 상승했다. 그러나 보스포루스 해협을 가로지르는 다리 역할을 하는 좁고 긴 모양의 육지가 있었던 덕에 흑해는 만 안쪽에 고립되었다. 주변의 바다는 빙하가 녹은 물 때문에 수심이 깊어졌지만 흑해는 그다지 영향을 받지 않았다. 흑해는 이렇게 고인 상태에서 점점 말라 해수면보다 훨씬 낮아졌다. 오늘날의 사해와 비슷해진 것이다.

지진이든 폭풍이든 또는 점점 높아진 지중해의 압력이든 여러 가지로 원인을 생각할 수 있겠지만 어쨌거나 보스포루스 해협 양끝을 연결하던 좁고 잘록한 땅은 마침내 무너졌다. 그 무시무시한 소리는 마치 분노한 신의 목소리처럼 들렸을 것이다. 라이언과 피트먼의 주장에 따르면 이것이 바로 노아의 홍수의 진실이다. 소금물이 엄청난 속도로 흑해 웅덩이에 쏟아져 내려왔다. 그 속도는 대략 하루에 4200만 세제곱미터 정도로, 나이아가라 폭포의 130배 규모다. 해안에 있던 마을들은 모두 지중해의 파도에 잠겨버렸다. 이 비극적인 사건은 고대 세계에 널리 알려졌다.

보스포루스 해협은 수심이 낮고 간만의 차가 없다. 그래서 반은 바닷물이고 반은 민물인 흑해의 물은 지중해의 물과 잘 섞이지 않았다. 바닷물은 밀도가 더 높기 때문에 바다으로 가라앉았고, 이후에는 워낙 흐름이 없어서 공기와 접촉할 일이 드물었다. 이렇게 깊은 물에서 번성한 유일한 생물은 혐기성 세균이었다. 그중에서도 특히 황산염환원세균이 많았는데, 이 세균은 노폐물로 황화수소를 방출한다. 황화수소는 침투해 들어오는 산소와 반응하기 때문에, 수심 깊은 곳은 산소가 없는 상태로 계속 유지된다. 따라서 일단 이렇게 층이 나눠지고 나면 변하지 않고 그대로 있게 되는 것이다. 황화수소가 축적되면 썩은 달걀 냄새가 나면서 바다의 진흙은 검게 착색된다. 흑해라는 이름은 이 때문에 붙은 것이다. 흑해의 고대 이름인 에욱시네Euxine에서 유래한 에욱시닉euxinic이라는 용어는 산소가 없고 수심이 깊으며 동물이 살지 않고 악취가 나는 유황 성분의 고인 물을 가리킨다.

비록 흑해가 가장 규모가 크긴 하지만, 이런 성질의 수역은 지구상에 또 있다. 노르웨이의 피오르에서도 빙하가 낮은 턱을 이루어 넓은 바다와 분리되면 이와 비슷한 상태가 된다. 심지어 바다 한가운데에서도 종종 이런 일이 생긴다. 기후의 상호작용으로 영양물질이 풍부한 바닥 쪽 물이 표면으로 이따금씩 상승하는데, 이때 풍부한 영양물질에 밝은 햇빛까지 더해지면 조류가 갑자기 번성하게 되고 순간적으로 생물량이 크게 증가한다. 영양분이 고갈되고 나면 조류는 죽어서 바닥으로 가라앉는다. 죽은 조류가 부패되면서 산소가 소비된다. 해류를 따라 산소가 풍부한 물이 흘러오거나 수면에서 산소가 확산되어 내려오기는 하지만, 산소가 공급되는 속도보다 소비되는 속도가 더 빠르다. 이렇게 산소가 부족한 환경이 되면 이번에는 산소를 싫어하는 황산염환원세균들이 빠르게 증식한다. 이 세균들은 유기물질을 분해하며 황화수소를 내뿜는다. 유기물질이 다 떨어져 부패될 것이 없어질 때까지 몇 달간 이런 정체 상태가 이어진다. 가끔 이 정체 상태의 물이 표면으로 솟아오르며 황화수소 가스를 대기로 내뿜기도 한다. 1998년에 남아프리카공화국의 케이프타운 근처 세인트헬레나 만에서 이런 일이 일어나는 바람에 하수 썩은 내가 진동해서 주민들이 크게 불만을 터뜨린 적도 있다.

줄무늬철광층도 그런 식으로 여러 가지 상황이 한데 모여 생겨났다고 설명할 수 있다. 선캄브리아대로 돌아가보자. 이 시기에는 대기 중 산소 농도가 낮았기 때문에 바다는 계속 산소가 없이 황화수소가 꽉 찬 상태로 유지되었을 것이다. 그러나 수면 쪽에는 적어도 27억 년 전부터, 어쩌면 38억 년 전부터 광합성 세균들이 살고 있었다. 오늘날처럼 당시에도 자주 바닥 쪽 물이 위로 솟아올랐을 것이고, 그렇게 되면 그 물에 녹아 있는 영양분과 철이 위쪽에 살고 있던 광합성 세균들과 만났을 것이다. 만약 해머즐리 산맥의 생체지표에 나타난 대로 이 세균이 시아노박테리아였다면, 광합성 노폐물로 산소를 내뿜었을 것이다. 물에 녹아 있던 철이 솟아올라 이렇게 산소가 풍부한 환경을 만나면 녹이 되어 바닥으로 가라앉았을 것이다. 그렇게 해서 붉은 적철광층과 검은 자철광층이 형성되었다.

만약 이런 가정이 사실이었다면, 철광석에 나타난 플린트나 석영 줄무늬는 계절의 영향을 받아 생겼을 것이다. 겨울보다 여름에 광합성의 비율이 더 높다든지(따라서 산소 생산량도 많아진다), 또는 기후의 변화에 맞춰 철 따라 주기적으로 바닷물이 바닥에서 위로 솟아올랐다든지 여러 가지를 생각해볼 수 있다. 어쨌거나 철이 퇴적되는 양은 계절에 따라 변했지만 이와 대조적으로 실리카(이산화규소)는 고르게 침전되었다. 오늘날에는 이런 일이 일어날 수 없다. 현대의 바닷물에는 실리카가 거의 녹아 있지 않다. 몇몇 조류와 하등생물들이 '골격'을 만들기 위해 써버리기 때문이다. 그러나 세균이 바다를 지배하던 시절에는 실리카를 이런 식으로 쓸 일이 없었다. 실리카가 물에 녹을 수 있는 한계는 $14\sim20$ppm이지만 당시 바닷물에서 실리카의 농도는 이 수치를 훨씬 넘었을 것이다. 따라서 실리카는 계속 침전되었고, 이에 두꺼운 플린트나 석영 층이 철 따라 생기는 철광석 층과 번갈아 겹겹이 쌓였을 것이다.

이상이 현재 가장 널리 받아들여지고 있는 줄무늬철광층의 모델이지만, 여기에는 아직 문제가 몇 가지 있다. 가장 오래된 철광층은 38억 년 전의 것인데, 이 시기는 분명히 산소가 축적되기 전이다. 게다가 만일 산소 농도가 정말로 높고 반응이 대량으로 일어났다면 적철석처럼 단순한 산화철이 생겼어야 하는데, 전 세계 대부분의 철광석들은 그렇지가 않다. 자유 산소가 전혀 없어도 철을 산화시킬 수 있는 다른 생화학 메커니즘이 있다. 1993년에 독일 브레멘에 있는 막스플랑크 해양미생물학연구소의 프리드리히 비델과 동료 학자들이 이 부분을 설명했다. 그들은 호수의 퇴적물에서 자색세균 한 계통을 분리해냈다. 자색세균은 햇빛의 에너지를 이용하여 자유 산소 없이도 철광석을 만들 수 있다. 이 세균 반응의 주된 생산물은 수산화제2철이다. 수산화제2철은 갈색이 도는 녹과 비슷한 퇴적물인데, 줄무늬철광층에 공통적으로 들어 있다. 비델의 주장에 따르면, 영양물질과 철이 풍부한 바닥 쪽의 물이 주기적으로 햇빛이 비치는 표면으로 솟아올라 자색세균이 대량으로 증식했고 따라서 철광석이 폭발적으로 늘어난 것이다. 줄무늬철광층에 시아노박테리아와 녹슨 철이 들어 있다는 사실로 미루어 자유 산소가 이 철광층의 형성에 어떤 역할을 했다는 사실을 알 수 있었던 반면, 비델과 동료 학자들은 산소가 존재하지 않는 상태에서도 자색세균에 의해 철광층이 형성될 수 있다는 사실을 보여주었다. 따라서 줄무늬철광층은 이 시기의 공기 중 산소 농도를 추정할 수 있는 근거가 될 수 없다.

대기 중 산소 농도는 정확히 언제 높아진 것일까? 덴마크 남부대학의 도널드 캔필드가 이 문제에 대한 해답을 하나 내놓았다. 그는 선캄브리아대의 산소 농도에 관한 손꼽히는 권위자로, 『사이언스』와 『네이처』에 일련의 논문을 발표했다. 캔필드는 대기 중에 산소가 증가한 시기를 추정하기 위해서 산소를 싫어하는 황산염환원세균을 이용했다. 언뜻 생각하면 이상한 것 같지만, 두 가지 관찰결과를 가지고 이론적으로 설명할 수 있다.

우선, 황산염환원세균은 에너지를 얻기 위해 황산염을 환원시켜 황화수소를 만든다. 오늘날 바닷물에는 황산염($SO_4{}^{2-}$) 농도가 높지만(리터당 약 2.5그램) 선캄브리아대 초기에는 그렇지 않았을 것이다. 황산염이 형성되려면 산소가 필요하기 때문이다. 이런 전제는 석고 같은 황산염 증발암嚴 중에 고대에 생긴 것이 하나도 없다는 점을 들어 뒷받침할 수 있다. 산소가 존재할 때만 황산염이 생긴다면 황산염환원세균은 대기에 얼마간 산소가 생길 때까지는 지구상에 자리를 잡을 수 없었을 것이다. 여기서 좀 더 생각해보자. 황산염 농도가 낮으면 황산염환원세균이 증식하는 속도가 제한된다. 그렇기 때문에 사실상 담수호에서는 이 세균의 증식이 불가능하다. 다시 말해서, 황산염환원세균의 활동은 황산염의 농도에 좌우된다. 여기서 황산염의 농도는 또 산소의 농도에 좌우된다. 그러니까 황산염환원세균은 완전히 혐기성이라 산소에 노출되면 죽지만 동시에 산소가 없는 세계에서는 살 수 없으며, 그 활동성은 궁극적으로 산소가 대기 중에 얼마나 존재하느냐에 따라 결정되는 것이다.

캔필드가 적용한 두 번째 관찰결과는 황 동위원소와 관련이 있다. 광합성작용으로 암석에 탄소 지문이 나타나는 것처럼, 황산염환원세균은 그와 비슷하게 두 가지 안정적인 황 동위원소인 황-32와 황-34를 차별해 사용한다. 탄소 동위원소의 경우와 마찬가지로, 황-32 원자는 더 가볍기 때문에 상대적으로 더 약한 결합을 형성하고, 이 약한 결합은 효소의 활동에 의해 더 쉽게 깨진다. 따라서 황산염환원세균은 황-32가 풍부한 황화수소 기체를 만들면서 황-34를 바닷물에 더 많이 남기게 된다. 어떤 환경에서, 황화수소와 황산염 양쪽 모두 바닷물에 침전되어 암석을 형성할 수 있다. 이런 암석에는 황 지문이 남는다. 광물과 생물이 아무런 관계가 없다고 생각하는 사람들에게는 특히 놀라운 이야기이겠지만, 황화수소가 물에 녹아 있는 철과 반응하면 황철석이 생긴다. 만들어진 황철석은 바닥에 가라앉는다. 황철석은 화산의 활동으로도 생기지만 이렇게 세균의 활동으로도 생기는 것이다. 화산활동으로 생겼을 경우에는 황 동위원소비가 항상 일정한 반면에 생물의 입김이 작용했을 경우, 그 지문이 뚜렷하게 남는다. 즉 동위원소의 자연적 평형이 깨지는 것이다.

캔필드는 선캄브리아대에 퇴적된 황철석을 조사해 황 지문을 찾아냈다. 황 동위원소비가 기울어진 표시 중 가장 오래된 것은 27억 년 전쯤 생긴 것이다. 즉 이 시기에 산소의 양이 증가했다는 얘기다. 흥미롭게도 요헨 브로크스와 동료들이 해머즐리 산맥의 셰일에서 발견한 최초의 진핵세포가 흔적을 남긴 시기와 아주 가깝다. 이후 5억 년 동안은 거의 변화가 없었다. 그런 다음, 22억 년 전쯤에 황철석에 들어 있는 황-32의 양이 갑자기 늘어났다. 바닷물에 녹아 있는 황산염의 양이 늘어나 황산염환원세균이 훨씬 더 많이 증식했음을 알 수 있다. 황산염의 양이 훌쩍 늘어났다는 얘기는 산소가 이전보다 훨씬 더 많아졌다는 뜻이 된다. 따라서 캔필드의 연구결과를 통해 우리는 27억 년 전에 산소 농도가 약간 증가했고, 다시 22억 년 전쯤에 훨씬 더 크게 증가했다는 사실을 알 수 있다.

§

공기와 바다에 자유 산소가 있었다는 사실을 확실히 증명하려면 육지에서 산화가 일어났다는 증거가 필요하다. 바다에서는 생물 반응과 화학반응이 워낙 풍부해 산소의 작용이 가려지거나 혼동될 수도 있지만, 희박한 공기 중에서 일어난 변화는 상대적으로 훨씬 명확하기 때문이다. 동식물이 육지에 올라가 살기 10억 년도 더 전에, 육지에 사는 미생물 집단은 그 수와 다양성 면에서 바다에 사는 친척들과 비교할 수 없을 정도로 초라했다. 따라서 현실적으로 대기 중에 산소가 있었다는 증거를 찾으려면 광물에 포함된 철이 어느 정도 녹이 슬었는지를 살펴볼 수밖에 없다. 이렇게 녹슨 철이 들어 있는 광물은 화석 토양(고토양)과 흔히 말하는 적색층에서 찾아볼 수 있다.

　일련의 전통적인 측정 과정을 통해, 미국 하버드 대학의 지구화학자 롭 라이와 하인리히 홀란트는 고대 화석 토양에 들어 있는 철 성분을 조사하고 그 결과를 이용해 산소가 공기 중에 축적된 시기를 추정했다. 그들의 추론은 다음과 같다. 철은 산소가 없는 상태에서는 물에 녹지만 산소가 존재할 때는 물에 녹지 않는다. 이 때문에 아주 고대의 토양에서는 물에 녹아 빠져나왔겠지만(공기 중에 산소가 없었으니까) 좀 더 최근의 토양에는 그대로 붙잡혀 있다(공기 중에 산소가 있었으므로). 화석 토양에 들어 있는 철의 양을 측정해보니 22억 년 전부터 20억 년 전 사이에 대기 중 산소량이 크게 증가했음을 알 수 있었다. 화석 토양에 남은 철의 양과 그 철이 녹슨 정도, 즉 산화된 상태로 미루어볼 때 당시 대기 중 산소의 농도는 현재 수준의 5~18퍼센트 사이였다.

　산소가 증가한 시기를 놓고 보면, 대륙의 적색층이 22억 년 전부터 18억 년 전 사이에 등장했다는 사실도 이 연구결과를 강하게 뒷받침한다. 적색층은, 산맥이 부식되면서 암석에 들어 있던 철이 자유 산소와 반응하여 형성된 사암층이다. 지구의 황량한 표면에는 붉은색 강이 흘렀을 것이다. 마치 핵겨울이 연상되는 장면이다. 침식된 광물은 전부 다 바다로 씻겨 내려가지 않고 계곡과 충적평야에 일부 퇴적되어 붉은색 사암층을 형성했다. 그러나 적색층은 침식된 광물이 모여 형성된 것이기 때문에 공기 중 산소의 농도를 측정하는 데에는 이용할 수 없다. 다만 이를 근거로 시기를 추정할 수 있을 뿐이다.* 그린란드 암석에서 발견된 최초의 탄소 지문부터 적색층의 형성까지 〈그림 2〉의 연표에 나타나 있다.

또 20억 년 전쯤에 자유 산소가 증가했다는 사실을 보여주는 증거가 있다. 아프리카 서부 가봉의 오클로에 있는 천연 원자로가 바로 그것이다. 우라늄이 물에 녹는 정도는 철과 마찬가지로 산소에 따라 달라진다. 그러나 철과는 달리, 우라늄은 산소가 있을 때 물에 덜 녹는 게 아니라 오히려 더 잘 녹는다. 약 20억 년 이상 된 암석에서 주로 발견되는 우라늄 광물은 섬閃우라늄석인데, 이보다 나중에 생긴 암석에는 찾아보기 힘들다. 이런 갑작스러운 변화는 산소의 증가와 관계가 있다. 산소 농도가 높아지면서 암석에 들어 있던 섬우라늄석에서 우라늄이 산화되어 우라늄염의 형태로 물에 씻겨 나간 것이다. 그 농도는 몇 ppm 이상을 넘지 못했다.

20억 년 전의 가봉에는 작은 강 몇 개가 모여 얕은 호수를 이루고 있었고, 그 호수의 수면에는 세균들이 떼를 지어 모여 살고 있었다. 오늘날 미국 옐로스톤 국립공원 같은 곳의 간헐천에서도 세균들이 비슷하게 무리를 지어 살고 있다. 이런 무리 중에는 물에 녹아 있는 우라늄염을 에너지원으로 이용하는 세균이 있었다. 이 세균은 물에 녹은 우라늄염을 다시 물에 녹지

---

* 대륙의 적색층이 붉은색인 것을 보면 철이 완전히 산화되었음을 알 수 있다. 침식된 파편의 퇴적물이 막연하지만 어쨌든 오랜 기간 동안 공기에 노출되면 이런 현상이 나타난다. 그런데 산화의 스펙트럼은 존재하지 않기 때문에 적색층에서 대기 중 산소의 농도를 추정할 수는 없다.

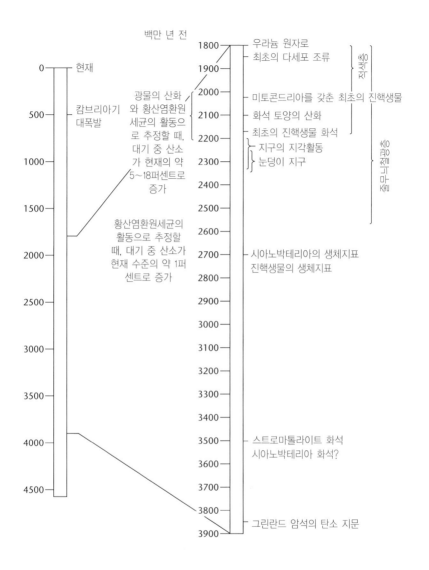

백만 년 전

좌측 눈금	우측 눈금	사건

0 — 현재

500 — 캄브리아기 대폭발

광물의 산화와 황산염환원세균의 활동으로 추정할 때, 대기 중 산소가 현재의 약 5~18퍼센트로 증가

1800 — 우라늄 원자로
1900 — 최초의 다세포 조류
2000 — 미토콘드리아를 갖춘 최초의 진핵생물
2100 — 화석 토양의 산화
2200 — 최초의 진핵생물 화석
2300 — 지구의 지각활동 / 눈덩이 지구

황산염환원세균의 활동으로 추정할 때, 대기 중 산소가 현재 수준의 약 1퍼센트로 증가

2500 —
2600 —
2700 — 시아노박테리아의 생체지표
2800 — 진핵생물의 생체지표

3500 — 스트로마톨라이트 화석
3600 — 시아노박테리아 화석?

3800 — 그린란드 암석의 탄소 지문
3900 —

그림 2 선캄브리아대 중반(시생이언과 원생이언 초기)을 나타낸 지질연표. 23억 년 전부터 20억 년 전 사이에 진화가 폭발적으로 일어났다는 사실에 주목하자. 이때 대기 중 산소 농도는 현재 수준의 5~18퍼센트로 상승했다.

않는 형태로 바꿔놓았고, 이렇게 형성된 물에 녹지 않는 우라늄염은 바닥으로 가라앉았다. 그 후 2억 년 정도에 걸쳐서 이 세균 무리는 검은 우라늄 광물을 수천 톤이나 호수에 가라앉혔다.

우라늄에는 주된 동위원소가 두 가지 있는데, 냉전 세대 사람이라면 대부분 알고 있겠지만 양쪽 모두 방사성이다. 우라늄-238은 반감기가 45억 1000년이나 된다. 지구가 방사성 먼지구름에서 응결되었을 때 존재했던 우라늄-238의 절반이 여전히 어딘가에 남아 있다는 얘기다. 다른 동위원소인 우라늄-235는 반감기가 약 7억 5000만 년으로, 훨씬 빨리 붕괴된다. 따라서 우라늄-235는 대부분 이미 중성자를 방출하고 딸원소로 붕괴되어 있다. 그러나 만약 방출된 중성자들 중 하나가 근처에 있는 우라늄-235의 핵을 때리게 되면 그 핵은 비슷한 질량의 큰 파편들로 쪼개진다. 이렇게 핵분열을 마친 뒤에 생성물의 질량을 다 더해보면 원래 질량보다 적게 나온다. 이때 모자라는 질량만큼 에너지가 생긴다(아인슈타인의 유명한 방정식 $E=mc^2$에 따르면 에너지는 질량과 관계가 있다). 이때 중성자도 새로 생기는데, 우라늄-235 원자들이 서로 가까이 묶여 있을 경우에 새로 방출된 중성자들이 더 많은 우라늄-235 핵을 때리게 된다. 이런 상황에서 핵분열 연쇄반응은 핵폭발을 일으킬 수도 있다.

핵분열이 일어나려면 우라늄-235가 적어도 전체 우라늄 양의 3퍼센트는 되어야 한다. 오늘날 우라늄-235는 전체 우라늄 질량의 겨우 0.72퍼센트를 차지하고 있다. 그래서 핵발전소를 짓거나 구식 우라늄 핵폭탄을 만들려면 인위적으로 우라늄-235를 많이 만들어내야 한다. 하지만 20억 년 전에는 이미 붕괴된 우라늄-235가 더 적었기 때문에 우라늄 광석에 포함된 양이 더 많아서, 사실상 약 3퍼센트나 되었다. 따라서 가봉에 살고 있던 우라늄을 좋아하는 세균은 핵분열 연쇄반응을 시작하기에 충분한 우라늄-235를 확보하고 있었다. 어쨌거나 1972년에 프랑스 첩보기관이 내린 결론은 그랬다. 콩고공화국 국경 근처 오클로 강변에서 채굴된 우라늄 광석에 우라늄-235가 거의 없다는 사실이 드러나자 사람들은 큰 공포에 빠졌다. 심지어 우라늄-235가 정상 함유량인 0.72퍼센트의 절반도 안 되는 경우도 있었다. 식민지 지배에서 갓 벗어나 사회적 불안에 시달리는 아프리카에서 어떤 집단이 핵폭탄을 만들 수 있을 만한 양의 우라늄을 훔쳤을지도 모른다는 가능성은 생각하기조차 끔찍한 일이었다. 프랑스가 이 문제에 발 벗고 나섰고, 오래 지나지 않아 프랑스원자력위원회에서 대규모로 파견한 과학자 팀이 문제를 해결했다.

오클로 광석의 표본을 조사해보니 이미 방사성 핵분열이 일어난 것이 확실했다. 손상되지 않은 층상에서 추출한 표본들도 마찬가지였다. 몇 톤이나 되는 우라늄-235가 자연적으로 붕괴되지 않고 여섯 군데에서 핵분열되어 있었다. 자연적으로 붕괴될 때보다 수백만 배나 많은 에너지가 생겼을 것이다. 가봉의 천연 원자로는 수백만 년 동안 고대 우라늄 호수로 물이 지속적으로 흘러 들어온 덕분에 유지되었음이 분명하다. 물은 중성자의 속도를 늦추면서 원자로 중심으로 중성자를 되돌려보낸다. 그래서 물은 내부의 불을 끄는 대신에 사실상 핵분열을 촉진한다. 그러나 동시에 물의 흐름은 핵폭발을 방지하는 안전밸브 역할도 했다. 연쇄반응이 위험한 수준에 도달할 때마다 물이 끓어올라 중성자들이 도망칠 수 있도록 한 것이다. 이렇게 되면 연쇄반응은 중지되고 물이 다시 안정적으로 흐를 때까지 원자로가 꺼진다. 즉 우라늄-235가 핵분열되었다고 핵폭발이 일어난 것은 아니었다는 얘기다. 마침내 전체 시스템이 퇴적물 밑에 매장되었고, 프랑스 학자들이 오기 전까지 고스란히 보존되어 있었다. 엔리코 페르미와 시카고 팀이 천재성을 발휘해 최초의 핵폭탄을 만들어내기 18억 년 전에 벌써 세균은 독창적이고 교묘한 재주를 갖고 있었음을 알 수 있다. 또 핵폐기물을 매장하는 일은 장기적으로 볼 때 안전하다는 사실도 알 수 있다.

§

린 마굴리스가 이야기한 비극적인 대멸종은 어떻게 된 것일까? 산소 대학
살이 정말 일어났을까?(제2장, 39~40쪽 참조) 암석에는 대학살의 흔적이 없
다. 산소의 등장은 생물에게 엄청난 문제가 되기는커녕 오히려 물질대사를
새로운 형태로 진화시켰고, 생명이라는 나무에 새 가지를 돋아나게 했다.
1960년대에 프레스톤 클라우드가 바로 이렇게 주장했다(제2장 참조). 그러
나 산소가 축적되는 데에 어째서 그렇게 오랜 시간이 걸렸을까? 시아노박테
리아가 10억 년이 넘도록 계속 산소를 만들어내지 않았던가? 이 기간은 현
생 동식물이 살아온 현생이언의 두 배, 그리고 공룡이 멸종한 후부터 지금
까지의 기간의 열다섯 배에 해당한다. 이렇게 준비 기간이 길었던 것은 적
응이 어려웠기 때문일까? 생물이 그토록 오랫동안 독성 기체에 대항하느라
몸부림치고 있었던 것일까? 그런 것 같지는 않다. 이 기간이 길었던 점을 설
명할 수 있는 가설은 아주 많다. 예를 들면 이런 것이다. 철을 좋아하는 세
균은 철이 고갈될 때까지 생태계를 지배했을 것이다. 또는, 시아노박테리아
는 얕은 물 속에서 스트로마톨라이트 공동체로서만 살 수 있었을 것이다. 광
합성을 하지 않으면서 산소를 이용해 호흡하는 세균들이 시아노박테리아가
만든 산소를 몽땅 써버렸기 때문이다. 가장 그럴듯한 설명을 해보자면, 10억
년이라는 기간 동안 안정적으로 평형 상태가 유지되었기 때문에 아무런 변
화도 없었던 것이다.

　마침내 오랜 정체 상태를 파괴한 것은 기후의 엄청난 변화였다. 약 22억
년 전부터 23억 년 전 사이에 일어난 일이었다. 지구는 최초의 빙하기에 접
어들었다. 플라이스토세에 갑자기 추워졌던 것과는 비교가 안 될 정도의 빙
하기였다. 전 세계가 얼어붙어, 열대지방조차 두께가 1킬로미터나 되는 빙
하로 뒤덮였을 정도였다. 조지프 커쉬빈크는 '눈덩이 지구'라는 표현을 썼
다. 선캄브리아대의 쾌적한 기후가 무엇 때문에 무너졌는지는 아직 밝혀지

지 않았다. 전직 미 항공우주국 소속 지구화학자 제임스 캐스팅은 자유 산소의 출현 자체가 혹한을 몰고 왔다는 이론을 주장했다. 산소가 공기 중에 축적되면서 메탄(세균이 대량으로 생산)과 반응했고, 따라서 이 중요한 온실가스가 원시 대기에서 사라졌다. 온실 효과가 서서히 없어지면서 기온이 떨어졌고, 결국 지구에 빙하기가 덮친 것이다. 가이아 이론에 대한 저서에서 메탄을 생산하는 세균의 역할의 중요성을 주장했던 제임스 러브록은 이 이론을 지지했다. 그러나 현재는 이 이론을 강하게 뒷받침할 증거가 부족하다.

이유야 무엇이 됐든, 지구가 약 23억 년 전에 심한 빙하기에 빠졌다는 사실은 의심할 여지가 없다. 빙하기는 3500만 년 동안 계속되었다. 이러한 빙하기에 이어 주요 대륙이 균열되고 안데스 산맥에 맞먹는 조산대가 상승하는 등 지구의 지각활동이 많아졌다.

캘텍(미국 캘리포니아 공과대학교)의 고지자기학 전문가 조지프 커쉬빈크는 눈덩이 지구 이론을 주창하고 그 이론에 대해 가장 구체적으로 설명한 사람이다. 그의 주장에 따르면, 마침내 빙하가 녹은 후 빙하의 침식작용으로 암석과 광물이 가루가 되어 씻겨 내려갔다. 광물과 영양물질이 풍부해진 해양에서는 시아노박테리아가 번성하면서 산소의 양이 늘어났다. 빙하기 직후에 남아프리카 칼라하리 사막에 망간 광물이 대량으로 매장되었다는 사실을 증거로 들 수 있다. 칼라하리 사막의 망간 지대에는 망간 광석이 약 135억 톤, 망간 성분만 따지면 약 40억 톤이 있다. 이 지역은 오늘날 세계 최대의 망간 산지다.

철과 비교해 망간은 쉽게 산화되지 않는다. 따라서 바닷물에 녹은 철이 다 산화되어 없어진 다음에야 산화망간 광석이 침전되었을 것이다. 실제로 칼라하리 사막의 망간 지대 밑에는 풍부한 적철광층이 깔려 있다. 이 층에 들어 있는 철광석은 남아프리카공화국 호타젤 층상에서도 가장 많이 산화되어 있다. 철과 망간이 이렇게 완전히 퇴적되려면 여분의 산소가 필요하다. 오늘날 바다에서 조류나 시아노박테리아가 번성하면 반드시 망간이 침전된다. 그러니까 조류와 시아노박테리아가 번성하면 짧은 기간 안에 많은 산소가 발생한다. 따라서 눈덩이 지구가 녹아 영양물질이 많아진 덕분에 시아노박테리아가 번성했고, 뒤이어 해수면이 산화되면서 궁극적으로 대기에 자유 산소가 축적된 것이라고 설명할 수 있다.

극적인 효과를 일으키는 것은 바로 속도다. 만일 변화가 일어나는 속도가 환경이 변화를 누그러뜨리는 속도보다 느리다면 그 시스템 전체는 유해한 화학평형 상태를 유지할 수 있다. 화학반응은 안정적인 평형 상태를 향해 나아가는 경향이 있지만, 생물반응은 이와 정반대다. 생물계는 역동적인 비평형 상태라고 할 수 있다. 제2장에서 이야기한 것처럼, 광합성으로 대기 중에 산소가 주입되는 바람에 바닷물이 수소 기체와 함께 우주로 빠져나가지 못했고, 덕분에 지구는 화성처럼 불모의 땅이 될 운명을 벗어났다. 그러나 이후 지구는 두 번째 정체 상태에 접어들게 되었다. 시아노박테리아가 만든 산소가 암석, 물에 녹은 광물, 기체와 반응하고 세균의 호흡에 이용되면서 균형이 잡힌 것이다. 이 새로운 평형 상태는 약 35억 년 전부터 23억 년 전까지 지구 역사의 거의 4분의 1에 해당하는 기간에 걸쳐 이어졌다. 철을 좋아하는 세균과 스트로마톨라이트, 시아노박테리아가 이루고 있던 끝없는 생태적 균형은, 지구가 눈덩이가 되는 갑작스러운 사건으로 깨어졌다. 두 번째로 산소가 대기에 대량으로 주입되면서 잠들었던 지구가 깨어났고, 지구 상의 생물들이 구원을 받은 것이다.

§

이후 10억 년 동안 일어난 일들은 이런 시각을 뒷받침한다. 적어도 표면적으로 보면 많은 일이 일어난 것은 아니다. 막대한 줄무늬철광층이 퇴적되고, 기후가 극적으로 변하고, 지각운동이 일어나고, 해수면이 산화되고 대륙이 산소로 녹슨 다음, 지구가 다시 한번 안정 상태에 접어들어 새로운 균형이

자리를 잡은 듯하다. 동위원소비와 화석 토양으로 알아낸 것이 만일 사실이라면, 산소 농도는 이 기간 내내 현재 대기의 5~18퍼센트 수준으로 다소 일정하게 유지되었다. 이 정도면 우리 인간의 조상인 진핵생물들 사이에 산소 대사가 광범위하게 퍼지기에 더없이 충분했다. 또 산소의 양이 많아지면서 바다에서는 황산염과 질산염, 인산염의 농도가 높아져 성장의 브레이크가 풀렸다. 단순한 다세포 조류가 화석기록에 등장하기 시작했고, 더 광범위한 진핵세포들이 나타났다. 유전적 다양성이 꽃을 피운 것이다.

진핵생물의 진화적 성공은 산소 농도가 높아진 점과 직접 관련이 있다. 제8장에서 이야기하겠지만, 진핵생물은 여러 구성요소들이 뒤섞여 만들어진 것이다. 각 세포에는 수백 개, 또는 심지어 수천 개의 작은 기관이 꽉 들어차 있다. 이 기관을 세포소기관organelle이라고 하는데, 각자 호흡이나 광합성 같은 특별한 일을 맡는다. 이런 세포기관들이 없었다면 현대 생물은 존재하지 못했을 것이다. 그러나 세포기관은 외부에서 온 존재다. 그중 일부는 독립적으로 존재했던 흔적을 아직 가지고 있다. 예를 들어 미토콘드리아라는 세포기관은 자색세균에서 진화했다. 미토콘드리아는 식물과 조류를 포함해 모든 진핵세포에서 산소를 소비하는 호흡 과정이 일어나는 장소다. 식물과 조류 세포의 광합성은 또 다른 세포기관인 엽록체에서 일어나는데, 엽록체는 시아노박테리아에서 유래한 것이다.

20억 년 전쯤부터 환경이 안정적인 상태로 오랫동안 유지되자 진핵생물의 선조들은 내부에 일종의 시장을 형성하면서 발전했다. 원시 진핵세포가 빨아들인 작은 세균은 고래 속의 요나(구약성서에 나오는 인물로, 하느님의 명령을 거역하고 도피하던 중 고래 뱃속에서 사흘간 지내다가 기적처럼 살아나 하느님의 명령을 완수한다—옮긴이)처럼 어떻게든 살아남았다. 이런 일이 계속 일어난 끝에 진핵생물은 마침내 세포 안에 작은 세포들의 공동체를 이루게 되었다.* 그리고 어쩔 수 없이 집을 제공받는 대가로 대사작용의 산물을 내놓았다. 이렇게 밀접한 공생관계는 아주 성공적이어서, 흡수된 세균에게서는 이제 예전의 독립적인 모습을 찾아볼 수 없게 되었다. 그러나 이 관계의 지속적인 성공에는 재미있는 역설이 숨어 있다. 미토콘드리아의 예를 살펴보자.

상상을 해보자. 20억 년 전에, 큰 세포가 작은 자색세균을 잡아먹고는 소화불량 증세를 겪었다. 큰 세포가 육식이었든 침입한 작은 세포가 감염성이었든 그것은 중요하지 않다. 내부에서 거래가 조금이라도 지속되었다는 사실을 보면 결코 심각하게 해로운 일이 아니었다는 점을 알 수 있다. 이런 관계가 마침내 우위를 차지해 실제로 모든 진핵세포에 미토콘드리아가 들어 있을 정도라면, 그 일이 궁극적으로는 오히려 이익을 가져다주었다는 얘기가 된다. 오늘날의 세계에서 그 이익이 무엇인지는 명백하다. 미토콘드리아는 산소를 이용해 에너지를 생산한다. 이는 생물이 에너지를 생성하는 가장 효율적인 방법이다. 하지만 당시에는 사정이 좀 달랐다. 문제는 다음과 같다. 모든 세포의 에너지화폐는 ATP(아데노신삼인산adenosine triphosphate)라는 화합물이다. 세포는 ATP를 직간접적으로 이용해 대부분의 대사반응에 에너지를 공급한다. 그렇게 해서 일어나는 대사반응으로 생명을 유지하고, 세포 성장을 위해 새로운 물질을 만들어내기도 한다. 공생하는 세균과 숙주 양쪽 모두 독립적으로 ATP를 생산했을 것이다. 진핵생물의 경우에는 발효를 했고, 세균의 경우에는 산소를 이용해 탄수화물 '연료'를 태웠다. 세균이 사용하는 방법이 훨씬 더 효율적이었고, 그래서 세균은 ATP를 훨씬 많이 생산할 수 있었다. 모든 화폐가 그렇듯이 ATP도 교환할 수 있다. 원칙적으로는 세균이 만든 ATP도 숙주가 사용할 수 있었다. 하지만 숙주가 이런 식으로 이득을 얻으려면, 세균이 만든 ATP를 숙주에게 내보내야 했다. 현생 생

---

* 각기 다른 종류의 세균들이 한 번에 융합되었는지 아니면 하나씩 차례로 큰 세포에 빨려 들어갔는지에 대해서는 약간의 논란이 있다. 엽록체의 경우를 제외하고, 여러 증거들을 볼 때 그 사건은 단 한 번에 일어났거나 또는 차례로 일어났더라도 진핵생물이 진화상으로 분화하기 전에 한꺼번에 집중적으로 몰아서 일어났다고 추정된다.

물에 들어 있는 미토콘드리아는 경계막에 구멍이 있어서 이런 일이 가능하다. 그러나 자유롭게 사는 세균에게는 ATP를 밖으로 내보내는 메커니즘이 없다. 오히려 특별한 막과 세포벽이 바깥 세계를 차단해 안쪽을 보호하고 있다. 유전자 연구에 따르면 미토콘드리아가 ATP를 밖으로 내보내는 메커니즘은 나중에 진화했다. 물론 진핵생물이 진화를 통해 여러 종으로 분화하기 전의 일이다. 어쨌든 숙주가 손님들에게서 여분의 에너지를 얻을 수 없었다면 어떻게 이익을 얻었을까? 이런 식의 공생이 어째서 번성했을까?

오늘날 볼 수 있는 비슷한 공생관계를 생각해보면, 숙주세포는 에너지를 얻지는 못했지만 그 대신에 산소를 먹는 손님들의 덕을 볼 수 있었다. 공생하던 세균들이 산소를 물로 바꿔가며 유독한 산소로부터 숙주를 보호해준 것이다. 이렇게 산소 독성에 대한 면역을 획득한 덕분에 원시 진핵생물은 산소 농도가 아주 높은 얕은 물에서 살 수 있었다. 그 덕분에 조류는 광합성을 통해, 소비자들은 신선한 먹이를 먹으면서 햇빛을 이용할 수 있었다. 시간이 지나면서 이렇게 원시적인 계약관계가 성공을 거두자 그 관계는 훨씬 더 가까워져 숙주세포는 손님들에게 영양분을 공급하고, 손님들은 답례로 ATP를 제공했다.

세포들이 다른 세포들과 연합하여 산소로부터 스스로를 보호했다는 발상을 뒷받침하는 다른 이론이 있다. 이 이론에서 세포들끼리의 관계는 공생관계처럼 밀접하지는 않지만 긴 안목으로 보면 매우 의미심장하다. 섬모충류 원생동물처럼 산소를 싫어하는 현생 진핵생물이 있는 물에 산소를 주입하면 제일 먼저 나타나는 반응은 산소가 더 적은 쪽으로 빨리 헤엄치는 것이다. 주입된 산소가 많을수록 헤엄치는 속도는 더 빠르다. 하지만 만일 도망칠 수 없는 경우라면 어떨까? 주위에 똑같이 산소가 많아서 도망쳐봤자 소용이 없을 때, 섬모충들은 다음 작전에 들어간다. 한 덩어리로 모이는 것이다. 혐기성 세포들도 산소를 소비하는 능력을 약간은 갖추고 있다. 그래서 세포들이 이런 식으로 한데 뭉치면 이웃에서 조금씩 산소를 소비하기 때문에 결과적으로 이익이 된다. 공동생활을 하는 다른 세포들도 이런 식으로 부담을 줄이고 있다. 예를 들어 시아노박테리아가 거대한 돔 형태로 모여 있는 스트로마톨라이트에는 혐기성 세균을 포함해 여러 종류의 세포들이 살고 있다. 대부분 스트로마톨라이트의 맨 위쪽 몇 밀리미터에만 산소를 생산하는 시아노박테리아가 산다. 비록 낮 동안에는 산소 농도가 높아지겠지만 더 안쪽으로 들어가면 수십억 마리의 혐기성 세포들이 살고 있다. 여기서도 역시, 각 세포는 산소가 주는 부담을 서로 나눠 이익을 얻는다.

따라서 산소 농도가 높아지면서 세포들은 서로 뭉치는 방향으로 나아갔고, 거기서 가장 효율적인 에너지 시스템이 발달했다. 한 세포 안에 무수히 많은 미토콘드리아가 살면서 생물에게 에너지를 제공하게 된 것이다.* 그리고 최초의 다세포 생물이 등장하게 되었다. 그렇다면, 세포들이 산소의 독성을 피하기 위해 떼 지어 모인 것이 다세포 생물의 진화를 촉진했다고 할 수 있다. 확실히 다세포 생물은 모두 미토콘드리아를 가지고 있다. 미토콘드리아가 없는 단순한 진핵생물이 1000종 정도 되는데, 이 중 다세포 생물은 하나도 없다. 따라서 인간은 세포들끼리 모이고 또 그 세포 안에 작은 세포들이 모인 공동체인 셈이다. 제8장에서 이야기하겠지만, 인간의 몸은 산소가 각 세포로 전달되는 것을 제한하고 있다. 다세포 조직은 우리의 단세포 조상들을 위해서 봉사했던 것과 똑같은 목적을 가지고 여전히 우리 인간의 몸 안에서 봉사하고 있는 것이다.

§

선캄브리아대도 이제 거의 끝나가고 있다. 지금까지 우리는 30억 년을 여행했다. 볼 것은 별로 없었지만 많은 것이 변했다. 이러한 변화가 없었다면 곧

---

* 차 한 대가 100마력이라고 하는 것처럼, 미토콘드리아 100개를 가진 진핵세포 하나라면 100세균력이라고 표현할 수 있다.

이어 다세포 생물이 폭발적으로 발생하는 일은 불가능했을 것이다. 그 변화는 대기 중 산소의 증가와 관련이 있었다.

　요약을 해보자면 이렇다. 그린란드 서부의 암석에서 발견된 탄소 지문은 생물이 존재했다는 최초의 흔적인데, 38억 5000년 전의 것으로 추정된다. 그리고 약 35억 년 전에 현생 시아노박테리아와 비슷한, 현미경으로만 볼 수 있는 크기의 미화석과 커다란 스트로마톨라이트 화석이 생겼다. 만일 눈에 보이는 그대로라면, 이런 시아노박테리아는 벌써 산소를 만들고 있었다. 그 후 약 10억 년이 지난 27억 년 전이 되어서야 시아노박테리아가 존재했다는 결정적 증거가 나타났다. 이때 우리 인간의 조상인 진핵생물이 존재했음을 나타내는 생화학적 지문이 암석에 찍혔다. 이런 진핵생물은 막을 구성할 스테롤을 만들었는데, 이 작업에는 산소가 필요하다. 이 시기에는 황산염환원세균의 활동으로 산소 농도가 높아져 현대 대기 수준의 약 1퍼센트 정도 되었다. 다시 5억 년 뒤인 22억 년 전, 지구가 눈덩이로 변한 직후 산소 농도는 다시 증가했다. 뒤이어 지층이 불안정하던 시기에, 바다에서는 거대한 줄무늬철광층이 전 세계에 걸쳐 퇴적되었다. 이런 층상들 중 적어도 몇몇이 생기는 데에는 자유 산소가 필요했다. 동시에, 약 21억 년 전에는 진핵생물이 처음으로 화석이 되었다. 약 20억 년 전에 산소가 대기 중에 축적되었다는 아주 확실한 증거는 화석 토양, 대륙의 적색층, 우라늄 천연 원자로 등이다. 산소 농도는 현대 대기의 약 5~18퍼센트에 이르렀다. 암석에 들어 있는 진핵생물 화석이 갑자기 다양해졌다. 그중 대부분이 미토콘드리아를 가지고 있었다. 이제 진짜 다세포 생물만 빼고 현대 세계를 이룰 모든 요소들이 자리를 잡았다.

　그런 다음에는 변화가 거의 없었다. 10억 년 동안 산소 농도는 현대 대기 수준의 5~18퍼센트 사이로 일정하게 유지되었다. 평온한 시기가 오래 이어지면서 생물의 역사는 소리 없이 발전했다. 진핵생물이 번성했고, 유전자가 다양해졌으며, 생물들이 새로운 서식지를 개척했다. 그리고 조류는 다세포 생물이 되기 위해 조심스레 한 걸음을 내딛었다. 이렇게 모든 것이 소리 없이 발전했지만 10억 년이나 걸려서 생긴 것은 단순한 초록색 점액질 생물뿐이었다. 여기까지만 보아서는 다음에 일어날 사건을 전혀 예측할 수 없다. 그리고 5억 4300만 년 전, 우리가 아는 바대로 지질학적으로 보면 그야말로 눈 깜짝할 사이에 모든 생물들이 펑 하고 튀어나왔다. 도대체 무슨 일이 일어난 것일까?

4

캄브리아기 대폭발의 도화선

눈덩이 지구와 최초의 동물들

캄브리아기 초에 다세포 생물이 폭발적으로 증가한 사건을 캄브리아기 대폭발이라고 한다. 다윈 이래로 최고의 생물학자들이 지금까지 계속 이 문제에 매달리고 있다. 이 사건이 그렇게 갑자기 일어난 이유는 무엇일까? 정말로 그렇게 갑자기 일어나기는 했던 것일까? 다윈의 주장에 따르면 자연선택은 꾸준히 누적되어 일어나는 변화 과정인데, 캄브리아기 암석에서 화석화한 동물들이 갑자기 등장하는 바람에 혼란이 생겼다. 많은 학자들과 마찬가지로 다윈 역시 캄브리아기 대폭발이 사실은 화석기록이 변형되어 나타난 것이기를 바랐다. 만일 그렇다면 언젠가 더 오래된 화석이 발견될 것이고, 따라서 캄브리아기 동물들은 서서히 진화했다는 사실이 증명될 것이다. 즉 캄브리아기에 대폭발이 일어나기 위해서는 선캄브리아대에 긴 도화선이 존재했다는 얘기가 된다. 이런 견해가 아주 터무니없는 것은 아니었다. 당시 알려진 캄브리아기 화석은 대부분 단단한 석회질 껍데기였고, 그 안에 살던 연체동물의 자취는 거의 없었다. 그렇다면 껍데기가 없었던 그들의 조상들은 당연히 화석으로 남지 않고 그대로 사라졌을 것이다. 캄브리아기 대폭발은 단지 껍데기의 진화만 기록한 것인지도 모른다.

캐나다의 버제스 셰일에 나타난 기록을 보면 연체동물의 껍데기는 캄브리아기 초반에 등장한 것이 아니라는 사실을 알 수 있다. 이곳은 캐나다 로키 산맥 높은 곳에 있는데, 미국 스미스소니언 박물관의 찰스 둘리틀 월컷이 20세기 초에 발견했다. 이 캄브리아기 중반의 셰일에는 놀라울 정도로 다양한 연체동물의 몸 부분이 아주 잘 보존되어 있어 대표적인 화석 유적지로 손꼽히고 있다. 진화생물학자인 스티븐 제이 굴드의 표현을 빌리자면, 당시 학자들은 월컷이 조사한 많은 화석들을 현대 동물의 분류군으로 '꾹꾹 욱여넣었다'. 영국 케임브리지 대학의 해리 휘팅턴과 데릭 브리그스, 사이먼 콘웨이 모리스가 이 화석들을 다시 분류한 이야기는 1989년에 출간된 굴드의 저서 『생명, 그 경이로움에 대하여』에서 큰 부분을 차지하고 있다. 케임브리지 대학의 학자들은 환한 조명 아래 수술용 현미경을 사용해가며 기묘하게 생긴 수많은 생물들의 해부학적 구조를 재구성했고, 이 '불가사의하고 경이로운 생명체들'을 하나하나 고유한 분류군으로 배치했다. 좌우대칭으로 생긴 이 생물군에는 각각 고유한 특징을 나타내는 종 이름을 붙였다. 환상의 동물이라는 뜻의 할루키게니아*Hallucigenia*, 이상하게 생긴 새우라는 뜻의 아노말로카리스*Anomalocaris*, 이빨이 나 있는 수수께끼의 동물이라는 뜻의 오돈토그리푸스*Odontogripbus* 등이다. 모두 오늘날 살아 있는 어떤 종에도 해당되지 않는다. 촉각 끝에 눈이 달리고, 갑옷 같은 등딱지가 있고, 문처럼 닫히는 턱이 있는 괴물들은 상식적인 지구 동물이라기보다는 꼭 공상과학 만화에 나오는 외계생물 같아 보인다.

굴드는 이런 기묘한 동물들에 대해 다루면서 생물들이 갑자기 이렇게 다양해졌다는 사실과 그다음에 온 지질시대에 사라져버린 점을 양쪽 모두 강조해 자세히 설명했다. 캄브리아기 말쯤에 진화한 동물들의 몸설계에는 아무런 영향도 없었으며(예를 들어 모든 곤충은 몸이 세 부분으로 되어 있고 다리가 여섯 개다), 당시 존재했던 수많은 변형체들은 흔적도 없이 사라졌다. 그 후에, 공교롭게도 굴드가 『생명, 그 경이로움에 대하여』를 출간한 지 얼마 되지 않아 그 시기의 화석층이 아주 잘 보존된 채로 각각 그린란드와 중국에서 발견되었다. 그리고 사람들은 더 틀에 박힌 견해로 캄브리아기 동물군의 기묘한 생김새를 바라보게 되었다. 그 불가사의하고 경이로운 생명체들 중 일부는, 화석기록이 엉망으로 해석되었거나 다른 동물에 속한 부분을 잘못 갖다 붙여버린 결과로 드러났다. 현재 캄브리아기 생물학에서 세계적으로 손꼽히는 권위자들 중 한 명인 콘웨이 모리스는 이런 동물들이 그토록 익숙하게 보이는 것이야말로 진짜 경이로운 일이라고 말하기도 했다. 1989년, 런던 자연사박물관의 리처드 포티와 당시 영국 브리스틀 대학에 있던 데릭 브리그스가 캄브리아기 동물들 사이의 깊은 유사성을 맨 처음 통계적으로 증명했고, 이후 다른 학자들 역시 그 점을 확인했다.[*] 그러나 캄브리아기 동물군이 이상할 정도로 다양하다는 사실은 더 이상 논쟁거리가 아닌 반면, 대폭발의 원인에 대해서는 아직도 의견이 분분하다. 학자들은 다윈이 고민했던 것과 놀라울 정도로 비슷한 문제에 매달려 있다. 캄브리아기 대폭발은 정말로 갑작스러운 사건이었을까, 아니면 선캄브리아대부터 오랜 시간에 걸쳐 도화선이 천천히 타들어간 결과일까?

물론 현대의 학자들은 다윈보다 확실히 더 나은 처지다. 1세기에 걸쳐 선캄브리아대 후기의 암석에서 생명의 흔적을 찾기 위해 노력한 끝에 몇몇 예를 찾아낼 수 있었다. 그중 가장 유명한 것이 흔히 얘기하는 에디아카라 동물군이다. 해파리 계통에 속하는데, 몸이 사방으로 대칭을 이루고 있으며 부정형이다. 그중에는 지름이 약 1미터나 되는 것들도 있다. 원래 발견된 장소인 오스트레일리아의 에디아카라 언덕에서 이름을 따왔다. 이와 비슷한 화석들이 여섯 대륙에서 모두 발견되었는데, 캄브리아기가 시작되기 2500만

---

[*] 그들이 사용한 접근법을 분기론cladistics이라고 한다. 원래 분기분석이란 다른 종들 사이의 차이점을 찾기보다는 근본적인 유사성을 나열해 서로의 연관성을 거미줄처럼 그려나가는 것을 말한다.

년 전인 벤드기Vendian의 것으로 추정된다. 그러나 이 화석들이 발견되었다고 캄브리아기의 수수께끼가 풀린 것은 아니다. 오히려 문제가 더 복잡해졌다. 미국 예일 대학의 독일인 고생물학자 돌프 자일라허는 다음과 같이 주장한다. 점잖은 채식주의 벤도비온트Vendobiont(벤드기의 생물 개체라는 뜻으로 붙여준 애정 어린 별명이다)인 이 부정형 동물들은 좌우대칭형 구조에 갑옷 같은 껍데기가 달린 캄브리아기 동물들의 조상이 절대 아니다. 오히려 다세포 생물의 초기 실패작이라 할 수 있다. 캄브리아기가 시작하기 전에 멸종되었거나 아니면 사나운 캄브리아기 육식동물들에게 잡아먹히거나 했을 것이다. 많은 고생물학자들이 자일라허의 견해에 반박해 적어도 벤도비온트 중 일부는 캄브리아기에도 살아남았다고 주장하고 있지만, 이 동물들이 현대 분류군에 잘 들어맞지 않는다는 점에 이의를 제기하는 학자는 거의 없다.

그러나 벤드기에 서식한 동물은 벤도비온트뿐이 아니었다. 작은 벌레들이(길이가 몇 센티미터 정도였을 것이다) 바다 밑바닥에서 진흙 속을 파고 들어가 살았다. 놀랍게도, 이 벌레들의 자취가 아프리카 나미비아와 다른 곳의 사암에 보존되어 있다. 저층 퇴적물에 동물의 움직임이 이렇게 흔적으로 남은 것은 기나긴 선캄브리아대에서 처음이었다. 그 후로 현세까지 비슷한 흔적이 계속해서 생겼다. 이 벌레들은 오늘날까지 살아 있으며 여전히 흔적을 남기고 있다.

벌레만큼 미천한 이미지의 생물도 없을 것이다. 그러나 그런 이미지와는 정반대로 벌레는 아주 복잡하게 설계되어 있다. 우선 진흙을 뚫고 굴을 파려면 근육이 필요하고, 근육이 수축하려면 어떤 형태로든 '골격'이 있어서 근육끼리 마주 볼 수 있어야 한다. 벌레의 경우 액체로 가득 찬 체강이 그 역할을 한다. 근육 수축에는 산소가 필요하다. 그런데 산소는 확산을 통해서는 조직 안에서 1밀리미터 이상 나아갈 수 없기 때문에, 벌레와 비슷한 원시 동물은 순환기관과 함께 산소가 들어 있는 체액을 펌프질하는 메커니즘을 갖추고 있어야만 한다. 이를테면 원시 심장 같은 것이다. 벌레가 조금이라도 앞으로 이동하려면 각 체절이 조화를 이루어 순서대로 수축해야 한다. 그러기 위해서는 적어도 단순한 신경계가 필요하다. 앞으로 나아가면서 몸에 들어간 진흙 같은 것들을 밖으로 내보내려면 입, 소화관, 항문이 있어야 한다. 실제로 화석 흔적들 중에는 확실히 배설물이었던 것으로 보이는 작은 알갱이도 있다. 벌레들 중에는 육식성도 있었을 텐데, 사냥을 하려면 현생 후손들처럼 눈이나 빛에 민감한 안점眼點을 갖추고 있어야 한다. 간단히 말해서, 이런 원시 벌레들은 이동할 수 있는 큰 동물에게 필요한 기본적인 수준의 특성을 이미 진화를 통해 획득했음이 분명하다. 또 벌레의 몸은 좌우대칭형이었으며(양쪽이 똑같다는 뜻) 체절, 즉 마디가 있었다. 이 두 가지는 캄브리아기 후기 동물들의 주된 특징이다. 따라서 우리 인간의 가장 원시적인 동물 조상은 벌레와 비슷했다. 인간의 기원에 대한 다윈의 시각을 비판하는 사람들이 빈정대며 말하는 바로 그대로다.

벌레가 아무리 미천하다고 해도 하룻밤 사이에 생겨났다고 보기에는 너무 복잡한 생물이다. 실제로 더 오래된 시기의 화석들이 발견되었다. 약 6억 년 전의 것으로 추정되는데, 이는 캄브리아기 대폭발이 일어나기 거의 6000만 년 전이며, 6000만 년은 공룡의 멸종부터 현재까지 이를 만큼 긴 기간이다. 이런 원시 다세포 동물 화석들은 대부분이 좋게 표현해서 뚜렷하지 않다. 지름이 커봤자 1센티미터 남짓인 둥근 자국들이 흐릿하게 나 있지만 아무리 상식을 동원해도 동물이라고 인정하기 힘들다. 이런 화석 이외에는 아무것도 남아 있는 것이 없다. 만일 약 6000만 년 전보다 더 이전에 맨눈으로 볼 수 있을 정도로 큰 동물이 존재했다면 화석화를 피하는 희한한 솜씨가 있었을 것이다. 선캄브리아대에 긴 도화선이 있었는지 여부를 추론할 수 있는 근거는 '분자시계'뿐이다. 이는 분자고생물학자들이 사용할 수 있는 것 중에 가장 강력하면서도 논쟁의 여지가 있는 도구다. 분자시계를 근거로 해서 보면 다세포 동물, 그러니까 후생동물의 진화는 적어도 7억 년 전, 또는 아마도 10억 년 전부터 시작되었을 것이다.

분자시계란, 현존하는 종들 사이의 유전적 차이점을 이용해 공통된 조상으로부터 분화한 시간을 예측하는 것이다. 조상 종이 분리되어 새로운 종들이 생기면, 이 새 종들과 그 자손은 모두 시간이 지나면서 서서히 서로 다른 유전적 변화, 즉 DNA 돌연변이를 축적한다. 그리고 마침내 서로 완전히 달라진다. 이를테면 지금의 인간과 초파리가 다른 만큼 차이가 생기는 것이다. 여기서 기본적으로 가정하고 들어가는 부분은, 각 종이 공통적으로 타고난 유전자로부터 일정한 속도로 서로 멀어진다는 점이다. 액면 그대로, 이러한 가정은 물론 난센스다. 우리 인간만 해도 지난 6억 년에 걸쳐 벌레들보다 훨씬 더 큰 진화적 공간을 지났다. 각기 다른 종의 진화속도를 평균 내서 그것을 근거로 진화적 공간 사이의 거리를 일일이 짚어낸다는 것은 어려운 일이다. 다행히도, 몇 가지 단순한 기술을 적용하면 좀 더 확실하게 추측을 해볼 수도 있다. 여기서 제일 중요한 요소는 두 가지다. 하나는 연대가 확실한 화석을 이용해 계산한 분자시계이고, 다른 하나는 다양한 종에서 다수의 서로 다른 유전자가 변화한 정도를 측정해 얻은 유전적 이동의 평균속도다. 진화 생물학자 리처드 포티는 매력적인 저서 『삼엽충』에서 훌륭한 유추법을 제시했다. 그는 분자시계를 구식 시계방에 비유했다. 시계방에 들어가보면, 사방에서 시계 수백 개가 째깍거리며 제각각 시간을 가리키고 있다. 완전히 멈춘 것도 있고, 전혀 다른 시간을 가리키는 것도 있다. 하지만 대부분은 오후 2시 30분쯤을 가리키고 있다. 정확한 시각은 알 수 없지만 지금이 오후 중반이라는 사실은 분명하다. 이와 비슷하게 분자시계를 계산한 결과는 해당 유전자와 종에 따라 몇억 년씩 차이가 나기도 하지만, 전체적으로 보면 선캄브리아대에 동물 진화의 도화선이 존재했다는 사실을 가리키고 있다. 계산으로 나온 각 값의 가중치를 종합적으로 따져볼 때, 이 도화선은 적어도 1억 년 동안, 아마 5억 년이나 6억 년에 걸쳐 이어졌다. 만일 그렇다면, 가장 원시적인 형태의 동물들은 너무 작아서 눈에 보이는 화석을 남기지 못했다는 얘기가 된다. 따라서 연구를 계속하려면 지름이 1밀리미터 이하인 작은 흔적을 찾아야 한다.

그러나 유전자 연구를 하다 보면 선캄브리아대에 이미 도화선이 존재했다는 사실 이상의 것을 알 수 있다. 또한 연구에 따르면 오늘날 모든 동물의 배아 발생을 조절하는 유전자를 초기 캄브리아기 동물들이 벌써 완전하게 사용하고 있었다. 이런 유전자를 혹스Hox 유전자라고 한다. 이 유전자는 두 가지 면에서 특히 주목할 만하다. 우선, 이 유전자는 비교적 드물다. 극소수의 유전자가 파리부터 쥐나 사람에 이르기까지 모든 동물 배아의 초기 발생에서 많은 단계를 조절하는 것이다. 둘째, 혹스 유전자는 종이 서로 다를지라도 암호화 부위가 매우 비슷하다. 심지어 절지동물과 척삭동물처럼(인간을 포함한 척추동물은 척삭동물에 속한다) 분류상 크게 다른 집단끼리도 혹스 유전자는 아주 비슷하다. 이 두 가지 특징이 나타내는 바를 차례로 생각해보자.

그렇게 소수의 유전자가 어떻게 배아 발생을 조절할 수 있을까? 혹스 유전자는 몸 전체에 걸쳐 지배 스위치 역할을 한다. 몸의 어느 부분이냐에 따라서, 이를테면 다리나 눈을 만드는 데에 필요한 수백 개의 유전자들을 켜거나 끄는 것이다. 이 유전자의 작용은 꼭 고집 센 신문사 사주의 행동에 비유할 수 있다. 이 사주는 정치 문제 같은 특정한 주제에 대해 자기 의견을 내세워 신문의 논조나 기사 내용에 영향을 미친다. 만약 그 사주가 다른 신문사를 샀는데, 그 신문이 자기네 신문과 정치적인 색깔이 다르다면 압박을 가해 정치 기사 내용을 자기 생각대로 바꿀 것이다. 못된 사주 한 명만 있으면 그 신문의 성향을 하룻밤 사이에 우파에서 좌파로 충분히 바꿔놓을 수 있다. 이와 똑같은 방법으로, 만약 초파리의 눈을 자라게 하는 지배 스위치인 혹스 유전자가 실수로든 계획적으로든 머리보다 훨씬 뒤쪽에 있는 체절 하나에서 켜질 경우, 그 체절에서 다른 유전자들이 켜지거나 꺼지는 양상이 달라진다. 그래서 다리에 눈이 생기는 식으로 발생이 잘못된다. 따라서 발생이 정상적으로 이루어지려면 지배 스위치인 혹스 유전자와 더불어 주어진 혹스 유전자의 활동을 구속해 몸의 특정 위치에서 유전자에 특정한 효과를 일으키는 조절체제가 필요하다.

혹스 유전자가 서로 다른 종 사이에서도 그렇게 비슷한 이유는 무엇일까? 캄브리아기에 서로 갈라진 분류군들(절지동물과 척삭동물처럼)끼리는 매우 유사한 혹스 유전자를 공유한다는 점으로 미루어볼 때, 모든 동물들이 선캄브리아대에 존재했던 하나의 공통조상에게서 이 유전자를 물려받았다고 추측할 수 있다. 이는 순전히 논리상의 추론이다. 캄브리아기의 모든 동물종이 각자 진화를 거쳐서 정확히 똑같은 유전자를 갖게 되었다는 것은 매우 믿기 어려운 이야기다. 그런 식으로 보자면, 금발에 푸른 눈동자와 하얀 피부라든지 갈색 눈동자에 갈색 머리와 검은 피부 등 우리가 형제자매와 공유하는 신체적인 특징도 유전성과는 전혀 상관이 없이 똑같은 환경에서 살았기 때문에 나타난 것이라는 얘기가 된다. 캄브리아기 동물들이 서로 다른 종끼리 횡적인 유전자 교환, 즉 생식을 통해 유전자를 주고받았다고 생각해볼 수도 있다. 그러나 종이 완전히 다른 동물들끼리 생식으로 유전자를 교환하려면 오늘날에는 도저히 상상할 수 없는 방법이 동원되어야 했을 것이다. 예를 들어 바다가재와 해파리가 교미를 한다고 하면 그게 성공하리라고 기대하기는 어렵다는 이야기다. 이 때문에 차라리 모든 캄브리아기 동물이 공통조상에게서 혹스 유전자를 물려받았다고 생각하는 편이 더 이치에 닿는다. 만일 정말로 그렇다면, 머리에 더듬이를 달거나 몸 양쪽에 눈을 하나씩 다는 등 몸을 분할하기 위해 필요한 기본적인 유전적 도구상자인 혹스 유전자는 분명히 캄브리아기 대폭발 이전에 진화했을 것이다. 화석기록과 더불어 이런 유전적 증거를 보면 캄브리아기 대폭발이 그렇게까지 중요한 사건은 아니었다는 사실을 알 수 있다. 다세포 동물이 진화적 다양성을 나타낸 것은 이때가 처음이 아니었다. 아마도 6억 년보다 훨씬 전부터 시작되었을 것이다. 비교적 몸집이 큰 동물들이 이 시기에 갑자기 확 늘어난 것도 아니었다. 벌써 5억 7000만 년 전에 벤도비온트들이 다양하게 늘어나 있었다. 다만 캄브리아기 대폭발은 무엇보다도 현생 갑각류와 비슷한, 체절이 있는 좌우대칭형 동물이 다양해진 사건이었다고 해야겠다.

　미국 하버드 대학의 고생물학자 앤드루 놀과 위스콘신 대학의 분자생물학자 숀 캐럴에 따르면, 캄브리아기 대폭발은 아마도 혹스 유전자와 혹스 유전자의 지배를 받는 유전자들 사이에 조절고리의 배선이 바뀌어 생겨난 것으로 추정된다. 혹스 유전자가 뒤섞이고 중복되면서 기존의 유전자들이 새로운 책임을 떠맡게 되었다. 혹스 유전자의 개수는 대개 그 생물이 형태적으로 얼마나 복잡한가에 따라 달라진다. 선충류는 혹스 유전자 네 개가 한 곳에 무리를 지어 있는 반면(그리고 구조도 단순하다) 포유류는 혹스 유전자 38개가 네 곳에 뭉쳐 있다. 단 예외가 있는데, 놀랍게도 금붕어의 경우에는 혹스 유전자 49개가 일곱 군데에 뭉쳐 있다. 원래 생물작용이란 절대로 완벽한 상호관계 앞에 무릎을 꿇지 않는 법이다. 하지만 본질적으로 혹스 유전자가 중복되면 신체 부분이 반복적으로 발생되고, 결국 진화적 변형이 일어난다. 굳이 없어도 되는 신체 부분이 생기게 되면 분화가 쉽게 일어나고 몸 구조는 더 복잡해진다. 예를 들어 현대의 곤충과 갑각류가 속해 있는 큰 분류군인 절지동물의 조상의 경우, 혹스 유전자의 작용에 작은 차이가 일어나 전에는 아무것도 없던 체절에 새로 다리가 생겨났다. 이런 다리들이 진화해 더듬이, 턱, 먹이를 섭취하는 부속기관과 심지어 생식기관이 되었다.* 유전상의 아주 세부적인 부분이 차근차근 해결되는 한편, 이제 주된 문제는 그 일이 '어떻게 발생했는가'에서 '왜 그때 발생했는가'로 바뀌었다. 이 질문에 대해 놀과 캐럴이 제시한 답은 대강 이렇다. 캄브리아기 대폭발은 유전적 가능성과 환경적 기회가 상호작용을 일으킨 결과다. 이때 환경의 열쇠를 쥐고 있는 것은 바로 산소였다.

---

* 체절이 나뉜 좌우대칭 몸설계가 유전적 잠재력이 몹시 풍부한 이유 중 하나는, 혹스 유전자가 약간 변화를 일으켜 맡는 구역이 달라질 경우에 형태적으로 갑작스럽고 큰 변화가 일어날 수도 있기 때문이다. 이는 순전히 다윈적인 계단식 진행인데, 흔히 유전적 공간을 훌쩍 뛰어넘는 변화라고 오해하는 일이 많다.

지구는 약 23억 년 전부터 20억 년 전쯤 사이에 일어난 대변동 이후 오랫동안 평형 상태를 유지하고 있었다. 그리고 이 평형 상태는 약 7억 5000만 년 전에 시작한 일련의 빙하기로 다시 파괴되었다. 이번에 일어난 대변동은 단순히 메탄 등의 온실가스가 고갈되어 일어난 일회성 사건이 아니었다. 1억 6000만 년에 걸쳐 큰 빙하기가 네 번이나 왔다. 그중에서도 스터트기 Sturtian(약 7억 5000만 년 전)와 바랑거기Varanger(약 6억 년 전)에 일어난 두 번의 빙하기는 지구 역사상 가장 호된 것이었다.

정확히 무엇 때문에 이렇게 극적인 사건이 일어났는지는 아직 밝혀지지 않았다. 가장 그럴듯한 설명을 들어보면 다음과 같다. 각 대륙은 지각이 휘어지면서 한동안 적도 부근에 모여 있게 되었다.* 따라서 지구상의 모든 땅덩어리에는 얼음이 하나도 없었다. 이 부분이 어째서 중요한지를 이해하기 위해, 우선 암석이 이산화탄소가 풍부한 공기나 따뜻한 바닷물에 노출되었을 때 무슨 일이 일어나는지 그것부터 살펴보자. 이산화탄소가 물에 녹으면 약산성이 되는데, 암석은 여기에 침식된다. 이 반응이 일어나고 나면 이산화탄소는 공기에서 빠져나와 탄산염으로 굳어진다. 그러나 땅 위에 빙하가 형성될 경우, 두꺼운 얼음층이 암석 위를 덮어 공기를 차단한다. 그래서 암석이 이산화탄소에 의해 침식되는 속도가 크게 줄어들고, 이산화탄소는 공기 중에 그대로 남는다. 이런 상황이 되면 사실상 이산화탄소는 공기 중에 쌓이게 된다. 왜냐하면 활동 중인 화산에서 이산화탄소가 계속해서 방출되기 때문이다.

이산화탄소가 암석의 침식작용에 관여하지 못하고 오랜 세월에 걸쳐 이

---

* 여러 고지자기학 연구결과도 비록 오차가 크기는 하지만 대륙이 확실히 이렇게 배열된 적이 있다는 사실을 뒷받침하고 있다.

렇게 축적되면 상당히 큰 변화가 일어난다. 이산화탄소는 온실가스여서 이렇게 쌓이면 온실 효과가 커지기 때문이다. 지구 표면이 더 따뜻해지는 것이다. 지구가 따뜻해지면 빙하가 더 이상 극지방에서 내려오지 못한다. 따라서 오늘날 세계에서 볼 때 극지방이나 그 근처에 커다란 땅덩어리가 있는 곳에서 빙하가 적도를 향해 퍼져 내려오지 못하고 그 자리에 머물러 있는 것은 온실 효과의 상쇄작용 때문이다. 빙하가 퍼져 내려올 때마다 온실 효과가 강해지고, 줄어들 때마다 온실 효과가 약해진다는 얘기다.

이제, 만약 극지방의 얼음이 대륙이 아닌 바다 위에 형성될 경우에 어떤 일이 일어날지 생각해보자. 선캄브리아대 후기에 눈덩이 지구의 모습이 바로 이랬을 것이다. 대륙이 전부 열대지방에 모여 있었기 때문에 극지방에서는 빙하가 바다에만 형성되었다. 이렇게 빙하가 바다에만 생기면 대륙에서 일어나는 암석의 풍화작용에 영향을 미칠 수 없다. 암석은 계속해서 공기 중의 이산화탄소를 끌어당겼고, 따라서 공기 중의 이산화탄소 농도가 떨어지기 시작했다. 이산화탄소 농도가 점점 줄어들면서 온실효과도 줄어들어, 빙하가 점점 넓게 퍼져 나갔다. 계속 퍼지는 빙하를 막을 것은 아무것도 없었다. 대륙은 적도에서 이산화탄소를 점점 더 많이 빨아들이고 있었다. 게다가, 빙하가 적도를 향해 퍼져 나가면서 태양의 빛과 열을 반사해버리는 바람에 지구의 온도는 더 떨어졌다. 이런 악순환이 계속 되풀이되어 결국 지구 전체가 얼음으로 뒤덮이고 말았다. 얼음이 태양의 열을 너무 많이 반사해버렸기 때문에 지구는 영원히 눈덩이가 될 위험에 처했다. 그러나 오늘날의 지구는 눈덩이가 아니다. 어떻게든 저주가 풀린 것이다. 도대체 무슨 일이 일어났을까?

적도에서 대륙이 전부 얼음 아래 봉인되자, 암석의 침식작용이 멈췄고 이산화탄소 소비도 따라서 멈췄다. 액체 상태의 물이 공기 중에 전혀 노출되어 있지 않았기 때문에 증발도 일어나지 않았고 비도 내리지 않았다. 공기 중의 이산화탄소는 전부 그대로 남았다. 공기나 얼어붙은 바다와 빙하

밑에 깔린 암석 사이에는 아무런 반응도 일어나지 않았다. 그러나 지구 깊은 곳에서 일어나는 화산활동은 표면이 얼음으로 덮이든 말든 상관없이 계속 진행되었다. 화산은 얼음을 통과해 폭발했고, 화산가스를 공기 중에 내뿜었다. 그중에는 이산화탄소도 있었다. 이렇게 해서 수백만 년 동안 이산화탄소는 다시 공기 중에 쌓였다. 지구가 다시 따뜻해졌고, 마침내 빙하가 녹기 시작했다. 이렇게 되자 태양의 빛과 열이 반사되는 양이 줄어들면서 열이 지구에 더 많이 남았다. 앞서 일어났던 악순환이 거꾸로 돌아가기 시작한 것이다. 그러나 여기에는 피할 수 없는 함정이 있었다. 모든 대륙이 여전히 적도 근처에 있었기 때문에 계속해서 똑같은 일이 일어나버렸다. 지구 전체가 미친 듯이 눈덩이가 되었다가 다시 녹는 일이 네 번이나 되풀이되었다. 마침내 판구조론에 따라 각 대륙이 지구의 네 구석으로 흩어지자 눈덩이 지구도 끝났다.

이런 이야기는 분명히 하나의 가설일 뿐이다. 그러나 조지프 커쉬빈크(제3장에서 등장했다)나 다른 학자들은 당시 빙하가 적도와 아주 가까운 곳까지 내려왔다는 점을 재차 확인했다. 나미비아나 다른 곳의 암석에 흔히 얘기하는 덮개 탄산염이 존재한다는 사실도 이를 뒷받침한다. 덮개 탄산염은 정확히 이름 그대로 빙하기와 그 직후에 쌓인 빙하 퇴적물을 덮고 있는 석회암이다. 두께가 몇백 미터나 되는 경우도 있다. 이 덮개 탄산염이 빙하 퇴적물과 그렇게 가까이 붙어 있다는 점을 학자들은 오랫동안 모순된 현상으로 생각했다. 보통 탄산염 암석은 이산화탄소가 풍부할 때 따뜻한 바다에서만 형성되기 때문이다. 이런 환경은 결코 빙하기 상태라고 볼 수가 없다. 1998년에 하버드 대학의 지질학자 폴 호프만과 댄 슈랙이 이 문제의 해답을 제시했다. 그 많은 얼음을 녹이려면 현재 수준의 350배나 되는 이산화탄소가 축적되었어야 한다. 그러나 이렇게 해서 눈덩이 지구가 녹고 태양열을 반사하지 않게 되자, 이산화탄소 농도가 극단적으로 높았던 탓에 지구는 불과 몇백 년 사이에 아이스박스와 오븐 사이를 오락가락했다. 기온이 타는 듯이 높고 비가 폭포처럼 쏟아지자, 이산화탄소도 공기 중에서 빠져나왔다. 바다는 온통 산성 용액이 되었다. 정상적인 화학평형으로 돌아가려면 바닷물에서 이산화탄소를 빼내 탄산염을 만드는 수밖에 없었다. 빙하 파편 바로 위에 탄산염이 쏟아져 내렸고, 그래서 덮개 탄산염이 생겨났다. 호프만과 슈렉은 덮개 탄산염 자체를 눈덩이 지구의 증거로 보았다.

§

지질학자들은 계속해서 눈덩이 지구 사건에 대해 논쟁을 벌이고 있다. 그 환경에서 생물이 어떻게 살아남았을까? 박테리아가 만들어내는 또 다른 온실가스인 메탄이 이산화탄소 농도가 그렇게까지 높아지기 전에 얼음을 녹이는 데에 도움이 되지 않았을까? 두터운 얼음이 바닷물과 공기 사이를 완전히 가로막았을까? 어쩌면 눈덩이 지구는 반쯤 녹아 질퍽한 상태였고, 바닷물이 완전히 얼어붙지 않아 빙산이 적도의 바다 위를 떠다닌 것은 아닐까?

　눈덩이 지구가 얼마나 심하게 얼어붙었는지는 모르지만, 지구화학자들은 암석의 동위원소 지문을 분석해 그 영향을 알아볼 수 있다. 이런 동위원소 지문에는 각각 재미난 이야기가 담겨 있다. 특히 덮개 탄산염과 다른 암석층에서 탄소-12에 대한 탄소-13의 비율을 보면(제3장 59~60쪽 참조) 선캄브리아대 전체에 걸쳐 가장 높은 수준으로 바뀌어 있다(〈그림 3〉). 탄소 동위원소가 화산가스에 포함된 원래 수준으로 안정세를 유지하려면 유기물질이 거의 매장되지 않아야 한다. 유기물질의 매장은 항상 바다에서 자연적 평형을 방해하기 때문이다. 만일 매장된 유기물질이 없었다면, 분명히 생산된 유기물질도 거의 없었을 것이다. 바꿔 말해, 생물활동이 전혀 없었다는 얘기다. 지질학적으로 이런 결론이 나는 것은 심전도 모니터에 삐 하는 소리와 함께 직선이 나타나는 것과 마찬가지다. 각 빙하기 동안이나 그 직후에 이산화탄소가 공기 중에서 씻겨 내려와 바다가 산성 용액이 되었을 때, **모든** 생물

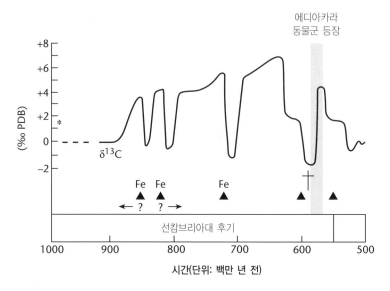

그림 3 선캄브리아대 후기와 캄브리아기 초기에 일어난 탄소 동위원소비의 변화를 보여주는 그래프다. 각 변화는 PDB 기준과 비교해 천분율part per thousand(‰)로 나타냈다. (PDB 기준이란 사우스캐롤라이나 피디 층Pee Dee formation에서 발견되는 벨렘나이트belemnite가 함유한 탄소-13의 양을 말한다. 벨렘나이트 화석은 오징어와 유연관계가 있는 연체동물 중에서 쥐라기와 백악기에 널리 번성하다가 멸종된 목[目, order] 하나가 석회화해 만들어졌다.) 왼쪽의 별표는 현대의 평균 탄소-13 값을 나타낸다. 그래프가 위로 치솟은 시기에는 유기탄소가 매장된 양이 상당히 증가했고(따라서 산소 농도도 높아졌다) 아래로 푹 꺼진 시기에는 유기탄소가 실질적으로 매장되지 않았음을 나타낸다. 그래프에 골이 파인 시기는 빙하기와 일치한다. 그중에서도 스터트기(7억 5000만 년 전~7억 3000만 년 전)와 바랑거기(6억 1000만 년 전~5억 9000만 년 전)가 가장 심했다. 철(Fe)은 줄무늬철광층의 존재를 나타낸다. 세모 표시는 소형 플랑크톤의 주된 멸종을 가리킨다. 에디아카라 동물군, 즉 벤도비온트와 최초의 벌레들이 등장하기 직전이다. 놀과 홀란트, 미 국립과학원의 허락을 받아 수정해서 실었다.

은 거의 멸종되었다고 해석할 수 있다. 거꾸로, 탄소-13의 양이 선캄브리아대 전체에 걸쳐 가장 높아졌다는 점으로 미루어 유기탄소가 대규모로 생산되고 매장되었다는 사실을 알 수 있다(대부분 소형 플랑크톤, 조류, 박테리아에서 나온 것이다). 따라서 바다에 탄소-13이 많이 남았고, 탄산염 암석층이 한 겹 더 형성되었다. 이러한 절정기에, 즉 7억 년쯤 전 스터트기의 빙결작용이 끝난 후(〈그림 3〉)에 생물은 전에 없이 번성하고 있었다.

이런 극적인 얘기는 아주 그럴듯하게 들린다. 만일 얼음이 정말로 지구 전체를 덮었다면, 극소수의 세포들이나 작은 동물들만 살아남았을 것이다.

아마 온천이라든지 햇빛이 통과해 들어올 수 있는 반투명하거나 얇은 얼음 아래에서 살았을 것이다.* 물론 뒤이어 쏟아진 지옥 같은 산성 용액 속에서도 운 좋게 피할 방도를 찾았을 것이다. 이 시기에 매장된 유기물질이 그렇게 적은 것은 당연한 일이다. 혹독한 시련 끝에 지구의 기후는 평화를 되찾았다. 이제 살아남은 생물들은 지구 전체를 독점했다. 이 생물들은 맹렬하게 증식해나갔다. 빙하와 호우로 인해 전 세계적으로 침식되어 바다로 쓸려간 광물과 영양물질 덕분이었다. 게다가 주위에 다른 생물이 없었으므로 시아노박테리아와 조류는 역사상 가장 크게 번성했다. 바다가 청록색으로 뒤덮였다. 이렇게 해서 자유 산소가 짧은 기간 안에 엄청나게 많이 생겼고, 각 빙하기 사이 해수면과 공기에는 산소가 들어차게 되었다.

이렇게 여분의 산소가 생기더라도 세균의 호흡이나 암석, 광물, 기체의 산화반응으로 소비되지 않아야만 공기 중에 남을 수 있다. 철이 산화되면 철 원자 하나가 전자 하나를 산소에게 빼앗기고 녹을 만든다. 반면에 유기탄소의 각 원자는 전자를 네 개나 내놓고 이산화탄소를 만든다. 따라서 유기탄소 원자 한 개는 철 원자 한 개보다 산소를 네 배나 많이 소비한다. 그러니까 대기 중의 산소가 완전히 재흡수되지 못하게 막으려면 유기물질과 반응하지 못하도록 하는 것이 가장 좋다는 얘기다. 그러려면 유기물질을 빨리 땅속에 묻어버리는 게 제일 쉽다.

눈덩이 지구 직후의 환경과 오늘날의 환경을 비교할 때 근본적으로 다른 점은 바로 암석이 침식되는 속도다. 현대 환경에서 암석의 침식속도는 당시

---

* 생물은 온천이나 바다 밑바닥의 연기 열수공에서 잘 살아남았다. 몇몇 학자들은 이곳에서 생명이 생겨났다고 주장하기도 한다. 또 마지막 빙하기 이후에 세계에 다시 생물이 살게 된 것은 열수세균 덕분이라고 주장하는 학자들도 있다. 따라서 우리가 생명의 기원이라고 추정하는 증거는 사실상 눈덩이 지구라는 병목을 통과해 생명이 **재등장**한 증거일지도 모른다. 하지만 내 생각에는 그렇지 않다. 시아노박테리아는 그렇게 짧은 진화를 거쳤다고 보기에는 열수세균과 너무 많이 다르다. 그리고 눈덩이 지구 이전부터 시아노박테리아가 존재했다는 증거도 있다. 따라서 시아노박테리아는 눈덩이 지구에서도 어떻게든 살아남았다고 볼 수 있다. 아마 적도 근처의 얇은 얼음이나 지구 표면의 온천에서 살았을 것이다.

보다 느리다. 보통, 침식이 느리다는 얘기는 유기물질이 더디게 매장된다는 얘기와 마찬가지다. 유기물질이 바다 밑바닥에 가라앉고 그 위에 침식된 암석과 유기물질이 다시 덮여서 쌓이려면 시간이 더 오래 걸리기 때문이다. 이렇게 되면 조류 등이 산소를 이용해 생산한 유기물질을 세균이 분해할 시간이 생긴다. 그래서 현대 환경에서는 세균이 유기물질을 분해해주는 덕분에 현재 상태가 유지된다. 이와 대조적으로, 빙하기 직후에는 침식속도가 빨랐기 때문에 퇴적되고 매장되는 속도도 빨라졌다. 유기탄소도 당연히 이런 흐름에 뒤섞일 수밖에 없다. 따라서 빙하기 직후에 침식속도가 빨랐다는 얘기는 바꿔 말하면 탄소가 매장되는 속도가 **확실히** 빨랐으며 산소가 끊임없이 주입되었다는 얘기가 되는 것이다.

이치에 맞는 이론이다. 그런데, 빙하기 직후에 침식속도가 빨랐다는 증거가 있을까? 그렇게 해서 정말로 자유 산소가 늘어났을까? 잠시 생각을 해보자. 이런 질문에 어떻게 대답할 수 있을까? 5억 9000만 년 전의 침식속도가 얼마나 되었는지 어떻게 알 수 있을까? 이 시기에 자유 산소가 증가했다는 증거를 어디서 찾아야 할까? 이런 것이 바로 과학이다. 정확한 측정결과를 근거로 현명하게 추리해나가면 언제나 멋진 결론을 얻게 된다. 빙하기 직후에 침식속도가 빨랐으며 이와 함께 자유 산소가 축적되었다는 증거가 정말로 있다. 그런 증거를 하나씩 따로 보면 의심의 여지가 있지만, 다 합쳐서 보면 빙하기 직후에 자유 산소가 증가했다는 주장은 분명히 설득력이 있다. 자유 산소가 증가한 시기는 최초의 큰 동물, 즉 벤도비온트가 등장한 시기와 일치한다. 이제부터 그 증거를 간단하게 요약해보도록 하겠다. 독자 여러분이 스스로 판단해보자(더불어 인간의 천재성에 경이로움을 느낄 수도 있을 것이다).

또 다른 동위원소 지문부터 이야기를 시작하도록 하겠다. 해양 탄산염에 들어 있는 스트론튬(Sr) 동위원소비를 측정하면 먼 과거의 침식속도를 계산할 수 있다. 안정적인 스트론튬 동위원소 두 가지가 있는데, 각각 스트론튬-86과 스트론튬-87이다. 이 두 가지 동위원소는 지구의 지각과 그 아래 맨틀에 서로 다르게 분포되어 있다. 맨틀에는 스트론튬-86이 많은 반면, 지각에는 스트론튬-87이 더 많다. 바다에서 스트론튬-86은 주로 마그마가 식어 만들어진 현무암에서 나온다. 현무암은 맨틀에서 대양의 중앙해령으로 계속 올라와 바다 밑바닥을 천천히 퍼져 나가 해구 아래 맨틀로 다시 들어 간다. 이 현무암에서 스트론튬이 바닷물에 조금씩 녹아 나온다. 녹는 속도는 일정한 편이다. 스트론튬은 바닷물에 녹아서 서서히 늘어나는 한편, 석회석(탄산칼슘) 같은 해양 탄산염에 꾸준히 흡수되기 때문에 농도는 늘 균형이 맞는다. 이는 스트론튬이 동족원소인 칼슘 대신 석회석의 결정구조에 들어갈 수 있기 때문이다. 이런 과정이 각각 변하지 않는 속도로 일어나기 때문에 석회석 안에 들어 있는 스트론튬-86의 상대적인 양이 큰 폭으로 늘었다 줄었다 하지는 않을 것 같다. 그런데 사실은 변화의 폭이 아주 다양하다. 바로 스트론튬-87 때문이다.

바닷물에 들어 있는 스트론튬-87의 양은 대륙지각이 침식되는 속도에 따라 달라진다. 빙하기가 지나고 산山이 형성되면서, 육지가 크게 침식되어 스트론튬-87이 빗물에 녹아 강으로 흘러 바다로 나간다. 스트론튬-86처럼 스트론튬-87도 해양 석회석에 섞여 들어간다. 석회석에 들어 있는 스트론튬-86과 스트론튬-87의 비율은 이 동위원소들이 각각 바닷물에 녹아 있는 상대적인 양에 따라 달라진다. 대륙에서 침식이 많이 일어난 시기에는 스트론튬-87이 더 많이 바다로 들어가고, 따라서 침식이 덜 일어난 때보다 해양 탄산염에 더 많이 섞여 들어간다. 이 때문에 특정한 시대의 석회암에 들어 있는 두 스트론튬 동위원소의 비를 조사하면 그 암석이 형성되었을 당시의 침식속도를 알 수 있다. 미국 메릴랜드 대학의 앨런 코프먼, 하버드 대학의 스테인 야콥슨과 앤드루 놀에 따르면, 해양 탄산염에 들어 있는 스트론튬-87의 비율은 빙하기 직후에 계속해서 커졌다. 즉 암석이 침식된 속도가 높았다는 뜻이다. 뿐만 아니라 탄소의 동위원소비(탄소-12가 더 많이 매장되었다)와 스트론튬의 동위원소비(석회암에 스트론튬-87이 더 많이 들어 있다) 사이의 상호관계를 따져보면 침식속도가 빨랐을 때 탄소가 매장된 속도 또한 빨랐음을 알 수 있다. 따라서 자유 산소가 늘어났을 것이다.

이렇게 산소의 양이 늘어났다는 사실을 두 가지 방법으로 입증할 수 있다. 첫 번째 방법은 1996년에 도널드 캔필드가 『네이처』에 발표했는데, 황철석의 황 동위원소비를 이용한다. 황철석은 원래 황화철(FeS_2)이다. 제3장에서도 황산염을 황화수소로 환원시키는 황산염환원세균의 활동을 근거로 캔필드가 내린 독창적인 결론에 대해 살펴보았다. 이번에는 똑같은 것을 더 나중의 지질시대에 적용한다. 캔필드는 독일 브레멘에 있는 막스플랑크 해양미생물학연구소의 안드레아스 테스케와 함께 이 시대를 연구하여, 마지막 눈덩이 지구가 녹은 직후부터 시작해서 이 세균이 황을 다룬 방법이 생태적으로 어떤 변화를 나타냈는지 보여주었다. 이전 20억 년에 걸쳐 황산염환원세균이 황화물을 만들어내면서 퇴적된 황화철에는 원래 비율과 비교해 황-32가 약 3퍼센트까지 많아지게 되었다. 그런 다음, 마지막 빙하기가 끝난 후 5억 9000만 년 전쯤에 갑자기 퇴적물 중의 황화물이 약 5퍼센트로 늘어났다. 그 후로 지금까지 황화물은 줄곧 5퍼센트 정도였고, 따라서 이 숫자는 실제적으로 현대 생태계의 특징을 나타낸다. 이게 어떻게 된 일일까?

3퍼센트라는 숫자는 설명하기 쉽다. 황산염환원세균은 황산염을 황화수소로 한 단계 바꾼다. 이 단순한 과정을 통해 황화수소에 들어 있는 황-32가 3퍼센트로 늘어난다. 황화수소가 늘어나게 되면 철과 자유롭게 반응해 황철석을 만든다. 문제는, 세균이 한 단계만 작용해서는 황-32가 5퍼센트까지 늘어나지 못한다는 점이다. 이는 재료를 계속 재활용하는 생태계에서만 일어날 수 있는 일이다. 말하자면 비닐봉지 안에서 계속 숨을 들이쉬고 내쉬어 이산화탄소를 모으는 것과 똑같다.

황화수소의 경우, 재활용을 하려면 산소가 필요하다. 그 과정을 살펴보자. 황산염환원세균은 바다 밑바닥의 진흙에서 산다. 이 세균이 만들어낸 황화수소는 위쪽으로 퍼져 나가 수면에서 아래로 스며드는 산소와 반응한다. 깊은 곳은 산소가 없는 정체 상태이고, 수면 가까운 곳은 산소가 많은 상태다. 이 중간에 혼합구역이 생긴다. 오늘날 이 구역에는 황을 먹고 사는 세균들이 많이 서식한다. 이 중에는 황화수소를 산화시켜 황 원소를 만들어내는 세균도 있다. 반면에 다른 세균들은 황 원소를 황산염과 황화수소의 혼합물로 다시 바꾼다. 이런 황산염은 생물작용에 의해 재활용되기 때문에 그 자체로도 황−32가 늘어난다. 황산염환원세균은 이렇게 생물작용으로 생산된 황산염을 먹고 다시 황화수소로 돌려놓는다. 이런 식으로 한 번 돌아갈 때마다 황산염과 황화물에는 조금씩 황−32가 많아져, 결국 약 5퍼센트라는 평균치에 도달한다. 이 5퍼센트라는 값은 딱 평형점이다. 이때 황화수소는 철과 반응해 황철석을 만든다. 일단 황철석이 생성되면 무겁기 때문에 바다 밑바닥으로 가라앉아 퇴적된다. 후세를 위해 평형 상태를 유지하는 것이다.

결론적으로 지금 수준의 산소 농도를 요구하는 '현대적인' 유형의 생태계는 눈덩이 지구가 끝난 직후에 발달하기 시작했다고 캔필드와 테스케는 주장했다. 이 결론을 분자시계 계산으로 뒷받침할 수 있다. 계산 결과, 황을 대사하는 세균의 종 수가 바로 이 시기에 증가한 것으로 나타났다. 따라서 캔필드와 테스케의 주장에 따르면 대기 중 산소량은 선캄브리아대가 끝날 무렵 거의 현대 수준까지 증가했다고 볼 수 있다.

자유 산소의 양이 증가했다는 사실을 증명하는 두 번째 방법에서는 흔히 희토류 원소라고 하는, 아주 드물게 존재하는 원소들의 변화 양상을 이용한다. 세륨 같은 이런 극미량 원소trace element들이 해양 탄산염에 들어 있는 양은, 당시 바닷물에 탄산염이 생겼을 때 이 원소들이 얼마나 들어 있었는지에 따라 달라진다. 그리고 이는 각 원소가 물에 녹는 정도에 따라 다르다. 원소가 물에 얼마나 잘 녹느냐 하는 것은 산소 농도에 따라 달라진다. 앞에서 보았듯이, 산소가 존재할 때 철은 덜 녹고 우라늄은 더 잘 녹는다. 암석 안에 들어 있는 서로 다른 원소들의 상대적인 양이 어떻게 변했는지(어떤 것은 많아지고 어떤 것은 적어지는 식으로) 살펴보면 그 암석이 형성된 시기의 바다에 산소가 어느 정도 들어 있었는지 알 수 있다. 캐나다 오타와 대학의 그레이엄 쉴즈와 영국 옥스퍼드 대학의 마틴 브레이저가 조사한 바에 따르면, 빙하기와 그 후에 서몽골에서 형성된 해양 탄산염에 들어 있는 희토류 원소의 양이 달라져 있었다. 그 변화는 바다에서 산소의 양이 늘어났다는 사실을 나타냈다.

탄소 동위원소, 황 동위원소, 스트론튬 동위원소, 희토류 원소 등의 이 모든 요인들이 지구 역사에서 유별나게 자유 산소가 증가했다는 사실을 나타내고 있다. 1억 6000만 년의 빙하기 동안 환경이 크게 변하면서 정말로 대기 중 산소량이 거의 현대 수준까지 증가했을 수도 있다. 그러나 이와 동시에 약 10억 년의 간격을 두고 줄무늬철광층이 다시 나타났다. 바닷속 깊은 곳에는 여전히 물에 녹아 있는 철이 많았다는 얘기다. 그렇다면 깊은 바다에는 산소가 거의 없었을 것이다.

　약 5억 9000만 년 전에 마지막 눈덩이 지구인 바랑거기 빙하기가 끝난 후부터 인간이 호흡할 수 있을 정도로 해수면과 공기 중에 산소가 풍부한 환경이 될 때까지 지구는 숨 가쁘게 변해왔지만, 바닷속 깊은 곳은 여전히 오늘날의 흑해처럼 황화수소가 꽉 차 있는 정체 상태였다. 그런 다음, 새 세계가 열리고 몇백만 년이 지나자 갑자기 최초의 큰 동물들이 등장했다. 이름하여 벤도비온트라고 하는, 얕은 물에 떠다니는 이상하게 생긴 원형질 주머니들이었다. 그리고 대륙붕의 진흙 바닥을 헤치고 돌아다니는 벌레들도 나타났다. 이런 동물들이 세계 곳곳에서 나타났다. 잠재력이 충만한 시대였다. 그런데 이상하게도, 그 잠재력이 실현되자 그 자체가 죽음을 몰고 왔다.

　철학자 니체가 이런 말을 한 적이 있는데, 인류는 소화관이 있는 한 결코 스스로 신이라고 착각하지 않을 것이라고 했다. 배변의 욕구는 신과는 가장 어울리지 않는 특징이기 때문이다. 1995년에 『네이처』에 발표한 기발한 논문을 통해 당시 미국 인디애나 대학의 그레이엄 로건과 동료 학자들은 니체의 말을 반박했다. 사실상 우리 인간의 가장 신과 가까운 특성, 즉 인간의 존재 자체가 원초적인 배설 욕구에서 기인한다는 것이다. 그들의 주장에 따르면, 최초의 큰 동물이 내놓은 배설물이 바다를 청소한 덕분에 캄브리아기 대폭발이 가능해졌다. 선캄브리아대 말기의 환경 변화에 대한 이론 중에는 현실에(적어도 해저에) 바탕을 두는 것이 거의 없다.

로건과 동료들은 화석 분자에 들어 있는 탄소 동위원소에 대한 상세한 연구를 기반으로 하여, 실제로 18억 년 전부터 7억 5000만 년 전까지 오랜 기간 동안 환경이 균형을 유지하면서 생산된 모든 유기탄소가 퇴적물 속에 묻힌 것이 **아니라**, 다시 분해되어 더 깊은 곳에 사는 세균에게 이용되었다는 사실을 발견했다. 작고 무게도 거의 없는 세균의 잔해는 더 깊은 곳으로 아주 느리게 가라앉았고, 덕분에 소비자들은 탄소가 생기는 족족 재활용할 시간이 충분했다. 탄소가 대부분 재활용되었기 때문에, 매장되는 속도는 느렸다. 산소는 탄소가 매장되었을 때만 축적되기 때문에 장기적으로 공기 중에 축적되는 일은 거의 없었고, 변화를 일으키는 자극도 거의 없었다. 게다가 수면에서 확산되어 내려오는 산소는 바닥 쪽에서 올라오는 황화수소를 만나 중화되었다. 덕분에 정체 상태를 무기한으로 유지할 수 있었다. 최초의 빙하기가 끝난 직후(23억 년 전), 육지가 침식되고 탄소가 매장되는 속도가 빨라지자 갑작스러운 변화가 일어났다. 그러나 침식이 중단되자 유기물질은 다시 예전 그대로 아주 느리게 매장되었다. 이렇게 빙하기 후에 다시 원상태로 돌아간 탓에 10억 년 동안 산소 농도는 5~18퍼센트 이상으로는 높아지지 않았다. 따라서 세균에게만 맡겨서는 이 끝없는 평형이 결코 깨지지 않았을 것이다.

로건의 주장에 따르면, 계속 유지되던 정체 상태를 마침내 영영 깨뜨린 것은 소화관을 갖춘 동물의 진화였다. 얕은 물에서 산소의 도움이 있어야만 이루어질 수 있는 일이었다(소화관을 갖춘 다세포 동물의 진화를 뒷받침할 수 있을 정도로 효율적인 에너지 생산 방법은 산소를 이용하는 호흡뿐이다). 이런 동물들의 배설물은 다른 것들보다 무거웠기 때문에 빠른 속도로 바다 밑바닥에 가라앉으면서 산소를 싫어하는 황산염환원세균들의 증식을 막았다. 배설물이 계속 매장되면서 당연히 침전물이 많아졌고 바다 밑바닥에 깔린 퇴적물에는 영양물질이 쏟아졌다. 따라서 황산염환원세균은 유기 영양물질을 빼앗겼고 해수면 쪽에는 산소가 늘어났다. 황산염환원세균이 줄어들고 바닷속 깊은 곳까지 산소가 공급되면서 이 산소를 싫어하는 생물들은 점점 더 산소가 없는 바다 밑바닥 쪽으로 물러나게 되었다.

캄브리아기 동물들은 체절이 나눠지고 좌우대칭인 몸 구조에 커다란 유전적 잠재력을 감춘 채 기회만 기다리고 있었다. 그런데 갑자기, 크고 새롭고 산소가 풍부한 생태계가 마치 약속의 땅처럼 열렸다. 운동성이 있고 육식성이며 유전적 무기까지 갖춘 이 동물들이 빈 생태공간으로 퍼져 나오자, 얌전하게 물속을 떠다니던 벤도비온트들은 속수무책으로 당할 수밖에 없었다. 공기를 불어넣어 부풀린 비닐봉지를 탈곡기에 던져넣으면 어떻게 되던가? 벤도비온트들은 그렇게 갈가리 찢어지는 신세가 되었다.

§

벤도비온트가 육식동물들에게 잡아먹혔다는 이야기는 사실상 추측이지만, 대기 중 산소량이 늘어난 것이 선캄브리아대 생물의 다양성과 관계가 있다는 점에는 의심의 여지가 없다. 제3장에서 산소와 진핵생물 등장 사이의 관계를 살펴보았고, 이어서 산소와 최초의 다세포 생물 등장 사이의 관계를 살펴보았다. 이제 산소와 최초의 동물, 벤도비온트, 그리고 좌우대칭으로 체절이 있는 캄브리아기 동물의 출현 사이의 관계를 차례로 생각해보자(〈그림 4〉). 이런 연결 자체는 틀림이 없지만, 상호관계와 우발적인 관계를 혼동하면 곤란하다. 앞에서 이야기했듯이, 프레스턴 클라우드가 산소와 진화의 관계를 중

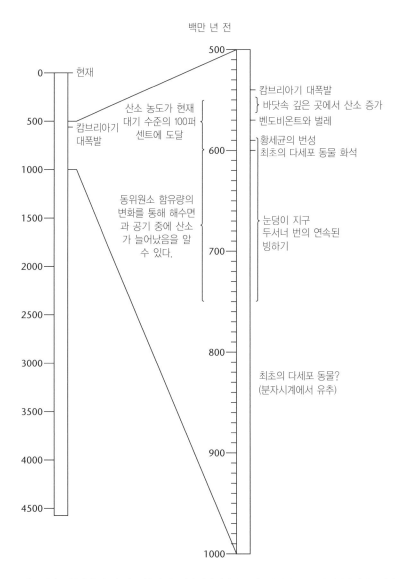

백만 년 전

현재

0

500
캄브리아기
대폭발

1000

1500

2000

2500

3000

3500

4000

4500

500
캄브리아기 대폭발
바닷속 깊은 곳에서 산소 증가
벤도비온트와 벌레

산소 농도가 현재
대기 수준의 100퍼
센트에 도달

600
황세균의 번성
최초의 다세포 동물 화석

동위원소 함유량의
변화를 통해 해수면
과 공기 중에 산소
가 늘어났음을 알
수 있다.

눈덩이 지구
두서너 번의 연속된
빙하기

700

800
최초의 다세포 동물?
(분자시계에서 유추)

900

1000

그림 4 선캄브리아대 후기부터 캄브리아기 대폭발에 걸친 지질연표. 최초의 다세포 동물이 정확히 언제 등장했
는지는 밝혀지지 않았다. 분자시계로 계산한 바에 따르면 7억 년 전부터 12억 년 전 사이의 어디쯤이라고 추정
된다. 연속으로 닥친 빙하기는 대기 중 산소량을 오늘날과 비슷한 수준으로 끌어올린 듯하다.

명하기 위해 필요하다고 제시한 세 번째 기준은 바로 그 연관성을 보여주는 생물적 근거다(제2장 51쪽 참조). 생물이 갖는 진화의 기회와 산소를 연결할 만한 타당한 이유가 있을까?

산소와 진화가 우연적으로 연결되었을 근거로 가장 빤한 것은 에너지 생산이다. 산소를 이용해 먹이를 분해하면 황이나 질소, 철 화합물을 이용할 때보다 훨씬 더 많은 에너지를 낼 수 있다. 발효보다 더 효율이 높다. 이 간단한 사실은 아주 중요하다. 특히 먹이사슬의 길이는 한 단계에서 다음 단계로 넘어갈 때 에너지가 어느 정도 손실되느냐에 따라 결정된다. 이는 다시 에너지 대사의 효율에 달려 있다. 일반적으로 산소가 없을 때 에너지 대사의 효율은 10퍼센트 이하다(즉 먹이에서 얻을 수 있는 전체 에너지의 10퍼센트 이하 밖에 얻지 못하는 것이다). 만약 이 생물이 다른 생물에게 잡아먹힐 경우 포식자가 얻을 수 있는 에너지는 원래 1차 생산자가 만든 에너지의 1퍼센트 이하가 된다. 먹이사슬은 이것으로 끝이다. 1퍼센트라는 한계치 밑으로 내려가면 생명을 유지할 에너지가 부족해지기 때문이다. 결과적으로 산소가 없을 때 먹이사슬은 아주 짧을 수밖에 없다. 그래서 세균은 먹이가 부족할 경우 보통 서로 '잡아먹기'보다는 차라리 그냥 경쟁을 하거나 다른 먹이를 이용하도록 분화하는 쪽을 택한다. 이와 대조적으로, 산소를 이용하는 호흡은 에너지 대사효율이 40퍼센트나 된다. 그래서 먹이사슬이 여섯 단계를 지나야 에너지 한계치 1퍼센트에 도달한다. 육식 먹이사슬이 이득이 되고 따라서 포식자가 등장한다. 현대 생태계에서는 포식자가 지배적인 위치를 차지하고 있지만 이는 산소 없이는 불가능한 일이다. 캄브리아기 동물들이 지구 최초의 진짜 포식자였다는 사실은 그저 우연이 아니었던 것이다.

일단 포식이라는 행동이 일어나게 되면 잡아먹는 쪽이나 잡아먹히는 쪽이나 몸이 더 커지게 된다. 포식자는 더 큰 먹이를 구하기 위해서이고, 먹이는 잡아먹히는 것을 피하기 위해서다. 몸 크기가 커지려면 그 몸을 구조적으로 지탱할 것이 필요하다. 식물과 동물의 몸을 지탱하는 가장 중요한 요소는 각각 리그닌과 콜라겐인데, 이 물질들을 합성하려면 산소가 필요하다. 리그닌은 셀룰로오스를 붙잡아 단단하면서도 유연한 목질을 만드는 성분으로 가장 잘 알려져 있다. 섬유질인 셀룰로오스가 철근이라면 리그닌은 시멘트 역할을 한다고 얘기할 수 있다. 종이를 만들려면 이 리그닌을 제거하는 데에 비용과 시간이 많이 든다. 그래서 종이의 원료가 되는 나무를 유전적으로 변형해 리그닌을 덜 만들도록 개량하는 일에 한동안 상업적인 관심이 쏠리기도 했다. 하지만 이런 시도가 실패로 끝난 것을 보면 리그닌이라는 물질이 식물에게 아주 중요하다는 사실을 알 수 있다. 유전자 변형으로 리그닌을 없애자, 나무들은 하나같이 제대로 자라지 못하고 시들시들한 채 바람이 조금만 불어도 땅에 쓰러지고 부러져버렸다. 리그닌은 페놀과 산소가 반응해 생긴다(폴리페놀polyphenol이라고도 하는 페놀성 항산화제는 붉은 포도에 많이 들어 있다. 그래서 지중해 음식이 몸에 좋다고들 하는 것이다). 리그닌이 일단 형성되고 나면 처리하기가 정말 어렵다. 심지어 세균도 리그닌을 쉽게 분해하지 못한다.

콜라겐은 동물 세계의 리그닌이라 할 수 있다. 단백질의 일종으로 근육과 피부, 장기 주위, 관절 힘줄의 결합조직을 지탱하는 필수요소다. 우선 제일 먼저 산소 원자들이 콜라겐 사슬에 더 들어가야 한다. 그러면 콜라겐 사슬이 서로 교차결합을 이루며 밧줄처럼 꼬인 삼중 사슬 분자를 만든다. 동물이 나이를 먹을수록 콜라겐 교차결합이 더 많이 생긴다. 그래서 어린 동물보다 늙은 동물이 더 고기가 질긴 것이다. 콜라겐 합성에 아주 작은 잘못만 생겨도 관절 유연성이 이상해지거나 피부가 아주 약해질 수도 있다. 엘러스-단로스 증후군(피부의 탄성이 매우 커지고 피부 출혈이 쉽게 일어나며 관절이 과도하게 신장되는 유전병—옮긴이) 같은 것 말이다. 서커스에서 이름을 날렸던 그 유명한 '고무 인간'도 엘러스-단로스 증후군을 앓고 있었다고 한다. 리그닌과 콜라겐의 공통적인 중요성을 생각해보면, 큰 동식물이 산소 없이 어떻게 자기 몸을 지탱했을지 상상이 안 간다.

산소의 양이 증가한 결정적인 원인으로 자주 언급되는 것이 바로 효과적인 오존 막의 형성이다. 오존(O_3)은 대기 위층에서 산소 분자가 자외선을 받아 생긴다. 오존은 자외선을 아주 잘 흡수하기 때문에 일단 두꺼운 오존층이 형성되고 나면 해로운 자외선은 30배 이상 줄어들어 아래쪽으로 뚫고 내려가지 못한다. 지금까지 생물이 육지에 살 수 있었던 원인을 연구하면서 많은 학자들이 오존층의 형성을 아주 중요하게 여겼다. 그러나 최근에는 그런 견해에 이의를 제기하는 학자들이 생겼다. 예를 들어 제임스 캐스팅의 주장에 따르면, 효과적인 오존 보호층을 만들려면 현재 대기 중 산소량의 10퍼센트만 있으면 된다. 이 수준에는 벌써 22억 년이나 전에 도달했고, 이는 생물이 육지에 살게 되기 거의 20억 년 전이다.

제임스 러브록은 생물 세계가 우리 생각보다 훨씬 더 튼튼하다고 주장한다. 그가 런던의 밀힐에 있는 의학연구소에서 연구하던 시절의 일화는 매우 놀랍다. 그와 동료들은 강도 높은 방사선을 이용해 병원 공기를 살균하려고 했는데, 단번에 성공하지 못했다. 세균이 점액층 밑에서 스스로를 보호했기 때문이다. 자외선을 쬐기 전에 이 점액을 제거하지 않으면 절대로 파괴되지 않았다. 그런 상황에서, 오존층이 형성되기 전에 강한 자외선이 내리쬐었다고 해도 호수나 얕은 바다에 살던 세균이 육지로 올라오는 데에는 별다른 어려움이 없었을 것이다. 육지에서는 오히려 건조가 더 어려운 문제였을 것이다. 그러나 건조된 세균 포자들이 오랫동안 건조한 상태에서 살아남지 못했으리라는 법은 없다. 오늘날에도 잘 살아남지 않는가.

사실, 생물이 육지에 살게 된 가장 중요한 이유는 오존층의 보호라기보다는 몸의 크기와 그 크기를 지탱해주는 구조라고 해야 할 것이다. 물에서 벗어나 육지에서 살려면 반드시 건조를 피해야 한다. 계속 활동을 하면서도 건조를 막으려면 큰 생물만 할 수 있는 특별한 적응이 필요하다. 동물의 경우에는 피부가 방수성이어야 하며 동시에 산소는 최대로 섭취하면서 가능한 한 물을 손실하지 않도록 허파는 몸 안에 있어야 한다. 그리고 앞에서 살펴보았듯이 몸이 커지려면 산소가 꼭 필요하다.

§

이제 산소가 선캄브리아대 진화의 초석이었다고 마땅히 결론 내릴 수 있을 것이다. 산소 자체가 진화를 자극한다고 주장할 사람은 아무도 없겠지만, 산소 농도가 증가하면서 선캄브리아대 생물에게 가능성의 문이 활짝 열렸다는 점에는 의심의 여지가 별로 없다. 진화에서 중요한 단계로 넘어갈 때마다 산소량이 늘어났다. 산소량이 늘어날 때마다 생물은 빠른 속도로 종류가 다양해졌고 형태가 복잡해졌다. 그러나 흥미롭게도 학자들이 오랫동안 암묵적으로 가정하고 있던 것과는 달리 산소량이 늘어난 것은 생물작용의 혁신 덕분이 아니라(소화관의 작용은 예외로 하자) 빙하라든지 지구의 판구조 같은 비생물적 요소 때문이다.

지구의 생물들은 수십억 년을 마음껏 허비하며 빈둥거렸다. 만일 변화와 진화를 일으키는 자극이 그저 우연히 일어난 지각운동과 빙결작용 정도였더라면, 세계는 지질상의 투쟁 없이 조용하게 유지되었을 것이고 많은 양의 자유 산소가 축적되지도 못했을 것이다. 지구는 두 번의 긴 기간에 걸쳐 정체되어 있었다. 이 두 기간 사이는 지구 역사의 절반에 해당된다. 35억 년 전부터 23억 년 전까지, 세균이 세계를 지배했다. 그다음, 23억 년 전부터 20억 년 전까지 대변동이 일어난 후 다시 평형 상태가 되었다. 이때 공기 중의 산소 농도는 현재 대기 수준의 5~18퍼센트 사이로 유지되었다. 이렇게 환경이 새로운 평형 상태에 이르자 원시 진핵생물은 유전적으로 크게 다양해졌다. 그러나 큰 동물이 진화할 수 있을 정도로 충분한 에너지를 제공하지는 못했다. 그렇게 산소 농도가 낮은 환경에서 생물은 몸이 더 커지지도 형태가 다양해지지도 못했다. 그렇다면 뇌가 생기는 것은 당연히 불가능하다.

그러다가 7억 5000만 년 전부터 두 번째로 연속적인 빙하기가 닥치면서 막다른 골목에 길이 열렸다. 그리고 산소 농도는 현대 수준으로 급상승했다. 이제 큰 동물이 나타나는 것은 시간문제였다. 또 그 시간도 오래 걸리지 않았다. 캄브리아기 동물인 벤도비온트가 바로 전에 있었던 빙하기보다도 짧은 기간 안에 폭발적으로 나타났다. 적어도 생물과 환경 사이의 이런 관계에 대해 우주 다른 곳에서 지적 생명체를 찾는 사람들은 주의를 기울일 필요가 있다. 그 별에 단순히 물이 있느냐뿐 아니라 화산과 판구조, 산소의 존재 여부까지 고려해야 한다. 만일 화성에 생물이 존재한 적이 있었다면 화산활동이 사라졌을 때 죽어 없어졌을 것이다.

현생 동식물이 등장한 이후, 즉 현생이언의 진화의 기회와 멸종에 산소가 과연 관계하는지 여부를 다음 장에서 살펴볼 것이다. 자유 산소가 선캄브리아대에 대학살을 일으켰다는 주장을 뒷받침할 만한 증거는 찾아볼 수 없었다. 그러나 21퍼센트라는 현대의 대기 중 산소 농도와 석탄기의 35퍼센트라는 높은 농도 사이에는 큰 차이가 있다. 제1장에서 다이버 이야기를 하면서 보았던 것처럼, 동물이 오랫동안 높은 농도의 산소에 노출되면 허파 손상과 발작을 일으키고 갑자기 죽을 수도 있다. 식물도 성장을 멈출 것이다. 대부분의 생물학자들이 이런 지옥 같은 장면이 펼쳐질 것이라고 주장했다. 산소 농도가 정말로 그렇게 높아졌던 것일까? 만일 그랬다면 생물은 그 상황을 어떻게 이겨냈을까? 그렇게 해서 생물이 번성했다면 오늘날 우리 인간의 건강을 위해 무엇을 배울 수 있을까? 노화를 막기 위해 상습적으로 항산화제를 먹는 것 말고 다른 방법이 또 있을까?

5

볼소버 잠자리

거대 생물들의 등장과 산소

1979년, 영국 더비셔의 작은 광산 도시 볼소버가 예기치 않게 잠깐 유명해진 적이 있었다. 지하 500미터 깊이의 석탄층에서 일하던 광부들이 거대한 잠자리 화석을 발견한 것이다. 화석 잠자리의 날개폭은 50센티미터 정도로, 갈매기의 날개폭과 맞먹는 길이였다. 런던 자연사박물관에서 나온 전문가들은 그 화석이 약 3억 년 전 석탄기의 것이라고 인정했다. 이 거대한 화석에는 볼소버 잠자리라는 이름이 붙었다. 이 볼소버 잠자리가 화석 곤충 중에 가장 오래되고 또 가장 잘 보존된 것이기는 했지만, 이런 화석은 또 있었다. 프랑스 남동부 코멍트리 석탄층에서 발견된 비슷한 화석들에 대해 이미 1885년에 프랑스의 고생물학자 샤를 브롱냐르가 기록한 바 있으며, 북아메리카, 러시아, 오스트레일리아에서도 거대 잠자리가 발굴된 일이 있었다. 석탄기에 생물의 거대화는 유독 흔한 일이었던 것이다.

볼소버 잠자리는 날아다니는 거대 포식 곤충의 멸종된 집단에 속하는데, 학자들의 추정에 따르면 현생 잠자리(잠자리목Odonata)와 같은 조상에서 나왔다. 이런 잠자리들을 분류상 옛잠자리목Protodonata이라고 한다. 현대의 잠자리와 마찬가지로, 옛잠자리는 몸이 길고 가늘었으며 눈이 컸고 턱이 튼튼했다. 다리에는 먹이를 붙잡기 위해 가시가 달려 있었다. 지구상에 살았던 가장 큰 곤충은 옛큰잠자리(메가네우라*Meganeura*)인데, 크기가 엄청나서 날개폭이 75센티미터에 달했으며 몸통 위쪽, 즉 가슴폭은 거의 3센티미터나 되었다. 잠시 비교해보자면, 현생 잠자리 중에서 가장 큰 종류는 날개폭이 약 10센티미터, 가슴폭이 1센티미터 정도 된다. 거대 잠자리의 원형은 날개구조가 대체로 현재 살아 있는 친척들과 달랐는데, 날개에 뻗은 혈관의 수와 모양이 원시적이었다. 1911년에 프랑스의 과학자 아를레는 이 거대한 크기와 원시적인 날개구조를 근거로 메가네우라는 지금처럼 희박한 공기에서는 절대로 날 수 없었을 것이라고 주장했다. 그렇게 거대한 곤충은 산소 농도가 21퍼센트보다 높은 아주 고밀도의 대기에서만 날아다닐 힘을 얻을 수 있었다는 것이다(질소의 양이 일정할 때 산소가 늘어나면 공기 전체의 밀도는 더 높아진다). 이 놀라운 주장은 20세기까지 이어졌지만, 줄곧 고생물학계로부터 맹렬하게 배척받았다. 1966년에 네덜란드의 지질학자 M. G. 뤼텐은 다음과 같이 썼다. 이렇게 예스러운 표현법은 과학 학술지에서는 이제 영영 찾아보기 힘들다.

> 석탄기 후기에 곤충들의 크기는 1미터를 족히 넘었다. 외골격에 뚫린 기관氣管을 이용하는 원시적인 호흡 수단으로 보아 이런 곤충들은 산소 농도가 더 높은 대기에서만 살아남을 수 있었을 거라 생각된다. 지질학자인 필자는 이러한 증거에 만족하지만 다른 지질학자들은 그렇지 않다. 그리고 자신과 반대 의견을 지닌 사람을 납득시킬 방법이란 애당초 없는 법이다.

곤충들의 비행역학은 복잡한 것으로 유명하다. 비논리적이지만 잘 알려진 이야기가 있는데, 1930년대에 스위스의 이름 모를 공기역학자가 비행역학

계산을 근거로 땅벌이 날지 못한다는 것을 증명했다는 이야기다(사실, 그는 땅벌이 활공하지 못한다는 것을 증명했고 이것은 사실이다). 하지만 벌써 비웃으면 곤란하다. 그 후로 이론이 그다지 발전하지 않았기 때문이다. 1998년에 J. M. 웨이클링과 C. P. 엘링턴이 잠자리의 비행에 대해 상세히 고찰하여 내린 결론에 따르면, 날개 두 쌍 사이의 상호작용에 대한 이해가 빈약하기 때문에 잠자리의 공기역학에 대한 이해 범위는 제한될 수밖에 없다. 또한 잠자리의 공중동작 모델을 자신 있게 내놓을 수도 없다. 이렇게 무지한 상황에서는 이론비행역학 하나만을 근거로 고대 대기의 구성에 대해 확실하게 결론을 내릴 수가 없다.

그렇다 하더라도, 거대 곤충이 하늘을 날기 위해서는 산소가 풍부하고 밀도가 매우 높은 공기가 필요했을 것이라는 생각은 그렇게까지 의심을 받지 않았으며 고집스럽게 계속 남아 있다. 앞으로 보게 되겠지만, 이론으로 설명할 수 없었던 부분을 실험으로 측정해 대신할 수도 있을 것이다. 다른 요인들을 보더라도 현생 동식물이 살아온 기간, 즉 현생이언 동안(〈그림 1〉 50쪽 참조) 산소 농도가 변했음을 나타내고 있다. 또한 적어도 한동안은 바다 깊은 곳에 용해된 산소가 거의 없었던 적이 있는데, 이 기간은 페름기 말(2억 5000만 년 전)의 대멸종 시기와 일치한다는 명백한 지질학적 증거도 있다. 이런 일이 일어나려면 대기 중의 산소 농도가 적어도 약간은 떨어졌다고 생각할 수밖에 없다. 반대로, 물질수지의 법칙대로라면(제3장 59쪽 참조) 석탄기와 페름기 초에 석탄, 즉 본질적으로는 유기물질이 그렇게 막대하게 매장되면서 분명히 산소 농도도 끌어올려졌을 것이다. 문제는 그 양이 어느 정도였느냐 하는 것이다.*

---

* 뤼텐이 언급한 옛 주장에 따르면, 광합성의 대부분은 해양 플랑크톤이 맡고 있기 때문에 석탄기의 식물들이 무시할 수 없는 양의 산소를 과다하게 생산한 것이 정말인지는 확신할 수 없다. 그런데 이 주장은 틀렸다. 결정적인 요소는 생산성 자체가 아니라 **매장**이다. 바다에서는 죽은 플랑크톤이 완전히 분해되기 때문에 육지에 비해 매장되는 탄소가 훨씬 적다. 육지에서는 식물이 덜 분해된다.

§

공기의 변화를 추정하는 데에 주된 문제는, 지질시대에 걸쳐 어떤 요인이 대기의 조성을 조절했고 어떤 요인이 비교적 사소한 것인지를 알아내는 일이다. 초기에 만들어진 대기 진화 모델에 따르면 산소 농도는 영(0) 이하에서 현재 농도의 몇 배 수준 사이를 오락가락했다. 이런 연구들을 보면 실제로 대기 중 산소 농도를 조절하는 인자에 대해 우리가 놀랄 정도로 무지하다는 사실을 잘 알 수 있다. 대기 변화 모델을 만들면서 문제가 발생한다면, 그것은 물론 처음부터 잘못된 가설에서 출발했기 때문이다. 변화가 일어났다고 생각했던 그 기간에 사실은 변화가 없었다는 얘기가 된다. 하지만 그 문제를 우리 스스로 만든 것이라고 보고 제쳐놓기 전에, 안정 상태 모델에도 똑같은 문제가 있다는 사실을 알아두어야 한다. 안정 상태 모델이란 산소 농도가 줄곧 일정했다는 가설이다. 여기서 다른 환경은 분명히 변한 것으로 알려져 있는데, 어떻게 산소 농도만 변하지 않고 그대로 유지되었는지가 문제가 된다.

화재, 그러니까 불을 예로 들어보자. 불은 산소를 소비하기 때문에 산소가 대기 중에 축적되는 것을 제한한다고 추정할 수 있다. 인간의 간섭이 없을 경우, 불을 일으키는 대표적인 원인은 번개다. 현대 환경에서는 대부분의 경우 번개가 치더라도 불이 나지는 않는다. 숲의 식물들이 젖어 있는 데다가 특히 번개가 칠 때는 엄청난 폭우가 따라오는 일이 많기 때문이다. 하지만 알려진 대로 공기 중에 산소가 25퍼센트 이상일 때는 젖은 유기물질에도 마구 불이 붙는다면, 그런 상태의 대기에서는 심지어 열대우림에도 번개 때문에 큰 화재가 일어날 수 있을 것이다. 산소 농도가 높을수록 불이 날 확률이 커진다. 그리고 불이 타면서 여분의 산소를 소비한다. 산소 농도가 너무 높아지면 불이 다시 균형을 잡아주는 것이다.

이런 간단한 시나리오가 무비판적으로 받아들여지는 경향이 있는데, 사실 이는 잘못된 것이다. 이론대로 균형이 유지되려면 숲이 **기체**로 변해야만 한다(우리가 호흡을 통해 음식을 연소시켜 에너지를 얻고 이산화탄소와 수증기를 호흡으로 내보내는 것과 똑같은 작용이 이루어져야 한다). 화재로 몽땅 타버린 숲을 본 적이 있다면 그 자리에 엄청난 양의 목탄이 생긴다는 것을 알 것이다. 목탄을 분해할 수 있는 생물은 사실상 없다. 세균도 마찬가지다. 어떤 형태의 유기탄소든 이보다 더 고스란히 매장되지는 못한다.

앞서 이야기한 것처럼, 광합성으로 생산된 산소의 양과 암석, 화산가스의 산화 그리고 호흡으로 소비되는 산소의 양 사이에 균형이 깨질 때만이 산소가 공기 중에 축적될 수 있다. 이 균형을 깨뜨리는 가장 중요한 방법이 유기물질의 영구적인 매장이다. 그렇게 하면 호흡으로 산소를 소비하지 못하게 되기 때문이다. 땅에 묻힌 유기물 잔해는 이산화탄소로 산화되지 않기 때문에 산소가 그만큼 공기 중에 남는다. 목탄은 대개 식물질처럼 썩지 않고 고스란히 매장되기 때문에 숲에 화재가 일어나면 탄소 매장량이 증가하고, 따라서 대기 중의 산소량도 증가한다. 이렇게 되면 다시 화재가 일어나기 쉬워지고, 이런 식으로 계속해서 산소 농도가 높아지다 보면 결국 육지 생물이 다 죽게 된다. 그래서 육지의 유기물질 생산과 광합성이 모두 중단된 후에야 산소 농도는 천천히 줄어든다. 침식으로 드러난 광물이나 화산가스와 반응하며 조금씩 없어지는 것이다. 만일 씨앗 하나라도 살아남았다면 생명은 다시 자라나기 시작할 수 있다. 하지만 그럴 경우엔 화재와 멸종의 순환이 끝없이 되풀이될 것이다. 화재는 대기 중 산소를 조절하는 수단으로는 정말 형편없다.

이런 식의 비극적인 시나리오는 대기 구성의 변화에 대한 모델을 만들려는 환경과학자들에게는 유감스럽게도 너무나 익숙한 것이다. 하지만 더 미묘한 형태의 역逆피드백에 대한 문제도 있다. 1970년대 말에 앤드루 왓슨, 러브록, 마굴리스가 가이아 이론의 일부분으로 주장한 메커니즘에 따르면, 세균이 생산하는 메탄이 산소 농도를 안정시켰을 것이다.

메탄을 생산하는 세균들은 산소 농도가 아주 낮은 고인 물에서 잘 자라는데, 산소 농도가 높아지면 견디지 못하고 죽는다. 이 세균들은 물속에 있는 유기물 잔해를 분해해 에너지를 얻으면서 노폐물로 메탄 기체를 방출한다. 이것은 하찮은 작용이 아니다. 러브록의 계산에 따르면, 늪에 사는 세균들이 매년 대기 중으로 뿜어내는 메탄은 약 4억 톤이나 된다(산업 공해와 농장, 쓰레기 매립지 때문에 현재 이 수치는 두 배 이상 늘어났는데, 무엇보다도 이것이 지구 온난화의 큰 원인이다). 늪지에서 유기물질의 매장량이 증가해 산소 농도가 높아지면 썩어가는 유기물질을 먹고 메탄세균들이 번성하게 되고, 궁극적으로 공기 중에 지나치게 많은 메탄을 뿜어내게 된다. 늪에서 나온 메탄은 몇 년에 걸쳐 산소와 반응해 이산화탄소를 형성하고, 따라서 산소 농도를 다시 낮춘다. 반대로, 매장되는 유기물질이 적어지면 메탄세균이 줄어들고 방출되는 메탄의 양도 줄어들어, 산소 농도는 다시 높아지게 된다.

지속적인 피드백으로 이런 순환이 계속되다 보면 산소 농도가 크게 변하는 일은 없어질 것이다. 그런데 여기에도 문제점이 있다. 이 이론대로라면, 메탄세균은 탄소의 매장량을 **영구적으로** 거의 일정하게 유지한다. 왜냐하면 이 세균들이 원래 매장되었어야 할 유기물질 초과분을 분해해 산소 농도를 조절하기 때문이다. 그런데 사실은 지질기록을 보면, 매장량이 확실히 변화한 시기가 있었다. 석탄기와 페름기 초에 막대한 양의 석탄이 형성되었는데, 석탄 늪지에 사는 메탄세균들은 이것을 분해하지 않은 것이 분명하다. 따라서 대기 중 산소를 조절하는 데에 메탄 순환으로는 불충분했던 시기가 있었다고 결론을 내릴 수밖에 없다.[*]

산소를 조절하기 위한 생물의 피드백 메커니즘으로 더 설득력 있는 것이 있다. 이 흥미로운 현상은 식물에 작용해 성장과 생산성을 억제한다. 어떤 환경에서는 식물의 성장을 완전히 중지시키기도 한다. 바로 **광호흡**이라는 현

---

[*] 인산염 같은 영양물질의 양이 탄소의 매장 비율을 제한한다는 주장도 있다. 그러나 육상식물의 경우엔 바다에 사는 조류나 플랑크톤보다 탄소에 대한 인의 비율이 훨씬 낮기 때문에, 인을 단위로 할 때 육지에서는 탄소가 더 많이 매장될 수 있다. 따라서 바다에 비해 육지에서는 인산염의 양이 탄소 매장 비율에 그다지 영향을 미치지 않는다고 할 수 있다.

상인데, 식물의 정상적인 미토콘드리아 호흡과는 달리 햇빛이 있을 때만 일어난다. 이 과정을 통해 식물은 산소를 섭취하고 이산화탄소를 방출한다. 보통의 호흡과 유사하지만(그래서 광호흡이라는 이름이 붙었다) 에너지를 생산하지는 못한다. 또 보통의 호흡과 달리 광호흡은 어떤 효소를 사용하기 위해 광합성과 경쟁을 벌인다. 그 효소는 루비스코라고 하는데, 리불로스−1, 5−이인산−카르복실화 효소/산소화 효소ribulose-5-bisphosphate carboxylase/oxygenase의 머리글자를 딴 것이다. 루비스코를 차지하기 위해 이렇게 경쟁을 벌이다 보면 광합성의 효율이 떨어지고 따라서 식물의 성장이 더뎌진다.

루비스코는 광합성에서 이산화탄소를 붙잡아 탄수화물에 집어넣는 효소다. 이 루비스코가 세상에서 가장 중요한 효소라고 당당히 주장하는 사람도 꽤 있다. 확실히 지구상에서 가장 많이 존재하는 효소이기는 하다. 루비스코가 없었다면 우리가 알고 있는 광합성은 일어나지 못했을 것이다. 하지만 여기서 다른 문제가 있다. 효소 기준에서 볼 때 루비스코는 반응 대상을 전혀 차별하지 않는다. 말하자면 바람둥이 분자라서, 산소를 열심히 붙잡지만 이산화탄소도 똑같이 열심히 붙잡는다. 루비스코가 아내인 이산화탄소를 붙잡으면 식물은 탄소를 이용해 당, 지방, 단백질을 만든다. 하지만 루비스코가 애인인 산소를 붙잡으면 다수의 효소들이 일련의 쓸모없는 생화학 반응을 촉매하기 시작하고, 그 결과 모든 것이 원점으로 돌아가게 된다. 이렇게 에너지를 소모하는 일련의 반응은 식물의 성장을 늦춘다. 정치가가 저지른 범죄가 대권 도전을 방해하는 것이나 마찬가지다.

광호흡속도는 온도가 높을수록, 또 산소 농도가 높을수록 빨라진다. 즉덥고 산소가 풍부한 환경에서 식물의 성장은 점점 늦어진다는 이야기다. 산소 농도가 정상이라 하더라도, 의미 없는 자원 낭비가 분명한 이 반응 때문에 열대지방에서는 식물의 성장이 40퍼센트나 더뎌지기도 한다. 농업 생산성 면에서도 똑같이 손실이 일어나지만 강우량이나 토양의 비옥도, 생장기의 길이처럼 생산성을 촉진하는 요소들에 가려져 무심코 지나치게 된다.

분명히 쓸데없는 작용인 것 같은데도, 광호흡은 대부분 식물에서 공통적으로 나타난다. 하지만 많은 식물들은 진화를 통해 광호흡의 해로운 영향을 줄일 방법을 개발했다.[*] 진화 과정을 거치면서 광호흡이 유지된 데에는 몇 가지 이유가 있다. 다시 말해, 분명히 어딘가에 쓸모가 있을 것이라는 얘기다. 그렇지 않다면 생존경쟁을 벌이는 와중에 없어지고 말았을 것이다. 이러한 전제를 뒷받침할 만한 사실이 있다. 몇몇 개발도상국에서 생산성을 높이기 위해 품종 개량으로 광호흡을 하지 않는 식물을 만들어보려고 수없이 노력을 기울였지만 실패하고 말았다. 흥미롭게도 이렇게 유전적으로 변형된 식물들은 정상적인 공기 중에서는 살아남지 못했지만, 이산화탄소 농도가 높고 산소 농도가 낮은 공기 중에서는 대부분 잘 자랐다. 여기서, 광호흡이 어떤 방법으로든 산소의 독성으로부터 식물을 보호했을 것이라는 점을 알 수 있다. 산소 농도가 낮을 때는 광호흡이 덜 필요하고, 산소 농도가 정상이거나 높을 때는 광호흡이 한층 중요하다. 이유가 무엇이든, 결론적으로 말해서 광호흡은 대기 중 산소 농도가 높을 때 식물 성장을 방해한다.

이런 잠재적인 중요성으로 미루어볼 때, 광호흡은 대기 중의 산소 농도를 안정시키는 메커니즘일지도 모른다. 산소 농도가 높아지면 광호흡속도도 따라서 높아져 식물의 성장이 멈춘다. 성장이 억제된 식물은 광합성을 덜하게 되므로 산소를 덜 생산하고, 따라서 대기 중의 산소 농도가 이전 수준으로 돌아가도록 조정되는 것이다. 이 가설의 명쾌한 점이라면 탄소 매장 비율이 일정하지 않아도 된다는 것이다. 실은 그와 정반대로, 이 가설에서는 원칙적으로 매장 비율이 식물이 성장하는 정도에 따라 달라져야 한다. 성장이 없을 경우 매장도 없을 것이다. 반대의 경우도 마찬가지다. 이제 실험상의 큰 문제가 남아 있다. 광호흡이 정말로 산소를 조절하고 탄소 매장량을

---

[*] 광호흡은 특히 C3 식물에게 문제가 되는데, 대부분의 나무가 이 C3식물에 속한다. 풀은 대체로 C4 식물이며, 광합성 장치에 구획을 나눠 광호흡이 심하게 과잉되는 것을 막는다. 이산화탄소를 붙잡은 다음, 루비스코가 있는 세포 구획에 대량으로 방출하는 것이다. 이런 상황에 놓인 이산화탄소는 루비스코를 두고 벌이는 경쟁에서 산소를 이기게 된다.

변화시켰다고 할 수 있을까?

　대답은 결코 확실하지 않지만 이 질문은 적어도 실험을 해볼 여지가 있다. 몇몇 연구결과를 보면, 광호흡은 분명히 어떤 역할을 수행하고 있지만 그 자체만으로는 대기 중 산소를 항상 같은 농도로 유지하지는 못한다. 1998년에 영국 셰필드 대학의 데이비드 비얼링과 동료 학자들은『왕립학회회보』에 중요한 논문을 발표했다. 비얼링은 산소 농도를 21퍼센트에서 35퍼센트까지 증가시키면서 다양한 식물들의 성장을 측정했다. 섭씨 25도에서 산소 농도가 높을 경우, 정상일 때보다 전체 생산성이 18퍼센트나 줄어들었다. 이로써 산소 농도가 식물 성장에 미치는 영향은 증명되었다. 그러나 이런 영향이 모든 식물에 다 똑같이 나타난 것은 아니었다. 진화상 고대 식물군에 속하는 식물들은 현대의 친척들보다 훨씬 잘 지냈던 것이다. 고사리류나 은행나무, 소철류(야자나무와 닮은 상록수인데 열매는 코코넛보다 솔방울에 가깝다)같이 석탄기에 나타난 식물들은 산소 농도가 증가하더라도 덜 민감하게 반응했지만, 비교적 최근에 진화한 속씨식물 같은 경우는 그렇지가 않았다. 속씨식물은 오늘날 가장 큰 식물군으로 낙엽수와 주요 농작물, 그 밖의 모든 초본작물과 꽃이 여기에 포함된다. 또한 고대 식물들은 잎의 구조를 바꿔 새로운 환경에 적응하는 경향이 더 많았다. 특히 기공의 수를 늘렸는데(기공은 잎에 난 구멍으로, 기체가 드나드는 통로다) 그렇게 해서 이산화탄소를 잎 내부에 더 많이 축적할 수 있었다.

　흥미롭게도 공기 중의 이산화탄소 농도가 300ppm에서 600ppm으로 두 배가 되어도 식물 성장은 전혀 줄어들지 않았으며, 오히려 간혹 생산성이 높아지기도 했다. 산소 농도가 증가할 때 이산화탄소 농도는 일반적으로 낮아지는데, 이산화탄소 농도가 데본기(3억 8000만 년 전)에는 3000ppm이었다가 페름기 말(2억 4500만 년 전)쯤에는 300ppm까지 떨어졌다는 사실에 대부분의 지질학자들이 동의하고 있다(〈그림 5〉). 따라서 석탄기의 이산화탄소 농도는 현재보다 높았을 것이다. 셰필드 대학 연구팀이 내린 결론을 대

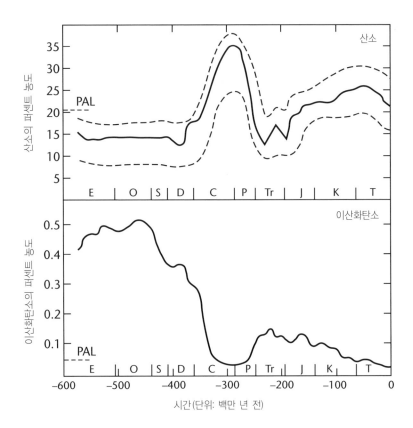

그림 5 현생이언 대기 구성의 변화. 6억 년 전부터 시작하고 있으며, 로버트 버너의 모델을 근거로 했다. 산소 농도(위쪽 그래프)는 석탄기 말기와 페름기 초기에 최고 35퍼센트까지 올라갔고, 그 후 페름기 말기에는 15퍼센트로 떨어졌다. 그리고 백악기(K) 말기에 다시 25~30퍼센트까지 올라갔다가 신생대 제3기(T)에 현재 대기 수준으로 떨어졌다. 이산화탄소 농도(아래쪽 그래프)는 실루리아기(S)에 0.5퍼센트였다가 석탄기 말에는 0.03퍼센트 근처로 떨어졌다. 그레이엄과 『네이처』의 허락을 얻어 실었다.

략 이야기하자면, 석탄기와 페름기 초에 산소 농도가 높기는 했지만 열대 지방의 식물 성장이 더뎌지는 것 정도 말고는 그다지 큰 작용을 하지 못했다는 것이다.

늪에 사는 세균이나 영양물질, 광호흡 모두 정상적인 상황에서는 산소 농도를 조절하는 데에 도움이 될 것이다. 그러나 석탄기 말기와 페름기 초기에 탄소 매장량이 크게 증가한 것으로 미루어 예측된 대기 중 산소량의 큰 변화를 막지는 못했다. 이제 3억 3000만 년 전부터 2억 6000만 년 전까지 7000만 년이라는 기간에 숨어 있는 수수께끼를 좀 더 자세히 들여다보도록 하자. 전 세계에 파묻혀 있는 석탄의 90퍼센트가 지구의 역사 중 2퍼센트도 안 되는 기간에 생긴 것이다. 따라서 이 기간 동안 석탄이 매장된 속도는 나머지 지질시대의 평균과 비교해 600배나 빨랐다는 얘기다. 물론 대부분의 유기물질은 석탄 형태로 매장되지는 않는다(제2장 참조). 그러나 전 세계 퇴적암의 유기성분을 체계적으로 분석해보면 석탄기와 페름기 초에 매장된 유기물질의 전체 양이 오늘날을 포함해 다른 어떤 기간보다 훨씬 많았다는 사실을 알 수 있다.[*]

상황을 하나 만들어서 이 특이한 사건이 어떻게 일어났는지 설명해보도록 하겠다. 지질작용과 기후, 그리고 생물작용을 한데 모으면 석탄기와 페름기 초에 탄소 매장 속도가 빨랐다는 사실에 대해 아주 믿을 만한 설명을 할 수 있다. 여기서 특히 두 가지 요인이 중요하다. 첫째, 지구의 대륙들은 지질학적으로 볼 때 최근까지 하나로 뭉쳐서 판게아Pangaea라는 하나의 초대륙을 이루고 있었으며, 기후가 습하고 넓은 평원은 쉽게 물에 잠겼기 때문에 석탄 늪지가 생기기에는 더없이 좋은 환경이었다. 둘째, 약 3억 7500만 년 전에 최초의 나무라고 할 수 있는 목본식물들이 풍부하게 생겨나 늪지와 해안은 물론 고지대까지 온통 뒤덮었다. 목본식물들의 구조를 지지하는 것은 리그닌이다. 현대 세균들도 리그닌을 잘 소화하지 못하는 것으로 보아, 석탄기와 페름기 초에는 목본식물들이 만들어낸 리그닌의 양과 늪지 세균들

---

[*] 탄소화합물 말고도 바보의 금이라 불리는 황철석의 매장 역시 생각해보아야 한다. 황산염환원세균이 만든 황화수소는 산소와 반응해 황산염을 만들 수도 있고, 산소가 없는 경우에는 물에 녹은 철과 반응해 황철석을 만들 수도 있다. 만일 황철석이 형성되어 매장되었다면 황화수소와 반응해 소비되었어야 할 산소가 대기에 남게 된다. 따라서 탄소와 황철석의 매장속도가 동시에 빨라졌다면 대기 중에 산소가 형성된 속도가 가장 빨라졌다고 해석할 수 있다.

이 분해하는 리그닌의 양 사이에 큰 차이가 있었을 것이다.

따라서 석탄기와 페름기 초에 석탄이 형성된 속도가 유례없이 빨랐던 것은, 당시 유난히 리그닌이 많이 생성되었고, 유난히 리그닌이 적게 분해되었으며, 유기물질이 엄청난 규모로 고스란히 매장되기 위한 환경이 거의 완벽하게 갖춰져 있었다는 점을 들어 설명할 수 있다. 이런 환경에서 대기 중에 산소가 증가하는 것을 억제할 역피드백 메커니즘에 대해 알려진 바가 없으므로, 이 시기에 산소 농도가 상당히 많이 증가했을 것이라고 결론을 내릴 수밖에 없다. 뤼텐의 표현을 빌리자면, "나는 이러한 증거에 꽤 만족한다". 하지만 문제는 아직 남아 있다. '많이'라면 그게 과연 얼마만큼일까?

광합성으로 생산되는 산소의 양을 결산해보면, 각 반응에 해당되는 유기탄소의 매장량을 단위로 일정한 양의 산소가 공기 중에 남는다는 사실을 알 수 있다(제2장 46쪽 참조). 원칙적으로 산소 농도를 계산하려면 과거에 유기물질이 얼마나 많이 매장되었는지 그것만 알면 된다. 매장된 물질들 중에서 침식에 의해 나중에 공기 중에 노출되어 이산화탄소의 형태로 대기로 돌아간 양을 이 숫자에서 빼야 한다. 이 계산에서, 탄소가 침식을 통해 공기 중으로 돌아가는 것이나 연소되어 에너지를 내면서 곧바로 이산화탄소의 형태로 공기 중으로 되돌아간 것이나 양쪽의 차이는 없다. 하지만 속도의 차이가 중요하다. 석탄기에 매장된 석탄을 오늘날 인간이 파내어 사용하고 있지만 그래도 3억 년 동안이나 땅속에 있었다. 그렇게 묻혀 있었기 때문에 지금에 이르도록 대기 중 산소의 농도를 증가시키는 데에 기여했던 것이다. 이 석탄을 태움으로써 오늘날 산소 농도가 다시 낮아지고 있는 것과 마찬가지다(전체 농도 200만 ppm에 대해 1년에 대략 2ppm씩이기는 하지만).

먼 옛날에 탄소가 매장되고 침식된 속도를 숫자로 어림하는 일은 무모하고 엉뚱한 일처럼 보일지도 모른다. 그러나 미국 예일 대학의 지구화학자 로버트 버너와 당시 박사과정 제자였던 도널드 캔필드는 논리적으로 상당히 설득력 있는 한정요소를 몇 가지 내놓았다. 그들의 주장에 따르면, 석탄층에 매장된 유기물질의 부피가 아주 크기 때문에 강어귀와 낮은 대륙붕을 막아버렸을 것이고 따라서 깊은 바다 밑바닥에 형성된 암석들은 그다지 신경 쓸 필요가 없다는 것이다. 그렇다면 각 대륙에 있는 각기 다른 퇴적암의 상대적인 양을 측정하는 것은 지독히 단조롭긴 해도 간단한 일이다. 상세한 지질도를 훑어보기만 해도 알 수 있을 것이다. 이러한 암석에 들어 있는 유기성분은 곧바로 측정할 수 있다. 진짜 문제는 각기 다른 침식속도를 계산하는 일이다. 오래된 암석일수록 침식이나 변성작용으로 이미 소실되었을 가능성이 크고, 반대로 비교적 최근에 생겨서 표면 가까이 묻혀 있는 암석은 앞으로 노출되어 침식되기가 더 쉽다고 짐작해볼 수 있다. 여기서 고려해야 할 또 다른 요인은, 애초에 매장된 장소가 석탄 늪지(석탄기에 널리 발생했다)처럼 오래 보존되기 좋은 곳이었는지, 아니면 충적평야(페름기에 더 흔했다)처럼 비교적 침식속도가 빠른 장소였는지 하는 것이다.

버너와 캔필드는 입수할 수 있는 증거를 기초로 탄소의 매장속도와 암석의 침식속도를 추정하여 과거 6억 년에 걸친 산소 농도의 뚜렷한 변화를 계산해냈다. 그들이 제시한 그래프는 지질학계에 큰 충격을 주었다. 그들의 주장에 따르면 산소 농도는 석탄기 말과 페름기 초에 걸쳐 35퍼센트로 높아졌고, 그러다가 페름기 말에는 15퍼센트로 낮아져 일찍이 기록된 중 최악의 대멸종을 일으켰다. 나중에 백악기(마지막 공룡시대) 동안 산소 농도는 25~35퍼센트 부근까지 다시 높아졌다(〈그림 5〉 참조).

§

아무리 나무랄 데가 없는 논리라도, 이런 숫자들은 왠지 신빙성이 없어 보이고 대대수 사람들의 직관적인 느낌과 반대된다. 아마도 이런 이유 때문에 컴퓨터 모델링을 근거로 내놓는 고대 대기에 대한 여러 주장이 계속해서 반감을 사는 모양이다. 과학자들은 대부분 실험과 관찰을 근거로 하지 않은 수학적 또는 철학적 추론을 쉽게 믿지 않는다. 진화생물학의 권위자 존 메이너드 스미스가 이런 추론들을 '사실과 무관한 과학'이라고 취급해버린 것은 유명하다. 멍청한 논리의 유명한 예가 하나 있는데, 고대 그리스 엘레아 학파의 철학자 제논이 던진 수수께끼다. 이 수수께끼는 몇 세기 동안 논리학자들을 괴롭혔지만 과학자라면 그 문제로 단 하루도 밤잠을 설치지 않을 것이다. 제논이 내놓은 이야기는 이러하다. 운동은 불가능하다. 왜냐하면 한 걸음을 완성하려면 우선 한 걸음의 절반을 완성해야 하고, 또 그 절반을 완성해야 하고, 이런 식으로 끝없이 계속되기 때문이다. 그래서 지수함수의 그래프가 영원히 축과 만나지 않는 것처럼, 한 걸음이 절반으로 나눠지는 횟수가 무한하다면 한 걸음을 걷는 일은 불가능해진다. 버너와 캔필드가 주장한 모델은 제논의 역설의 괴팍함과는 거리가 멀지 모르지만, 그들의 계산이 아무리 실험 데이터를 근거로 삼았다 하더라도 그렇게 거짓말 같아 보이는 결과는 언제나 중요한 요인이 간과되었다는 소리를 듣게 된다.

산소 농도가 35퍼센트까지 높아진 적이 있다는 가설을 확인하거나 반박하기 위한 정말로 확실한 방법은 농도를 직접 측정하는 것뿐이다. 과연 어딘가에 고대의 공기가 몇억 년 동안 기적적으로 고스란히 보존된 채 담겨 있을까? 이런 생각은 엉뚱해 보이지만, 과학자들은 남극과 북극을 뒤덮은 얼음을 오랫동안 깊이 뚫고 있다. 그 안에 보존된 환경 변화의 기록을 연구하기 위해서다. 그 결과 과거에 기후가 변화한 속도와 규모에 관해 많은 것이 드러났다. 심지어 로마 시대의 산업 공해가 어느 정도였는지까지 알 수 있었다. 하지만 유감스럽게도 얼음 시추심에서는 20만 년 전까지의 데이터만 얻을 수 있다. 그전의 얼음은 이미 없어져버렸기 때문이다. 20만 년 전이라면 앞으로 가야 할 길의 겨우 0.0007퍼센트밖에 안 된다.

상황은 절망적인 듯했다. 그러다가 1980년대 중반, 미국 덴버에 있는 미 지질조사국의 지구화학자 게리 랜디스가 기발한 생각을 해냈다. 호박琥珀 속의 작은 기포에 어쩌면 고대의 공기가 들어 있을지도 모른다는 것이었다. 수액에 녹아 있던 공기가 수액이 굳어 호박이 형성되는 동안에 압력을 받아 기포를 이루었으리라는 발상이었다. 랜디스는 운 좋게도 마침 딱 맞는 장비를 가지고 있었다. 사중극자 질량분석기quadrupole mass spectrometer라는 것이었는데, 아주 작은 표본에 들어 있는 기체의 양과 화학적인 정체를 분석하기 위해 미 지질조사국이 당시에 막 고안한 것이었다. 그 기계는 아주 예민해서 농도가 8ppb(10억 분의 8)밖에 안 되는 기체를 검출할 수 있으며, 크기가 10마이크로미터(100분의 1밀리미터)밖에 안 되는 작은 공기방울에서 몇 밀리초(1000분의 1초) 사이에 방출되는 표본을 분석할 수 있을 정도로 작동이 빠르다.

고스란히 보존된 곤충이나 포자를 담고 있는 호박은 신석기 시대부터 계속 귀한 보석으로 대접받았다. 발트 해 연안에서 산출되는 호박은 적어도 5000년 전부터 거래되고 있었다. 호박은 석탄기(3억 년 전)부터 플라이스토세(주요 빙하기 중 마지막)에 형성된 것이어서 그 안에 갇힌 곤충들은 사실상 아주 고대의 생물들이다. 호박이 타임캡슐의 기능을 하고 있다는 생각은 점점 이상으로 치달아, 흡혈곤충이 공룡의 피를 빨아먹자마자 수액에 갇혀 호박에 보존되면 그 곤충 뱃속에 공룡의 유전자가 손상되지 않고 남아 있을 것이라는 발상에 이르렀다. 이 이야기는 마이클 크라이튼의 소설 『쥬라기 공원』에 등장해 유명해졌다. 논란의 여지가 있기는 하지만 이 발상은 진지하게 주목해볼 만한 과학적인 가치가 충분히 있다. 그리고 백악기(1억 4000만 년 전)에 형성된 호박에 들어 있던 곤충들에게서 실제로 고대 DNA가 분리되기도 했다. 연약한 DNA 분자도 지금껏 보존되었는데, 공기라고 그러지 말라는 법이 있을까?

로버트 버너와 함께 연구하면서, 랜디스는 진공 상태에서 기계로 호박을 눌러 부순 다음에 사중극자 질량분석기를 이용해 호박 속의 공기방울에 들어 있던 기체를 검출했다. 그리고 백악기(1억 4000만 년 전)부터 현대까지 각 지질시대에 형성된 호박 표본들을 사용해 시간을 연속적으로 이어나갔다. 물론 각기 다른 종류의 호박이 서로 다른 값을 나타낼 위험성도 있었다. 표본의 종류가 다르면 당연한 일이다. 실험으로 얻은 결과가 한정된 지역의 환경만을 나타낼 가능성을 배제하기 위해 버너와 랜디스는 발트 해 연안국부터 도미니카공화국에 이르기까지, 또 해안에 노출된 것부터 지층에 파묻힌 것까지 다양한 산지의 호박을 사용했다.

이 실험결과는 1988년 3월 『사이언스』에 발표되었고, 학계는 즉시 술렁이기 시작했다. 실험 데이터에 따르면 산소 농도는 백악기에 30퍼센트 이상으로 높아졌다가 6500만 년 전쯤 현재 수준인 21퍼센트로 떨어졌는데, 이 시기는 공룡의 대멸종 시기와 우연치고는 너무 딱 들어맞았다. 그렇다면, 잠자리처럼 공룡도 거대한 몸집을 유지하기 위해 높은 농도의 산소가 필요했고 그래서 현대의 희박한 대기에서는 살아남을 수 없었던 게 아닐까? 그해 8월쯤 되자, 『사이언스』의 독자란에는 전문적인 비판이 넘쳐났다.

자고로 박식함을 과시하는 데에 독자란보다 더 좋은 장소는 별로 없다. 그리고 이런 관습에 따라 일류 과학 학술지에서는 다방면에 걸친 학문의 놀라운 퍼레이드가 펼쳐지고 있다. 이는 잘못된 의견을 내놓은 학자에게는 어떠한 학문적 의견 교환보다 더한 채찍질이며, 관심 있는 구경꾼에게는 이보다 더한 재미가 없다. 호박 실험의 결과는, 호박 기질에 들어 있던 기체들의 확산상수와 용해도 비율부터 시작해서 분절된 중합체들의 유별난 화학적 성질과 압축된 공기방울들의 기하학적 움직임에 이르기까지 그야말로 모든 각도에서 정밀하게 파헤쳐졌다. 예를 들면 미국 뉴욕에 있는 호박연구소의 커트 벡은, 로마인들이 뿌옇거나 불투명한 호박을 다시 투명하게 만드는 데에 사용한 방법에 주목했다. 호박이 불투명한 것은 현미경으로만 보이는 미세한 공기방울들 때문인데, 불투명한 호박을 기름에 넣고 가열하면 투명하게 만들 수 있을 뿐 아니라 염색도 된다. 로마인들은 어린 돼지에서 나온 기름을 사용했고, 19세기 독일의 유명한 권위자인 담은 유채기름을 사용할 것을 권장했다. 이 방법이 효과가 있는 이유는, 공기방울들 속에 기름이 들어차는데 이 기름이 호박과 굴절률이 똑같기 때문이다. 이는 기름이 호박의 기질을 완벽하게 뚫고 들어갈 수 있다는 의미다. 즉 공기방울들이 사실은 주위 환경과 완전히 분리된 것이 아니며, 따라서 그 안의 공기는 외부와 교환될 수 있었고, 그렇기 때문에 애초에 들어 있던 공기 성분을 정확하게 나타낸다고 할 수는 없다는 이야기가 된다.

지금까지 10년이 넘도록 계속된 주장들의 전체적인 공통점은, 호박 속에 갇힌 공기는 고대의 것일 수 없으며 버너와 랜디스의 실험 자체가 부적절한 것이었으므로 그 결과 또한 의미가 없다는 것이었다. 랜디스는 이를 반박할 새로운 실험을 했다고 주장하고 있지만, 아직 실험 데이터가 상세하게 발표되지 않았기 때문에 지질학계에서는 널리 받아들여지지 않는 상황이다. 버너 자신도 예비 데이터에 결함이 있었다는 점에 동의했고, 비판자들이 틀렸다고 하기에는 아직 랜디스의 주장이 미흡하다고 솔직히 인정했다.

호박 실험의 결과를 우르르 비난하던 학자들 중 한두 명은, 이로써 대기가 예전 상태 그대로 계속 유지되고 있다는 것이 증명되었으며 '고생물학과 지질학, 대기과학의 이전 견해들이 온전한 것'이라고 주장했다. 그러자 버너와 랜디스는 '이전의 견해들'이 절대로 온전한 것이 아니며, 호박 연구와는 상관없이 계속 수정되고 있다고 응수했다. 이런 활발한 의견 교환이야말로 토론의 핵심이며 과학적인 탐구의 성질을 아주 많이 보여주고 있는 듯하다. 과학적인 탐구는 철학자들이 흔히 '과학적인 방법'이라고 이야기하는 냉정한 귀납적 과정이 아니다. 과학자들은 대부분 자기들 마음에 드는 설명 또는 가설에 집착한다. 그러다가 그 가설이 증명되기도 하고, 혹 그 가설이 신용을 잃으면 아무리 고집 세고 늙은 교수라도 오류를 인정할 수밖에 없다. 지금 양쪽은 각각 진지를 구축한 상태다. 대기는 변하지 않는다고 주장하는 사람들과 산소 농도가 높아졌다고 주장하는 사람들이 넓은 무인지대를 사이에 두고 대치하고 있다. 이 상황을 보면 예전에 물리학에서 정상우주론

steady-state theory과 빅뱅 이론 사이에 벌어진 다툼이 떠오른다. 분명히 버너와 캔필드의 대기 모델에 일부 지질학자들은 수긍했지만, 나머지 학자들은 그러지 않았다. 새로운 데이터만이 이 막다른 골목에서 빠져나갈 길을 열어줄 수 있다. 만일 호박에 고대 공기가 들어 있지 않다면, 다른 것에 들어 있으리라고 생각하기는 힘들다. 이 모델의 결과를 확증할 다른 방법이 있을까?

답은 '그렇다'다. 다른 방법이 있지만 거기에 약간의 문제점이 있다. 제3장과 제4장에서 이야기한 것처럼, 탄소 동위원소비를 이용해 산소 농도의 변화를 측정할 수 있다. 이 발상은 탄소 매장량을 직접 측정하는 데에는 다소 동전의 양면과도 같아서, 각자 해당되는 면에 반대편이 있는 것처럼 항상 문제가 생기기 마련이었다.

동위원소법의 기본 조건은, 생물이 가벼운 탄소 동위원소인 탄소-12를 선호한다는 사실이다. 따라서 유기물질에는 탄소-12가 많아진다. 이 유기물질이 매장될 때는 상대적으로 탄소-12가 많이 매장되고 탄소-13이 이산화탄소의 형태로 공기 중에 더 많이 남는다. 공기 중의 이산화탄소는 바다와 늪지, 호수, 강의 탄산염과 자유롭게 교환된다. 세계 전체가 서로 연결되어 있는 것이다. 얕은 바다에서 물에 녹아 있는 탄산염은 결국 가라앉아 탄산염 암석을 만든다. 이것이 해양 석회암이다. 바다와 늪의 탄산염과 공기 중의 이산화탄소는 서로 평형을 이루기 때문에, 육지에서 탄소가 대량으로 매장된 시기에는 탄소-13 지문이 해양 석회암에 많이 나타난다. 이런 표시들을 가지고 거꾸로 추정해보면 유기탄소가 얼마나 많이 매장되었는지를 계산할 수 있다.[*] 동위원소법의 장점은 바다 깊은 곳에서 일어난 변화를 근거로 유

---

[*] 이 주장을 황산염환원세균에 대해서도 비슷하게 적용할 수 있다. 황-32와 황-34를 구분하는 것이다. 황산염환원세균의 활동으로 생긴 황철석이 매장되면 산소 농도가 높아진다. 세균이 탄소를 얻기 위해 사용한 유기물질이 완전히 산화되지 않기 때문이다. 석고 같은 황산염 증발암에 황-34 표시가 많다는 사실은 매장된 황철석에 황-32가 많이 포함되어 있음을 나타낸다. 본문에서 이야기하는 연구에는 황 동위원소에 대한 것도 분명히 포함되어 있지만, 여기서 그것까지 자세히 이야기하다가는 그나마 남은 독자들까지 도망가버릴지도 모르겠다. 이 주제로 로버트 버너가 명료하고 재미있게 글을 쓰는데, 좀 더 자세히 알고 싶은 독자들을 위해 그의 주요 논문들을 더 읽어보기에 올려놓았다.

기물질이 매장된 상황을 나타낸다는 점이다. 이로써 **지구 전체**의 매장량을 알 수 있다. 왜냐하면 소금과 마찬가지로 탄산염도 조수와 해류에 의해 흩어져 바다 전체가 거의 균일한 농도가 되기 때문이다.

탄소 동위원소 측정으로 얻은 결과를 보면, 유기물질의 매장속도는 지질시대 전반에 걸쳐 사실상 확실하게 차이가 있었으며 석탄기와 페름기 초에 특히 높았다는 사실에는 의심의 여지가 별로 없다. 이제 문제는, 앞서와 마찬가지로, 예측된 산소 농도의 변화를 적당한 한계 내에서 어떻게 억제하느냐 하는 것이다. 동위원소 증거를 근거로 어림잡아 계산할 때 나타나는 문제는, 그렇게 예측된 산소 농도가 매장속도의 변화에 매우 민감하다는 점이다. 제2장에서 살펴본 것처럼, 유기물질이 매장되면 생물계의 유기성분이 줄어든다. 로버트 버너의 계산에 따르면 그 변동 폭이 2만 6000배나 된다. 그러니까 수백만 년 동안 한결같이 유지되던 매장속도의 계산값(동위원소비로부터 구한 것)이 아주 조금만 변해도 산소 농도의 계산값은 엄청나게 달라질 수 있다는 얘기다. 산소 농도가 그렇게 큰 폭으로 변하면 생물은 살지 못한다. 실제로 일어났을 수가 없는 일이다. 따라서 이런 식의 변동을 억제하는 어떤 종류의 피드백 메커니즘이 존재했을 것이다. 문제는 그게 뭔지 모른다는 점이다.

가능한 대기 모델을 수없이 시험하고 계속 실패한 끝에, 버너는 마침내 실험으로 증명할 수 있는 독창적인 발상을 내놓았다. 생물이 탄소−12를 선호하는 정도 자체가 산소 농도에 따라 변한다면 어떨까? 다시 말해, 유기물질에 포함된 탄소−12의 양이 공기 중 산소량에 따라 달라진다면? 보통 탄소 매장량을 측정할 때는 그 안에 탄소−12가 일정 비율로 포함되어 있다는 것을 전제로 한다. 그래서 매장된 탄소에서 탄소−12가 더 많이 검출될 경우(또는 석회암에서 탄소−13이 더 많이 검출될 경우) 매장속도가 증가했다고 해석한다. 하지만 이것을 탄소−12가 매장된 **비율**이 높아졌다고 해석할 수도 있다. 이럴 경우 매장된 탄소의 전체 양은 똑같더라도 측정한 탄소−12의 양이 늘어날 수 있다. 따라서 우리가 모르고 고정비율을 적용했다면 실제로 매장된 전체 탄소량이 일으키는 효과가 과장되었을 것이라는 얘기다. 식물이 평소보다 탄소-12를 **더 많이** 사용하도록 만드는 어떤 메커니즘이라도 이런 결과를 가져올 수 있다. 왜곡된 부분을 고치면 그 모델에 따라 계산한 탄소 매장량이 줄어들 것이고, 거기서 예측되는 산소 농도의 변화폭도 둔해지게 된다. 바꿔 말하자면 종전의 동위원소법으로 예측한 대기 중 산소 농도의 변동은 그 폭이 너무 심해서 실제로 일어났다고 볼 수 없지만 식물이 탄소-12를 선택하는 정도가 산소 농도에 따라 달라진다는 점을 고려하면 현실에 더 가까워진다는 것이다. 만약 산소 농도가 높을 때 식물이 탄소-12를 선택하는 경향이 높고 산소 농도가 낮을 때는 그 경향이 낮아진다면 우리가 예측하는 대기 중 산소 농도의 변동폭은 더 합당한 범위 내에서 제한될 것이다.

납득이 가는가? 어쩌면 납득할 수 없을지도 모르겠다. 하지만 이론적으로 광호흡은 딱 이런 효과를 낸다. 광호흡으로 만들어진 이산화탄소는 잎으로 퍼진 다음에 잎 바깥으로 확산되거나 루비스코에게 다시 붙잡혀 당과 단백질, 지방으로 변한다. 광호흡 과정에서 방출되는 이산화탄소는 유기물질에서 나온 것이기 때문에 이미 탄소-12가 많이 들어 있다. 두 번째 순환을 겪을 때 새로 만들어진 유기물질에는 탄소-12가 훨씬 더 많이 들어 있게 될 것이다. 제4장에서 황산염세균 이야기를 하면서 비슷한 효과에 대해 언급했다. 이는 비닐봉지 안에서 공기를 재호흡하는 것과 비슷하다. 이렇게 탄소-12의 양이 많아지는 속도는 광호흡속도에 따라 달라진다. 그리고 광호흡속도는 앞서 본 바와 같이 산소 농도가 높아지면 더 빨라진다. 따라서 이론적으로 생각할 때 산소 농도가 높아지면 생물의 탄소-12 선호도가 높아질 것이고, 우리가 계산한 대기 중 산소 농도도 달라지게 된다. 맞는 이론인 것 같다. 하지만 숫자상 계산도 맞을까?

버너는 데이비드 비얼링을 비롯해 영국 셰필드 대학의 전문가들과 미국 하와이 대학 사람들과 팀을 이뤘다. 그들은 광합성 식물들 중에서 속씨식물, 소철류, 해양 단세포 조류 등 진화적으로 다양한 식물군을 골라 각기 다른 산소 농도를 주고 실험실에서 키웠다. 그렇게 해서 2000년 3월 『사이언스』에 발표한 실험결과는 이론가들이 생각하던 것에 놀라울 정도로 가까웠다. 산소 농도가 증가하자 실험대상이 된 모든 종의 식물들이 탄소-12를 더 많이 선택한 것이다. 석탄기와 페름기 초에 등장한 식물들이 그런 경향을 제일 크게 나타냈다. 예를 들어 소철류는 산소 농도가 21퍼센트일 때 대기 중에 탄소-13 초과분을 17.9ppt(1000분의 17.9) 남겼지만, 산소 농도가 35퍼센트로 높아지자 이 수치는 21.1ppt(1000분의 21.1)로 올라갔다. 탄소-12 함유량이 18퍼센트일 때의 상대적인 증가량이다. 잎의 기공 수가 적어지면 비닐봉지 효과는 더 커진다. 동위원소 계산에서 이 수치를 고려할 때, 동전의 양면이 아주 잘 맞아떨어지는 것을 발견할 수 있다. 즉 탄소 매장량을 근거로(물질수지) 직접 계산했을 때와 탄소 동위원소를 근거로 계산했을 때 양쪽 모두 산소 농도가 석탄기 동안 35퍼센트에 이르렀다는 사실을 나타낸 것이다. 버너는 마침내 성공적으로 계산을 끝냈다.

§

이러한 결과들이 석탄기와 페름기 초의 공기에 산소가 풍부했다는 사실을 확증하는 것은 아니지만, 이로써 입장이 뒤바뀌었다. 이제 그러한 변화들이 일어났다는 사실을 믿지 않는 사람들이 자기들 주장을 강하게 뒷받침하는 실험적 증거를 제시할 차례가 된 것이다. 한편, 다른 분야의 학자들이 점점 더 산소 농도가 높았다는 사실을 액면 그대로 받아들이면서 그에 따른 질문들을 던지기 시작했다. 이런 질문들은 대부분 화석기록을 새로 관찰하거나 잠자리의 비행처럼 산소 농도가 높은 대기에서 일어나는 생리적인 작용을 측정해 직접 검증할 수 있는 것들이다. 그러나 우선, 아직 해결하지 못한 모순점이 하나 있다. 바로 화재다. 그렇게 산소 농도가 높았다면 모든 것이 갑자기 저절로 불타버리지 않았을까? 앞서 이야기했던 불타는 숲의 끝없는 비극이 일어난 것은 아닐까?

오늘날 과학자들이 부딪치게 되는 어려움들 중 하나는 지식의 폭이 좁다는 점이다. 심지어 특정한 분야 내에서도 새로운 연구에 뒤처지지 않기란 힘들다. 예를 들어 의학자라면 회의 석상이나 병원에서 대부분의 시간을 보내기 마련이다. 학자들은 대체로 자기가 직접 몸담고 있는 분야에 대해서는 대단히 상세한 지식을 가지고 있지만 관련된 학문에 대해서는 그 발전의 중요성을 서로 비교할 수 있을 정도로만 대강 이해하고 있다. 이를테면 집단유전학을 연구하는 사람은 분자생물학에 대해서는 깊이 파고들지 않는다는 얘기다. 그래서 일단 자기 분야를 벗어나게 되면 과학자들도 다른 사람들과 마찬가지로 많은 것들을 그저 들리는 대로 받아들일 수밖에 없다. 화재 문제만 보더라도 하나의 개념이 그 실험적 근거를 전혀 의심받지 않은 채 과학이라는 학문 안에 얼마나 깊이 뿌리를 박을 수 있는지 잘 알 수 있다.

1970년대에 러브록과 왓슨은 다음과 같이 주장했다. "산소 농도가 25퍼센트 이상인 환경에서는 현재의 육상식물들이 거의 살아남지 못했다. 열대우림이든 극지방 툰드라든 가릴 것 없이 전부 태워버릴 정도로 엄청나게 큰 화재가 일어났기 때문이다." 그리고 심지어 젖은 식물들도 "불이 붙었을 가능성이 높다. … 폭우가 쏟아지는 중에도 불은 탈 수 있었다." 그렇게 강한 주장이 나오려면 분명히 실험이 행해졌을 것이며, 그 데이터는 이미 기정사실로 정리되어 있을 것이다. 적어도 나는 그렇게 생각했다. 그러다가 이 이야기에 대한 원래 실험을 찾아보면서 아주 난감해졌다. 실제로 실험이 있기는 했다. 당시 러브록의 대학원생 제자였던 앤드루 왓슨은 1978년에 각기 다른 산소 대기에서 화재를 발생시켜 상세한 실험을 해 박사학위 논문을 발표했다. 그런데 불행히도 그가 결론을 내린 과정 중 어딘가에서 전후관계를 벗어나버렸다.

실험요소를 제한해 비슷한 것들끼리 비교할 수 있도록 하기 위해 왓슨은 대부분 종잇조각으로 실험했다. 각기 다른 정도로 종잇조각들을 적셔서 불을 붙였다. 그는 산소 농도와 습도를 조절해가며 수백 번씩 불을 붙이는 실험을 계속한 다음에 전기방전에 의해 불이 붙을 가능성, 불이 번지는 속도, 그 불을 끄는 데에 필요한 물의 양을 그래프로 그렸다. 그렇게 해서 나온 결과는 산소 농도가 높으면 불이 강해지고 수분을 가해도 불이 약해지지 않는다는 우리의 직관적인 판단 그대로였다.

이 실험결과에는 잘못된 것이 없다. 문제는 그들이 말하지 않고 넘어간 부분에 있다. 이 점은 왓슨 자신도 인정하고 있다. 비판적으로 얘기해서, 종이는 생물의 대용품으로 적합하지 않다. 신문지를 이용해서 나무에 불을 붙여본 사람이라면 누구나 알 것이다. 제4장에서 이야기한 것처럼, 종이를 제조할 때는 대부분의 리그닌을 제거한다. 그래서 인화성이 높다. 리그닌은 잘 타지 않고 연기만 내는 경향이 있다. 나무껍질에 리그닌이 많이 들어 있는 나무들은 상대적으로 불에 잘 견딘다. 또한 종이는 살아 있는 세포들과는 달리 삼투현상으로 물을 함유하지 못한다. 그래서 똑같이 얇더라도 종이보다 식물 조직에 훨씬 수분이 많다. 나뭇잎을 생각해보면 쉽게 알 수 있다. 왓슨은 종이의 인화성을 수분 포화율이 최대 80퍼센트가 될 때까지 측정했지만, 나뭇잎의 경우 포화율이 300퍼센트에 달하는 것들도 있다. 또 화재 위험이 높은 환경에 노출된 식물들은 실리카처럼 불에 타지 않는 성분을 그만큼 몸에 많이 축적한다. 예를 들어 어떤 밀짚에는 실리카 성분이 유독 많아서 수확이 끝난 후 태우기가 어려울 정도다. 가정주부들은 오래전에 이런 요령을 터득했다. 제2차 세계대전 중에 집집마다 커튼에 규산염 도료를 칠해 폭격을 받아도 불이 번지지 않도록 했던 것이다.

여기서 제일 놀랄 만한 부분이라면, 진짜 생태계에서 대기 중 산소 농도가 높을 때 화재가 얼마나 잘 일어나는지를 우리가 모른다는 점이다. 산소 농도가 높은 대기에서 젖은 유기물질이 들어 있는 쓰레기통이 폭발한다는 것은 알고 있다. 하지만 지금까지 발표된 연구로는 우리가 가정하는 석탄기의 대기에서 불이 정말로 감당하기 어려운 문제를 일으켰는지 확실하게 결론을 내릴 수가 없다. 오늘날 산불이 한번 일어난 자리가 얼마나 황폐해지는 지를 보면, 산소가 그렇게 많았을 경우에 지구 전체가 불바다가 될 위험이 없었으리라고는 생각하기 어렵다. 하지만 여기서 두 가지 요인을 명심해야 한다. 첫째, 오늘날 일어나는 화재는 실수든 고의든 대부분 사람이 일으키는 것이다. 만일 번개로만 불이 붙기 시작한다면 오늘날 일어나는 화재는 훨씬 적을 것이다. 과거에는 화재 위험이 높은 환경이었다고 해도 인화할 확률이 훨씬 낮았기 때문에 그 위험은 상쇄될 수 있다. 즉 화재가 일어나는 빈도는 그때나 지금이나 별 다를 바 없었을 것이라는 얘기다. 둘째, 식물은 규칙적으로 일어나는 화재에 적응할 수 있는 특수한 능력이 있다.

현생 식물들이 화재에 적응되어 있다는 점을 생각해보면, 석탄기와 페름기 초에도 비슷한 적응이 일어났다는 증거가 화석기록에 남아 있을지도 모른다. 1989년에 미국 펜실베이니아 주립대학의 제니퍼 로빈슨이 발표한 탁월한 논문에 이 이야기가 검증되어 있다. 그녀의 주장에 따르면, 만약 석탄기에 산소 농도가 높았다면 화석 식물들에서 화재에 적응된 모습을 찾아볼 수 있을 것이다. 반대로, 만일 찾지 못한다면 대기 중에 산소 농도가 높았다는 사실을 반박하는 훌륭한 근거가 된다. 로빈슨은 여기서 한 걸음 더 나아가, 단순히 식물들이 화재에 적응한 것만 가지고는 대기 중 산소 농도가 높았다는 것을 결정적으로 증명할 수 없을지도 모르지만, 만일 석탄기에 늪지 식물들조차 화재에 적응했다면 당시에 산소 농도가 높았다는 사실을 더 강하게 뒷받침할 것이라고 주장했다. 참으로 흥미로운 주장이다. 오늘날 대부분의 늪지 식물들은 화재에 적응할 필요가 없다. 현재 산소 농도에서 물에 잠긴 환경이라면 화재가 일어날 위험이 사실상 없기 때문이다.

석탄기 늪지 식물들을 조사하면서 로빈슨은 이 식물들이 정말로 화재에 적응했다고 잠정적으로 결론을 내리게 되었다. 여기서 잠정적이라고 하는 이유는, 조사된 사실에 대한 해석에 좀 문제가 있기 때문이다. 예를 들어 식물이 물기가 많은 잎을 갖게 되었다면 불길이 퍼지는 것을 방지하기 위해서일 수도 있지만, 물에 잠겼거나 적어도 물이 풍부한 환경에 적응한 결과일 수도 있다. 또 땅속 깊이 파묻힌 덩이줄기(예를 들어 감자)는 화재가 휩쓸고 지나간 후에 식물이 재생하는 데에 필요한 에너지를 저장하는 수단이 되기도 하지만 깊은 늪에 사느라 어쩔 수 없이 그런 형태가 되었다고 해석할 수도 있다. 멸종된 식물들의 경우 형태적 적응을 해석하는 것은 훨씬 더 어려운 일이다. 하지만 이런 문제점을 고려하더라도 화석기록에 나타난 당시 식물들의 특성은 불에 잘 견디는 성질과 꼭 맞는다. 당시 대부분의 큰 식물들은 땅속에 덩이줄기가 있었고, 나무껍질은 리그닌 성분이 많고 두꺼웠으며, 잎과 가지는 수분이 많았을뿐더러 불길이 닿지 않도록 높은 곳에 위치했다. 그리고 잎이나 덩굴이 늘어져 있지 않아서 땅 위에 불이 붙어도 위쪽으로 옮겨 붙을 염려가 없었다.

석탄기 늦지의 지배종이었던 거대 석송류는 겉모습이 야자나무와 비슷하지만 서로 친척은 아니다. 거대 석송류는 나무껍질이 두껍고 리그닌 또한 풍부한데, 그 아름다운 기하학적 무늬가 화석으로 잘 보존되어 있으며 런던 자연사박물관의 장식 기둥에서도 이 무늬를 볼 수 있다. 거대 석송류가 화재에 특별히 적응을 했든 안 했든, 어쨌거나 잘 타지 않는 것은 분명하다. 고사리류나 속새류에 속하는 에퀴세툼*Equisetum*처럼 그 시기에 덜 번성했던 식물들은 확실히 화재에 대한 적응성이 떨어지지만 그래도 잘 타지 않는 성분을 많이 함유하고 있기 때문에 불에 잘 견디기는 마찬가지다. 이것은 여담인데, 로빈슨의 글 중에 이런 대목이 있다. "현생 에퀴세툼은 거의 타지 않는다(개인적 소견). 이는 아마도 실리카 성분이 많기 때문인 듯하다." 나는 이 부분을 읽으면 성질 급한 방화광의 이미지가 떠오른다. 에퀴세툼에 불이 붙지 않자 낭패감에 발을 동동 구르는 모습이 자꾸만 상상되는 것이다. 진정한 과학은 이런 종류의 열정에서 나오는 게 아닐까.

늪지 환경의 다른 측면을 보아도 주기적으로 큰 화재가 일어났다는 사실을 알 수 있다. 특히 목탄 화석의 양과 성질을 보면 그렇다. 몇몇 석탄은 목탄 화석을 전체 부피의 15퍼센트 넘게 함유하고 있는데, 이는 석탄층이 늪지에 생성되었다는 점을 생각한다면 이상할 정도로 많은 양이다. 현대 환경에서 습지에는 절대로 불이 나지 않는다. 현재 지구상에서 석탄기의 늪지와 가장 비슷한 환경이라면 인도네시아와 말레이시아의 늪지인데, 이곳에는 목탄이 거의 없다. 이러한 모순 때문에 많은 과학자들은 목탄 화석이 어쩌면 가짜, 그러니까 불에 타서 생긴 것이 아니라 우연히 비슷하게 보이는 다른 종류의 석탄이 아닐까 생각하기도 했다. 그러나 1966년에 기분과 바인더, 힐 이 세 사람은 마침내 그 수상한 목탄이 실제로 몇백 도의 온도에 노출되었다는 사실을 보여주었다. 그것은 불에 타지 않고 압축된 석탄이 아니라 진짜 목탄(숯)이었던 것이다. 오늘날, 과거에 늪지에서 들불이 자주 일어났다는 점에 대해 이의를 제기하는 지질학자는 거의 없다. 다만 그 이유에 대해서는 의견이 분분하다. 물에 잠긴 환경이지만 산소 농도가 높아서 불이 더 잘 났을지도 모르고, 또는 단지 한정된 지역의 기후로 인해 늪지가 자주 말라버렸을지도 모른다.

산소 농도가 변했다는 점에서 목탄 화석 기록을 다시 조사해보면 이 수수께끼에 대한 실마리를 얻을 수 있다. 석탄기와 백악기처럼 산소 농도가 높았을 것이라고 가정되는 기간에 형성된 석탄에는 에오세(5400만 년 전부터 3800만 년 전까지)처럼 산소 농도가 낮았던 시기에 형성된 석탄에 비해 목탄이 두 배나 많이 포함되어 있다. 이를 보면 산소 농도가 높았을 때 불이 더 자주 일어났으며 기후 하나에만 달린 일이 아니었음을 알 수 있다. 목탄의 성질도 이런 해석을 뒷받침한다. 목탄의 광택은 만들어진 온도에 따라 다르다. 섭씨 400도 이상에서 형성된 목탄은 더 낮은 온도에서 만들어진 것들보다 더 광택이 좋아 빛을 받으면 더 많이 반사한다. 그 차이는 반사율 분광법이라는 기술을 이용해 아주 정확하게 검출할 수 있다. 이렇게 광택을 분석한 결과, 석탄기와 백악기에 형성된 목탄 화석은 모두 최소한 분명히 섭씨 400도에서 섭씨 600도에 이르는 고온에서 만들어졌음을 알 수 있었다. 드물게 강한 불이었다는 얘기다. 물론 불이 타는 온도를 정하는 요인은 많다. 불에 타는 식물의 종류라든지(현대의 침엽수들은 불에 탈 때 낙엽수들보다 훨씬 높은 온도를 낸다) 나무의 열전도율, 지하수면地下水面의 높이 등이 있다. 그러나 중요한 요인이라면 역시 산소의 농도다. 석탄기와 백악기에 생긴 목탄이 가장 반사율이 높았다는 점을 아주 단순하게 설명하자면 역시 당시에 산소 농도가 가장 높았기 때문이라고 이야기할 수 있다.

백악기를 갑작스럽게 끝내버린 불꽃놀이도 산소 농도가 높았다는 주장을 뒷받침한다. 엄청난 화재폭풍이 공룡의 멸종을 불렀을 것이다. 6500만 년 전에 지구에 거대한 운석이 떨어졌다는 이론을 뒷받침하는 증거가 하나 있다. 백악기와 제3기 사이의 경계선, 즉 흔히 말하는 K-T 경계선을 이루는 얇은 암석층에는 이리듐이 풍부한데, 이 층은 현재 전 세계 100여 곳에서 발견된다. 이리듐은 지구에 드물다. 금보다 더 귀하다고 할 수 있다. 그런데 운석에는 이리듐이 비교적 흔하다.* 사실상, K-T 경계선에서 얻은 표본에 함유된 이리듐 대 금의 비가 2 대 1인데, 이는 운석에서 발견되는 비율과 꼭 들어맞는다. 전 세계에 얇은 이리듐 띠가 존재한다는 점으로 미루어, 운석이 지구에 부딪친 충격으로 쪼개졌고 그 미세한 먼지가 성층권까지 날아올라갔다가 나중에 내려앉아 이리듐 층을 형성했다고 생각해볼 수 있다.

1988년에 당시 시카고 대학에서 박사학위 논문을 준비하던 웬디 올바흐와 동료들은 『네이처』에 기고한 논문에서 이리듐이 미국, 유럽, 북아프리카, 뉴질랜드 등의 열두 곳에서 그을음과 뒤섞였다는 증거를 제시했다. 그

---

* 이에 맞서서, K-T 경계선에서 나오는 이리듐이 인도의 데칸 고원에서 발생한 대규모 화산 폭발에서 나온 것이라는 주장도 있다. 이쪽이든 저쪽이든 엄청난 화재를 일으키긴 했겠지만, 인도의 데칸 고원에서 화산이 폭발한 것 가지고는 멕시코 유카탄 반도가 외계에서 받은 충격이나(얕은 바다가 증발해버렸다. 퇴적물로 메워진 분화구가 그 증거다) 그 후 뒤따랐다는 엄청난 지진해일을 설명하는 데에는 무리가 있다.

녀는 탄소의 동위원소 균등성을 근거로 하여 운석이 충돌하면서 전 세계에 걸쳐 큰 화재가 한 번 일어났고 그때 생긴 그을음이 퇴적된 것이라고 주장했다. 간단히 계산을 해보면 지구 식물의 생물량 중 25퍼센트가 화재로 사라졌다는 것을 알 수 있다. 당시에 신문이 있었다면 헤드라인이 아주 요란했을 것이다. 말하자면 '지구를 뒤덮은 거대한 불덩어리… 공룡들도 통구이 신세 못 면해' 정도가 될까.

뒤이어, 큰 화재가 일어났음을 보여주는 다른 증거가 좀 더 최근에 등장했다. 1994년에 미국 서던일리노이 대학의 마이클 크루지와 동료들은 멕시코 북부 밈브랄에 있는 3미터 두께의 목탄 화석 띠에 육상 퇴적물과 해양 퇴적물이 뒤섞여 있다는 점을 들어 이런 주장을 폈다. 육상식물들이 화재폭풍에 휩쓸려 불타버린 다음(운석이 하늘을 지나가면서 불이 났다), 운석이 열대의 얕은 바다에 떨어지면서 그 충격으로 발생한 대규모 지진해일의 여파로 물에 잠겼으리라는 것이다. 그들의 해석은 의심스러웠지만 이상할 정도로 큰 화재가 그 시기에 일어났다는 증거는 무시하기 어렵다.

만일 정말로 그런 화재가 일어났다면, 공룡들이 멸종한 것은 대기에 산소 농도가 높았기 때문일 것이다. 큰 운석이 지구에 떨어진 사건이 몇 번 있었지만 대멸종은 일어나지 않았다는 사실만으로도 이 점은 믿을 만하다. 예를 들어 1500만 년 전, 독일에 큰 운석이 떨어져 리스 운석구라 불리는 커다란 구덩이가 생겼다. 그 충격으로 95킬로미터 넘게 떨어진 스위스와 체코공화국까지 커다란 파편이 날아갔다. 하지만 그 지역의 포유류 집단들조차 아무런 영향을 받지 않았다. 캐나다 몽타녜와 미국 체서피크 만에 떨어진 운석은 지름이 각각 45킬로미터, 90킬로미터나 되는 운석구를 형성했지만 양쪽의 경우 모두 대멸종을 초래하지는 않았다. 엄청난 파멸이 일어나기에는 산소가 약간 모자랐다고 말할 수 있겠다.

§

이제 각기 다른 두 개의 실험적 모델, 즉 물질수지 모델과 동위원소 모델이 석탄기와 페름기 초에 산소 농도가 35퍼센트까지 높아졌다는 점에서 일치하고 있음을 알게 되었다. 또한, 그 시기에 진화한 식물들은 높은 농도의 산소에도 잘 견딘다. 산소 농도가 높은 대기에서 이 식물들의 생산성은 광호흡의 영향을 거의 받지 않는다. 이런 상황에서 화재는 큰 위험요소이지만 건조한 환경에서조차 식물계를 없애지는 못한다. 제니퍼 로빈슨의 개인적인 소견을 빌리자면, 식물이 드문드문 자라면서 부분적으로 맨땅이 드러나 있는 건기의 사격장과 비슷한 모습이었을 것이다. 늪은 화재를 막아주지만 당시에는 늪지 식물들조차 화재에 대해 형태적 적응을 보이고 있다. 예를 들면 두껍고 리그닌이 풍부한 나무껍질, 땅속 깊이 형성된 덩이줄기, 높이 달린 나뭇가지 등이다. 석탄기에 살아남은 식물들 중에서 어떤 고사리류와 속새류는 규산염처럼 불에 잘 타지 않는 성분을 많이 함유하고 있다. 풍부한 목탄 화석이 형성된 것으로 보아 당시 환경에서는 주기적으로 들불이 일어났음을 알 수 있다. 이 목탄은 아주 높은 온도에서 형성된 것인데, 이는 산소 농도가 높을 때 나타나는 특성이다. 백악기가 엄청난 화재폭풍으로 인해 막을 내렸다는 증거도 있다. 요컨대 이 정도면 여러 과학자들이 납득하고 애초의 곤충 거대화 문제로 돌아가기에 충분했다는 얘기다. 자, 곤충의 거대화역시 높은 산소 농도와 관계가 있었을까?

이번 장 앞부분에서 네덜란드의 지질학자 뤼텐의 말을 인용했다. 그는 곤충들이 호흡하는 방법이 원시적이기 때문에 몸 크기와 비행 성능에 제한이 있었을 것이라고 주장했다. 곤충들은 기관이라는 미세한 관을 이용해 공기를 들이마신다. 기관은 외골격에 뚫린 구멍을 통해 외부 공기와 직접 닿으며 곤충의 몸 안에서 수많은 가지로 나뉘져 각 세포들과 연결되어 있다. 날아다니는 곤충들의 몸 크기는 산소 요구량에 의해 제한되며, 산소는 기관계를 통해 온몸에 확산된다. 곤충의 크기가 조금이라도 커지면 산소는 기관계에 실려 더 먼 거리를 퍼져 나가야만 한다. 따라서 비행의 효율은 떨어진다. 끝이 막힌 관을 통한 수동적 확산이 효율적이려면 관의 길이가 (현재 대기의 산소 농도에서) 약 5밀리미터 이하여야 한다. 미국 텍사스 대학의 생리학자 로버트 더들리에 따르면, 공기 중 산소 함유량이 35퍼센트로 늘어나면 산소의 확산속도는 대략 67퍼센트 빨라진다. 이렇게 되면 산소가 더 긴 거리를 확산해갈 수 있다. 달리 말하자면, 산소를 더 많이 포함한 공기에서는 곤충이 호흡을 덜해도 산소가 기관을 따라 더 깊이 들어갈 수 있다는 이야기다. 이렇게 되면 비행에 사용하는 근육이 산소를 많이 얻어 조직이 두꺼워지고, 곤충의 몸집은 더 커진다. 포식 같은 다른 선택압력은 실제 경향을 몸이 더 커지는 쪽으로 이끄는 반면, 산소 농도가 높아지면 몸이 커질 수 있는 한계가 생리적으로 높아지는 것이다.

여기까지는 괜찮지만, 이 추론에는 한 가지 문제가 있다. 기관계가 원시적일지는 모르지만 절대 비효율적이지는 않다는 점이다. 기관을 이용해 호흡하면서 날아다니는 곤충들은 동물계 전체를 통틀어 대사율이 가장 높다. 거의 예외 없이, 곤충의 비행은 전적으로 유산소 운동이다. 다시 말해 에너지 생산이 완전히 산소에 달려 있다는 이야기다. 인간은 공기가 잘 통하는 허파와 튼튼한 심장, 정교한 순환계, 산소를 운반하는 헤모글로빈으로 꽉 찬 적혈구를 갖추고 있음에도 불구하고 호흡이 곤충보다 효율적이지 못하다. 단거리 육상선수들은 운동에 힘을 공급할 산소를 충분히 들이마시지 못하기 때문에, 근육세포가 덜 효율적인 에너지 생산 과정에 의지할 수밖에 없다. 이 과정을 무산소성 당분해작용이라고 한다. 산소 없이 포도당을 분해하는 과정인데, 가벼운 독성을 가진 젖산을 노폐물로 내놓는다. 우리가 격렬한 운동을 오래 계속할수록 젖산이 쌓이고, 결국 몸에 힘이 빠진다. 아무리 죽을힘을 다해 뛰어도 마찬가지다. 다리가 무거워지면서 피로감이 몰려오는 것은 호흡이 제대로 되지 않았기 때문인데, 곤충들은 이런 일이 없다. 집파리를 보면 참 지치지도 않고 잘도 날아다닌다 싶은데, 그 생각은 옳은 것이다. 우리에게는 안 좋은 일이지만 파리는 젖산 때문에 힘이 빠질 일이 전혀 없다.

곤충이 비행할 수 있는 한계를 결정짓는 일은 결코 쉽지 않다. 1940년대에 이루어진 몇몇 기발한 실험을 보면, 곤충을 실로 묶고, 작은 추를 매달고, 산소 농도를 정상 수준의 몇 분의 일로 제한하고, 질소를 가벼운 헬륨 혼합물로 대치하는 등의 시도를 했다. 모든 실험에서 곤충의 비행 안전폭이 놀라울 정도로 넓다는 사실이 드러났다. 어떤 곤충들은 산소 농도가 겨우 5퍼센트인 저밀도 헬륨 혼합물에서도 날 수 있었다. 대부분의 실험에서, 곤충들은 산소 농도가 35퍼센트까지 올라가더라도 눈에 보이는 이득을 얻지는 않았다. 대략 결론을 내리자면, 곤충의 비행은 기관 확산으로 제한을 받지 않는다. 따라서 산소는 몸 크기를 키우는 데에 자극을 주지 못한다. 이것이 지금까지 많은 곤충학자들의 의견이었다. 그러나 형세가 변하기 시작했다.

기관계가 그렇게나 효율적인 이유는 산소가 기체 상태로 남아 있기 때문이다. 기체 상태이기 때문에 빨리 확산될 수 있고, 비행에 필요한 근육세포 자체로 들어가는 마지막 순간에 가서야 용액으로 바뀌게 된다. 그 결과, 기관계가 산소를 운반하는 능력은 조직이 산소를 소비하는 양을 대체로 넘어선다. 유일한 비효율성이라고는 기관 끝이 막혀 있으면서 미세한 관으로 가지가 나눠지는 것인데, 우리 인간의 허파에서 미세 기관지와 아주 똑같다. 우리가 물리적으로 숨을 들이마시지 못하면 질식하는 것과 마찬가지로 곤충들도 끝이 막힌 기관계 통로에서 기체 확산이 이루어지지 않으면 큰일이 난다. 대부분의 곤충들은 이러한 문제점을 피하기 위해 우리 인간처럼 활발하게 기관에 공기를 소통시킨다.

곤충들이 기관에 공기를 통하게 하는 방법에는 두 가지가 있다. 배를 펌프질하듯 움직이는 것과 자동대류 방식으로 공기를 순환시키는 것이다. 말벌이나 꿀벌, 집파리처럼 가장 '현대적인' 곤충들은 배 운동을 한다. 규칙적으로 배를 수축시켜 기관 망조직에서 공기를 쥐어짜내는 것이다. 배 운동의 속도는 얻을 수 있는 산소의 양에 따라 달라진다. 예를 들어 꿀벌을 산소 농도가 낮은 공기 속에 넣으면 대사율이 일정하게 유지되면서 날아가는 동안 똑같은 양의 산소를 계속 섭취한다. 하지만 증발작용으로 물을 잃는 속도는 40퍼센트나 빨라진다. 벌들은 낮은 산소 농도를 보충하기 위해 배 운동을 더 열심히 하는데, 그러면 기관에 공기가 통하는 속도가 빨라지고 따라서 물이 증발되는 속도도 빨라지는 것이다. 이러한 과정은 매우 효율이 높기 때문에 대부분의 곤충들은 변하기 쉬운 환경에서도 안정을 유지할 수 있다.

잠자리와 메뚜기, 일부 딱정벌레는 기관의 공기를 교환하는 데에 두 번째 방법을 사용한다. 이 자동대류 방식의 공기 순환은 첫 번째 방법보다 원시적이다. 말하자면 날개를 퍼덕이면서 바람을 일으키는 식이다. 즉 날갯짓을 크게 하거나 많이 해서, 그러니까 날개를 더 세게 퍼덕여 기관 내에 공기의 흐름을 늘리는 것이다. 물론 여기에는 함정이 있다. 날갯짓을 하는 데에는 에너지가 필요하고, 날개를 더 세게 퍼덕일수록 에너지가 더 많이 필요하다. 배 운동을 하는 데에는 상대적으로 에너지가 덜 든다. 에너지를 내려면 산소가 필요하다. 산소를 더 얻으려면 날개를 더 많이 움직일 수밖에 없고 그러려면 산소를 더 소비하게 되기 때문에, 자동대류 방식을 이용하는 잠자리와 다른 곤충들은 특히 산소 농도의 변화에 더 영향을 받는다.

원칙적으로 산소 농도가 증가하면 잠자리는 날개를 덜 움직이고도 똑같은 비행 성능을 유지할 수 있다. 다시 말해 잠자리가 날개를 퍼덕이는 속도를 일정하게 유지시켰다면 몸 크기가 늘어났을 것이다. 1988년 『실험생물학 저널』에 발표된 상세한 연구결과를 보면, 미국 애리조나 주립대학의 존 해리슨과 유타 대학의 존 라이튼은 이 부분을 실험하여 마침내 잠자리의 비행대사 작용이 산소에 민감하다는 확실한 증거를 얻었다. 그들은 잠자리를 밀폐된 호흡실 안에서 자유롭게 날아다니게 하면서 잠자리의 이산화탄소 생산량과 산소 소비량, 그리고 가슴 체온을 측정했다. 산소의 양을 21퍼센트에서 30퍼센트로, 또는 심하게는 50퍼센트까지 높였더니 잠자리의 대사율이 증가했다. 이는 오늘날 대기에서 산소가 부족할 경우에 잠자리의 비행능력이 제한된다는 사실을 의미한다. 만약 산소 농도가 높은 공기에서 잠자리가 더 잘 날 수 있다면, 더 큰 잠자리의 경우 아마도 오늘날의 희박한 공기에서는 계속 떠 있기 위한 양력揚力(날 때 비행 방향과 수직으로, 즉 위로 작용하는 힘—옮긴이)을 절대로 낼 수 없지만 우리가 가정하는 석탄기의 산소가 풍부한 공기에서는 날 수 있었을 것이다.* 볼소버 잠자리가 산소가 풍부한 대기에서만 날아다니며 먹이를 잡아먹고 살아남을 수 있었던 것은 정말인 듯하다.

잠자리 말고도 석탄기의 거대 생물들은 또 있었다. 다른 많은 생물들이 엄청나게 커졌고 그 후로 다시는 그렇게 커지지 못했다. 어떤 하루살이는 날개폭이 거의 50센티미터나 되었고, 길이가 1미터가 넘는 노래기들도 있었다. 메가라크네Megarachne(한때 거대한 거미로 여겨졌으나, 민물에 사는 광익류廣翼類임이 밝혀졌다—옮긴이)라는 현생 거미와 비슷한 거미류는 다리 길이만 거의 50센티미터 정도였다. 인디애나 존스에게 얘기해주면 아마 식은땀 깨나 흘릴 것이다. 더 무시무시한 놈도 있는데, 전갈들은 길이가 1미터나 되어서 나란히 놓고 보면 현대에 사는 친척들이 장난감처럼 보일 지경이다. 현생 전갈들 중 가장 큰 놈이라고 해야 겨우 그 길이의 5분의 1 수준이다. 육상 척추동물들 중에서는 양서류들이 영원newt만 한 몸집에서 몸길이가 5미터가 되기까지 자라났다. 영국 노섬벌랜드의 호웍에 이 양서류들의 가장 오래된 발자국이 남아 있는데, 길이 18센티미터에 폭이 14센티미터나 된다. 식물계에서는 고사리류들이 나무만큼 커졌고, 거대 석송류는 높이가 거의 50미터

---

* 기존의 대기에 여분의 산소가 더해지기 때문에 공기의 전체 밀도가 높아지는 것이다. 공기의 밀도가 높으면 양력이 더해지며(레이놀드 수가 증가하기 때문에) 따라서 비행이 더 쉬워질 것이다. 로버트 더들리는 일련의 훌륭한 논문을 통해 곤충과 새, 박쥐의 비행의 기원과 대기 밀도의 변화 사이의 관계를 설명했다.

나 되었다. 이들 중 오늘날까지 남아 있는 것으로는 만년석송(리코포디움 오브스쿠룸*Lycopodium obscurum*) 같은 아주 작은 초본성 석송류뿐인데, 30센티미터 이상은 자라지 않는다.

생물의 거대화가 이렇게 만연한 것이 산소와 관계있었을까? 확실히 가능한 얘기다. 잠자리처럼, 이 생물들은 각각 어떤 방법으로든 기체의 수동적 확산에 의존한다. 예를 들어 양서류의 몸집은 피부를 통한 확산으로 산소를 흡수하는 능력에 따라 제한된다. 그에 반해 식물의 몸집은 몸체를 지지하는 구조가 얼마나 두꺼우냐에 따라 달라지는데, 이 또한 기체가 내부 조직에 도달하는 양에 의해 제한된다. 그러나 산소 농도가 높아져 생물들의 크기가 커질 수 있었다는 점은 일리가 있지만, 그 주장을 뒷받침할 직접적인 진화적 증거를 찾기는 어렵다. 현대 생태계에서 이 얘기가 정말이라는 암시를 살짝 엿볼 수 있다.

1999년 5월 『네이처』의 과학 통신란에 실린 짧은 논문이 있다. 극지방에 사는 갑각류의 크기에 대한 것인데, 갑각류는 새우나 게, 가재 같은 동물을 말한다. 이 논문은 생물의 거대화와 산소의 관계에 대한 해묵은 수수께끼를 비교적 깔끔하게 풀었다. 벨기에왕립자연사박물관의 고티에 샤펠과 영국남극조사국의 로이드 펙은 극지방에서 열대지방까지, 또 바다에서 민물에 이르기까지 다양한 환경에 서식하는 2000종 가까이 되는 갑각류의 몸길이를 조사했다. 그들은 특히 단각류amphipods에 초점을 맞췄는데, 이 종류는 변온동물이며 새우와 비슷하게 생겼고 몸길이가 몇 밀리미터부터 9센티미터까지 다양하다. 단각류는 바다에서만 살지는 않는다. 화분에 심었던 식물을 정원으로 옮겨 심을 때 반짝이는 갈색 동물이 톡톡 튀어 다니는 것을 볼 수 있는데, 이 녀석은 흔히 말하는 모래벼룩으로 역시 단각류에 속한다.

바다에 사는 수천 종의 단각류 동물들은 극지방 먹이사슬의 토대가 된다. 이들이 어린 대구의 주된 먹이가 되고, 이 어린 대구를 바다표범이 잡아먹고, 다시 이 바다표범을 북극곰이 잡아먹는 식이다. 바다 밑바닥의 퇴적물에서 단각류 동물들이 제곱미터당 4만 마리나 발견되는 경우도 있다. 이 작은 생물들은 극지방에 가면 훨씬 더 실속 있는 먹이가 된다. 극지방에 서식하는 종들 가운데 가장 큰 놈들은 열대지방에 사는 친척들보다 약 다섯 배나 크다. 단각류의 기준에서 보면 진짜 거대 괴물인 셈이다. 이런 특성을 보이는 것은 단각류뿐이 아니다. 지난 100여 년 동안, 과학자들은 극지방에서 수많은 거대 종을 발견해 기록했다. 극지방의 생물들이 커지는 것은 기온이 낮고 변온동물들의 대사율이 감소되기 때문이라고 설명하는 것이 보통이지만 그 관계가 아주 직접적인 것은 아니다. 놀랍게도, 극지방 생물들의 거대화는 아직 만족스럽게 설명되지 않은 상태다. 문제는 동물의 몸 크기와 기온 사이의 역逆상관 그래프가 직선이라기보다는 곡선을 그리고 있으며 알 수 없는 예외가 아주 많다는 점이다. 특히, 민물에서는 많은 종들이 온도 하나만을 근거로 해서 예상한 것보다 훨씬 크기가 크다. 예를 들어 러시아의 바이칼 호에 서식하는 민물 단각류 동물들은 같은 기온의 바다에 서식하는 것들보다 두 배나 크다.

여기서 샤펠과 펙은 자신들이 얻은 데이터에 독창적인 발상을 적용했다. 만일 이 녀석들의 몸 크기가 수온과 관계있는 것이 아니라 물속에 녹아 있는 산소 농도와 관계있는 것이라면 어떨까? 산소는 찬물에 더 잘 녹는다. 열대지방과 비교할 때 극지방에서 두 배나 더 많이 녹는다. 염류 함유량도 산소가 녹는 정도에 영향을 주는데, 산소는 바닷물보다 민물에 25퍼센트나 더 잘 녹는다. 따라서 바이칼 호처럼 북극 툰드라에 인접한 큰 담수호에 산소가 가장 많이 녹아 있다. 그리고 이곳에서 제일 큰 갑각류들이 발견된다. 샤펠과 펙이 물에 녹은 산소의 양에 따라 갑각류들의 데이터 그래프를 다시 그리자 거의 완벽하게 맞아 떨어졌다(〈그림 6〉). 그래프 상에 나타나는 데이터 간의 상관관계가 메커니즘까지 설명해주는 건 아니지만, 섭취할 수 있는 산소의 양이 충분하지 않을 때 많은 종의 몸 크기가 제한되는 듯하다. 거꾸로 말하자면 산소 농도가 높을 경우에 생물이 거대해질 가능성이 커진다는 얘기다.

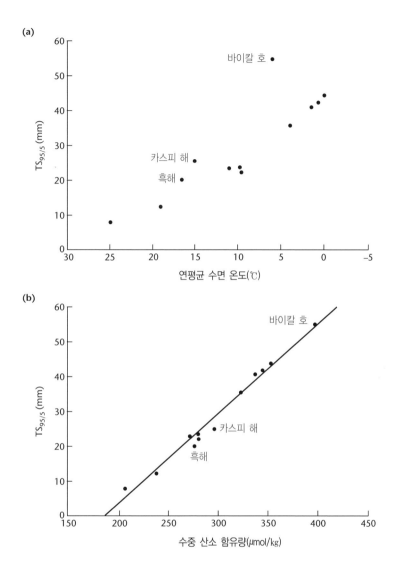

그림 6 단각류 동물들의 몸길이(평균길이지수 TS_{95/5}로 나타냈다)와 온도(a) 및 산소 농도(b)의 관계를 각각 나타 낸 그래프. 바이칼 호와 카스피 해, 흑해가 온도 곡선에서 벗어나 있는데, 이들 장소가 바닷물이 아니라 반쯤민 물이거나 민물이기 때문이다. 산소는 민물에 더 잘 녹고, 따라서 단각류 동물들의 몸길이를 물에 녹은 산소 농도 에 따라 그래프를 그리면 상관성이 제자리를 찾는다. 샤펠과 펙, 『네이처』의 허락을 얻어 실었다.

물론 거대 생물들이 높은 산소 농도에 의존한다는 점은 이 동물들이 산소 농도가 떨어지는 데에 매우 취약하다는 의미도 된다. 논문 마지막에 샤펠과 펙이 예상한 바에 따르면 지구 온도가 높아지거나 산소 농도가 떨어질 경우에 거대 단각류 동물들이 가장 먼저 사라지게 될 것이다. 이런 일이 생길 경우에 먹이사슬이 어떤 영향을 받을지는 상상하기도 끔찍하다.

§

대기 중 산소 농도가 변했다는 주장은 무시하기 어렵다. 이 결론은 러브록의 가이아 이론과 반대 입장이다. 가이아 이론에 따르면, 생물권은 지난 5억 년에 걸쳐 대기 중 산소 농도를 조절해왔다. 대부분의 시기에는 이것이 사실이었을지도 모르지만, 생물권이 산소 농도를 조절하지 못한 시기는 분명히 있었다. 러브록이 주장한 바와는 달리 대지의 여신 가이아가 생리적 평형을 항상 유지하지는 못했을 가능성이 있기 때문에, 우리 인간이 지구에 미치는 영향력에 대한 그의 걱정이 오히려 더 설득력을 갖게 된다. 지구 역사상 몇 번이나 빙하기가 있었다는 명백한 증거로 미루어볼 때, 가이아의 온도 관리에는 빈틈이 있는 것이 분명하다. 산소에 대해서도 비슷하게 이야기할 수 있을 것이다. 산소나 이산화탄소의 농도를 조절하는 요인이 어떤 것인지 명확하게 밝혀지지는 못했지만, 어쨌든 이 농도가 평형 상태를 벗어난 적이 있었다는 사실은 그 일이 다시 벌어질 수도 있음을 의미한다. 아마도 우리 인간이 그 일을 재촉하게 될 것이다. 러브록과 다른 학자들이 가정하는 피드백 메커니즘은 한동안 변화에 대항할 힘을 가지고 있다. 하지만 산소의 경우로 미루어보면, 그런 메커니즘에도 한계가 있으며 엄청나게 큰 변화에는 견디지 못한다. 조심해야 할 일이다.

화재를 예외로 놓고 보면, 산소 농도가 높으면 생물이 어떤 식으로든 해를 입는다는 증거는 놀라울 정도로 드물다. 오히려 높은 산소 농도는 오늘날 우리에게 닫혀 있는 진화의 문을 열었다. 산소 농도가 낮아지면 이 문이 닫혀서 문 밖에 서성거리고 있는 종들이 살아남기 어렵다. 예를 들어 석탄기의 거대 생물들은 대부분 페름기 말까지 살아남지 못했는데, 로버트 버너의 계산에 따르면 이 시기에는 기후가 서늘하고 건조해지면서 산소 농도가 15퍼센트로 뚝 떨어졌다.

여기서 우리는 산소 농도가 높으면 좋은 것이고 산소 농도가 낮으면 나쁜 것이라고 결론을 내릴 수밖에 없다. 그러나 제1장에서 보았듯이 높은 산소 농도는 유독하다. 허파에 손상을 입고, 발작이 일어나고, 혼수상태에 빠졌다가 죽는다. 산소 자유라디칼이 노화와 질병의 근원이라는 이야기도 있다. 대체 어떻게 된 일일까? 산소는 독일까, 아닐까? 이 주제에 대한 교과서라 할 수 있는 『생물학과 의학의 자유라디칼』의 지은이 배리 할리웰과 존 거터리지는 이 모순을 놓치지 않고 다음과 같이 간결하게 언급했다. "석탄기에 살았던 동식물들은 아마 강력한 항산화 방어 수단을 갖추고 있었을 것이다. 이 종들을 부활시킬 수만 있다면 이를 연구하는 일은 참으로 매력적일 것이다." 참으로 그렇다. 어떻게 산소 독성을 극복할 수 있었을까? 우리 인간이 그 생물들을 흉내내어 질병을 일으키는 자유라디칼로부터 스스로를 지킬 방법이 있을까? 이제부터 무시무시한 산소의 독성과 그에 대한 생물의 반응에 대해 좀 더 자세히 살펴보도록 하자.

6

공기의 배신

산소 독성과 엑스레이 피폭의
공통 메커니즘

1891년, 스물넷의 수줍은 폴란드 아가씨 마리아 살로메 스크워도프스카는 과학자가 되려는 꿈을 안고 파리에 도착했다. 당시 프랑스 학계에서는 자국 우월주의가 만연했기에 그 꿈이 실현될 가능성은 거의 없었지만, 마리아는 머리가 뛰어났으며 뜻을 굽히지 않는 단호한 성격이었다. 억압받는 것이 어떤 것인지도 잘 알고 있었다. 고국 폴란드가 러시아의 지배를 받고 있을 때 어린 시절을 보냈기 때문이다. 어머니는 그녀가 겨우 열 살 때 세상을 떠났다. 5남매 중 막내였던 그녀는 이상주의자인 아버지 밑에서 가난하게 자랐고, 러시아인들의 감시를 피해 매주 장소를 옮기는 이동 대학에서 공부했다. 폴란드 사람들은 교육을 통해 억압에 저항했고, 비밀 학습소를 중심으로 폴란드 문화가 꽃피었다. 고향을 휩쓴 배움을 향한 열정이 마리아에게 큰 영향을 준 것은 당연한 일이었다.

열여덟 살 때 마리아는 언니 브로냐와 약속을 했다. 브로냐는 파리에 가서 늘 꿈꾸던 의학 공부를 하고, 그동안 마리아는 바르샤바에서 가정교사를 하면서 언니의 학비를 대기로 한 것이다. 그런 다음에는 브로냐가 마리아의 학비를 대기로 했다. 마리아는 6년 동안 열심히 가정교사 일을 하면서 비밀 학습소에서 계속 화학과 수학을 공부했고, 가슴 아픈 연애도 했다. 한편 브로냐는 의과 대학을 마치고 동료 의대생과 결혼했다. 이번에는 마리아가 약속 대로 파리에 와서 이름을 프랑스식으로 마리라고 바꾸고 소르본 대학에 입학했다. 그녀는 1893년에 당당히 물리학 석사학위를 땄고, 1894년에 수학에서도 학위를 땄다. 그런 다음, 더 복잡한 실험을 하기 위해 실험실에 남는 자리를 찾던 중에 프랑스 남자 한 명을 소개받았다. 마리아와 똑같이 머리가 뛰어나고 성격이 내성적이며 사고방식이 자유로운 사람이었다. 그는 벌써 결정학과 자기학 분야에서 유명한 학자였다. 두 사람은 빠른 속도로 사랑에 빠졌다. 그는 다음과 같은 편지를 썼다. "평생을 함께하며 같이 꿈을 이루어나간다면 얼마나 좋을까요. 조국을 위한 당신의 꿈과, 인류를 위한 그리고 과학을 위한 우리의 꿈을 함께 나누고 싶습니다." 1895년에 마리와 피에르는 결혼했다. 그리고 신혼여행으로 자전거를 타고 프랑스 일주를 했다. 이 결혼으로 마리는 마리 퀴리가 되었고, 이 이름으로 과학자로서 명성을 얻었다.

2년 후, 피에르는 대학에서 교수 자리를 얻었고 마리는 교직 자격증을 따기 위해 공부에 열중했다. 1897년에 첫딸인 이렌이 태어났고, 같은 해 마리는 박사학위를 따기 위해 연구를 하기 시작했다. 당시에 여자로서는 선구적인 도전이었다. 결국 그녀는 유럽 최초로 과학 분야에서 박사학위를 딴 여성이 되었다.

그때까지만 해도 마리와 피에르 두 사람 모두 주로 자기학을 연구했다(자기학에서는 물질이 자기를 잃는 온도를 두 사람의 이름을 기려 '퀴리점Curie point'이라 하고 있다). 퀴리 부부는 젊고 뛰어난 프랑스 과학자 앙리 베크렐과 친하게 지내게 되었다. 베크렐은 과학자였던 아버지의 뒤를 이어 다양한 인광 물질을 연구하고 있었다. 그러다가 우라늄 황산염의 결정체를 햇빛에 노출시킨

다음, 종이에 싸서 사진건판 위에 올려놓으면 현상한 사진건판에 결정체의 모습이 나타난다는 사실을 발견했다. 처음에는 햇빛으로 인해 결정에서 일종의 형광성 복사선이 발산되었다고 생각했다. 그러나 2월의 파리는 날씨가 흐린 날이 많았기 때문에 이 이론을 바로 확인할 수는 없었다. 베크렐은 실험기구를 서랍 속에 넣어놓고 날씨가 좋아지기를 기다렸다. 그런데 며칠이나 흐린 날씨가 계속되자 어쨌든 사진건판을 현상이나 해보기로 했다. 흐릿한 상 정도만 나와도 다행이라고 예상했다. 그런데 놀랍게도, 사진건판에 나타난 상은 아주 진하고 뚜렷했다. 베크렐은 이 결정체가 햇빛 없이도, 즉 외부에서 에너지를 받지 않더라도 복사선을 발산한다는 것을 깨달았다. 그는 곧 이 복사선이 결정체에 들어 있는 소량의 우라늄에서 나오는 것이며, 우라늄이 들어 있는 모든 물질은 모두 비슷한 복사선을 방출한다는 사실을 알아냈다. 심지어 우라늄 주위의 공기에 전기가 통할 수도 있다는 것 또한 발견했다. 베크렐의 흥분은 퀴리 부부에게도 옮겨졌고, 마리는 이 이상한 현상을 연구하기로 했다. 그녀는 나중에 박사학위 논문에서 이 현상에 방사능이라는 이름을 붙였다.

마리는 역청우라늄석이라는 우라늄 광석을 가지고 실험을 시작했다. 그녀와 피에르는 우라늄이 주위 공기에 발생시키는 전기장의 세기를 이용해 방사능의 세기를 측정할 수 있다는 사실을 알게 되었다. 피에르는 광물 표본 주위의 전하를 검출하는 기계를 발명했다. 마리는 이 기계를 이용해 역청우라늄석의 방사능이 우라늄의 방사능보다 세 배나 높다는 사실을 발견하고 역청우라늄석에 우라늄보다 활성이 훨씬 높은 어떤 물질이 적어도 하나는 분명히 들어 있을 것이라고 결론을 내렸다. 우라늄 광석에 들어 있는 원소를 화학적으로 분리해내 각 원소의 방사능을 측정하자, 우라늄보다 방사능이 400배나 높은 새로운 원소가 발견되었다. 두 사람은 마리의 조국 폴란드에서 이름을 따와 그 원소에 폴로늄이라는 이름을 붙였다. 나중에 마리는 소량의 다른 원소를 발견했다. 이 원소는 우라늄보다 방사능이 몇백만 배나 더 높았다. 이

원소에는 라듐이라는 이름을 붙였다. 피에르가 작은 라듐 조각을 가지고 시험해본 결과, 피부에 닿으면 화상을 일으켰고 상처를 남겼다. 퀴리 부부는 라듐을 항암치료에 이용할 수 있다는 사실을 알았다. 1903년 러시아의 상트페테르부르크의 S. W. 골드베르그가 맨 처음 이 목적에 라듐을 이용했다. 오늘날 암을 치료할 때도 종양에 라듐 바늘을 넣는다.

상세한 특성을 연구하기 위해서는 라듐을 더 분리해야 했다. 역청우라늄석을 몇 톤씩이나 써야 겨우 라듐 몇 밀리그램을 얻을 수 있었다. 라듐은 아주 소량 존재하는 원소이기 때문에 오늘날조차 전 세계에서 겨우 몇백 그램만 생산된다. 퀴리 부부는 아주 열악한 환경에서 연구했다. 당시 퀴리 부부의 실험실을 본 어떤 화학자가 마구간이나 감자 창고 같다고 했을 정도였다. 이 두 사람은 인류 전체의 이익을 생각해 라듐의 특허를 따지도 않은 채 연구에 몰두했다. 경제적으로 너무 어려웠고 환경은 열악했지만 연구 그 자체에서 큰 기쁨을 얻었다. 특히 밤에는 두 사람이 만들어낸 물질이 담긴 '비커와 캡슐이 사방에서 반짝이고 있는 모습이 정말 아름다웠다'고 한다.

자연 방사능에 대한 연구로 퀴리 부부와 베크렐은 1903년에 노벨 물리학상을 받았다. 그 다음해에 마리와 피에르는 둘째 딸 이브를 얻었다. 이때가 두 사람의 일생에서 가장 행복한 시기였다. 1906년, 피에르는 방사선을 너무 많이 쬐어 몸이 약해진 상태에서 교통사고로 죽고 말았다. 이륜마차 바퀴에 머리가 깔려 으스러진 것이다. 남편의 죽음으로 큰 상처를 입은 마리는 일기장에다 남편에게 편지를 쓰기 시작했다. 편지를 쓰는 일은 오랫동안 계속되었지만 그래도 과학에 대한 의지는 꺾이지 않았고, 두 사람이 함께 시작했던 연구를 혼자서라도 완성하기로 결심했다. 그녀는 프랑스의 주류 학계에 맞서 싸워, 마침내 1908년에 남편이 맡고 있던 소르본 대학 교수직을 이어받았다. 소르본 대학 650년 역사상 최초의 여자 교수가 된 것이다. 그녀는 순수 라듐을 분리한 공로를 인정받아 1911년에 두 번째로 노벨상을 탔다. 1914년에는 인류의 통증과 질병을 치료하자는 박애주의적인 목적으로 라듐연구소를 세었는데, 지금은 퀴리 연구소로 이름이 바뀌어 있다. 제1차 세계대전 중에 그녀는 이동식 엑스레이 기계를 이용해 상처에 박힌 파편과 총알을 찾아내는 법을 간호사들에게 가르쳤다. 그리고 전쟁이 끝난 후에는 딸 이렌과 함께 라듐을 이용한 암 환자 치료에 뛰어들었다. 이렌 역시 남편 프레데리크 졸리오와 함께 인공 방사능을 발견한 공로로 1935년에 노벨상을 받았다.

마리는 딸이 노벨상을 받는 모습을 보지 못하고 1934년 7월 4일에 백혈병으로 죽었다. 당시 나이 67세였다. 백내장으로 거의 앞을 보지 못했으며, 손가락은 소중히 여기던 라듐 때문에 화상을 입어 붉은 자국투성이였다. 방사선 피폭으로 죽은 사람은 그전에도 있었고, 그 후에도 있었다. 1920년대에 라듐연구소의 연구원 몇 명이 암으로 죽었는데, 의사들은 그것이 방사능 탓이라고 했다. 마리는 그 말을 믿지 않고 신선한 공기가 부족한 탓이라고 했다. 나중에 마리의 딸 이렌 역시 백혈병으로 죽었다.

오늘날에는 히로시마와 체르노빌의 경험도 있었고 해서 사람들이 예전처럼 방사능을 인류의 복지를 위한 빛으로 여기지는 않는다. 높은 방사능은 암세포를 죽이지만 정상 세포도 죽인다. 엑스레이가 발견되고 몇 주가 지나자, 매일 오랜 시간 엑스레이를 발산하는 방전관을 가지고 연구한 학자들에게 조직 손상이 일어났다는 보고가 있었다. 머리카락이 빠지거나 피부에 염증이 생겼고, 간혹 심한 화상을 입어 곪기도 했다. 그보다 낮은 방사능에 노출되어도 암이 발생할 위험이 **높아진다**고 밝혀졌다. 그 징후는 마리 퀴리가 살던 시대에도 있었다. 방사능을 연구하던 초기 학자들 중 40퍼센트가 암으로 죽었다. 방사성 물질을 가지고 일하는 다른 사람들도 마찬가지였다. 1929년에 독일과 체코슬로바키아의 의사들은 체코슬로바키아 북부 보헤미아에 있는 유럽에서 유일한 우라늄 광산에서 일하던 광부들 중 50퍼센트가 폐암에 걸렸다는 사실을 학계에 보고했다. 우라늄이 자연 붕괴될 때 라듐이 생기는데, 이 라듐이 다시 붕괴되면서 라돈(Rn) 가스가 생긴다. 광부들은 광석에서 나오는 라돈 가스를 들이마셨기 때문에 폐암에 걸린 것으로 밝혀졌다. 미국의 우라늄 광산에서 일하는 광부들의 폐암 발생률 역시 정상보다 훨씬 높았다.

야광시계의 숫자판에 라듐을 칠하는 일을 하던 젊은 여성들에게도 끔찍한 일이 닥쳤다. 숫자판에 라듐을 칠하면 어두운 곳에서 빛이 난다. 원래 야광시계는 제1차 세계대전 중에 참호에서 전투를 벌이는 병사들을 위해 만든 것이지만, 새롭고 신기한 물건이어서 1920년대에 크게 유행했다. 여공들은 작은 숫자판을 칠하기 위해 붓끝을 뾰족하게 하느라 입술로 붓촉을 다듬었다. 당시 라듐은 여전히 만병통치약으로 통하고 있었고, 신비의 영약이나 최음제 등 여러 가지 의료용 목적으로 팔리고 있었다. 라듐이 뺨을 환하게 해주고 어둠 속에서도 미소가 빛나게 해준다고 해서 손톱이나 입술, 치아에 라듐을 바르는 젊은 아가씨들도 있었다. 그러나 일 년도 채 안 되어 시계 공장에서 일하던 여성들의 이가 빠지고 턱이 부서지기 시작했다. 많은 여성들이 앓다가 죽었다. 의사들은 죽은 여성들의 몸과 심지어 뼈에서도 라돈과 그 밖의 다른 방사능 물질들이 다량으로 들어 있다는 사실을 발견했다. 시계 회사들은 당연히 그 연관성을 인정하지 않았고, 정부에서는 기존의 증거만 가지고는 더 조사할 근거가 부족하다고 결론을 내렸다. 『뉴욕 월드』에 실린 사설에서는 1926년의 판결을 가리켜 "정의를 한낱 코미디로 만들어버린 최악의 사건"이라고 논평했다.

시계 회사들은 결국 명목뿐인 보상금을 지급하는 데에 합의했지만 잘못을 인정하지는 않았고 규제를 받는 것도 거부했다. 1938년에 여공들 중 한 명이었던 캐서린 울프 도너휴가 라듐 다이얼 사社를 고소했다. 시카고에서 열린 법정에서 증언한 바에 따르면, 그녀는 동료와 함께 현장 주임이었던 루퍼스 리드에게 당시 그러니까 1920년대에 했던 신체검사 결과를 회사 측에서 왜 알려주지 않느냐고 물었다. 그러자 리드는 분명히 이렇게 대답했다. "너희들한테 검진기록을 알려주면 당장 폭동이 일어날걸." 의학계는 마침내 1941년에 라돈의 피폭 한도를 정했다. 그러나 혼란스러운 와중에 기득권 계층이 손을 써서 방사능의 지연 효과(방사선에 피폭된 후 3개월 이상 오랜 시간이 경과한 다음에 나타나는 효과―옮긴이)를 은폐해버렸다. 최초의 핵폭탄을 만들어낸 맨해튼 계획에 관여했던 사람들 가운데에서도 방사성 낙진이 가져올 엄청난 공포를 예견하는 이는 거의 없었다.

방사성 낙진이란 핵폭탄이 폭발한 후에 미처 다 타지 않은 방사능 물질이 하늘에서 내려앉는 것을 말하는데, 한 번 생기면 오랫동안 위험한 물질이다. 핵폭탄이 폭발하면 엄청난 불기둥과 회오리바람이 하늘 높은 곳까지 솟구치고, 대기가 불안해져 종종 비가 내린다. 히로시마와 나가사키에 핵폭탄이 떨어진 후에는 공기가 방사능 재로 가득 차서 시커먼 비가 내렸다. 바로 악명 높은 '검은 비'다. 히로시마에서는 이 검은 비가 도심은 물론이고 주위의 시골에까지 쏟아져 물과 풀밭이 한꺼번에 오염되었다. 강에서는 물고기들이 죽고, 풀밭에서는 소들이 죽었다.

히로시마와 나가사키에서 살아남은 수만 명은 애초의 폭발로는 상처를 입지 않았지만 역시 폭탄의 위력으로부터 벗어나지 못했다. 며칠이 지나자 머리카락이 빠지기 시작했고 잇몸에서 피가 났다. 희생자들은 극심한 피로감과 견딜 수 없는 두통에 시달렸다. 속이 메스껍고 자주 토하게 되고 식욕이 감퇴되면서 설사까지 해서 몸은 점점 쇠약해졌다. 목구멍과 입속에 염증이 생겼다. 입과 코, 항문에서는 피가 나왔다. 증상이 너무 심한 경우에는 몇 달 안에 죽었다. 2년 사이에 백내장으로 눈이 먼 사람들도 있었다. 많은 사람들이 몇 년 후, 심지어 몇십 년 후에 암으로 죽었다. 백혈병은 방사선 피폭 때문에 가장 흔하게 걸리는 질환이다. 피폭 희생자들에게 멍같이 생긴 '푸른 반점'이 나타나면 백혈병이 시작되었다는 신호다. 푸른 반점이 생기는 이유는 급격하게 증식한 백혈구가 한 덩어리로 모이기 때문이다. 핵폭탄이 터지고 서 30년이나 지난 후에도 히로시마의 백혈병 환자 수는 일본의 다른 지역보다 열다섯 배 이상 많았다. 폐암이나 유방암, 갑상선암처럼 잠복기가 긴 다른 암도 15년쯤 후에 모두 발병하기 시작했다.

핵전쟁의 위협이 사라지자, 핵발전소를 비롯해 그 밖의 방사선 유출이 염려되는 시설이 과연 안전한지 여부에 관심이 쏠렸다. 원자로의 안전성에 대한 신뢰를 무너뜨린 큰 사건이 두 차례 있었다. 한 번은 1979년에 미국 펜실베이니아 주 스리마일 섬의 핵발전소에서 일어난 사고였고, 또 한 번은 1986년에 우크라이나의 체르노빌에서 일어난 사고였다. 체르노빌 사고 때는 31명이 방사선에 직접 피폭되어 죽고 수천 명이 높은 방사선에 노출되었다. 가히 역사상 최악의 사고라 할 수 있다. 사고가 일어나지 않더라도 방사선 누출과 오염에 대한 공포는 점점 높아지고 있다. 영국 셀러필드에서는 핵폐기물 재처리 공장 때문에 인근 마을에서 백혈병 발병률이 높아져 큰 우려를 낳고 있다. 정상 수치 이상의 방사선에 노출된 다른 집단 역시 백혈병 발병률이 높다. 코소보에 주둔하던 군대와 그 지역 주민 수천 명이 각종 암에 걸렸다. 철갑탄용 열화우라늄탄을 사용한 것이 원인이었다. 바로 이른바 말하는 발칸 증후군이다(일종의 백혈병이라고 주장하는 사람들도 있다). 심지어 항공기 승무원들도 백혈병 발병률이 비교적 높다. 높은 고도를 비행하면서 일반인들보다 높은 강도의 우주선에 노출되기 때문이다.

지금까지 그런 역사가 있었기 때문에, 의료용 엑스레이나 방사선요법에 대해서조차 방사선 피폭을 두려워하고 심지어 히스테리까지 일으키는 것은 어찌 보면 당연한 일이다. 미국에서는 1970년대 말 이후로 핵발전소를 한 기基도 세우지 않았다. 방사선에 어느 선까지 피폭되어야 '안전'한지에 대해 수십 년 동안 논쟁이 벌어졌지만 아직 결론은 내려지지 않았다. 어떤 전문가의 말을 빌리자면, 그저 이온화 방사선에 노출되지 않도록 조심하는 것이 최선이다.

지금까지 한 이야기가 도대체 산소와 무슨 상관인지, 독자 여러분이 궁금해하고 있을지도 모르겠다. 대답은 이렇다. 방사성이 생물에게 영향을 미치는 메커니즘은 산소 중독의 효과와 매우 비슷하다. 산소와 물 사이에는 눈에 보이지 않는 여러 반응이 차례로 일어나는데, 그 메커니즘은 바로 이 반응에 따른 것이다. 이 반응에서 방사선 중독이나 산소 중독 양쪽 모두, 아주 똑같은 중간 생성물을 거친다. 이 중간 생성물들은 산소에서도 생길 수 있고 물에서도 생길 수 있다(〈그림 7〉). 방사선 중독에서는 중간 생성물이 물에서 생기고 산소 중독에서는 산소에서 생긴다. 그러나 정상적인 호흡 과정에서도 똑같이 반응성이 높은 중간 생성물이 산소에서 생긴다. 따라서 호흡은 아주 느린 형태의 산소 중독이라고 볼 수 있다. 잠시 후에 이야기하겠지만, 노화와 노인병 양쪽 모두 본질적으로는 느린 산소 중독으로 인해 일어난다.

방사선에 중독되거나 호흡을 할 때 생기는 중간 생성물을 '자유라디칼'이라고 한다. 제1장에서 간단히 얘기한 적이 있다. 나중에도 이 자유라디칼 이

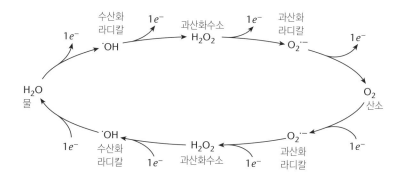

그림 7 물과 산소 사이의 중간 생성물들을 도식적으로 나타낸 그림. 각 방향에서 전자(e^-)개수의 변화만 보여주고 있다. 사실 양성자를 얼마나 얻을 수 있느냐 하는 것도 아주 중요한 문제지만 그것까지 다루자면 너무 복잡해지기 때문에 여기서는 생략했다. 양성자는 양전하를 띠고 있기 때문에 전자의 배치가 바뀌면 양성자 배치도 따라서 바뀐다.

야기가 여러 번 나올 것이다. 이 책에서는 편의상 자유라디칼이라는 용어를 좀 막연하게 사용하고 있다. 일반적인 정의에 따르자면 이 중간 생성물들이 다 자유라디칼은 아니다. 하지만 정확한 전문용어를 사용하자면 너무 부담스럽다. '활성 산소종reactive oxygen species(ROS)'이라는 용어가 있긴 하지만 쓰기에 훨씬 더 부담스러울뿐더러 올바르지도 않다. 전부 다 한결같이 반응성이 아주 높은 것도 아니고, 일산화질소(NO) 같은 것들은 전문적으로 얘기하자면 차라리 활성 질소종이라고 해야 옳다. 산화제라는 용어가 있긴 하지만 역시 정확하지 못하다. 예를 들어 과산화라디칼은 차라리 반대로, 즉 환원제로서 작용하려는 경향이 있다. 이렇게 정의상의 문제가 있기 때문에 앞으로도 그냥 자유라디칼이라는 용어를 쓰도록 하겠다.

사실 자유라디칼은 반응성이 높은 형태의 산소로 호흡 과정에서 적은 양이 계속해서 만들어지고 있다는 것만 알고 있으면 이 책에 나오는 이야기를 따라가는 데에 아무런 문제도 없다. 그렇지만 이런 식의 정의는 너무 단순하고 부정확하다. 그래서 이 장에서는 자유라디칼이 무엇인지, 또 그것이 왜 그리고 어떻게 형성되는지 자세히 알아보도록 하겠다.

방사선을 쬐면 물이 쪼개진다는 사실을 처음으로 이야기한 사람은 베크렐이다. 마리 퀴리가 라듐을 실험에 쓸 수 있을 만큼 분리해낸 직후에 그는 실험을 시작했다. 그리고 1890년대 당시에 알려진 각 방사선을 투과력에 따라 분류했다. 종이에 가로막히는 방사선은 **알파선**(사실은 헬륨 핵이다), 두께 1밀리미터의 철판에 가로막히는 방사선은 **베타선**(현재 알려진 바로는 빠른 속도로 움직이는 전자다), 1센티미터 두께의 철판을 관통하는 것을 **감마선**(전자기선. 엑스레이와 비슷하다)으로 나눴다. 이 세 가지 방사선 모두 원자의 전자 위치를 바꾸기 때문에 원자는 전하를 띠게 된다. 그래서 퀴리가 역청우라늄석 주위의 공기에서 전기장을 검출할 수 있었던 것이다. 전자를 잃거나 얻어서 전하를 띠게 되는 것을 **이온화**라고 한다. 이온화 방사선이라는 용어는 그래서 생긴 것이다. 그 밖에도 방사선은 여러 가지 효과를 낸다. 열을 발생시키고, 전자를 들뜨게 해 에너지가 높은 상태로 만들고, 화학결합을 깨고, 제3장에서 잠깐 이야기했던 것처럼 핵반응을 일으킨다.

베크렐은 라듐이 알파선과 감마선을 발산한다는 사실을 발견했다. 이 방사선은 물을 수소와 산소로 분해한다. 물은 원래 그 자체로는 분해되지 않는다. 1770년대에 라플라스와 라부아지에가 밝힌 바와 같이 물은 수소와 산소가 화학적으로 결합하여 이루어져 있기 때문이다. 하지만 방사선을 쐬더라도 물이 곧바로 수소 기체와 산소 기체로 나뉘는 것은 아니다(각각의 기체는 원자가 두 개씩 모인 분자로 이루어져 있기 때문이다. 화학기호로는 H_2, O_2로 표기한다). 이는 물에 들어 있는 수소와 산소의 구성비가 맞지 않기 때문이다. 다음의 식을 보자.

$$H_2O \rightarrow H_2 + O_2$$

학교에서 배웠던 것을 기억해보자. 화학반응식에서는 화살표 양쪽의 원자 개수가 똑같아야 한다. 따라서 위의 반응식은 맞지 않는다. 오른쪽에는 산소 원자가 두 개인데 왼쪽에는 하나밖에 없다. 그러므로 양쪽을 맞춰주려면 물(H_2O)을 두 배로 만들어줘야 한다.

$$2H_2O \rightarrow 2H_2 + O_2$$

하지만 여기에 방사선이 끼면 이 식도 맞지 않는다. 문제는 이것이 두 분자 사이의 화학반응이 아니라 방사선에너지가 물 분자 **한 개**에 작용한다는 점이다. 물질에 대한 이온화 방사선의 작용은 항상 각각의 원자 수준에서 이루어진다. 그래서 수소 분자와 산소 분자를 '딱 떨어지게' 만들어낼 수는 없다. 그럼 이 방사선이 만들어내는 것은 무엇일까? 이 부분에 대해 20세기 내내 계속 논란이 있었다. 방사선의 작용으로 뭔가 만들어져도 보통은 금방 없어져버리기 때문이다. 현재 내려져 있는 결론도 아주 확실한 것은 아니다. 우선 첫 번째 단계는 다음과 같다.

$$H_2O \rightarrow H^+ + e^- + {}^\bullet OH$$

여기서 H^+는 양성자(전자 하나를 잃은 수소 원자), e^-는 분리된 전자, ${}^\bullet OH$는 수산화라디칼이라는 자유라디칼이다. 수산화라디칼은 지금까지 알려진 가장 반응성이 높은 물질들 중 하나다.

자유라디칼을 대략 정의하자면, 짝을 이루지 못한 전자를 가지고 있으면서 독립적으로 존재할 수 있는 분자라고 할 수 있다. 이 자유라디칼은 전자 배열 때문에 불안정한 상태다. 불안정한 분자는 안정된 상태로 돌아가려고 하기 때문에 다른 분자와 금방 반응한다. 따라서 대체로 자유라디칼은 매우 반응성이 높다. 그러나 자유라디칼이라고 **모두** 반응성이 높은 것은 아니다. 예를 들어 산소 분자는 짝을 이루지 못한 전자를 두 개 갖고 있기 때문에 어떤 의미에서는 자유라디칼이라고도 볼 수 있다. 하지만 그렇다고 모든 것이 저절로 불이 붙거나 하지는 않는 것을 보면 자유라디칼이라고 다 곧바로 반응을 시작하는 것은 아니라는 사실을 알 수 있다. 그 이유는 조금 후에 다시 이야기하도록 하자.

위의 반응을 보면, 산소 원자는 전자 하나를 잃었지만 여기서 산소 기체, 즉 O_2를 만들려면 갈 길이 아직 멀다. 사실상 물에서 산소 기체를 만들려면 산소 원자 두 개에서 전자 네 개가 **떨어져 나와야** 한다. 이를 뒤집으면, 호흡을 할 때처럼 산소에서 물을 만들기 위해서는 전자 네 개를 **더해야** 한다는 얘기가 된다. 전자는 한 번에 한 개씩만 더해지거나 떨어진다. 그래서 중간 생성물로 수산화라디칼(${}^\bullet OH$), 과산화수소(H_2O_2), 과산화라디칼($O_2{}^{\bullet -}$)이 차례로 생긴다.* 물이 산소가 되든 산소가 물이 되든 방향에 상관없이 이런 중간 생성물들이 생긴다(〈그림 7〉 참조). 방사선으로 생물이 입는 손상의 90퍼센트 이상이 이 중간 생성물들 때문이다.

방사선은 모든 종류의 분자에 영향을 끼칠 수 있지만 우리 몸에서는 대부분 물에 작용한다. 그 작용이 어느 정도인지는 주로 확률에 달려 있다. 말하자면 이런 얘기다. 우리 몸의 45퍼센트에서 75퍼센트를 물이 차지하고 있는데, 이 비율은 나이와 체지방량에 따라 달라진다. 어린아이의 경우에는 물이 차지하는 비율이 체중의 75퍼센트로 가장 높다. 성인 남자는 체중의 60퍼센트가 물이다. 반면 성인 여자는 물이 체중의 약 55퍼센트를 차지하는데, 이는 평균적으로 남자보다 피하지방이 많기 때문이다. 방사선에너지가 물에 작용할 가능성은 확률뿐 아니라 분자적인 요인으로도 달라진다. 감마선과 엑스레이 같은 방사선은 유기물질의 탄소결합보다는 물에 들어 있는 결합에 더 잘 작용한다. 그러니까 같은 엑스레이를 쬐더라도 뚱뚱하고 나이 많은 여자가 몸에 물이 적기 때문에 어린아이보다 영향을 덜 받는다는 것이다.

물이 방사선을 쬐어 생긴 중간 생성물인 수산화라디칼과 과산화수소, 과산화라디칼은 반응하는 방법이 각각 아주 다르다. 그러나 이 세 가지 중간 생성물은 전부 연결되어 있으며 이쪽에서 저쪽으로 옮겨갈 수도 있기 때문에 다 똑같이 위험한 물질로 보아야 한다. 실제로도 이 세 가지 중간 생성물은 숨어서 작용하는 촉매로서 함께 작용한다. 물이 방사선을 받아 산소가 되는 과정에서 생겨나는 차례대로 하나씩 살펴보도록 하자.

수산화라디칼($\cdot$OH)이 가장 먼저 생긴다. 반응성이 굉장히 높다. 사람으로 치자면 펀치기 강도로 비유할 수 있다. 모든 생물 분자들과 반응할 수 있

---

* 사실 다른 중간 단계의 물질이 더 많지만 이 세 가지가 제일 중요하다. 이 중간 생성물들의 안정성과 반응성은 부분적으로 양성자의 첨가 여부에 달려 있으며(그러니까 과산화수소[H_2O_2]처럼 수소 이온이 붙는지의 여부) 이는 상황에 따라 다르다. 예를 들어 과산화라디칼($O_2\cdot^-$)은 양성자가 붙을 경우($HO_2\cdot$) 훨씬 더 반응성이 높아진다.

는데, 그 속도는 확산속도에 맞먹는다. 다시 말해 지나가다 제일 먼저 만나는 분자와 무조건 반응하며 그 반응을 막을 도리가 전혀 없다는 얘기다. 총으로 비유하자면, 방아쇠를 당겼는데 총알이 총신을 빠져나가기도 전에 벌써 상대방에게 상처가 나는 것과 마찬가지다. 몸속의 수산화라디칼을 '제거'하는 항산화제에 대해 얘기하는 사람이 있다면 그건 뭘 모르고 하는 소리다. 수산화라디칼은 너무 빨리 반응하기 때문에 처음 만나는 분자와 반응한다. 그 분자가 '제거제'든 다른 분자든 상관하지 않는 것이다. 몸속에서 수산화라디칼을 제거하려면 제거제가 다른 물질을 다 합한 것보다도 높은 농도로 미리 존재해야 한다. 만날 가능성을 높여야 한다는 얘기다. 어떤 물질이든 그렇게 높은 농도로 들어 있으면 아무리 순하다고 할지라도 세포의 정상적인 작용을 방해해 결국 세포를 죽이고 말 것이다.

일단 수산화라디칼이 만들어지고 나면 문제는 더 커진다. 수산화라디칼이 단백질이나 지질脂質 또는 DNA 분자와 반응하면 전자 하나를 빼앗아 와 안정적인 상태의 물로 돌아간다. 물론 전자 하나를 빼앗아 오면 상대 반응물은 전자 하나가 모자라게 된다. 퍽치기 강도가 피해자의 핸드백을 빼앗아 가는 것과 똑같다. 그러면 이번에는 상대 반응물이었던 단백질이나 지질 또는 DNA의 일부분에 다른 라디칼이 생긴다. 말하자면 강도에게 핸드백을 빼앗긴 피해자가 강도로 돌변해 다른 사람의 핸드백을 빼앗으려고 계속 돌아다니는 것이나 마찬가지다. 이것이 모든 자유라디칼 반응의 기본이다. 즉 라디칼 하나는 다른 라디칼을 만든다. 그리고 만일 새로 만들어진 라디칼 역시 반응성이 높다면 연쇄반응이 계속된다. 따라서 자유라디칼의 기본적인 특징은 짝을 이루지 않은 전자를 갖는다는 것이고, 자유라디칼이 일으키는 화학반응의 주된 특성이라면 연쇄반응이라고 할 수 있다.

자유라디칼 연쇄반응이 버터처럼 지방이 많은 음식에 일어나면 어떻게 되는지는 많이들 보았을 것이다. 악취가 나게 된다. 버터의 지방이 산화되어 역겨운 맛이 난다. 똑같은 종류의 반응이 세포막에서도 일어난다. 세포막은 대부분이 지질로 되어 있다. 이 반응을 지질 과산화lipid peroxidation라고 한다. 지질 과산화를 막기 위해 학자들은 이를 부득부득 갈아가며 연구에 몰두하고 있다. 자유라디칼이 단백질이나 DNA에 작용할 경우엔 그 손상은 눈에 덜 띄지만, DNA의 손상은 유전자 돌연변이의 주요 원인이며 방사선 피폭 희생자들에게 높은 비율로 암이 발병하는 것도 그 때문이다.

생물이 아닌 부분에서 자유라디칼 연쇄반응의 힘이 얼마나 대단한지 보여주는 단적인 예가 바로 오존층의 구멍이다. 프레온 등의 염화불화탄소(CFC) 때문에 일어나는 오존층 파괴는 대기 상층에서 자유라디칼이 형성된 결과다. 염화불화탄소는 아주 튼튼한 분자이기 때문에 대기 저층에서 비바람이 몰아쳐도 그대로 남아 있다. 그러나 대기 상층에서 자외선을 받으면 산산조각 나 염소 원자를 내놓는다. 전자 하나가 모자라는 염소 원자는 위험할 정도로 반응성이 높은 자유라디칼이다. 거의 모든 것으로부터 전자를 빼앗을 수 있다. 염소 원자 딱 한 개가 연쇄반응을 시작하면 오존 분자 10만 개가 파괴된다. 미국 환경보호청에 따르면, 프레온 1그램이 오존을 70킬로그램이나 파괴한다고 한다.

자유라디칼 연쇄반응이 끝나려면 딱 두 가지 방법밖에 없다. 우선 자유라디칼 두 개가 서로 반응해 쌍을 이루지 못한 전자들끼리 결합하는 방법이 있다. 말하자면 화학적으로 결혼을 하는 것이다. 아니면, 새로 생겨난 자유라디칼의 반응성이 너무 약해서 연쇄반응이 끝나버리는 수밖에 없다. 비유를 하자면 펀치기 강도가 양심의 가책에 못 이겨 범죄를 그만두는 것과 같다. 비타민 C나 비타민 E 같은 잘 알려진 항산화제가 이런 식으로 작용한다. 자유라디칼과 반응하면 자기도 자유라디칼이 되지만 반응성이 너무 약하기 때문에 손상이 지나치게 심해지기 전에 연쇄반응이 끝나는 것이다.

방사선이 물에서 전자를 하나 더 떼어내면 이번에는 중간 생성물로 과산화수소(H_2O_2)가 생긴다. 과산화수소는 표백작용을 하는 특성이 있기 때문에 머리를 탈색하는 데에 쓰이기도 한다. 과산화수소가 유기색소에서 전자를 떼어내 산화시키면 탈색이 일어난다. 과산화수소의 산화 능력으로 세균도 죽일 수 있다. 아주 옛날부터 상처를 치료하는 데에 꿀을 사용하는 민간요법이 있었는데, 꿀이 소독약 역할을 하는 것은 부분적으로 과산화수소 때문이다. 과산화수소가 산업적으로 이용될 때도 산화제로서 힘을 발휘한다. 예를 들어 물과 산업 폐기물에 들어 있는 오염물질을 산화시킨다거나, 섬유와 종이를 표백한다거나, 음식과 광물, 석유화학제품, 세제를 가공하는 등이다.

과산화수소는 산화제로 널리 사용되고 있지만 자연 상태에서는 찾아보기 힘들다. 화학적으로 산소와 물 사이의 딱 중간 단계에 있기 때문이다. 그래서 이 분자는 특성이 나누어져 있다. 마음을 고쳐먹고 새사람이 되고자 하는 퍽치기 강도가 충동과 양심 사이에서 갈등하는 것처럼, 과산화수소도 상대 물질에 따라 양쪽으로(즉 전자를 잃든 얻든) 반응할 수 있다. 심지어 과산화수소 분자끼리 반응할 경우에는 양쪽 방향으로 반응이 동시에 일어날 수도 있다. 이 경우 분자들 중 한쪽에서 전자 두 개를 차지해 물이 되고, 남은 분자는 전자 두 개를 잃고 산소가 된다. 방사선을 쐬어 물에서 산소가 만들어질 때도 부분적으로는 이런 식으로 과산화수소가 분해되어 물이 생기는 반응을 거친다.

$$2H_2O_2 \rightarrow 2H_2O + O_2$$

그러나 철이 존재할 경우에는 이보다 훨씬 더 중요하면서도 위험한 반응이 일어난다. 철은 과산화수소에게 한 번에 한 개씩 전자를 넘겨 보내 수산화라디칼을 만든다. 그래서 철이 물에 녹아 있을 때 과산화수소는 정말로 위험한 물질이 된다. 생물들은 물에 녹아 있는 철의 영향을 받지 않기 위해 갖은 애를 쓴다. 과산화수소와 철 사이에 일어나는 반응을 '펜턴반응'이라고 한다. 1894년에 처음으로 이 반응을 발견한 영국 케임브리지 대학의 화학자 헨리 펜턴에서 따온 이름이다.

$$H_2O_2 + Fe^{2+} \rightarrow OH^- + {}^\bullet OH + Fe^{3+}$$

나중에 펜턴이 밝힌 바에 따르면, 이 반응은 거의 모든 유기분자를 손상시킬 수 있다. 그러니까 과산화수소가 독성이 있는 주된 이유는 물에 녹은 철이 있을 때 수산화라디칼을 만들기 때문이라는 얘기다. 그런데 역설적이게도 과산화수소의 제일 위험한 특성은 철이 없을 때 반응이 **느리다**는 점이다. 그래서 세포 전체로 퍼져 나갈 시간이 있다. 이를테면 세포의 핵까지 확산해나가서 DNA와 섞일 수 있다. 그리고 그때 철을 만나면 잔악한 수산화라디칼로 변하는 것이다.[*] 과산화수소가 이렇게 티 나지 않게 침투해 들어가면 세포핵 밖에서 만들어진 수산화라디칼보다 더 위험하다. 헤모글로빈 같은 단백질에도 철이 들어 있다. 만일 이런 단백질이 과산화수소를 만난다면 당장에 망가져버린다. 사람으로 비유하자면, 과산화수소는 암흑가의 킬러와 비슷하다. 평소에는 조용하고 지나가는 사람에게는 별다른 위협을 주지 않지만 경쟁 조직원을 만나면 아주 난폭하게 돌변하는 것이다. 철이 붙어 있는 단백질을 망가뜨리는 것은 적의 무릎을 총으로 쏴버리는 것만큼이나 효과가 빠르고 확실하다.

지금까지 물과 산소 사이의 중간 생성물 세 개 가운데 두 개에 대해 살펴보았다. 첫째로 수산화라디칼은 지금까지 알려진 가장 반응성이 높은 물질들 중 하나다. 몇 빌리초billisecond(10억 분의 1초) 내에 모든 생물 분자들과 반응하며 연쇄반응을 시작해 손상을 일으킨다. 두 번째 중간 생성물인 과산화수소는 반응성이 훨씬 낮고 느리다. 그러다가 철을 만나면(그 철이 물에 녹아 있든 단백질에 붙어 있든 상관없이) 달라진다. 과산화수소는 재빨리 철과 반응해 수산화라디칼을 만들고 맨 처음 단계로 돌아간다. 그렇다면 세 번째 중간 생

---

[*] 보통 세포 안에서 철은 단백질에 단단히 붙어 있다. 그러나 병에 걸렸을 경우에는 간혹 철이 떨어져 나와 핵 속에 들어가기도 한다. 이때 철은 양전하를 띠기 때문에 음전하를 띠는 DNA에 붙어 손상을 악화시킨다.

성물인 과산화라디칼($O_2{}^{\bullet-}$)은 어떨까? 과산화수소와 마찬가지로 과산화라디칼은 그리 심하게 반응성이 높지는 않다.* 하지만 역시 철을 좋아해서 단백질에 붙어 있거나 몸에 저장된 철을 빼낸다. 이것이 왜 해로운지 이해하려면 우선 펜턴반응에 대해 다시 살펴보아야 한다.

펜턴반응이 위험한 것은 거기서 수산화라디칼이 생기기 때문이다. 이때 철을 더 이상 얻을 수 없게 되면 반응이 멈춘다. 하지만 물에 녹은 철을 재생하는 화학물질이라면 반응을 다시 시작할 수 있다. 과산화라디칼은 산소와 전자 하나 차이이기 때문에 전자 세 개를 얻어서 물이 되느니 전자 한 개를 내놓고 산소가 되려는 경향이 더 크다. 하지만 전자 한 개를 **받을** 수 있는 분자는 몇 되지 않는다. 과산화라디칼이 남는 전자를 내다 버리기 가장 좋은 장소가 바로 철이다. 그러면 철은 펜턴반응에 들어갈 수 있는 형태로 돌아간다.

$$O_2{}^{\bullet-} + Fe^{3+} \rightarrow O_2 + Fe^{2+}$$

그러니까 정리를 하자면 이렇다. 물과 산소 사이의 중간 생성물 세 가지는 숨어서 작용하는 촉매 역할을 하며 철이 있을 때 생물 분자에 손상을 입힌다. 과산화라디칼은 몸속에 저장된 철을 떼어내 물에 녹은 형태로 바꿔놓는다. 과산화수소는 물에 녹은 철과 반응해 수산화라디칼을 만든다. 수산화라디칼은 모든 단백질과 지질, DNA를 마구잡이로 공격한다. 이렇게 해서 자유라디칼 연쇄반응이 시작되고 그 결과 손상이 널리 일어난다.

---

* 이름은 대단해 보이지만 사실 과산화라디칼은 지질이나 단백질, DNA와는 반응성이 그리 높지 않다. 하지만 일산화질소 같은 다른 라디칼과 맹렬하게 반응해 세포에 손상을 입힌다. 또 약산성 환경에서 반응성이 높은데, 세포막 부근이 바로 그런 환경이다. 그래서 과산화라디칼은 세포막을 바로 망가뜨린다.

§

우리가 호흡하는 산소에서도 이와 똑같은 중간 생성물들이 생긴다. 방사선으로 인한 손상과 산소 독성이 비슷하다는 사실은 1950년대 초에 레베카 거쉬먼이 처음으로 이야기했다. 당시 그녀는 미국 뉴욕 주의 로체스터 대학에 있었는데, 맨해튼 계획을 위해 방사선의 생물학적 영향을 연구하던 곳이 바로 여기였다. 1953년에 열린 세미나에서 그녀는 근육생리학 연구로 박사학위를 준비 중이던 대니얼 길버트라는 학생을 만나 함께 연구하기로 했다. 두 사람은 산소 중독과 방사선 피폭으로 인해 생기는 치명적인 손상이 산소 자유라디칼 때문이라는 이론을 세웠다. 그리고 1954년 『사이언스』에 독창적인 논문을 발표했다. 논문 제목은 모호함이라곤 털끝만큼도 없이 멋졌다. 바로 「산소 중독과 엑스레이 피폭의 공통 메커니즘」인데, 지금 이 장의 제목으로 인용하여 쓰고 있다. 1950년대 이후 계속된 연구에 따르면, 방사선으로 입는 손상과 산소의 독성으로 입는 손상은 결과적으로 매우 비슷한 것으로 밝혀졌다.

산소에는 모순적인 성질이 있다. 이론적으로 생각하자면, 산소에 전자를 붙이는 것이 물에서 전자를 떼어내는 것보다 더 쉬워야 한다. 물은 화학적으로 안정적이다. 물에서 전자를 떼어내려면 에너지가 많이 들어가고, 그 에너지는 이온화 방사선이나 자외선, 또는 광합성의 경우에는 햇빛에서 얻을 수 있다. 반면에 산소는 반응을 하면서 에너지를 낸다. 에너지가 높은 상태에서 낮은 상태로 자연스럽게 흐른다는 확실한 표시다. 연소는 산소가 탄소화합물과 반응하는 것이다. 그리고 엄청난 열이 나오는 것으로 보아 연소는 자연스러운 반응임을 알 수 있다. 에너지의 흐름이라는 면에서 볼 때, 연소할 때처럼 빨리 타든지 호흡할 때처럼 늦게 타든지 그것은 문제가 되지 않는다. 대사를 하든 연소를 하든, 설탕 125그램(스폰지 케이크 하나를 만드는 데에 들어가는 양)에서 428칼로리의 에너지를 낸다. 물 3리터를 끓이거나 100와트짜리 전구 하나를 다섯 시간 동안 켜놓을 수 있는 에너지다.

에너지의 흐름이 그렇게 편리한 데다가 어디든 산소가 있는데도 생물이 저절로 불이 붙어 타버리지 않는다는 점을 생각해보면, 산소에 이상할 정도로 반응을 하지 않으려는 성질이 있다는 사실을 알 수 있다. 산소가 쉽사리 반응을 하지 않는 이유는 산소 분자 자체의 결합에 숨어 있다. 약간 난해하긴 하지만 산소의 화학적 성질을 알면 산소 자유라디칼이 우리 몸속에 항상 생기는 이유뿐 아니라 생물에 저절로 불이 붙지 않는 이유를 이해할 수 있다. 지금부터 간단히 알아보자.

산소에 조금 이상한 면이 있다는 사실을 맨 먼저 학계에 알린 사람은 스코틀랜드의 위대한 화학자 제임스 듀어 경이었다. 그는 1891년에 산소가 자기를 띠고 있다는 것을 발견했다. 이 발견이 있기 전에 여러 학자들은 산소를 액화하기 위한 연구를 경쟁적으로 벌이고 있었다. 이 경쟁에서 프랑스의 루이 카유테가 스위스의 경쟁자 라울 픽테를 아슬아슬하게 이겨 1877년 크리스마스 직전에 산소 액체를 몇 방울 만들어내는 데에 성공했다. 그 다음해, 듀어는 왕립과학연구소에서 매주 금요일에 일반인을 대상으로 열리는 유명한 〈금요일 저녁 강의〉에서 호기심 가득한 청중들을 앞에 놓고 산소를 액화하는 장면을 보여주었다. 이것은 말하자면 대중의 흥미를 끌기 위한 여흥이었다. 부탁받은 사람에게는 끔찍한 일이었지만 '달변의 샘'으로 알려진 강당에서 그런 일은 예전부터 죽 있었다. 하지만 듀어는 재능 있는 강사였을 뿐 아니라 당시 가장 뛰어난 실용과학자였다. 1880년대 말쯤에는 액체 산소 만드는 방법을 개선해 그 특성을 연구할 수 있을 정도로 많은 양을 만들었다. 그리고 곧 액체 산소(사실은 오존)가 자석의 양극에 끌려간다는 사실을 발견했다. 1891년에 그는 어느 강의 자리에서 자신의 발견을 현란하게 시연해 보였다. 이 실험에는 강력한 자석과 본인이 새로 개발한 진공 플라스크를 사용했다. 이 진공 플라스크는 지금도 전 세계 실험실에서 듀어 플라스크라 하여 많이 쓰이고 있다. 그 강의에서 그가 행한 시연은 요즘에도 많은 대학의 기초 강좌에서 재연되고 있다(인터넷에서 시연 비디오도 볼 수 있다). 듀어 플라스크에 담겨 있던 액체 산소를 강력한 자석의 양극 사이에 쏟는다. 그러면 쏟아지던 액체가 허공에서 멈춘 채 자석에 달라붙는다. 자석의 양극 사이에 마개처럼 멋지게 달라붙어 있다가 그대로 기화하여 날아간다.

　도대체 이게 어찌된 일일까? 1925년에 로버트 멀리컨이 당시 발달한 양자 이론을 이용해 산소가 자기를 띠는 이유를 밝혔다. 자기는 짝을 이루지 못한 전자들의 스핀 때문에 생긴다. 멀리컨은 산소 분자가 대개 쌍을 이루지 못한 전자 두 개를 갖고 있다는 사실을 증명했다.* 이 전자들이 산소의 화학적 성질을 결정하여 산소가 결합 전자쌍을 받기 어렵게 만든다. 따라서 산소는 화학결합을 새로이 이루려고 하지 않는 것이다(〈그림 8〉). 이 막다른 골목을 벗어나는 방법은 두 가지뿐이다. 하나는, 산소가 열이나 빛으로 들뜬 상태가 된 다른 분자에게서 에너지를 흡수하는 것이다. 그러면 쌍을 이루지 않은 전자들 중 한 개가 튀어 올라가 스핀을 하게 된다. 일부 색소 분자가 들뜬 상태가 될 때 이런 효과를 낸다. 이를 의학에 이용한 것이 광역학요법인데, 색소를 투여한 다음에 빛으로 활성화해 종양이나 병든 조직을 파괴하는 것이다. 전자 하나가 튀어 올라 스핀을 하면 전자쌍 한 개가 생기고 결합 오비탈에 빈자리가 하나 남는다. 그래서 산소가 반응을 하려고 들게 된다. 이를 '스핀 제

---

*　전하가 이동하면 자기장이 생긴다. 철사 코일에 전류를 흘려 보내든 전자 하나가 스핀을 하든 효과는 똑같다. 이론상으로 모든 화학결합(공유결합)은 원자 두 개가 서로 전자를 공유해 쌍을 이루어 형성된다. 이런 결합에서 전자들은 보통 서로 반대 방향으로 스핀을 하는데, 이런 스핀을 역평행이라고 한다. 전형적인 공유결합에서는 이렇게 스핀이 반대로 이루어지면서 상쇄되기 때문에 분자 전체를 보았을 때는 스핀이 없는 것이 된다. 따라서 대부분의 화합물은 자기를 띠지 않는다. 철이나 산소처럼 자기를 띠는 원자나 분자는 쌍을 이루지 않은 전자를 적어도 한 개씩은 가지고 있다. 그리고 앞에서 이야기했듯 이는 대개 안정적인 전자 배치가 아니다. 하지만 산소의 경우엔 양자역학적으로 볼 때 실제로는 우리가 학교에서 배운 보통의 이중결합 구조보다 전자가 짝을 이루지 않은 편이 더 안정적이다(〈그림 8〉). 서로 결합하는 힘과 자기를 근거로 이야기하자면 산소는 두 개가 아니라 세 개의 결합을 이루고 있다. 결합 하나에는 전자 두 개가, 다른 두 개의 결합에는 전자 세 개가 들어가 있다. 각 결합에서 짝을 이루지 않은 전자가 하나씩 있다.

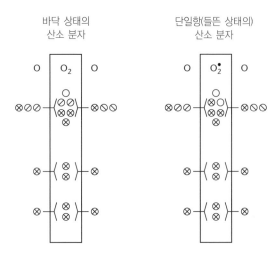

바닥 상태의
산소 분자

단일항(들뜬 상태의)
산소 분자

그림 8 (a) 바닥 상태의 산소 분자(정상적인 O_2)와 (b) 단일항 산소(산소 분자가 들뜬 상태가 된 것)의 전자 오비탈을 그림으로 나타냈다. 엑스 표시는 전자 한 쌍을 나타내고, 사선 표시는 전자 한 개를 나타낸다. 동그라미는 전자가 있는 오비탈을 가리킨다. 속이 빈 동그라미는 전자가 없는 오비탈이다. 훈트의 법칙에 따르면, 에너지가 똑같은 전자 오비탈(그림에서는 같은 높이로 나타냈다)에 전자가 하나씩 전부 채워진 다음에야 같은 오비탈에 전자가 또 들어가서 쌍을 이룰 수 있다. 그렇기 때문에 산소 원자(그림에서는 상자 양옆)가 쌍을 이루지 못한 전자 두 개를 갖고 있는 것이다. 전자 오비탈이 산소 분자를 이루며 뒤섞일 때도 같은 법칙이 적용되어 바닥 상태의 산소에 쌍을 이루지 못한 전자 두 개가 남고, 각각 평행으로 스핀한다. 따라서 산소는 전자쌍을 완성하려면 반대 방향으로 스핀하는 전자만 받을 수 있다. 단일항 산소의 경우엔 평행으로 스핀하는 전자들이 튀어 올라가 쌍을 이룰 수 있게 되지만, 훈트의 법칙에 어긋나게 아래쪽 에너지 오비탈에 빈자리가 생긴다. 단일항 산소가 그렇게 반응성이 높은 이유가 바로 이것이다.

약을 벗어난다'고 한다. 이렇게 해서 생긴 형태의 산소를 **단일항 산소**라고 한다. 보통 산소는 스핀이 제약되어 있지만 이 단일항 산소는 유기분자와 아주 잘 반응한다. 만일 화학적인 운명이 바뀌어 단일항 산소만 존재하게 되었더라면 지구 대기에는 절대로 산소가 축적되지 못했을 것이고 생물은 바다를 벗어나지 못했을 것이다.

산소가 반응을 일으키기 위한 두 번째 방법은, 한 번에 한 개씩 산소에게 전자를 줘서 쌍을 이루지 못한 전자들이 각각 따로 적당한 짝을 만나게 하는 것이다. 철이 이런 일을 할 수 있다. 철 자체에 쌍을 이루지 못한 전자가 있기 때문이다(그래서 철도 자기를 띠는 것이다). 철은 이렇게 전자를 내줘도 불안정한 상태가 되지 않는다. 철에는 '산화 상태'가 몇 가지 있는데, 모두 비교적 정상적인 환경에서는 에너지상으로 안정적이다(철 원자 크기가 큰 데다 핵에서 가장 멀리 떨어진 전자들은 원자에 느슨하게 붙어 있기 때문이다). 철이 한 번에 한 개씩 전자를 내줄 수 있다는 점을 생각하면 왜 그렇게 산소와 친한지, 또 철 광물이며 자동차 같은 것이 왜 그렇게 자꾸 녹이 스는지 알 수 있다. 우리 몸속에서 철이 다른 분자 속에 갇혀 있는 이유도 이해가 갈 것이다. 구리처럼 안정적인 산화 상태가 두 가지 이상인 다른 금속들도 마찬가지로 산소에게 전자를 줄 수 있으며 따라서 잘 가둬두지 않으면 철과 똑같이 위험하다.

생물이라고 해서 산소의 특이한 화학적 성질을 바꾸지는 못한다. 우리 역시 산소의 반응성을 이용하려면 한 번에 한 개씩 전자를 제공해야만 한다. 세포에서 음식의 산화 과정은 일련의 작은 단계로 나눠져 있고, 각 단계에서는 ATP라는 화학적인 화폐로 저장할 수 있을 만큼씩 에너지를 낸다(제3장 참조). 불행히도 이러한 각 단계에서 전자 한 개가 족쇄를 풀고 산소에 붙어 과산화라디칼을 만들 위험이 있다. 세포에서 과산화라디칼이 계속해서 생긴다는 것은 바꿔 말하자면 산소 호흡에도 방사선 질환과 질적으로 비슷한 위험성이 있다는 것이나 마찬가지다. 겁이 덜컥 나는 얘기다.

계산에 따르면, 휴식 중일 때 세포가 소비하는 산소의 약 1~2퍼센트가 과산화라디칼 상태로 빠져나온다. 반면 격렬한 운동을 할 때는 그 양이 10퍼센트까지 높아진다. 이 숫자가 하찮게 보인다면, 우리가 매번 숨을 들이마실 때마다 많은 양의 산소를 소비한다는 사실을 생각해보자. 몸무게 70킬로그램의 성인은 1분에 거의 4분의 1리터의 산소를 들이마신다. 만일 그중 1퍼센트만 과산화라디칼로 새어나온다 해도 매년 1.7킬로그램의 과산화물을 만들게 된다. 과산화물에서 과산화수소와 수산화라디칼이 생긴다는 얘기는 앞에서 했다.

우리 몸에서 과산화수소와 수산화라디칼을 만들어내는 게 **가능**하기는 하다. 그럼 실제로는 어떨까? 과산화라디칼과 과산화수소가 철과 반응해 수산화라디칼을 만들기 전에 제거해버리는 효과적인 메커니즘이 우리 몸에는 갖춰져 있다. (이 메커니즘에 대해서는 제10장에서 자세히 살펴보도록 하자.) 이런 메커니즘이 있음에도 불구하고 우리 몸에서 수산화라디칼이 실제로 얼마나 생기는지 계산해볼 방법은 없을까?

두 가지 방법이 있다. 우선, 이론상으로 볼 때 평형 상태의 과산화수소와 철의 농도를 **추정**하고 **기존에 알려진** 반응속도 이론을 통해 수산화라디칼이 생기는 속도를 계산할 수 있다. 인간의 몸에서 철과 과산화수소는 체중 킬로그램당 몇백만 분의 1그램 정도의 농도로 평형 상태를 이루며 존재하고 있다. 그렇다면 킬로그램당 1초에 1조 분의 1그램보다 적은 양의 수산화라디칼이 만들어질 것이다. 이렇게 작은 숫자는 사실상 머릿속에 떠올려보기도 어렵다. 하지만 초당 생기는 무게를 아보가드로 수를 이용해 분자 개수로 바꿔보면 훨씬 알기 쉬운 숫자가 나온다. 이 계산에 따르면, 우리 몸에서는 각 세포에서 1초마다 50개 정도의 수산화라디칼이 생긴다.* 하루 종일로 치자면 각 세포가 수산화라디칼을 400만 개나 만든다는 얘기가 된다. 이 중 대부분은 어떻게든 중화되고, 손상된 단백질이나 DNA는 새것으로 교환된다. 그러나 15조 개나 되는 세포로 이루어진 우리 몸에 평생 동안 쌓이다 보면 손상되는 부분이 아주 많아진다. 노화 같은 작용이 충분히 일어나고도 남을 정도가 되는 것이다.

여기까지 다 좋긴 한데, 다소 이론적이다. 만일 그렇게 손상이 많이 일어난다면 측정을 할 수 있어야 한다. 여기서 수산화라디칼이 생기는 양을 계산하는 두 번째 방법을 알아보자. 바로, 이 수산화라디칼로 인해 일어나는 손상

---

* 아보가드로의 법칙에 따르면 어떤 물질이든 1몰에는 6.023×10^{23}개의 분자가 들어 있다. 1몰이라 하면 그 물질의 분자량을 그램으로 나타낸 것을 말한다. 수산화라디칼의 분자량은 17이다. 그러니까 1몰은 17그램이다. 다시 말해서, 수산화라디칼 17그램에 6.023×10^{23}개의 수산화라디칼이 들어 있다는 뜻이다. 일반적으로 포유류 세포의 부피는 대략 10^{-9}에서 10^{-8}세곱밀리리터다. 이 계산은 할리웰과 거터리지의 저서 『생물학과 의학의 자유라디칼』에 나온 내용을 적용한 것이다(더 읽어보기 참조).

을 분석하는 것이다. 1980년대에 미국 버클리 대학의 브루스 에임스가 주장한 바에 따르면, 산화된 DNA 구성요소가 소변에 배출되는 비율을 통해 수산화라디칼의 영향을 받았는지 아닌지를 알 수 있다. 그런데 이 주장에는 약간 문제가 있다. 원래 DNA는 정상적인 DNA 복제나 복구 과정에서도 여러 효소들에 의해 계속해서 이리저리 고쳐지며, 그 결과로 생긴 산화된 파편들 중 단지 몇 종류만이 수산화라디칼의 공격을 **직접 받았음을 나타낸다.** 다른 종류의 파편은 수산화라디칼의 공격을 받아도 생기지만 정상적으로도 생긴다. 따라서 **어떤** 파편이 수산화라디칼의 공격을 특징적으로 나타내는지, 또 그것이 전체 분자 파편 중에 어느 정도 비율을 차지하는지 알아야 한다.

DNA 구성요소가 변형된 것으로 수산화라디칼의 공격을 받았다는 표시가 되는 것은 8-히드록시디옥시구아노신8-OHdG이다. DNA 암호 네 글자 중 G에 해당하는 디옥시구아노신deoxyguanosine이 화학적으로 변형된 것이다(DNA를 구성하는 네 가지 염기는 A[아데닌], C[시토신], G[구아닌], T[티민]으로, 이 염기들의 배열순서가 DNA 암호가 된다—옮긴이). 에임스와 동료 학자들은 쥐의 소변에서 이 분자의 농도를 측정한 다음, 그 결과를 기반으로 쥐의 몸에 들어 있는 각 세포에서 수산화라디칼이 DNA를 공격한 숫자를 추산했다. 그들이 내린 결론에 따르면, 각 세포의 DNA는 매일 1만 번이나 공격당하며 그중 대부분이 즉시 복구된다. 그래서 8-히드록시구아노신이 DNA에 남아 있지 않고 소변으로 배출되는 것이다. 좀 더 최근에는 사람의 몸에서 일어나는 손상에 대해서도 연구가 이루어졌다. 그 비율이 쥐보다는 낮은 것 같아 보이지만 그래도 매일 각 세포가 수천 번씩 공격을 받는다. 매일 세포 한 개에서 400만 개의 수산화라디칼이 생기는 것에 비하면 몇 단계 아래 수준이라고 할 수 있다. 그러나 1만이라는 숫자는 DNA 한 가지에만 해당되는 공격 숫자이지 단백질이나 세포막의 지질이 입는 손상은 하나도 포함되어 있지 않다는 점에 유의해야 한다. 세포에서 단백질이나 지질은 DNA보다 훨씬 더 큰 부분을 차지한다.

수산화라디칼이 호흡으로도 생기고 방사선 피폭으로도 생긴다는 사실로 말미암아 오차가 크기는 하지만 적어도 이론상으로는 직접 비교해볼 수 있다. 제임스 러브록은 방금 위에서 이야기한 것과 비슷한 수치를 이용해 우리가 호흡을 하는 것이 방사선에 얼마나 피폭되는 셈인지 계산했다. 계산결과에 따르면, 우리가 1년 동안 호흡하면서 입는 손상은 몸 전체가 1시버트sievert(Sv)의 방사선에 피폭되는 것과 똑같다(1시버트는 체중 킬로그램당 1줄의 에너지). 보통 병원에서 가슴에 엑스레이 촬영을 할 때 피폭되는 양이 50마이크로시버트인 것을 생각하면 1년 동안 호흡하는 일은 엑스레이 촬영보다 1만 배나 더 위험하다. 이는 우리가 보통 평생 동안 살면서 피폭되는 온갖 방사능의 50배나 된다.

아주 놀라운 숫자이긴 하지만 썩 진실성은 없다. 우선, '공격'을 받는 DNA가 현재 작용을 하고 있는 유전자인지, 아니면 활동을 하지 않는 유전자인지, 또는 '쓰레기' DNA라서 유전암호를 정하지도 않으면서 인간 DNA의 대부분을 차지하고 있는지 모르고 있다. 게다가 방사선과 호흡에는 한 가지 중요한 차이가 있다. 바로 출발점이다. 방사선의 경우 반응성이 높은 수산화라디칼을 물에서 직접 만들고, 이렇게 만들어진 수산화라디칼은 세포 전체에 무작위로 흩어진다. 우리는 방사선에 피폭되는 양이 대개 적기 때문에 이렇게 무작위로 분포되거나 즉각적으로 반응하는 데에 대처할 능력을 진화시키지 않았다. 반면에 호흡에서는 주로 과산화라디칼이 생기는데, 대체로 수산화라디칼보다 반응성이 낮다. 그래서 세포가 안전하게 처리할 시간이 훨씬 많다. 게다가 호흡을 하는 동안에 나오는 과산화라디칼은 세포 내에서도 아주 특정한 장소에서만 생긴다. 그리고 우리 몸은 진화를 통해 이 위치에서 정상적으로 생기는 자유라디칼은 무사히 처리할 수 있게 되었다. 또 손상되는 속도와 관련해 복구하는 한계치도 생각해야 한다. 정상적인 호흡에서 DNA 손상은 서서히 축적되고, 사실상 손상된 DNA는 전부 복구된다. 반면에 심각한 방사선 중독이 일어나면 아주 빠른 시간 안에 손상이 대량으로 일어나게 되어 복구하는 일이 불가능해진다.

그렇지만 어찌됐든 그 **성질**이라는 면에서 보면 방사선 중독에 효과적인 방어 수단과 산소의 독성에 대항하는 방어 수단 사이에 질적인 차이는 없다. 1950년대에 이 분야의 연구가 막 시작되었을 당시, 거쉬먼과 길버트는 쥐 실험을 통해 몇몇 항산화제가 엑스레이 피폭과 산소 중독 양쪽의 치명적인 영향을 줄이는 데에 도움이 된다는 사실을 발표해 이 점을 증명해주었다.

여기서 이야기를 원점으로 돌려놓는 사례가 있다. 유별나게 방사선에 아주 강한 세균이 있다. 일반적인 대장균(에스케리키아 콜리*Escherichia coli*)보다 200배나 강하고 우리 인간보다는 3000배나 강하다. 종종 논쟁을 일으키는 천체물리학자 프레드 호일은 이 세균이 외계에서 온 것이라고 했을 정도다. 호일은 1983년에 출간된 저서 『지적인 우주』에서 범종설panspermia('모든 곳에 씨앗이 흩어져 있다'라는 의미)에 따라 다음과 같이 주장했다. 세균의 포자는 방사선에 매우 강하기 때문에 강한 우주선에도 손상되지 않고 우주를 떠돌 수 있다. 따라서 지구 생물의 기원이 우주에서 왔을 **수도 있다**는 것이다. 호일의 생각을 뒷받침한 사람은 우주론자인 폴 데이비스다. 그는 저서 『제5일의 기적』에서 만일 생물이 과거 어떤 단계에서 방사선이라는 장애물을 헤치고 나오지 않았다면 그렇게 엄청난 방사선 내성을 갖고 있다는 건 말이 안 된다는 점에서 호일의 생각에 동의했다.

호일과 데이비스가 이야기한 작은 괴물은 데이노콕쿠스 라디오두란스 *Deinococcus radiodurans*라는 붉은 세균이다. 비슷하게 방사선에 저항성이 있는 여섯 종류의 세균이 있는데, 그중 한 종이다. D. 라디오두란스는 지금까지 지구상에서 발견된 중에 가장 방사선 저항성이 강한 생물이다. 이것은 원래 방사선을 쬔 고기 통조림에서 오염균으로 검출되었는데, 그 후로는 풍화된 화강암에서도, 사실상 불모지나 다름없는 남극 지방의 계곡에서도, 방사선으로 살균한 의료장비에서도, 그리고 방 안의 먼지나 동물의 배설물 등 더 정상적인 환경에서도 발견되었다. 이온화 방사선에 대한 내성과 더불어 자외선이나 과산화수소, 열, 탈수, 여러 독소 등 다른 종류의 물리적 스트레스에 대해 전반적으로 저항성이 강하다. 그렇게 부러운 여러 특징 덕분에 D. 라디오두란스는 방사성과 독성 화학물질로 오염된 장소를 생물학적으로 복원하는 데에 이상적으로 이용될 수 있다. 이렇게 상업적으로 이용할 수 있다는 점에서 이 세균의 DNA 게놈, 즉 유전정보 전체에 대한 관심이 커졌다. 그리고 1999년 11월에 오언 화이트와 미국 메릴랜드 록빌의 게놈연구소 사람들로 이루어진 대규모 연구팀이 『사이언스』에 이 세균의 완전한 DNA 게놈 서열을 발표했다. 네 개의 글자로 이루어진 DNA 암호를 전부 해독했다는 뜻이다. 덕분에 현재 이 세균이 어떻게 작용하는지 훨씬 더 잘 알려져 있다.

이 세균은 여러 종의 특징을 갖춘 생물체다. 이것저것 뒤섞인 해답을 만들어내고 예상할 수 있는 디자인은 뭐든지 현실로 이루어낼 수 있는 자연의 능력을 보여주는 좋은 예라 하겠다. 여기에 마법은 전혀 없다. 다른 별에서 기원을 찾을 필요도 없다. D. 라디오두란스가 갖춘 DNA 복구 메커니즘은 거의 모두 다른 세균에도 있지만, 대개 모든 것을 한꺼번에 갖추고 있지는 않다. D. 라디오두란스의 독특한 점이라면 먹이 찌꺼기 처리가 유별나게 효율적이라는 점뿐이다. 손상된 분자가 DNA 복제나 복구에 구성요소로 사용되기 전에 내버리는 것이다. 이 세균이 온갖 풍파를 이겨내고 살아남을 수 있는 것은 자기 유전자를 여럿 복제해 쌓아두는 능력 덕분이다. 다른 세균한테서 얻은 유용한 유전자들도 복제해 쌓아둔다.* 대부분의 세균은 약간의 방어 수단만 있어도 잘 살아남지만, D. 라디오두란스는 온갖 수단을 모조리 사용하

---

* 세균은 유전자를 서로 교환할 수 있는데, 이를 접합이라고 한다. 접합은 같은 종이나 서로 가까운 종의 세균들 사이에 일어나며, 흔히 생식행위로 비유된다. 세균의 염색체 중 일부가 전달되기도 하고, 플라스미드plasmid라는 둥근 모양의 DNA 조각 중 일부가 교환되기도 한다. 약물에 내성이 있는 유전자는 대부분 플라스미드로 전달되며 이 방법 덕분에 세균 집단 전체에 쉽게 퍼진다. 세균은 또한 여러 방법으로 유연관계가 먼 세균에게서 새 유전자를 얻을 수 있다. 환경에서 DNA 조각을 직접 섭취하는 것도 그 방법 중 하나다. 이런 종류의 유전자 전달을 횡적, 또는 수평적 유전자 전달이라고 한다. 세균 종의 유전적 계통을 정의하는 일은 이런 유전자 전달 때문에 더 어려워진다.

며 복제도 많이 해놓았다. 덕분에 불리한 환경에서도 번성할 수 있다. 불리한 환경에서는 능력을 덜 갖춘 동족들이 살지 못하므로 경쟁을 할 필요도 없다.

　우주 방사선이 장애가 되었다고 데이비스는 말했지만, 사실 D. 라디오두란스는 비교적 최근에 방사성 환경에 적응한 것으로 보인다. 『사이언스』에 발표한 논문에서, 화이트와 동료들은 D. 라디오두란스의 게놈 서열과 다른 세균들의 게놈 서열을 비교하면서 이 세균과 가장 유연관계가 가까운 것은 극도로 뜨거운 환경을 좋아하는 테르무스 테르모필루스*Thermus thermophilus*라는 세균이라고 주장했다. T. 테르모필루스의 유전자 175개가 알려져 있는데, 그중 143개에 D. 라디오두란스와 비슷한 부분이 있다. 이런 것을 보면 D. 라디오두란스의 강인함이 원래는 열에 저항성을 갖추기 위해 진화된 체계가 변형되어 생긴 것이라는 사실을 짐작할 수 있다.

나중에 다시 이야기하겠지만, 여기서 중요하면서도 전반적인 부분을 짚고 넘어가야 하겠다. 방사선으로부터 세포를 보호하는 유전자는 산소 독성으로부터 세포를 보호하는 유전자와 똑같다. 뿐만 아니라 열이나 감염, 중금속, 독소 등 다른 종류의 물리적 스트레스로부터 세포를 보호하는 많은 유전자들과 똑같다. 사람의 경우, 방사선에 대항해 활성화한 유전자는 산소 중독이나 말라리아, 납 중독도 방어한다. 이렇게 한 번에 여러 가지를 방어하는 이유는 여러 가지 서로 다른 스트레스가 세포 안에서 손상을 일으키는 과정이 결국 한 가지이기 때문이다. 그래서 모두 공통된 방어 메커니즘으로 버틸 수 있는 것이다. 이렇게 공통된 병적 상태는 **산화성 스트레스**에서 생긴다. 산화성 스트레스를 정의하자면 자유라디칼의 생성과 항산화제의 방어 사이의 불균형이라고 할 수 있다. 그러나 이는 단순히 병적인 상태일 뿐 아니라 지금 위협을 받고 있다는 신호를 세포에게 보내는 역할도 한다. 따라서 산화성 스트레스는 위협인 동시에 그 위협에 저항하기 위한 신호도 되는 것이다. 일본의 진주만 폭격이 침략행위였던 동시에 미국이 일본의 위협에 대항하도록 만든 계기가 되었던 것과 마찬가지다.

산화성 스트레스에 대한 방어 메커니즘이 통합되어 있다는 점을 보면, 생물이 대기에 산소가 **존재**하기 훨씬 이전에 진화를 통해 산소의 독성을 처리하는 방법을 개발했을 가능성이 높아진다. 이온화 방사선만 가지고도 충분히 그것이 가능했을 것이다. 선캄브리아대나 그 후에 산소 농도가 증가했음에도 불구하고 대멸종이 일어나지 않았다는 결론을 앞에서 이미 내렸다(제2장~제5장). 산소에는 분명히 독성이 있기 때문에, 생물은 어떻게든 미리 그 위협에 적응했다. 생물이 미리 방사선에 적응했고, 그로 인해 다른 위협에 대처할 수 있게 된 것일까? 만일 그렇다면, 프레드 호일과 폴 데이비스의 주장은 한 가지 의미에서 옳았다고 볼 수 있다. 생물은 **정말로** 방사선이라는 장애물을 헤치고 나아갔다. 하지만 그 일은 우주가 아니라 지구에서, 최근이 아니라 40억 년 전에 이루어진 것이다.

1976년에 탐사선 바이킹 호가 화성에 착륙했을 때 밝혀진 사실들을 보면 그 가능성은 더 커진다. 이 탐사선에는 화성의 토양에 생명체가 존재했는지 여부를 알아보기 위해 세 가지 실험을 수행할 장치가 실려 있었다. 실험결과는 썩 명확하지 않았다. 실험 데이터를 어떻게 해석할 것인지에 대해서는 아직도 논란이 계속되고 있다. 그러나 세 가지 실험 중에서 가스 교환 실험의 결과는 명확하지는 않더라도 아주 놀랄 만한 것이었다. 그 실험은 미생물의 대사작용으로 나오는 기체와 순수하게 화학반응으로 나오는 기체를 구분하는 것이었다. 화성 표면에서 얻은 표본을 각각 습도를 달리해 건조한 환경, 습한 환경, 완전히 젖은 환경에서 따로 배양한 다음에 방출되는 기체를 측정했다. 표본에는 유기화합물과 무기염류가 섞인 영양물질을 넣어주었다. 길버트 러빈(바이킹 호 계획에 참가한 과학자이며 화성에 생명체가 존재했다고 단호하게 주장하는 사람이었다)은 이 영양물질을 '닭고기 수프'라고 표현했다. 실험은 두 가지 단계로 이루어졌다. 우선 영양물질이 담긴 용기의 뚜껑을 열어 수증기가 빠져나가 상자 안의 토양에 습기를 주도록 한 다음, 수프를 토양에 조금씩 뿌려 어떤 생명체라도 있다면 대사작용을 촉진시키고자 했다.

놀랍게도 영양물질 그릇의 뚜껑을 열기만 했을 뿐인데, 화성 토양에서 산소가 마구 생겨났다. 예상했던 것보다 130배나 더 많았다. 학자들은 혹시 영양물질이 광합성을 자극한 건 아닐까 하는 생각을 한번 해봤지만 어두운 곳에서도 마찬가지 반응이 일어났다. 심지어 표본을 섭씨 145도에서 3시간 반 동안 가열해 혹시 있을지도 모르는 미생물을 다 죽인 다음에도 결과가 똑같았다. 하지만 표본에서 일단 산소가 쏟아져 나온 다음에 다시 새 영양물질을 주입한 경우에는 더 이상 산소가 나오지 않았다. 즉 반응이 끝났다는 뜻이다. 이런 결과로 생명이 존재할 가능성을 완전히 배제할 수는 없지만 그 반응은 생물반응이라기보다는 화학반응이라고 하는 편이 훨씬 설명하기 쉽다. 그러나 만일 이것이 사실이라면 이 토양은 화학적인 반응성이 아주 강한 것이 분명하다. 단순히 물만 가해도 산소가 확 생겼지 않은가. 잠시 혼란을 겪은 끝에 바이킹 호 연구진은 마침내 결론을 내렸다. 토양 표본에는 과산화물이 들어 있고, 이 과산화물은 자외선이 대기나 토양 자체에 작용해 생겨난 것이다. 화성 암석의 화학적 조성을 분석한 결과도 이 결론을 뒷받침해주었다.

화성에서는 무슨 일이 일어났던 것일까? 추측을 해보자면 이렇다. 아주 오랜 세월에 걸쳐 화성의 대기나 토양에 미량 존재하던 수증기가 자외선을 받아 쪼개지면서 수산화라디칼과 과산화수소, 과산화라디칼이 생겼다. 화성의 표면에는 물이 없기 때문에 이 중간 생성물들은 토양에 들어 있는 철이나 다른 광물과 반응했을 것이다. 그 결과, 녹슨 산화물이 생기는 바람에 화성은 붉은색을 띠게 되었다. 지구에서라면 이런 금속 산화물은 대부분 불안정하겠지만, 화성에서는 돌처럼 굳어진 채 안정적으로 유지되었다. 건조한 환경이 지속되었기 때문이다. 그러다가 바이킹 호의 과학자들이 영양물질 수프를 개봉하자 멈춰 있던 화학반응이 다시 시작되어 마침내 완성된 것이다. 불안정한 상태의 철 산화물이 깨지면서 돌처럼 굳어져 있던 중간 생성물들이 앞서 얘기한 경로를 따라 반응해나갔다. 그야말로 돌에서 물과 산소를 만들어낸 셈이다. 화성의 토양에서 독을 제거하고 대기에 산소를 채우려고 공상 과학소설 주인공들이 그토록 노력했지만, 얄궂게도 따뜻한 물만 조금 있었 더라면 붉은 별을 푸르게 바꿔놓을 수 있었던 것이다.

따라서 화성은 심각한 산화성 스트레스 상태에 놓여 있다고 할 수 있다. 희박한 공기 중에는 산소가 겨우 0.15퍼센트뿐이지만 어떤 생물이 살고 있더 라도 방사선 때문에 생긴 산소 독성과 싸워야 할 것이다. 이 점은 오늘날 지 구에서 살고 있는 생물이 처한 상황과 똑같다. 지금 화성이 이런 상태라면, 40억 년 전의 지구도 분명히 똑같았을 것이다. 어쨌든 지구는 태양에 더 가 까이 있고, 태양광선을 더 심하게 받고 있다. 산소가 존재하기 전에는 오존층 도 없었고, 따라서 자외선이 무자비하게 땅으로 직접 쏟아졌을 것이다. 지금 까지는 지구의 대륙이나 얕은 바다가 태양광선 때문에 황폐해졌다는 견해가 지배적이었지만 지금은 그 가설이 뒤집히고 있다. 새로 등장한 증거에 따르 면 생물은 처음부터 산소와 방사선에 대한 저항성을 똑같이 갖추고 있었다. 나중에 보충한 것이 아니라는 얘기다. 이 사실은 진화와 우리 인간의 탄생에 대해 깊은 의미를 담고 있다. 다음 장에서 살펴보도록 하자.

7

초록색 별

광합성의 진화와 방사선

더글러스 애덤스의 소설 『은하수를 여행하는 히치하이커를 위한 안내서』를 보면, 지구는 은하수의 서쪽 나선부 중에서 지도에도 없는 후미진 곳의 작고 보잘것없는 노란 태양 주위를 돌고 있는 아주 시시한 별로 묘사되어 있다. 우주를 인간 중심적인 시각으로 바라보는 것을 비웃는 의미에서, 더글러스 애덤스는 지구에 내세울 것이라곤 딱 하나뿐이라고 했다. 바로 광합성이다. 푸른색은 광합성의 재료인 바닷물을 상징한다. 초록색이 뜻하는 엽록소는 식물의 몸에서 빛에너지를 화학에너지로 바꾸는 놀라운 존재다. 작고 노란 태양은 태양에너지를 듬뿍 보내준다. 늘 날씨가 우중충한 영국은 여기서 제외해야 될지도 모르겠지만 말이다. 애덤스가 의도한 것이든 아니든 간에, 광합성이 지구의 특징이라는 것은 아주 날카로운 지적이다. 광합성이 없었다면 단순히 풀과 나무만 존재하지 않는 게 아니었을 터이다. 공기에는 산소가 없었을 것이고, 산소가 없었다면 육상에 동물이 살지 못했을 것이고, 성性도, 정신도, 의식도 없을 것이다. 소설 속 주인공이 은하수를 어슬렁어

슬렁 돌아다니지도 못했을 것이다.

초록색 광합성장치가 세계를 온통 지배하고 있는 탓에 우리는 나무만 보고 숲을 보지 못하기가 쉽다. 본질적인 수수께끼를 간과하기 쉽다는 얘기다. 생각해보자. 광합성 과정에서는 빛을 이용해 물을 쪼갠다. 그런데 앞서도 살펴보았듯이 이것은 쉽지도 않을뿐더러 안전한 일은 더욱 아니다. 방사선을 쐬는 것이나 마찬가지이기 때문이다. 엽록소 같은 촉매로 인해 보통의 햇빛이 엑스레이와 똑같이 위험한 힘을 갖게 되는 것이다. 게다가 노폐물로 나오는 산소는 그 자체가 벌써 유독성 기체다. 그렇다면 왜 굳이 물 같은 튼튼한 분자를 쪼개가며 유독성 노폐물을 만드는 것일까? 황화수소나 물에 녹은 철염류처럼 훨씬 쪼개기 쉬운 다른 것을 이용해 독성이 덜한 노폐물을 만들 수는 없을까?

당장 대답하기는 쉽다. 황화수소와 철염류를 주로 이용하는 열수활동을 할 때보다 이렇게 물을 쪼개서 광합성을 할 때 얻는 것이 훨씬 더 많다. 오늘날 열수활동으로 매년 생기는 유기탄소는 총 2억 톤으로 추정된다. 반면에 식물, 조류, 시아노박테리아가 광합성을 통해 매년 당으로 바꾸는 탄소의 양은 1조 톤이다. 5000배나 차이가 나는 셈이다. 먼 옛날 지질시대에는 화산활동으로 생기는 것이 확실히 훨씬 많았겠지만 산소 발생형(산소를 만드는) 광합성을 시작하면서 지구 전체의 유기물질 생산성은 확실히 두서너 자릿수쯤 높아졌다. 생물이 일단 산소 발생형 광합성을 시작하고 나자 그다음에는 탄탄대로였다. 하지만 이런 것은 다 나중 얘기다. 잘 알려져 있듯, 다윈의 자연선택은 진화의 원동력이지만 앞을 멀리 내다보지는 않는다. 생물이 특정한 적응을 했을 때 궁극적으로 뭔가 이익이 되더라도 그 중간 단계가 아무런 이익을 주지 않는다면 전혀 소용이 없다. 산소 발생형 광합성의 경우, 중간 단계에서 햇빛의 에너지를 이용해 물을 쪼갤 수 있는 강력한 분자장치가 필요하다. 그렇게 강력한 무기는 세포 안에서 다른 분자들을 닥치는 대로 공격하지 못하도록 어떻게든 가둬두어야 한다. 만일 물을 쪼개는 장치가 진화를 통해 맨 처음 등장했을 때 제대로 갇히지 못한 채 무턱대고 작용을 시작해버린다면 거기서 어떤 이득을 얻기는 힘들 것이다. 게다가 산소는 또 어떤가? 세포가 산소 발생형 광합성을 시작하려면 그전에 이 유독한 노폐물을 처리할 방법을 마련해두어야만 한다. 그러지 않으면 오늘날 혐기성 세균들처럼 분명히 죽고 말 것이다. 하지만 아직 산소를 만들기도 전에 어떻게 산소에 적응할 수 있겠는가? 새로운 세계 질서의 등장 후에 산소 대학살이 일어났다는 것이 제일 뻔한 답이 될 것이다. 그러나 앞서도 이야기했듯이 그런 비극적인 사건이 일어났다는 지질학적 증거는 없다(제3장~제5장).

우리 지구에 사는 생물을 전통적인 시각에서 보자면, 물을 쪼개 산소를 만드는 데에 그렇게 공이 많이 든다는 점은 다윈주의의 모순이다. 여기에 대해 보통 답으로 제시하는 것이 바로 선택압력이다. 예를 들어 축적되어 있던 황화수소와 물에 녹은 철염류가 고갈되면 생물은 압박을 받게 되어 대안으로 물이나 다른 것을 이용하도록 적응한다는 것이다. 아마 정말로 그럴 수도 있겠지만, 여기에는 척 보기에도 벌써 문제가 있다. 말하자면 일종의 순환논법인 것이다. 즉 저장되어 있던 황화수소와 철이 고갈되려면 어떤 것에 의해서든 반드시 산화되어야만 한다. 그리고 이렇게 큰 규모로 산화를 시킬 만한 것으로는 다른 것도 있겠지만 무엇보다도 산소 자체를 들 수 있다. 문제는, 광합성을 하기 전에는 자유 산소가 존재하지 않았다는 점이다. 그 정도 규모로 자유 산소 분자 (O_2)를 만들 수 있는 작용은 광합성뿐이다. 따라서 광합성의 진화가 선택압력을 충분히 받으려면 광합성작용을 통하는 수밖에 없다.

게다가 이 주장은 단순히 순환논법일 뿐 아니라 명백하게 오류가 있다. 시아노박테리아의 생체지표를 통해 이미 밝혀졌듯이, 산소 발생형 광합성은 27억 년도 더 전에 등장했다. 그런데도 철은 바닷물에서 계속 침전되어 10억 년 후에는 막대한 줄무늬철광층을 만들었다(제3장). 바닷물에 녹은 철염류가 고갈되지 않았다는 얘기다. 비슷하게, 바닷속 깊은 곳에서 황화수소가 풍부한 정체 상태는 최초의 큰 동물인 벤도비온트가 등장할 때까지 유지되었으며 오늘날에도 종종 발생한다(제4장). 이런 사실들을 종합해볼 때, 산소 발생형 광합성은 적어도 **지구 전체** 규모에서 철과 황화수소가 고갈되기 전에 진화했다고 결론을 내릴 수밖에 없다.

그렇다면 왜, 그리고 어떻게 산소 발생형 광합성이 진화했을까? 지난 장에서 했던 이야기를 돌아보면 벌써 대답을 짐작할 수 있을 것이다. 화성의 경우처럼 지구에서도 태양광선으로 인한 산화성 스트레스가 광합성 진화의 배후라는(제6장 182쪽 참조) 정황적인 증거가 있다. 상세하게 살펴보면 아주 재미나지만 동시에 산소 독성에 대한 저항성이 얼마나 뿌리 깊은지도 알 수 있다. 이는 지구 최초의 생명체에서 아주 중요한 부분을 차지한다. 최초의 세균은 광합성으로 산소를 만들어내지는 않았어도 산소를 호흡할 수는 있었다. 바꿔 말하자면 공기 중에 자유 산소가 **존재**하기도 전에 산소를 이용하는 호흡을 통해 에너지를 만들어낼 수 있었다는 것이다. 이런 일이 어떻게 가능했는지, 또 어째서 오늘날 우리 건강에 관련이 있는지를 이해하려면 우선 광합성이 어떻게 작용하는지, 그리고 왜 진화했는지를 알아야 될 필요가 있다.

§

생물의 광합성에는 여러 종류가 있지만 그중에서도 산소를 만드는 것은 우리에게 친숙한 식물, 조류, 시아노박테리아의 광합성뿐이다. 다른 종류의 광합성으로는 산소가 생기지 않는다. 뭉뚱그려서 **비산소 발생형 광합성**이라고 하는데, 산소 발생형 광합성보다 먼저 생겼으며 더 단순하다. 우리 인간은 산소를 아주 중요하게 여기지만 식물은 이 기체에 대해 별 관심이 없다. 식물이 광합성으로 얻고자 하는 것은 에너지와 수소 원자이기 때문이다. 각기 다른 형태의 광합성에서 서로 일치하는 부분은 빛에너지를 이용해서 ATP의 형태로 화학에너지를 만들어 그것으로 수소를 이산화탄소에 붙여넣어 당을 만든다는 점뿐이다. 수소를 가져오는 곳은 각 광합성마다 서로 다르다. 물에서 가져올 수도 있고, 황화수소나 철염류에서 가져올 수도 있다. 사실, 수소가 붙어 있는 화학물질은 무엇이든 이용할 수 있다.

전체적으로 볼 때, 식물은 광합성을 통해 공기 중의 이산화탄소(CO_2)를 당(일반식은 CH_2O) 같은 단순한 유기분자로 바꾼다. 이렇게 만든 유기분자를 미토콘드리아에서 연소시켜(제3장 참조) ATP를 더 만들기도 하고, 탄수화물이나 지질, 단백질, 핵산 등 생명에 필요한 물질을 다량으로 만들어내기도 한다. 제5장에서 수소를 이산화탄소에 붙이는 효소에 대해 잠시 이야기했다. 루비스코라는 이 효소는 지구에서 가장 많이 존재하는 효소다. 그러나 반응이 일어나려면 재료인 수소와 이산화탄소를 루비스코에게 갖다 바쳐야 한다. 이산화탄소는 공기 중에도 있고 바닷물에도 녹아 있다. 그래서 구하기가 쉽다. 반면에 수소는 그리 손쉽게 얻을 수가 없다. 반응하는 속도가 빠른 데다가(특히 산소와 반응해 물을 만든다), 너무 가벼워서 대기권 밖으로 날아가버릴 수도 있다. 그래서 수소를 얻으려면 전용 공급체계가 필요하다. 사실 이것이 광합성의 비밀을 푸는 열쇠이지만 자물쇠는 오랫동안 굳게 닫힌 채 열리지 않았다. 얄궂게도 학자들이 마침내 산소 노폐물이 어디서 왔는지를 이해하자 그 메커니즘이 명확해졌다.

산소 발생형 광합성에서, 수소는 물에서밖에 얻을 수 없다. 그러나 산소가 어디서 나온 것인지는 애매하다. 광합성의 화학식을 전체적으로 보면 산소는 이산화탄소에서도 올 수 있고 물에서도 올 수 있다.

$$CO_2 + 2H_2O \rightarrow (CH_2O) + H_2O + O_2$$

처음에 과학자들은, 산소가 이산화탄소에서 나온 것이라고 생각했다. 아주 그럴듯하고도 직관적인 추측이지만 연구가 계속되면서 완전히 틀린 가설로 밝혀졌다. 처음으로 오류가 드러난 것은 1931년이었다. 코르넬리스 판 니엘

이 광합성 세균 한 종류를 가지고 실험을 한 결과, 이 세균이 햇빛을 받아 이산화탄소와 황화수소(H_2S)를 이용해 탄수화물과 황을 만들며 산소는 만들지 않는다는 사실을 밝혀냈다.

$$CO_2 + 2H_2S \rightarrow (CH_2O) + H_2O + 2S$$

니엘은 또한 H_2S와 H_2O가 화학적으로 유사하다는 점에 착안해, 식물이 발산하는 산소는 이산화탄소에서 나오는 것이 아니라 물에서 나오며 양쪽 광합성 모두 중심작용은 똑같을 것이라고 주장했다. 이 가설이 옳다는 것을 1937년에 로버트 힐이 보여주었다. 그는 식물에 페리시안화철(산소가 들어 있지 않다)을 이산화탄소 대신에 공급하면 식물이 성장하지는 못하더라도 계속해서 산소를 만들어낸다는 사실을 발견했다. 마침내 1941년에 산소 동위원소를 이용할 수 있게 되자, 새뮤얼 루벤과 마틴 카멘은 무거운 산소 동위원소(^{18}O)로 만든 물을 주어 식물을 배양했다. 그랬더니 식물에서 나온 산소는 전부 물에서 나온 무거운 산소 동위원소뿐이었다. 산소는 물에서 나오는 것이지 이산화탄소에서 나오는 것은 아니라는 사실이 결정적으로 밝혀진 것이다.

그러니까 식물은 산소 발생형 광합성을 하면서 수소 원자(사실은 수소 원자를 구성하는 양성자[H^+]와 전자[e^-]라고 하는 게 옳다)를 물에서 쏙 빼먹고 껍질, 즉 산소를 공기 중에 내다 버린다고 할 수 있다. 물은 양이 풍부하다는 점 말고는 사용하는 데에 이점이 없다. 이런 방법으로 물을 쪼개기는 쉽지 않기 때문이다. 물에서 양성자와 전자를 뽑아내는 데에는 황화수소를 쪼갤 때보다 에너지가 훨씬 많이 든다(약 1.5배). 이렇게 더 많은 에너지를 관리하려면 '용량이 높은' 분자 장치가 필요하다. 이전에 황화수소를 쪼개는 데에 사용했던 '용량이 낮은' 광합성 장치에서 더 진화해야만 하는 것이다. 이런 일이 어떻게, 그리고 왜 일어났는지를 이해하려면 우선 이 장치의 구조와 작용을 조금 더 자세히 살펴볼 필요가 있겠다.

황화수소에서든 물에서든 수소 원자를 뽑아내는 데에 필요한 에너지는 우리가 햇빛이라고 알고 있는 전자기선에서 나온다. 빛을 포함해서 모든 전자기선은 광자라는 단위가 모인 것인데, 이 광자는 각각 특정한 에너지를 가지고 있다. 광자의 에너지는 빛의 파장과 관계가 있다. 파장은 나노미터 (nm, 10억 분의 1미터) 단위로 측정된다. 파장이 짧을수록 에너지가 높다. 그래서 자외선의 광자(파장이 400나노미터 이하)는 가시광선 중 적색광의 광자(파장 600~700나노미터)보다 에너지가 높다. 적외선의 광자(파장 800나노미터)는 이보다 에너지가 낮다.

빛은 어떤 분자에든 항상 광자 수준에서 작용한다. 광합성의 경우에 광자를 흡수하는 분자는 엽록소다. 엽록소는 아무 광자나 흡수하지 못한다. 결합 구조 때문에 아주 특정한 양의 에너지를 가진 광자만 흡수할 수 있다. 식물의 엽록소는 파장이 680나노미터인 적색광 광자만 흡수한다. 이와는 달리 비산소 발생형 광합성을 하는 자색세균인 로도박터 스파이로이드*Rhodobacter sphaeroide*는 엽록소 종류가 달라서, 파장이 870나노미터로 에너지가 더 적은 적외선을 흡수한다.*

엽록소가 광자를 흡수하면 내부 결합에 에너지가 들어온다. 엽록소 분자가 에너지를 받아 진동하면 전자 하나가 튀어나가 전자 하나가 모자란 상태가 된다. 전자가 모자라면 불안정하고 반응성이 높은 형태가 된다. 하지만 새로 반응성이 높아진 엽록소 분자는 잃어버린 전자를 그냥 찾아올 수가 없다. 벌써 옆에 붙은 단백질이 가져가서 연결된 단백질 사슬을 따라 멀리 보

---

* 식물은 붉은빛을 많이 흡수하기 때문에 푸른빛과 노란빛을 더 많이 반사한다. 그래서 식물이 우리 눈에 초록빛으로 보이는 것이다. 사실, 식물 분자 중에 빛을 흡수하는 것은 엽록소만이 아니다. 카로티노이드 같은 다른 색소들도 함께 작용한다. 이 색소들은 다른 파장의 빛을 흡수해 엽록소로 전달한다. 이렇게 함께 작용하는 여러 색소들의 전체적인 흡수 스펙트럼으로 식물은 초록빛을 띠게 되는 것이다.

내버렸기 때문이다. 말하자면 줄지어 선 선수들이 럭비공을 계속 패스해 운동장 저쪽으로 보내버린 것이나 마찬가지다.[*] 전자가 옮겨지면서 생기는 에너지는 ATP를 합성하는 데에 쓰이는데, 그 과정은 미토콘드리아에서 일어나는 호흡과 아주 똑같다.

전자 하나를 빼내면 수소 원자를 벌써 절반은 가져온 셈이다. 수소는 양성자 한 개와 전자 한 개로 이루어져 있기 때문이다. 이제 양성자를 빼오는 것은 일도 아니다. 정전기적인 재배열로 인해 음전하를 띤 전자를 끌어당긴 다음에는 양전하를 띤 양성자를 (산소 발생형 광합성의 경우에는 물에서) 끌어당긴다. 이렇게 떨어져 나온 양성자와 전자는 결국 루비스코를 통해 다시 만나 당 분자 안에서 수소 원자를 이루게 된다.

그럼 엽록소는 어떻게 될까? 전자 하나를 잃고 훨씬 반응성이 높아졌으니 이제 제일 가까운 곳에 있는 분자에서 전자 하나를 빼앗을 것이다. 반응성이 높아진 엽록소가 하는 짓은 중세의 용과 똑같다. 용이 마을을 파괴하지 못하게 하려면 처녀를 가져다 바쳐야 하는 것이다. 용에게 바칠 처녀는, 그러니까 엽록소의 경우엔 전자가 되겠는데, 물이나 황화수소나 철 등 많은 화학물질을 희생해 얻는다. 전자를 빼앗아 오면 엽록소는 정상적인 안정 상태로 돌아간다. 그러다가 다른 광자가 또 에너지를 주면 이 반응 전체가 다시 시작되는 것이다.

광합성에서 황화수소나 철, 물 중에 어떤 것을 전자 공여체로 이용하는지는 결국 엽록소가 흡수하는 광자의 에너지에 달려 있다. 자색세균의 경우, 엽록소는 에너지가 낮은 적외선만 흡수한다. 이렇게 해서 얻는 에너지

---

[*] 전자는 전기화학 전위의 기울기를 따라 이동한다. 즉 전자가 덜 필요한(산화환원 전위가 낮은) 화합물에서 전자가 더 필요한(산화환원 전위가 높은) 화합물로 옮겨가는 것이다. 일련의 단백질과 그 밖의 전자전달 분자들이 전기화학 전위 순서대로 연결된 것을 '전자전달 사슬'이라고 한다. 전자는 보통 이 사슬을 따라 이쪽 끝에서 저쪽 끝으로 원활하게 이동하지만, 가끔 산소에게 붙들려 과산화라디칼을 만든다. 광합성 사슬의 단계 중에 전자가 한 분자에서 다른 분자로 전달될 때 에너지가 생기는데, 이 에너지를 이용해 ATP를 만든다.

는 황화수소와 철에서 전자를 뽑아내기엔 충분하지만 물을 쪼개기에는 부족하다. 물에서 전자를 뽑아내려면 에너지가 더 필요하다. 모자라는 부분은 에너지가 더 높은 광자에게서 얻을 수밖에 없다. 그러려면 엽록소의 구조를 바꿔 적외선 대신 적색광의 광자를 흡수하도록 해야 한다.

진화상의 의문은 바로 이것이다. 어째서 엽록소의 구조가 바뀌어 적색광을 흡수하고 물을 쪼개게 된 것일까? 기존 자색세균의 엽록소로 이미 황화수소와 철염류에서 전자를 뽑아낼 수 있었던 데다가 황화수소나 철염류는 바닷물에 많이 녹아 있었다. 그러니까 좀 더 엄밀히 말하자면, 높은 에너지를 취급하는 엽록소가 새로 만들어지도록 몰고 간 환경적 압박이 무엇이었느냐 하는 것이 문제라는 얘기다. 새로 등장한 엽록소는 세포 안에서 물 말고도 많은 것을 산화시킬 수 있다. 반면에 기존의 엽록소는 반응성이 더 낮고 위험성도 덜하지만 황화수소를 산화시킬 정도의 힘은 충분하다.

사실, 이 질문에 대한 대답은 놀라울 정도로 단순하다. 미국 캘리포니아주 버클리에 있는 생물학고등연구소의 하이만 하트먼의 주장에 따르면, 세균의 엽록소는 그 구조가 아주 조금만 변해도 빛을 흡수하는 능력이 크게 변한다. 세균엽록소 a(파장 870나노미터의 빛을 흡수한다)의 구조가 두 군데만 변하면 엽록소 d가 되어 파장 716나노미터의 빛을 흡수한다. 1996년에 일본 가마이시釜石에 있는 해양생물공학연구소의 미야시타 히데아키宮下英明가 『네이처』에 발표한 논문을 보면, 엽록소 d는 아카리오클로리스 마리나*Acaryochloris marina*라는 세균의 주된 광합성 색소인데, 이 세균은 광합성에 물을 이용하고 산소를 낸다. 따라서 세균엽록소와 식물의 엽록소 사이의 중간 단계는 그럴듯한 가설이 아니라 정말로 존재한다는 얘기가 된다. 엽록소 d가 다시 조금 변하면 엽록소 a가 된다. 엽록소 a는 식물, 조류, 시아노박테리아 광합성의 주된 색소로 파장 680나노미터의 빛을 흡수한다.

따라서 있는 사실만 놓고 보자면 세균엽록소가 어떤 단계를 거쳐서 식물 엽록소로 진화했는가 하는 문제는 쉽게 풀린다. 하지만 그 이유에 대한 문제가 아직 남아 있다. 파장 680나노미터의 빛을 흡수하는 엽록소는 파장 870나노미터의 빛을 잘 흡수하지 못한다. 따라서 황화수소를 효율적으로 쪼개지 못하고, 그래서 이런 엽록소를 가진 세균은 기존의 엽록소를 가진 다른 세균들과 경쟁할 때 불리하다. 게다가 엽록소를 바꿔서 물을 쪼개게 되면 유독한 노폐물인 산소를 어떻게 처리하느냐 하는 문제에다 중간 생성물인 자유라디칼이 새어나올지도 모른다는 문제까지 생긴다. 방사선 때문에 생기는 문제와 똑같다. 이 새로운 엽록소가 나중을 생각할 때 이익이 된다는 부분은 제쳐놓고, 일단 이 새로운 발명품 때문에 눈앞에 닥친 위험한 상황에 생물이 어떻게 대처했을까?

§

엽록소는 물에서 한 번에 한 개씩만 전자를 뽑아낸다. 물에서 산소를 만들려면 차례로 광자 네 개를 흡수하고 전자 네 개를 내놓아야 한다. 이때 매번 물분자 두 개 중 한 개에서 전자를 하나씩 가져온다.[*] 물을 쪼개는 반응을 전체적으로 보면 다음과 같다.

$$2H_2O \rightarrow O_2 + 4H^+ + 4e^-$$

제일 마지막 단계에 가서야 산소가 나온다. 엽록소가 전자를 뽑아내는 속도는 광자가 얼마나 빨리 흡수되느냐에 달려 있다. 각 단계마다 곧장 넘어가

---

[*] 대개 이보다 좀 더 복잡하다. 사실, 산소 발생형 광합성에서는 빛에너지를 받는 반응 중심이 한 곳 더 필요하다. 반응 중심이 한 군데만 있어서는 물에서 전자를 빼내는 일과 그 전자를 다시 이산화탄소에 붙이는 일을 서로 연결할 수 없다. 그래서 이 두 중심은 한 곳에서 한 가지 일을 맡아 같이 작용해야만 한다. 전자가 이동하는 모양을 따서 흔히 Z-모형이라고 하는데, 두 반응 중심은 짝을 이루어 연속적으로 작용하며 반응이 한 차례 돌 때마다 각각 광자 네 개를 흡수한다. 따라서 산소 분자 한 개를 만들려면 광자 여덟 개가 필요하다.

지는 못하기 때문에 반응성이 높은 자유라디칼 중간 생성물들이 일시적으로라도 생길 수밖에 없다.

식물의 경우, 이런 시스템 전체가 굉장히 위험하다. 물에서 전자가 하나씩 떨어져 나갈 때마다 반응성 높은 중간 생성물이 생겨서 나중에 산소가 된다. 이렇게 반응성이 높은 중간 생성물 가운데 일부는 반응 장소에서 빠져나와 근처에 있는 분자들을 망가뜨린다. 설령 중간 생성물이 새어나가지 않는다 하더라도, 반응 마지막 단계에서 산소 분자가 세포 안으로 대량 방출된다. 현생 식물의 경우에 잎 내부의 산소 농도는 대기의 세 배에 이르기도 한다. 시아노박테리아가 아무리 작아도 광합성을 하면서 비슷한 방법으로 내부와 그 주위에 산소를 퍼뜨린다. 먼 옛날 공기 중에 산소가 생기기 전에도 이런 일이 일어났을 것이다. 이렇게 생긴 산소 중 일부는 당연히 주위에서 전자를 빼앗아 과산화라디칼을 만들게 된다. 아주 위험한 일이다. 언제든지 큰일이 터질 수 있다. 핵발전소가 이와 아주 비슷하다. 만일 원자로가 잘 봉인되어 있다면 안전하겠지만, 방사능이 누출되면 큰 재난이 닥치게 된다. 체르노빌 사고가 바로 그 예다. 핵발전소나 산소 발생형 광합성 양쪽 모두 안전폭은 좁지만 얻을 수 있는 이익은 크다. 에너지를 무제한으로 얻을 수 있는 것이다.

광합성이 제대로 작용하려면 물에서 나온 반응성 높은 중간 생성물들을 움직이지 못하도록 어떤 상자 안에 가둬서 산소가 생기기 전에는 절대로 빠져나가지 못하도록 해야 한다. 물론 **실제로도** 이 중간 생성물들을 가두는 상자가 있다. 광합성은 바로 이런 식으로 진행된다. 중간 생성물을 가두는 상자는 단백질로 되어 있는데, 산소 방출 복합체oxygen-evolving complex(OEC) 또는 물 분해효소라고 한다. 물은 단백질 상자에 꼭 갇힌 채 전자를 한 번에 한 개씩 빼앗긴다. 그러나 이것은 평범한 상자가 아니다. 이 상자의 구조에는 아주 오래된 비밀이 숨어 있다. 산소 발생형 광합성이 등장한 27억 년 전보다 더 옛날, 대기에 산소가 존재하기도 전부터 이어진 비밀이다. 이 구조가 바로 지구에 생명이 존재하게 된 열쇠였다. 이런 구조가 없었다면 지구 역시 화성처럼 황량한 별이 되었을 것이다.

OEC의 구조는 카탈라아제라는 항산화 효소의 구조와 아주 비슷하다. 사실, OEC는 카탈라아제 두 개가 한데 묶여 진화한 듯하다.* 그렇다면 카탈라아제는 OEC가 생기기 **전에** 진화한 것이 틀림없다. 시간 순서대로 정리하면 이렇다. 먼 옛날 지구에 카탈라아제가 나타났다. 그때 대기 중에는 산소가 없었다. 어느 날, 카탈라아제 분자 두 개가 하나로 합쳐져 물을 안전하게 쪼갤 수 있는 상자를 만들었다. 바로 OEC다. 이 상자가 생기면서 산소 발생형 광합성이 등장하게 되었다. 그 결과 대기에는 산소가 꽉 찼다. 이제 생물은 심각한 산화성 스트레스를 받게 되었다. 운 좋게도 생물은 이를 극복할 수 있었다. 벌써 자기를 보호할 항산화 효소를 적어도 하나는 가지고 있었기 때문이다. 바로 카탈라아제다. 참으로 편리한 효소다. 그런데, 여기서 잠깐 생각해보자. 만일 카탈라아제가 광합성을 시작하기 전부터 있었다면, 설령 대기에 산소가 전혀 없었다 할지라도 산화성 스트레스는 분명히 있었을 것이다. 그럴듯한가? 이 문제의 답을 찾으려면 먼저 카탈라아제의 작용에 대해 알아야 한다.

---

* 여기에 대해 절대적이지는 않지만 확실히 흥미로운 증거가 있다. 우선, 반응 메커니즘이 아주 비슷하다는 점이다. 카탈라아제와 OEC 모두 똑같은 두 개의 분자에 붙는다(2H$_2$O$_2$ 또는 2H$_2$O). 그다음에 이 분자들이 서로 반응해 산소를 만드는데, 그 과정이 또 놀라울 정도로 비슷하다. 두 번째 증거로는, 양쪽 모두 중심부에 망간 원자가 모여 있다는 점을 들 수 있다. 하이만 하트먼 같은 학자들은 카탈라아제의 중심부에 망간이 모여 있는 이런 구조가 OEC의 절반과 매우 유사하다는 사실을 알아냈다. 다시 말해서, 카탈라아제 단위 두 개가 서로 합쳐져 OEC로 진화한 것일지도 모른다는 것이다. 그러나 카탈라아제와 OEC의 구조가 비슷한 것은 단지 우연일 수도 있고, 아니면 대벌레가 나뭇가지와 비슷하게 생긴 것처럼 수렴진화convergent evolution, 즉 서로 종류가 다르면서도 비슷한 환경에 적응해 비슷하게 진화한 경우일 수도 있다(예를 들면 박쥐와 새의 날개—옮긴이). 이런 유사점은 분명히 카탈라아제와 OEC가 유전적으로 관계가 있다는 확실한 증거이기는 하지만, 거꾸로 OEC가 카탈라아제로 진화했을 가능성도 배제할 수는 없다.

§

카탈라아제는 과산화수소를 없애는 역할을 한다. 제6장에서 보았듯이 과산화수소는 세균을 죽인다. 사실상 모든 호기성 생물들은 이런 형태의 효소를 가지고 있다. 심지어 일부 혐기성 세균도 산소를 피하기 위해 카탈라아제를 가지고 있는 경우도 있다. 이 효소는 아주 빨리 작용한다. 카탈라아제가 없거나 철이 존재하지 않을 경우에 과산화수소가 분해되어 물과 산소가 될 때까지는 몇 주씩 걸린다. 물론, 과산화수소가 분해되어 수산화라디칼이 되고 결국 물이 되는 반응에서 철은 촉매 역할을 한다. 이것이 펜턴작용이다(제6장 166쪽 참조). 철이 헴heme(헤모글로빈에 들어 있는 색소) 등의 색소 분자에 들어갈 경우에 분해속도는 1000배나 빨라진다. 만일 카탈라아제의 경우처럼 헴이 단백질 안에 들어가 있다면 과산화수소는 안전하게 직접 산소와 물로 분해되는데, 그 속도는 철의 도움만 받을 때보다 1억 배나 빠르다.

카탈라아제에는 몇 종류가 있다. 대부분의 동물 세포에 들어 있는 카탈라아제는 중심 부분에 헴 분자가 네 개 들어가 있다. 반면에 일부 미생물에 들어 있는 카탈라아제는 종류가 달라서, 중심 부분에 헴 대신에 망간이 들어가 있다. 그 구조는 다르지만 양쪽 효소는 똑같이 반응속도가 빠르며 작용도 똑같기 때문에 같은 카탈라아제로 취급한다. 즉 양쪽 모두 과산화수소 두 분자가 **서로** 반응해 산소와 물을 만드는 반응의 촉매인 것이다. 반응식을 적어보면 이렇게 된다.

$$2H_2O_2 \rightarrow 2H_2O + O_2$$

이 간단한 반응 메커니즘을 통해 35억 년 전 지구가 어떤 환경이었는지를 상당 부분 알 수 있다. 자연 상태에서 과산화수소 분자 두 개가 반응할 때도 이와 똑같지만 효소가 끼면 그 속도가 1억 배나 빨라진다. 이 반응에서 과산화수소 분자 **두 개**가 필요하다는 점을 생각하면, 농도가 높아서 분자 두 개가 만나기 쉬울 경우 과산화수소를 없애는 데에 카탈라아제가 매우 효과적이라는 것을 알 수 있다. 과산화수소 농도가 낮을 때는 반응이 덜한데, 분자 두 개가 만나는 일이 비교적 어렵기 때문이다. 따라서 카탈라아제는 농도가 높을 때 과산화수소를 빨리 없애주지만 극미량이거나 낮은 농도로 평형을 이루었을 때는 그다지 큰 효과가 없다.

오늘날, 대부분의 호기성 생물들은 또 다른 종류의 효소를 가지고 있다. 과산화 효소라는 것인데, 극미량의 과산화수소를 처리할 수 있다. 이 효소는 과산화수소 농도가 낮을 때 작용을 더 잘한다. 카탈라아제와는 근본적으로 다르게 작용하기 때문이다. 즉 과산화수소 분자 두 개를 합치는 것이 아니라 비타민 C 같은 항산화제를 이용해 과산화수소 분자 한 개를 물 분자 두 개로 바꾼다. 이때 산소는 만들지 않는다. 대부분의 호기성 세포는 이 효소를 두 가지 다 가지고 있으면서 양쪽 메커니즘을 동시에 이용해 과산화수소를 분해한다. 카탈라아제는 과산화수소를 대량으로 제거하고, 과산화 효소는 미량으로 처리한다.

카탈라아제를 이용하는 세포가 최소한 간헐적으로 대량의 과산화수소를 처리해야 되는 상황을 맞이했다고 추론해볼 수 있다. 카탈라아제는 아주 한정적인 효소라서, 다른 곳에는 작용하지 않으며 반응속도는 아주 빠르다. 그렇게 대단한 효율은 그냥 우연히 생기는 것이 아니다. 18세기의 신학자 톰 페일리는, 만일 들판에 시계 하나가 떨어져 있다면 그 시계는 원래 거기 있었던 게 아니라 누군가 어떤 목적을 가지고 만든 것이라고 얘기했다. 여기서는 들판에 떨어져 있는 것이 시계가 아니라 원자로이고, 이 원자로를 만든 것은 설계자의 손길이 아니라 각 원소들의 우연한 배열이라고 할 수 있겠다.

카탈라아제의 존재는 결코 우연이 아니다. 만일 광합성이 일어나기 전 원시 지구에 카탈라아제가 존재했다면, 분명히 과산화수소가 그것도 대량으로 존재했을 것이다. 이 얘기는 그저 직관적인 추측이 아니다. 원시 지구에 과산화수소가 너무 많아서 카탈라아제의 진화를 요구하는 선택압력이 있었다는 것이 정말일까?

앞서 살펴본 것처럼(제6장), 화성에는 철 산화물이 많다. 하지만 화성의 토양에 산화철이 많다고 해서 원시 지구에 산화철이 얼마나 빨리 생겼는지를 알 도리는 없다. 지구에 생겼다는 것은 거의 분명하지만(어쨌거나 지구는 태양과 더 가깝고 따라서 자외선도 많이 받는다), 지구에 존재하는 과산화수소의 양은 생기는 속도와 분해되는 속도가 어느 정도 차이가 나는지에 따라 결정되었을 것이다. 이는 다시 대기와 해양이 어떤 상태였느냐에 달려 있다. 카탈라아제의 존재를 통해 과산화수소가 정말로 많았다는 사실은 알 수 있지만 이런 얘기는 추측일 뿐이지 결론이 되지는 못한다. 다행히도 이 질문에 대한 답을 찾을 다른 방법이 있다. 식물이 산화성 스트레스에 대항해 광합성을 하게 되었다는 가설을 뒷받침할 뿐 아니라 그 밖에 다른 오래된 모순점도 설명할 수 있다.

최근 수십 년 동안 가장 유명한 대기과학자라면 제임스 캐스팅을 꼽을 수 있다. 지금은 미국 펜실베이니아 주립대학에 있지만 1980년대에는 캘리포니아에 있는 미 항공우주국 에임스 연구소 소속이었다. 1980년대 중반에 캐스팅은 원시 지구에 과산화수소가 얼마나 있었는지를 연구하기 시작했다. 광합성의 진화에 관한 의문들뿐 아니라 산소가 생겨난 역사를 고찰하려고 한 것이다.

제3장에서 살펴본 것처럼, 화석 토양에서 철이 빠져나간 정도를 이용해 공기 중에 쌓인 산소의 양을 대리측정할 수 있다. 산소가 없을 때 철은 물에 녹기 때문에, 산소가 없는 별에 비가 내리면 철이 빗물에 녹아 토양에서 씻겨 나간다. 대기 중에 산소가 축적되면 토양에 섞인 철과 반응해 물에 녹지 않는 침전물을 만든다. 이 침전물은 이전처럼 빗물에 씻겨 내려갈 수 없다. 따라서 이론상으로는, 화석 토양에 들어 있는 철의 양을 보면 당시 대기 중에

산소가 얼마나 있었는지를 알 수 있다. 공기 중에 산소가 많을수록 철이 토양에 더 많이 남는다는 것이다. 문제는, 이렇게 화석 토양을 조사해보면 산소는 족히 30억 년 전(산소의 양이 크게 증가했던 20억 년 전보다 훨씬 더 옛날)부터 대기 중에 축적되기 시작했다고 나타난다는 점이다. 너무 이르다. 제3장에서처럼 황 동위원소 측정으로 계산한 것과도 맞지 않고, 줄무늬철광층, 적색층, 우라늄 광석 같은 대규모 퇴적물의 존재와도 일치하지 않는다. 캐스팅은 이 점에 흥미가 생겼다.

이전까지의 화석 토양 연구를 통해 학자들은 빗물에 녹은 산화제는 산소 자체였을 것이라고 암암리에 가정하고 있었다. 캐스팅은 이 가정에 의문을 품고, 대기 중에 산소가 출현하기 전에 빗물에 녹아 있던 산화제가 과산화수소였을 가능성을 계산해보기 시작했다. 그는 하버드 대학의 하인리히 홀란트와 조지프 핀토와 함께 여러 상태에서 자외선을 쬔 물이 분해되는 속도를 계산해냈다. 그런 다음에 물이 분해되어 생긴 물질(이를테면 과산화수소)이 빗방울에 얼마나 녹아 있는지를 참작해 고대 지구의 빗물과 호수에서 분해물질들의 안정 상태 농도가 얼마나 되었는지를 계산했다.

35억 년 전의 지구에는 이산화탄소 농도가 높았고 산소는 미량(현재 대기 수준의 0.1퍼센트 이하)이 있었으며 오존층은 사실상 없었다. 캐스팅의 계산에 따르면 제곱센티미터당 1초에 과산화수소 분자 1000억 개가 계속 쏟아졌다(과산화수소가 생기는 속도와 반응이나 빗물로 없어지는 속도를 근거로 계산한 것이다). 숫자만 보면 엄청나게 많은 것 같지만, 물질을 이루는 분자는 우리가 상상할 수 없을 정도로 많다는 사실을 잊지 말자. 유명한 얘기가 있다. 지구의 바닷물을 전부 컵에 담으면 몇 잔이나 나올까? 엄청날 것이다. 하지만 물 한 컵에 들어 있는 분자의 수는 그것보다도 더 많다. 과산화수소 분자 1000억 개의 무게가 겨우 1조 분의 56그램이라는 사실에도 놀랄 필요가 없다.[*] 과산화수소는 산소보다 물에 훨씬 잘 녹는다. 이 숫자들을 전체적으로 계산한 결과, 물에 녹은 과산화수소의 양은 오늘날 빗물에 녹아 있는 산화제 전체 농도의 1~6퍼센트라는 결론이 나왔다. 30억 년 전에도 빗물에 녹아 있는 과산화수소의 양은 이보다 적지 않았을 것이다. 당시 지구에 쏟아지는 자외선이 30배 이상 강했던 점을 생각하면 오히려 이보다 더 많았을 것이다.

과산화수소의 양이 그렇게 많았기 때문에 최초의 세포는 산화성 스트레스 상태에 놓여 있었다. 과산화수소는 산소보다 반응성이 높기 때문에 스트레스의 강도는 더 심했다. 특히, 과산화수소는 물에 녹아 있는 철과 빨리 반응해 수산화라디칼을 만든다. 반면에 산소는 반응이 훨씬 느리다. 오늘날 바닷물에는 산소가 많이 녹아 있는 데다가 물에 녹아 있는 철의 양이 적기 때문에 과산화수소가 마음대로 반응을 일으키지 못한다(바닷물에 녹아 있던 철은 오래전에 산소와 반응해 침전되어 줄무늬철광층을 만들었다). 그러나 선캄브리아대 초에는 바닷물에 철이 잔뜩 녹아 있었기 때문에 과산화수소가 철과 계속 반응을 일으켜 수산화라디칼을 만들었을 것이다. 그러니까 원시 지구에는 과산화수소가 많았을 뿐 아니라 과산화수소가 일으킨 반응 때문에 산화성 스트레스도 컸을 것이라는 얘기다.

과산화수소가 환경에 미친 영향은 철의 양에 따라 다르다. 바닷속 깊은 곳에는 녹아 있는 철이 아주 많았기 때문에 과산화수소가 빗물에 섞여 들어가 반응을 좀 했더라도 전체적인 화학평형을 바꾸지는 못했다. 그러나 얕은 바다와 민물 호수에는 철이 훨씬 적었다. 농도가 이렇게 낮은데, 과산화수소가 빗물에 섞여 계속 들어오니 결국에는 고갈되었을 것이다. 철과 황화수소가 사라지자 이런 고립된 환경은 점점 더 산화되었다. 하이만 하트먼과 미

---

[*] 어떤 물질이든 1몰에 들어 있는 분자의 개수는 6.023×10^{23}으로 같다. 이를 아보가드로 수라고 한다. 아보가드로 수를 이용하면 이런 계산이 나온다. 과산화수소 1몰은 34그램이다. 따라서 과산화수소 1그램에 들어 있는 분자 개수는 $1/34 \times 6.023 \times 10^{23}$, 그러니까 약 177×10^{21}이다. 그러면 과산화수소 분자 1000억 개의 무게는 1000억 $\times 1/177 \times 10^{21}$그램이니까 계산하면 56×10^{-12}, 1조 분의 56그램이 된다.

항공우주국 에임스 연구소의 크리스 매케이의 수학적 모델에 따르면, 고립된 호수와 해저분지(바다 밑바닥의 우묵한 곳)가 산화되면서 카탈라아제 같은 항산화 효소의 진화가 촉진되었다. 결국 얇은 물에 살고 있던 세균들은 자유 산소의 등장에 미리 대비한 셈이 되었다. 이와 같이, 원시 지구에는 과산화수소가 많이 있었으며 고립된 환경에서는 점점 늘어났다고 생각할 만한 근거는 충분하다. 그런 환경이 과산화수소에 의해 산화됨에 따라 강력한 선택압력이 항산화 효소의 진화를 촉진했다. 카탈라아제를 기초로 OEC가 생겨났고, 산소 발생형 광합성이 등장할 수 있었다. 자, 여기까지는 이야기가 맞아떨어졌다. 하지만 어려운 문제가 하나 더 남아 있다. 카탈라아제가 생겼다고 굳이 산소 발생형 광합성이 등장할 이유가 있었을까?

산소 발생형 광합성이 등장하기 전에는 황화수소를 쪼개 에너지를 만드는 광합성 세균이 아마 카탈라아제를 가지고 있었을 것이다. 사실, 과산화수소는 원시 광합성 원료인 황화수소와 비슷한 점이 있다. 과산화수소에서 전자를 빼앗으려면 황화수소에서 전자를 빼앗을 때와 비슷한 에너지를 줘야 한다. 그래서 똑같은 세균엽록소를 이용할 수 있다. 따라서 과산화수소는 광합성에 수소를 공급할 수 있다. 게다가 황화수소와 철염류에 비하면 과산화수소는 태양빛을 받는 수면에서 바로바로 생기기 때문에 상대적으로 훨씬 풍부했다. 이 시나리오가 사실이라면 카탈라아제는 광합성 효소로 이용되느라 두 배로 늘어났을 것이다. 과산화수소를 쪼개면 산소가 나오기 때문에 카탈라아제를 광합성에 이용했다는 점은 비산소 발생형 광합성과 산소 발생형 광합성 사이의 진화적 틈을 연결하는 역할도 한다.

만약 카탈라아제가 광합성 효소 역할을 하고 있었다면 당연히 광합성 기관 근처에 많이 모여 있었을 것이다. 이런 상황에서, 카탈라아제 분자 두 개가 합쳐져 복합체를 이루는 것은 간단한 일이었다. 처음에는 전자 공여체로 계속 과산화수소를 이용했지만 적당한 에너지가 들어오자 이 복합체는 물을 쪼갤 수 있었다. 앞에서도 얘기했지만 세균엽록소의 구조가 조금씩 세 군데만 바뀌어도 그 성질이 변해 에너지가 높은 파장 680나노미터의 빛을 흡수할 수 있다. 이렇게 해서 OEC(호두 까는 기구처럼 물리적으로 물을 쪼개는 작용을 한다)와 그 작용을 위해 충분한 에너지를 공급할 수 있는 엽록소(호두 까는 기구를 꽉 누르는 손에 비유할 수 있다)가 생긴 것이다. 따라서 비산소 발생형 광합성에서 산소 발생형 광합성으로 진화해나가는 길에는 앞날을 위해 눈앞에 닥친 불이익을 감수해야 할 일이 없었음을 알 수 있다.

그러니까 산소 발생형 광합성은 사실상 피할 수 없는 일이었다는 얘기다. 이때 세 가지 조건이 갖춰져야 한다. 우선 물을 이용하도록 선택압력이 가해져야 하고, 둘째로 물을 쪼개는 메커니즘이 필요하며, 마지막으로 노폐물인 산소에 대한 저항성이 있어야 한다. 물을 이용하도록 몰고 간 선택압력은 고립된 환경에서 황화수소와 철을 더 이상 구할 수 없게 되자 발생했다. 물을 쪼개는 메커니즘은 카탈라아제 분자 두 개가 서로 붙어서 생겨났다. 또 카탈라아제 덕분에 산소에 대한 저항성이 생겼다. 이 밖에도 자외선으로 인한 산화성 스트레스에 대항하느라 몇 가지 항산화 효소가 생겨났다.

바닷속 깊은 곳은 이런 조건을 갖추지 못했다. 철과 황화수소가 풍부했고, 너무 깊어서 자외선도 뚫고 들어오지 못했다. 깊은 바다에 사는 생물들은 산소를 견뎌낼 필요가 없었다. 설령 빛이 충분히 주어진들, 세균엽록소가 돌연변이를 일으켜 엽록소가 되어봤자 이득은커녕 손해만 보기 때문에 자연선택에 밀려 사라졌을 것이다. 아무짝에도 쓸모없는 빛을 흡수하는 능력은 그렇게 스스로 없어져버렸다.

§

'자유 산소가 존재하기 이전에 산화성 스트레스가 있었다'는 가설은 강한 설득력이 있다. 만약 이 가설이 사실이라면 지금까지 일반적으로 알려진 이론은 뒤집히게 된다. 이 가설에 따르면, 자외선으로 인해 생긴 산화성 스트레스가 없었다면 광합성은 일어나지 못했을 것이다. 바다 밑바닥의 유황 열수 분출공(연기 열수공)으로 도망치는 대신에, 생물은 아주 일찍이 바다 표면에 터를 잡고 그곳에서 카탈라아제 같은 강력한 항산화 효소를 진화시키며 환경에 대처해나갔다. 이렇게 방사선이 내리쬐는 환경이 아니었더라면 물을 쪼개는 광합성은 절대로 등장하지 못했을 것이다. 그런데 여기서 이보다 훨씬 더 중요한 것은, 산소 발생형 광합성의 진화가 카탈라아제 분자 두 개의 우연한 결합 하나로 결정되었다는 점이다.

이 가설이 단 한 번의 기회에 지나치게 의존하고 있는 듯한 느낌이 든다면 이 점을 한번 생각해보자. 비행이나 시각은 여러 번에 걸쳐 따로따로 진화했지만 산소 발생형 광합성은 단 한 번에 진화했다. 모든 조류, 식물, 나아가 초록색 별 지구 전체가 아주 똑같은 시스템을 이용한다. 이것을 물려준 존재는 시아노박테리아다. 시아노박테리아는 35억 년 전에 이 시스템을 발명했다. 지구상의 다른 어떤 세포도 물을 쪼갤 줄 모른다. 물을 쪼개는 복합체들은 전부 구조가 서로 연관되어 있으며 하나같이 카탈라아제와 비슷하다. 아마 옛날에는 화성에도 생물이 존재했을지도 모른다. 하지만 그 생물은 지구가 받는 것보다 약한 태양빛에 대처하면서 다른 방법을 썼다. 그래서 카탈라아제가 생기지 않았다. 카탈라아제가 없으니 산소 발생형 광합성도 진화하지 못했다. 광합성이 없으므로 자유 산소가 공기에 축적되지 못했다. 그리고 산소가 없었기 때문에 다세포 생물도 생겨나지 않았고, 초록색 화성 생물도 없었고, 덕분에 지금 우주 전쟁도 없다.

독자 여러분은 납득이 가시는지? 아마 납득하지 못할지도 모르겠다. 하지만 아직 이야기는 끝나지 않았다. 내 생각에 가장 결정적인 증거는 대기 모델이라든지 구조와 작용의 유사점이 아니라, 비교유전학에서 찾을 수 있다. 아직 다소 베일에 가려져 있는 광합성의 유전적 특징이 아니라 호흡의 유전적 특징 말이다. 생물이 애초에 어떻게 해서 먹이에서 에너지를 뽑아내는 수단으로 자유 산소를 이용하게 되었을까 하는 것이다. 여기서 다시 직관이 뒤집힌다. 산소 호흡을 하는 생물들이 공기 중에 자유 산소가 존재하기도 전에 진화하기란 불가능해 보인다. 산소 발생형 광합성이 있기 전에는 분명히 진화하지 못했을 것이다. 하지만 이것은 성급한 생각이다. 독일 하이델베르크에 있는 유럽분자생물학연구소의 호세 카스트레사나와 마티 사라스테의 주장에 따르면, 산소 호흡은 광합성이 생기기 이전에 나타났다.[*] 공기 중에 자유 산소가 존재하기도 전에 산소 호흡이 등장한 것이다. 이 파격적인 주장을 뒷받침하는 증거가 계속 나오고 있다. 카스트레사나와 사라스테의 주장이 맞는지 틀리는지는 LUCA(모든 생물의 마지막 공통조상)라는 단세포 생물의 정체에 달려 있다. 이 LUCA가 과연 무엇인지, 다음 장에서 살펴보자.

---

[*] 안타깝게도 마티 사라스테는 2001년 5월 20일에 52세의 나이로 세상을 떠났다. 하이델베르크의 동료 학자들은 그가 생전에 했던 말을 빌어 감사를 표했다. 고인에게 이보다 더한 찬사는 없을 것이며, 생화학의 재미와 매력을 이보다 더 칭송하지는 못할 것이다. 그의 말이 미래의 생화학자들에게 영감을 주기를 바란다. "생화학에서 가장 멋진 면이라면 정신적인 일과 실제적인 일을 둘 다 할 수 있다는 점입니다. 동시에 양쪽을 다 할 수도 있지요. 내 경우에는 실제적인 일. 그러니까 실험을 하는 일이 아주 즐겁습니다. 우리가 이미 알고 있는 세계와 미지의 세계를 가르는 경계선에서 현재의 과학적인 문제에 접근하는 것이 바로 실험이죠. 자기 마음속에 이 마법의 경계선이 어디쯤 있는지 찾는 일도 정말 재미있습니다. 꼭 지식인이라든지 수학이나 물리학의 천재만 훌륭한 생화학자가 되라는 법은 없습니다. 하지만 문제를 이해하려면 끊임없이 생각하고, 책을 읽고, 경험을 쌓고, 계획을 해야 합니다. 반면에 생각을 최대한 덜 하면서 손만 바쁘게 움직여도 될 때가 있습니다. 흔히 실험이 연구를 따라가지 못하기도 하니까요." 1985년, 마티 사라스테.

8

LUCA를 찾아서
산소 이전 시대의 마지막 조상

1996년, 프랑스 남부 프로방스 지방의 반짝이는 햇살 아래 모든 생물의 마지막 공통조상 LUCA의 세례식이 열렸다. 다양한 무리의 사람들이 드물게 한자리에 모여 이름 짓는 의식을 지켜보았다. 원시 생물의 활동을 연구하는 화학자들과 유전자 복제의 기원과 진화를 추적하는 분자생물학자들, 아주 뜨거운 물이 나오는 구멍에서 살고 있는 세균들을 연구하는 고온세균학자들, 원시 생물의 대사작용을 해석하는 미생물학자들, 생물의 완전한 게놈을 비교하고 대조해 진화적 관계를 밝히는 유전학자들이 그 자리에 참석했다. LUCA라는 이름은 LUA(Last Universal Ancestor)와 LCA(Last Common Ancestor)를 합쳐 지은 것이다. 과학 분야에서 흔히 쓰는 '합동선조cenancestor'나 '원시세포progenote'라는 이름보다 쓰기도 쉽고 어감도 더 좋다. 어쩐지 우리 인류의 조상 루시Lucy가 생각나기도 한다(루시는 아프리카에서 발견된 오스트랄로피테쿠스 화석에 붙은 애칭이다). LUCA는 지구상의 생물이 걸어온 길을 담고 있다. 우리 별에 생명의 씨앗을 뿌린 존재이기도 하다. LUCA는 최초의 생물이 아니라, 이미 멸종된 것까지 통틀어 현재 알려진 지구상의 모든 생물이 서로 다른 종으로 나눠지기 직전의 **마지막** 공통조상이다. 세균, 조류, 곰팡이, 물고기, 포유류, 공룡, 풀, 나무 할 것 없이 모두 LUCA 덕분에 존재할 수 있었다.

LUCA가 언제 어디서 살았는지는 논쟁의 여지가 있지만 현재 이 분야를 연구하고 있는 학자들은 약 35억 년 전부터 40억 년 전 사이에 LUCA가 살았다는 점에 대체로 동의하고 있다. LUCA는 단세포 생물이었다. 하지만 일부 학자들이 주장하는 바에 따르면 LUCA는 오늘날 우리가 알고 있는 세포처럼 그렇게 복잡하지 않았으며 바다에 살고 있었다. LUCA가 텅 빈 세계에서 혼자 살았는지, 유연관계가 가까운 세포들과 유전자를 섞었는지, 완전히 다른 형태의 원시 생물들과 진화상의 치열한 싸움을 벌였는지, 그건 모른다. 만일 LUCA가 혼자 살았던 게 아니라면 같은 시대에 살았던 생물들은 전부 흔적도 없이 사라진 게 분명하다. 성서에 나오는 이브가 모든 인간을 낳았듯, LUCA는 우리 별에 생명을 뿌렸다.

다시 말해 LUCA의 특성은 이후 지구에서 일어난 모든 진화의 기초를 이룬다. 모든 생물들이 공통적으로 가지고 있는 특성이 있다면, 그건 모두 예전에 LUCA가 갖고 있던 특성이었고 그 특성이 다양하게 변형되어 모든 후손들에게 이어진 것이다. 또 현대 생물이 가진 특성 중에는 일부 계통에만 나타나는 것도 있다. 이를테면 광합성을 하는 능력은 자색세균, 시아노박테리아, 조류만 가지고 있다(식물의 근원이 되는 것들이다). 그렇다면 아마 LUCA 세대 이후에 일부 계통에만 진화한 특성일 것이다. 따라서 적어도 이론상으로는 지구에 살았던 모든 생물들을 비교하면 LUCA의 정체를 알 수 있다. **모든** 생물에게 공통된 특성이 바로 LUCA의 특성이라고 보면 되는 것이다.

모든 생물의 특성을 비교하는 일이 불가능한 것 같지만, 과학자들은 LUCA의 특성 몇 가지를 밝혀냈다. 언뜻 보기에는 이런 특성이 말이 안 되는 것 같아도 사실은 그 안에 나름대로 논리가 있다. 무엇보다도 이 특성들은 하나같이 바로 앞 장 끝 부분에서 언급한 이야기에 꼭 들어맞는다. 즉 LUCA는 공기 중에 자유 산소가 존재하기 전부터 산소를 이용해 에너지를 만들 수 있었다. 또 자외선 때문에 생긴 산화성 스트레스에 대항해 스스로를 지킬 수 있었다. 그런 방어작용이 미리 있었기에 산소 발생형 광합성이 진화할 수 있었던 것이다. 따라서 산소 라디칼은 지구상의 모든 복잡한 생물들이 존재하도록 끌고 나간 궁극적인 힘이었다고 할 수 있겠다. 이번 장에서는, 최근에 드러나고 있는 LUCA의 특성에서 우리가 무엇을 배울 수 있을지 알아보도록 하겠다.

문학가이면서 다양한 분야의 학자였던 괴테는, 시칠리아에 가지 않고서는 이탈리아를 이해할 수 없다고 했다. 이 얘기를 생물학자에게 적용한다면, 진화 이론을 모르고서는 아무것도 이해할 수 없다고 말할 수 있겠다. 진화 이론은 생물의 엄청난 다양성을 해석하기 위한 지적 테두리가 된다. 자연선택에 의해 진화가 일어난다는 이론의 진실성은, 단 한 번의 거창한 실험에 의해서가 아니라 전 세계의 생물학자들 수백만 명이 매일 관찰하고 연구한 끝에 확인된 것이다. 이렇게 셀 수도 없는 관찰과 연구로 생물학의 기본 분야가 변함없이 지탱되고 있다.

　단순히 주위를 둘러봐도 모든 생물의 유사성 같은 것은 눈에 잘 띄지 않는다. 우리 인간과 뽕나무의 공통점이 도대체 뭐가 있다는 말인가? 하지만 그 속을 들여다보기 시작하면 유사성이 점점 더 확실하게 드러난다. 이를테면 우리 인간의 DNA 서열은 침팬지와 98.8퍼센트나 똑같다. 또 한편으로는 인간과 침팬지 모두 팔다리가 두 개씩 있고, 머리가 하나, 눈이 두 개, 코가 하나, 귀가 두 개 있고, 뇌와 심장, 콩팥, 순환계도 똑같다. 심지어 손가락 개수도 인간과 침팬지가 똑같다. 크기만 빼고 보면 침팬지의 콩팥과 인간의 콩팥을 구분할 수 있는 사람은 거의 없다. 행동이라든지 짝짓기 행위를 비교해도 비슷한 점이 좀 있다. 그런 유사성이 단지 우연에 불과하다고 고집하는 사람들이 극소수 있을 것이다. 그러나 우리 인간은 물고기와도, 심지어 아직 논쟁의 여지가 있지만 현대 동물의 조상인 미천한 벌레와도 놀라울 정도로 공통점이 많다. 어쨌거나 벌레는 몸이 좌우대칭(왼쪽과 오른쪽의 생김새와 크기가 똑같다는 뜻이다)이며, 발달이 덜 되어 있지만 심장과 순환계, 신경계, 눈, 입, 항문을 갖추고 있다. 식물과는 달리 돌아다닐 수도 있고 모래에 굴도 판다.

1950년대까지만 해도, 교과서에서는 식물과 동물의 명확한 차이점을 예로 들며 생물을 식물계와 동물계로 세분하는 린네식 분류법을 고집했다. 하지만 그런 이분법은 깨지고 1959년에 R. H. 휘태커가 제시한 방법에 따라 다섯 계kingdom로 분류하게 되었다. 즉 동물계, 식물계, 균계fungi, 원생생물계protists(조류와 원생동물이 여기에 들어간다), 세균계bacteria로 나눈 것이다. 이 새로운 분류체계는 단순하면서도 편리했다. 그래서 오늘날에도 이 분류법을 따르고 있다. 하지만 이런 장점에도 불구하고 이 분류법에는 근본적 결함이 있다. 문제는, 생물을 다섯 계로 나눌 때 유전적 계통이 아니라 형태나 행동을 기본으로 했다는 점이다. 말하자면 파리를 잡아먹는 식물과 딱따구리가 양쪽 모두 다세포 생물이고 벌레를 잡아먹는다는 이유로 이 두 가지 생물을 같은 종류에 넣는 것이나 마찬가지다. 식물계와 동물계, 균계, 원생생물계는 생김새나 행동과는 달리 사실은 훨씬 더 가까운 관계다. 이 유사성은 세포 수준의 것이라 현미경 아래에서만 확실히 드러난다. 세포의 구조를 생각하면, 이 네 계끼리는 다섯 번째 계인 세균계와 비교할 때 서로 훨씬 더 공통점이 많다. 이런 유사점은 아주 근본적인 것이기 때문에 이 네 가지 계는 **진핵생물**이라는 하나의 커다란 분류군으로 묶을 수 있다. 진핵생물eukaryote은 그리스어로 '진짜 핵을 가지고 있다'는 뜻(eu+karyon, 알맹이가 완전하다는 의미—옮긴이)이다. 모든 진핵생물에는 핵이 있다. 세포 안에서 핵이 제일 크다. 핵은 대강 공처럼 생겼고 두 겹의 막으로 싸여 있어서 세포의 다른 부분, 즉 세포질과 분리되어 있다. 진핵세포는 대부분 지름이 약 100분의 1밀리미터에서 10분의 1밀리미터 사이(10마이크로미터에서 100마이크로미터 사이)다. 하지만 예외도 있는데, 인간의 신경세포 같은 경우에는 가느다란 돌기가 나와 있어서 길이가 1미터가 넘기도 한다. 진핵세포의 세포질은 갖가지 모양의 과자가 꽉 차 있는 종합선물세트와 비슷하다. 미토콘드리아(실제로 모든 진핵세포에 들어 있다)나 엽록체(조류와 식물에 들어 있다) 등 특수한 기능을 맡은 작은 세포기관들이 수백 수천 개씩 꽉꽉 들어차 있으며, 거기에 막으로 둘러싸인 작은 주머니들과 몇 겹으로 겹쳐진 막들에다가 단백질로 된 골격까지 있다. 내부가 이렇게 갖가지로 나눠져 있다는 점을 생각하면, 진핵세포는 여러 세포들이 합쳐져 진화한 것처럼 보인다. 그리고 제3장에서 살펴본 것처럼 실제로도 그렇게 해서 진화했다.

핵에는 진핵세포가 물려받은 유전적 유산이 들어 있다. 바로 염색질이라는 이상하게 생긴 부정형 물질인데, 단백질에 싸여 있는 DNA로 이루어져 있다. 진핵세포가 분열을 하게 되면 제일 먼저 DNA가 복제된 다음에 염색질이 단단하게 뭉친다. 이를 염색체라고 한다. 염색체는 단백질로 이루어진 미세한 관에 붙은 채 양쪽으로 나눠져 핵 두 개를 새로 만든다. 진핵세포 유전자의 상세한 구조가 밝혀진 것은 지난 30년 동안 분자생물학 분야에서 가장 획기적인 사건이었다. 예전에는 유전암호가 실에 꿰인 구슬처럼 연속적으로 깔끔하게 줄지어 있다고 상상했지만(세균의 유전자가 그런 식이었다), 사실 진핵세포의 유전자는 세포에 들어 있는 DNA 중 겨우 몇 퍼센트밖에 안 되며, 그것도 띄엄띄엄 떨어져 있다. 대부분 진핵세포에서 단백질을 만드는 암호를 가진 유전자는 '산산조각'으로 흩어져 있고, 그 조각난 사이사이를 아무런 암호도 없는 기다란 쓰레기 DNA가 채우고 있다. 또 각 유전자 사이에도 쓰레기 DNA가 잔뜩 늘어서 있다. 이 엄청나게 남아도는 DNA는 '이기적인' DNA로, 세포의 이익을 위해서는 아무것도 하지 않으면서 분열할 때 슬쩍 끼어서 자기만 복제하는 것으로 알려져 있다. 쓰레기 DNA는 또한 말하자면 돌연변이라는 폭풍을 만나 물속에 가라앉은 난파선의 잔해이기도 하다. 예를 들면 우리 인간의 몸에서 비타민 C를 만드는 유전자는 버려져 쓰레기 DNA에 들어가 있다.* 이런 점에서 진핵생물, 그러니까 '진짜 핵'을 갖춘 세포는 그다지 이름값을 못한다고 봐야 한다. 만일 이름을 지금 새로 짓는다면 그 이름에서 '진짜'라는 개념은 확실히 빼야 한다. 진핵생물은 보이는 것과 완전히 다르다는 점에서 거짓말투성이이기 때문이다.

세균은 기본적으로 진핵생물과는 완전히 다르다. 무엇보다도 핵이 없다는 점이 제일 중요하다. 그래서 따로 **원핵생물**prokaryote이라는 분류군에 넣는다. 단순히 '핵이 없다' 정도의 뜻(pro+karyon, 알맹이가 생기기 전이라는 의미—옮긴이)이다. 진핵생물보다 크기가 훨씬 작아서 지름은 겨우 몇 마이크로미터밖에 안 된다. 단단한 세포벽에 둘러싸여 있어서 현미경으로 보면 작은 캡슐처럼 보인다. 세균의 세포벽은 아미노산과 당의 긴 사슬인 펩티도글리칸peptidoglycan으로 이루어져 있다. 진핵생물도 세포벽이 있는 경우는 많지만, 그 세포벽 중에 펩티도글리칸으로 된 것은 없다.

세균의 유전자는 그대로 노출되어 있다. 다시 말해 DNA 가닥이 단백질에 싸여 있지 않다. 진핵세포에는 수만 개의 유전자가 있지만, 세균에는 몇천 개 정도밖에 없다. 비슷한 기능을 하는 유전자들끼리 모여 있는데, 이를 오페론operon이라고 하며 쓰레기 DNA는 거의 없다. 겹겹이 싸인 내막이라든지 단백질 골격 또는 미토콘드리아 등의 세포기관 같은 것들이 거추장스럽게 흩어져 있지도 않다. 덕분에 간단히 이분법으로, 즉 반으로 갈라지기만 하면 되므로 엄청나게 빠른 속도로 분열을 할 수 있다. 또 자기 유전자를 다른 세균과 섞을 수도 있다. 이 과정은 다른 생물들의 생식행위에 해당

---

* 제9장에서 보게 되겠지만, 식물과 대부분 동물의 경우에는 비타민 C를 만드는 유전자가 아직 활동하고 있다. 그 유전자의 서열은 인간이 가지고 있는 망가진 유전자와 비슷하다. 우리 인간은, 아니 적어도 원시인들은 몸에 필요한 비타민 C를 식물에서 충분히 섭취했을 것이다. 그래서 비타민 C를 만드는 유전자가 없어진 것이 적응에는 확실히 불리하더라도 자연선택에는 별 영향이 없었던 게 틀림없다. 일반적으로, 어떤 유전자가 얼마나 중요한지 알아보려면 그 유전자를 잃었을 때 어느 정도 손해를 보는지를 살펴보면 된다. 어떤 유전자는 잃어버리면 생식력이 없어지거나 심지어 목숨을 잃기도 한다. 아주 오래된 유전자 중에서 지금까지 계속 활동하고 있는 유전자는 아주 중요하다고 할 수 있다. 그 유전자를 잃은 개체나 계통은 아예 살아남지 못했기 때문이다.

되는데, 인접한 세균에 자기 유전자를 직접 집어넣는 것이다. 전문용어로는 접합conjugation이라고 한다. 이렇게 하면 세균 한 마리에서 유전자가 돌연변이를 일으켜, 이를테면 항생제에 내성을 갖게 될 때 이 성질이 그 세균 집단 전체로 금세 퍼질 수 있다. 전함처럼 육중한 진핵생물에 비해, 세균은 진화속도가 전투기처럼 빠르다.

원핵생물과 진핵생물 사이의 골은 깊지만 이 두 집단은 근본적인 수준에서, 그러니까 세포의 생화학작용이 확실히 비슷하다. 바로 이 점 때문에 생물학자들은 지구상의 모든 생물이 사실상 서로 연결되어 있다고 보는 것이다. 모든 길은 로마로 통한다는 속담이 있다. **모든** 생물이 조직적으로 차근차근 똑같은 길을 따라간다는 사실은, 바꿔 말하면 모든 생물은 애초부터 똑같은 명령에 따라왔다는 얘기도 된다. 예를 들어 유전자는 모든 세포에 들어 있고, DNA(디옥시리보핵산)로 되어 있다. DNA는 네 가지 글자로 이루어진 '유전암호'로 이루어져 있다. 이 유전암호로 단백질의 기본 재료인 아미노산을 조립하는 순서가 결정된다. 이 암호는 모든 생물에서 똑같다. 뿐만 아니라 단백질이 만들어지는 상세한 메커니즘도 모든 경우에 똑같이 DNA에 암호로 쓰여 있는 명령을 따른다. DNA에 연속해서 쓰인 암호글자를 읽는 것을 전사transcription라고 하는데, 이 암호는 메신저 RNA(리보핵산ribonucleic acid)라는 DNA와 비슷한 분자에 전사된다. 유전자가 특정한 단백질을 만들라고 명령하면 이 메신저 RNA가 암호를 읽어 단백질을 만드는 장소에 그 명령을 전달한다. 단백질을 만드는 장소는 리보솜이라는 작은 세포기관이다. 이제 리보솜에서는 암호로 전달된 메시지를 해독해 단백질을 만든다. 이 과정도 모든 세포에서 똑같다. 단백질을 만들 때는 '수용체' 분자가 필요한데, 역시 RNA이며 이 경우에는 아미노산을 끌고 온다. 이 수용체를 전달 RNA(transfer RNA)라고 한다. 전달 RNA는 메신저 RNA가 읽어온 글자 순서를 해독해 거기에 맞춰 적절한 아미노산을 순서대로 가져온다. 본질적으로 모든 생물에서 똑같은 과정이 일어나며 똑같은 암호를 사용하고 똑같은 메신저 RNA와 전달 RNA, 똑같은 리보솜과 똑같은 아미노산을 이용한다. 자연의 경우에는 로마로 가는 길이 하나뿐인 모양이다.

　이런 여러 가지 점에서, 지구상의 모든 생물은 똑같은 조상을 가지고 있다고 결론을 내릴 수 있다. 가장 근본적인 수준에서 생물이 놀라울 정도로 일치한다는 사실을 보면 이 결론은 설득력이 있다. 분자의 '손방향성'이라는 것이 있다. 아미노산이나 단당류 등 많은 유기분자들은 서로가 서로의 거울상인 두 가지 형태로 존재한다. 말하자면 장갑의 왼손과 오른손 같은 것이다. 자연에는 양쪽 손이 똑같이 많고, 생물이 굳이 어느 한쪽 손만을 써야 할 이유는 없다. 하지만 어느 쪽 손을 쓸지 일단 결정하고 나면 바꾸기는 어렵다. 왼쪽 장갑은 오른손에 절대로 맞지 않는다. 마찬가지로 왼손 분자의 반응을 촉매하는 효소는 오른손 분자를 만나면 쓸모가 없어진다. 일단 효소의 아미노산 서열이 DNA에 암호로 저장되고 나면 바꾸기에는 때가 늦다. 양손 분자에 각각 작용하는 효소를 따로 하나씩 만드는 것은 자원 낭비다. 생물은 반드시 무작위로 선택을 해야 하고 일단 선택을 했으면 거기에 충실히 따라야 한다. 무작위로 선택을 한다면 어떤 종은 오른손 분자를 쓰고 또 어떤 종은 왼손 분자를 쓸 것 같지만(그러면 자연에 존재하는 자원을 전부 이용하게 된다), 사실은 그게 아니다. 모든 생물은 오른손 분자만 선택한다. LUCA가 우연히도 오른손잡이였고 그래서 후손들은 전부 그 뒤를 따를 수밖에 없었다는 것 말고는 이런 고집스러운 행동을 달리 상식적으로 설명할 도리가 없다.

LUCA가 언제 다양한 후손들을 낳았을까? 제3장에서 얘기한 것처럼, 현생 원핵생물과 비슷한 세포가 35억 년 전에 존재했다. 오스트레일리아 남서부에서 발견된 스트로마톨라이트 화석에서 그 사실을 알 수 있었다. 진핵세포가 존재했던 최초의 흔적은 세포막의 스테롤로 나타나는 생체지표인데, 약 27억 년 전의 것이다. 확실한 진핵생물 화석으로 가장 오래된 것은 21억 년 전 것으로 추정된다. 진핵생물의 수와 다양성이 폭발적으로 증가한 것은 대략 18억 년 전쯤 일이었다.

진핵세포는 기본적인 생화학적 특성이 원핵세포와 똑같지만 더 크고 복잡하다. 다세포 생물이 진화하려면 세포들이 겹겹이 쌓여야만 했고, 이를 견디려면 진핵세포의 타고난 복잡성이 꼭 필요했을 것이다. 확실히, 진짜 다세포 생물은 모두 진핵생물이다. 전체적으로 볼 때, 이 단순한 사실을 가지고도 원핵세포가 최초의 원시적인 세포였고(이름부터 그렇다) 거기서 서서히 복잡해지면서 더 발달된 진핵세포가 진화했다는 것을 알 수 있다.

진핵세포의 여러 특징들도 이런 결론을 뒷받침한다. 1880년대 중반에 독일의 생물학자 슈미츠와 쉼퍼, 마이어는 엽록체가 시아노박테리아에서 유래했다고 주장했다. 1910년에 러시아의 생물학자 콘스탄틴 메레스초프스키는 이 생각을 발전시켜, 각기 다른 종류의 세균들이 모여 진핵세포로 진화했다고 주장했다. 하지만 그 주장을 뒷받침하기에는 당시의 현미경 기술이 초보적인 수준이었던 탓에 주류 생물학계를 설득하지는 못했다. 그의 주장은 70년 가까이 빛을 보지 못했다. 그러다가 1970년대 말에 미국 매사추세츠 대학의 린 마굴리스가 그 주장을 지지하고 나서며 세포기관들이 예전에는 독립적으로 살아가는 세균이었다는 증거를 내세웠다. 이 무렵에는 분자를 이용하는 방법이 있었으므로 그 주장을 증명할 수가 있었다.

엽록체와 미토콘드리아(진핵세포에서 에너지를 내는 '발전소'라 할 수 있다)가 예전에 독립생활을 하던 세균이었다는 사실은 이제 생물학의 기본 개념 중 하나로 받아들여지고 있다. 여러 가지 상세한 부분에서 이 세포기관들이 전에 어떤 생물이었는지 알 수 있다. 이를테면 둘 다 자기 자신의 DNA, 메신저 RNA, 전달 RNA, 리보솜 등의 유전물질을 아직도 갖고 있다. 여기에는 이 기관들이 원래 세균이었다는 증거가 들어 있다. 예를 들어 미토콘드리아의 DNA는 세균의 DNA처럼 고리 모양 염색체 하나에 모여 있으며 그대로 노출되어 있다(즉 단백질로 싸여 있지 않다). 유전자 안에 들어 있는 글자의 서열은 알파프로테오박테리아라는 자색세균의 유전자와 아주 비슷하다.* 또 미토콘드리아의 리보솜은 스트렙토마이신 같은 항생제에 민감하다는 점은 물론 그 세부구조와 크기 면에서도 프로테오박테리아의 리보솜과 비슷하다. 게다가 미토콘드리아도 세균처럼 간단하게 둘로 나뉘져 분열하는데, 분열하는 시기는 미토콘드리아끼리 서로 다르고 세포 나머지 부분과도 다르다.

이런 유전적 특징을 가지고 있음에도 불구하고 미토콘드리아는 예전의 독립성을 거의 다 잃어버렸다. 20억 년 동안이나 공생하며 진화해오는 동안 미토콘드리아 게놈은 이제 자기 것이라고 하기 어렵게 되었다. 가장 가까운 친척인 알파프로테오박테리아의 유전자는 적어도 1500개지만 대부분 생물의 미토콘드리아에는 유전자가 100개도 채 안 된다. 제3장에서 살펴본 것처럼, 진화는 복잡한 방향으로도 나아가지만 단순한 방향으로도 나아간다. 진핵세포 안에서 살아가는 데에 필요 없는 세균 유전자는 금세 없어졌을 것이고, 그러면서 핵에 들어 있는 유전자가 사라진 유전자들의 역할을 경쟁이나 대립 없이 떠맡았을 것이다. 다른 미토콘드리아 유전자는 아예 핵으로 옮겨갔다. 미토콘드리아의 구조와 기능을 결정하는 유전자의 90퍼센트가 현재 세포핵 안에 들어 있다. 나머지 10퍼센트가 왜 아직 미토콘드리아 안에 있는지는 수수께끼다. 하지만 뭔가 분명히 이득이 있기 때문에 그 자리에 있을 것이다.

유전자가 독립생활을 하는 세균에서 진핵생물로 이동했다는 점은 생물들 사이의 거미줄처럼 복잡한 유전적 관계를 파악하는 데에 아주 중요하다. 분명히 진핵세포의 핵에는 미토콘드리아에서 빠져나온 세균 유전자가 들어 있다. 그러니 핵 유전자를 근거로 진핵세포의 조상 유전자를 추적하려고 해

---

* 미토콘드리아 역시 자색이다. 세포의 구성요소 중에서 색깔이 있는 것은 몇 안 된다. 가이 브라운의 저서 『생명의 에너지』에 다음과 같은 재미난 여담이 나온다. "만일 피부에 멜라닌이, 근육에 미오글로빈이, 그리고 피에 헤모글로빈이 없다면 사람은 미토콘드리아 색을 띠고 있을 것이다. 그러면 운동을 했다거나 숨이 찰 때 색깔이 변할 것이고, 사람들은 색깔만 보고서도 몸에 에너지가 얼마나 남아 있는지 서로 알 수 있을 것이다."

봤자 헛일이다. 이 유전자들은 진핵세포의 조상이 남긴 것이 아니라 나중에 세균 유전자와 합쳐져 생긴 것이기 때문이다. 하지만 많은 점에서 미토콘드리아 유전자는 추적하기 쉽다. 적어도 그 맥락과 기능은 알고 있다. 우리가 모르는 부분은, 이런 방법으로 덧붙여진 유전자가 진핵세포 핵에 얼마나 더 있느냐 하는 점이다. 아니, 차라리 원래 진핵세포 핵에 있던 유전자가 어떤 것인지 구분이 안 된다고 하는 편이 낫겠다. 대체로 수평적 유전자 교환 때문에 이런 문제가 생긴다. 수평적 유전자 교환이란, 직접적인 유전 말고 다른 방법으로 유전자가 한 생물에서 다른 생물로 이동하는 것을 말한다.* 어떤 생물이든 유전자가 마음대로 돌아다니는 경우에는 그 계통을 추적하기란 사실상 불가능하다. 유전자를 조상들한테서 수직적으로(유전을 통해) 물려받을 수도 있고, 관계가 없는 종한테서 수평적으로 전달받을 수도 있기 때문이다. 시간을 거슬러 올라갈수록 이 거미줄처럼 복잡한 관계는 더 꼬이고 모호해진다.

1960년대 말에 미국 일리노이 대학의 젊은 학자 칼 우스는 생물들 사이의 거미줄처럼 복잡한 유전관계에 푹 빠져 생물물리학에서 진화생물학으로 연구 분야를 바꿨다. 우스가 알아낸 바에 따르면, 만일 전체 게놈의 서열을 밝힐 수 있다면 수평적 유전자 교환이 몇 번씩 일어나더라도 서로 다른 종 사이의 '평균적인' 관계를 파악하는 일이 가능했다. 하지만 당시에는 그렇게 많은 유전자의 서열을 밝히는 일이 불가능했다. 대신에 생물에게 꼭 필요해서 계속 유지하고 있는 유전자 딱 하나만 알면 되었다. 즉 수평적으로는 이동하지 않고 수직적으로만 다음 세대에 전달되는 유전자가 필요했다. 그 유전자가 어떻게 되었는지를 각 계통에 다 연결해보면, 적어도 이론상으로는 모든 진화를 총괄적으로 재구성할 수 있을 것이다.

이런 드문 유전자는 변화에도 잘 견뎌야 한다. 여기서 문제는 유전자의

---

* 수평적 유전자 교환 현상은 진화해오는 내내 세균들 사이에서 비교적 흔했던 듯하다. 세균은 가까운 친척끼리 접합으로 유전자를 교환하기도 하지만 대체로 주변에서 DNA 조각을 주워 담을 수도 있는데, 이것들이 간혹 자기 DNA에 섞인다.

'글자' 서열이 진화를 거치면서 서서히 변한다는 점이다. 돌연변이가 무작위로 일어나 글자들을 바꾸고, 집어넣고, 지우기 때문이다. 돌연변이 중에서도 유전자가 만드는 단백질이나 RNA를 바꿔버리는 경우는 대부분 해롭다. 하지만 '중립적인' 것, 다시 말해 유전자의 활동으로 나온 산물에 아무런 영향을 미치지 않는 것도 있고 오히려 이익이 되는 경우도 극소수 있다. 중립적이거나 이로운 변화는 자연선택에 불리하지 않기 때문에 시간이 지나면서 점점 쌓이게 된다. 그 결과, 공통조상에서 갈라져 나온 두 종이 '똑같은' 유전자를 갖고 있더라도 그 서열은 달라진다. 이론적으로 종끼리 유연관계가 가까울수록 글자 서열이 비슷하다. 돌연변이가 일어날 시간이 별로 없었기 때문이다. 반면에 관계가 먼 종의 유전자 서열은 더 많이 달라진다.

예를 들어 산소를 운반하는 헤모글로빈을 만드는 유전자는 500만 년마다 1퍼센트씩 바뀌었다. 그래서 아주 최근에 갈라져 관계가 가까운 종끼리는 헤모글로빈 유전자 서열이 비슷하다. 반면, 옛날에 서로 갈라져 나와 관계가 먼 종끼리는 헤모글로빈 유전자 서열이 꽤 다르다. 생물에게 꼭 필요하면서 널리 공통된 다른 유전자에도 비슷한 방법을 적용할 수 있다. 이를테면 호흡 단백질인 시토크롬 c를 만드는 유전자를 예로 들 수 있다. 우리 인간의 시토크롬 c 유전자는 침팬지의 유전자와 약 1퍼센트 다르고, 캥거루와는 13퍼센트, 참치와는 30퍼센트, 빵 곰팡이와는 65퍼센트 다르다. 이런 비율을 보면, 확실히 수십억 년에 걸쳐 유전자가 이동하면 그 서열이 서로 완전히 달라진다는 사실을 알 수 있다. 설령 공통조상에서 나왔다 하더라도 말이다.

어떤 DNA 서열은 특히 빨리 이동하기도 한다. 쓰레기 DNA에서 변화가 제일 빨리 일어난다. 아무런 암호도 없고 따라서 자연선택의 영향을 받지 않기 때문이다. 반면, 일부 유전자는 세포의 생명을 유지하는 데에 중요한 역할을 한다. 말하자면 세포의 대들보 역할을 하고 있다. 그래서 조금이라도 바뀌면 해롭다. 어떤 세포든 그런 변화가 일어나면 생명을 잃을 수도 있기 때문에 이 '대들보 유전자'들은 거의 이동하지 않는다. 변화가 일어날 경우에도 대부분은 다음 세대로 이어지지 않는다. 그 세포는 거의 다 죽어 버리기 때문이다. 그렇더라도 아주 드물게 자연선택에 불리하지 않은 변화가 일어날 수도 있다. 그런 변화는 각 종에서 아주 서서히 수십억 년에 걸쳐 쌓이게 되고, 이를 아주 초기의 진화 양식에 대한 기록을 담은 가계도를 만드는 데에 이용할 수 있다.

그런 유전자가 정말 존재할까? 우스의 추리에 따르면, 세포는 구조 물질의 공급에 의존하고 있다. 인간 사회가 벽돌이나 철 같은 재료의 공급에 의존해 학교나 공장, 병원 등을 짓는 것과 마찬가지다. 만일 건축재료를 더 이상 구할 수 없게 된다면 인간 사회는 금세 활동을 멈출 것이다. 생물 역시, 단백질이나 단백질이 정교하고 일정하게 작용하게끔 하는 DNA 암호가 없다면 존재할 수 없다. 따라서 단백질 합성은 생물의 가장 오래되고도 기본적인 부분이고, 그렇기 때문에 단백질 합성 과정이 세포의 활동에 깊숙이 자리 잡고 있는 것은 당연한 일이다. 단백질 합성을 조절하는 유전자에 조금이라도 변화가 일어나면 생명 자체가 크게 위험해지기 때문에, 특히 이런 유전자는 LUCA가 물려준 것이며 아주 안정적이어서 비교적 변화가 적게 일어났고, 수평적 유전자 교환을 통해 이동하지도 않았을 것이다.

앞에서 살펴본 것처럼, 단백질은 리보솜에서 만들어진다. 리보솜 자체는 단백질과 리보솜 RNA라는 또 다른 종류의 RNA가 뒤섞여 이루어져 있다. 단백질과 리보솜 RNA의 유전암호는 모두 DNA에 저장되어 있으며 따라서 양쪽 모두 자연선택의 영향을 많이 받는다. 세포의 구성요소 중에서 리보솜이야말로 모든 세포 기능에 반드시 필요한 대들보 역할을 하고 있으며, 그렇기 때문에 금세 돌연변이가 일어나거나 유전자가 여기저기 돌아다닐 확률이 거의 없다. 게다가 리보솜 RNA에 들어 있는 암호글자 서열은 유전자를 정확하게 복제한 것이므로 핵 유전자 없이 리보솜 RNA만 가지고도 바로 유전자를 비교할 수 있다. 1960년대와 1970년대에는 우스의 이런 발견이 아주 귀중한 성과였다. 리보솜 RNA는 핵 유전자보다 분리하기도 쉽고 서열을 밝히기도 훨씬 쉽기 때문이다. 그래서 우스는 리보솜 RNA를 진화의 척도로 삼았다. 그는 자기가 직접 밝힌 RNA 서열과 다른 학자들이 발표한 서열을 종합해 비교해가며 모든 생물의 유전적 관계를 지도로 만들기 시작했다. 이 거대한 목표에 많은 연구팀이 참여했고 덕분에 금세 추진력을 얻었다.

우스는 물론 이 연구에 참여한 다른 학자들도 모두 원핵생물과 진핵생물이 물려받은 유전적 관계를 밝힐 수 있을 거라고 기대했다. 말하자면 이것은 미토콘드리아와 알파프로테오박테리아 사이의 명확한 관계를 규명하는 것과 마찬가지 일이었다. 두 가지 놀라운 사실이 이들을 기다리고 있었다. 우선, 저 두 분류군 사이의 골은 조금도 좁혀지지 않았다. 미생물적인 연결고리를 찾을 수가 없었던 것이다. 사실 세균과 진핵생물의 리보솜 RNA 서열 사이에는 어떤 연속성도 없었다. 만일 세균이 진화해 진핵생물이 되었다면 당연히 공통된 부분이 있어야만 했다. 그런데 오히려 RNA 서열은 마치 공통점이 전혀 없는 듯 완전히 서로 다른 집단으로 나뉘어져 있었다. 이렇게 되면 세균과 진핵생물은 정말로 아주 오래전, 최초의 생물이 생기고 얼마 지나지 않아 나뉘었다고밖에 생각할 수가 없었다. 따라서 진핵생물은 다들 생각했던 것과는 달리 세균이 20억 년에 걸쳐 서서히 진화된 게 **아니었다.** 이 두 종류의 생물은 아주 빨리, 그리고 아주 일찍 서로 갈라진 것이 분명했다.

두 번째 놀라운 사실은 1977년에 우스와 폭스가 발표했다. 이는 생물학에 있어서 패러다임의 커다란 변화였는데, 바로 원핵생물 자체 내에서도 뚜렷한 구분이 있다는 점이었다. 온천이나 염분 농도가 아주 높은 호수처럼 극한 환경에 사는 잘 알려지지 않은 종류의 원핵생물을 조사했더니 예상과 하나도 맞지 않았다. 리보솜 RNA를 분석해보니 핵이 없는 것 빼고는 세균과 공통점이 없었다. 리보솜 RNA 서열을 분석하고 비교할수록 그 차이는 점점 커졌다. 그저 원핵생물 내에 새로운 종류가 생긴 것이 아니라 아예 완전히 새로운 분류군이 생겼다고 봐야 했다. 이 분류군을 고세균이라고 한다(〈그림 9〉). 오늘날 생물을 분류할 때는 다섯 계가 아니라 세 개의 커다란 분류군으로 나

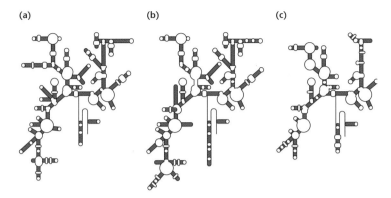

그림 9 (a) 고세균 할로박테리움 볼카니(*Halobacterium volcanii*)와 (b) 진핵생물 효모, (c) 소의 미토콘드리아에 들어 있을 것으로 예상되는 리보솜 RNA 구조. RNA는 한 가닥으로 되어 있지만 DNA처럼 암호글자끼리 짝을 지어 서로 다른 가닥 사이에 다리를 만들 수 있다. 다만 RNA의 경우에는 혼자서 접혀 고리나 U자 모양을 만든다. (반면에 유명한 DNA의 이중나선은 따로 떨어진 두 가닥이 나선을 이루며 감겨 있다.) 이 그림에서 '기포'처럼 보이는 것은 암호글자가 짝을 이루지 않은 한 가닥짜리 RNA다. 세 가지 리보솜 RNA를 비교해보면 전체적인 모양과 구조(접혀서 생긴 2차 구조)가 진화되면서 그대로 남아 있다는 사실을 알 수 있다. 그러나 실제 글자의 서열은 많이 바뀌었고, 그 서열의 유사성은 아주 낮다. 미토콘드리아 RNA 구조는 세균 RNA와 비슷한데, 미토콘드리아가 원래 세균에서 유래했기 때문이다. 구텔과 학술지 『핵산 연구와 분자생물학의 진보』의 허락을 얻어 수정해서 실었다.

눈다. 바로 세균, 고세균, 진핵생물이다. 우리 인간은 동물에 속하기 때문에 진핵생물 중에서도 아주 작은 부분을 차지한다(〈그림 10〉).

고세균이 존재한다는 사실이 드러난 덕분에 LUCA의 특성을 훨씬 더 설득력 있게 추측할 수 있게 되었다. 이제는 세 종류의 생물이 가진 특징을 비교할 수 있다. 고세균은 핵이 없다는 점에서는 확실히 세균과 비슷하고, 그래서 원핵생물에 들어간다. 유전자의 구조도 세균과 비슷해서, 고리 모양의 염색체가 하나 있으며 서로 관계있는 유전자끼리 모여 오페론을 형성하고 있고 쓰레기 DNA는 거의 없다. 세포막을 이루는 단백질의 구조와 기능 같은 다른 면에서도 언뜻 보기엔 세균과 비슷하다. 고세균에는 대체로 세포벽이 있지만 세균과는 달리 세포벽이 없는 고세균도 있다. 또 세포벽에 펩티도글리칸이 없다는 점도 세균과 다르다. 비교하면 할수록 비슷한 점보다는 다른 점이 많다.

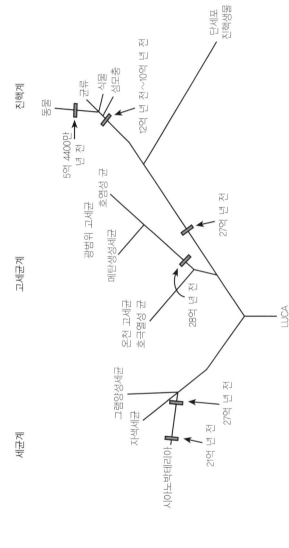

세균계 고세균계 진핵계

그림 10 생물 전체의 관계를 '뿌리가 있는' 나무로 나타낸 그림. 생물이 세 가지 분류군을 볼 수 있다. 이 나무는 칼 우스와 동료 학자들이 분석한 리보솜 RNA 서열의 유사성을 근거로 그린 것이다. 가지가 달린 위치와 가지의 길이는 서로 다른 분류군 사이에, 그리고 각 분류군 안에서 RNA 서열이 얼마나 비슷한지에 따라 정했다. 바꿔 말하자면 종 사이의 유전적인 유사성에 정비례한다. 좀 기가 죽는 얘기를 하자면 동물, 식물, 균류는 거의 진핵계의 한구석을 차지할 뿐이다. 게다가 동물의 리보솜 RNA 서열 변화량은 메탄생성세균이라는 작은 분류군 안에서 일어난 변화량보다 더 적다.

공통된 '뿌리'는 LUCA를 가리킨다. 세균, 고세균, 진핵생물의 공통조상이다. 고세균도 세균과 진핵계 사이의 중간 단계다. 리보솜 RNA 서열뿐 아니라 형태적인 특성과 생화학적 특성과 생화학적 특성을 보인다. 내모로 표시된 연대는 각 가지의 최저 연령으로, 화석증거나 생화학적 지문을 근거로 추정한 것이다. 예를 들면 오스트레일리아 해안즙리 청광증 밑의 세일에서 요헨 브로크스와 로저 서머스가 발견한 생체막 성체인 스테로이드가 있다. 언드루 놀과 『사이언스』의 허락을 얻어 수정해서 실었다.

다른 면에서 보면 고세균은 차라리 진핵생물에 훨씬 더 가깝다. 진핵생물처럼 유전자가 그렇게 많지는 않지만 고세균은 세균보다 유전자가 평균 두 배나 많다. 고세균의 DNA는 노출되어 있지 않고 진핵생물의 경우처럼 단백질에 싸여 있다. DNA 복제와 단백질 합성 메커니즘도 상세한 부분이 진핵생물과 훨씬 비슷하다. 예를 들어 진핵생물이 사용하는 것과 아주 비슷한 메커니즘으로 유전자를 끄고 켠다. 리보솜을 구성하는 단백질도 그 구조가 진핵생물의 단백질과 비슷하다. 단백질 합성을 시작하고, 단백질 사슬을 붙여나가고, 합성을 끝내는 등 리보솜의 세세한 작용도 진핵세포에서 일어나는 과정과 비슷하다. 동종 간 유전자 쌍paralogous gene pair이란, 공통조상의 유전자가 중복된 다음에 진화를 거쳐 갈라져 서로 다른 후손 집단이 생기는 경우를 말한다. 이런 동종 간 유전자 쌍을 분석해보면 고세균은 정말로 진핵생물과 친척이라는 사실을 알 수 있다. 본질적으로 고세균은 진핵생물의 특성을 많이 가지고 있는 원핵생물이라 할 수 있다. 이 고세균은 우리가 찾고자 하는 연결고리에 매우 가깝다.

이런 얘기가 LUCA의 정체와 무슨 상관이 있을까? 고세균계와 세균계는 아주 일찍, 그러니까 38억 년 전부터 40억 년 전 사이에 갈라진 듯하다. 고세균과 세균 양쪽 모두에 LUCA가 가지고 있던 원래 특성이 남아 있을 것이다. 계산에 따르면, 그보다 나중인 25억 년 전부터 30억 년 전 사이에 진핵생물이 고세균에서 갈라져 나왔다. 그래서 진핵생물은 세균보다는 고세균과 기본 특성이 훨씬 더 많이 비슷하다(〈그림 10〉 참조). 앞서 살펴본 것처럼, 진핵생물은 20억 년 전쯤에 세균을 삼켜 미토콘드리아와 엽록체를 얻었다. 또 이 세균의 유전자는 진핵세포 염색체의 일부가 되었다. 여기서 다시 수평적 유전자 교환 문제로 돌아가게 된다. 만일 진핵생물이 원래 고세균과 세균이 섞여서 생겼다면, 분명히 이 분류군 사이에서 수평적 유전자 교환이 일어났을 것이다. 지금 서로 다른 분류군의 특성을 비교해 LUCA가 어떤 생물이었는지 알아내려고 하는 것인데, 그 특성이 완전히 뒤섞이지 않았다고 어떻게 장담할 수 있을까?

다행히도 서로 다른 분류군 사이에서는 수평적 유전자 교환이 거의 없었다는 증거가 있다. 학계에서는 진핵생물이 단번에 생겨난 것으로 보고 있다. 아마 23억 년 전 빙하기 무렵의 특수한 환경이 크게 작용했을 것이다(제3장). 하지만 일반적으로 고세균은 처음 생겨나서 지금까지 다른 생물들과 영향을 별로 주고받지 않고 원래 특성을 거의 다 그대로 가지고 있다. 고세균 중에 병원성病原性인 것은 하나도 없다. 다시 말해 진핵생물에 감염하지 않는다는 얘기다. 따라서 진핵생물과 직접 싸워가며 유전자를 섞을 일이 없다. 또한 사는 환경이 다르기 때문에 세균과 경쟁하지도 않는다. 극한 환경을 좋아하는 덕에 대부분의 다른 생물, 심지어 세균과도 떨어져 지낼 수 있었다. 호극열성, 즉 극도로 높은 열을 좋아하는 피롤로부스 푸마리스*Pyrolobus fumaris*라는 고세균은 바닷속 깊은 곳에 있는 뜨거운 물이 나오는 구멍에 산다. 수온이 섭씨 100도 이상이고 압력이 높은 환경이다. 다른 고세균인 술폴로부스 아키도칼다리우스*Sulfolobus acidocaldarius* 같은 경우에는 열에다 산성까지 있는 미국 옐로스톤 국립공원 같은 곳의 유황온천에 산다. 이런 곳은 pH가 1밖에 안 되는 강한 산성으로, 황산을 희석해놓은 것이나 마찬가지 환경이다. 반대인 경우도 있어서, 아프리카 동부에 있는 거대 함몰 지역인 동아프리카 대지구대 같은 곳의 나트륨 화합물 호수에 사는 고세균도 있다. 이런 호수는 pH가 13이나 되는 강한 염기성이라 고무장화도 녹일 정도다. 미국 유타 주의 그레이트솔트 호수나 사해처럼 염분이 아주 많은 환경에서 살 수 있는 생물은 호염성, 즉 염분을 좋아하는 고세균뿐이다. 호냉성균, 그러니까 저온을 좋아하는 고세균은 남극에 사는데, 수온이 섭씨 4도일 때 제일 잘 증식한다(오히려 온도가 높으면 성장을 잘 못한다).

고세균이 좋아하는 이런 환경은 수십억 년 동안 거의 변하지 않았다. 재해나 경쟁이 없었기 때문에 선택압력을 받아 뭔가 개선할 필요도 없었고, 변화가 있더라도 대수롭지 않은 것이었다. 좀 더 정상적인 환경, 이를테면 해수면에서 플랑크톤과 섞여 있다든지 늪, 하수, 소의 반추위rumen 같은 곳에서 사는 고세균도 있기는 하지만 극한의 환경에서 고립되어 사는 경우에는 확실히 다른 생물들과 유전자 교류가 없었다.

고세균의 이런 놀라운 특징은 금세 과학적인 관심은 물론 상업적인 관심을 불러일으켜, 1990년대에는 이 분야가 별개의 학문으로 자리 잡았다. 높은 온도와 압력에서 작용하는 효소는 응용할 곳이 많다. 고세균에서 추출한 효소를 첨가한 세제는 벌써 석유 유출 등으로 오염된 곳을 청소하는 데에 이용되고 있다. 미생물이 부리는 재주를 산업에 이용하려면 그 유전자에 대한 실용적 지식이 필요하다. 현재 모든 고세균을 대표하는 완전한 게놈 서열이 밝혀져 있다. 이 게놈 서열을 통해 고세균이 아주 오래전부터 존재했으며 놀라울 정도로 고립되어 있었다는 사실을 바로 알 수 있다. 그러나 가장 놀라운 점은 고세균의 유전자에 세균의 유전자와 공통된 부분이 아주 많다는 사실이다.

산소 호흡이든 무산소 호흡이든 호흡을 통해 에너지를 만드는 데에 필요한 유전자 중에서 적어도 열여섯 개를 고세균과 세균이 똑같이 가지고 있다. 이렇게 서열이 아주 비슷하다는 점으로 미루어볼 때, LUCA가 이 유전자를 가지고 있다가 나중에 고세균과 세균이 서로 다른 틈새를 차지하며 진화할 때 양쪽에 똑같이 물려주었다고 짐작할 수 있다. 독일 하이델베르크에 있는 유럽분자생물연구소의 호세 카스트레사나와 마티 사라스테의 주장에 따르면, 호흡에 필요한 유전자 열여섯 개를 원래 LUCA가 가지고 있었다는 사실을 뒷받침하는 두 가지 증거가 있다.

우선, 첫 번째 증거는 진화 계통수다. 호흡 유전자 열여섯 개의 DNA 서열이 유사하다는 점을 이용해 친척관계를 나타내는 계통수를 그릴 수 있다. 이렇게 가계도를 그린 다음, 리보솜 RNA 서열을 근거로 그린 가계도와 겹쳐본다. 만일 호흡 유전자가 수평적 유전자 교환을 통해 옆으로 전해졌다면

RNA 서열을 기준으로 할 때 서로 관계가 먼 생물에 똑같이 존재할 것이다. 다시 말해서 호흡 유전자와 그 유전자가 전달된 생물이 따로 진화했을 것이라는 얘기다. 미토콘드리아 유전자가 진핵생물의 핵 유전자와 상관없이 진화한 경우와 똑같다. 반면에 만일 호흡 유전자가 각 생물에 고스란히 남아 있었다면 리보솜 RNA를 근거로 하는 진화 계통수와 호흡 유전자를 근거로 하는 진화 계통수가 서로 맞아떨어질 것이다. 사실이 바로 그랬다. 지금까지 분석한 바로는 호흡 유전자의 진화 계통수는 리보솜 RNA를 근거로 그린 기준 계통수와 대체로 일치한다. 세균과 고세균 사이에 수평적 유전자 교환이 일어나지 않았다는 얘기가 된다.

두 번째 증거는 비교적 최근에 일어난 대사작용의 혁신이다. 이를테면 광합성이 있다. LUCA는 광합성을 하지 못했던 듯하다. 엽록소를 기반으로 하는 광합성은 어떤 고세균에서도 찾아볼 수 없다. 대신에 완전히 다른 형태의 광합성을 하는 고세균이 있다. 흔히 호염성 균이라고 하는 고세균은 염분이 아주 많은 환경에서 사는데, 세균로돕신bacteriorhodopsin이라는 색소를 기반으로 광합성을 한다. 이 색소는 우리 인간의 눈에서 빛을 포착하는 색소와 비슷하다. 어떤 세균도 이런 식의 광합성은 하지 않는다. 아마도 고세균과 세균은 LUCA에서 갈라져 나오고 얼마 후에 이렇게 본질적으로 다른 형태의 광합성을 따로 진화시킨 다음에 각각 지금까지 보존하고 있을 것이다. 만일 광합성처럼 중요한 대사작용이 따로따로 발달했다면 다른 형태의 호흡도 분명히 그런 식으로 발달했을 것이다. 여기서 분명히 조심해야 할 부분은, 만약 그랬다는 증거가 없다면 호흡 유전자가 각 분류군 사이를 돌아다녔다고 가정해서는 안 된다는 점이다. 우리가 진화 계통수에서 얻은 것은 그러지 않았다는 증거다.

고세균과 세균 사이에 수평적 유전자 교환이 극히 드물었다는 사실을 인정할 경우, 호흡 유전자 열여섯 개는 LUCA가 가지고 있었던 것이 분명하며 나중에 세균과 고세균이 각각 수직적으로 물려주었다는 얘기가 된다. 이 유전자에는 질산염, 아질산염, 황산염, 아황산염 등 다양한 화합물로 에너지를 만드는 데에 필요한 단백질을 만드는 암호가 들어 있다. 따라서 LUCA는 대사작용이 복잡한 생물이었다고 볼 수 있다. 하지만 특히 유전자 한 개가 고세균과 세균 양쪽에서 놀라울 정도로 서열이 비슷하다. 바로 이 점을 이용해 카스트레사나와 사라스테는 LUCA가 가지고 있던 의외의 특성을 알아냈다.

이 유전자에는 시토크롬 산화효소라는 대사작용에 관계된 효소를 만드는 암호가 들어 있다. 이 효소는 산소 호흡의 마지막 단계에서 전자를 산소로 옮겨 물을 만드는 일을 한다. 만일 LUCA에 이 시토크롬 산화효소가 있었을 경우, 여기서 논리적인 결론을 내리자면 비록 표면상으로는 터무니없어 보이지만 광합성이 등장하기 이전에 산소 호흡이 먼저 나타났다고 할 수밖에 없다. LUCA는 자유 산소가 존재하기 전에도 산소 호흡을 할 수 있었던 것이다. 카스트레사나와 사라스테의 말을 빌리자면, "이 증거는, 광합성을 하는 생물이 대기에 산소를 내보내기도 전에 산소 호흡이 등장했다는 사실을 나타낸다. 교과서적인 관점과는 정반대다".

§

시토크롬 산화효소는 놀라운 나노기술로 산소를 환원시킨다. 우선 포도당이 산화되면서 나온 전자를 받는다. 그런 다음에 전자 네 개를 양성자와 함께 차례로 산소 분자에 붙여 물 분자 두 개를 만든다. 광합성에서 물을 쪼개는 과정을 거꾸로 뒤집은 반응이다.

$$O_2 + 4e^- + 4H^+ \rightarrow 2H_2O$$

결국 산소에 수소를 붙이는 것인데, 산소 호흡에서 가장 중요한 반응이다. 이 반응이 엄청난 에너지를 낸다는 사실은 학교에서 화학 시간에 배웠을 것이다. 모든 산소 반응과 마찬가지로, 이번에도 한 번에 전자가 한 개씩 붙어야 한다. 따라서 시토크롬 산화효소가 하는 일은 위험한 외줄타기라고 할 수 있겠다. 이 반응에서 나오는 다량의 에너지를 거두는 동시에 반응성 높은 자유라디칼이 빠져나가지 못하도록 해야 하는 것이다. 시토크롬 산화효소는 아주 정확하게 이 일을 해낸다. 현생 생물의 미토콘드리아에서, 자유라디칼이 시토크롬 산화효소를 벗어나는 일은 사실상 없다(자유라디칼이 빠져나가는 사태는 거의 다 미토콘드리아의 전자전달 단백질 사슬 중의 다른 단백질에서 일어난다). 시토크롬 산화효소는 이렇게 세포 안에 있는 산소를 빨아들여 유독성 중간 생성물을 흘리는 일 없이 물로 바꾸는 능력을 갖추고 있다. 그야말로 최고의 항산화제라 하겠다. 포도당 분자 한 개에서 다른 형태의 호흡보다 에너지를 네 배나 많이 만들어내기도 하지만 사실 그건 보너스에 불과하다.

시토크롬 산화효소가 애초에 어떻게 진화했는지에 대해 학자들은 오랫동안 이런 항산화 효과를 들어 설명했다. 그러니까 광합성이 등장한 후 공기 중의 산소 농도가 높아지면서 여기에 대항해 이 효소가 나타났고, 그다음에야 호흡효소의 역할을 맡게 되었다는 것이다. 그 증거로 또 다른 형태의 시토크롬 산화효소(진화상으로는 관계가 없다)가 존재한다는 점을 들었다. 대장균(에스케리키아 콜리)나 아조토박터 비넬란디 *Azotobacter vinelandii* 등의 일부 프로테오박테리아가 이런 효소를 가지고 있다. 이 효소는 산소 선호도가 100배나 적지만(산소와 그 비슷한 일산화질소[NO] 등의 분자를 가리지 않는다) 작용하는 속도가 훨씬 빨라서 남아도는 산소를 아주 빨리 없앤다. 세균이 산소가 많은 환경에 놓였을 때만 이 산화효소가 작용한다는 점에서 더 효과적이다. 일단 작용을 시작하면 산소며 그 비슷한 분자들을 진공청소기처럼 닥치는 대로 빨아들인다.

그러니까 시토크롬 산화효소에는 두 종류가 있는데, 그 활동은 주변에 산소가 얼마나 있는지에 따라 달라진다는 얘기다. 이렇게 보면 정말로 산소에 대한 방어작용 같다. 여기서 카스트레사나와 사라스테가 내세운 가설은 수수께끼를 하나 던진다. 만일 시토크롬 산화효소가 정말로 LUCA에 존재했다면, 이 단백질은 10억 년도 더 후에 공기 중에 산소가 많아지면서 그에 대항해 진화한 게 아니라는 얘기가 된다. 그렇다면 도대체 왜 생겼을까? 제7장에서 살펴본 것처럼, 원시 지구에서 고립된 호수와 해저분지는 자외선 때문에 산화성 스트레스 상태에 놓여 있었다. 자외선이 물을 쪼개 산소 자유라디칼과 과산화수소를 만들었기 때문이다. 과산화라디칼 제거효소SOD 같은 항산화 효소는 세 분류군의 생물들이 전부 다 가지고 있고, 분명히 LUCA도 가지고 있었을 것이다. 그렇다면 시토크롬 산화효소도 산소의 양이 많아지는 데에 대항한 게 아니라 자외선에 대항하는 항산화제로서 진화한 것은 아닐까?

아직 확실한 답은 나와 있지 않지만, 아마 그런 것은 아니었던 듯하다. 만일 자외선에 대항하는 항산화제로서 진화했다면 호흡 기능, 그러니까 그저 산소 기체만 싹 치워버리는 게 아니라 전자를 산소에 붙여 거기서 에너지를 거둬들이는 기능은 나중에 일부 고세균과 세균에서 따로 진화했을 것이다. 그렇다면 에너지를 거둬오는 세세한 메커니즘은 각 종마다 제각각일 것이다. 하지만 실제로 보면 그 메커니즘은 생물들 사이에 거의 비슷하다. 공통조상한테서 공통된 메커니즘을 물려받았다는 뜻이다.* 시토크롬 산화

---

* 검증이 가능한 가설이지만 이 책을 쓸 당시에는 아직 완전히 밝혀지지 않았다. 시토크롬 산화효소는 미토콘드리아 안에서 막을 사이에 두고 양성자를 이동시켜 산소로 에너지를 만든다. 그러면 막을 경계로 양성자의 농도 차가 생겨 ATP가 생긴다. ATP는 세포가 사용하는 에너지화폐. 양성자의 농도 차가 생기고 그것이 ATP로 변하는 것을 화학삼투 현상chemiosmosis이라고 한다. 대부분 형태의 호흡에서 에너지를 만들어내는 과정은 똑같으며 광합성에서도 마찬가지다. 모든 생물이 근본적으로 같은 곳에서 나왔다는 또 다른 증거가 바로 광합성이다. 만일 고세균과 세균의 시토크롬 산화효소가 양성자를 이동시키는 메커니즘이 똑같다는 사실이 밝혀진다면, 이런 호흡 기능은 공통조상 시절에 이미 가지고 있던 것이라는 훌륭한 증거가 된다. 반면에 만일 고세균과 세균이 에너지를 만드는 메커니즘이 서로 다르다면 LUCA에 있던 시토크롬 산화효소는 항산화작용이라든지 탈질소반응denitrification(질산염에서 질소를 떼어내는 것) 등의 다른 용도로 진화되었다가 나중에 각 분류군에서 따로 산소대사 작용에 적응했다는 얘기가 된다. 지금까지 나온 증거로는 각기 다른 종류의 생물이라도 시토크롬 산화효소가 양성자를 이동시키는 방법은 똑같다고 알려져 있다. 따라서 LUCA도 양성자를 이동시켜 에너지를 만들어내는 용도로 시토크롬 산화효소를 이용했을 것이다.

효소의 용도에서 항산화 기능을 빼버리고 나면 남는 것은 하나밖에 없다. 즉 이 효소는 현재 하고 있는 작용, 그러니까 전자를 산소에 붙여 에너지를 내는 용도로 진화한 것이다. 그렇다고 이쪽은 또 확실할까? 앞서 살펴본 것처럼, 산화성 스트레스는 산소가 없어도 생긴다. 하지만 산소가 존재하지 않는데도 산소 호흡을 정말로 할 수 있을까? 미국의 클린턴 전 대통령이 섹스 스캔들 때 주장했던 것처럼, 그것은 '산소가 없다'는 것을 어떻게 정의하느냐에 따라 달라진다. '산소가 없다'는 뜻의 '무산소anoxia'라는 용어는 의외로 굉장히 애매해서 지질학과 동물학, 미생물학에서 각기 다른 의미로 쓰인다. 지질학에서는 산소의 양이 현재 대기 수준의 18퍼센트가 넘는 환경을 '유산소성aerobic', 18퍼센트가 안 되면 '산소결핍성dysaerobic'이라고 한다. 1퍼센트 미만일 때는 '무산소성anoxic'이라고 한다. 동물학에서는 '정상 상태normoxic', '저산소 상태hypoxic'라는 표현을 쓴다. 여기서 저산소 상태란 호흡이 제한될 정도로 산소 농도가 떨어졌을 때를 가리키는데, 보통 대기 수준의 50퍼센트 미만이다. 미생물학의 경우에는 기준이 또 달라진다. '파스퇴르점Pasteur point'이라는 것이 있는데, 미생물이 산소 호흡에서 발효로 방식을 바꾸는 산소 농도를 뜻한다. 보통 산소가 현재 대기 수준의 약 1퍼센트 미만일 때다. 하지만 산소 농도가 아주 낮아져서 현재 대기 수준의 0.1퍼센트 밑으로 떨어져야 영향을 받는 미생물도 있다. 지질학에서는 본질적으로 무산소성으로 칠 정도로 낮은 농도이지만 원시 지구에서는 특히 얕은 바다에서 물이 쪼개지면서 그나마 이만큼 산소가 생겼을 것이다.

놀랍게도 오늘날 살고 있는 미생물 중에 그렇게 낮은 농도의 산소를 이용할 수 있는 녀석들이 있다. 예를 들어 프로테오박테리아 중에서 일부 종은 콩과식물과 공생관계를 이루어 뿌리혹에서 산다. 이 세균은 안전하게 살 장소를 얻은 보답으로 공기 중의 질소를 식물이 자라는 데에 필요한 질산염으로 바꾸어준다. 이 반응을 촉매하는 효소를 질소고정효소nitrogenase라고 하는데, 아주 낮은 농도의 산소만 있어도 제대로 작용하지 못한다. 콩과

식물과 질소고정세균은 특히 뿌리혹의 산소 농도를 최소한으로 유지하도록 적응을 마쳤다. 이를테면 세균은 점액으로 주위를 둘러싸 산소가 들어오지 못하도록 한다. 이렇게 해도 산소가 들어올 경우에는 에너지를 만들지 않고 산소만 빨리 없애는 효소가 활동을 시작한다. 콩과식물도 산소를 붙잡는 단백질을 만든다. 헤모글로빈과 비슷한 종류로 레그헤모글로빈이라는 단백질인데, 자유 산소의 농도를 조절한다. 이렇게 적응한 덕분에 세균 속의 산소 농도는 대기 중 산소의 0.01퍼센트 밑으로 유지된다. 이 정도 농도에서는 질소고정효소의 활동이 방해를 받지 않는다.

정말로 놀라운 점은, 이렇게 산소 농도를 최소화하려고 적응을 했음에도 불구하고 어떤 질소고정세균은 산소 호흡을 한다는 사실이다. 예를 들면 브라디리조비움 자포니쿰*Bradyrhizobium japonicum*이 그렇다. 이런 세균에는 FixN이라는 일종의 시토크롬 산화효소가 있는데, 산소와 친화력이 굉장히 높다. 이 효소는 미토콘드리아의 시토크롬 산화효소와 먼 친척뻘쯤 되며, 아마도 공통조상에서 진화되어 나온 듯하다. 연구결과에 따르면 FixN 산화효소는 기능상 레그헤모글로빈과 짝을 이루고 있다. 레그헤모글로빈은 세포 내 산소 농도가 아주 낮을 때만 붙잡고 있던 산소를 내놓는다. 따라서 전체적인 작용은 이런 식이다. 여러 가지 메커니즘으로 산소 농도가 낮게 유지된다. 그리고 이 그물을 산소가 빠져나오는 경우에는 레그헤모글로빈이 붙잡는다. 산소 농도가 **아주** 낮은 경우(0.01퍼센트 미만) 레그헤모글로빈은 가지고 있던 산소를 FixN 산화효소에게 넘겨준다. FixN은 이 산소를 이용해 ATP 형태로 에너지를 만든다. 전체적으로 보면 균형이 잘 잡혀있고 안정적이다. 산소를 제거한다기보다는 차라리 산소의 양을 조절한다고 해야 할 것이다.

뿌리혹의 경우는 낮은 산소 농도에서 일어나는 대사작용의 극단적인 예이지만, 개념만 가지고 봤을 때는 실제로 우리 몸 안에서 일어나는 일도 이와 아주 비슷하다. 우리 인간이 산소에 의존하고 있다는 사실이 너무 확실하기 때문에 몸속의 각 세포들이 전부 산소에 적응되어 있지는 않다는 점을 잊어버리기가 쉽다. 다세포 생물이 생긴 것도 어떻게 보면 산소를 피하기 위한 반응이다. 결과적으로 각 세포 안의 산소 농도가 낮아지기 때문이다. 우리가 갖추고 있는 훌륭한 순환계는 보통 각 세포에 산소를 나눠주는 수단으로 알려져 있지만 시각을 달리하면 산소를 꼭 필요한 양만큼만 전달하도록 제한하는, 아니 적어도 조절하는 수단으로 볼 수도 있다.

여기서 잠시 생각을 해보자. 해수면에서 건조한 공기의 대기압은 760mmHg이다. 이 전체 압력에서 78퍼센트가 질소이고 21퍼센트가 산소다. 그러면 그중 산소가 차지하는 기압은 160mmHg이다. 산소가 허파에 들어오면 헤모글로빈이 붙잡는다. 헤모글로빈은 적혈구 안에 꼭꼭 싸인 채 모세혈관을 돌아다닌다. 모세혈관에 들어온 헤모글로빈은 대개 95퍼센트까지 산소로 차 있다. 이때 산소가 가하는 압력은 약 100mmHg가 된다(원래 허파 안의 산소 분압은 대기 중 산소 분압보다 항상 낮다. 직접 측정할 수 없으므로 공식을 따르는데, 허파 내 산소 분압=공기 중 산소 비율×[대기압−상기도 내 수증기압]−동맥혈 내 이산화탄소 분압/호흡교환율이다. 정상 상태에서 측정된 값들을 공식에 대입하면 허파 내의 산소 분압은 대략 100mmHg가 된다―옮긴이). 혈액이 온몸을 돌아다니는 동안 헤모글로빈은 가지고 있던 산소를 내놓고, 산소 압력은 떨어지기 시작한다. 혈액이 심장에서 나갈 때 산소 압력은 벌써 85mmHg 정도까지 떨어져 있다. 소동맥에 들어가면 더 떨어져 약 70mmHg가 되고, 내장기관의 모세혈관에 도달하면 약 50mmHg가 된다. 이때 헤모글로빈의 산소 포화율은 약 60~70퍼센트다. 산소는 헤모글로빈에서 떨어져 나와 농도가 높은 모세혈관에서 농도가 낮은 각 세포로 확산해 들어간다. 이 농도 차가 계속 유지되는 것은 호흡으로 끊임없이 산소를 없애기 때문이다. 대부분의 세포에서 산소 압력은 대략 1~10mmHg이다. 마지막 단계에 가면 산소가 미토콘드리아로 빨려 들어간다. 미토콘드리아에서는 호흡이 활발하기 때문에 산소 농도는 훨씬 낮아서, 보통 0.5mmHg도 안 된다. 퍼센트로 따지자면 대기 중 산소 농도의 0.3퍼센트 미만이고, 전체 대기 압력의 0.07퍼센트를 밑돈다. 엄청나게 낮은 수치다. 원시 지구의 '무산소' 상태보다 크게 나을 것도 없다. 미토콘드리아에 과거의 흔적이 남아 있는 것일까?

콩과식물의 뿌리혹에서 일어나는 대사작용과 동물의 호흡 사이에 비슷한 점이 또 있다. 바로 헤모글로빈과 그 비슷한 종류의 단백질(이를테면 근육 단백질인 미오글로빈)이 하는 일이다. 이번 장에서 워낙 여러 가지 얘기들이 나왔기 때문에, 고세균인 할로박테리움 살리나룸Halobacterium salinarum에서 헤모글로빈과 닮은, 그것도 아미노산 서열이 매우 비슷한 단백질이 발견되었다고 해도 이제 독자 여러분은 별로 놀라지 않을 것 같다. 2000년 2월, 미국 하와이에 있는 호놀룰루 대학의 후 샤오빈侯少斌이 이 사실을 『네이처』에 발표했다. 헤모글로빈과 미오글로빈이 아주 오래전부터 존재했다는 사실 자체는 그리 놀라운 것이 아니다. 세균 유전자에 헤모글로빈과 비슷한 서열이 있기 때문이다. 여기서 중요한 점은 헤모글로빈과 비슷한 분자를 LUCA가 가지고 있었다는 사실이다.

동물의 혈액을 타고 다니며 산소를 전달해주는 단백질인 헤모글로빈을 도대체 무엇 때문에 LUCA가 가지고 있었을까? 그런 단백질이 단세포 생물에 들어 있는 것 자체가 이상하지 않은가? 여기서 시각을 바꾸면 답이 보인다. 헤모글로빈을 산소 운반체로 볼 것이 아니라 산소의 저장과 공급을 조절하는 분자로 봐야 한다는 얘기다. 콩과식물 뿌리혹에 있는 레그헤모글로빈의 본질적인 역할이 바로 이런 일이다. 레그헤모글로빈은 세포 안에서 산소 농도를 낮게 유지하다가 필요할 때 산소를 내놓는다. 미오글로빈도 이런 일을 하고 있다. 근육이 붉은색인 것은 이 단백질 때문이다. 미오글로빈은 헤모글로빈의 소단위 하나와 구조가 비슷한데(헤모글로빈은 소단위 네 개로 이루어져 있다), 산소에 대한 친화력이 헤모글로빈보다 더 높다. 근육에 있는 미오글로빈이 혈액에서 산소를 빼앗아 와 필요할 때까지 저장할 수 있다는 뜻이다. 고래처럼 잠수를 하는 포유류의 경우 근육에 미오글로빈이 굉장히 많아서 산소를 많이 저장할 수 있다. 덕분에 한번 잠수하면 한 시간씩이나 숨을 쉬지 않고도 물속에서 견딜 수 있다. 이때 근육의 자유 산소 농도는 낮고 일정하게 유지된다.

단세포 생물에서도 작용이 똑같다. 헤모글로빈과 비슷한 단백질이 산소를 저장하고 내보내면서 세포 내의 산소 농도를 호흡하기 알맞을 정도로만 낮고 일정하게 유지한다. 후 샤오빈과 동료들의 발견으로 이 역할이 빛을 보게 되었다. 할로박테리움 살리나룸에서 발견된, 헤모글로빈을 닮은 분자는 산소 감지기 역할을 한다. 덕분에 이 고세균은 주변의 산소량을 감지해 산소 농도가 적당한 곳으로 이동할 수 있다. 일부 세균도 이런 식으로 산소 감지기를 이용한다. 여기서 공통분모는 헤모글로빈을 닮은 분자가 세포 내의 산소 농도를 적절한 수준으로 유지하는 능력이다.

이런 점에서 볼 때, LUCA가 산소 호흡을 할 수 있었다는 카스트레사나와 사라스테의 주장은 이치에 맞는다. 산소가 많이도 필요 없이, 거의 검출되지 않을 정도만 되어도 충분했다. LUCA는 산소를 저장했다가 필요할 때 쓸 수 있었다. 그렇다면 LUCA의 많은 후손들은 각각 특정한 환경에 적응하면서 산소를 이용해 에너지를 얻는 능력을 잃어버렸다는 얘기가 된다. 다른 후손들은 아황산염과 아질산염을 대사하는 능력을 잃어버렸다. 진핵생물의 경우에는 시토크롬 산화효소를 포함해 대부분의 호흡 단백질을 만드는 유전자를 잃어버렸다가 자색세균을 만나 그 일부를 다시 얻었다. 이 자색세균이 나중에 미토콘드리아가 되었다. 진핵세포가 잃어버린 유전자들은 알아볼 수 없는 흔적이 되어 쓰레기 DNA를 이루고 있다.[*] 하지만 가장 놀라운 점은, LUCA가 거의 40억 년 전에 산소를 이용해 에너지를 얻을 수 있었

---

[*] 최근에 잃어버린 유전자라면 아직 식별할 수 있다. 유전암호가 바뀔 시간이 별로 없었기 때문이다. 이런 유전자를 비발현 유전자, 또는 위유전자pseudogene라고 한다. 인간 게놈 프로젝트가 완성되면서 얼마나 많은 유전자들이 이런 식으로 없어졌는지 어느 정도는 알 수 있게 되었다. 후각 유전자가 아주 좋은 예다. 우리 인간은 냄새를 감지하는 데에 쓰이는 유전자를 900개나 갖고 있었지만 지금은 그중 60퍼센트가 '망가져' 단백질을 만들 수 없다. 원시시대의 우리 조상들이 숲에 적응하면서 시각이 후각보다 생존에 더 중요하게 되었고, 그래서 냄새를 맡는 데에 필요한 유전자를 많이 잃었어도 불리한 결과는 없었다.

다는 사실이다. LUCA는 분명히 산소를 처리할 줄 알았고, 헤모글로빈을 닮은 단백질과 SOD 등의 항산화 효소를 이용해 스스로를 보호했다. 산소 농도가 증가하면서 일어난 일종의 산소 대학살에 대항하느라 항산화제가 나중에 등장했다는 주장이 틀렸다는 사실을 이번에는 유전적 관점에서 다시 한번 확인할 수 있다.

§

우리가 유전자에서 알아낸 이야기는 이론적일 수밖에 없지만 이를 뒷받침하는 흥미롭고도 논리적인 증거가 있다. LUCA가 다방면으로 대사작용을 했다고 결론을 내리면 기존의 교과서적인 시각으로는 쉽사리 풀지 못했던 많은 모순점을 해결할 수 있다. 특히 광합성의 진화에 관한 부분과 헤모글로빈과 산소 호흡이 오래전부터 존재했다는 점을 설명할 수 있다. 그리고 만약 그 설명이 타당하다면 지금까지 일반적으로 알려졌던 개념이 완전히 뒤집히게 된다.

우선 새로 등장한 진화 가설을 전체적으로 정리해가며 살펴보자. LUCA는 자외선이 쏟아지는 세계에 살고 있었다. 이것 자체에서부터, 생명이 어디서 시작되었든 LUCA가 적어도 얼마 동안은 해수면과 가까운 곳에 살고 있었다는 사실을 알 수 있다. LUCA는 고세균으로 진화했다. 그렇다면 일부 학자들의 주장과는 달리 황과 열을 좋아하는 호극성 세균은 진짜 최초의 생물이 아니다. 반대로, 만일 LUCA가 다방면으로 대사작용을 했다면 그런 융통성을 요구하는 세계에 살았을 것이고, 그런 환경에 해수면이 포함되어 있는 것이다.

해수면에 쏟아진 자외선은 흔히 묘사되는 파괴성과는 거리가 멀다. 오히려 자외선이 물을 쪼개 자유라디칼과 과산화수소를 만들어준 덕분에 에너지원이 더 생겼다. 과산화수소는 안정적인 편이기 때문에 얕은 바다와 호수에 쌓였다가 나중에 물과 산소로 분해되었다. 이런 식으로 세포 안에 생긴 산소를 헤모글로빈을 이용해 붙잡아 저장할 수 있었다. 저장해둔 산소는 나중에 시토크롬 산화효소를 통해 에너지를 만드는 데에 쓰였다. 여러 생물에 두루 존재하는 헴은 시토크롬 산화효소와 헤모글로빈의 구성요소인 동시에 화학적으로 아주 비슷한 엽록소가 진화하는 밑바탕이 되기도 했다. 엽록소는 빛에너지를 포착해 그것을 당으로 바꾸며 이때 기존의 여러 호흡 경로를 이용한다.[*]

최초의 광합성 생물은 황화수소나 철염류를 쪼개 사용했지만 고립된 환경에서 이런 물질이 산화성 스트레스 때문에 다 사라지자(제7장 참조) 선택압력에 밀려 대신할 물질을 찾았다. 그것이 바로 과산화수소였고, 나중에는 물을 이용하게 되었다. 산소 발생형 광합성이 시작되자 자유 산소가 대기에 쌓이기 시작했고, 그렇게 해서 세계는 돌이킬 수 없이 변했다. 하지만 호흡 대사에 딱 맞는 산소 농도는 원래 호흡효소가 생겼을 당시 그대로다. 심지어 오늘날에도 우리 인간의 시토크롬 산화효소는 산소 농도가 대기 중 산소 압력의 0.3퍼센트 미만일 때 제일 작용을 잘한다. 그래서 지금도 우리 몸은 언제나 산소의 양을 이 농도로 유지하려고 한다.

출발점은 크게 다르지만 이 새로운 이론을 최근의 의학 연구에, 그중에서도 특히 항산화제 치료에 상당 부분 적용할 수 있다. 인간이 얻는 많은 질병은 몸 안팎의 산소 농도 차이로 인해 계속 부담을 얻기 때문에 생긴다. 이런 부담을 궁극적으로 처리하는 것이 각 세포의 항산화제 평형이다. 항산화제 평형은 처음부터 지금까지 그대로 유지되고 있다. 우리 몸에서 체액의 염분이 한결같이 유지되는 것과 마찬가지다. 우리 몸의 체액은 조상인 단세포 생물들이 예전에 살았던 바닷물과 지금도 똑같다(J. B. S. 홀데인은 인간의 몸을 이루고 있는 세포들을 바다 괴물이라고 표현했다).

항산화제 평형은 세포 가장 깊은 곳의 작용에 반드시 필요하기 때문에

---

[*] OEC와 시토크롬 산화효소의 반응 메커니즘이 비슷하다는 사실을 밝힌 사람은 미국 미시간 주립대학의 커티스 호건슨이다. 더 읽어보기에서 찾아볼 수 있다.

불시에 약물의 공격을 받을 경우엔 반응이 예상과 다를 수도 있다. 이번 장에서 살펴본 분자들 중 몇몇은 항산화제다. 카탈라아제는 과산화수소를 분해해 수산화라디칼을 만들지 않고도 산소를 만든다. 헤모글로빈과 미오글로빈은 산소를 붙잡았다가 세포 내의 산소 농도가 안전한 선까지 떨어졌을 때만 풀어놓는다. 시토크롬 산화효소는 남아도는 산소를 전기청소기처럼 깨끗하게 빨아들이는데, 마찬가지로 자유라디칼 중간 생성물을 내지 않는다. 이런 과정으로 각 세포 내에서 산소 농도가 조절되기 때문에 자유라디칼이 생기는 양도 줄어든다. 카탈라아제는 유독한 산소 농도를 낮추기 위해 진화했다고 추정되지만 과산화수소로 물을 만들기 위해 진화했다고 볼 수도 있다. 헤모글로빈의 경우는 산소가 부족하고 귀한 자원이었을 때 산소를 저장하기 위해 진화했다고 봐도 무방하다. 시토크롬 산화효소는 항산화제라기보다는 대사작용을 하는 효소로서 진화했다. 이런 물질들의 진화에 관련된 단서가 현재의 작용에 담겨 있지만 우리는 위험을 무릅쓰고 무시한다.

이렇게 작용이 애매하기 때문에 '항산화제'라는 말의 정의 자체에는 의외의 딜레마가 숨어 있다. 분자들이 딱 한 가지 목적으로 진화한다는 가정은 잘못된 것이다. 사실, 흔히 얘기하는 항산화제 중에는 다른 작용도 함께 하는 것들이 많다. 그리고 세포의 조절계에 밀접하게 연결되어 있다. 항산화제는 단순히 자유라디칼을 없애기보다는 생리적인 한계 내에서 산소 농도를 유지하는 역할을 한다. 이 차이는 아주 중요하다. 자유라디칼을 없애기 위해 종종 항산화제를 투여하지만 그렇게 하면 조절 균형에 부담을 줄 것이다. 따라서 건강을 생각한다면 단순히 질병 하나만을 놓고 봐서는 안 된다. 진화적 관점에서 **어떻게** 그런 작용이 일어났는지, 또 그 작용에 손을 댄다면 무슨 일이 일어날 것인지 의문을 품어야만 한다. 다음 두 장에서는 항산화제가 생명의 짜임새에 얼마나 중요한 요소인지 알아보도록 하겠다. 인간의 노화와 질병을 개선하려는 우리의 희망에 이런 사실이 어떤 의미를 가지는지 생각해보자.

9

패러독스의 초상
항산화제의 여러 측면과 비타민 C

하루에 사과를 한 개씩 먹으면 의사가 필요 없다는 속담이 있다. 그런데 이 속담이 정말일까? 정말이라면 그건 왜일까? 첫 번째 질문에 대한 대답이라면, 지금 우리가 살고 있는 과학 시대에 다소 확고하게 공식으로 자리 잡은 다음과 같은 말들일 것이다. 매일 채소와 과일을 한 번에 80그램씩 하루에 다섯 번 먹으면 심장마비, 뇌졸중, 그리고 암 중에서도 특히 호흡기와 소화기 암으로 사망할 위험을 덜어준다. 흡연 여부, 체중, 콜레스테롤 수치, 혈압 등 다른 위험요소와는 관계없이 그렇다는 것이다. 사람들은 대부분 하루에 세 번 정도씩 채소와 과일을 먹고 있다. 몇몇 대규모 역학조사에 따르면 채소와 과일 섭취를 하루에 다섯 번으로 늘리면 심장마비나 뇌졸중에 걸릴 위험은 15퍼센트, 암에 걸릴 위험은 20퍼센트나 줄어든다. 건강에 신경을 쓰는 사람은 실제로도 오래 산다. 클레멘트 프로이트의 말처럼 느낌상 그런 것 같은 게 아니라, 정말로 그렇다(클레멘트 프로이트는 지그문트 프로이트의 손자로, 유명한 방송인이자 저술가이자 요리사였다. "술, 담배, 연애를 멀리하면 오래 사

는 게 아니라 인생이 길게 느껴지는 것이다"라는 말을 한 적이 있다―옮긴이). 건강
식품점과 채식주의자 단체 및 잡지에서 모은 사람들 1만 1000명을 대상으로
17년 동안 연구한 결과에 따르면, 사망률이 일반인의 절반밖에 되지 않았
다 (채식주의자 단체에서 주도한 연구가 아니라, 영국 옥스퍼드에 있는 래드클리프
병원의 의사들이 연구해 『영국 의학 저널』에 발표한 내용이다). 그런 연구에는 거
의 매번 방법론적인 문제가 있기 마련이고 또 나 자신은 과일을 썩 좋아하지
않지만, 과일과 채소를 많이 먹으면 몸에 좋다는 사실에는 의심의 여지가 없
다. 오히려, 특히 북유럽과 미국 사람들이 식생활을 바꿔 채소와 과일을 많
이 먹도록 어떻게 설득하느냐가 문제라면 문제다. 유럽에서는 암 퇴치를 위
해 '다섯 번 먹기 운동'을 벌이고 있다.

과일과 채소가 몸에 좋은 것은 분명하지만, 아무리 상호관계가 있다 하
더라도 식생활역학은 2차원적 과학이다. 호기심이 많은 사람들에게는 두
번째의 '왜'라는 질문이 더 흥미롭고 복잡하다. 확실히 채소와 과일은 아주
좋다. 하지만 놀라운 점은, 우리가 분명하게 아는 건 그것뿐이라는 사실이
다. 존 거터리지와 배리 할리웰은 우리의 무지함에 대해 다음과 같이 신랄
하게 지적했다. "20년 동안 영양학 연구를 하면서 보니, '선진국'이 추구하
는 건강한 생활방식은 식물을 더 많이 먹자고 장려하는 것이다. 히포크라
테스 같은 발상이다. 도대체 그 이유가 무엇인지는 정작 아무도 이야기해
주지 않는다."

아마, 굳이 설명을 하라고 한다면 대부분의 사람들은 '비타민 C'나 '항산
화제' 정도의 이야기를 꺼낼 것이다. 실제 이유는 물론 훨씬 복잡하다. 과일
과 채소에서 추출된 생리활성물질은 수백 가지나 된다. 이 물질들이 건강에
미치는 영향은 일반적인 합의 없이 사람들에게 소개되고 주목을 받았다. 상
세한 부분이 너무 많기 때문에, 사람들이 한두 번쯤 들어본 비타민 몇 가지
에 기대는 것도 당연한 일이다. 하지만 사실 이런 비타민들은 우리 몸이 소
비하는 다른 수많은 물질들의 대표격이기도 하다. 2001년 3월에 영국 케임

브리지 대학의 케이티 쾨우가 의학 전문지『란셋』에 발표한 연구가 좋은 예다. 언론은 이 연구를 크게 보도하면서 한편으로는 왜곡했다. 비타민 C가 수명을 연장한다는 것이었다. 사실 케임브리지 연구팀이 발표한 내용은 이런 것이었다. 혈장 내의 비타민 C 농도가 낮은 사람들은 사망률이 높았고(사망 원인과는 관계없었다) 반대로 혈장에 비타민 C가 많은 사람들은 연구 기간 동안 사망하는 경우가 적었다. 혈장에 비타민 C의 농도가 제일 높았던 사람들의 사망률은 농도가 가장 낮았던 사람들의 사망률의 **절반**이었다. 논문에서 쾨우는 비타민 C 공급과 사망률 사이에는 관련이 **없다**고 조심스레 지적했다. 사망률은 대개 음식물 섭취와 관련이 더 많았다. 또한 같은 음식에서 동시에 섭취한 다른 요소들과 비타민 C의 양을 구별해 비교하지도 않았다(게을러서가 아니다. 특정한 질문을 던지다 보면 종종 불필요한 상세 부분을 생략하게 된다). 예를 들면 혈장 내의 비타민 E나 베타카로틴의 농도를 측정하지 않았다. 그런 항산화제들도 측정했더라면 비슷한 상관성이 나타났을 것이다. 왜냐하면 모든 종류의 항산화제가 과일에 풍부하기 때문이다. 하지만 그렇다고 사망자 수가 줄어든 원인이 항산화제라고는 얘기할 수 없다. 이렇게 케임브리지 대학의 연구에서 혈장 내의 비타민 C 농도는 종합적인 과일 섭취를 대표하는 것이었다. 비타민 C 자체의 역할에 대해서라면 우리는 잘 알지 못한다.

비타민 C가 워낙 우리에게 친숙하면서도 알 수 없는 부분이 많기 때문에, 이번 장에서는 항산화제의 기능과 작용에 대해 더 폭넓게 알아보기 위한 출발점으로 삼도록 하겠다. 흔히 물에 녹는 항산화제 정도로만 알려져 있지만, 비타민 C는 항산화제를 정의하려고 할 때 부딪치는 많은 문제점을 실제로 보여준다. 영국 뉴캐슬 대학의 저명한 노화 연구가이자 2001년에 BBC에서 강연을 했던 톰 커크우드는 비타민 C의 작용을 이렇게 표현했다.

비타민 C 분자는 자유라디칼을 만나면 산화되면서 자유라디칼의 독성을 없앤다. 그런 다음에 비타민 C 환원효소라는 효소가 산화된 비타민 C를 산화되지 않은 상태로 되돌려놓는다. 권투선수가 링에 올라가 턱을 크게 한 방 맞은 다음에 자기 코너로 돌아가 회복한 후, 다시 싸우는 것과 마찬가지다.

커크우드의 표현이 틀린 것은 아니지만 한쪽으로 치우쳐 있다. 이 단순한 표현에는 복잡한 문제가 숨어 있다. 비타민 C 분자의 활동은 동전을 뒤집는 것처럼 단순하고 반복적이다. 하지만 그 효과는 다양하고 예측할 수 없으며, 작용하는 환경에 따라 전적으로 달라진다. 동전을 뒤집으면 정반대의 결과가 나오는 것처럼 비타민 C는 한편으로는 질병을 예방하면서 다른 한편으로는 종양을 죽이고, 심지어 사람까지도 죽일 수 있다. 식품화학자 윌리엄 포터는 과학잡지에 별로 어울리지 않는 능변으로 이 어려운 문제를 멋지게 요약했다. "모순된 성질을 가진 물질이라면 여럿 있지만 그중에서도 비타민 C가 단연 최고다. 정말로 두 얼굴의 야누스, 지킬 박사와 하이드 씨 같다. 항산화제의 패러독스라 하겠다."

§

비타민 C보다 더 격렬하고 무분별하게 의학계의 의견을 편 가르는 주제도 별로 없다. 이렇게 편을 가른 장본인을 꼽자면, 위대한 화학자이자 평화운동가로 노벨상을 두 번이나 수상한 라이너스 폴링을 들 수 있다. 지금부터 폴링의 생애에 대해 간단히 살펴보자. 그의 시각은 결코 가볍게 여겨서는 안 되며, 또 앞으로도 보게 되겠지만 무비판적으로 받아들여서도 안 된다.

폴링이 생전에 이룬 업적이 비타민 C에 대한 시각 논쟁으로 가려지는 것은 참으로 유감스러운 일이다. 그는 20세기 화학의 발전에 누구보다도 큰 영향을 준 학자다. 1939년에 발표한 명저 『화학결합의 본질과 분자 및 결정의 구조』에 대해, 이제야 화학이 그저 암기하는 학문이 아니라 이해하는 학문이 되었다고 평한 사람이 있을 정도다. 폴링은 '화학결합의 성질을 연구하고

… 이를 적용해 복잡한 물질들의 구조를 밝힌' 공로를 인정받아 1954년에 노벨상을 탔다. 요컨대 특정한 발견이 아니라 20년에 걸친 연구 전체를 인정했다는 의미로, 노벨상 역사상 전례가 없는 일이었다. 확실히 현대 화학의 많은 부분이 그의 초기 연구에 밑바탕을 두고 있다. 특히 양자역학을 화학결합의 구조에 적용한 것은 큰 공로다. 폴링은 엑스레이 회절과 자기, 그리고 화학반응에서 방출되거나 흡수되는 열을 이용해 각 결합의 길이와 각도를 계산하기 시작했다. 그리고 이렇게 얻은 값을 통해 복잡한 분자들의 3차원 구조를 그렸다. 폴링이 남긴 큰 업적들 중 하나는 바로 **공명**resonance이라는 개념이다. 공명으로 전자가 다른 곳으로 옮겨가면서 분자구조가 안정된다는 것이다(전자가 공간에 '퍼져 나가' 전하 밀도를 떨어뜨린다). 앞으로 보게 되겠지만, 이 특성은 비타민 C와 다른 항산화제의 작용에 아주 중요한 역할을 한다.

1930년대 중반 무렵에 폴링은 단백질의 구조를 분석하기 시작했다. 그는 단백질의 3차원 형태를 안정시키는 데에 미세한 전하(수소결합)가 중요하다는 사실을 알아냈으며, 최초로 단백질의 완전한 구조를 밝혔다. 생화학을 공부하는 학생이라면 누구나 익숙한 알파나선과 베타병풍 구조를 밝혀낸 사람이 바로 폴링이다. 1950년대 초, 폴링은 당시 아직 풀리지 않은 DNA의 구조에 관심을 돌렸다. 제임스 왓슨은 유명한 저서 『이중나선』에서 '세계 최고의 화학자'가 DNA 문제에 관심을 갖는다는 얘기를 듣고 자신과 프랜시스 크릭이 불길한 예감을 느꼈다고 묘사했다. 두 사람은 폴링이 개발한 방법을 서둘러 응용해 그를 따돌리려 했고, 자신들의 라이벌이 초보나 하는 실수를 했다는 것을 깨달았을 때 미친 듯이 좋아했다.

그때쯤 폴링은 아내 에이바 헬렌의 격려를 받아가며 점점 반전운동에 나서기 시작했다. 1946년부터 시작해 1950년대와 1960년대에 걸쳐 폴링은 핵폭탄 낙진의 위험성을 소리 높여 주장했고, 특히 기형아 출생과 암 발생 확률이 높다는 점을 강조했다. 그리고 1957년에 핵무기 실험을 중단하라는 탄원운동을 이끌어, 마침내 1만 1000명이나 되는 과학자들의 서명을 백악관에 전달했다. 서명한 인물들 중에는 알베르트 아인슈타인, 버트런드 러셀, 알베르트 슈바이처도 있었다. 그 탄원서가 큰 역할을 해, 미국과 소련은 핵실험 금지 조약을 맺고 핵무기 실험을 중단하는 데에 합의했다. 폴링은 1963년 10월, 핵실험 금지 조약이 발효되기 시작한 바로 그날에 노벨 평화상을 탔다.

냉전 초기에는 폴링의 반전운동이 당연히 미국 정부의 의심을 샀다. 당시에는 반미활동조사위원회와 매카시 상원의원이 악명 높은 공산당 색출 작업에 열을 올리고 있었다. 1950년대 초에 폴링은 FBI의 조사를 받았으며 여권도 발급받지 못했다. '반공 표현이 강하지 않다'는 이유였다. 1954년에 노벨 화학상을 타고 『뉴욕 타임스』를 통해 그 사실이 세상에 드러난 다음에야 그는 다시 해외에 나갈 수 있게 되었다. 비슷한 문제 때문에 캘리포니아 공과대학에서도 자리를 위협받았다. 다른 과학자 40명과 함께 미 국립보건원의 재정도 지원받지 못하게 되었다. 1963년에는 결국 강제로 교수직에서 물러났다. 한동안 샌타바버라에 있는 민주주의제도연구소에서 잠시 전쟁과 평화 문제에 몰두하던 그는 마침내 1969년에 스탠퍼드 대학에서 교수직을 맡게 되었다. 그때부터 비타민 C 같은 '분자교정orthomolecular' 물질에 대한 연구를 본격적으로 시작했다. 분자교정물질이란 그가 직접 만든 용어로, 평상시에 인간의 몸에 존재하면서 생명을 유지하는 데에 반드시 필요한 물질을 뜻한다. 그는 라이너스폴링 분자교정의학연구소를 설립해 여생을 이 연구에 바쳤다.

지금까지 간단히 이야기한 바로 이 사람이 1970년에 출간된 그 유명한 『비타민 C와 감기』의 지은이다. 이 책에서 그는 다량의 비타민 C가 감기를 예방하거나 치료할 수 있다고 주장했다. 폴링은 아내와 함께 비타민 C를 매일 10그램에서 40그램씩 먹었다(일일 권장량의 몇백 배나 된다). 심지어 오렌지 주스에 비타민 C를 몇 숟가락씩 타먹기도 했다. 그 후 20년 동안 폴링은 점점 더 논쟁을 일으키는 주장을 내놓았다. 흔히 말하는 '고용량mega-doses'

의 비타민 C가 정신분열증과 심장혈관 질환을 치료하고 심장마비를 막아주며 암을 물리치고 수명을 수십 년씩 연장한다는 것이다. 무엇보다도 폴링과 스코틀랜드의 저명한 종양학자 이완 캐머런은 고용량의 비타민 C를 정맥에 주사하면 암 말기 환자의 생존 기간이 네 배로 늘어나며 심지어 암이 완치되기도 한다고 주장했다. 의학계에서는 의심스럽다는 반응을 보였지만, 미국 미네소타 주 로체스터의 메이오 클리닉에서는 비타민 C가 말기 암에 미치는 영향을 알아보기 위해 소규모로 세 번의 임상실험을 했다. 세 번 모두 어떤 유용한 점도 발견하지 못했다. 폴링과 캐머런은 그 실험이 애초부터 실패할 수밖에 없었다고 주장했다. 특히 투약을 너무 빨리 끊었고 비타민 C를 정맥주사로 놓지 않고 먹도록 한 게 문제라는 것이었다. 1989년에 미 국립보건원은 캐머런이 고른 25건의 사례를 재조사해 고용량 비타민 C가 암에 중요한 영향을 미치는지 알아보기로 했다. 그리고 1991년에 사례를 연구했지만 설득력 있는 증거를 얻지 못했다는 내용의 편지를 폴링에게 보냈다.

　폴링은 20세기 과학의 큰 인물이었다. 그의 연구는 현대 화학의 기초를 세웠다. 하지만 그가 어이없도록 자신만만했어도 절대적으로 옳은 것은 아니었다. 왓슨과 크릭이 그 사실을 알고 기뻐했듯 말이다. 그의 연구 방법은 정통적인 것이 아니었다. 폴링이 분자교정의학으로 관심을 돌리기 전에 출간된 『이중나선』에서, 왓슨은 화학에 대한 폴링의 접근법이 수학적이라기보다는 직관적이라고 표현했다. 그리고 폴링 스스로도 자기가 직관적인 추측을 이용하는 것을 '확률론적 방법'이라고 했다. 늘 한 마리 늑대처럼 어디에도 소속되지 않았던 폴링은 학계에 배신감을 느끼고 재빨리 맞받아치며 때로는 가시 돋친 인신공격까지 했다. 제약산업과 의학계에 대한 그의 태도에는 이런 경험의 영향이 컸다. 그는 제약산업과 의학계를 '질병 산업'이라고 하면서 약을 많이 팔기 위해 대중을 속이고 있다고 비난했다. 한편 그쪽에서는 비타민 C에 대한 폴링의 주장을 엉터리 사기로 취급했다. 학술지에서는 그의 논문과 공공연한 말싸움으로 변질된 논쟁을 싣기를 꺼리게 되었다.

그것은 지금도 마찬가지다. 폴링은 그렇게 감정이 상한 채 1994년에 93세의 나이로 세상을 떠났다. 만일 그의 주장이 옳다면 세상에서 제일 큰 문제, 즉 어떻게 해야 곱게 나이를 먹을 수 있을까 하는 부분이 해결된 셈이고, 그가 내놓은 간단한 해답에 등을 돌린 우리는 바보가 될 것이다. 하지만 늙는다는 불행은 지금까지 정복되지 못했다. 폴링의 예를 따르는 사람들도 그것은 마찬가지다. 그가 틀렸다고 생각해도 뭐라고 할 사람은 없을 것이다. 그의 주장에 과연 옳은 부분이 있었을까?

비타민 C가 식생활에 꼭 필요한 비타민으로 자리를 잡고 있는 이유는 흥미롭다. 고등 영장류와 기니피그, 과일박쥐를 제외하고 거의 모든 식물과 동물은 몸속에서 스스로 비타민 C를 만든다. 반면에 우리 인간은 음식으로 비타민 C를 섭취해야만 한다. 고등 영장류의 공통조상이 예전에 굴로노락톤 산화효소gulonolactone oxidase라는 효소를 만드는 유전자를 잃어버렸기 때문이다. 바로 비타민 C를 합성하는 마지막 단계에 촉매로 작용하는 효소다. 그 결과, 인류 전체는 말하자면 선천적 대사장애를 겪고 있는 셈이다. 폴링은 강연을 할 때 곧잘 이 부분으로 사람들의 관심을 모았다. 염소가 만든 비타민 C의 하루 분량이 담긴 시험관을 들고서 이렇게 말하는 것이다. "나는 의사의 충고보다는 염소의 생화학작용을 믿겠습니다."[*]

　설득력 있는 주장 같지만 여기에는 결함이 있다. 굴로노락톤 산화효소를 만드는 유전자를 잃었다고 해도 인간의 영장류 조상들에게는 불리할 것이 없었다. 만일 조금이라도 불리했다면 자연선택으로 멸종되었을 것이다. 사실상 결과적으로 영장류 전체가 그 유전자를 잃게 된 것을 보면 차라리 뭔가 이득이 있었다는 것을 알 수 있다. 할리웰과 거터리지의 권위 있는 저서

---

[*]　그 양(5~10그램)은 균질화한(수분이 많은 시료를 아주 작은 입자로 갈아서 추출하는 것을 말한다―옮긴이) 표본에서 측정한 것을 근거로 추측한 것이다. 따라서 실제로 염소가 매일 만드는 양과는 꽤 다르다.

『생물학과 의학의 자유라디칼』을 보면 짚이는 부분이 하나 있다. 굴로노락톤 산화효소가 비타민 C 합성의 부산물로 과산화수소를 만든다는 것이다. 즉 쥐 같은 동물의 몸에서 항산화제인 비타민 C가 많이 만들어지면 얄궂게도 산화성 스트레스가 생길 수 있다는 얘기다. 비타민 C가 많이 들어 있는 과일 등을 적절히 먹어주기만 한다면 비타민 C를 몸 안에서 만드는 것보다 이득인 것이다. 물론, 그 양이 충분할 때만 그렇다. 폴링의 주장 중 하나는 고릴라가 하루에 비타민 C를 보통 5그램 가까이 먹는다는 관찰에 근거를 두고 있다. 구석기 시대에 우리 인간의 조상들은 하루에 약 400밀리그램을 섭취했을 것으로 생각된다.

비타민 C를 충분히 섭취하지 않으면 생기는 결핍증으로 한때 무시무시했던 것이 바로 괴혈병이다. 지금은 괴혈병이 드물지만 옛날에는 뱃사람들의 목숨을 많이 앗아갔다. 오랫동안 항해를 하면서 신선한 음식을 먹을 수 없었기 때문이다. 제1차 세계대전 때 참전국 병사들 사이에도 괴혈병이 만연했다. 이 질병은 전 세계를 돌아다니는 탐험가들이 특히 잘 걸렸다. 한번 항해를 떠나면 때로는 몇 달이나 몇 년씩 배에서 지내야 하기 때문이다. 1536년에는 캐나다의 몬트리올을 발견한 프랑스의 탐험가 자크 카르티에가 이끄는 탐험대가 캐나다에서 얼어붙은 세인트로렌스 강에 배를 띄운 채 겨울을 나다가 선원 110명 중 열 명만 빼고는 전부 괴혈병에 걸리기도 했다. 카르티에는 이렇게 썼다. "환자들은 팔다리에 점점 힘이 빠지더니 부어오르면서 피부색이 변했고, 잇몸에서는 악취가 나고 피가 철철 흘렀다." 괴혈병에 걸리면 이런 증상들 말고도 빈혈이 오고, 몸에 저절로 멍이 들고, 자꾸 피로하고, 심장이 쇠약해져 결국 죽는다. 카르티에가 비참한 겨울을 지내고 나서 30년 후, 네덜란드의 내과 의사 론쇠스는 선원들에게 괴혈병을 방지하기 위해 오렌지를 먹으라고 충고했다. 그리고 1639년에 영국의 내과 의사 존 우돌은 레몬 주스를 추천했다. 영국해군본부는 늘 그랬듯이 무감각하게 이 권고를 무시했다. 심지어 1740년에 앤슨 경의 세계일주 원정이 괴혈병으로 중단된 다음에도 마찬가지였다. 앤슨 경은 1744년에 영국으로 돌아왔는데, 출발할 때는 1955명이나 되던 선원들이 320명은 열병과 이질로 죽고 997명은 괴혈병으로 죽었다.

선원들이 직면한 무서운 환경에 항의해 스코틀랜드 해군 군의인 제임스 린드가 1753년에 「괴혈병에 관한 논문」을 발표했는데, 마찬가지로 감귤류 과일을 먹도록 권장했다. 그러나 선배들과 달리 그는 1747년에 자기 이론을 실제로 증명했다. 영국 군함 솔즈베리 호에서 세계 최초로 대조군을 포함시켜 임상실험을 실시한 것이다. 린드는 효과가 좋다고 알려진 여러 치료법을 괴혈병에 걸린 선원 열두 명에게 실험했다. 두 명은 사과술을, 두 명은 황산을, 두 명은 식초를, 두 명은 바닷물을 매일 1리터씩 마시도록 했고, 두 명은 오렌지와 레몬을 먹고, 마지막 두 명은 마늘, 무, 페루 발삼, 몰약으로 만든 약을 먹게 했다. 오렌지와 레몬을 먹은 두 명은 빠른 속도로 회복되어 다른 선원들을 간호할 정도가 되었다. 다른 집단에서는 사과술을 먹은 두 명만 회복되는 기미가 보였다. 흥미롭게도 이렇게 실용적인 결론을 내렸지만 린드는 괴혈병을 결핍증이 아니라 습한 공기 때문에 생기는 감염병으로 보았다. 레몬 주스는 독성물질을 없애는 세제라고 생각했다.

쿡 선장은 1768년과 1775년 사이에 세계일주 항해를 두 번이나 나가면서 린드의 권고를 따랐다. 쿡은 엄격하게 규범을 지키는 사람이었는데, 훌륭한 식사와 청결, 환기, 선원들의 높은 사기를 매우 중요하게 여겼다. 그는 선원들에게 신선한 레몬과 라임, 오렌지, 양파, 양배추, 독일식 김치인 사우어크라우트, 맥아를 공급했다. 덕분에 전부 합해 6년 가까이 바다에서 지내는 동안에 딱 한 명만 괴혈병에 걸렸다. 그런데도 영국해군본부는 계속 린드의 권고를 무시하다가 1795년이 되어서야 영국 군함에 레몬 주스를 배급하기로 했다. 해군 군의인 길버트 블레인 경이 이를 법률로 제정하려고 노력한 덕분이었다. 그 효과는 대단했다. 하슬라해군병원에는 매년 괴혈병 환자가 평균 1000명 이상이었는데, 1806년부터 1810년 사이에는 환자가 겨우 두 명뿐이었다. 사회역사학자 로이 포터가 비꼰 대로, 레몬은 나폴레옹을 물리친 넬슨 제독만큼이나 큰 공을 세운 셈이다. 그러나 이 상황은 오래가지 않았다. 영국에서 늘 그랬듯이 예산이 삭감되었고, 해군본부는 레몬을 값이 더 싼 라임으로 바꿨다. 라임에는 비타민 C가 레몬의 4분의 1밖에 들어 있지 않다. 괴혈병이 다시 나타났고 설상가상으로 영국 해군들에게는 라임 주스를 마신다는 뜻으로 '라이미limeys'라는 별명이 붙어버렸다.

1840년대에 런던에 있는 킹스 대학의 의학 교수 조지 버드는 괴혈병이 감염증이 아니라 결핍증일지도 모른다는 의견을 발표했고, 덕분에 '예언자 버드'라는 칭호를 얻었다. 『런던의학신문』에 「불완전한 영양으로 인한 질병」이라는 제목으로 실은 일련의 논문에서 버드는 괴혈병이 "필수성분이 부족해 일어나며, 그 성분은 가까운 미래에 유기화학이나 생리학 분야에서 발견할 것이다"라고 예언했다.

결과적으로 버드의 예언이 실현되기까지는 93년이나 걸렸다. 질병의 원인이 세균이라는 파스퇴르의 이론에 결핍증이라는 개념이 밀려났기 때문이기도 했다. 당시 파스퇴르의 이론은 아무 상황에나 무차별적으로 적용되고 있었다. 하지만 1920년대 말에 학자들은 오렌지와 레몬, 양배추, 부신副腎에서 '항괴혈병 인자'를 앞다투어 추출했다. 특히 헝가리의 생화학자 얼베르트 센트죄르지는 산성 당의 하얀 결정을 분리해내는 데에 성공했다. 이 당의 특성은 비타민 C와 일치했지만 화학적 정체는 수수께끼였다. 유머 감각이 풍부했던 센트죄르지는 이 물질의 이름을 '이그노오스ignose'라고 지었다. –ose는 당이라는 뜻이고, 앞의 ign–은 그 성질을 모른다ignorance는 뜻에서 붙인 것이었다. 학술지 측에서 이 이름이 안 된다고 하자, 이번에는 '갓노오스godnose'라고 이름을 붙였다. 아무도 모른다god knows는 뜻이다. 결국, 1933년에 『네이처』에는 항괴혈성antiscorbutic에서 따온 아스코르브산ascorbic acid이라는 이름이 실리게 되었다. 연구는 빠르게 진척되었다. 같은 해, 스위스의 폴란드 출신 망명자 타데우시 라이히슈타인과 영국 버밍엄의 월터 하워스 경이 각각 아스코르브산을 합성했다. 이로써 아스코르브산은 화학식이 붙은 최초의 비타민이 되었다. 동시에 순전히 화학적 방법으로만 합성된 최초의 비타민이기도 했다.

얄궂게도 비타민 C가 괴혈병을 방지하는 음식 성분이라는 개념은 우리 몸 안에서 비타민 C가 실제로 어떤 역할을 하는지 이해하는 데에 방해가 된다. 비타민 C의 일일 권장량, 즉 우리가 비타민 C를 매일 얼마나 먹어야 하는지 결정하기 위한 전반적인 연구는 적극적인 기준이 아니라 괴혈병을 예방하자는 소극적인 태도에서 출발했다. **임상적** 괴혈병을 예방하기 위해, 다시 말해 질병의 징후를 나타내지 않기 위해 필요한 비타민 C의 양은 의외로 적다. 1960년대에 미국 아이오와 교도소의 수용자들을 대상으로 실시한 연구에 따르면, 하루에 약 10밀리그램만 섭취해도 괴혈병의 징후와 증상을 없앨 수 있다. 섭취량을 하루에 60밀리그램 정도로 늘리면 우리 몸은 소변으로 비타민 C를 배출하기 시작한다. 남아도는 양은 필요 없다는 얘기다. 하루에 약 60밀리그램으로 우리 몸이 포화된다는 주장을 뒷받침하는 것이 바로 비타민 C의 분해속도다. 아이오와에서 했던 연구를 보면 비타민 C가 분해되어 나온 물질이 약 60밀리그램씩 소변으로 배출되었다. 우리 몸이 하루에 그만큼씩 소비한다고 해석할 수 있다. 이와 같이 오차의 여지가 있지만, 괴혈병을 예방하는 데에 필요한 양, 소변으로 배설되는 양, 소모된 후 분해되어 배설되는 양이라는 세 가지 요소를 근거로 하루에 60밀리그램이라는 비타민 C 일일 권장량이 나온 것이다.

　이렇게 해서 더 이상 조사할 필요 없이 결론이 난 것 같아 보이지만, 사실은 극단적으로 단순화했다는 점에서 오류가 있다. 이 사례에는 실제적인 면과 개념적인 면 양쪽 모두 문제가 있다. 1990년대에 미 국립보건원의 마크 러빈이 이 부분을 조사했다. 러빈은 1989년에 캐머런이 제시한 25건의 사례를 검토하기 위해 미 국립보건원이 초빙한 연구진들 중 한 명이었는데, 지금까지 주류 의학계와 비타민 C 옹호자들 사이의 골을 좁히기 위해 누구보다도 애쓴 사람이다.

러빈은 비타민 C의 양과 비타민 C가 분해되어 배출되는 양을 측정할 때 정밀하지 못한 일반적 방법을 사용했다는 점에서 초기 측정의 정확성에 대해 의문을 품었다. 또 일일 권장량을 계산하는 데에 사용한 세 가지 요소의 근거가 되는 가정에도 의심스러운 부분이 있었다. 첫째로, 괴혈병을 예방하기 위해 필요한 비타민 C의 양은 몸의 기능을 유지하는 데에 필요한 이상적인 섭취량보다 훨씬 적을 것이다. 얼마나 적은지는 아무도 모른다. 둘째, 어떤 양을 넘었을 때 소변으로 배출되기 시작한다고 해서 꼭 몸 전체가 포화 상태라고 볼 수는 없다. 어떤 물질의 경우는 그렇지만 어떤 물질은 그렇지 않다. 비타민 C의 경우는 어떤지 알려진 바가 없다. 셋째, 비타민 C가 분해되는 속도는 섭취량 같은 다양한 요소에 따라 달라진다. 섭취량이 많을 때는 분해되는 속도가 더 빨라진다. 굳이 몸에 보존하고 있을 필요가 없기 때문이다. 즉 낮은 투여량(30밀리그램이나 60밀리그램 등)을 근거로 계산한 분해 속도는 틀렸을 수도 있다는 뜻이다. 따라서 러빈은 비타민 C 일일 권장량의 근거가 되는 개념을 배제하기로 했다.

하지만 러빈은 비판하는 데에만 머물지 않고 합리적인 비타민 C 일일 권장량을 직접 제안했다. 비타민 C가 작용하는 데에 필요한 이상적인 양과 혈액 및 몸 전체의 포화 상태를 근거로 했다. 그는 건강한 사람들을 위한 일일 권장량은 하루에 200밀리그램이며 섭취량이 400밀리그램을 넘어갈 경우엔 그만한 가치가 없다고 했다. 하루에 1그램 이상 섭취하면 위험할 수도 있는데, 설사와 콩팥결석을 일으킬 수도 있기 때문이다. 하루에 채소와 과일 다섯 접시를 먹는 것은 비타민 C를 200밀리그램에서 400밀리그램 먹는 것과 마찬가지다. 따라서 식생활만 적절히 한다면 따로 비타민 C를 먹을 필요가 없다. 나중에 다시 얘기가 나오겠지만, 비타민 보충제에 의존하는 일은 결코 좋을 것이 없다. 반면에 일일 권장량 60밀리그램은 너무 적다(미국에서는 2000년 4월에 90밀리그램으로 늘어났다). 러빈이 어떻게 해서 이런 결론을 내렸는지, 특히 항산화제의 폭넓은 작용을 이해하기 위해 우선 비타민 C가 실제로 우리 몸에서 어떤 일을 하는지 더 자세히 알아볼 필요가 있겠다.

§

항산화 효과를 일단 제쳐두고서라도, 비타민 C는 우리 몸의 정상적인 생리 작용을 유지하기 위한 다양한 생화학반응에 필요하다. 콜라겐을 합성할 때 보조인자(효소가 작용하는 데에 꼭 필요한 부속물질)로 비타민 C가 필요하다는 사실이 제일 유명하다.

콜라겐 섬유는 우리 몸에 있는 전체 단백질의 약 25퍼센트를 차지하고 있다. 콜라겐이 녹은 형태인 젤라틴은 독자 여러분도 젤리를 먹으면서 많이 접해보았을 것이다. 몸이 정상 상태일 때, 콜라겐 섬유는 결합조직의 구조를 이루는 가장 중요한 요소이면서 동시에 충격을 흡수하는 성분이 된다. 결합조직에는 뼈와 치아, 연골, 인대, 피부, 혈관 등이 있다. 그런데 비타민 C가 없으면 콜라겐 섬유는 제대로 형태를 이루지 못한다. 괴혈병에 걸렸을 때 나타나는 여러 증상들은 대부분 콜라겐의 합성과 성숙에 장애가 일어나 생긴다. 결과적으로 혈관이 약해지고 상처가 더디 낫는다. 낫기라도 한다면 말이다. 그렇게 혈관이 상하면 잇몸에서 피가 나고, 관절이 붓고, 몸에 저절로 멍이 들고, 심하게 약해진 혈관에서 체액이 스며나가면서 혈압이 떨어지고, 심장마비가 온다.

전반적인 불쾌감과 피로감, 빈혈은 꼭 괴혈병에만 나타나는 증상은 아니다. 피로에 시달리는 사람은 수백만 명이나 된다. 피로는 '잠재적' 형태의 괴혈병이라 할 수도 있지만 다른 경우에는 그렇지 않다. 「괴혈병에 관한 논문」에서 린드는 괴혈병의 초기 증상으로 항상 권태감이 나타난다고 보고했다. 콜라겐 합성이 잘못되면 권태감이 올 수도 있지만, 이 모호한 증상은 카르니틴carnitine이라는 작은 아미노산의 합성과 더 상관이 있다. 여기에 비타민 C가 필요하다. 우리 몸이 지방을 태우려면 카르니틴이 꼭 있어야 한다. 지방이 분해되면 구성성분인 지방산이 미토콘드리아로 전달되고, 거기서 산화되어 에너지를 만든다. 문제는 지방산이 혼자서는 미토콘드리아로 들어가지 못하고 반드시 카르니틴에 붙어서 이동한다는 점이다. 또한 카르니틴은 남은 유기산을 미토콘드리아에서 세포질로 빼내는 역할도 한다. 비타민 C가 없으면 카르니틴을 충분히 만들지 못하고 그러면 지방에서 에너지를 만들지 못하며, 결국 미토콘드리아는 독성이 있는 유기산으로 오염되어 당에서 에너지를 만드는 능력까지 줄어든다. 피로감은 그 결과로 나타나는 작은 증상이다.

비타민 C는 신경계와 내분비계에서도 다양한 역할을 한다. 이 두 가지는 우리 몸의 생리적·심리적 안녕에 아주 중요하다. 예를 들어 노르아드레날린noradrenaline(노르에피네프린norepinephrine이라고도 한다)을 만들려면 비타민 C가 필요하다. 노르아드레날린은 아드레날린adrenaline(에피네프린epinephrine이라고도 한다)과 비슷한 호르몬으로 스트레스에 대한 반응을 조절하는 데에 아주 중요한 역할을 한다. PAM(펩티드 알파아미노화 단일 산소화 효소peptidyl alpha-amidating mono-oxygenase)이라는 효소가 정확하게 작용하는 데에도 비타민 C가 필요하다. 이 효소는 몸 여러 군데에 있는데, 특히 뇌하수체에 많다. PAM은 미완성된 여러 펩티드 호르몬과 신경전달물질의 끝을 잘라내 활성화한다. PAM으로 활성화하지 않으면 이 호르몬들은 작용을 하지 못한다. PAM으로 활성화하는 펩티드 호르몬 몇 가지만 보더라도 비타민 C가 단순히 물에 녹는 항산화제이면서 콜라겐 합성의 보조인자라는 인식이 깨질 것이다. 우선 스테로이드 호르몬을 만들도록 자극하는 부신겉질 자극 호르몬 분비촉진 호르몬corticotrophin-releasing hormone(CRH)이 있다. 또 성장 호르몬 분비촉진 호르몬growth hormone-releasing hormone은 성장을 촉진하고 에너지대사 작용에 영향을 준다. 칼시토닌calcitonin은 인산칼슘을 흡수해 뼈로 보내는 작용을 촉진한다. 가스트린gastrin은 위산을 분비시키는 가장 강한 자극제다. 한편 옥시토신oxytocin은 젖의 분비와 자궁 수축을 자극하고, 바소프레신vasopressin은 수분 균형을 조절하고 장 수축을 자극한다. P 물질substance P은 강력한 혈관 확장제이자 감각신경 전달물질인데, 통각, 촉각, 온도 감각을 전달한다. 이렇게 작용범위가 넓은 것을 보면, 비타민 C가 우리 몸의 생리작용을 얼마나 미세하게 조정하고 있는지 누구나 알 수 있을 것이다.

그런데 이것이 전부가 아니다. 비타민 C는 백혈구에게 잡아먹히기도 한다. 우리 몸이 세균에 감염되면 우선 호중성구neutrophile라는 백혈구가 첫번째 방어작용을 시작한다. 이 방어작용에서 호중성구는 막에 있는 소규모 단백질 펌프를 이용해 주위에서 비타민 C를 빨아들인다. 호중성구 안의 비타민 C는 몇 분 내에 열 배나 늘어나고, 만일 감염이 계속되면 활동을 하지 않는 호중성구의 30배, 혈장의 100배까지 이른다. 아무리 비타민제를 잔뜩 먹더라도 마찬가지다.

비타민 C의 항산화 효과가 이제야 등장한다. 이번 장 맨 앞에 나왔던 톰 커크우드의 표현 그대로다. 호중성구는 이렇게 보호 수단을 따로 마련해야 활동을 하면서도 무사할 수 있다. 주위 환경이 바로 전쟁터가 되기 때문이다. 병사들이 적에게 염소 가스를 살포하기 전에 방독면을 쓰는 것과 좀 비슷하다. 호중성구의 경우에는 염소 가스 대신에 자유라디칼과 그 밖의 강력한 산화제를 마구 만들어낸다(이를테면 염소에서 나오는 차아염소산). 이 자유라디칼과 산화제가 세균을 죽이는 것이다.* 비타민 C는 호중성구가 스스로

---

* 만성 육아종 증후군chronic granulomatous syndrome은 NADH 산화효소를 만드는 유전자가 돌연변이를 일으켜 생기는 병이다. 이 효소는 활성화한 호중성구에서 산소 자유라디칼을 만드는데, 유전자에 돌연변이가 일어나면 당연히 그 작용을 할 수 없게 된다. 이 병에 걸린 사람들은 몸에 들어온 세균을 제대로 죽이지 못해 피부와 림프샘, 허파, 간, 뼈에 만성적인 화농성 육아종이 생긴다(쉽게 말해 종기가 난다). 또 이 환자들은 세균이 몸에 들어오는 족족 감염된다(기회감염이라고 한다). 이 질병은

만들어낸 화학물질이 우글거리는 환경에서 금방 죽지 않도록 지켜준다. 반면에 세균은 비타민 C를 흡수할 수도 없는 데다가 주위에 비타민 C가 아예 없기 때문에(호중성구가 다 빨아들여버렸다) 금방 죽는다. 러빈은 특히 호중성구의 비타민 C 흡수작용을 약학 발전에 유망하게 이용할 수 있다고 보았다. 항생제에 내성을 가진 세균이 자꾸 나타나기 때문이다.

마지막으로 빈혈에 대해 생각해보자. 빈혈도 괴혈병의 증상이지만 앞서 살펴본 경우처럼 생리작용이 고장나 생기는 것은 아니다. 이 경우에는 비타민 C가 위와 장에서 음식에 들어 있는 무기질 철에 작용한다. 대개 음식에 들어 있는 철은 물에 녹지 않는 형태(Fe^{3+})이지만 비타민 C가 물에 녹는 형태(Fe^{2+})로 바꿔주면 장에서 흡수할 수 있다(선캄브리아대 바다에서 물에 녹는 형태의 철이 물에 녹지 않는 형태로 변해 침전되어 줄무늬철광층을 형성한 것과 반대 반응이라고 생각하면 된다. 제3장 참조). 비타민 C를 충분히 섭취하지 않으면 철을 제대로 흡수해 적혈구의 헤모글로빈(여기에 철이 들어 있다)에 저장하는 데에도 차질이 생기고, 그래서 빈혈이 생기는 것이다.

§

이렇게 다양한 작용을 보면 비타민 C가 마법을 부리는 것 같다. 하지만 비타민 C는 매번 분자 수준에서 똑같이 작용한다. 그 작용은 동전을 뒤집는 것처럼 반복적이지만 결과는 정반대가 될 수도 있다. 이제부터 예를 하나 들어서 그 작용을 좀 더 자세히 알아보도록 하겠다. 콜라겐 합성에서 비타민 C가 어떻게 작용하는지, 또 항산화제로서 나타내는 특성은 무엇인지 살펴보자. 뿐만 아니라 비타민 C의 위험한 측면도 엿볼 수 있을 것이다.

콜라겐은 분자 상태의 산소가 있을 때만 만들 수 있다(제4장에서 이야기

보통 어릴 때 나타나며 항생제를 써서 어느 정도 치료할 수 있다.

했다). 산소는 비타민 C와 함께 마지막 단계의 단백질에 붙어 아미노산을 일부 바꾼다. 그러면 아미노산은 **수산화**hydroxylation한다. 수산화기(-OH)가 하나 더 생긴다는 뜻이다. 이렇게 수산화하면 각 콜라겐 사슬끼리 교차결합이 일어나 우선 콜라겐 분자들이 삼중사슬을 만들고(머리를 땋는다고 생각하면 쉽다), 그다음엔 두꺼운 콜라겐 원섬유fibril를 만든다. 이런 삼중결합 덕분에 콜라겐은 엄청난 장력을 갖는다. 산소와 비타민 C가 없으면 콜라겐 교차결합이 생기지 않고 따라서 결합조직이 약해진다. 뿐만 아니라 수산화하지 않은 콜라겐은 세포 밖으로 나가지 못하고 그냥 남아 있기 때문에 조직에 사용되지 못한다. 더군다나 안정성도 떨어지고 열에도 민감하며 소화효소에 더 쉽게 파괴된다. 괴혈병에 걸린 콜라겐으로 만든 젤리를 손님에게 대접하면 아마 욕을 얻어먹기 딱 좋을 것이다.

콜라겐이 수산화하는 메커니즘에서 비타민 C의 비밀이 드러난다. 바로 전자 공여체인 것이다. 수산화기의 산소 원자는 산소 분자에서 온 것이다. 이 산소를 붙이려면 산소 분자를 이루는 원자 두 개에 각각 전자가 하나씩 붙어야 한다. 원래 전자는 둘씩 쌍을 이루려는 경향이 있기 때문에, 대부분의 화합물은 전자를 한 개만 내놓으면 불안정한 상태가 되어 반응성이 높아진다. 철이나 구리처럼 몇 가지 안정적인 산화 상태로 존재하는 금속들의 경우엔 예외적으로 전자를 한 개만 내놓고도 무사한데, 비타민 C도 똑같은 작용을 할 수 있다. 생체반응에서 비타민 C는 **항상** 전자를 내준다. 단지 그뿐이다. 하지만 그렇다고 자기 전자를 아무데나 내놓지는 않는다. 생체 내에서는 철이나 구리에게 전자를 제일 잘 내준다.* 콜라겐 합성 과정에서 바로 이런 일이 일어난다. 수산화반응을 수행하는 효소의 중심에는 철이 박혀 있는데, 비타민 C는 이 철에 전자 하나를 내준다. 그러면 철은 자기가 받은 전

---

* 전문용어로 얘기하자면 비타민 C는 비교적 중립적인 환원력을 가지고 있다. 즉 약한 산화제에 억지로 전자를 밀어넣기보다는 강한 산화제에 전자를 내준다. 그래서 정상적인 세포작용에는 간섭하지 않는다.

자를 산소에 밀어넣고, 산소는 콜라겐에 있는 아미노산에 붙을 수 있게 된다. 이 과정에서 철은 산화되어 생체반응에 참가할 수 없는 형태(Fe^{3+})가 되었다가 비타민 C한테서 전자 하나를 돌려받는다.

따라서 이 경우에 비타민 C는 산화된 형태의 철에 전자 하나를 내주어 생체반응에 참가할 수 있는 형태로 재생시키는 역할을 하는 것이다. 수산화 효소는 일종의 회전목마 역할을 하면서 철을 이용해 산소를 아미노산에 붙인다. 이때 비타민 C는 철에 전자를 제공해 회전목마를 계속 돌아가게 하는 힘이 된다.

철(또는 구리)과 비타민 C와 산소, 이 삼총사는 사실상 비타민 C가 관여하는 모든 생리작용의 중심이라 할 수 있다. 적어도 여덟 개의 효소가 비타민 C를 보조인자로 이용하는데, 전부 철이나 구리가 효소 중심부에 들어 있다(이 여덟 개의 효소는 다음과 같다. 콜라겐 합성에 관여하는 프롤린 수산화 효소, 라이신 수산화 효소, 프로콜라겐-프롤린 2-옥소글루타레이트 3-이산소화 효소, 노르아드레날린 합성에 관여하는 도파민-베타-단일 산소화 효소, L-카르니틴 합성에 관여하는 트리메틸라이신 수산화 효소와 감마-부티로베타인 이산소화 효소, 스테로이드 합성에 관여하는 7알파-일산소화 효소, 그리고 산화질소 합성에 관여하는 내피세포 산화질소 합성효소 ─ 옮긴이). 이런 효소는 모두 철이나 구리를 이용해 산소 원자를 아미노산에 붙인다. 그리고 비타민 C를 이용해 철이나 구리를 활동적인 형태로 재생한다. 본질적으로 똑같은 반응을 통해 비타민 C는 장에서 철분의 흡수를 촉진한다. 이 경우, 비타민 C는 산화된 철에 전자를 내주고 물에 녹는 형태로 바꿔서 흡수될 수 있도록 한다.

어째서 비타민 C가 그렇게 넓은 범위에서 전자 공여체로 이용되는 것일까? 주된 이유는 두 가지가 있다. 첫째, 비타민 C는 물에 아주 잘 녹는다. 그래서 막으로 둘러싸인 한정된 공간에 농축될 수 있다(생체막은 지질로 되어 있어서 비타민 C가 뚫고 나갈 수 없다). 이를테면 도파민에서 노르아드레날린이 합성되는데, 합성되는 장소는 부신겉질 세포 안에서도 막으로 둘러싸인 작은 공간인 소포체다. 이런 소포체 내부의 비타민 C 농도는 혈장의 100배 정도 된다. 효소(도파민 단일 산소화 효소dopamine mono-oxygenase)가 비타민 C를 소비하면 전자가 막을 넘어 들어와(철을 가지고 있지 않은 단백질인 시토크롬 b651이 전자를 운반한다) 소포체 안에서 비타민 C를 재생한다. 따라서 식생활에 따라 혈장 내의 농도가 변하더라도 생리작용에 필요한 비타민 C는 며칠 또는 몇 주일씩 그 변화에서 '격리'된 채 특정한 반응에 적당한 농도로 유지될 수 있다.

비타민 C가 전자 공여체로 널리 이용되는 두 번째 이유는 반응산물이 매우 안정적이고 반응성이 없기 때문이다. 비타민 C는 전자를 내주고 나면 아스코르빌 라디칼이라는 자유라디칼이 된다. 아스코르빌 라디칼은 자유라디칼 치고 그다지 반응성이 없다. 전자의 위치 이동 덕분에 구조가 안정적이기 때문인데, 바로 이것이 1920년대 말에 라이너스 폴링이 발표한 공명 현상이다. 그러니까 비타민 C는 전자를 내주어 자유라디칼 연쇄반응을 막는 한편, 그 결과로 자기가 아스코르빌 라디칼로 변하더라도 연쇄반응을 일으키지 않는다는 얘기다.

반응이 느리기는 하지만 아스코르빌 라디칼은 보통 전자 하나를 더 내주고 탈수소아스코르브산dehydroascorbate이 된다. 이 분자는 불안정하기 때문에 빨리 붙잡지 않으면 저절로 파괴된다. 이때는 재생이 되지 않아 몸에서 없어지게 된다. 이렇게 비타민 C가 몸에서 계속 빠져나가기 때문에 매일 먹어서 보충해줘야 하는 것이다. 그렇더라도 탈수소아스코르브산을 재활용해 손실을 최소화할 수 있다. 몇 가지 효소가 탈수소아스코르브산을 붙잡아 비타민 C로 재생한다. 이 효소들은 보통 글루타티온이라는 작은 펩티드에서 전자 두 개를 가져다가 탈수소아스코르브산에게 준다. 전자 두 개가 한꺼번에 오기 때문에 비타민 C의 재생 과정에서 자유라디칼 중간 생성물은 생기지 않는다.

동전을 뒤집듯 반복적인 비타민 C의 작용은 이렇게 전자 하나를 내놓아 이루어진다(두 개를 내놓으면 탈수소아스코르브산이 된다). 글루타티온한테서 전자 두 개를 받으면 탈수소아스코르브산에서 비타민 C로 재생된다. 이런 식의 순환으로 비타민 C의 효소 보조인자 작용뿐 아니라 항산화 효과도 설명할 수 있다. 비타민 C는 대개 철이나 구리에게 전자를 내주지만, 전자가 딱 한 개만 필요한 다른 분자들도 비타민 C한테서 전자를 얻을 수 있다. 이런 분자들 중에 자유라디칼도 포함된다. 물론 여기서 말하는 자유라디칼은 짝을 이루지 못한 전자 하나를 가진 원자 또는 분자를 뜻한다(제6장).

자유라디칼은 반응할 때 대개 상대 분자한테서 전자 한 개를 빼앗는다. 전자를 빼앗긴 분자는 자유라디칼이 된다. 그러면 이렇게 새로 생긴 자유라디칼은 근처에 있는 다른 분자한테서 전자 한 개를 또 빼앗는다. 이런 식의 연쇄반응이 멈추려면 자유라디칼 두 개가 만나 서로 중화하든지, 아니면 반응성이 없는 자유라디칼이 생겨야 한다. 흔히 비타민 C가 자유라디칼을 '죽인다'고 하는데, 이때 생기는 자유라디칼인 아스코르빌 라디칼이 반응성이 없기 때문이다. 그 결과 자유라디칼 연쇄반응은 끝난다. 지질에 녹는 비타민 E(알파토코페롤)도 똑같은 방법으로 작용하지만 용액이 아니라 지질성인 막에서 활동한다. 종종 막과 세포바탕질cytosol(세포소기관들을 둘러싸고 있으며 세포질의 바탕이 되는 액상물질) 사이에서 비타민 C와 협력하기도 한다. 비타민 E가 자유라디칼과 반응하면 마찬가지로 반응성이 약한(공명으로 구조가 안정적인) 자유라디칼이 되는데, 알파토코페릴 라디칼이라고 한다. 토코페릴 라디칼은 비타민 C의 전자를 이용해 비타민 E로 돌아온다.

이번 장을 시작하면서 살짝 비쳤듯이, 이렇게 단순하고 반복적인 반응에는 위험이 숨어 있다. 비타민 C의 어두운 면이라 하겠다. 앞에서 철과 비타민 C, 산소 사이의 관계에 대해 살펴보았다. 비타민 C는 철과 산소와 함께 상호작용을 할 때 전자 공여체 역할을 한다. 하지만 **항산화제 역할을 하는 것은 아니다.** 오히려 정반대다. 비타민 C는 효소 안에 들어 있는 철을 활성 형태로 바꿔놓아 산소가 붙는 작용을 돕는다. 바꿔 말해 물질을 **산화**시키는 일을 돕는다는 얘기다. 따라서 비타민 C의 여러 이로운 작용은 사실 **산화 촉진** 작용이지 항산화작용은 전혀 아니다.

철이 단백질 중심에 잡혀 있을 때는 안전하다. 곁눈가리개를 채운 말이 앞만 보고 달리듯 딱 정해진 작용만 한다. 하지만 철이 용액에 들어가 있을 때는 얘기가 달라진다. 그렇게 되면 철은 마음대로 반응을 할 수 있다. 이게 얼마나 무서운 일인지는 제6장에서 보았다. 펜턴반응을 기억하시는지? 철은 과산화수소와 반응해 무시무시한 수산화라디칼을 만들고 자기는 산화되어 활성이 없어진다. 수산화라디칼은 곧장 제일 가까이 있는 물질들과 반응해 자유라디칼 연쇄반응을 시작한다. 이렇게 해로운 연쇄반응은 활성이 있는 철이 있을 때만 시작될 수 있고, 이 활성 철이 점점 줄어들어 마침내 다 없어져야 멈추게 된다. 앞에서 과산화라디칼은 그 자체로는 반응성이 낮지만 활성 철을 재생시켜 펜턴반응을 영원히 지속시키기 때문에 위험하다고 했다. 갖고 있던 전자를 철에게 내주는 것이다. 그런데 비타민 C도 전자를 내주고 활성 철을 재생시킬 수 있다. 따라서 이 경우에 비타민 C는 항산화제 역할을 한다기보다는 자유라디칼로 인한 손상을 **악화시킨다**고 봐야 한다. 이론적으로 비타민 C는 항산화제 역할도 하지만, 산화 촉진제 역할도 할 수 있는 것이다.

비타민 C가 산화 촉진제 역할을 할 수 있다는 것은 그저 이론상의 얘기만은 아니다. 실제로 항산화제의 효능을 시험할 때 손상을 일으키기 위해 비타민 C를 사용한다. 우선 준비된 세포막에서 자유라디칼 연쇄반응을 자극한 다음에 항산화제가 그 자리에서 이를 얼마나 잘 막아내는지 측정한다. 연쇄반응이 시작될 때 철과 비타민 C 혼합물을 넣어주는 것이다. 철은 반응의 촉매로, 비타민 C는 활성 철을 재생시키는 데에 이용한다. 만일 이런 반응이 몸 안에서 일어나는 날에는 끔찍한 결과가 나타날 것이다.

여기서 두 가지 질문이 생긴다. 비타민 C가 우리 몸속에서도 항산화제로 작용해 손상을 일으킬까? 만일 그렇지 않다면 왜일까? 무엇이 그것을 막아줄까? 평소에는 조용한 학자들이 이렇게 열을 올려 덤벼든 주제도 별로 없건만 아직 확실한 답은 얻지 못했다. 그렇지만 모호하긴 하더라도 산화 촉진 효과 문제를 통해 세포 내의 항산화제 '네트워크'에 대해 생각해볼 수 있다. 또 비타민 C의 항암작용에 관한 라이너스 폴링과 이완 캐머런의 의견이 결국 옳았을지도 모른다는 사실도 알 수 있다.

비타민 C가 사람 몸속에서 산화 촉진제로 작용한다는 증거는 거의 없다. 하지만 사람 몸이 그 위험성을 알고 있다는 사실이 몇 가지 점에서 드러난다. 특히, 혈장 내의 비타민 C 농도가 철저하게 조절된다는 점이 그렇다. 우리가 고용량 비타민 C를 섭취하더라도 혈장 내의 농도는 거의 올라가지 않는다. 혈장 내의 비타민 C 농도는 크게 두 가지로 조절된다. 바로 흡수와 배설이다. 비타민 C를 많이 먹을수록 장에서 흡수되는 양은 확 줄어든다. 그래서 고용량 비타민 C를 먹으면 부작용으로 설사를 하게 된다.* 고용량 비타민 C 요법을 주장하는 사람들은 '장이 허용하는 양을 찾을 것'을 권장하기도 한다. 설사를 일으키기 직전의 양을 알아내 최대한 많이 먹으라는 얘기다. 하지만 그래봤자 전혀 소용이 없다. 비타민 C 1그램을 먹으면 장에서는 50퍼센트도 흡수가 안 되고, 또 그 대부분은 소변으로 배설된다. 비타민 C는 대량으로 물에 녹을 수 있기 때문에 심한 결핍으로 정말 다급할 때가 아니면 재흡수도 별로 되지 않는다. 소변으로 배출되는 양은 하루에 최소 60~100밀리그램부터 그 이상 더 늘어난다. 500밀리그램을 복용하면 거의 전부 이런 식으로 배설된다. 사실 하루에 비타민 C 400밀리그램이면 혈액과 몸 전체가 포화된다. 얼마를 더 먹든 몸속의 농도는 증가하지 않는다.

---

* 비타민 C가 설사를 일으키기는 하지만, 이 특성을 해로운 부작용으로 보지 않는 것이 일반적인 시각이다. 다른 약의 부작용에 비할 바가 아니라는 것이다. 하지만 비타민 C의 농도가 위험한 수준이 되었기 때문에 몸에서 생리적 반응을 일으켜 일부러 설사를 일으키는 것이라고 보는 편이 현명할 것이다.

이 정보 자체도 가치가 있지만, 우리 몸이 비타민 C 농도를 그렇게 철저히 조절한다는 점을 미루어볼 때 그러지 못할 경우에 문제가 생긴다는 것도 알 수 있다. 비타민 C가 이런 식으로 독성이 있다는 사실을 증명한 사람은 아무도 없지만, 비타민 C가 몸속에서 항산화제로 작용한다는 사실을 증명한 사람도 없다는 점을 잊지 말아야 한다. 비타민 C가 항산화제로 **작용할 수 있다**는 사실은 잘 알려져 있고 아마 실제로도 그렇겠지만, 로켓 과학자들이 요구할 법한 종류의 정확한 증거는 나와 있지 않다. 예를 들어 현재 라이너스 폴링 연구소 소장인 발츠 프라이는 1999년에 이렇게 말했다. "항산화 비타민을 보충해 먹으면 체내에서 산화성 손상이 크게 감소한다고 결론을 내리기에는 현재까지 제시된 증거가 불충분하다." 그렇다면 동전의 다른 쪽 면인 신체적 손상은 어떨까? 만약 비타민 C의 독성이 철과 일으키는 반응에 연결되어 있다면, 어떻게든 철의 대사작용이 망가지는 질병에서 그 위험성을 제일 먼저 확인해볼 수 있을 것이다.

그런 상태가 되면 몸에 철이 지나치게 많이 쌓인다. 놀라운 얘기지만, 우리 몸에는 과다한 철을 없애는 메커니즘이 없다. 기껏해야 월경 출혈이나 소화관 안쪽의 세포가 떨어지는 게 고작이다. 따라서 그 대신에 철의 **흡수**가 철저하게 조절되어야 한다. 선천적으로 몸속에 철이 지나치게 많아지는 병을 혈색소증이라고 하는데, 장에서 철 흡수를 조절하는 메커니즘이 망가져서 생긴다. 식생활에 따라 다르지만 철이 너무 많이 흡수되는 상태가 40년 이상 계속되면 그동안 쌓인 철은 몸이 안전하게 저장할 수 있는 한계를 넘어가버린다. 마음대로 활동할 수 있는 철이 혈액에 나타난다. 그 결과는 끔찍하다. 치료를 받지 않으면 환자는 간이 손상되고(간경화나 간암의 원인이 된다), 체중이 줄어들고, 피부에 색소가 침착되며, 관절에 염증이 생기고, 당뇨병이 생기고, 심장발작이 일어난다. 드문 병이 아니다. 서구 사람들 중 거

의 0.5퍼센트가 이 병을 앓고 있을 정도로 유전자 질환 가운데 가장 흔하다.[*]

이렇게 몸에 철이 너무 많은 환자들에게 비타민 C가 영향을 미치는 방법은 이론상 두 가지다. 첫째, 장에서 철이 흡수되는 속도를 빠르게 한다. 고용량 비타민 C가 건강한 사람의 몸에 철이 지나치게 쌓이게 한다는 증거는 없지만, 한편으로는 혈색소증 환자에게 얼마나 해로울지도 전혀 알 수 없다. 둘째, 비타민 C는 남아도는 철을 반응에 참가할 수 있는 형태로 바꾼다. 이렇게 되면 자유라디칼을 만드는 반응을 촉매할 수 있다. 혈색소증 환자 몸에서 비타민 C가 항산화제 역할을 할지 아니면 산화제 역할을 할지가 이 작용에 따라 좌우되는지는 아직 밝혀지지 않았다. 대부분의 증거를 보면 그렇지 않다고 나타나지만 몇몇 사례 보고에서는 해로운 영향이 있다는 결과가 나왔다. 예를 들어 오스트레일리아에 사는 어떤 청년은 1년 동안 고용량 비타민 C를 복용했다가 심한 심장발작으로 병원에 실려 갔다. 그는 여드레 후에 죽었는데, 부검 결과에 따르면 혈색소증으로 나타났다. 의사들은 비타민 C를 지나치게 섭취한 것이 병의 진행을 빠르게 했다고 결론 내렸다.

이제 그 위험성을 다른 시각에서 보자. 비타민 C에 어두운 측면이 있는 것은 사실이지만, 그런 어두운 면이 암을 치료하는 데에 도움이 될 수도 있다. 지금까지 밝혀진 바로는 비타민 C가 시험관 내에서 배양된 종양세포를 죽일 수 있으며, 그 정도는 철과 산소의 공급에 따라 달라진다. 또 말라리아 원충은 생활사의 한 단계에서 헤모글로빈한테서 철을 빼앗아 축적하는데, 비타민 C가 말라리아 원충을 죽일 수 있다. 이것으로 폴링과 캐머런의 발견을 설명할 수 있을까? 확실히 일리가 있다. 커다란 종양의 중심은 이미 죽었거나 죽어가는 세포로 이루어져 있는데, 이 세포들이 변성되면서 철을 내놓는다.

---

[*] 다른 질병을 치료하다가 철이 과잉되기도 한다. 특히 지중해성 빈혈이 이런 경우인데, 헤모글로빈을 정상 속도로 만들어내지 못해 생기는 질병이다. 이때 정기적으로 수혈을 하지 않으면 환자는 대부분 어린 시절에 죽게 된다. 반면에 정기적으로 수혈을 하면 많은 경우에 환자의 몸이 결국 철분 과잉에 이르게 된다.

정상 세포에서는 철의 대사가 미세하게 조절되지만, 무질서하고 되는 대로 활동하는 암세포의 경우에는 그렇지 못하다. 게다가 방사선요법이나 화학 요법을 사용하면 일시적으로 혈장에 철이 지나치게 많아지는데, 그 일부는 종양 자체에서 나온 것이다. 이런 여러 가지 이유로, 종양에는 정상적인 조직보다 철이 높은 농도로 존재한다고 볼 수 있다. 따라서 산소와 비타민 C가 존재한다면 종양은 산화성 스트레스에 놓이게 되어 죽을 것이다.

만일 그렇다면, 똑같이 고용량 비타민 C를 썼는데도 캐머런의 주장을 검증할 때는 왜 효과가 나타나지 않았을까? 마크 러빈과 서배스천 퍼데이야티는 2001년 『캐나다의학협회 저널』에서 비타민 C의 항암 효과를 날카롭게 재평가하면서 문제는 투여하는 **방법**에 달려 있다고 주장했다. 폴링과 캐머런은 비타민 C를 정맥주사로 환자에게 투여한 반면, 메이오 클리닉에서 실험할 때는 고용량의 비타민 C를 환자가 먹도록 했다. 비타민 C를 먹어서 섭취하면, 흡수되는 속도는 느리고 배출되는 속도는 빠르기 때문에 혈장 내의 농도는 사실상 일정하게 유지된다. 반면에 정맥으로 주사하면 흡수 과정을 거칠 필요가 없으며 콩팥이 혈액에서 비타민 C를 없애는 데에는 시간이 걸린다. 따라서 짧은 기간 동안 혈액 내의 비타민 C 농도는 정상적인 포화점의 50배에 이르게 된다. 여기서 차이가 나는 것이다. 퍼데이야티와 러빈은 그 가능성을 정밀하게 새로이 실험할 것을 요구했다.

한편 새로 등장한 혁신적인 암 치료법을 통해 비타민 C가 자유라디칼의 영향을 강화해 종양을 죽이는 데에 도움이 된다는 사실이 드러났다. 이 치료법을 광역학요법이라고 하는데, 제6장에서 잠깐 얘기했다. 이 치료법에서는 약물을 투여한 다음에 빛을 이용해 활성화한다. 일단 활성화한 약물은 화학 에너지를 산소로 전달해 단일항 산소와 여러 자유라디칼을 만든다. 이것들이 종양을 공격하는 것이다. 미국 아이오와 대학과 중국의 연구팀은 광역학요법과 함께 고용량 비타민 C를 투여하면 종양을 파괴하는 효과가 높아진다는 결과를 얻었다. 만일 이것이 중요한 임상 효과로 밝혀진다면(아직은 그렇게 말하기 이르다) 선도자 폴링의 더럽혀진 평판도 회복될 수 있을 것이다.

§

지금까지 비타민 C의 예를 들어 항산화제의 광범위한 기능과 작용을 살펴보았다. 여기서 알 수 있는 사실은 다음과 같다. 첫째, 비타민 C는 그 화학적 성질 때문에 어쩔 수 없이 반복적인 분자활동을 하게 된다. 악당으로부터 우리를 구하기 위해 어떤 모습으로든 변신하는 슈퍼 히어로가 아니라는 얘기다. 항산화제 분자는 각각의 화학적 성질이 허락하는 한계 내에서 철저하게 제한적으로 행동할 수밖에 없다. 하지만 그렇다고 작용 범위가 좁은 것은 아니다. 둘째, 한 가지 반복적인 작용을 통해 항산화작용 말고도 다른 생리작용을 할 수 있다. 앞서 얘기한 것처럼 비타민 C는 적어도 여덟 개나 되는 효소에 보조인자로 작용하며, 이 효소들은 각각 우리 몸에서 전혀 다른 작용을 한다. 콜라겐 합성이나 지방대사처럼 일상적인 일부터 스트레스에 대한 반응(노르아드레날린 합성)이나 통증의 인식(P 물질의 활성)처럼 생존에 관계된 일까지 그 범위는 다양하다. 사실, 비타민 C의 여러 작용 중에서 항산화작용이 제일 덜 밝혀져 있다. 이 점은 다른 유명한 항산화제들도 마찬가지다.

비타민 C가 우리 몸에서 **분명히** 항산화제로 작용한다는 점은, 세균이 침입했을 때 호중성구가 비타민 C를 재빨리 빨아들인다는 사실에서 가장 확실하게 드러난다. 비타민 C는 호중성구가 방출하는 항균물질로부터 호중성구를 보호한다. 여기서 호중성구가 세균을 만나 활성화했을 때만 비타민 C를 축적한다는 사실을 기억해두어야 한다. 필요 없을 때 비타민 C를 빨아들이는 일이 에너지 낭비이기 때문이기도 하지만, 동시에 비타민 C의 독성을 피하기 위해서라고 볼 수도 있다. 여기서 항산화제에 대해 또 다른 사실을 알 수 있다. 정확한 항산화작용은 그 환경에 따라 좌우된다는 점이다. 비타민 C가 항산화제로 작용할지 산화 촉진제로 작용할지, 또는 그 중간작용을 할지는 우선 다른 분자들과 이루는 상호작용에 달려 있다. 앞서 살펴본 대로 비타민 C는 일부 자유라디칼과 직접 반응하지만 철이나 구리, 비타민 E, 글루타티온과도 반응한다. 비타민 C가 우리 몸에 이로운 항산화작용을 하려면 이런 물질들이 각각 올바른 위치에 올바른 양만큼 존재해야 하며, 이를 위해서는 각각 보조적인 분자 네트워크가 필요하다. 전체적인 시각에서 보자면 사실상 이 모든 요소들을 전부 항산화제로 보아야 한다. 그럼 경계선을 어디로 정해야 할까? 항산화제를 정의하는 일이 얼마나 어려운지 이해하기 위해 활성화한 호중성구의 활동을 간단히 살펴보며 이번 장을 마무리하도록 하겠다.

호중성구는 혈장 농도의 100배나 되도록 비타민 C를 축적하지만 비타민 C 자체를 흡수하는 것은 아니다. 비타민 C가 산화된 형태인 탈수소아스코르브산만 흡수한다. 호중성구는 세포막에 단백질 펌프가 있어서 탈수소아스코르브산을 알아보고 세포 안으로 퍼넣는다. 탈수소아스코르브산이 세포 안에 들어와도 비타민 C로 재생되기 전까지는 쓸모가 없다. 호중성구 안에서 이 과정이 일어나려면 글루타리독신glutaredoxin이라는 효소가 필요하다. 글루타티온에서 전자를 받아 비타민 C를 재생시키는 작용을 하는 효소다. 이 작용 전체가 중단되지 않으려면 전자를 빼앗긴 글루타티온도 재생되어야 한다. 글루타티온을 재생시키는 일은 글루타티온 환원효소glutathione reductase라는 효소가 맡는다. 이 효소는 세포호흡 과정 중 산소에서 물로 넘어가기로 되어 있는 전자를 가져다 이용한다. 이는 생명 자체를 걸고 확률이 낮은 도박을 하는 것이나 마찬가지다. 그렇게 되면 호중성구의 생리적 평형은 정상적인 호흡에서, 즉 숨을 쉬는 일에서 글루타티온을 재생하고 이어서 비타민 C를 재생하는 비상 상태로 넘어가게 된다. 다시 말해 활성화한 호중성구는 숨을 쉬는 일과 방어활동을 맞바꾸는 것이다. 그렇게 되면 세균을 죽

이는 동안 숨을 안 쉬고도 살아남기를 바라는 수밖에 없다.[*]

참으로 힘든 도박이다. 여기서 의문이 생긴다. **왜 하필이면 비타민 C일까?** 비타민 C는 물에 녹기 때문에 세포바탕질 안에 축적된다. 세균에 맞서는 방패막이들은 호중성구 내부가 아니라 이를 둘러싼 세포막에 존재한다. 세포막을 이루고 있는 지방은 비타민 C와 섞일 수 없다. 세균은 호중성구에게 잡아먹힌 다음에도 세포막이 안으로 밀려 생겨난 포식 주머니 안에 분리되어 있다. 호중성구는 이 주머니 안에 독소를 쏟아넣는다(세포막 바깥에도 뿌린다). 자기들이 방출하는 독소에 죽지 않으려면 세포막 바깥과 안쪽 주머니의 막을 온전하게 유지해야 한다. 만일 세균과 싸우다가 이 막이 망가지면 호중성구는 죽게 된다. 사람의 가죽을 벗기면 죽는 것이나 마찬가지다. 실제로 비타민 C는 제일선의 병력을 불러모아 그야말로 생기를 회복시키는 역할을 하고 있다.

지질에 녹는 비타민 E는 세포막의 제일가는 방어군이다. 비타민 E는 막을 망가뜨릴 수 있는 자유라디칼에 직접 전자를 내주어 중화시키고는 장렬히 전사한다. 전사한 사체는 알파토코페릴 라디칼이다. 거의 활성이 없는 이 라디칼에 비타민 C가 다시 숨을 불어넣으면 비타민 E는 부활한다. 이 반응은 효소의 도움 없이 일어나지만, 반응이 일어나는 속도는 비타민 E에 대한 비타민 C의 상대적인 양에 따라 달라진다. 비타민 C가 많을수록 비타민 E의 재생이 빨라진다. 바로 이런 이유로 호중성구가 비타민 C를 잔뜩 비축하는 것이다. 하지만 동시에 비타민 C의 농도가 높아지면 위험성도 생긴다. 특히

---

[*] 고용량 비타민 C 요법을 옹호하는 사람들의 주장에 따르면 글루타티온으로 비타민 C를 재생하는 것은 불리한 일이다. 재생속도가 느린 데다 세포의 에너지를 고갈시켜 궁극적으로 심각한 위기를 불러일으키기 때문이다. 병이 났을 때 고용량 비타민 C를 섭취해야 하는 근본적인 이유는 이런 위험한 재생 과정을 피하기 위해서다. 하지만 이런 것은 세포 밖에서는 효과가 있을지 몰라도 방어활동이 시급한 세포 안에서는 소용이 없다. 세포 대부분이 비타민 C가 산화된 상태인 탈수소아스코르브산만 알아보기 때문이다. 고용량 비타민 C가 세포 안에 들어가려면 우선 혈액에서 산화된 다음에 탈수소아스코르브산의 형태로 세포에 들어가 글루타티온을 이용해 비타민 C로 재생되어야만 한다. 여기서 지름길은 없다.

자유라디칼이 존재할 때 더 그렇다. 과산화라디칼은 단백질에서 철을 빼낼 수 있다(제6장). 그러면 비타민 C는 편을 바꿔서 산화 촉진제로 활동할 수도 있다. 이런 일이 일어나지 못하게 하려면 주요 **공작원**인 철과 구리를 잡아 가둬야 한다. 미리 대비하기 위해서는 세포 안에 마음대로 돌아다니는 철이나 구리를 찾아내는 감지장치 분자가 있어야 하고, 단백질 감옥에 가둬둘 자리도 필요하다(철의 경우에는 페리틴, 구리의 경우에는 세룰로플라스민). 가둘 자리가 한정되어 있을 경우에는 새로 단백질 감옥을 만들어야 한다. 그러기 위해서는 다양한 유전자가 전사되고 번역되어야 한다. 인간의 몸에서 호중성구가 활성화하고 두 시간이면 페리틴과 세룰로플라스민 유전자까지 합해서 총 350개 정도의 유전자가 발현된다.

전체적인 작용에는 이렇게 뒤얽힌 사슬의 각 연결고리가 전부 중요하다. 호중성구는 비타민 C를 축적해 스스로를 보호하지만 세균은 그러지 못하는 이유는 딱 하나다. 세균은 주변에 있는 탈수소아스코르브산을 감지하거나 안으로 퍼담지 못하기 때문이다. 호중성구의 경우엔 반응 전체가 주위의 탈수소아스코르브산의 존재로 인해 활성화한다. 탈수소아스코르브산이 많을수록 펌프는 빨리 작동한다. 사실 세균이 없어도 탈수소아스코르브산만 조금 넣어주면 호중성구를 활성화할 수 있다. 반면에 세균은 그냥 가만히 있다. 탈수소아스코르브산에 빠져 죽을 지경이 되어도 마찬가지다. 비타민 C와 비타민 E, 글루타티온을 재생하고 철이나 구리를 숨기는 데에 필요한 장치를 전부 갖추고 있지만 탈수소아스코르브산은 알아보지 못한다. 이 딱 한 가지 결함 때문에 세균은 목숨을 잃을 수도 있다. 그렇게 되면 호중성구가 벌인 위험한 도박은 성공하는 것이다.

이 시나리오의 가장 두드러진 특징이라면, 탈수소아스코르브산이 존재할 경우에 호중성구의 대사작용 전체가 변한다는 점이다. 이런 변화들이 다 함께 작용해 전체적인 항산화반응이 이루어진다. 따라서 항산화제를 특정한 종류의 활동만 하는 분자로 단순히 정의 내릴 수는 없다. 탈수소아스코르브산을 '알아보는' 것은 항산화반응이다. 철을 숨기는 것도 항산화반응이다. 글루타티온을 재생시키는 것도 항산화반응이다. 심지어 호흡을 멈춰 대사율을 떨어뜨리는 것도 항산화반응이다. 비타민 C처럼 대개 항산화제로 묘사되는 요소들과 세포호흡에서 일어나는 환원작용처럼 대개는 항산화반응으로 분류되지 않는 생리적 적응 사이를 가르는 명확한 선은 없다. 생물의 몸에서 이렇게 거미줄처럼 연결된 대규모 상호작용이 어떤 식으로 일어나는지를 조금이라도 이해하려면 한 발 물러나 조금 멀리서 바라볼 필요가 있다. 다음 장에서는 생물이 산화성 스트레스를 어떻게 처리하는지 더 넓은 범위에서 살펴보도록 하자.

10

항산화 장치

산소와 더불어 살아가는 101가지 방법

'실업자', '문맹 퇴치', '세금 인상 반대'처럼 정부가 상대하는 말은 그 정의 가 엄격하다. 야당 대변인과 신문 논설위원들은 그런 단어의 정의가 타당한 지를 문제 삼는다. 이리저리 설전이 오가면서 의미 없는 소동이 벌어진다. 흔히 생각하기에 과학자들은 이런 일에 초연할 것 같다. 과학책에 나오는 전문용어에 반대하는 사람은 없다. 정의가 명확하고 양적으로 계산할 수 있 다. 비록 읽기에 재미는 없지만 말이다. 과학자들은 하나의 정의를 수학기 호로 표시하려고 노력한다. 그 정의가 무리 없이 방정식으로 나와주어야 모 두 만족한다. 하지만 수학의 완벽한 질서 내에서도 늘 정확할 수 있는 것은 아니다. '사소한 요소'가 항상 문제가 된다. 세계란 편협한 분류로 나눠지지 않는다는 사실을 여기서 배울 수 있다.

생물학의 경우, 정의 문제는 수학에서보다 훨씬 심하다. 아예 '증명'이 라는 단어를 쓰지 않는 생물학자들도 있다. 지나치게 정확한 말이기 때문이 다. 의사들은 '치료'라는 단어를 잘 쓰지 않는다. 어쨌거나 혹시 모를 일 아닌가? '완화'라는 단어가 더 쓰기 편하다. 물론 그 단어가 거의 의미를 지니지 않을 때의 얘기다. '내가 아는 바로는 지금 당장은 병이 없어진 것 같다. 그런데 언제 다시 나타날지는 모르겠다' 정도로 이해하면 된다. 우리 인간은 모든 것의 정의를 각각 한 가지로 정하고 싶어하지만 자연은 그것을 교묘하게 피한다. '생물'의 정의는 무엇일까? 생식과 대사작용이 생물의 필수조건인 듯하지만, 그러면 바이러스는 생물일까? 바이러스는 스스로 대사작용을 하지 않으며 따라서 생물의 정의에서 대부분 벗어난다. 바이러스를 포함할 수 있도록 생물의 정의를 바꿔보자. 그러면 단백질일 뿐이면서 증식을 하는 프리온도 생물에 넣어야 할까? 노화의 정의는 무엇일까? 신체 기능이 가차없이 줄어들다가 결국 죽는 것? 하지만 이것은 노화에 대한 설명이지 정의는 아닐 수도 있다. 생명을 정의할 수 없다면 도대체 죽음이란 무엇일까? 만일 프리온이 살아 있지 않다면 죽어 있다는 얘기일까? 그렇다면 프리온을 죽일 수는 없다는 뜻이 될까?

이런 의미론의 바다에서 허우적거릴 생각은 없다. 물론 방금 던진 질문에 대한 해답은 다 있다. 비록 희한할 정도로 단순하지만 말이다. 이런 얘기를 꺼낸 것은 '항산화제'라는 용어의 넓은 정의를 찾기 위해서다. 혼란이 생길 수도 있다는 얘기는 제9장에서 했다. 문제는 딱 하나, 정확성이다. 그렇게 애매한 개념을 정의하면서 얼마나 정확할 수 있을까?

'항산화제'의 원래 정의는 화학에서 나왔다. 상징투성이인 과학에 걸맞게 거기에는 정확한 의미가 있었다. 항산화제란 어떤 물질이 산화되는 것(또는 전자를 빼앗기는)을 막아주는 전자 공여체다. 이 말은 1940년대에 식품 공학이 발달하면서 등장했다. 버터 같은 지방질 음식은 공기 중에 그대로 두면 썩은 냄새를 풍기게 된다. 전문용어로 표현하면 '과산화화peroxidize'한다. 과산화화는 수산화라디칼 같은 산소 자유라디칼에 의해 시작되는 연쇄반응인데, 지질을 공격해 전자를 빼앗는다. 전자를 빼앗아 도망갈 수도 있고, 지질 안에서 뒹굴 수도 있다. 럭비 선수가 공을 빼앗았지만 스크럼(미식

축구나 럭비에서 양 팀의 선수들이 공을 에워싸고 서로 어깨를 맞대어 버티는 것을 가리킨다—옮긴이)을 빠져나가지 못하는 것이나 마찬가지다. 어쨌든 지질은 전자를 하나 잃는다. 그렇게 해서 자유라디칼이 되고 따라서 이웃들을 공격해 전자를 되찾아온다. 버터의 경우에는 지질 분자들이 조밀하게 꽉 들어차 있기 때문에 이런 연쇄반응은 들불처럼 퍼져 나간다. 항산화제는 자유라디칼을 **제거**해 이 모든 것을 멈춘다. 자기가 전자를 내주어 연쇄반응이 퍼지는 것을 막는 것이다. 보통 식품을 제조할 때는 흔히 BHA(부틸히드록시아니솔) 같은 항산화제를 첨가한다.

이렇게 명확한 정의는 화학이나 식품공학에는 괜찮지만 생물학에는 도움이 안 된다. 이를테면 철이 존재할 때 전자 공여체는 쉽게 산화 촉진제로 규정할 수 있다. 전후관계에 따라 모든 것이 달라진다. 그러니까 이번 장에서는 명확성에 대한 집착을 버리고 그 전후관계를 넓게 바라보도록 하자. 환원주의적인, 즉 생명현상을 물리·화학적으로 설명하려 드는 식의 접근을 제쳐두고 전체적인 작용을 보자는 것이다. 그렇게 해서 단세포 생물이든 다세포 생물이든 할 것 없이 생물 전체가 어떤 방법으로 산화를 피하는지 살펴볼 것이다. 반응이라는 점에서만 생각할 게 아니라 생물의 형태와 행동 등의 특성도 함께 보자.

항산화 방어 작용은 다섯 가지 범주로 나눌 수 있다. **기피**(피신), **항산화 효소**(방지), **자유라디칼 제거제**(억제), **회복 메커니즘**(응급처치), **스트레스 반응**(참호 구축)이다. 일부 생물, 특히 산소를 피하는 생물은 이 중 한두 가지에만 기댄다. 반면에 우리 인간을 포함해 다른 생물은 이 메커니즘 전체에 의존한다. 우리 인간은 그야말로 항산화 장치라고 할 수 있다. 이런 방어 작용들이 어떻게 일어나는지 알아보기 위해 각 메커니즘의 몇 가지 예를 차례로 살펴보도록 하자. 하나하나 철저하게 분석하기보다는 이런 메커니즘들을 통해 알 수 있는 우리 인간의 신체적·생리적 구성에 대한 몇 가지 사실에 집중하도록 하겠다.

§

산소의 독성에 대한 방어 중에 가장 단순한 방법은 피하는 것이다. 세균은 작아서 숨을 곳이 많다. 완전 혐기성인 세균은 극미량의 산소만 있어도 죽는데, 그래서 아예 산소를 피해 더 큰 세포 안으로 도망치기도 한다. 극단적인 예가 바로 소와 양의 반추위에 사는 메탄생성세균이다. 이 세균은 공생관계인 다른 미생물 안에 숨는다. 풀에 들어 있는 셀룰로오스를 분해하는 이 미생물은 소나 양의 반추위 안에 숨는다. 겹겹이 인형이 들어 있는 러시아 민속인형을 생각하면 된다.

흰개미부터 코끼리에 이르기까지 동물의 후장은 모든 종류의 혐기성 미생물이 숨어 살기에 알맞은 장소다. 우리 인간의 내장에도 세균이 잔뜩 살고 있다. 보통 해가 없거나 이익이 되는 공생 세균도 있지만 해로운 세균도 있다. 인간의 장에 살고 있는 세균 전체의 대사 능력을 합하면 간의 대사 능력과 같다고 한다. 소화되지 않은 유기물질과 세균이 함께 산소를 빨아들이기 때문에 대장은 사실상 무산소 상태인데, 대체로 산소 농도는 대기 수준의 0.1퍼센트 이하다. 이런 상태에서 박테로이데스*Bacteroides* 같은 혐기성 세균은 호기성 친척들보다 그 수가 100배나 많아진다.

더 큰 범위에서 독립생활을 하는 혐기성 세균은 외부 환경을 완충해 산소를 피할 수 있다. 황산염환원세균이 그 좋은 예다. 황산염환원세균은 노폐물로 황화수소 기체를 내뿜는다(제3장과 제4장). 황화수소는 산소와 반응해 다시 황산염을 만드는데, 이렇게 해서 황산염환원세균의 먹이도 생기고 물에 녹은 산소도 없앤다. 결과적으로 외부 세계와 격리된 채 주위 환경을 일정하게 정체된 상태로 유지하게 된다. 진화 과정을 따라가보면, 황산염환원세균은 약 27억 년 전부터 20억 년이 넘도록 바닷속 깊은 곳의 생태계를 지배했다. 오늘날에도 흑해를 비롯해 악취가 나는 고인 물, 또 우리 인간의 장에서도 이 세균을 찾아볼 수 있다. 세계를 자기들한테 유리하도록 바꿔버린이 대단한 능력의 세균에 대적할 수 있는 것은 시아노박테리아뿐이다. 시아노박테리아는 35억 년 동안 햇빛을 이용해 세계를 산소로 채웠다. 이 대조적인 두 세균은 마치 어둠의 세력과 빛의 세력을 대표하는 듯하다. 황산염환원세균은 빛과 공기의 은총을 외면한 채 어둠과 더럽고 유황의 악취가 풍기는 지옥의 심연을 택했다. 하지만 이 세균이 내놓는 악취 풍기는 노폐물은 생태계의 다양성을 유지하는 데에 도움이 된다. 여러 종교에서 보면 빛과 어둠이 대조를 이루고, 우리 인간은 대부분 도덕적으로 중간지대에 살고 있는 것으로 되어 있다. 마찬가지로 생물계에서도 환경의 양극 중간에 여러 단계가 있고 그 안에서 다양한 생물이 살고 있다.

단세포 생물들은 많은 경우에 산소를 피하지는 않지만 산소 농도가 너무 높아지면 그 장소를 재빨리 벗어나 황산염환원세균 같은 미생물들이 유지하고 있는 다양한 단계의 환경을 찾아간다. 제3장에서 살펴본 것처럼, 독립생활을 하는 섬모충들은 능동적으로 헤엄쳐 산소를 피한다. 단순해 보이지만 사실은 아주 복잡한 반응이다. 이런 행동을 하려면 주변의 산소 농도를 감지할 수 있는 탐지기가 있어야 한다. 그런 다음에 수집한 정보를 섬모의 운동과 연결시켜야 산소를 피해 도망칠 수 있다. 감지기는 헴이 들어 있는 단백질인데, 헤모글로빈과 비슷하다. 헴단백질은 이런 일에 아주 잘 맞는다. 산소가 존재할 때 헤모글로빈의 색이 푸른색에서 붉은색으로 변하면서 물리적 특성이 변하기 때문이다. 세균, 고세균, 진핵생물 모두 헴단백질을 산소 감지기로 이용한다. 그렇다면 LUCA(제8장 참조)도 헴단백질을 같은 목적으로 사용했을 것이다.

이런 목적으로 사용될 때 헴단백질은 항산화제로 작용한다. 외부의 산소 농도를 알맞은 한계 내에서 유지하는 데에 없어서는 안 될 역할을 한다. 생물이 굳이 어디로 이동하지 않더라도, 예를 들면 콩과식물의 뿌리혹의 경우처럼(제8장) 헴단백질은 남아도는 산소를 붙잡고 있다가 아주 천천히 내놓으며 항산화제로 작용한다. 주위 환경의 산소 농도를 낮고 일정하게 유지하는 것이다.

어떤 미생물은 물리적으로 외부 환경을 차단해 산소를 피한다. 가장 단순한 차단 수단은 산더미처럼 쌓인 죽은 세포다. 말하자면 총을 맞아 벌집이 된 전우의 사체가 적의 총탄으로부터 다른 병사를 보호할 수도 있는 것과 마찬가지다. 스트로마톨라이트 안에 사는(제3장) 혐기성 세포들이 이런 수단에 크게 의존한다. 켜켜이 쌓인 죽은 세포 층 아래에 숨는 것이다. 그들은 35억 년 동안이나 이렇게 해왔다.

차단이라는 면에서는 똑같지만 좀 더 세련된 방법을 쓰자면, 점액을 한 겹 분비해 그 안에 숨을 수 있다. 독립생활을 하는 혐기성 미생물은 전부 점액캡슐 안에서 산다. 게가 껍데기 안에서 사는 것과 비슷하다. 그런데 다소 의외지만, 점액이 게의 탄산칼슘 껍데기보다 크게 유리한 점이 몇 가지 있다. 1950년대 초에 제임스 러브록은 강한 자외선으로 병원을 소독하려다가 이 점액캡슐 때문에 낭패를 당한 일이 있다. 점액을 없앤 세균은 죽일 수 있었지만, 원상태 그대로인 세균에게는 정상적인 대기 수준의 100배나 강한 자외선도 아무런 소용이 없었다. 제6장에서 본 것처럼, 살아 있는 세포가 방사선에 손상되는 이유는 물에서 자유라디칼이 형성되기 때문이다. 점액이 자유라디칼로 인해 입는 손상을 막아준다는 사실을 생각해보면, 세균은 우주나 그 밖의 강한 방사선이 내리쬐는 환경에서도 충분히 살아남을 수 있을 것이다. 우주에서 살아남는다니 대단하지 않은가? 콧물이나 가래를 연상시키는 물질이 이런 놀라운 특성을 가지고 있는 것이다. 그러니까 공포영화에 나오는 징그러운 점액질 외계인은 그저 상상에서만 나온 게 아니라 생물학을 근거로 한 것이다. 점액이 자유라디칼을 얼마나 솜씨 좋게 처리하는지 지금부터 보더라도 너무 놀라지는 말자.

세균의 점액은 긴 사슬로 된 중합체가 뒤섞여 이루어져 있다. 중합체라는 점에서 플라스틱과 비슷한데, 둘 다 음전하를 띠고 있다는 공통점이 있다. 다시 말해 철이나 망간처럼 양전하를 띠고 있는 원자를 단단히 붙잡는다는 얘기다. 따라서 양전하를 띤 원자들을 주위에서 없애는 역할을 한다. 그 친화력이 아주 강하기 때문에 어떤 세균은 폐수에서 중금속 오염물질을 잡아내는 데에 이용되기도 한다.

이렇게 해서 금속 옷을 입으면 세균은 어떤 이익을 얻을까? 그 대답은 직관과는 다소 반대다. 제6장에서 살펴본 것처럼 과산화수소와 과산화라디칼은 반응성이 아주 높지는 않아서 어느 정도 거리를 확산해간 다음에 반응을 시작한다. 이 자유라디칼들은 철 같은 금속이 존재할 때만 위험하다. 이런 금속이 반응성이 매우 높은 수산화라디칼을 만드는 반응을 촉매하기 때문이다. 금속이 위험한 자유라디칼 반응을 촉매한다면 금속 옷을 입는 일은 아주 불리한 것 같다. 언제 위험이 닥칠지 모르기 때문이다. 하지만 옷에 금속을 잔뜩 달아둔 덕분에 아무리 위험한 자유라디칼 반응이라도 세균 밖에서 일어나게 된다. 이때 점액은 희생 표적 역할을 하며 철은 생체활성이 없는 녹으로 변한다. 말하자면 안전한 거리를 두고 폭탄을 폭파시켜 처리하는 것과 마찬가지다. 뿐만 아니라, 이 폭발로 박테리오파지bacteriophage(세균을 감염시키는 바이러스) 등의 침입자와 심지어 이들을 잡아먹으려는 면역세포까지 죽게 된다. 따라서 옷의 두께는 많은 세균의 생존과 전염성 양쪽에 직접적인 영향을 미치게 된다.

겉이 금속으로 뒤덮이면서 세균이 입은 옷은 점점 거추장스러워진다. 그러다가 결국에는 부담을 이기지 못하고 파괴되어버린다. 일부 줄무늬철광층에 현미경으로나 보일 정도로 작고 빈 구멍이 존재한다는 사실로 보아, 이 암석은 철로 둘러싸인 수없이 많은 세균의 사체가 매장되어 생겼다는 것을 알 수 있다. 세균은 분해되고 금속 옷만 남아 그곳이 거대한 공동묘지라는 사실을 알려주는 것이다.

이런 초보적인 기술이 미생물에게나 어울린다고 생각해서는 안 된다. 우리 인간도 똑같은 방법을 쓰고 있다. 우리 역시 죽은 세포 층, 즉 피부를 앞세우고 숨어 있다. 그리고 섬모충처럼 헴단백질을 감지기로 사용해 몸속의 산소 농도를 낮고 일정하게 유지하고 있다. 또 황산염환원세균과 마찬가지로 황을 산소에 대한 완충제로 이용한다(여기에 대해서는 잠시 후에 좀 더 자세히 살펴보자). 콧구멍과 기도, 허파에서는 점액을 만들어 산소나 세균 감염을 막는다. 혐기성 세균이 장에 숨어 산소를 피하는 것과 똑같이, 우리 세포들도 말하자면 몸속 자체에 숨는다고 할 수 있다. 몸속의 산소 농도는 해로운 바깥 세계보다 훨씬 낮다.

이런 점을 보면 제5장에서 얘기한 생물의 거대화도 충분히 항산화반응으로 볼 수 있다. 몸 크기가 커지면 외부에 산소가 많아지더라도 그만큼 상쇄될 수 있다. 특히 볼소버 잠자리처럼 산소 확산에 의존하는 생물의 경우, 몸 크기가 커지면 산소가 도착하는 최후 지점인 미토콘드리아의 산소 농도가 낮아진다. 제8장에서 살펴본 것처럼, 미토콘드리아는 황산염환원세균이 견딜 수 있는 수준보다 산소 농도가 그리 높지 않을 때 가장 활동이 활발하다. 외부의 산소 농도가 높아질 경우, 그만큼 몸 크기가 커져서 내부에 산소가 늘어나는 것을 막고 산소 농도를 적당한 수준으로 유지하는 것이다.

미토콘드리아 자체가 이런 균형의 원인이 된다. 예전에 독립생활을 하는 세균이었던 미토콘드리아는 자기보다 큰 세포 안에 숨어 스스로를 보호하게 되었다. 하지만 이 관계는 일방적인 것이 아니었다. 세포 안에서 살게 된 미토콘드리아는 피난처를 얻은 대신에 활발한 호흡으로 세포 내부의 산소 농도를 떨어뜨려주었다. 그 관계는 이제 훨씬 더 복잡해졌지만 미토콘드리아는 여전히 세포 안에서 산소 농도를 떨어뜨리고 있다는 사실을 잊어서는 안 된다. 만약 미토콘드리아에 이상이 생겼는데, 혈액이 계속해서 똑같은 속도로 산소를 날라준다면 우리 세포는 아마 산화될 것이다. 우리가 나이를 먹으면 몸속의 미토콘드리아 기능이 점점 떨어지기 시작하고 세포가 산화된다. 이런 식으로 산화가 일어나는 것은 종종 망가진 미토콘드리아에서 자유라디칼이 빠져나온 탓이기도 하지만 세포 다른 부분의 산소 농도가 높아진 결과이기도 하다. 이는 미토콘드리아가 산소를 덜 빨아들이기 때문이다.

§

산소에 의존해 살아가는 생물의 경우에는 산소의 독성에서 벗어나기 위해 산소를 마냥 피하기만 할 수는 없다. 이런 생물들이 에너지를 만드는 유일하거나 주된 수단에 반드시 필요한 재료가 산소이기 때문에 살기 위해서는 계속해서 산소를 소비할 수밖에 없다. 도피는 불가능할 뿐 아니라 대사적으로도 불리하다. 다른 방법을 찾아야만 한다. 그래서 항산화 효소와 자유라디칼 제거제를 이용해 자유라디칼의 위험한 효과를 방지하거나 억누른다. 이것이 바로 앞서 얘기한 두 번째와 세 번째 방어 메커니즘이다. 우선 효소 이야기부터 해보자.

항산화 효소 가운데 제일 중요한 효소 두 가지는 SOD(과산화라디칼 제거 효소)와 카탈라아제다. 일생 중 잠시라도 산소가 있는 곳에서 사는 생물들은 사실상 모두 이 두 가지 효소를 가지고 있다. 이 효소들이 거의 모든 호기성 생물에 존재한다는 사실은 시아노박테리아의 패러독스를 더 예리하게 드러낸다. 시아노박테리아는 최초로 물을 이용해 산소를 만든 광합성 생물이다. 만일 산소가 없는 세계에서 진화했다면 자기가 낸 노폐물의 독성에 당하고 말았을 것이다. 이런 교과서적인 주장의 오류에 대해 제7장에서 이야기했다. 앞에서 본 것처럼 시아노박테리아는 이미 SOD와 카탈라아제를 이용해 스스로 만들어낸 유독물질로부터 자기 자신을 지키고 있었다. 이 효소들은, 그리고 아마 다른 효소들도 생명이 탄생하고 얼마 되지 않았을 때부터 자외선으로 생긴 반응성 높은 산소에 대응해 진화했다. 실제로 LUCA에 항산화 효소가 존재했다는 충분한 증거도 있다.

SOD는 자유라디칼을 연구하는 생화학자들이 특히 선호하는 효소다. 1950년대 초부터 학자들이 산소 자유라디칼이 노화와 질병에서 맡는 역할에 대해 연구하기 시작했지만, 그 중요성은 증명하기 어려웠다. 자유라디칼이 너무 빨리 없어지기 때문이다. 오랫동안 손상된 흔적으로만 그 존재를 알 수 있었다. 눈 위에 찍힌 거대한 발자국으로 설인이 존재한다고 주장하는 것이나 마찬가지였다. 그러다가 1968년에 미국 노스캐롤라이나 주에 있는 듀크 대학의 조 매코드와 어윈 프리도비치가 헤모쿠프레인hemocuprein이라는 청록색 단백질이 촉매작용을 한다는 사실을 밝혀냈다. 그전까지는 별다른 활동 없이 구리를 저장하는 창고 역할을 하는 줄로만 알았던 이 단백질이 실제로는 과산화라디칼($O^2\cdot^-$)을 과산화수소(H_2O_2)와 산소로 바꾸는 일을 하고 있었다. 집중적인 연구에도 불구하고 이 효소가 작용하는 다른 대상은 찾지 못했다. 더구나 이 효소가 과산화물을 처리하는 속도는 믿을 수 없을 정도로 빨랐다. 과산화라디칼은 불안정하기 때문에 금세 서로 반응해 과산화수소를 만드는데, 헤모쿠프레인은 이 자연적인 반응속도를 10억 배나 높인다. 도저히 우연이라고는 볼 수 없는 수치다.[*] 매코드와 프리도비치는 1969년에『생화학 저널』에 발표한 논문에서 이 단백질에 SOD라는 이름을 새로 붙였다. 노벨상은 타지 못했지만 많은 사람들이 이 발견을 현대 생물학에서 가장 중요한 발견으로 여기고 있다.

이 발견으로 학계가 뒤집혔다. 만일 SOD처럼 특별히 과산화라디칼을 없애는 데에 효율적인 효소가 진화되었다면, 과산화라디칼은 생물에 중요한 존재임이 틀림없다. 거꾸로 생각하면 자유라디칼은 생물작용의 정상적인 특징이고, 생물은 이것들을 처리하기 위해 놀라울 정도로 효율적인 메커니즘을 진화를 통해 개발했다고 볼 수 있다. 돌연변이가 불필요한 부분을 없애는 경향이 있다는 점을 감안하면, 이 메커니즘은 꼭 필요했기 때문에 이렇

[*]　자유라디칼 분야의 대부로 존경받고 있는 프리도비치가 지적한 바에 따르면, 이 반응속도는 확산의 최대 속도와 맞먹으며 불가능할 정도로 빠르다고 볼 수 있다. 이 효소에서 구리는 중심 부위에 위치하며, 중심 부위의 면적은 전체 표면적의 1퍼센트도 되지 않는다. 그러니까 무작위 확산을 통해 서로 부딪쳐 반응이 일어난다고 볼 때, 효소와 반응물질 사이의 충돌 중 99퍼센트는 소용이 없다. 실제로는 과산화라디칼이 정전기 기울기에 따라 활성 부위로 유도된다. 비행기가 활주로 조명을 따라 공항으로 들어오는 것과 마찬가지라고 생각하면 된다. 따라서 이 효소의 반응속도가 확산속도와 맞먹는 건 자연의 무질서한 작용 과정을 능률적으로 개조했기 때문이다. 효소에 있는 아미노산을 바꾸면 정전기장이 변하여 반응속도에 영향을 미치지만, 활성 부위 자체에는 영향이 없다. 실제로 작용속도가 훨씬 빠른 SOD를 만들어낼 수도 있다.

게 남아 있을 수 있었던 것이다. 그러면 만일 SOD가 어떻게든 작용하지 못하게 되어 세포에 자유라디칼이 넘쳐난다면 무슨 일이 벌어질까? 노화? 죽음? 무수히 많은 가능성이 오늘날까지 활발하게 제기되고 있다.

얼마 지나지 않아 다른 형태의 SOD가 발견되었다. 1970년에 이번에도 역시 매코드와 프리도비치가 대장균에서 제일 먼저 분리해냈다. 그런데 종류가 너무 달랐다. 새로 발견된 것은 망간이 들어 있는 분홍색 효소였는데, 과산화라디칼을 없애는 능력은 비슷했다. 더 흥미로운 부분은, 진핵세포들이 대부분 두 가지 SOD를 다 가지고 있다는 점이었다. 30년이 지나 이 책을 쓰고 있는 지금에 와서는 많은 진핵생물이 몇 가지 SOD를 만든다는 것이 흔한 이야기가 되었다. 보통 미토콘드리아에서 한 가지, 세포바탕질에서 한 가지가 만들어지고, 세포에서 분비되는 것이 또 한 가지 있다. 상세한 구조는 다르지만 모두 촉매 중심에 금속 원자를 가지고 있다. 구리나 아연, 망간, 철, 또는 니켈이다.

이 효소들이 얼마나 중요한지는 '유전자 적중 생쥐(녹아웃 생쥐knock-out)' 실험을 통해 알 수 있다. 생쥐의 유전자를 조작해 SOD를 만드는 유전자만 없애고 나머지는 '정상적'으로 놔두는 것이다. 1996년 미국 휴스턴에 있는 베일러 의과 대학의 러셀 레보비츠 팀이 발표한 바에 따르면, 미토콘드리아에서 SOD를 만들지 못하도록 유전자를 조작한 생쥐는 태어난 지 3주 만에 죽었다. 심한 빈혈이 생겼고 운동신경 질환에 걸려 몸이 약해졌으며 빨리 피곤해졌다. 또한 방향감각을 잃고 자꾸만 한쪽으로 치우쳐 비틀거렸다. 그러다 보니 자기 꼬리를 잡으려는 듯 맴돌기를 하는 것처럼 보였다. 레보비츠는 이 증상을 '선회행동'이라고 표현했다. 해부를 했더니 심장에도 이상이 있었고 간에는 지방이 쌓여 있었다. 일주일이 넘게 살아남은 쥐의 미토콘드리아는 완전히 망가졌다. 특히 심장근육이나 뇌처럼 대사율이 높은 조직이 더 심했다. 같은 효소의 유전자에 다른 돌연변이를 일으켜놓은 쥐들은 닷새 이상 살지 못했다. 사람의 경우, 미토콘드리아 SOD에 이보다 덜한 결함이 있는 환자들은 특히 난소암과 인슐린 의존형 당뇨병에 많이 걸렸다. 반면에 세포바탕질 SOD가 없는 경우에는 피해가 덜했다. 하지만 역시 나중에 불임이나 신경 손상, 암 등의 문제를 겪었다.

이보다 더 SOD의 중요성을 잘 보여주는 증거는 없을 것이다. 게다가 이 효소를 통해 항산화제 사이에서 네트워크가 필요하다는 사실을 다시 한번 알 수 있다. SOD는 독성물질을 없애는 것이 아니라 단지 문제를 다른 쪽으로 미룰 뿐이다. SOD가 만드는 물질은 과산화수소로, 그 자체가 위험한 화학물질이다. 자연적인 반응의 10억 배 속도로 과산화수소를 만드는 게 반드시 이로운 것인지 의문을 품어볼 만하다. 실제로 SOD가 너무 많으면 해로운 상황도 있다. 예를 들어 다운 증후군 환자는 21번 염색체가 하나 더 있다. 이것이 왜 그렇게 해로운지는 아직 밝혀지지 않았지만, 학자들은 SOD를 만드는 유전자가 21번 염색체에 있다는 사실을 알아냈다. 따라서 다운 증후군 환자는 SOD를 너무 많이 만들게 된다. 다운 증후군을 특징짓는 건 산화성 스트레스에 의한 신경 퇴화다. 그러니까 다운 증후군 환자는 SOD를 너무 많이 만들기 때문에 산화성 스트레스를 겪는다고 볼 수 있다.

하지만 정상적인 생리 상태에서 과산화수소는 생기는 속도만큼 빨리 카탈라아제에 의해 제거된다. 카탈라아제는 과산화수소를 산소와 물로 바꾼다. 제7장에서 본 것처럼, 산소를 만들지 않고도 과산화수소와 유기 과산화물을 안전하게 제거할 수 있는 다른 효소들이 있다. 이 경우 글루타티온과 비타민 C 등의 다양한 전자 공여체를 이용한다. 과산화물을 처리하는 효소들은 계속해서 발견되고 있다. 이를테면 1988년에는 미 국립 허파·심장·혈액 연구소의 이서구 박사와 동료 학자들이 페록시레독신이라는 새로운 종류의 항산화 효소를 발견했다. 이 효소는 중심에 금속이 들어 있지 않지만 대신에 황 원자가 나란히 두 개 있는데, 티오레독신이라는 황이 들어 있는 작은 단백질한테서 전자를 받는다. 1990년대 중반까지 세균과 고세균,

진핵생물 모두에서 비슷한 페록시레독신이 분리되었다. 따라서 이 효소도 LUCA 시대부터 이어져온 것이라는 사실을 알 수 있다. 이 효소와 관련된 유전자가 지금까지 적어도 200개 발견되었으며 DNA 서열도 밝혀졌다. 그중 다섯 개가 인간에게서 발견된다.

페록시레독신 이야기를 하는 이유는, 인간의 몸에 기생하면서 말라리아를 일으키는 원생동물인 플라스모디움 팔키파룸*Plasmodium falciparum*이나 장내 기생충인 간흡충(파스키올라 헤파티카*Fasciola hepatica*) 같은 기생충과 관련된 오래된 수수께끼를 이 효소로 풀 수 있기 때문이다. 이런 기생충이 몸에 침입하면 호중성구나 다른 면역세포들이 산소 자유라디칼을 마구 퍼붓는다. 이렇게 강한 공격은 염증과 열을 심하게 일으켜 기생충뿐 아니라 숙주까지 죽일 수도 있다. 기생충은 대부분 SOD 같은 항산화 효소를 이용해 자신을 스스로 지키지만, 흥미롭게도 극소수의 경우에는 카탈라아제를 가지고 있어서 과산화수소를 제거한다. 1980년대에는 학자들이 이 부분을 이상하게 생각했다. 카탈라아제가 없는 기생충에 SOD가 작용하면 과산화수소 세례를 받아 면역 공격의 효과가 높아질 것이 분명했다. 그런데 그게 아니었다. 기생충은 전혀 물러서지 않았다. 만일 이론이 구멍투성이가 아니라면, 기생충은 과산화수소를 해독할 수 있는 어떤 효소를 사용하고 있음이 틀림없었다. 마침내 발견된 그 어떤 효소가 바로 페록시레독신이었다. 카탈라아제가 없는 모든 기생충에서 이 효소가 발견되었다. 실제로 고세균과 세균, 진핵생물이 모두 비슷한 페록시레독신을 만든다. 이 효소 역시 LUCA에 존재했다는 의미다.

페록시레독신을 이해하게 되면서 기생충성 질환과 벌이는 싸움에서 새로운 목표가 생겼다. 이를테면 기생충의 효소에는 인간의 것과 확실히 다른 부분이 있다. 따라서 그 부분에 대항하는 백신을 만들어 면역계가 기생충의 항산화 방어 요새들 중 하나를 공격하도록 준비할 수 있을 것이다.

세포에 손상이 너무 심하게 일어나기 전에 자유라디칼을 억누르려면 SOD와 몇몇 종류의 효소가 연합해 과산화수소를 없애지 않으면 안 된다. 과산화수소를 처리할 수 있는 효소는 아주 많기 때문에 카탈라아제가 결핍되어도 SOD 결핍보다는 해가 덜하다. 게다가 앞서 본 것처럼 과산화수소는 철이나 구리가 있을 때만 진짜로 독성이 있다. 철과 구리 양쪽 모두 수산화라디칼을 형성하는 촉매가 될 수 있기 때문이다. 정상적인 상태에서 철과 구리는 각자 단백질 감옥인 페리틴과 세룰로플라스민에 꼭 묶여 있다. 폴란드에 있는 루블린 대학의 진화미생물학자 토마시 빌린스키는 금속을 감춰놓는 것이 수산화라디칼의 형성을 막는 유일하고도 가장 성공적인 전략이라고 주장했을 정도다. 그러나 많은 예방 조치에도 불구하고 수산화라디칼은 분명히 조금씩 생기고 있다. 제6장에서 본 것처럼, 산화된 DNA 파편이 소변으로 배설되는 속도로 미루어 우리 몸의 각 세포가 매일 DNA에 대한 '공격'을 수천 번씩 받는다는 사실을 알 수 있다. 실험오차를 감안하더라도 효소 네트워크가 아주 완벽한 것은 아니라는 결론을 내려야만 한다. 비타민 C나 비타민 E 같은 항산화제를 음식으로 섭취해야 한다는 사실도 이 결론을 뒷받침한다. 이런 항산화제를 전문용어로는 '연쇄반응 차단 항산화제'라고 한다. 수산화라디칼이 이미 시작한 자유라디칼 연쇄반응을 끊어버리기 때문이다. 연쇄반응 차단 항산화제는 아까 앞에서 이야기한 방어 메커니즘 중 세 번째에 해당한다.

대부분의 연쇄반응 차단 항산화제는 근본적으로 비타민 C와 똑같은 방법으로 작용한다. 즉 전자를 내주는 것이다. 카로티노이드나 플라보노이드, 페놀, 타닌 등 널리 알려진 많은 항산화제들은 식물을 먹어서 섭취해야 한다. 이 항산화제들이 우리 몸의 항산화 균형에 상대적으로 얼마나 중요한지는 단정하기 미묘하다. 하지만 전체적으로 볼 때 어쨌든 꼭 필요하기 때문에 일반적으로 과일과 채소가 몸에 좋다고 하는 것이다. 반면에 연쇄반응 차단 항산화제를 단순히 음식에 들어 있는 성분으로만 생각해서는 안 된다. 그중 어떤 것들은 요산이나 빌리루빈(담즙 색소로 헴의 분해산물), 리포산처럼 우리 몸의 대사산물인 경우도 있다. 이런 것들은 강력한 연쇄반응 차단 항산화제로 적어도 비타민 C나 비타민 E만큼 효과가 크다. 질병의 증상이라고 생각하기 쉽지만 실제로는 진화에 따른 생리적 적응인 경우도 있다. 예를 들어 신생아에게서 나타나는 황달은 연구결과에 따르면, 출생이라는 산화성 스트레스를 **막기** 위해 늘어난 빌리루빈이 피부에 쌓여 생긴다. 아기는 조용하고 안전한 자궁에서 산소가 많은 외부 세계로 나오게 된다. 하지만 아직 항산화제를 음식으로 섭취하지 못했기에 방어 수단이 빈약하고, 그래서 빌리루빈이 필요한 것이다. 비슷하게, 멍이 들어서 보기 흉한 색이 되는 것도 역시 빌리루빈 때문인데, 외상을 입어 혈액이 운반하는 항산화제가 접근하지 못할 때 산화성 스트레스를 막는 데에 도움이 된다.

많은 경우에 연쇄반응 차단 항산화제가 위험한지 득이 되는지는 명확하지 않다. 예를 들어 요산을 보면 분명히 강력한 항산화제이지만 농도가 높아지면 관절에서 결정을 형성한다. 이렇게 되면 염증이 생기고 아주 고통스러워지는데, 이것이 바로 통풍痛風이다. 또 요산은 이따금 심장혈관 질환을 일으키는 위험요소라고도 한다. 혈액에 요산 농도가 높은 사람은 심장마비를 일으킬 위험이 크기 때문이다. 그런데 사실 이런 식의 단순한 연결은 오해를 불러오기 아주 쉽다. 심장혈관 질환에 걸릴 위험이 제일 높은 사람들은 음식에서 항산화제를 제일 적게 섭취하는 경향이 있다. 항산화제 양을 늘리는 것보다 더 몸을 위하는 일이 뭐가 있겠는가? 병이 심할수록 그 병과 싸우기 위해서는 요산이 더 필요하다. 그래서 질병이 심각할수록 혈장 내의 요산 농도가 높아지는 것이다. 이런 유의 주장은 추론에 근거한 것이지만 단순한 연결이 얼마나 위험한 일인지를 잘 보여준다. 이 경우에 혈장의 요산 농도를 낮추는 치료법은 더 좋은 식생활을 병행하지 않으면 금세 해로운 것으로 드러난다. 물론 식생활을 바꾼다면 요산의 진짜 역할에 대해 제대로 된 결론에 이르기는 어렵다. 항산화제와 건강 사이에 직접적인 관계는 거의 없다.

§

이제 이번 장에서 지금까지 몇 번 등장했던 글루타티온과 티오레독신이라는 화합물 이야기를 해보도록 하겠다. 이 두 가지 화합물은 크기가 작고 황을 포함하고 있는데, 양쪽 모두 전자를 내주고 비타민 C 등의 항산화제를 재생시키거나 과산화수소와 유기 과산화물의 독성을 없앤다. 이 황화합물들은 시시한 역할이 아니라 유전자와 식생활, 건강과 질병 사이를 지키는 문지기 역을 맡고 있다. 이번 장을 시작하면서 이야기했던 다섯 가지 메커니즘 중 마지막 두 가지, 회복 메커니즘과 스트레스 반응을 지휘하고 있는 것이 이 물질들이다. 황은 넓은 생태계뿐 아니라 각 세포 내에서도 산소를 견제하는 가장 중요한 요소다.

여기서 잠시만 본격적인 생화학 이야기를 할까 한다. 사실 유전학자 스티브 존스가 생화학은 인기를 얻기에 적당하지 않은 주제라고 했던 게 영 마음에 걸리기는 한다. 하지만 얘기하고자 하는 것은 전혀 어려운 개념이 아니며, 황이 어떻게 분자 스위치로 작용해 병이 났을 때 세포에게 알려주는지 이해하려면 꼭 필요한 부분이기도 하다. 그 부분 중에서 한 가지 예를 들도록 하겠다. 이 위로 복잡한 메커니즘이 줄줄이 쌓여 그 신호를 없애거나 강하게 한다. 어쨌든 황의 이런 작용은 훌륭한 예이며 생물의 신호전달이라는 최신 과학에서 가장 중요한 분야 중 하나다.

수소에 붙어 있는 황(-SH)은 20가지 아미노산 중 단 하나의 구성성분이다. 이 아미노산은 시스테인이라고 하는데, 원자 열네 개로 이루어진 작은 분자다. 시스테인에서 황이 붙어 있는 부분, 그러니까 -SH 부분을 티올기라고 한다. 티올은 구조가 민감하기 때문에 쉽게 산화된다. 그래서 티올 하면 약한 바람에도 씨앗을 날리는 민들레처럼 황 특유의 노란 머리를 연약하게 살랑살랑 흩날리고 있는 모습이 상상된다. 티올기가 산화되면 일어날 수 있는 일은 두 가지다. 우선, 수소 원자(양성자와 전자)가 빠져나가면 이웃하는 티올기에 홀로 남은 황끼리 결합하게 된다. 이를 이황화물 다리disulphide bridge 라고 한다. 산소가 존재할 때 이황화물 다리는 산화되지 않은 티올보다 더 튼튼하며, 오래전부터 세포 바깥 단백질의 중요한 구조적 특징으로 3차원 형태를 안정시키는 역할을 한다고 알려져 있다. 두 번째로, 연약한 티올은 그 이름도 무시무시한 **S-니트로실화**S-nitrosylation할 수도 있다. 1990년대 후반에 미국 듀크 대학의 조너선 스탬러가 이끄는 연구팀이 그 가능성을 주장하기 시작했다. 스탬러와 연구팀의 주장에 따르면, 산화성 스트레스로 인해 또 다른 자유라디칼인 일산화질소(NO•)가 많이 생기게 된다. 일산화질소 자체는 대부분의 물질과 활발하게 반응하지 않지만, 다른 자유라디칼들과 함께 작용해 티올을 산화시킨다. 이 경우에 산화로 생기는 것은 이황화물 다리가 아니라 S-니트로소티올S-nitrosothiol(-SNO)로, 안정적인 점은 거의 비슷하다. 이황화물 다리든 S-니트로소티올이든 일단 형성되면 단백질의 구조를 바꾸는데, 이는 되돌릴 수 있다. 글루타티온이나 티오레독신의 수소 원자를 이용하면 연약한 티올기를 재생시킬 수 있다.

단백질은 구조가 곧 활동이다. 티올이 단백질의 구조에 영향을 준다면 그 활동에 영향을 주는 것이나 마찬가지다. 바꿔 말하자면, 티올이 산화되면 티올을 가지고 있는 단백질에 대해 분자 스위치 역할을 할 수 있어서 그 활동을 켜고 끌 수가 있다는 얘기다. 민감한 티올기를 가지고 있는 단백질들이 계속해서 발견되고 있다. 현재 알려진 바로는 가장 중요한 전사인자들 중 몇개도 여기에 포함되어 있다(전사인자란 DNA에 붙어서 유전자의 전사를 자극해 단백질을 새로 만드는 역할을 하는 단백질을 말한다). 이 전사인자들이 DNA에 붙을지 말지, 심지어 핵으로 들어갈지 말지는 티올기의 상태에 달려 있다.

건강한 세포의 내부는 섬세하게 고개를 흔드는 티올들로 꽉 차 있다. 글루타티온과 티오레독신이 계속 단속을 해주는 덕분에 산화되지 않은 상태로 유지되고 있다. '실수'로 산화되는 티올은 원래 상태로 되돌려진다. 글루타티온과 티오레독신은 세포호흡으로 만든 에너지를 빼내 재생된다. 제9장에서 비타민 C 얘기를 할 때 나왔던 방법과 똑같다. 정상적인 상태에서 이 작용은 세포의 자원을 그리 많이 소모시키지 않는다. 그러나 세포가 산화성 스트레스에 놓이게 되면 상황이 뒤바뀐다.

산화성 스트레스 상태에 놓인 세포를 생각해보자. 산소가 너무 많은 것이 문제일 수도 있고, 감염되었거나 질병에 걸렸을 수도 있다. 어쨌든 결과는 똑같아서 사방에 자유라디칼이 넘치게 된다. 비타민 C 같은 연쇄반응 차단 항산화제는 금세 다 소모된다. 글루타티온이 재생시키기는 해도 손실이 아주 없는 것은 아니다. 항산화제가 고갈되면 같은 양의 자유라디칼이 더 큰 손상을 입힌다. 이제 단백질의 티올기가 산화된다. 일부는 글루타티온과 티오레독신이 수리하지만 대세는 바뀐다. 말하자면 교전지역이나 마찬가지다. 방어군이 언제까지나 매일 밤 폭파된 다리를 복구할 수는 없는 것이다. 이제 세포 내의 단백질 중 절반이 산화된 티올을 갖게 된다. 어떤 단백질은 티올이 산화된 탓에 스위치가 꺼져 전쟁이 끝날 때까지 작동을 멈추고 기다린다. 또 어떤 단백질은 스위치가 켜진다. 게릴라 용병들이 마지막 거점인 핵을 장악한다. 게릴라들은 대체로 전사인자들이다. 핵 안에서 이 게릴라들은 DNA에 붙어 새로운 단백질 합성을 자극한다. 새로운 단백질이라고 아무것이나 합성되는 것은 아니다. 여기서 세포는 중대한 결정을 내려야 한다. 전투를 위해 참호를 팔 것인가, 아니면 몸 전체를 위해 자살(아포토시스apoptosis)을 할 것인가 택해야 한다. 성공 가능성에 따라 어느 쪽인지 결정된다. 특히 무사히 핵으로 들어온 전사인자들의 상태와 수에 따라 달라진다. "죽지 않을 정도의 고난은 사람을 강하게 만든다"는 니체의 금언이 세포를 지배하게 된다.

세포가 명예로운 죽음보다 끝까지 싸울 것을 선택할 때 의존하게 되는 방어 수단은 대장균부터 인간에 이르기까지 모든 생물에서 질적으로 비슷하다. 현재까지는 대장균의 방어체계가 조금 더 잘 알려져 있다. 어느 정도는 세균의 유전자가 오페론이라는 작용단위로 조직되어 있기 때문이다. 그래서 정확히 어떤 유전자가 관계되어 있는지 알아내기가 쉽다. 대장균의 경우엔 주된 전사인자 두 개가 티올기의 산화로 활성화한다. 하나는 티올이 들어 있는 단백질인데, 분자생물학에서는 뜻을 알아보기 힘든 약자로 OxyR이라고 한다. 다른 하나는 SoxRS로, 황이 들어 있으며 철과 황이 무리를 지은 형태다(여기서 작용은 똑같다). 일단 산화되면 이 전사인자들은 각각 유전자 10여 개의 전사를 조절하는데, 그 산물은 세포의 항산화 방어를 강화한다.

인간의 경우에는 티올기의 산화로 활성이 조절되는 전사인자들이 계속해서 발견되고 있는데, NFkB(NF카파B로 읽는다)와 Nrf-2, AP-1, P53 등이 있다. 여기서 NFkB와 Nrf-2가 제일 중요하다. NFkB는 공격(염증)과 방어(항산화)에 필요한 유전자를 섞어서 활성화해 '스트레스' 반응을 이끈다. Nrf-2는 순전히 방어(항산화) 역할만 해서, 사실상 염증을 일으키는, 즉 공격하는 유전자의 스위치는 끈다. NFkB와 Nrf-2 양쪽 모두 세포에 힘을 주지만 달리 보면 그 효과는 서로 반대다. 이 둘은 참모회의에 참석한 두 장군이라 할 수 있다. 한쪽은 전면전을 주장하고, 다른 한쪽은 사태를 진정시키자고 주장한다. 결과는 이 두 장군이 각자 얼마나 성공적으로 나머지 참모들을 설득하느냐에 달려 있다. 전사인자의 경우에 이는 그 자리에 있는 숫자로 결정된다. 만일 활성화한 NFkB 단백질 1000개가 핵에 도착했는데 Nrf-2 단백질은 100개밖에 못 갔다면, 세포는 전쟁을 시작해 침입자에게 염증 공격을 시작하고 방어 또한 강화한다. 만일 Nrf-2가 핵을 장악한다면, 세포는 효율적으로 방벽을 치고 참호에 숨어 상황이 호전될 때까지 기다린다. 이 경우에도 방어활동이 늘어나는데, 당장에도 이익이 되지만 미래에 어떤 종류의 공격이 오더라도 저항력이 커진다. 유비무환이라는 말이 딱 맞는다.

이런 방어 유전자가 만드는 것은 무엇일까? 아직 밝혀지지 않은 것도 있지만 이미 우리에게 친숙한 것도 있다. 지금쯤 독자 여러분도 짐작하겠지만, SOD나 카탈라아제, 그 밖의 항산화 효소들이 많아진다. 새로 생긴 대사 단백질은 세포호흡의 방향을 바꿔 글루타티온과 티오레독신을 재생시킨다. 또한 철 감지기와 철을 붙잡는 단백질이 더 생겨서 혼자 떨어져 있는 철을 감지하고 붙잡아 가둔다. 흔히 '스트레스 단백질'이라고 하는 것도 잔뜩 생겨서 쓰레기를 치우면서 다시 쓸 수 있는 것을 골라낸다. 말하자면 폭격을 맞은 자리에서 파편을 고르는 것이나 마찬가지다. 고칠 수 없을 정도로 망가진 단백질은 일단 파괴해 재활용하도록 표시를 해둔다. 사람으로 치자면 멍이 들거나 팔이 부러진 정도로 덜 망가진 단백질은 샤프론 분자molecular chaperone라는 단백질의 도움을 받아 3차원 구조를 다시 만들고 모양을 다듬는다. 다른 단백질들은 본격적으로 DNA에 작용하기 시작해, 산화된 조각을 잘라내고 DNA 가닥에 끊어진 부분을 채워넣은 다음에 다시 연결한다.

전체적으로 볼 때, 이런 활동들은 세포를 다시 건강하게 만든다. 하지만 장기적으로 비슷한 습격에 저항할 능력을 키우는 데에는 거의 효과가 없다(여기서 항산화 효소는 예외다). 하지만 미래에 다가올 공격에 대한 세포의 저항성을 키워주는 단백질도 **있다**. 그중 가장 강력한 것 두 개는 메탈로티오네인과 헴산소화 효소heme oxygenase의 일종인 스트레스 단백질 HO-1이다. 이 단백질들은 중금속 오염부터 방사선 피폭과 감염에 이르기까지 산화성 스트레스에 관한 한 모든 범위의 손상에 대해 세포의 저항성을 보강해준다. 먹어서 섭취하는 어떤 항산화제보다 강력한 보호장치이지만, 그러기 위해서 일종의 통행금지를 강요해 세포의 정상적인 일상생활을 가로막는다.

이 단백질들은 후방을 견고하게 지켜주지만, 결국은 예상 밖의 결과가 나타난다. 항산화제 보조식품을 섭취하면 일부 질병이 악화될 가능성이 있는 것이다. 이유를 살펴보자. 메탈로티오네인과 헴산소화 효소를 만들라는 신호는 티올의 산화다. 티올은 항산화제의 공급이 다 떨어졌을 때 산화된다. 따라서 항산화제 섭취를 늘리면 티올의 산화가 줄어들어 신호가 억제된다. 따라서 세포의 가장 강력한 우방을 빼앗는 셈이 된다. 이는 근거 없는 상상이 아니다. 영국 런던에 있는 노스윅파크 의학연구소의 로베르토 모털

리니와 로베르타 포레스티는 실제로 산화성 스트레스 상태에 놓인 세포에 항산화제(특히 N-아세틸시스테인acetylcysteine같이 티올을 재생하는 항산화제)를 더해주면 세포가 새로 헴산소화 효소를 만들어내지 못한다는 사실을 밝혀 냈다. 이렇게 되면 세포는 손상을 입기가 더 쉬워진다. 우리 몸속에서 헴산 소화 효소 활동이 억제되거나 손실되면 무서운 결과가 일어날 수도 있다.

그러한 손실이 얼마나 중요한지를 잘 보여주는 예가 있다. 1999년 일본 의 가나자와金澤 대학 연구팀이 보고한 것으로, 최초로 알려진 인간의 헴산 소화 효소 결핍 사례였다. 사례의 여섯 살 난 남자 어린이는 심한 성장장애 와 비정상적인 혈액 응고와 더불어 용혈성 빈혈을 겪고 있었으며 거기에 콩 팥까지 심하게 손상되어 있었다. 이 모든 것이 효소 딱 한 개, 바로 산화성 스트레스 상태에서 산발적으로만 만들어지는 스트레스 단백질이 손실되어 일어난 것이었다. 동물의 경우에도 비슷한 보고가 있었다. 미국 MIT의 케네 스 포스와 도네가와 스스무利根川進가 보고한 바에 따르면, 헴산소화 효소가 결핍되도록 유전자를 조작한 생쥐는 사람의 혈색소증(제9장에서 잠시 얘기했 던 철과다증)과 비슷하게 심각한 염증을 일으켰다. 헴산소화 효소가 없는 생 쥐는 조직과 장기에 철이 심하게 쌓여서 비장이 비정상적으로 커졌으며 간 이 손상되었을뿐더러 섬유증fibrosis, 여러 가지 면역장애, 체중 감소, 운동 성 감퇴 등에 시달리다가 일찍 죽었다. 또 헴산소화 효소가 없는 쥐들은 한 배에서 태어난 다른 쥐들보다 고환이 25퍼센트나 작았고 생식 충동이 없었 다. 양쪽 모두 사람의 선천성 혈색소증 증상이었다.

헴산소화 효소 결핍이 그토록 심각하다는 것을 볼 때, 실제로 어느 정도 의 산화성 스트레스는 정상적인 것이 아닐까 하는 의문을 가져볼 수 있다. 만일 그렇다면 헴산소화 효소 농도는 탄력적이고 자동으로 조절되는 피드 백 메커니즘의 일부로서 계속 변할 것이다. 제15장에 가면 헴산소화 효소 활동이 계속해서 높을 경우에 노령의 건강에 확실히 이득이 되는 효과가 있 다는 것을 보게 될 것이다.

비타민 C부터 시작해서 여기까지 왔다. 이번 장을 통해 항산화제가 우리를 영원히 살게 해주는 식생활 요소라는 개념이 깨졌기를 바란다. 우리 몸은 각 세포의 물리적 구조부터 현재 인간의 모습에 이르기까지 전체가 항산화 장치다. 그런데 자꾸만 목적을 나누려는 우리의 뿌리 깊고 유치한 열망이 이런 시각을 가리게 된다. 하지만 자연은 거기에 동조하지 않는다. 우리는 대개 자동차는 운전하기 '위한' 것, 사업은 돈을 벌기 '위한' 것, 인생은 살기 '위한' 것이라고 말하고 싶어한다. 마찬가지로 미토콘드리아는 에너지를 만들기 '위한' 것, 헤모글로빈은 산소를 운반하기 '위한' 것, 비타민 C는 자유라디칼의 공격을 방어하기 '위한' 것이라고 정해놓는다. 앞에서 피부를 스트로마톨라이트의 죽은 세포층에 비유했다. 정말로 그렇다. 우리는 양서류와는 달리 피부로 숨을 쉴 수가 없다. 하지만 그래도 피부는 탈수와 감염을 막아주는 방패이며 미의 중요한 기준이기도 하다. 요점을 말하자면 무엇이든 단 한 가지 목적만 만족시키는 경우는 거의 없다. 무엇보다도 생물학에서는 더욱 그렇다. 직관적으로 그것을 자꾸만 강요하지 않기 위해 애써야 한다. 적어도 과학에 있어서는 엄밀한, 따라서 대개는 유일한 정의를 적용하려는 충동을 억눌러야만 하는 것이다.

제9장에서 본 것처럼, 비타민 C는 똑같은 분자활동을 하면서도 다양하게 이용된다. SOD나 카탈라아제, 헴산소화 효소도 마찬가지다. 분자 수준에서 그 작용은 항상 똑같다. 하지만 작용의 효과는 다양하며 각각 아주 다른 목적을 만족시킬 수 있다. SOD를 생각해보자. 작용은 단순하다. 과산화라디칼을 없애는 것이다. 하지만 이것이 순전히, 또 단순히 항산화작용일까, 아니면 어떤 신호이기도 할까? 만약 과산화라디칼이 생기는 속도가 SOD에 의해 없어지는 속도보다 빠르다면 남아도는 일부 자유라디칼은 단백질의 티올기를 산화시키고, 전사인자는 핵으로 달려간다. 핵에서 이 전사인자들

은 DNA에 붙어 새 단백질을 만들도록 자극해 세포를 건강한 상태로 회복시킨다. 바꿔 말해서, 세포는 산화성 스트레스가 약간 느는 것 같은 환경의 작은 변화에는 단백질 종류를 미묘하게 바꾸어 합성하며 적응한다. 만일 우리가 SOD나 다른 항산화제를 지나치게 많이 쏟아부어 그 길을 막는다면 그게 정말로 몸을 위한 일일까? 그건 아무도 모른다. 이런 식으로 균형에 손을 대면 해로울 수도 있는 이유 한 가지를 앞에서 살펴보았다. 헴산소화 효소는 티올의 산화에 반응해 만들어진다. 헴산소화 효소의 농도는 산화성 스트레스를 받았을 때의 작은 변화에 대한 반응으로 계속해서 변하기 때문에, 이렇게 미묘한 상호작용을 억제하면 감염같이 갑작스러운 문제가 생겼을 때 반응이 둔해질 수도 있다. 폴링이 주장한 것과는 달리 비타민 C의 감기 예방 효과를 확인하기가 그렇게 힘들었던 이유도 아마 이것이었을 것이다. 비타민 C를 먹어서 얻는 이득은 헴산소화 효소 같은 스트레스 단백질의 합성을 억제하는 손실로 상쇄될 수도 있다.

이렇게 불확실한 면이 있지만 그래도 과일과 채소가 우리 몸에 좋다는 사실에 이의를 제기할 수는 없다. 만일 그 사실이 항산화제와 어떤 관계가 있다면, 우리 몸의 복잡한 항산화 기계에 보호장치가 부족하다는 결론을 내릴 수 있다. 여분의 항산화제는 DNA와 단백질을 망가뜨릴지도 모르는 자유라디칼을 깨끗이 없앤다. 만일 이 자유라디칼을 그대로 둔다면 세포의, 궁극적으로는 몸 전체의 생명력을 좀먹을 것이다. 반면에 과일을 먹어서 얻는 이익은 다른 요소들과도 관계가 있을 수 있다. 즉 저용량의 독성물질을 몸에 집어넣어 헴산소화 효소 같은 스트레스 단백질을 만들도록 자극하는 것이다. 원래 과일에는 독성물질이 있어서, 다 익기 전에 먹히거나 적당치 않은 초식동물한테 먹히는 것을 막아준다. 아마도 과일이 우리에게 주는 이익은 항산화제와 가벼운 독성물질의 균형에 있을지도 모른다. 확실히 과일과 채소를 먹었을 때 우리 몸이 얻는 것과 똑같은 이익을 단순히 항산화제 보조 식품만을 먹어서 얻은 예는 없다.

반세기 전에 자유라디칼 생물학의 선구자 레베카 거쉬먼은 항산화 방어가 지속적으로 조금씩 '풀리는' 것이 노화와 죽음의 원인일지도 모른다는 의문을 품었다. 이 생각은 여전히 노화 이론 중에서 자유라디칼 이론의 근거가 되고 있다. 우리 몸의 항산화 방어체계가 거쉬먼이나 폴링이 상상한 것보다 훨씬 더 복잡하다는 사실을 이번 장을 통해 독자 여러분이 알게 되었기를 바란다. 이는 지난 몇 년 간 분자생물학의 발달로 얻은 성과다. 그러나 우리에게는 아직 문제가 남아 있다. 자유라디칼의 누출을 막아서 노화의 속도를 줄일 수 있을까? 아니면 어느 정도의 누출은 우리 몸의 스트레스에 대한 저항을 이끌어내는 데에 **반드시 필요**한 것일까? 만일 연쇄반응 차단 항산화제가 스트레스 반응에 비해 덜 중요하다면, 스트레스 반응을 직접 조작해서 노화의 속도를 줄일 수 있을까? 이제 항산화제에 대해 새로 이해하게 되었으니, 앞으로 넉 장에 걸쳐 이런 문제에 대해 살펴보도록 하자.

11

성과 신체 유지

노화의 진화에 존재하는 균형

메소포타미아 우루크의 왕 길가메시는 제일 친한 친구가 죽자 영원한 생명을 찾아 모험을 떠났다. 해가 떠서 질 때까지 빛이 비치지 않는 어둠의 땅에서 열두 나라를 여행한 끝에, 그는 영생의 비밀을 알고 있는 우트나피슈팀을 만났다. 우트나피슈팀은 길가메시에게 이 모험이 덧없는 것이라고 말했지만, 그래도 신들의 비밀을 알려주었다. 물속에서 자라는 어떤 식물이 인간에게 잃어버린 젊음을 되찾아준다는 것이다. 그 식물을 먹은 사람은 예전의 힘을 전부 되찾게 된다. 그 식물의 이름은 '회춘The Old Men Are Young Again'이라고 했다. 길가메시는 그 식물을 찾아냈지만 채 먹기도 전에 뱀에게 빼앗겼다. 뱀은 허물을 벗고 샘물 속으로 사라졌다. 길가메시는 슬피 울고서 빈손으로 우루크에 돌아갔다. 그리고 신하들에게 자기가 겪은 이야기를 점토판에 새기도록 했다. 백성들은 그의 무용담을 찬양했다. 마침내 그가 죽고 침상에 누워 다시는 일어나지 못하자, 백성들은 모두 소리 높여 슬퍼했다. 살아 있는 모든 사람들이 큰 소리로 통곡했다.

『길가메시 서사시』는 현존하는 가장 오래된 걸작으로 고대 메소포타미아 수메르 왕조의 것인데, 호메로스의 서사시보다 적어도 1500년은 오래된 것이다. 역사가 기록되기 시작했을 때부터 이 서사시에 등장한 우정과 영웅 이야기는 인간의 영원한 관심사와 딱 맞아떨어진다. 바로 사별과 노화, 죽음, 영생의 꿈이다. 이런 주제들은 역사가 흐르면서 되풀이되었다. 그저 막연한 의미에서가 아니다. 우리 인간은 어떤 종류의 신비한 물건을 손에 넣으면 영원히 변치 않는 젊음을 얻을 수 있다는 생각에 집착한다. 그것이 어떤 식물이든, 신의 음료든, 성배든, 유니콘의 뿔이든, 불로불사의 영약이든, 철학자의 돌이든, 성장 호르몬이든 말이다.

생물학자들도 마찬가지로 젊음을 되찾는 약을 찾으려는 열망에 사로잡힌다. 그래서 생물학의 역사를 훑어보면 신기한 주장이 많다. 이를테면 1904년에 러시아의 면역학자이자 노벨상 수상자인 엘리 메치니코프는, 장에 사는 세균이 내놓는 독성물질이 노화의 원인이라고 주장했다. 그의 견해에 따르면 대장은 노폐물을 저장하는 장소로, 포식자에 쫓겨 도망칠 때(또는 먹이를 잡으러 쫓아갈 때) 배변 욕구를 막아주는 필요악이다. 그는 불가리아에 유난히 장수하는 사람들이 많다는 얘기에 주목했고, 장수의 비결을 바로 요구르트라고 보았다. 당시 서유럽에는 요구르트가 알려져 있지 않았다. 메치니코프는 요구르트를 많이 먹기만 하면 200세까지도 살 수 있다고 주장했다. 요구르트에는 '아주 유용한 미생물들이 잔뜩 들어 있는데, 이 미생물들은 소화관에 순응해 부패작용과 유해한 발효를 막을 수 있다'는 것이었다. 그의 주장에는 분명히 옳은 점이 있었다. 장내 세균이 인간의 수명을 최대한으로 늘려주지는 않더라도 확실히 건강에 영향을 미치는 것은 사실이다.*

---

* 여기서 **평균** 수명과 최대 수명을 구별할 필요가 있다. 서양에서 평균 수명은 지난 세기에 걸쳐 극적으로 높아졌다. 감염병으로 어린 시절에 죽거나 출산할 때 죽는 사람이 줄어들었고, 노령까지 사는 사람들이 훨씬 많아졌기 때문이다. 이렇게 통계적으로는 크게 변했음에도 불구하고 최대 수명은 거의 변하지 않았다. 전혀 변하지 않았다고 봐도 좋을 것이다. 일부 사람들은 항상 100세가 넘게 산다. 오늘날에는 그렇게 오래 사는 사람들이 더 늘어났지만 성서 시대처럼 115세나 120세가 넘도록 사는

남자의 경우에는 고환의 분비작용이 줄어드는 것이 노화와 관계있다는 이론도 있었다. 1889년에 프랑스의 저명한 생리학자인 샤를 에두아르 브라운세쿼르는 개와 기니피그의 고환에서 추출한 액체를 자신에게 주사했더니 몸과 마음이 다시 젊어졌다고 파리의 생물학협회에 보고했다. 그 주사로 육체적인 힘과 지적인 에너지가 확실히 늘어났을 뿐 아니라 변비가 없어지고 소변을 잘 보게 되었다는 것이다. 그 후로 많은 외과 의사들이 고환의 전체 또는 일부를 환자의 음낭에 이식하려고 시도했다. 리오 스탠리는 미국 캘리포니아 주에 있는 산쿠엔틴 교도소의 의사였다. 그는 1918년에 재소자들에게 고환을 이식하기 시작했다(이식용 고환은 사형당한 시신에서 떼어냈다). 수술을 받은 재소자들 중 일부는 성적 능력이 완전히 회복되었다고 했다. 1920년 무렵 스탠리는 인간의 고환이 귀하기 때문에 쥐, 염소, 사슴, 수퇘지의 고환을 대신 썼다. 효과는 똑같다는 것이었다. 그는 노환이나 천식, 간질, 결핵, 당뇨병, 괴저 등 다양한 질병을 앓는 환자들을 치료하겠다고 수백 번이나 수술을 했다.

생식샘 이식을 원하는 사람들이 점점 많아지면서 1920년대와 1930년대에는 최소한 두 명의 외과 의사가 큰돈을 벌었다. 프랑스에서는 러시아에서 망명해온 세르게이 보로노프가 생명을 연장한다며 유명인사들에게 원숭이의 생식샘을 이식해주고 돈을 벌었다. 존경받는 생물학자였던 보로노프는 이집트 궁중의 내시들에게 실험을 했고, 심지어 원숭이의 난소를 여자에게 이식했다가 비참한 결과를 얻었다. 미국에서는 악명 높은 돌팔이 존 R. 브링클리 '박사'가 나이 든 환자 수백 명에게 염소 고환의 일부를 이식했다. 그는 캔자스 주 밀퍼드에서 아주 유명해져서 심지어 1930년에는 주지사에 당선될 뻔하기도 했다. 환자들은 각자 자기가 쓸 염소를 박사가 키우는 무리 중에서 고르기도 했다. 이런 모험으로 떼돈을 벌자 그는 캔자스 주에 라디

사람은 거의 없다. 큰 변화가 없다면 이것을 인간의 최대 수명이라고 볼 수 있다.

오 방송국을 세웠다. 방송국 이름은 KFKB (Kansas' First, Kansas' Best)였다. 이 방송국을 통해 그는 염소 생식샘 이식 같은 자기의 비밀 치료법을 요란하게 선전했다. 고소와 재판이 줄을 잇고 미국의학협회와 연방라디오위원회가 제재를 가하자, 브링클리는 멕시코 국경지대로 도망쳐 그곳에서 새로 라디오 방송국을 열고는 계속해서 수상한 의료 수술을 해 약 1200만 달러를 벌어들였다. 텍사스 주에 있는 사유지에서 희귀한 펭귄과 갈라파고스 거북이까지 키웠다고 한다. 하지만 그것도 결국 끝이 났다. 계속해서 이어지는 소송과 벌금으로 그는 마침내 1941년에 파산신청을 했다. 건강도 망가져서 심장마비와 콩팥 기능 이상에 시달리다가 한쪽 다리까지 절단한 끝에 그 다음해 57세의 나이로 무일푼 신세가 되어 죽었다. 미국 역사상 가장 유명한 사기꾼의 종말이었다.

젊음을 되찾으려는 열망은 과거의 호기심만은 아니다. 최근에도 비타민 C와 에스트로겐estrogen, 멜라토닌, 텔로머라아제, 성장 호르몬이 모두 기적의 요법으로 과하게 선전되고 있다. 각 요법마다 철석같이 신봉하는 사람들이 있지만, 그런 요법들에 뭔가 장점이 있다 하더라도 최대 수명을 늘리지는 못한다는 사실은 대개의 사람들이 잘 알고 있다. 의학은 이런 종류의 관심에서 멀찍이 떨어져 있지만 그 영향이 아주 없지는 않다. 노화란 어떤 의미에서 꼭 필요한 것 또는 피할 수 없는 것이고 따라서 의학의 영역을 벗어나 있다고 하지만, 주류 의학계가 전통적으로 이런 태도를 보이고 있기 때문에 오히려 그 신비감이 사라지지 않고 있다. 심지어 오늘날에도 노화는 의학이라는 학문 내에서 적절한 연구 분야로 인정받는 경우가 드물다. 여전히 브링클리 같은 돌팔이들의 행실로 얼룩져 있는 것이다. 대부분의 나라에서는 의과대학 교육 과정에 노화에 대한 수업이 없다. 하지만 의학은 노화에 대한 연구를 못 본 체하면서도 지금까지 노인병에 대해 엄청난 양의 정보를 축적해왔다. 이 많은 정보는 모두 노인학의 일부분이다. 하지만 전문가들은 대부분 자기 자신을 심장학자나 신경학자 또는 종양학자나 내분비학자라고 여기지 노인학자라고는 생각하지 않는다. 서로 논문을 참조하는 일이 거의 없기 때문에 전체적인 시각이란 없다고 봐야 한다.

옛날부터 지금까지 의학자들은 각 질병만 따로 분리해 연구하면서 기계론적인 시각에서 바라볼 뿐, 진화 이론에는 관심을 갖지 않는 경향이 있다. 예를 들면 심장병의 경우, 산화된 콜레스테롤이 관상동맥에 쌓여 죽상경화반atherosclerotic plaque(관상동맥 내벽 일부에 염증과 함께 콜레스테롤 등이 쌓이면서 점차 두꺼워진 것—옮긴이)을 형성하고 이것이 파열되면서 결국 혈전血栓이 심근경색을 일으키기까지 그 과정이 상세하게 알려져 있다. 따라서 곧 닥칠 불행을 적어도 한동안은 피할 방법도 알려져 있는 셈이다. 즉 혈중 콜레스테롤 수치를 낮춘다거나 약물을 이용해 관상동맥을 넓힌다거나, 경색이 일어난 후 심장근육을 회복시키는 방법 등이 있는 것이다. 그런데 심장질환이 암 같은 다른 노인병들과 어떻게 연결되어 있는지, 또 공통된 원인을 찾아내 양쪽 질병을 모두 막을 수 있는지 여부에 대해서는 훨씬 덜 알려져 있다. 지난 두 장에서 살펴본 것처럼, 현대 의학이 그렇게 발전했는데도 불구하고 그나마 알려진 것은 '채소를 먹자!'뿐이다. 심지어 그 이유도 확실하지가 않다. 그런데 이런 상황이 서서히 변하고 있다. 세계적으로 노령화 문제가 심각해지면서 많은 학자들이 노화 연구에 직접적인 노력을 기울이고 있다. 현재 노인학은 생물학에서도 가장 활발한 분야이며, 연금술로부터 과학이 꽃핀 이후로 그 어느 때보다도 많은 관심을 모으고 있다. 생물학적·의학적 증거가 빈약하던 이 분야에 마침내 더 광범위하고 검증할 수 있는 이론들이 등장하고 있다.

반세기 전, 런던 유니버시티 대학의 동물학 교수 피터 메더워는 취임 기념 공개 강의에서 노화가 생물학에서 아직 풀리지 않은 아주 크고 어려운 문제라고 말했다. 이 분야에 대해 잘 모르는 사람들에게는 지금도 이 말이 맞는 것처럼 들릴 것이다. 하지만 이것은 사실이 아니다. 노화의 원인에 대한 주된 이론은 현재 두 가지가 있는데, 이 두 이론은 점점 하나로 통합되고 있다. 여기서는 대강 예정 이론과 확률 이론이라고 하자. 예정 이론에서는 노화가 유전자에 미리 정해져 있으며 배아의 성장과 사춘기, 완경기 등과 마찬가지로 발달 과정의 일부라고 주장한다. 반면에 확률 이론에서는 본질적으로 노화란 살아가면서 조금씩 소모된 것이 쌓여 일어나는 것이며 유전자에 정해져 있지는 않다고 주장한다. 과학에서 종종 그렇듯이, 진실이란 한쪽 이론의 요소에만 의존하는 것이 아니라 각 이론들의 중간쯤에 있다. 모든 해답이 다 밝혀진 것은 아니고 상세한 부분에서 혼란이 많지만, 넓은 의미에서 보면 우리가 **왜, 어떻게** 나이를 먹는지는 확실히 밝혀졌다고 생각한다. 영국의 저명한 노인학자 톰 커크우드가 주장한 것처럼, 노화는 피할 수 없는 생물작용이 아니며 분명히 그 유전자가 있기는 하지만 일정한 유전 프로그램을 따르지도 않는다. 앞으로 이어질 내용에서, 산소는 노화와 죽음의 중심일 뿐 아니라 성과 성별의 출현에 깊은 관계가 있다는 사실을 알게 될 것이다. 하지만 해결되지 않은 문제들이 아직 많이 남아 있다. 노화와 노화로 인한 질병은 어느 선에서 구분해야 할까? 무엇보다도, 지금까지 이런 모습으로 진화한 인간의 몸에서 노화를 해결하는 일은 가능할까? 앞으로 이 문제에 대해 생각해보도록 하자. 하지만 우선 생물학의 기본 원리 몇 가지를 살펴볼 필요가 있겠다.

§

노화, 그러니까 나이를 먹으면서 신체 기능을 잃는 현상은 피할 수 없는 일이다. 제8장에서 본 것처럼 우리는 대를 이어 모두 공통조상 LUCA에게 연결되어 있다. 우리가 제일 먼 친척인 고세균 및 세균과 공통으로 갖고 있는 유전자 몇 개를 LUCA한테서 물려받았다는 점에서 그 사실을 알 수 있다. 모든 생물에는 가장 기본 수준에서 똑같은 부분이 있다. 생물이 모두 연결되어 있다고 보아야만 이런 단일성을 이해할 수 있다. 생물이 그대로 머물러있지 않고 진화했다는 점에서, 생물 자체도 나이를 먹었다고 볼 수 있다. 하지만 오늘날의 생물이 원시 DNA가 **노화**한 결과물은 절대로 아니다. 와인과 치즈, 또 일부 인간은 나이를 먹으면서 가치가 높아진다. 하지만 가치가 높아지는 것이 노화 때문은 아니다. 주위를 한번 둘러보자. 생물은 40억 살이라는 나이에도 번성하고 있다. 만일 모든 생물이 공통된 조상의 자손이라면 우리 인간도 분명히 노화를 피할 수 있을 것이다.

생물계의 노화를 막고 진화의 원동력이 된 것은 바로 자연선택이다. 다윈의 이런 생각을 흔히 영국의 철학자 허버트 스펜서가 만들어낸 '적자생존'이라는 말로 표현한다. 진화생물학자들은 이 말이 오해를 일으킨다고 비판하기도 한다. 자연선택은 생존 그 자체가 아니라 생식과 관계가 있기 때문이다. 가장 성공적으로 **생식**하는 개체가 다음 세대로 유전자를 가장 잘 넘겨줄 수 있다. 생식에 실패한 개체들은 사라진다(성공할 경우에는 물론 영원히 남는다). 하지만 잠시 한 걸음 물러나 바라보면 스펜서의 그릇된 설명에도 할 말이 있다. 도대체 개체는 왜 생식을 하려고 할까? 무엇 때문에 생식이 필요할까? 단순한 바이러스라도 스스로 복제하기 위해 불가사의한 방법을 동원한다. 그냥 수수께끼 같은 생명력, 번식을 하려는 충동 때문이라고 여기기가 쉽다. 생명력이라는 개념을 배제하려면 뭔가 다른 설명이 필요하다. 도대체 왜 생물은 그토록 절박하게 생식을 하려고 할까?

바로 생식만이 생존을 보장할 수 있기 때문이다. 아무리 복잡한 물질이라도 결국은 뭔가에 의해 파괴된다. 높은 산조차 오랜 세월에 걸쳐 침식된다. 구조가 복잡할수록 깨지기는 더 쉽다. 그래서 유기물질은 약하다. 자외선이나 화학물질의 공격을 받으면 금방 산산조각 날 것이다. 유기물질에 들어 있던 원자들은 재활용되어 더 단순한 조합을 이루게 된다. 단순한 분자인 이산화탄소는 DNA보다 안정적이다. 한편, 어떤 물질 하나가 스스로 복제를 한다면 이 물질이 적어도 한동안 온전하게 남아 있을 확률은 두 배가 된다. 이때 복제되어 생긴 물질이 파괴되는 것은 시간문제지만, 이 분자들 중 하나가 파괴되기 전에 또 자기를 복제하는 데에 성공한다면 이 과정은 무한정 계속되는 것이다.

자기를 복제하는 능력은 마술이 아니다. 영국 스코틀랜드에 있는 글래스고 대학의 화학자 그레이엄 캐언스스미스가 저서 『생명의 기원에 대한 일곱 가지 단서』에서 주장한 것처럼, 강바닥에 있는 진흙의 결정도 순전히 물리적인 과정을 통해 자기를 복제한다. 여기서 (독자 여러분이나 나나 캐언스스미스가 아닌 이상) 생명력을 찾아보기란 힘들다. 하지만 그렇더라도 생물이 생식을 하려는 강한 충동을 가진 듯 보이는 이유는, 만일 생식을 하지 않는다면 존재하지 못하기 때문이다. 자기를 복제하는 개체만이 살아남을 수 있고, 따라서 살아남은 모든 개체는 자기를 복제해야만 한다.

생물이 죽는 쪽으로 기울고 있다고 가정할 때, 복제의 **속도**는 아주 중요하다. 만일 죽어나가는 속도가 일정하다면, 확실히 살아남기 위해서는 복제하는 속도가 죽는 속도를 앞서야 한다. 1973년 미국 샌디에이고에 있는 솔크 연구소의 화학자 레슬리 오겔이 이런 관계의 중요성을 주장했다. 오겔은 세포를 배양한 후 각각 피폭량을 달리해 방사선에 노출시켰을 때 '죽지 않는' 세포 집단이 보이는 반응을 이론으로 정리했다. 여기서 죽지 않는다는 말은 세포 **집단**이 노화하지 않고 무한정 분열을 계속할 수 있는 경우를 가리킨다. 그러니까 **각각의** 세포가 우연히 또는 늙어서 죽지 않는다는 뜻은 아니다. 이런 식의 반응을 보이는 세포가 두 종류 있다. 바로 세균과 암세포다. 실험실에서 배양할 때 양쪽 집단 모두 노화하지 않고 성장할 수 있다. 하지만 어떤 경우에도 그중 일부(약 10~30퍼센트)는 분열을 하지 못한다. 분열하지 못한 세포들은 죽는다. 그리고 계속해서 분열한 세포의 자손들이 빈자리를 차지한다. 오겔의 주장에 따르면, 이런 '죽지 않는' 세포 집단에 방사선을 쬐어서 분열해 생긴 딸세포가 살아남을 확률을 50퍼센트 밑으로 떨어뜨리면(바꿔 말해 복제하는 속도가 죽는 속도를 앞서지 못하도록 하면), 적어도 이론상으로는 집단 전체가 서서히 줄어들어 없어질 것이다. 피폭량이 적을 경우에 집단은 계속 성장하겠지만 그 속도는 피폭되지 않은 집단보다 느릴 것이다.

앞서 살펴본 것처럼, 방사선이 생체분자에 영향을 미치는 것은 대개 방사선에 의해 물이 쪼개져서 수산화라디칼 같은 산소 자유라디칼이 생기기 때문이다. 수산화라디칼은 반응 상대를 가리지 않는다. 수산화라디칼의 공격을 받으면 거의 모든 유기분자가 망가진다. 그런 공격이 계속해서 다소 무작위로 일어난다. 그렇게 입은 손상이 세포를 단번에 망가뜨리지 않을 경우에는 단백질과 지질이 파괴되더라도 아주 큰일은 아니다. 에너지가 알맞게 공급되기만 한다면 DNA의 명령에 따라 망가진 분자가 새것으로 교체될 수 있다.* 문제는 암호 자체, 즉 DNA가 손상되었을 때 생긴다. DNA가 망가져 불완전한 단백질이 만들어지면 그 단백질은 다른 단백질을 만드는 것같이 중요한 작용을 하지 못하게 되고, 따라서 그 세포는 죽을 것이 거의 확실하다. 그러므로 생물에게 주된 문제는 각 세대를 거치면서 어떻게 DNA를 온전히 유지하느냐가 된다.

'죽지 않는' 세포의 배양에 대해 다시 생각해보자. 세포 집단의 50퍼센트 이상을 죽일 정도로 강한 방사선을 쬔다면 어떻게 될까? 한동안은 오겔이 예상한 대로 집단이 줄어든다. 하지만 그다음에는 똑같은 강도의 방사선을 계속 쬔더라도 회복되는 기미가 보인다. 그리고 조금 더 지나면 마치 방사선에 면역이 생긴 것처럼 집단이 다시 번성하게 된다. 이론과는 전혀 다르다. 어떻게 된 것일까?

바로 자연선택이 작용하는 것이다. 세포에 몇 가지 변화가 생긴다. 우선 몇몇 세포가 더 빨리 분열한다. 살아남은 세포들이 이렇게 이상할 정도로 빨리 분열하는 이유는 DNA가 손상되기 전에 자기를 복제했기 때문이다. 집단 전체를 볼 때, 각 집단이 두 배가 되는 기간은 더 짧아진다. 살아남은 세

---

* 물론 DNA는 RNA와 단백질을 만드는 암호를 가지고 있다. RNA와 단백질은 세포의 기본구조를 이루며, 더 많은 DNA를 복제할 수 있도록 해준다. 이 책에서는 이런 체계의 기원까지 다루지 않는다. 관심 있는 독자들을 위해 더 읽어보기에 레슬리 오겔의 저서를 추천해놓았다.

포들은 방사선이 유전자 하나를 파괴하는 데에 걸리는 시간보다 더 짧은 시간 안에 새로운 유전자를 만든다. 이제 자손들이 고스란히 다음 세대로 넘어갈 확률이 50퍼센트를 넘게 되는 것이다.

공간과 영양분이 충분하기만 하다면 이렇게만 적응해도 괜찮을 것이다. 하지만 많은 세포가 두 번째 적응을 하게 된다. 이 적응은 첫 번째 적응과 밀접하게 관계가 있다. 집단이 안정적으로 성장하게 되면 이 세포들은 자기 DNA를 여분으로 더 만든다. 그래서 이제 원래 염색체의 몇 배를 갖게 된다. 그 효과는 복제속도를 높이는 것과 비슷하지만 그 의미는 훨씬 더 심오하다. 그 이유는 다음과 같다. 만일 각 세포가 유전자를 하나씩만 복제한다면, 어떤 유전자든 재수 없게 한 번만 공격을 당해도 중요한 단백질이 없어져 세포 전체가 죽게 된다. 반면에 세포가 유전자 전체를 몇 개씩 복제해놓을 경우에는 유전자가 공격을 받아도 여분이 있어서 괜찮다. 전체 염색체 중에서 **똑같은** 유전자가 두서너 번씩 공격을 받아 망가질 확률은 엄청나게 낮은 것이다. 재난에 대비한다는 점에서 이 편이 세포 전체를 복제하는 것보다 훨씬 간편하다. 세포 전체를 복제할 때도 단백질이며 미토콘드리아, 소포체, 세포막 등에 똑같은 문제가 생기기 때문이다.

여기에 다른 적응 두 가지가 더 있다. 첫째로 세균의 접합속도가 빨라진다. 접합이란 세균 두 마리가 일시적으로 연결되어 서로 여분의 유전자를 교환하는 것이다. 두 번째는 스트레스 반응이다. 세균의 접합은 원칙적으로 성행위와 비슷하다. 결함이 있는 유전자가 들어 있는 염색체를 단순히 복제할 때와는 달리, 출신과 이력이 서로 다른 유전자들이 모이면 똑같은 자리에 똑같은 결함이 있는 유전자가 두 개씩 나올 확률이 줄어든다. 비유를 하자면 이런 얘기다. 만일 양복을 한 벌 가지고 있는데 바지가 찢어졌다고 치자. 그런데 똑같이 부주의한 친구한테서 똑같은 양복을 받으면 그 친구가 준 양복 웃옷에 찢어진 부분이 충분히 있을 수 있다. 그럴 경우 갖고 있던 웃옷에 친구의 바지를 입는다면 멀쩡한 양복 한 벌이 생기는 것이다. 이런 식의 조합은 세균의 접합과 고등생물의 성행위 양쪽 모두의 기본이 된다.

　스트레스 반응 역시 세균부터 인간에 이르기까지 사실상 모든 생물의 특징이다. 제10장에서 스트레스 반응에 관련된 단백질 몇 가지를 살펴보았다. 이 단백질들은 긴급구조대처럼 망가진 DNA를 수리하고 망가진 단백질을 분해하며 자유라디칼 연쇄반응을 끝낸다. 환경이 변했을 때 이런 식의 반응을 성공적으로 수행하는 세포는 자연선택에 유리하다. 이런 세포들은 살아남아 번식하지만 재주가 부족한 친척들은 아무리 여분의 염색체가 있더라도 손상이 쌓여 결국 죽게 될 가능성이 높다.

　따라서 세균 집단을 방사선에 노출시키면 여러 세대를 거치면서 방사선을 견딜 수 있는 집단을 선택할 수 있다. 이제 방사선의 종류를 바꾼다고 상상해보자. 지금 중세의 기사만큼 묵직한 갑옷을 입은 역전의 용사 세균 집단을 선택해놓았다. 이 세균들을 평화로운 시대로 돌려놓는 것이다. 그러면 갑자기 여분의 방어가 불필요한 짐이 되어 생식에 방해가 된다. 스트레스에 대한 내성을 그대로 갖고 있는 세균은 생식할 때마다 유전자를 몇 개씩 만들어야 하고, 또한 에너지의 상당 부분을 더 많은 스트레스 단백질을 만드는 데에 집중시킨다. 염색체의 일부를 내버리고 스트레스 반응을 중단하는 세균 쪽이 더 빨리 자기를 복제할 수 있다. 갑옷을 입은 기사가 아이를 만들려면 그전에 갑옷을 벗어야만 하는 것이다. 몇 세대 지나지 않아 스트레스에 내성을 가진 세균은 사라져버린다. 자연에서 목적을 추구하는 인간 중심의 관점에서 볼 때 이런 끝없는 순환은 쓸모없고 맹목적인 것 같지만, 이런 것이 바로 진화다. 그래서 세균은 여전히 세균인 것이다.

　이런 이야기가 노화와 무슨 상관이 있을까? 세균은 대체로 나이를 먹지 않는다. 그럴 이유가 없다. 세균은 생식을 빨리해서 유전자를 온전히 유지한다. 20분마다 새 세대를 만들 수 있다. 염색체를 여러 개씩 비축하고 접합과 수평적 유전자 교환으로 유전자를 교환하며(제8장 214쪽 참조) 틈틈이 망가진 DNA를 수리해 자기를 보호한다. 손상된 DNA의 오류는 자연선택으로 금세 사라진다. 자연선택에 이익이 되는 것이라면 무엇이든 재빨리 수용한다. 세균은 이런 식으로 40억 년 이상 살았다. 확실히 세균은 진화했고 이런 점에서 보면 나이를 먹었다고 할 수 있겠지만, 다른 어떤 점을 보아도 세균은 수없이 많은 세대를 거치면서도 여전히 젊은 상태다.

중요한 점은, 세균의 생존에는 반드시 죽음이 대규모로 따른다는 사실이다. 24시간 내에 세균 한 마리는 2^{48}마리, 그러니까 10^{16}개의 세포를 만들 수 있다. 전체 생물량으로 보면 약 30킬로그램이다. 하지만 이런 식의 지수성장은 계속될 수 없다. 자연환경에서 대부분 세균 집단의 크기는 대략 일정하게 유지된다. 세균은 먹이가 오랫동안 모자라거나 탈수되어 죽기도 하고, 선충류 벌레 같은 다른 생물의 먹이가 되기도 하고, 세포에 손상을 입어 분열하지 못하기도 한다. 그렇게 해서 세균이 대규모로 죽어나가는 동안에 그 집단의 유전적 손상이 자연선택을 통해 제거된다. 적자만이 생존하는 것이다. 좀 뒤틀린 이야기 같지만 영원한 생명의 주된 특징은 바로 죽음이다.

관점을 바꿔보면 다음과 같은 결론을 내릴 수 있다. 만일 노화가 그 자체로서는 생물에 꼭 필요한 것이 아니고 매번 있는 일도 아니었다면, 아마 진화를 통해 나타났을 것이다. 만일 노화가 진화를 통해 나타났다면, 적어도 일부분은 유전자로 정해져 있을 것이다. 유전적으로 정해진 형질만이 진화할 수 있고 다음 세대로 전달될 수 있기 때문이다. 그리고 만일 노화가 사라지지 않고 계속 남았다면 자연선택에 어떤 종류의 이익을 주는 것이 틀림없다.

§

노화는 성sex과 동시에 진화했다. 여기서 성이라 하면 정자와 난자 같은 성세포가 생기고 이들이 결합해 새로운 생물을 만드는 것을 뜻한다. '성'과 '생식reproduction'은 종종 서로 바꿔가며 쓰이지만 전문적으로는 완전히 다른 의

미다. 존 메이너드 스미스와 외르스 사트마리의 표현을 빌리자면 "성적인 과정은 사실상 생식과 반대다. 생식에서는 세포 하나가 둘로 분열되는 반면에 성에서는 두 세포가 결합해 하나가 된다". 여기서 한 가지 의문이 생긴다. 앞으로 보게 되겠지만, 이 질문은 성과 마찬가지로 노화에도 똑같이 적용된다. 바로 개체가 얻는 이익은 무엇인가 하는 점이다.

성은 수많은 방법으로 **집단**에 이익을 준다고 알려져 있다. 아마 그중 가장 중요한 이익이라면 새로 바뀐 유전자를 집단 전체에 빠르게 퍼뜨려 그로 인해 유전적 다양성을 촉진한다는 점일 것이다. 유전자들은 대부분 몇 가지 다른 형태로 존재하며, 유성생식을 통해 이런 유전자들의 조합이 계속해서 새로 바뀐다. 이러한 다양성은 인간 집단에서 뚜렷하다. 일란성 쌍둥이를 제외하면 60억 인구 중에서 유전적으로 똑같은 사람을 찾아보기는 어렵다. 이 점이 중요한 이유는, 유전적으로 다양한 집단이 환경 변화나 선택압력에 더 쉽게 적응하기 때문이다.

하지만 이러한 다양성을 누리려면 **그전에** 성이 진화되어야 한다. 그리고 제7장에서 산소 발생형 광합성의 진화 이야기를 할 때도 보았듯이, 결과를 끼워 맞춰서 진화를 설명할 수는 없다. 형질 하나가 한 집단 안에 자리를 잡으려면 우선 각 **개체**에 이익이 되어야 하고, 이 개체들이 그 형질이 없는 다른 개체들을 누르고 번성해야 한다. 유전자 재조합으로 개체가 얻는 이익은 곧바로 나타나지 않는다. 유성생식에서는 성적으로 성숙할 때까지 경쟁을 뚫고 무사히 살아남은 튼튼한 두 개체가 짝을 짓고, 각각 가지고 있던 튼튼한 유전자 구성을 뒤섞어 새로운 조합을 만들어 자손에게 물려준다. 이렇게 해서 나온 자손은 통계적으로 볼 때 부모보다는 튼튼하지 못하기 쉽다. 사실 성이 진화한 이유는 여전히 논쟁거리가 되고 있다. 일단 그것부터 잠시 살펴보기로 하자. 우선 노화도 똑같이 생각할 수 있다는 점을 염두에 두도록 하자. 만일 노화가 진화의 산물이라면 각 개체에 이익이 되었을 것이다. 그렇지 않다면 생물계 대부분의 절대적인 특징이 되지 못했을 것이다. 실제로 노화는 성보다 더 널리 퍼져 있어서 본질적으로 모든 동물과 식물에 영향을 주고 있다. 그만큼 주는 이익이 아주 크다는 얘기다.

성과 노화가 밀접하게 연결되어 있기 때문에 우선 각 세포의 시점에서 성 문제부터 살펴보도록 하자. 성에서 기본적인 문제는 생식의 **속도**다. 만일 세균처럼 성이 없는 미생물이 단지 둘로 나눠지는 방법(이분법)으로 생식한다면 세포 하나는 자손 둘을 만들고, 자손 둘은 그 자손 넷을 만들게 된다. 집단 전체는 지수적인 속도로 커진다. 반면에 성을 이용한 증식은 속도가 훨씬 느릴 수밖에 없다. 세포 둘이 만나 하나를 만들고, 이것이 어쨌든 둘로 나눠져야만 딸세포를 만들어 각 딸세포가 다른 세포와 결합해 더 많은 자손을 만들 수 있다. 이렇게 생식속도 자체가 느린 데다가, 성세포들은 각각 짝을 찾아서 그 짝이 서로 맞는지 결정한 다음에야 결합해서 생식을 하게 된다. 그 과정에는 위험이 따를 뿐 아니라 에너지 손실도 크다. 겨우 몇 세대 만에 무성 집단이 유성 집단을 수적으로 압도할 수밖에 없다. 아니면, 유성 집단의 개체 하나가 무성생식으로 돌아설 경우에 무성인 자손의 수는 금세 유성인 자손의 수를 넘어설 것이다. 경쟁을 뚫고 진화 과정을 거치면서 이런 일은 오래전에 뿌리 뽑혔어야 했다. 그런데 왜 그러지 않았을까?

이 딜레마를 해결하려면 앞에 나왔던 생물의 주된 문제로 돌아가야 한다. 바로 어떻게 하면 세대를 거치면서 유전적 명령을 온전히 유지하느냐 하는 것이다. 앞서 살펴본 것처럼, 세균은 엄격한 자연선택과 빠른 생식속도를 연결해 생존에 성공한다. 무성생식에서 부적당한 유전자를 제거해가다 보면 당연히 개체가 죽는 비율이 높아진다. 즉 소를 위해 대를 희생한다는 얘기다. 눈먼 시계공(진화생물학자 리처드 도킨스가 만들어낸, 자연선택을 뜻하는 유명한 표현이다)은 별로 걱정하지 않을 테지만 이것은 자원의 낭비다. 따라서 유전자의 손상을 제거하거나 하다못해 가릴 수 있는 더 효율적인 방법이 있다면 그쪽이 유리해질 것이다. 식물과 동물의 품종개량에서 **잡종 강세**라는 신기한 특성은 바로 이것을 근거로 하고 있다. 잡종 강세란 서로 혈연이 아닌 부모의 자손이 부모보다 더 뛰어난 성질을 가지는 현상이다. 반대로, 동종 번식이 너무 많아지면 반대 효과가 나타난다. 그 이유를 이해하려면 성의 방법, 특히 **감수분열**이라는 세포분열 방식에 대해 더 자세히 알아볼 필요가 있겠다.

인간을 포함해 대부분의 유성 종에서, 성세포 또는 배우체는 부모세포가 갖고 있던 유전물질을 절반씩 가지고 있다. 이런 것을 **반수체**라고 한다. 부모가 갖고 있던 두 벌의 염색체 중에서 무작위로 고른 한 벌만 가지고 있다는 뜻이다. 배우체들이 결합할 때 반수체 세포 두 개는 각각 갖고 있던 염색체 한 벌씩을 내놓는다. 따라서 수정란은 완전한 염색체를 갖게 된다. 그러니까 수정란은 동등한 두 벌의 염색체를 갖게 되는데, 이것을 **이배체**라고 한다. 만일 여기서 이 세포가 다른 세포와 단순히 결합해버리면 그 결과 **사배체**, 즉 염색체 네 벌을 가진 세포가 나오게 된다. 이런 식으로 계속한다면 얼마 지나지 않아 주체할 수 없는 상황이 될 것이다. 유성생식을 하는 종은 대개 감수분열을 통해 더 많은 생식세포들을 새로 만들어 이 문제를 해결한다. 다음 세대를 위해 더 많은 반수체 성세포를 만들기 위해 염색체 수를 반으로 줄이는 방식으로 세포분열을 하는 것이다.

　모든 종류의 세포분열에서, 심지어 궁극적인 목적이 염색체의 수를 반으로 줄이는 일이라 하더라도 일단 첫 단계에서는 각 염색체가 복제되고 그렇게 새로 생긴 딸염색체 두 개가 서로 결합한다. 그런 다음에 결합한 딸염색체끼리 카드를 섞듯이 서로 뒤섞인다. 이때 각각의 딸염색체에서 서로 대응하는 조각들이 교환된다. 이를테면 카드에서 레드 퀸의 절반 위쪽에 블랙 퀸의 절반 아래쪽을 이어 붙여 새로 퀸 카드를 만드는 것과 마찬가지다(양복두 벌의 바지와 웃옷을 서로 바꿔 입는 셈이다). 이 과정을 **재조합**이라고 한다. 서로 다른 형의 유전자들이 재배열되어 다음 세대의 염색체 상에 새로 조합된다는 뜻이다. 그래서 아버지나 할아버지가 아니라 증조할아버지를 쏙 빼

닮은 아이가 태어나는 일이 생길 수 있는 것이다. 이제 다음 과정에서는 염색체들이 결합한 상태로 각각 나누어져 두 개의 핵을 만든다. 여기까지는 엄밀히 따져서 이배체다. 감수분열의 마지막 단계가 되면 복제되어 만들어진 딸염색체가 떨어져 나가 반으로 나눠져, 결국 네 개의 반수체 세포가 생긴다. 이 반수체 세포들의 유전자 조합은 원래 이배체 세포와 각각 다 다르다(아주 단순화한 설명이지만 핵심 개념은 다 들어 있다).

따라서 감수분열과 유성생식을 하는 생물의 기본 특징은 두 가지로 말할 수 있다. 첫째, 부모 양쪽의 유전자와 염색체가 다양하게 조합되어 후손에게 물려진다. 둘째, 유성생식의 결과로 생물은 반수체 상태와 이배체 상태를 오가게 된다. 이때 수명 전체를 놓고 보면 어느 한쪽 상태에서 머무는 기간이 다른 한쪽 상태로 머무는 기간보다 훨씬 짧다.

부모 둘한테서 염색체를 가져오는 일이 어떤 이익을 주는지는 아주 쉽게 알 수 있다. 반수체 세포 두 개가 결합해 새로 생물을 만들 경우, 갖고 있는 유전자도 다르고 살아온 내력도 다른 두 생물한테서 나온 유전자 두 개가 모이게 된다. 그러니까 어떠한 유전적 손상이나 돌연변이도 겹칠 가능성이 낮다는 뜻이다. 재조합 과정에서 유전자는 무작위로 배치된다. 카드를 뒤섞어 좋은 패가 나올 확률을 똑같이 만드는 것과 마찬가지다. 배우자 한쪽의 유전자가 돌연변이를 갖고 있더라도, 다른 쪽 배우자가 똑같은 유전자를 온전하게 갖고 있기 때문에 자손 대에서는 상쇄가 된다. 드물게 똑같은 유전자가 두 개 다 안 좋은 상태에서 만나 자손에게 넘어갔다면 이 자손은 자연선택으로 죽는다. 세균의 경우처럼 해로운 돌연변이를 집단에서 제거하는 것이다. 따라서 각 개체 수준에서 볼 때 사망률이 크게 높지 않으면서도 유전 명령을 온전하게 유지하는 데에는 이분법보다 성이 훨씬 효율적인 방법이 된다.

반수체 상태와 이배체 상태 사이를 순환하는 것에 어떤 이점이 있는지는 이보다 좀 더 알기 어렵다. 이배체 상태가 주는 이익이라면 확실히 이해가 간다. 이배체 세포가 동등한 두 조의 염색체를 가지는 것은 스트레스에 내성이 있는 세균이 똑같은 염색체를 몇 벌씩 비축하는 것과 비슷하다. 염색체를 여러 개 만들자니 자원과 에너지가 너무 많이 들고, 그렇다고 유전자를 딱 하나만 복제하기에는 위험성이 너무 크기 때문에 그 중간인 이배체 상태를 택한 것이다. 두 개의 동등한 염색체가 있기 때문에, 염색체 한쪽의 DNA 일부가 망가지거나 없어져도 다른 쪽을 주형으로 삼아 복구할 수 있다. 그러나 반수체 상태에 대해서는 알쏭달쏭하다. 원칙적으로 볼 때 반수체 상태는 위험하면서도 한편으로는 피할 수 있다. 세포는 이배체와 사배체(염색체 네 개) 상태 사이를 쉽게 오갈 수도 있을뿐더러 이쪽이 훨씬 위험이 적기 때문이다. 더 알 수 없는 점은, 반수체 세포가 자연계에 드문 게 아니며 성세포에만 한정되어 있지 않다는 사실이다. 실제로 말벌과 꿀벌, 개미를 포함해 벌목 중 많은 종들의 수컷은 **평생** 반수체 상태다. 수정되지 않은 알에서 바로 생기기 때문에 그대로 반수체 상태가 될 수 있는 것이다. 반면에 암컷들은 수정란에서 발생해 이배체가 된다. 우연히 이렇게 되는 것이 아니다. 심지어 행동적인 적응으로 반수체 수컷을 보호하기도 한다. 예를 들어 꿀벌의 경우에 새로 태어난 수컷의 8퍼센트는 이배체이고 나머지는 반수체다. 하지만 태어난지 여섯 시간 이내에 일벌들이 이배체 수컷을 찾아내 전부 잡아먹어버린다.

왜 이런 일이 생길까? 해답은 명확하지 않다. 그러나 유명한 컴퓨터과학자이면서 생태학과 동물행동학에 깊은 관심을 가지고 있던 워트 앳머는 1991년에 학술지 『동물행동학』을 통해 이 부분에 대해 설득력 있는 주장을 했다. 알 수 없는 일이지만 많은 분자생물학자들은 그의 주장을 무시한 듯하다. 아마 그 학술지를 읽는 사람이 거의 없어서인지도 모르겠다. 앳머의 주장에 따르면, 반수체 수컷은 '결함을 걸러내는' 역할을 한다. 숨어 있는 유전자 결함을 자연선택에 노출시켜 집단에서 유전자 오류를 제거하는 것이다. 다시 말해서, 반수체 동물들은 유전적 결함이 가려지지 않고 그대로 드러날 수밖에 없기 때문에 건강한 반수체 수컷이라면 **확실하게** 거의 완벽한 유전자를 갖고 있을 것이라는 얘기다. 이런 점에서 반수체 수컷은 반수체 정자의 극단적인 변형이라 할 수 있다. 하지만 어째서 그토록 철저하게 완전히 반수체인 수컷을 만들어내는 것일까? 이리저리 따져봐도 반수체 수컷보다는 정자 쪽이 훨씬 경제적이다. 정액 1밀리리터에만도 정자가 1억 개나 들어 있다.

앳머의 주장에 따르면, '살림'을 하는 유전자와 '사치'를 부리는 유전자의 구분에서 그 해답을 찾을 수 있다. 살림을 하는 유전자는 세포의 기본적인 대사작용을 담당하며 따라서 정자를 포함해 사실상 모든 세포에서 활동하고 있다. 반면에 사치성 유전자는 특정한 세포에서만 만들어지는 특수 단백질을 암호화한다. 포유류의 적혈구에 들어 있는 헤모글로빈이 그 예다. 반수체 인간이라면 헤모글로빈에 결함이 생길 경우에 확실하게 티가 난다. 그래서 낫모양적혈구빈혈증 같은 질병은 순식간에 자연선택으로 제거될 것이다. 하지만 헤모글로빈이 필요 없는 반수체 정자는 아무런 영향도 받지 않는다. 덧붙여 말하자면, 남성은 X 염색체와 Y 염색체의 반수체(XY)인 반면에 여성은 X 염색체의 이배체(XX)라는 사실에 주목했다. 혈우병이나 색맹처럼 Y 염색체 돌연변이 때문에 생기는 유전자 질환을 남성들만 겪는다는 점에서, 우리 인간도 **생식세포 계열**(유전되는 DNA)을 깨끗이 정리하기 위해 가벼운 형식의 반수체를 이용한다고 볼 수 있다. 앳머는 또한 대부분의 종에서 수컷이 공격적이고 활동적이며 사망률이 높은 것은 이런 반수체 효과를 보충하기 위해서라고 주장했다. 즉 원기 왕성하고 우세한 수컷만이 살아남아 암컷과 짝을 이룬다는 것이다.

일단 반수체 수컷이 결함을 걸러내는 필터 역할을 한다고 치고 생각해보자. 이렇게 보면 한때 유명했던 노화 이론인 '체세포 돌연변이somatic mutation(soma는 몸이라는 뜻이다)' 이론을 망쳐놓은 의외의 실험 데이터를 설명할 수 있다. 이 이론에 따르면, 동물이 살아가는 동안에 저절로 일어난 체세포 DNA 돌연변이가 쌓여서 노화가 일어난다. 저절로 돌연변이가 일어나 암을 일으키는 것과 마찬가지다. 이 이론은 쉽게 실험으로 검증할 수 있다. 만일 노화가 정말로 자연적인 돌연변이에 의해 생기는 것이라면, 그리고 똑같은 유전자 두 개가 있을 경우 한쪽에 일어난 어떠한 오류도 가릴 수 있다면, 반수체 동물은 이배체 동물보다 더 빨리 늙어야 한다. 반수체 동물들은 유전자를 한 개씩만 갖고 있기 때문이다. 게다가 방사선을 쐰다면 반수체인 수컷이 이배체인 암컷보다 더 빨리 노화를 일으킬 것이다. 반수체 동물은 돌연변이가 한 번만 일어나도 기능이 망가지지만, 이배체 동물은 그렇지 않기 때문이다. 이 이론을 말벌에 실험했지만 만족스러운 결과가 나오지 않았다. 사실상 반수체인 수컷과 이배체인 암컷은 수명이 비슷하다. 방사선을 아주 많이 쐰다면 수컷 말벌이 더 빨리 죽지만(이는 극단적인 상황일 때의 일이지 정상적인 노화를 대표하는 것은 아니다), 방사선량이 조금일 때는 노화속도에 아무런 영향도 없다.

체세포 돌연변이 이론에는 이 결과가 들어맞지 않는다. 확실히 자연적으로 생긴 돌연변이**만**으로 말벌이 노화를 겪지는 않는다. 진화적 관점에서 볼 때는 결과가 이런 식이어야 한다. 만약 반수체 수컷의 기능이 생식세포 계열에서 결함을 제거하는 것이라면, 원기 왕성한 수컷은 **반드시** 오래 살아남아 본질적으로 결함이 없는 DNA를 다음 세대에 물려줄 수 있어야 한다. 여기서 저절로 돌연변이가 일어나는 속도는 크게 해가 될 정도로 빠르지 않다는 사실을 알 수 있다. 만일 그게 아니라면 반수체 수컷은 '결함 없는' DNA 비슷한 어떤 것도 전달할 수 없을 것이다. 뒤이은 연구결과를 보아도 대부분 자연적으로 돌연변이가 일어나는 속도는 단독으로 노화를 일으킬 수 있을 만큼 빠르지 못하다는 사실을 확인할 수 있다(하지만 돌연변이가 노화의 원인 중 하나라는 것은 거의 확실하다).

성은 출처가 서로 다른 DNA를 재조합하고 집단 전체가 아니라 집단의 한 부분, 즉 반수체 성세포에 자연선택을 집중시켜 생식세포 계열을 깨끗이 정리한다. 인간의 경우에 한 번 사정할 때마다 평균적으로 몇억 마리의 정자가 나오는데, 난자를 만나 수정을 하기 위해서는 심한 경쟁을 벌여야 한다. 결국 난자 근처까지 가는 것은 고작 몇천 마리 정도이고, 따라서 99.9퍼센트는 중간에 죽는다. 이는 세균과 똑같은 자연선택이다. 이런 견해의 출발점은 바로 **잉여성**이라는 개념이다. 성세포 계열을 완전하게 보존하기 위해서는 집단의 잉여 부분을 자연선택에 맡겨야 한다. 그리고 가장 좋은 부분만 골라서 다시 성세포 계열에 투자한다. 많은 남성들이 경험하는 끈질긴 잉여감은 그 뿌리가 깊은 듯하다. 그런데 이것이 전부가 아니다. 세포가 생식세포 계열과 체세포로 분화하는 배후에도 잉여성이 있다.

가장 기본 수준에서 성세포의 기능은 손상되지 않은 DNA를 다음 세대에 전달하는 것이다. 반면에 체세포, 즉 신체의 기능은 활동력을 위해 선택되는 것이지 그 자체를 영속시키는 것은 아니다. 성이 등장했을 때부터 성세포와 체세포는 이런 식으로 나눠졌다. 분화가 어떻게 시작되었는지는 밝혀지지 않았지만 성과 어떤 관계가 있는지에 대해서는 미국 UCLA의 면역학자 윌리엄 클라크가 저서 『성, 그리고 죽음의 기원』에서 다루고 있다. 짚신벌레(파라메키움*Paramecium*)라는 아주 작은 미세동물이 있다. 단세포 진핵생물로 민물에 사는데, 클라크는 이 동물을 예로 들어 분화(이 경우에는 하나의 세포 내에서)와 성, 노화와 죽음을 잇는 최초의 진화적 연결고리를 보여주었다.

짚신벌레는 유성생식도 하고 무성생식도 한다. 무성생식은 출아법, 그러니까 어머니 세포에서 싹이 돋듯 새로운 세포가 자라나 떨어져 나가는 방법으로 이루어진다. 그러나 영원히 출아법만 계속하지는 못한다. 실험실에서 배양되는 짚신벌레는 세포분열을 30번 하고 나면 노화의 기미를 보인다. 성장하기에 완벽한 환경에서도 마찬가지다. 성장속도가 서서히 느려지고 분열을 멈춘다. 이때 유성생식으로 활기를 되찾지 않는다면, 그 집단은 죽게 된다. 각 개체는 많이 죽더라도 집단은 이론상으로는 죽지 않는 세균의 경우와는 아주 다르다. 짚신벌레의 경우, 집단 전체는 분명히 죽게 되어 있다. 짚신벌레의 복잡한 생활사를 보면 이렇게 특수한 상황이 이해가 간다. 짚신벌레는 핵을 두 개씩 갖고 있다. 큰 것을 대핵, 작은 것을 소핵이라고 한다. 대핵은 세포의 일상활동을 담당하는 반면, 소핵은 DNA를 단백질로 단단히 감싼 채 아무런 활동도 하지 않는다. 짚신벌레가 무성으로 분열할 때 소핵은 잠깐 활발해져 DNA를 복제하고 각 딸세포로 들어갈 소핵을 만든 다음에 다시 활동을 멈춘다. 동시에 대핵도 분열해 각 딸세포로 하나씩 들어간다.

결국 죽고 노화하는 것은 대핵 쪽인 듯하다. 정확히 무엇이 이런 노화를 유발하는지는 분명치 않다. 노화가 예정되어 있다는 이론에 기울어져 있기는 하지만(나는 이 점에서 그가 틀렸다고 생각한다), 클라크는 대핵이 죽는 원인을 DNA의 소모로 보고 있다. 무작위로 일어난 유전자 돌연변이가 30세대에 걸쳐 계속 쌓였기 때문이라는 것이다. 노화의 원인이 무엇이든 이제 짚신벌레는 성을 이용해 생체시계를 영으로 돌려야만 한다. 적당한 세포 두 개가 만나면 각각의 소핵은 바로 활발해져 감수분열로 나뉘어 두 개의 반수체 소핵을 만든다. 두 세포가 반수체 핵을 각각 한 개씩 교환하고, 섞여서 새로 쌍을 이룬 반수체 핵은 각 세포에서 서로 결합해 이배체 소핵 한 개가 된다. 그런 다음에 이 소핵이 유사분열(세포분열 과정에서 핵이 분열할 때 방추사가 형성되지 않고 핵이 직접 둘로 나뉘는 무사분열과는 달리, 염색체와 방추사가 나타나는 분열 방법이다. 유사분열에는 체세포 분열과 생식세포 분열이 있는데, 생식세포 분열은 감수분열이라 따로 지칭하며 일반적으로 유사분열이라 하면 체세포 분열을 가리킨다—옮긴이)로 나뉘어 이배체 핵 두 개가 되는데, 이 중 한 개는 소핵, 한 개는 대핵이 된다. 이제 새 소핵은 다시 활동을 멈추고, 새로 생긴 대핵이 세포의 활동을 담당한다. 전에 있던 대핵은 정해진 순서대로 분해되고 그 성분은 새로 활력을 얻은 세포가 재활용한다. 그러니까 짚신벌레는 무성생식인 출아법으로 빠르게 증식하는 한편, 유성생식을 이용해 주기적으로 유전자를 정리하면서 양쪽에서 이익을 얻는 것이다.

전에 있던 대핵이 분해된다는 사실은 진화에서 매우 중요하다. 의도적으로 다음 세대에 전달되지 **않는** DNA가 처음 등장한 것이다. 이것이 체세포와 노화의 기원일까? 클라크의 의견에 따르면 확실히 그렇다. "짚신벌레 같은 초기 진핵생물의 대핵이 예정된 죽음을 맞이하는 모습에서 우리 인간 육체에 죽음을 드리우는 징조를 엿볼 수 있다." 이 주장이 엄밀히 말해 사실이든 아니든(클라크는 인간의 죽음이 예정되어 있다고 생각하며 그것을 대핵의 예정된 죽음과 연결하고 있다), 일반적인 의미에서 볼 때는 사실인 것은 분명하다. 신체는 쓸모 있지만 궁극적으로는 생식세포 계열의 잉여 보조물이다. 영원히 살 수 없을 뿐 아니라 애초부터 버려지도록 계획된 것이다. 그렇게 해서 얻는 이익은 명확하다. 신체가 존재하기 때문에 각 세포들이 전문화할 수 있다. 전문화한 팀은 어느 면으로 보나 개개의 아마추어보다 유리한 법이다. 또한 생식세포를 물리적으로 보호하는 역할도 한다. 하지만 일단 신체가 쓸모없어지면 더 이상 남아 있을 필요는 없다. 옛말에도 있듯이, 닭은 달걀이 또 다른 달걀을 만들기 위한 수단일 뿐이다. 마찬가지로 남성은 다음 세대에 결함이 없는 난자를 만들기 위해 난자가 취하는 수단에 불과한 것이다.

§

한 번 쓰고 버리는 신체는 노화의 진화, 즉 우리가 늙는 **이유**의 중심에 있지만 실제로 노화가 일어나는 메커니즘에 대해서는 거의 드러내지 않는다. 노화에 대한 이런 생각을 **일회용 체세포** 이론이라고 한다. 1970년대 말에 톰 커크우드가 이 이론을 세웠고, 나중에 커크우드와 유명한 유전학자 로빈 홀리데이가 발전시켰다. 오늘날 대부분의 학자들은 이 이론이 노화를 이해하는 데에 가장 좋은 틀이라고 여기고 있다.

이 이론은 죽지 않는 생식세포 계열과 수명이 정해져 있는 체세포 계열, 즉 신체의 차별성에 근거를 두고 있다. 1880년대에 독일의 위대한 생물학자 아우구스트 바이스만이 처음으로 이 두 가지를 구분했다. 커크우드와 홀리데이의 주장에 따르면, 생식세포 계열과 체세포가 양분되는 것은 생존과 생식이 양립할 수 없는 관계이기 때문이다. 본질적으로 신체가 어떻게든 소용이 있으려면 적어도 생식 가능한 연령까지는 살아남아야 한다. 생존은 공짜로 되는 것이 아니다. 생명을 유지하는 데에는 생물이 만들어내는 에너지 중 상당한 부분이 필요하다. 하지만 생식세포 계열이 증식할 수 있게 될 때까지는 어쨌든 살아남아야 한다. 우리가 먹는 음식은 대부분 연소되어 신체의 활동을 유지하는 데에 쓰인다. 심장은 뛰고, 뇌는 생각하고, 콩팥은 노폐물을 걸러내고, 허파는 숨을 쉰다. 세포 수준에서도 마찬가지다. 제6장과 제10장에서 살펴본 것처럼 DNA의 손상과 돌연변이 속도가 빠르기 때문에 얼른 새로 재료를 만들어 끼워넣어야 한다. 수리된 DNA가 정확하게 읽히려면 세포의 교정 메커니즘이 필요하다. 망가진 단백질과 지질은 분해하고 새것을 그 자리에 넣어야 한다. 단백질의 회전은 퍽 중요하다. 우리 인간의 경우, 식생활에서 아미노산의 형태로 질소를 섭취하는 동시에 소변 중 요소 형태로 계속해서 질소를 배출한다는 사실에서 잘 알 수 있다. 요소가 배설되는 것은 몸속에서 망가진 단백질이 파괴되어 사라진다는 뜻이다. 일회용 체세포 이론에 따르면, 우리 몸은 이렇게 다양한 대사작용을 계속 유지하기 위해 생식에 쓸 수 있는 에너지를 끌어다 쓴다.

일회용 체세포 이론이 타당한지 여부는 이 이론을 근거로 한 예측이 얼마나 정확한가를 보면 알 수 있다. 에너지나 자원의 공급은 제한되어 있기 마련인데, 생존과 생식 양쪽 모두 이를 소비해야 한다면 신체를 유지하면서 생식에도 성공할 수 있는 최적의 균형점이 있을 것이다. 이러한 최적 균형은 각 종마다 각각의 환경이나 경쟁자, 생식 능력 등에 따라 달라질 것이다. 만일 그렇다면, 각 종의 수명과 생식력(생식을 할 수 있는 동안에 만들어낼 수 있는 자손의 수) 사이에는 일반적인 관계가 있을 것이다. 또 수명을 연장하는 요소는 생식력을 떨어뜨리고, 생식력을 높이는 요소는 수명을 떨어뜨릴 것이다. 과연 이런 관계를 실제로 자연에서 찾아볼 수 있을까?

야생에서 또는 심지어 동물원에서도, 동물들의 최대 수명과 생식 능력을 일일이 열거하기는 어려운 일이지만, 답은 '그렇다'다. 특정한 환경의 경우에 몇 가지 예외는 있지만 정말로 생식력과 최대 수명 사이에는 뚜렷한 반비례 관계가 있다. 예를 들어 쥐는 태어난 지 약 6주가 지나면 번식을 시작해서 1년에 여러 번 새끼를 낳는데, 약 3년을 산다. 집고양이는 약 한 살 때부터 번식하기 시작해서 매년 두서너 번씩 새끼를 낳고, 약 15년에서 20년을 산다. 초식동물들은 대개 1년에 한 번씩 새끼를 낳고 30년 또는 40년을 산다. 즉 생식력이 높으면 생존 기간이 줄어들고, 반대로 오래 살게 되면 생식력이 떨어진다는 얘기다.

수명을 늘리는 요소가 생식력을 떨어뜨릴까? 그렇다는 것을 보여주는 예가 많이 있다. 예를 들어 **칼로리 제한**이란 동물에게 균형 잡힌 저칼로리 식단을 공급하는 것인데, 대개 최대 수명을 30~50퍼센트 늘려주지만 식생활을 제한하는 기간 동안에는 생식력이 줄어든다. 제13장에서 보게 되겠지만, 이런 관계는 원래 1930년대에 발견되었음에도 불구하고 분자 수준의 근거는 이제 막 밝혀지고 있다. 그래도 일단 근본 원리 정도는 야생에서 충분히 찾아볼 수 있다. 먹이가 부족할 경우, 무제한으로 번식을 하게 되면 부모는 물론 새끼의 목숨까지 위협을 받게 될 것이다. 칼로리 제한은 강도가 약한 궁핍 상태를 인위적으로 만들어주는 것이며, 전반적으로 스트레스 저항성을 높여준다. 기근을 견디고 살아남은 동물들은 먹이가 풍부해지면 정상적인 생식력을 되찾는다. 여기서 만일 기근에 대한 반응으로 먹이가 풍부해질 때까지 생식보다 생존을 우위에 놓는 것이라면 생식력과 생존 사이에는 반비례 관계가 있다고 말할 수 있을 것이다. 스트레스가 덜한 다른 예는 또 없을까?

어떤 상황에서는 야생에서 장수長壽가 선택될 수도 있다. 1990년대 초에 동물학자 스티븐 오스태드는 북아메리카에 사는 유일한 유대류인 버지니아 주머니쥐의 사망률과 노화, 생식력을 연구했다. 주머니쥐는 세계에서 가장 머리가 나쁜 동물로 알려져 있는데, 신체에 비해 뇌 크기가 대부분의 포유류들보다 훨씬 작다. 포식자들에게 아주 쉽게 잡아먹힌다. 위협을 받으면 곧잘 죽은 척하지만 결과는 애처롭게도 뻔하다. 미국 버지니아 주의 산에 사는 주머니쥐는 18개월 이상 사는 일이 드문데(절반 이상이 다른 동물들에게 잡아먹힌다), 잡아먹히지 않은 놈들은 빨리 늙는다. 그런데도 주머니쥐가 멸종되지 않고 사실상 그 수가 늘어나기까지 하는 주된 이유는 엄청난 생식력 때문이다. 평균적으로 암컷 한 마리가 번식기마다 두 번씩, 한배에 여덟 마리에서 열 마리씩 새끼를 낳는다.

오스태드는 만일 포식자가 없는 환경이라면 주머니쥐의 수명과 생식력이 어떻게 변할지 의문을 품었다. 이 조건에 딱 맞는 장소가 미국 조지아 주의 세이플로 섬이었는데, 이 섬에서는 4000~5000년 동안 주머니쥐가 그다지 많이 잡아먹히지 않고 살고 있었다. 이 환경은 일회용 체세포 이론의 시험 사례가 된다. 진화 이론에 따르면, 포식자가 없을 때 개체는 더 천천히 늙는다. 오래 사는 동물들은 더 많은 새끼를 낳을 수 있고, 새끼를 더 오랫동안 돌볼 수 있으며, 따라서 수명이 짧은 동물들보다 자연선택에 유리하기 때문이다. 여기서 우리가 짐작할 수 있는 노화의 메커니즘은 두 가지다. 만약 노화가 단순히 손상이 축적되어 나타나는 것이라면, 손상되는 속도를 늦출 경우에 수명이 늘어나면서도 일생 중 비교적 초반의 생식력에는 영향이 없다. 반대로 만일 손상을 메우느라 생식력이 떨어진다면 상황이 달라진다. 수명을 더 늘리려면 일생 초반부에 생식활동을 희생시켜야 하는 것이다.

버지니아 주머니쥐의 경우는 후자 쪽이었다. 오스태드는 버지니아 주의 산과 세이플로 섬에 사는 주머니쥐 약 70마리에 인식표를 달고 어떻게 살아가는지 관찰했다. 본토에 사는 주머니쥐들은 18개월 이후 빠른 속도로 늙어서 번식기를 한 번만 맞도록 생식을 효과적으로 제한했다. 8퍼센트만 두 번째 번식기까지 살았고, 세 번째 번식기를 맞는 경우는 하나도 없었다. 한배에 낳는 새끼의 수는 평균 여덟 마리였다. 반면에 섬에서는 늙는 속도가 훨씬 늦었다. 여기서 암컷 주머니쥐의 절반이 두 번째 번식기까지 살아남았고,

9퍼센트가 세 번째 번식기까지 살았다. 노화속도를 생화학적으로 계산한 결과(꼬리 부분에 있는 콜라겐의 교차결합을 측정한다. 인간으로 치자면 피부의 주름살과 마찬가지다)에 따르면, 섬에 사는 주머니쥐는 늙는 속도가 본토에 사는 친구들의 절반밖에 되지 않았다. 결정적으로 한배에 낳는 새끼의 수가 여덟 마리에서 대여섯 마리로 줄어들었다. 두 번째 번식기에도 새끼 수는 그대로였다. 그래서 새끼 전체의 수는 줄어들지 않았고, 다만 수명이 길어지면서 번식력의 **분포**가 넓어진 셈이 되었다.

이보다 덜 고립된 환경에 사는 다른 동물들에서도 비슷한 유형이 보고되었다. 예를 들어 구피(구피는 남아메리카에 사는 민물 열대어인데, 영국 런던에 있는 자연사박물관에 처음으로 표본을 보낸 트리니다드의 R. J. L. 구피라는 사람의 이름을 땄다)의 수명과 생식력은 각각 살고 있는 강에서 포식속도의 영향을 받는다. 포식의 강도가 높아 사망률이 높아지면 노화가 빨라지고 번식은 짧은 수명 안에 압축된다. 더 오래 사는 경우에는 생식력이 줄어드는데, 이 경우 차라리 긴 기간에 걸쳐 퍼진다고 하는 편이 옳겠다. 새들 중에도 이런 예가 있다. 라르스 구스타프손의 보고에 따르면, 스웨덴의 고틀란드 섬에 사는 목도리딱새가 한 번에 낳는 알의 수와 수명 사이에는 반비례 관계가 있다. 또 이 경우에도 초기의 생식 노력에는 그만큼 대가가 있어서 초반에 알을 많이 낳은 암컷은 처음에 알을 조금 낳았던 녀석들과 비교할 때 나중에 알을 더 적게 낳는다.

역시 동물들은 생존에 위협을 받으면 더 빨리 번식하는 것일까? 이러한 연구결과들은 생태적 관점에서 세균이 방사능에 노출되었을 때 더 빨리 복제한다거나 인간이 핵전쟁 예고 후에 마지막 몇 분 동안 서둘러 섹스 파트너를 찾으려고 하는 것과 다를 바가 없다. 확실히 여러 증거들이 일회용 체세포 이론을 뒷받침하고 있지만, 완전히 옳다고 증명하고 있는 것은 아니다. 실험실에서 포식자나 그 밖의 수명을 줄이는 요소에 대한 노출을 최소화해도 똑같이 그런 관계가 나올까?

전형적인 실험 하나를 통해 '그렇다'는 사실을 알 수 있다. 초파리(드로소필라Drosophila)의 경우, 실험실에서도 수명을 늘리면 생식력이 줄어든다. 미국 어바인에 있는 캘리포니아 주립대학의 진화생물학자 마이클 로즈와 동료 학자들이 선택교배 실험을 통해 이런 결론을 내렸다. 로즈는 가장 빨리 성적으로 성숙한 초파리가 생식력이 가장 높고 따라서 가장 짧게 산다고 가정했다. 반대로 가장 늦게 성숙하는 초파리는 생식력이 가장 낮지만 가장 오래 살 것이다. 이를 실험하기 위해, 그는 초파리 두 집단을 몇 세대에 걸쳐 키웠다. 첫 번째 집단에서는 맨 처음 나온 알을 모아 다음 세대의 교배에 이용했다. 이 과정을 계속해서 몇 세대 되풀이했다. 두 번째 집단에서는 제일 늦게 나온 알을 모아 다음 세대의 교배에 이용했다. 맨 나중에 나온 알에서 나온 초파리의 평균 수명은 열 세대를 거치면서 두 배 이상 늘어났다. 평생 낳은 알의 개수를 다 합하면 양쪽 집단이 비슷했지만 수명이 짧은 집단과 비교할 때 수명이 긴 집단은 젊을 때 더 천천히 생식하고 나중에 더 빨리 생식했다. 따라서 잡아먹힐 위험이나 그 밖의 수명을 줄이는 요소가 없을 때에도 수명과 생식력은 양립할 수 없는 관계이며, 오래 사는 대가로 초기의 생식력은 억제된다고 볼 수 있다.

§

성과 죽음 사이의 양립할 수 없는 관계는 언뜻 생각하기에 최악 중에서도 최악의 일인 듯하다. 장수하기 위해서는 금욕을 해야 할까? 성행위를 할 때마다 수명이 줄어든다는 아리스토텔레스의 우울한 금언이 이렇게 해서 사실로 밝혀지는 것일까? 사실은 정반대다. 이렇게 양립할 수 없는 관계를 통해서 노화는 피할 수 없다는 독단적인 믿음에서 벗어날 수 있는 것이다. 심장병이 있는 경우가 아니라면 성은 수명과 직접적인 관계가 없다. 이 둘이 서로 연결되어 있는 것은 우리 유전자가 생식에 쓰도록 정해놓은 자원들이 진화를 거치면서 신체의 유지에 대한 투자에서 빠지기 때문이다. 인간은 진화한 지 100만 년 후에야 안정적인 균형점을 찾아냈다. 하지만 원칙적으로 볼 때 이 균형점의 위치는 바뀔 수 있다. 실제 조건은 항상 똑같다. 야생에서와 마찬가지로 자원은 늘 제한되어 있고, 그 안에서 최대한 잘 이용해야 한다는 것이다. 그러나 제한된 자원이든 또는 야생에서 일어나는 포식이나 기근, 감염, 사고로 인한 사망률이든 어느 쪽도 지금은 최초의 인류가 직면했던 것과는 달라졌다.

만약 일회용 체세포 이론이 옳다면, 거기에 따라 두 가지 예상을 해볼 수 있다. 이번 장에서 간단히 살펴본 연구결과들은 두 가지를 모두 뒷받침하고 있다. 첫째, 만일 수명이 최적점에서 정해진다면 한정요소를 바꾸어 그 최적점을 옮길 수 있다. 지금까지 살펴본 바에 따르면 수명의 변화는 여러 세대에 걸쳐 일어난다. 만일 한 세대 안에서 우리 자신의 수명을 늘리고 싶다면 계약 조건, 즉 수명을 정해 기록해놓은 유전자나 생화학작용을 파악해야만 한다. 둘째, 만일 생명을 연장하고 싶더라도 굳이 아이를 낳지 않을 필요는 없다. 자연이 사용하는 비결은 성적 성숙을 **미루는** 것이다.

다음에 계속될 내용에서, 우리는 계약조건을 살펴보고 그 계약을 고칠 수 있을지 알아볼 것이다. 하지만 우선은 잠시 우리 인간에 대해 생각해볼 필요가 있겠다. 인간의 경우에 수명이 높은 생식 능력과 장수 사이의 최적의 균형점이라는 증거가 있을까? 모든 규칙에는 예외가 있는 법이다. 특히 생물의 경우에는 더 그렇다. 혹시 우리 인간이 그런 예외는 아닐까? 질문에 직접적으로 대답하기는 어렵다. 어쨌든 인간은 아주 오래 살기 때문이다. 직접 실험하고 측정하려면 수십 년씩 걸린다. 비록 그렇다 하더라도, 그 규칙이 실제로 인간에게도 적용된다는 사실을 두 가지 점에서 미루어 짐작할 수 있다.

첫째, 우리 인간의 수명은 다른 영장류보다 훨씬 길다. 대형 유인원의 생식력은 진화를 거치면서 거의 변하지 않았다. 침팬지와 고릴라, 오랑우탄,

인간의 암컷은 모두 2년에서 3년 정도의 간격을 두고 출산하며, 낳는 자손의 수도 비슷하다. 그럼에도 인간은 고릴라나 침팬지보다 두 배는 오래 산다. 설명은 간단하다. 영장류는 성적 성숙을 뒤로 미루고 성장속도를 늦추어 긴 수명을 얻었다. 인간은 고릴라보다 두 배를 더 살지만 성적으로 성숙할 때까지 걸리는 시간은 3분의 1이 더 길다.

서구 사회의 경우, 인간은 이런 추세를 더욱 조장하고 있다. 여성이 첫 아이를 출산하는 시기는 점점 더 늦어지고 있다. 미국의 인구조사국PRB에 따르면, 현재 유럽 여성 중 20세 이전에 첫아이를 출산하는 여성은 전체의 10퍼센트밖에 되지 않는다. 반면에 개발도상국의 경우에는 출산 경험이 있는 여성 중 33퍼센트가 20세 이전에 첫아이를 출산했다. 서아프리카에서는 이 수치가 55퍼센트나 된다. 세계적으로 15세부터 19세 사이의 어린 여성 1500만 명이 매년 출산을 하는데, 이 중 1300만 명이 저개발국 여성들이다. 유럽 사람들이 능동적으로 장수를 선택하고 있다고 단정지어 말하기는 아직 이르지만, 그렇지 않다고 볼 이유도 없다. 의학이 아무리 발전하더라도 수명을 늘리는 데에는 이런 경향 쪽이 더 효과가 크지 않을까 싶다.

두 번째로, 톰 커크우드와 네덜란드 레이던 대학의 감염병학자 뤼디 베스텐도르프가 실시한 가계도 연구를 통해서도 인간의 수명이 최적 균형점에 맞춰져 있다는 사실을 알 수 있다. 커크우드와 베스텐도르프는 영국 귀족들의 출생과 죽음과 결혼에 관한 상세한 기록에서 인간의 생식력과 수명이 균형을 이루고 있다는 증거를 찾아낼 수 있을 것이라고 생각했다. 역사적으로 가족의 규모가 줄어들고 수명이 늘어나는 추세라는 점을 감안하고도, 두 사람은 '가장 오래 사는 귀족들은 평균적으로 생식력에 문제가 가장 컸다'는 사실을 발견했다. 그 유형을 전체적으로 조사해본 결과, 평균 이상의 수명은 실제로 평균 이하의 생식력과 연결되는 경향이 있다는 결론을 내렸다.

일회용 체세포 이론은 분명히 우리 인간에게도 적용되고 있다. 이는 좋은 일이다. 지금까지의 목적에 맞춰진 최적점을 수정해 노년이라는 불행을 없애자는 새로운 목적에 알맞게 만들 수 있기 때문이다. 일회용 체세포 이론에 따르면, 신체를 유지하는 데에 자원이 어느 정도 쓰이느냐에 따라 노화의 속도가 정해진다. 이제 제기해야 할 문제는, **어째서** 우리가 나이를 먹을수록 이런 자원의 효율이 떨어지는가 하는 것이다. 성적으로 절정인 젊은 시절에는 신체를 문제없이 잘 유지하다가 왜 나이가 들면 내리막으로 접어드는 것일까?

일회용 체세포 이론에는 예정 이론과 확률 이론 같은 서로 대립하는 기계적인 노화 이론들 사이의 구분이 없다. 예를 들어 우리 인간은 성적으로 성숙할 때까지 자원을 최대한 신체의 유지에 사용하다가 그 자원의 용도를 성으로 돌린 후에는 쇠퇴하도록 정해져 있을까? 그런 과정은 호르몬의 변화라는 관점에서 쉽게 파악할 수 있다. 어떤 경우에도 성장과 사춘기, 완경기를 조절하는 것은 호르몬의 변화다. 그럼 노화는 어떨까? 아니면, 노화는 정해져 있는 발달 과정이 아니라 점진적인 손상의 축적일까? 만일 그렇다면, 어째서 어린 시절부터 서서히 문제가 생기지 않을까? 왜 우리는 중년이 될 때까지 노화하고 있는 것을 '느끼지' 못할까? 앞으로 이런 문제들을 생각해보도록 하자.

12

음식과 성, 그리고 장수의 삼각관계

먹지 않으면 영원히 살 것이다

19세기 독일의 생물학자 아우구스트 바이스만은 죽지 않는 생식세포 계열과 수명이 제한된 체세포 계열을 최초로 구분한 사람이면서 동시에 노화를 최초로 다윈주의적 시각에서 바라본 사람이기도 하다. 바이스만에 따르면, 자원은 제한되어 있기 때문에 어쩔 수 없이 부모는 자원을 두고 자손과 경쟁해야만 한다. 노화는 집단에서 낡은 개체를 없애기 위한 수단이다. 자손이 살아갈 여지를 만들어주면서도 너무 빨리 진행되지는 않아서, 경험이 주는 사회적 이익을 누릴 수 있게 된다. 이런 식으로 집단의 구성원을 계속 바꿔나가면 유전적으로도 유리하다. 문제는 유전적으로 변하지 않는 집단은 병원체와 포식자의 손쉬운 공격목표가 된다는 점이다. 경비원의 순찰 시간이 바뀌지 않는 은행을 털기가 훨씬 쉬운 것이나 마찬가지다. 각 세대마다 기존의 유전자가 뒤섞여 새로 조합을 이루는 덕분에 병원체나 포식자가 공격을 하기에 어려워진다. 바이스만의 주장에 따르면 노화는 사회적인 지식이라는 이익을 얻으면서도 새로운 개체를 위한 공간을 만들어 그 종의 유전자를 동적인 상태로 유지하기 위한 적응이다.

　오늘날 대부분의 진화생물학자들은 바이스만의 주장을 무시하고 있다. 그 주장은 개체선택이 아닌 집단선택에 중점을 두고 있기 때문이다. 만일 노화가 이를테면 인간의 배아 발생과 똑같은 식으로 정해져 있다면 이득을 얻는 것은 집단이지 개체가 아니다. 쫓겨나는 개체가 얻는 것은 아무것도 없다. 성의 경우에서 살펴본 것처럼, 어떤 형질의 기원을 이론적으로 설명하려면 개체선택이라는 관점에서 그렇게 해야 한다. 하지만 한편으로는, 집단선택으로 노화의 기원을 설명하지는 못하더라도 일단 노화가 진화한 다음에는 집단선택이 노화를 유지했을 가능성은 아직 있다. 이런 발상은 사라지지 않고 끈질기게 남아 있으며, 사실상 노화가 예정되어 있다는 대부분 이론에서 개념적인 토대가 되고 있다. 집단선택이 노화의 프로그램을 유지한다는 증거가 있을까?

　동식물의 수명이 고정되어 있다는 점에서 볼 때, 수명은 확실히 유전자에 정해져 있다. 그렇다고 정식으로 유전자에 어떤 프로그램이 존재한다는 얘기는 아니다. 새 차를 산 지 20년이 지나면 폐차해야 된다고 못박아 정해져 있지 않은 것이나 마찬가지다. 자동차의 경우, 각 부품들은 애초부터 딱 그만큼만 오래 유지되도록 만들어져 있고, 그 부품들이 동시에 닳아 망가지더라도 숨겨진 프로그램이 작용하고 있다는 증거가 되지는 못한다. 어디서 나온 얘기인지는 모르겠지만 이런 일화가 있다. 어느 날 미국의 자동차 왕 헨리 포드가 폐차장에 꽉 차 있는 자기네 자동차 모델 T를 죽 둘러보고는 이렇게 물었다. "이 차들에 전혀 안 망가진 부분이 **하나라도** 있나?" 엔지니어는 조향축만큼은 전혀 고장나지 않았다고 대답했다. 그러자 포드는 수석 엔지니어에게 이렇게 말했다. "그럼 디자인을 다시 하게. 망가지지 않았다니, 그 부품에 돈을 너무 많이 들이고 있구먼."

　자연선택도 이와 똑같이 작용한다. 만일 어떤 신체기관이 활동을 잘해서 선택압력에 불리한 요소가 되지 않는다면, 자연선택으로 그 기관이 개선

될 필요는 없다. 거꾸로, 어떤 신체기관이 (새 환경에서) 필요 이상으로 활동을 잘한다면 세대가 지나면서 무작위로 일어나는 부정적인 돌연변이가 쌓여 서서히 활동이 줄어들 것이다. 그러다가 딱 그 환경에서 필요한 정도까지 활동이 줄어들면 그 시점에서 선택압력이 작용해 활동 수준을 유지할 것이다. 이런 이유로, 최근에(진화적으로 볼 때 최근이라는 얘기다) 동굴이나 바다 밑바닥에 살면서 항상 어두운 환경에 적응한 동물들은 종종 눈이 퇴화해 아무런 기능도 하지 않는다. 이렇게 공통적인 퇴화 하나만으로도 우리가 나이를 먹으면서 각 신체기관의 기능이 한꺼번에 떨어지는 현상을 충분히 설명할 수 있다. 존 메이너드 스미스가 말했듯이 "여러 기관이 동시에 쇠약해진다고 해서 단일한 노화 메커니즘이 존재한다고 볼 수는 없는 것이다".

§

노화가 미리 정해져 있다는 느낌을 가장 강하게 받게 되는 것은 '비극적인' 노화를 겪는 동물을 볼 때다. 하루살이나 주머니쥐, 벌문어 등 여러 예가 있지만 제일 유명한 것은 태평양 연어다. 태평양 연어는 민물인 강에서 부화해 바다로 이주한다. 그리고 다 자란 후에는 먼 거리를 헤엄쳐 태어난 곳으로 돌아가 그곳에서 산란을 한다. 엄청난 양의 알과 정자를 만들어내고 몇 주 후면 죽게 된다. 연어의 사체는 그 장소의 먹이사슬을 풍부하게 해 결과적으로 새끼들에게 이득이 된다. 이렇게 극적인 사건이 일어나는 것은 호르몬의 변화 때문이다. 부모가 아니라 새끼에게, 즉 집단에게 이익이 된다. 바이스만의 주장대로 집단선택에 의해 예정된 노화가 일어나는 것이 아니라면 이런 일을 달리 설명하기는 어렵다. 그 과정을 가리키는 용어도 있다. '페노토시스'라는 것인데, 표현형phenotype의 예정된 죽음이라는 뜻이다. 세포의 예정된 죽음을 뜻하는 **아포토시스**와 대조를 이룬다.

태평양 연어에 대해 우선 짚고 넘어갈 부분은, 이것이 연어 사이에서조차 예외적인 일이라는 점이다. 예를 들어 대서양 연어는 이주 거리도 더 짧고 산란기도 몇 번씩 된다. 따라서 비극적인 노화를 겪지는 않는다. 태평양 연어를 인간 노화의 전형으로 삼는다면 그건 꽤 잘못된 판단이다. 하지만 태평양 연어가 왜 그렇게 다른지를 설명하지 못한다면 인간의 노화가 예정되어 있다는 견해를 무시할 수는 없을 것이다. 사실 설명을 하자면 멀리 볼 것도 없다. 다시 한번 이야기하지만, 결정적인 부분은 바로 성이다. 태평양 연어를 비롯해 하루살이, 주머니쥐, 벌문어는 모두 단회생식을 한다. 평생 동안 번식을 딱 한 번만 한다는 뜻이다. 반복생식을 하는, 즉 여러 차례 번식을 하는 생물들은 더 서서히 늙는다.

성과 생존 사이의 균형점과 일회용 체세포 이론을 다시 생각해보자(제 11장 312~13쪽). 만일 어떤 개체가 딱 한 번만 번식을 하고 자손을 돌보지 않는다면, 번식 후에 그 개체가 살아 있든 말든 다음 세대의 유전적 구성에는 아무런 영향이 없다. 거꾸로 보면 모든 선택압력은 일생 초반의 짧은 기간에 모여 있는데, 바로 이 기간 동안에 생식이 이루어진다. 이 점이 왜 중요한지 이해하기 위해 잠시 상상을 해보자. 어떤 개체가 번식에 더 힘을 쏟고 있다. 아마 몸에서 저절로 테스토스테론testosterone이나 에스트로겐을 여분으로 좀 더 만들기 때문일 것이다. 생식에 노력을 더 기울이면 결과적으로 자손이 많아지지만, 부모의 생존이라는 점에서 보면 희생이 따른다. 만일 그 부모가 자손을 기른다면 자연선택이 그 차이를 인식하고 부모를 도태시킬 것이다. 하지만 단회생식을 하는 연어는 자손들과 아무런 관계도 없기 때문에 눈먼 시계공은 조금도 신경 쓰지 않는다. 가장 생식력이 강하고 수명이 짧은 연어가 집단에서 우위를 차지할 것이다. 여기서 거의 우연에 가까울 정도로 산란 전에 생식 호르몬의 활동이 강해지는 쪽이 선택된다. 그러면 번식의 성공이 최대한 보장된다. 태평양 연어의 호르몬 변화를 측정해보면 확실히 예정된 노화처럼 보이는 유형이 있다는 사실을 알 수 있다. 하지만 실제로 호르몬 변화는 번식을 하라는 진화적 명령에 종속되어 있다. 호르몬이 노화의 배후에 있는 우연적인 메커니즘이 아니라는 얘기다. 따라서 태평양 연어의 비극적인 죽음은 일회용 체세포 이론으로 설명할 수 있다. 즉 태평양 연어는 장수에 관계된 모든 유전자를 폐쇄하는 동시에 모든 자원을 성에 쏟아붓는 것이다.

일회용 체세포 이론에 따른 비슷한 주장을 여러 차례 번식을 하는, 즉 반복생식을 하는 종들에 적용해볼 수 있다. 이 경우에 중요한 한정요소는 단한 번의 번식 기회가 아니라 번식 기간이다. 이때 그 기간은 죽을 가능성에 따라 정해진다. 오래 사는 동물들이 더 천천히 번식을 한다는 사실을 떠올려보자. 만일 이 동물들이 사고를 당하거나 다른 동물에게 잡아먹혀 죽는다면 상대적으로 적은 후손을 남기게 될 것이다. 따라서 짧게 살면서 생식력이 강한 동물들이 우위를 차지하고, 오래 사는 개체들은 자연선택으로 제거될 것이다. 주머니쥐처럼 잡아먹히기 쉬운 종의 경우에 확실히 이런 일이 일어난다. 반면에 만일 잡아먹힐 위험이 제거된다면 더 오래 사는 쪽이 선택될 것이다. 한배에 낳는 새끼의 수가 적은 쪽이 출산 중에 죽을 위험이 낮기도 하지만 이유는 그뿐이 아니다. 야생에서 원래 사망률이 낮은 종들이 오래 사는 이유는 생식이 느려도 불리한 입장에 처하지 않기 때문이다. 섬에 사는 주머니쥐의 경우도 이렇고, 새와 박쥐, 거북이, 사회생활을 하는 곤충, 인간의 경우도 마찬가지다. 모두 하늘을 날 수 있거나, 껍데기가 단단하다거나, 사회조직을 이루고 있거나, 또는 지성이 있어서 포식자들을 피했기 때문에 오래 사는 것이다.

부모가 자손의 생존에 영향을 미칠 경우에도 오래 사는 쪽이 선택될 수 있다. 만일 우리 인간이 자손들을 양육해 그 덕분에 자손들의 생존 가능성이 높아진다면 오래 살도록 정해진 유전자가 선택될 것이다. 마음씨가 착하다고 요정 할머니가 주는 선물이 아니다. 단지 태평양 연어의 비극적인 죽음과 정반대 경우일 뿐이다. 정상적인 몇몇 장수 유전자를 가진 개체들로 이루어진 집단의 경우, 부모가 오래 살수록 자손에게 도움을 더 많이 줄 것이다. 그러면 이 자손은 무사히 살아서 어린 시절을 넘길 확률이 높아진다. 물론 똑같은 장수 유전자를 물려받았기에 이 자손의 자손도 똑같은 이익을 누릴 것이다. 결국 장수하는 집단이 선택될 것이다('사고로 인한' 죽음이 어린 시절에 없을 때의 이야기다).

톰 커크우드와 스티븐 오스태드가 주장한 것처럼, 이런 효과가 얼마나 큰 힘을 갖고 있는지 보여주는 좋은 예가 바로 완경기다. 나이 든 여성의 경우, 성과 생존 사이의 균형점은 생존 쪽으로 이동한다. 나이 든 여성은 생물학적으로 볼 때 아이를 새로 더 낳는 것보다 지금 있는 아이들을 키우는 편이 더 유리하다. 나이 든 여성이 출산을 한다면 아주 높은 위험이 따르는 데에 반해 수명이 늘어나면 기존의 아이들 또는 손주들에게 이익이 된다. 그래서 완경기가 오는 것이다. 남성의 경우에는 똑같이 말할 수 없다. 남성은 출산을 하거나 완경기를 겪지 않고, 대개 일찍 죽기 때문이다. 진화를 거치면서 아버지 쪽이 오래 사는 것은 덜 중요했고, 또 남성은 아이를 더 만들어도 잃을 것이 적었던 탓이다.

지금까지 살펴본 모든 경우에서, 수명이 길거나 짧은 데에서 얻는 이점은 항상 각 개체에게 돌아간다. 이제 한 바퀴를 돌아 제자리에 왔다. 이런 시각은 이번 장을 시작하면서 이야기했던 바이스만의 이론과 정반대다. 바이스만은, 노화가 어떻게든 각 개체에 미리 정해져 있으며 종 전체의 이익을 위해 이타적 행위가 강요되는 것이라고 주장했다. 하지만 실제로는, 심지어 비극적인 노화조차 이기적인 개체선택이라는 시각에서 일회용 체세포 이론으로 설명하는 쪽이 훨씬 더 설득력이 있다. 어쩔 수 없이 짧은 수명에 직면할 경우, 각 개체가 번식을 빨리하면 유전자를 다음 세대에 더 많이 전달할 수 있다. 번식을 위해 노력하다 보면 생존 능력이 떨어진다. 양쪽 모두 똑같은 자원에 의존하기 때문이다. 따라서 수명과 번식속도는 각 개체가 쓸 수 있는 기간에 맞춰서 균형점을 찾는다. 기간 제한이 덜 촉박하다면 수명이 긴 쪽이 선택된다. 특히 부모가 자손을 양육할 경우 더 그렇다.

이런 모든 경우에서 유전적 균형은 선택을 통해 스스로 수정된다. 노화를 위한 프로그램은 필요하지 않으며 그런 것이 존재한다는 증거도 없다. 다행히도 인간은 성행위 후에 비극적으로 노화하지 않는다. 잠깐 선잠이 드는 것 정도로 충분하다. 그런데 노화가 유전자에 존재하면서도 미리 정해진 것은 아니라면 도대체 뭐가 어떻게 되는 것일까?

§

얄궂게도 바이스만이 내놓은 다윈주의적 주장의 문제점에는 다윈의 자연선택 이론이 살짝 숨어 있다. 적자가 생존한다는 얘기는, 약자는 죽는다는 얘기나 마찬가지다. 사망률이 높아진다는 점을 빼놓고 생각하면, 선택압력은 시간이 지나면서 확 줄어든다. 만일 인간의 평균 수명이 20세라면 생식주기도 그 안에 끝나게 된다. 그런 다음에 20세 이후로 늘어난 수명에는 선택압력이 거의 없을 것이다. 이런 주장은 J. B. S. 홀데인과 피터 메더워가 1940년대와 1950년대에 처음으로 제시했고, 나중에 미국의 진화생물학자 조지 C. 윌리엄스가 **상반 다면발현**antagonistic pleiotropy 이론으로 발전시켰다 (다면발현 pleiotropy이라는 말은 '효과가 많다'는 그리스어에서 유래했다. 그 여러 효과 중에서 일부가 상반된다antagonistic는 것이다).

1942년에 홀데인이 제시한 낮은 선택압력의 예는 지금도 여전히 상당한 설득력이 있다. 바로 헌팅턴병이다. 이 병은 심한 유전성 질환으로, 무도병無道病*이 가차없이 진행되면서 동시에 치매가 일어난다. 전형적으로 중년 초기에 가벼운 경련과 함께 말을 더듬는 증상으로 시작해서, 결국에는 걷고 말하고 생각하는 능력을 잃어버리게 된다. 역사적으로 보면, 몸이 비틀거리고 정신병 증세를 보이는 것을 마귀에 홀렸다고 오해받아 많은 환자들

---

* 무도병에 걸리면 운동신경이 조절되지 않아 몸에 반복해서 경련이 일어난다. 그래서 무도병 환자들이 걸을 때는 춤을 추는 것같이 보여 이런 이름이 붙었다.

이 화형을 당했다. 미국 매사추세츠 주 세일럼에서 1693년에 있었던 악명 높은 마녀재판 때도 마찬가지였다. 아주 가혹한 병이지만 가장 흔한 유전성 질환에 속하며, 전 세계에서 1만 5000명 중 한 명 꼴로 이 병에 걸린다. 베네수엘라의 마라카이보 호숫가에 있는 마을들에서는 40퍼센트가 환자일 정도로 널리 퍼져 있다. 이곳의 경우, 모든 환자들이 마리아 콘셉시온이라는 여성한테서 이 병을 물려받은 것으로 알려져 있다. 그녀는 19세기 초에 스무 명의 자녀를 낳았다고 전해지는데, 그 후손이 지금까지는 1만 6000명이나 된다고 한다.

헌팅턴병은 우성 염색체 한 개 때문에 생긴다. 우성이라고 하면, 그 질병을 일으키는 데에 유전자 한 개만 있으면 된다는 얘기다. 유전성 질환은 대부분 열성이라 '나쁜' 유전자 두 개를 가지고 있어야만 질병이 일어난다. 제11장에서 살펴본 것처럼, 이배체 상태에서는 한쪽 부모가 나쁜 유전자를 물려주더라도 다른 쪽 부모가 정상적으로 작용하는 유전자를 물려주면 그 영향이 나타나지 않는다. 그런 열성 형질들 중 일부는 숨은 이익을 가지고 있는 덕분에 없어지지 않고 집단 안에 남아 있다. 예를 들어 헤모글로빈 유전자에 결함이 생기면 낫모양적혈구빈혈증을 일으키는데, 동시에 말라리아를 막아주는 역할도 하기 때문에 서아프리카처럼 말라리아가 유행하는 지역에서는 높은 빈도로 유지된다. 매년 수만 명의 어린이들이 낫모양적혈구빈혈증으로 죽지만 보인자保因者, 그러니까 나쁜 유전자를 한 개만 갖고 있는 사람의 경우에는 심각한 빈혈이 나타나는 일이 드물다. 이런 사람들은 말라리아에 대해 거의 완벽한 방어 수단을 갖게 된다. 따라서 낫모양적혈구빈혈증 유전자의 빈도는 위험성과 이익 사이를 저울질해 결정되는 것이다(덧붙여 말하자면, 낫모양적혈구빈혈증과 말라리아 사이에 어떤 관계가 있을 것이라고 처음으로 주장한 사람은 J. B. S. 홀데인이었다).

하지만 헌팅턴병의 경우에는 얘기가 달라서 보인자까지 전부 병에 걸린다. 홀데인의 지적에 따르면, 여기서 특이한 점은 발병하는 평균 연령이

35~40세라는 사실이다. 인류의 역사를 되돌아볼 때, 얼마 전까지만 해도 사람은 그 정도 나이가 될 때까지 오래 살지 못했다. 그래서 헌팅턴병을 일으키는 돌연변이를 집단에서 제거하기 위한 선택압력은 약했다. 만일 이 질병을 10세에 나타나게 하는 변형 유전자가 있었다면 어땠을까? 분명히 집단에서 제거되었을 것이다. 그 유전자를 가진 사람은 아이를 낳지 못했을 것이기 때문이다.

이런 점에서 노화는 뒤늦게 작용하는 해로운 돌연변이가 한 개체의 일생이 아니라 여러 세대를 거치면서 축적된 결과로 나타난다고 볼 수 있다. 각 개체는 나중에 나타날 돌연변이라는 짐을 이전 세대한테서 물려받는다. 따라서 노화는 나쁜 유전자들이 모이는 '휴지통'인 셈이다. 상반 다면발현 이론은 이 개념에서 출발한 것이다. 휴지통 이론에서 문제가 되는 부분은, 뒤늦게 작용하는 해로운 돌연변이가 쌓이도록 하는 선택압력이 없다는 점이다. 퇴보를 선호하는 선택압력이란 없다. 차라리 전반적인 경향이 퇴보하는 방향으로 기울어져 있다고 봐야 한다. 조지 C. 윌리엄스는 해로운 영향력을 가진 유전자가 진화에서 선택되는 명확한 이유를 제시했다. 그의 지적에 따르면, 많은 유전자들은 한 개 이상의 효과를 가지고 있다. 즉 다면발현을 한다는 얘기다. 앞에서 살펴본 것처럼 비타민 C는 여러 세포작용에 관여하고 있다. 이와 비슷하게, 유전자는 몇 가지 이득이 되는 효과를 가지고 있다. 하지만 그런 이득에는 상반되는 다른 해로운 효과가 있다는 것을 쉽게 짐작할 수 있다. 비타민 C의 경우, 이로운 항산화 특성이 어떤 상황에서는 위험한 산화 촉진 성질로 상쇄된다. 상반 다면발현 이론에서는, 어떤 유전자가 '좋은' 효과와 '나쁜' 효과를 양쪽 모두 가지고 있을 때 그 결과는 좋은 것과 나쁜 것 사이의 최적 균형점에서 나타난다고 단정짓고 있다.

상반 다면발현 이론에 따르면, 노화에 관여하는 각 유전자들은 뒤늦게 작용하는 돌연변이들이 단순히 쓰레기통에 모인 것이 아니라, 일생 중 초반에는 이로운 작용을 하다가 나중에 해로운 작용을 한다. 만일 이득이 손해보다 많다면 그 유전자는 진화에 의해 선택될 것이다. 메더워의 표현을 빌리자면, "개체의 일생 초반에 얻는 이익이 아무리 작더라도 나중으로 미뤄진 비극적인 손실보다 중요할 수도 있다." 헌팅턴병을 계속 살펴보자. 일부 연구에 따르면, 헌팅턴병 유전자의 돌연변이는 아직 메커니즘이 밝혀지지는 않았지만 실제로 어린 시절에는 경쟁에 이익을 준다. 헌팅턴병의 유전자를 가지고 있는 사람들은 중년이 되어서야 증상을 나타내는데, 보통 사람들보다 성에 더 관심이 많은 경향이 있다. 웨일스와 캐나다, 오스트레일리아에서 행해진 연구를 보면, 헌팅턴병 유전자를 가지고 있어서 미래에 증상을 나타낼 사람들은 그 유전자가 없는 형제자매나 집단 전체와 비교할 때 생식력이 높다. 그러나 이 효과가 아주 미미해서 생식력의 차이는 고작 1퍼센트밖에 안 된다. 따라서 어린 시절에 아주 조금 유익을 주어 결국 자손을 더 많이 남길 수만 있다면 나중에 다가올 무서운 불행은 무시된다는 냉혹한 결론을 내릴 수 있다.

§

상반 다면발현 이론은 오랫동안 노화 분야를 지배했고, 지금도 가장 중요한 이론들 중 하나로 확실히 꽤 맞는 부분이 있다. 이 이론은 일회용 체세포 이론과 대립하지 않는다. 양쪽 이론 모두 각 개체의 유전적 자원이 나중의 건강을 희생해가면서 젊은 시절의 생식력에 집중되는 균형점이 있다고 주장한다. 이 두 이론은 비슷하기 때문에 한쪽 이론이 다른 한쪽 이론의 특별한 예라고 보여지기도 한다. 하지만 이는 사실과 거리가 멀다.

일회용 체세포 이론이 주장하는 것은, 생식의 성공과 신체의 유지 사이에 균형점이 존재한다는 점이다. 더 오래 살고 싶으면 신체 유지에 더 투자하고 생식에는 덜 투자해야 한다. 이것은 본질적으로 생명에 관한 선택으로, 사용하는 자원의 할당을 수정하는 것이다. 원칙적으로는 각 개체가 그 할당에 영향을 끼칠 수 있다. 반면에 상반 다면발현 이론에서는 일찍 작용하는 유전자와 늦게 작용하는 유전자 사이에 균형점이 존재한다고 주장한다. 결국 나중에 쇠약해지더라도 젊을 때의 활력을 선호하는 것이다. 그 균형점에는 수백 개, 심지어 수천 개의 유전자가 관여한다. 이것이 결정적인 차이점이다. 만약 노화가 수백 수천 개의 해로운 영향이 모이는 휴지통이라면 우리가 할 수 있는 일은 거의 없다. 최대 수명을 바꾸려면 전체 유전자 구성을 바꿔야 하고, 거기에 따라 젊은 시절의 건강이 얼마나 희생될지 모르는 일이다. 이런 이유로 상반 다면발현 이론은 생물학에 악영향을 끼쳐왔다. 본질적으로 앞으로 잘못될 가능성이 있는 모든 것은 정말로 그렇게 된다고 주장하는 것이다. 나쁜 유전자는 질병을 일으키고, 따라서 우리는 노년이 되면 어쩔 수 없이 그냥 질병에 걸릴 것이라는 얘기다.

이게 정말 사실일까? 질병에 걸리지 않은 채 그냥 늙어서 죽는 것은 불가능할까? 대부분의 사람들이 그렇다고 생각하겠지만, 그런 일은 아주 드물다. 100세에 가까운 '초고령자'들은 종종 특정한 질병 때문이 아니라 근육소모 때문에 죽는다. 그러니까 노화와 늦게 작용하는 유전자에 의한 노인병 사이에는 차이가 있다는 얘기다. 차라리 일회용 체세포 이론으로 노화를 전반적으로 설명할 수 있는 반면, 상반 다면발현 이론은 유전자가 원인이 되는 노인병에 왜 걸리기 쉬운지를 설명한다고 해야 하지 않을까? 아마 그럴 것이다. 이 문제에 대해서는 제14장에서 다시 얘기하도록 하자.

노화는 상반 다면발현 이론에서 이야기하는 것처럼 그렇게 손댈 수 없는 운명은 아니다. 야생에서 수명이 탄력적으로 변한다는 점을 보면 잘 알수 있다. 만일 수명의 변화를 위해 수백 수천 개의 늦게 작용하는 유전자 돌연변이가 공동으로 작용해야만 한다면, 어떤 변화든 오랜 시간에 걸쳐 일어나야 한다. 하지만 앞서 본 것처럼 주머니쥐는 5000년도 안 되는 기간 동안에 수명을 두 배로 늘렸다. 이 기간은 진화적으로 볼 때 눈 깜짝할 사이나 마찬가지다. 인류는 고등 영장류의 수명을 몇백만 년 사이에 두 배로 늘렸고,

영장류 자체도 다른 포유류와 비교할 때 빠른 시간 내에 수명을 늘렸다. 실험실에서는 열 세대 만에 초파리의 수명을 두 배로 늘릴 수 있다. 이렇게 변화가 빠르다는 점을 볼 때 몇몇 유전자만 선택해도 수명을 조정할 수 있다는 사실을 알 수 있다.

　최근의 연구를 통해 이러한 희망이 더욱 확실해졌다. **노화 결정 유전자**라는 몇 개의 유전자가 발견되었는데, 이 유전자의 영향으로 선충류 벌레처럼 단순한 동물의 수명을 두 배, 심지어 세 배까지 늘릴 수 있다. 언뜻 보기에는 이런 유전자의 효과가 너무 다양해서 정신이 없을 정도지만, 좀 더 들여다보면 이 유전자들을 연결하는 공통요소가 있다는 사실을 알 수 있다. 그 공통요소는 바로 산소다.

§

1988년, 미국 어바인에 있는 캘리포니아 대학의 데이비드 프리드먼과 톰 존슨은 생명을 연장하는 돌연변이가 존재한다는 사실을 맨 처음 학계에 보고했다. *age-1*이라는 유전자에 돌연변이가 일어나자 예쁜꼬마선충(카이노라브디티스 엘레간스 *Caenorhabditis elegans*)라는 길이 1밀리미터의 작은 선충류 벌레의 최대 수명이 22일에서 46일로 약 두 배나 늘어났다. 돌연변이 선충은 다른 모든 점에서는 정상이었지만 생식력이 약 75퍼센트 떨어졌다. 1993년에는 미국 샌프란시스코에 있는 캘리포니아 대학의 신시아 케니언이 이끄는 연구팀이 *daf-2*라는 선충류 유전자를 발견했다. 이 유전자는 예쁜꼬마선충의 최대 수명을 거의 세 배나 되는 60일까지 늘렸다. 인간으로 치자면 300세 가까이 되는 셈이다. 양쪽 유전자 모두 예쁜꼬마선충의 성장을 정지시켜 수명이 길고 스트레스에 저항성이 있는 형태로 바꿔놓는 힘이 있다는 사실이 드러났다. 그런 상태가 된 것을 '다우어' 유충이라고 한다(지속된다는 뜻의 독일어 'dauern'에서 유래한 말이다).

다 합쳐서 30개가 넘는 유전자가 다우어 상태를 만드는 데에 관여한다고 알려져 있다.* 다우어 유충은 대개 극단적인 환경 상태에 반응하여 생기는 데, 특히 먹이가 부족하거나 개체가 너무 많아졌을 때 생긴다. 유충은 휴면 상태로 힘든 시기를 넘긴다. 미리 영양분을 저장해 먹이를 먹을 필요가 없도록 하고, 두꺼운 큐티클 층을 만들어 외부의 공격을 막는다. 상황이 좋아지면 벌레들은 다우어 상태에서 깨어나 예전대로 다시 생활한다. 다우어 유충으로 보낸 시기는 나중에 성충이 되었을 때의 수명에 아무런 영향도 미치지 않는다. 앞으로 살날이 10일 남은 벌레가 다우어 상태가 되었다면, 깨어난 후에는 나머지 10일을 다 살게 된다. 이런 점에서 볼 때, 다우어 유충은 늙지 않는다고 할 수 있다. 다만, 잠이 든 지 약 70일이 지나면 다시 살아나는 경우가 드물다. 여기서 두 가지 특징으로 이 유충이 장수하는 이유를 설명할 수 있다. 바로 낮은 대사율과 강한 스트레스 내성이다. 특히, 다우어 유충은 과산화수소나 높은 산소 농도로 인한 산화성 스트레스에 저항성이 있다.

다우어 유충을 만드는 일을 조절하는 유전자들이 돌연변이를 일으키면 유충은 살기 좋은 환경에서도 다우어 상태가 된다. 거꾸로 극한 환경에서도 다우어 상태에 들어가지 못하게 되기도 한다. 하지만 가장 흥미롭고도 중요한 발견은, 장수하도록 만드는 효과를 다우어 상태를 만드는 일에서 분리시킬 수 있다는 점이다. 적절한 상태에서 *age-1*과 *daf-2*에 돌연변이가 일어나면 정상적인 성충의 수명을 두 배로 늘릴 수 있다. 다우어 상태에 들어갈 필요가 없이 말이다. 흥미롭게도 그러기 위해서 필요한 조건들 중 하나는 또 다른 유전자인 *daf-16*이 정확하게 작용해야 한다는 점이다. 만일 *daf-16*에 돌연변이가 일어나 제대로 활동하지 못하면, *age-1*과 *daf-2*에 돌연변이가 일어나더라도 수명이 늘어나지 않는다. 그래서 정상적인 경

---

* 시계 유전자 같은 다른 유전자들도 예쁜꼬마선충의 수명에 영향을 미치지만 다우어 상태를 만드는 데에는 관여하지 않는다. 이 유전자들은 비교적 영향력이 작아서 30~60퍼센트 정도 수명을 늘린다. 시계 유전자는 미토콘드리아의 활동을 억제해 대사율을 떨어뜨린다고 알려져 있으며, 이는 선충류의 칼로리 섭취를 제한하는 효과가 있다.

우에 *age-1*과 *daf-2*가 *daf-16*의 활동을 억제해 수명을 감소한다는 사실을 짐작해볼 수 있다.

정확한 메커니즘이 무엇이든, 한 가지는 분명하다. 이 모든 유전자들이 상호작용을 하는 방법이 상황에 따라 조절되도록 계획되어 있다는 점이다. 신시아 케니언이 『네이처』에 발표한 바에 따르면, "다우어 유충의 장수는, 다우어 상태를 만드는 것과는 별개의 수명 연장 메커니즘이 작용한 결과다. *daf-2*와 *daf-16*은 수명 연장 문제를 이해하기 위한 출발점이다".

이 유전자들이 실제로 어떤 작용을 할까? 이 질문에 대한 답을 알면 이번 장과 마지막 장에 나오는 이야기들을 이해할 수 있을 것이다. 1990년대 후반에 미국 하버드 대학의 하이디 티센바움과 개리 러브컨이 이끄는 연구 팀은 *age-1*, *daf-2*, *daf-16* 유전자를 아주 효율적으로 잇따라 복제해냈다. 이 유전자들은 호르몬에 대한 세포의 반응을 조절하는 단백질을 만든다. 각 유전자에는 잇따른 신호들을 연결하는 고리의 암호가 들어 있다. 작용은 이런 순서로 이루어진다. 우선 호르몬 하나가 세포막에 있는 수용체에 붙는다. 이 수용체는 *daf-2*가 만드는데, 인접한 효소를 활성화한다. 이 효소를 만드는 유전자가 *age-1*이다. 수용체에 의해 활성화한 효소의 촉매작용으로 수많은 '두 번째' 메신저가 생겨 전달된 메시지를 증폭한다. 분자 세계의 가십을 마구 떠들어댄다고 생각하면 되겠다. 두 번째 메신저들은 핵으로 몰려가 소문을 전해주는데, 그 내용에 따라 전사인자(DNA에 붙어서 유전자의 활동을 조절하는 단백질)들이 활성화하기도 하고 활동을 멈추기도 한다. 그중에서도 아주 중요한 전사인자 하나를 *daf-16*이 만든다. daf-16 전사인자는 DNA에 붙어서 호르몬이 전달한 메시지에 대한 세포의 반응을 조절하고, 전사할 특정한 유전자를 고른다.

이런 식으로 중계되는 것을 신호전달signal transduction이라고 한다. 생화학과 세포생물학을 공부하는 학생들은 모두 이 과정을 상세한 부분까지 다소 골치 아파하면서 배우고 있다. 신호전달 경로는 표준적인 세포 연락 체계로, 원래의 메시지를 증폭하고 '잡음'을 없앤다. 이런 전달 과정들 중 하나를 설명하자면 전기통신 네트워크가 어떻게 작용하는지를 설명하는 것과 비슷해진다. 양쪽의 경우에 모두 진짜로 재미있는 질문은 그 메시지가 **어떻게** 전달되느냐가 아니라 그 내용이 무엇이냐 하는 것이다.

그 해답은 유전자 서열 자체에 숨어 있다. 보잘것없는 선충류 벌레의 유전자이지만 다른 종이 갖고 있는 동등한 유전자와 서열이 비슷하다. 제8장에서도 보았듯이, 유전자 서열이 비슷하다는 얘기는 그 유전자를 공통조상한테서 물려받았다는 사실을 나타낼 뿐 아니라, 그 목적이 보존되어 있다는 뜻도 된다. *age* 유전자와 *daf* 유전자의 경우, 유전자 서열을 통해 선충류 벌레와 파리, 쥐, 인간은 유전적으로 관계가 깊다는 사실을 알 수 있다. 이 종들은 모두 선충류 벌레의 유전자와 놀라울 정도로 유전자 서열이 비슷하다. 각각의 경우에 유전자들은 신호전달 경로의 구성요소를 만든다. 그 신호를 내보내는 것은 작은 호르몬 집단인 인슐린 일족이다.

§

인슐린은 동족의 호르몬 집단에 속해 있는데, 모두 세포의 대사작용에 큰 영향을 미친다. 각 호르몬의 정확한 작용은 종마다 다르다. 하지만 넓게 보면 인슐린과 친척들은 영양, 생식, 장수의 삼각관계를 조절한다. 인슐린은 대사작용을 성장 쪽으로 유도한다. 인슐린이 존재할 때, 몸에 있는 모든 세포들은 포도당을 빠르게 흡수해 탄수화물인 글리코겐glycogen의 형태로 저장한다. 단백질과 지방 합성도 촉진되어 몸무게가 늘어난다. 글리코겐과 단백질을 분해해 에너지를 만드는 일은 억제된다. 포도당이 소비되면 혈당량이 떨어진다. 인슐린의 작용에 맞서는 것이 글루카곤이라는 효소인데, 혈당량을 정상 수준으로 되돌린다. 성장이라는 점에서 보면 인슐린은 풍족함을 알려주는 신호다. 포도당은 음식이 많다는 뜻이다. 인슐린은 이런 메시지를 전달한다. **지금**이 성장하고, 발달을 완성하고, 생식하기 좋을 때다. 이 순간을 즐겨라!

포도당이 풍부한 식생활을 한다든지 해서 이런 신호가 꾸준히 반복되면 인슐린 일족에 속한 다른 호르몬들이 그 부름을 받아 더 오랜 기간 동안 활동하게 된다. 혈당량이 높으면 성장 호르몬 생산이 촉진되고, 이어서 **인슐린 유사성장인자**IGF의 생산이 유도된다. IGF는 그 구조와 작용이 인슐린과 비슷하지만 효과는 훨씬 크다. IGF는 새로운 단백질의 합성을 자극해 세포의 성장, 증식, 분화를 촉진한다. 그리고 결정적으로 성호르몬의 활동을 조절해 사춘기, 생리 주기, 배란, 수정란의 착상, 태아의 성장에 영향을 준다. IGF-1을 만드는 유전자에 돌연변이가 일어나면 일차적인 성기관의 발달이 지체된다.

여기서 일회용 체세포 이론에서 이야기했던 대로, 생식과 장수 사이를 조절하는 스위치가 등장한다. 음식이 풍부할 경우에 인슐린과 IGF가 만들어진다. 그러면 생물은 장수를 포기하고 성적 성숙과 생식을 위한 준비를 갖춘다. 성이냐 장수냐를 선택하는 순간, 그 선택을 조절하는 것은 유전적 스위치다. 선충류의 경우, 이 스위치는 *daf-16* 유전자가 만드는 전사인자일 가능성이 높다.

만일 그 스위치가 정말로 daf-16 단백질이라면, 장수는 이런 식으로 이루어지게 된다. 계속해서 혈당량이 낮으면 인슐린과 IGF 농도는 계속 낮게 유지된다. 보통 때 같으면 메시지를 전달하고 있을 세포막 수용체는 그냥 놀고 있게 된다. 소문내기 좋아하는 두 번째 메신저들은 침묵을 지킨다. 이 메신저들이 평소에 *daf-16*의 활동을 막지만 지금은 없기 때문에 *daf-16*이 갑자기 살아나서 몇 가지 특정한 유전자의 전사를 조정한다. 이 유전자들이 만들어낸 물질이 선충류 벌레에게 장수를 가져다주어 힘든 시기를 넘기도록 한다. *daf-16*은 세포막에 있는 인슐린 수용체를 만드는 *daf-2*가 돌연변이를 일으켰을 때도 활성화한다. 이 경우엔 인슐린이 신호를 가져와도 세포 안에 전달되지 않는다. 그러면 *daf-16*이 되살아나고 그 생물은 마치 인슐린이 없는 것처럼 행동하게 된다. 즉 인슐린의 존재에 대한 **저항성**을 갖게 되는 것이다.

따라서 *daf-2*의 돌연변이로 선충류 벌레는 인슐린 저항성을 갖게 된다. 흥미롭게도, 감각기관이 상실되어도 똑같은 효과가 나타난다.* 선충류가 음식을 구할 수 없다고 생각하게 되면, 인슐린을 적게 만들어 더 오랫동안 생존한다. 실제로는 먹이가 풍부한 경우에도, 또 심지어 실제로 먹이를 먹고 있는 경우에도 그럴 수가 있다. 이와 같이 벌레는 정신력으로 (아니면 적어도 착각의 힘으로) 장수와 대사작용을 분리시킬 수 있다.

인슐린과 IGF가 장수에 미치는 이러한 영향은 초파리와 쥐의 경우에도 마찬가지다. 따라서 벌레, 곤충, 포유류의 노화를 비슷한 신호가 조절한다고 볼 수 있다. 2001년에 영국 런던 대학의 데이비드 클랜시, 데이비드 젬스, 린다 파트리지는 『네이처』에 발표한 논문에서 *daf-2* 돌연변이 선충류와 비슷하게 인슐린 신호체계에 이상을 일으킨 초파리의 돌연변이 계통에 대한 연구결과를 발표했다. 이 연구에서 최대 수명은 50퍼센트나 늘어났으며, 스트레스에 대한 저항성도 높아졌다. 흥미롭게도 수명이 길어진 돌연변이 초파리는 몸집이 비정상적으로 작았다. 젬스는 이 초파리와 난쟁이 쥐를 비교해 보았다. 난쟁이 쥐도 수명이 길고 스트레스에 저항성이 있으며, IGF-1에 결함이 있다. 사람의 경우에도 성장이 수명에 영향을 미친다는 증거가 몇 가지 있다. 인구조사 결과를 보면, 난쟁이 쥐에 해당하는 작고 깡마른 남성들은 키가 크고 살찐 남성들보다 평균 5년에서 10년씩 수명이 길다. 키가 작은 사람들이 보상심리로 공격적이고 과장된 행동을 하는 것을 흔히 나폴레옹 콤플렉스라고 하는데, 이 콤플렉스는 마찰을 일으키기 쉬운 성격뿐 아니라 대담함과 장수도 선물하는 듯하다. 그런 만큼, 이런 사람들에게는 싸움

---

* 예쁜꼬마선충은 머리와 꼬리에 있는 감각기관의 섬모를 통해 주변을 감지한다. 신시아 케니언의 연구를 보면 편모에 결함이 있는 돌연변이체는 감각 기능이 떨어지지만 더 오래 산다.

을 걸지 않는 편이 좋겠다.

§

인슐린 저항성이 장수를 가져다준다! 과학이 아무리 발전해도 결국 제자리 걸음을 하게 되는 전형적인 예를 보여주는 역설이다. 사람에게는 인슐린과 IGF에 대한 저항성이 전혀 이득이 되지 못한다. 결국 얻는 것은 제2형 당뇨병과 대사작용의 혼란뿐이다. 서양에서 이런 형태의 당뇨병은 거의 감염병 수준으로 만연하고 있다. 서양의 생활방식과 관련된 가장 큰 건강문제 중 하나일 것이다. 제2형 당뇨병에 걸린 사람은 오래 살기는커녕 심장마비, 심장 발작, 시력 상실, 콩팥 기능 저하, 괴저, 사지 절단의 위험이 높다. 평균 수명이 집단 전체에 비해 적어도 10년은 짧아진다.

이렇게 실망스러운 반전이 일어나자 많은 학자들이 선충류 연구와 인간의 노화 사이의 관련성을 배제하고 있다. 하지만 나는 그건 잘못된 일이라고 생각한다. 동물과 인간의 데이터 사이의 관련성에 의문이 남는 것은 분명 피할 수 없는 일이다. 물론 사람은 선충류보다 더 복잡한 생물이다. 작은 벌레는 비교적 단순하지만 사람은 그 위에 복잡성이 몇 겹씩 쌓여 있을 것이다. 하지만 비록 그 효과가 아주 다르더라도 비슷한 과정이 작용하고 있다고 생각할 근거는 확실히 있다.

벌레와 인간을 나란히 놓고 보려면, 작은 활자에서 벗어나 계약서의 조건을 전체 의미에서 보아야 한다. 인슐린 저항성은 인간에게 확실히 중요하며 수명과 생식력 양쪽에 영향을 미친다. 제2형 당뇨병에 걸리기 쉬운 체질은 유전성이다. 이 질병에 걸리기 쉬운 사람의 수만 보아도 그 유전자가 최근의 진화 과정에서 확실히 선택되었다는 사실을 알 수 있다. 특정한 인종에서 당뇨병의 발병률이 놀라울 정도로 높다는 점이 이를 뒷받침한다. 그중에서도 태평양의 미크로네시아 나우루 섬 주민과 아메리카 원주민인 피마족이 이 병에 아주 잘 걸린다. 나우루 섬 주민들의 경우는 뚜렷하게 잘 알려져 있다. 나우루는 태평양 한가운데에 있는 환상環狀 산호섬으로 미크로네시아 인이 약 5000명 살고 있는데, 인광석이 풍부하게 매장되어 있어서 1940년 대에 미국의 광산 회사들이 많이 들어갔다. 섬 주민들이 부유해지면서 식생 활과 생활습관이 미국식으로 변했다. 거의 모든 음식이 수입되었으며 이제 열량이 높은 전형적인 서양의 식생활을 하게 되었다. 1950년대가 되자 전 에는 전혀 없었던 비만과 제2형 당뇨병의 빈도가 감염병 수준에 육박하기 시작했다. 1980년대 말에는 성인 인구의 절반이 당뇨병을 앓게 되었다. 문 제는 단순히 과식 하나만이 아니었다. 미크로네시아인과 폴리네시아인, 아 메리카 원주민, 오스트레일리아 토착민의 당뇨병 발병률은 식생활과 생활 방식이 비슷한 백인들보다 훨씬 높다. 이 원주민들은 '절약' 유전자형thrifty genotype을 가지고 있다고 알려져 있다. 풍부할 때 에너지를 잔뜩 저장해두 었다가 기근이나 그 밖의 힘든 상황이 길어질 때 이용하도록 유전적으로 조 절을 받는 것이다(이것은 모든 사람들에게도 어느 정도는 해당되는 얘기지만 농 경사회의 경우 훨씬 덜하다. 수천 년 동안 식량이 비교적 풍부했기 때문이다). 미크 로네시아인과 폴리네시아인은 절약 유전자형 덕분에 오랜 항해에서 살아남 을 수 있었다. 하지만 불행히도 절약 유전자형 체질은 풍족한 시기가 계속될 경우엔 정반대의 결과를 초래한다.

인슐린 저항성은 절약 유전자형의 주된 특징들 중 하나다. 인슐린은 대 개 혈액에서 포도당을 흡수해 글리코겐이나 단백질, 지방으로 바꿔서 생식 에 잔뜩 힘을 기울일 준비를 하도록 자극한다. 하지만 곤란한 환경이 되면, 우리 몸은 혈당량을 정상 수준으로 유지하려고 애쓰게 된다. 뇌는 모든 에 너지를 포도당에 의존하기 때문에, 포도당이 모자라 뇌가 활동을 멈추고 혼 수상태에 빠지는 것을 막기 위해서다. 만일 그런 어려운 환경이 일상적이고 가끔씩만 풍족한 때가 온다면, 인슐린 저항성은 연료를 이용할 수 있는 다른 기관들이 포도당을 흡수하지 못하도록 막아 혈당량을 정상 수준으로 유지하도록 돕는다. 각 세포가 이용할 수 있는 포도당의 양이 줄어들면 대사율이 낮아지면서 불필요한 에너지 소비를 막는다. 하지만 인슐린 저항성은 완전한 것이 아니다. 인슐린의 기능 중 몇 가지는 영향을 받지 않거나 심지어 강해지기도 한다. 특히 지방이 계속 축적된다. 어디가 잘못 되었기 때문이 아니다. 앞으로 닥칠 가능성이 있는 환경에 대해 잘 조율된 반응이다. 이런 변화가 다 함께 작용해서 몸을 어려운 시기에 대비시키는 것이다. 선충류가 다우어 유충 시기에 들어가기 전에 일어나는 일과 비슷하다.

사람의 경우에 인슐린 저항성은 확실히 선충류에게 나타났던 것과 비슷한 또다른 효과를 가지고 있다. 특히 스트레스 내성을 높이고 오래 살게 한다. 영양 부족이 만연한 나라에서는 흔히 저체중인 아이들이 태어난다. 모든 종의 경우와 마찬가지로, 작은 아기들은 몸집이 더 크고 힘이 센 아기들보다 죽을 확률이 높다. 하지만 거의 모든 아기들이 저체중으로 태어날 경우에는 인슐린 저항성을 가진 아기가 살아남을 확률이 제일 높다. 선충류의 경우처럼 인슐린 저항성은 전반적으로 스트레스에 내성을 쌓게 해준다. 따라서 유전적으로 인슐린에 저항성이 있는 아이들은 어른이 될 때까지 살아남을 확률이 더 높고, 인슐린 저항성 유전자를 다음 세대에 물려줄 수 있다. 바로 이 때문에 절약 유전자형을 가진 사람이 탄수화물 비율이 높은 식생활을 하면 문제가 생기는 것이다.

인슐린 저항성 때문에 우리 몸은 지금 음식이 부족해서 굶고 있다고 믿게 된다. 심지어 전혀 그렇지 않을 때도 마찬가지다. 선충류가 감각기관을 잃었을 때와 비슷하다. 두 경우 모두, 몸이 이렇게 심각한 오해를 하게 되었을 때 일어나는 변화는 똑같다. 생식에서 멀어져 오래 사는 쪽으로 기울게 된다. 절약 유전자형을 가진 사람이 과하게 음식을 섭취하면 인슐린을 점점 더 많이 만들어서 혈당량을 조절하는 수밖에 없다. 결국, 오랜 세월에 걸쳐 한계 이상으로 중노동을 해온 췌장이 망가지기 시작한다. 인슐린이 적게 만들어지는 것이다. 인슐린 저항성이 있는 데다가 인슐린의 분비 자체가 줄어들면 더 이상 혈당량이 조절되지 않는다. 혈당량 조절이 안 되는 것이 바로 제2형 당뇨병의 발병 특징이다. 이 질병의 여러 고통스러운 증상들은 포도 당과 지질의 혈중농도 조절이 불가능해지면서 나타나는 것이다

직계조상이 수렵과 채집생활을 했던 민족들에 비해 유럽 혈통인 사람들에게는 제2형 당뇨병이 덜 흔하다. 아마, 유럽 사람들의 조상은 어떻게든 절약 유전자형에 대한 심한 선택압력을 피했을 것이다. 아주 확실한 것은 아니지만, 그 이유는 농업의 기원과 관계가 있다고 볼 수 있다. 특히 우유를 마시는 식생활과 관계가 깊을 것이다. 우유에 많이 들어 있는 락토오스lactose는 포도당의 귀중한 공급원이다. 락토오스는 락타아제lactase라는 효소의 작용으로 분해되어 포도당이 된다. 모유를 먹는 아기들은 전부 락타아제를 가지고 있지만 커서는 종종 락타아제가 없어지기도 한다. 효소를 잃으면 락토오스 불내성이 생겨버린다. 그래서 많은 사람들이 치즈 같은 유제품을 소화하지 못하는 것이다. 대부분의 유럽 사람들과 아시아 사람들은 오래전에 평생 우유를 마시는 일에 적응했다. 유럽과 아시아에서는 모두 소를 키웠기 때문이다. 하지만 다른 민족, 특히 아메리카 원주민과 태평양 섬 원주민들은 젖소를 키운 일이 없었기 때문에 락토오스 불내성인 사람들이 압도적으로 많다. 따라서 농경사회에서 가장 풍부한 당분 공급원을 섭취하지 못했다. 유럽 사람들의 경우엔 락토오스 내성이 절약 유전자형을 없애라는 신호로 작용했는지는 밝혀지지 않았지만, 락토오스 내성을 가진 모든 집단이 당뇨병에 잘 걸리지 않는다는 것은 사실이다. 반대로, 락토오스 불내성인 집단은 당뇨병에 걸리는 비율이 높다.

락토오스에는 특별한 것이 없다. 평소에 혈당량이 높으면 절약 유전자형이 자연선택에 불리해질 뿐이다. 오늘날 나우루에서 바로 이런 일이 일어나고 있는 것이다. 당뇨병 발병률이 높았던 1980년대 이후 섬 주민들의 식생활과 생활습관은 바뀌지 않았는데도 당뇨병 발병률은 줄어들고 있다. 게다가, 오늘날 젊은 성인들의 9퍼센트만 유전적인 인슐린 저항성, 즉 절약 유

전자형을 가지고 있다. 1980년대 말에 비해 3분의 2가 줄어든 것이다. 당뇨병의 감소는 자연선택이 작용하고 있다는 사실을 보여준다. 당뇨병에 걸린 사람들의 사망률이 생식력을 앞섰기 때문에 생긴 일이다.

따라서 결론적으로 오늘날 환경에서는 인슐린 저항성이 장수가 아니라 당뇨병을 가져온다. 굶고 있는 것이 아니기 때문이다. 하지만 장수와 생식이 양립하지 못하고 어느 한쪽을 택해야 하는 기본 메커니즘은 선충류와 인간에서 계속 유지되고 있다. 인슐린이 유전자 스위치를 누르면 생물은 생식할 준비를 갖춘다. 이런 점에서 당뇨병 환자들 중에 불임인 사람들이 많다는 사실이 이해가 간다. 당뇨병이란 생식을 뒤로 미루고 생존을 위해 선택한 고독한 길인 셈이다. 인슐린 저항성에 따라 생물은 음식을 저장하고 다가올 금식 기간에 대비한다. 생존을 위한 적응에는 스트레스 내성과 각 세포 수준의 대사작용 억제가 포함된다. 달리 말하자면, 선충류 벌레의 경우처럼 에너지를 재배분해 휴면 상태에 들어가고 체중을 늘리는 쪽으로 돌리는 것이다. 다우어 상태로 잠들어버리는 선충류 벌레들과는 달리, 우리 인간은 계속해서 음식을 먹는다. 그럼에도 인간의 당뇨병 연구와 선충류의 유전자 연구 양쪽 모두, 노화에서 대사작용과 스트레스 내성이 아주 중요하다는 사실을 가리키고 있다. 이제 지난 70년 동안 완전히 다른 방향에서 이루어진 연구를 한자리에 모아보도록 하겠다. 바로 살아가는 속도와 산소다. 다음 장에서는, 스트레스 내성이 낮은 상태에서 대사작용이 빠르면 왜 수명이 짧아지는지, 그리고 스트레스 내성이 높고 대사작용이 늦을 때는 어째서 그 반대 효과가 나타나는지 알아보도록 하겠다. 또, 빠른 대사작용과 높은 스트레스 내성을 겸할 수는 없는 것인지도 함께 보도록 하자.

13

암수의 존재 이유
살아가는 속도와 성별의 필요성

유명한 존스홉킨스 대학의 생물학자 레이먼드 펄은 20세기 초부터 생물학계에서 아주 중요한 인물이었다. 유별나게 키가 컸으며 평소 오만하다 싶을 정도로 거드름을 피웠던 그는 매우 뛰어난 학자이기도 했다. 신문에 기고한 것을 빼고도 700건이 넘는 학술논문과 17권의 저서를 남겼다. 생물통계학(통계학을 생물학과 의학에 응용하는 학문)의 창시자들 중 한 명이지만, 지금은 그가 직접 이름을 붙인 '대사율 이론'의 주창자로서 세간에 알려져 있다. 이 노화 이론은 1928년에 출간된 그의 저서에 처음 등장했다. 이 생각의 근거가 되는 것은 초파리가 받는 온도의 영향에 대한 실험이었다. 실험결과에 따르면 온도가 높을수록 초파리의 수명은 짧아졌다. 온도와 수명의 관계는 온도와 화학반응 속도의 관계와 비슷하다. 그러니까 온도가 높으면 생명을 유지하는 생화학반응의 속도가 빨라진다는 얘기다. 온도를 섭씨 18도에서 23도로 올렸더니 초파리의 수명은 반으로 줄어들었다. 하지만 대사율은 곱절이 되어서 초파리들이 한 시간에 소비하는 산소의 양은 두 배로 늘어났다. 펄은 또한 초파리의 돌연변이 계통인 흔들이 돌연변이체shaker mutant(마구 움직인다고 해서 붙인 이름)의 수명이 짧은 것은 대사율이 높기 때문이라고 주장했다. 그가 내린 결론은 직관에 호소하고 있다. 빨리 살면 일찍 죽는다는 것이다. 그는 자신의 생각을 요약해 1927년에 『볼티모어 선』이라는 신문에 투고했다. 제목은 '게으른 사람이 가장 오래 사는 이유'였다.

동물의 심장 박동에는 정해진 몫이 있다는 실증적 개념이 펄의 이론에 힘을 실어주었다. 쥐의 심장 박동률을 측정한 다음에 그것을 수명에 곱해서 나오는 숫자가 말이나 소, 고양이, 개, 기니피그 할 것 없이 대부분의 포유류와 서로 비슷하다는 것이다. 평생 동안 심장이 펌프질하는 혈액의 전체 부피, 연소시키는 포도당의 양, 합성하는 단백질의 무게를 계산해도 마찬가지였다. 이런 각 요소들은 대사율과 관계가 있다. 대사율이란 한 시간에 소비하는 산소의 양을 말한다. 작은 동물들은 대개 대사율이 빠르다. 체온을 유지해야 하기 때문이다. 서로 다른 동물들의 대사율과 최대 수명을 비교해보면 아주 놀라운 관계가 나타난다. 말은 최대 수명이 약 35년이고 기초 대사율은 한 시간에 킬로그램당 약 0.2리터다. 평생 동안 체중 킬로그램당 산소를 6만 리터 정도 소비한다는 계산이 나온다. 반면에 다람쥐는 최대 수명이 7년이고, 기초대사율은 다섯 배 빨라서 한 시간에 킬로그램당 1리터의 산소를 소비한다. 평생 동안 소비하는 산소의 양을 계산해보면 똑같이 킬로그램당 6만 리터 정도가 된다. 대부분의 포유류에서 이런 상관관계가 놀라울 정도로 유지된다. 이 '상수常數'를 **평생 에너지 소비력**lifetime energy potential(LEP)이라고 한다.

처음에 학자들은 LEP를 화학반응 속도라는 관점에서 생각했다. 그러다가 나중에 가서 대사속도와 자유라디칼이 생기는 속도 사이의 관계를 파악하기 시작했다. 말하자면 이런 식이다. 세포의 대사작용에 쓰이는 산소의 일부(몇 퍼센트 정도)가 과산화라디칼 형태로 미토콘드리아에서 새어나온다. 이렇게 계속해서 새어나온 것이 평생에 걸쳐 쌓이면 상당한 양이 되는데, 체중 킬로그램당 2000리터나 생기는 셈이다. 만일 호흡에 사용하는 산소가 일정한 비율로 자유라디칼이 되어 빠져나오고 거기에 산소 소비가 빨라진다면, 이런 자유라디칼이 생기는 속도도 빨라질 것이다. 따라서 원칙적으로 몸집이 작으면서 빨리 살고 일찍 죽는 동물들은 몸속에서 자유라디칼이 생기는 속도도 빠르다. 대체로 맞는 이야기 같다. 여러 포유류를 통틀어 자유라디칼이 생기는 속도와 수명 사이에는 뚜렷한 반비례 관계가 있다. 자유라디칼이 많아질수록 수명이 짧아지는 것이다.[*]

§

자유라디칼이 노화에 중요한 역할을 할지도 모른다는 가능성은, 1956년에 당시 미국 버클리 대학의 젊은 화학자였던 데넘 하먼이 처음으로 제기했다. 그는 7년 동안 쉘 석유회사에 다니면서 자유라디칼의 화학적 특성을 연구하다가 스탠퍼드 대학에서 생물학 수업을 듣게 되었다. 그리고 똑같은 반응이 노화 과정의 기초가 된다는 사실을 금세 깨달았다. 그가 1956년에 요약해 발표한 주장은 아주 명쾌해서 지금 보아도 손색이 없다.

> 노화와 그에 관련된 퇴행성 질환의 근본 원인은, 자유라디칼이 세포 구성요소와 결합조직에 가하는 유해한 공격 때문이다. 자유라디칼은 주로 산소 분자가 끼어 있는 반응에서 생기는데, 세포 안에서는 산화효소가, 결합조직에서는 미량의 철, 코발트, 망간 같은 금속이 촉매로 작용한다.

자유라디칼이 세포막과 단백질, DNA에 입히는 손상은 그 후 반세기에 걸쳐 점점 정밀하게 측정되고 있다. 자유라디칼이 생긴다는 점, 그리고 자유

---

[*] 과산화수소 같은 분자들도 포괄적으로 자유라디칼에 넣었지만, 사실 엄밀히 얘기하자면 자유라디칼이라고 할 수는 없다(제6장 참조).

라디칼이 생기는 속도에 비례해 손상이 커진다는 사실에 대해서는 의심의 여지가 없다. 자유라디칼 이론에서 애초에 문제가 되는 부분은, 인과관계가 확실하지 않다는 점이다. 빨리 노화하는 좋은 몸에 자유라디칼이 더 많이 생긴다. 하지만 이는 자유라디칼이 노화를 유발한다는 뜻도 되고, 노화의 산물이라는 얘기도 되고, 또는 노화와 직접 관련이 없는 변수일 수도 있다. 인과관계를 증명하는 가장 좋은 방법은 상황에 변화를 줘보는 것이다. 이를테면 항산화제를 이용해 수명을 늘린다든가 하는 식이다. 하먼이 초기에 했던 실험에서는 항산화제가 쥐의 노화를 늦출 수 있다는 결과가 나왔지만, 그 후의 연구는 이를 뒷받침해주지 못했다.* 제9장에서도 보았듯이, 항산화제 보조식품이 최대 수명을 늘린다는 증거는 아직 없다. 대신에 균형 잡힌 식생활을 하면 수명을 단축시킬 가능성이 있는 비타민 결핍을 고칠 수 있다. 이렇게 이론에 결함이 있다는 이유로 많은 학자들은 자유라디칼의 중요성을 무시하고 있다.

대사율 이론에는 더 총체적인 문제가 있다. 바로 보편적으로 적용되지 않는다는 점이다. 심지어 온혈 척추동물 사이에서도 그렇다. 그래서 아까부터 '대부분의 포유류'라는 표현을 쓸 수밖에 없었던 것이다. 새와 박쥐는 다른 동물들에게 잡아먹힐 위험이 적다. 하늘을 날 수 있기 때문이다. 새와 박쥐는 진화를 통해 대사율과 전혀 어울리지 않는 수명을 누리게 되었다. 박쥐는 20년을 살지만 대사율은 3~4년을 사는 쥐와 똑같다. 비둘기는 기초대사율이 쥐와 비슷하지만 수명은 거의 열 배 가까이 길어서 35년이나 된다. 가장 극단적인 예는 벌새다. 벌새는 심장 박동수가 1분에 300~1000회이고 혼수상태에 빠지지 않으려면 하루에 수천 개의 꽃을 찾아다녀야 한다. '예

---

* 하먼의 실험에서 대조군(항산화제를 따로 주지 않은 집단)에 속한 생쥐는 제 수명만큼 오래 살지 못했다. 대조군의 생쥐들이 일찍 죽은 것은 표준 식생활에 항산화제가 부족했기 때문이라고 설명할 수 있고, 하먼은 간단히 이 부분을 수정했다. 사실 이런 일이 생기는 것은 우리가 야생에서든 인간이 키우든 대부분의 동물에게 어떤 식생활이 적합한지를 아직 확실히 알지 못하기 때문이다.

상'대로라면 1~2년도 채 못 살아야 하겠지만 실제로는 10년 이상 산다. 그 기간 동안 킬로그램당 소비하는 산소는 50만 리터나 된다. 일반적으로, 새의 산소 소비량을 수명에 곱하면 산소 자유라디칼에 노출되는 양이 쥐처럼 수명이 짧은 동물의 열 배, 그리고 인간의 두 배 이상이라는 계산이 나온다. 새들이 높은 대사율에도 불구하고 진화를 통해 긴 수명을 갖게 되었다는 사실을 가지고 대사율 이론이 틀렸다고 말하는 사람들도 있다. 하지만 그것은 너무 융통성 없는 해석이다. 모든 생물의 심장 박동률이 정말로 고정되어 있다고 얘기하는 것이나 마찬가지다. 사실, 결국은 이런 예외를 통해 그 이론을 증명할 수 있다. 비록 그 이론을 살짝 변형해야 하지만 말이다.

대사작용 중에서도 자유라디칼이 생기는 속도가 수명과 연결되어 있다는 가설에 대한 이상적인 시험사례가 바로 새다. 만약 수명이 대사작용 전체와 관련 있다면, 모든 경우에 자유라디칼이 생기는 속도는 대사율에 따라 달라질 것이다. 실제로 대부분의 포유류에서 그렇다. 한편 만일 자유라디칼이 노화의 원인이라면, 새들이 오래 살면서도 그렇게 많은 산소를 소비한다는 사실은 자유라디칼의 생산을 줄이는 아주 효율적인 메커니즘을 가지고 있다는 뜻이 될 수밖에 없다. 다시 말해서 만일 자유라디칼 이론이 옳을 경우, 새는 포유류보다 훨씬 산소를 많이 소비하면서도 자유라디칼은 적게 만드는 것이 분명하다.

　에스파냐 마드리드에 있는 콤플루텐세 대학의 생물학자 구스타보 바르하는 이 문제를 연구하면서 1990년대 내내 새와 포유류의 미토콘드리아에서 빠져나오는 과산화수소의 양과 미토콘드리아와 핵 DNA에 가해진 손상 정도를 끊임없이 고쳐가며 측정했다. 그가 발견한 바에 따르면, 분리된 상태에서 비둘기의 미토콘드리아는 똑같은 조직에서 분리해낸 쥐의 미토콘드리아보다 산소를 세 배 더 소비했다. 그렇게 산소 소비량이 많은데도 불구하고 비둘기의 미토콘드리아는 똑같은 환경에서 과산화수소를 3분의 1밖에 만들지 않았다. 비둘기의 몸속에서 산소가 자유라디칼로 바뀌는 비율은 대략 쥐의 10퍼센트이며, 이는 비둘기의 수명이 쥐보다 거의 열 배나 길다는 사실에 잘 맞아떨어진다. 그는 쥐, 카나리아, 잉꼬를 대상으로 실험을 계속해 비슷한 데이터를 얻었다. 아직 정식으로 증명된 것은 아니지만, 우연이라고 하기에는 소름이 끼칠 정도로 잘 들어맞는 결과다(〈그림 11〉).

새의 미토콘드리아는 왜 그렇게 효율적일까? 아마도 하늘을 날기 때문에 수명과는 관계없이 에너지 효율에 대해 강한 선택압력을 받았던 듯하다. 하늘을 날기 위해서는 몸무게에 비해 힘이 더 세야 하고, 따라서 효율적인 에너지대사 작용이 필요하다. 반면에 포유류의 에너지대사 효율은 새보다 한참 뒤로 처져 있다. 바르하의 주장에 따르면, 새의 미토콘드리아는 산소를 아주 잘 가두고 있어서 누출되는 자유라디칼이 비교적 적고 그만큼 많은 산소가 물로 변한다. 빠져나오는 자유라디칼이 몇 안 되기 때문에 결과적으로 항산화제가 덜 필요하게 된다. 여기서, 새와 포유류의 수명과 항산화 성분 사이에 별다른 관계가 없는 이유를 알 수 있다. 새가 오래 살기 위해 항산화제를 더 많이 소모해야 한다는 가정은 잘못되었다. 애초에 자유라디칼이 덜

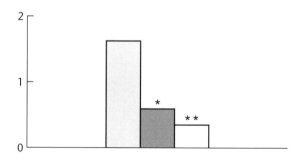

그림 11 (1) 쥐(최대 수명 3.5년) (2) 잉꼬(최대 수명 21년) (3) 카나리아(최대 수명 24년)의 심장 미토콘드리아에서 누출되는 과산화수소량. 새의 경우에 누출 비율이 몸 크기가 비슷한 포유류에 비해 훨씬 낮았다. 별표는 집단들 사이에 통계적으로 유의한 차이가 있음을 나타낸다(각각 $p < 0.05$, $p < 0.01$). 세 동물 모두 몸 크기가 비슷하고 휴식 대사량도 비슷하다. 비둘기와 쥐 사이에 유사한 관계가 발견된다. 미토콘드리아 이론에 따르면 박쥐의 경우, 누출되는 자유라디칼이 쥐의 경우보다 낮을 것이라고 예측할 수 있지만(쥐는 박쥐와 대사율이 비슷한데도 수명은 겨우 5분의 1이다) 아직은 증명되지 않았다. 구스타보 바르하와 뉴욕과학학회의 허락을 얻어 수정해서 실었다.

빠져나오기 때문이다. 인간 입장에서 보면 이것은 하나의 충격이라고도 할 수 있다. 유전적으로 잘 새는 미토콘드리아를 잘 새지 않도록 다시 만드는 일은 항산화제를 더 많이 붙이는 것보다 훨씬 어려운 일인 것이다. 그럼에도 희망을 가질 여지는 있다. 비록 새의 예가 우리 인간에게 적용되지는 않더라도, 자유라디칼이 수명을 제한한다는 이론은 확실히 증명되었다. 만일 우리가 새를 흉내낼 수 없다면, 도대체 이 자유라디칼을 어떻게 처리해야 할까?

§

앞에서도 보았듯이, 선충류 벌레의 수명은 늘어날 수 있다. 몇 세대에 걸쳐서 미토콘드리아의 효율성을 선택할 필요는 없다. *daf-16* 같은 약간의 지배 유전자만 활성화하면 되는 것이다. *daf-16*은 종속된 여러 유전자들의 발현을 조절한다. 이 유전자들 중 대부분은 아직 확인되지 않았지만 스트레스 내성은 훌륭한 지침이 된다. *daf-16*의 지배를 받는 모든 유전자들이 체계적으로 밝혀질 때까지 기다리지 못한 일부 학자들은 기존에 알려진 스트레스 단백질의 발현에 일어난 변화를 측정하는 일에 몰두했다. 경찰이 범죄 현장을 수사하기 전에 기존 범죄자들의 소재를 파악하는 것과 마찬가지다. 예를 들어 SOD(과산화라디칼 제거효소)는 스트레스 내성이 있는 선충류에서 더 많이 만들어질 것이라고 예측할 수 있다. 사실이다. 1999년에 일본의 연구팀이 보고한 바에 따르면 오래 사는 돌연변이 선충류는 정상적인 성충보다 미토콘드리아 SOD가 훨씬 많다(제10장 참조). 그런데 *daf-16*에 돌연변이를 일으켰더니 SOD의 양이 더 늘어나지 않았다. 즉 미토콘드리아 SOD를 만드는 유전자가 정말로 *daf-16*의 조절을 받는 유전자들 중 하나라는 얘기다. 비슷하게, 2001년에는 영국 맨체스터 대학 연구팀이 스트레스 내성이 있는 선충류에는 메탈로티오네인(스트레스 단백질로, 역시 제10장에서 얘기했다)이 정상 수준의 일곱 배에 달한다고 보고했다 .

산화성 스트레스에 대한 저항성을 높이는 것이 모든 동물의 노화를 늦추는 공통 수단이라고 생각할 만한 근거는 충분하다. 비록 그 효과는 벌레의 경우보다 덜 뚜렷할지라도 말이다. 이제부터 설득력 있다고 생각되는 증거 세 가지를 간단히 살펴보도록 하겠다. 각 증거는 서로 연결되어 있는데, 첫째는 SOD와 카탈라아제의 효과, 둘째는 DNA 복구효소DNA-repair enzyme의 효과, 셋째는 칼로리 제한의 메커니즘이다.

1994년, 미국 댈러스 주에 있는 서던메서디스트 대학의 윌리엄 오르와 라진더 소할은 『사이언스』를 통해 항산화제량을 늘리면 노화속도를 늦출 수 있다는 직접적인 증거를 최초로 발표했다. 오르와 소할은 초파리의 유전자를 조작해 세포바탕질의 SOD(제10장 참조)와 카탈라아제를 여분으로 더 만들도록 했다. 유전자를 조작당한(형질전환transgenic) 초파리는 정상적인 초파리보다 3분의 1 가까이 더 살았다. 특히 중요한 점은, 이 효소들 각각 따로는 수명에 아무런 영향도 미치지 않았다는 사실이다. 이 두 효소는 함께 작용했으며, 서로 조화를 이루어 만들어졌을 때만 효과가 있었다. 이 효소들이 함께 만들어진 경우에 평균 수명과 최대 수명 양쪽 모두 증가했는데, 이는 이온화 방사선에 대한 저항성이 커지고 DNA와 단백질의 산화성 손상이 더 적었기 때문이다. 또 형질전환 초파리는 나이를 먹은 후에도 더 활발해서, LEP가 30퍼센트 증가한 것과 같은 효과를 보였다(심장 박동율이 높아진 것에 해당한다). 따라서 SOD와 카탈라아제의 양이 늘어나면서 나타나는 효과는 단순히 사는 속도가 느려지는 문제가 아니다. 형질전환 초파리는 정상적인 초파리와 똑같은 속도로, 더 오래 살았다. 더 최근에 이루어진 연구들을 보면 발달된 유전공학 기술을 이용해 수명을 50퍼센트까지 연장했다.[*]

---

[*] 모든 실험에서 양을 늘린 것은 미토콘드리아 SOD가 아니라 세포바탕질 SOD였다. 이 차이는 아주 중요하다. 미토콘드리아 SOD는 미토콘드리아의 안팎 양쪽을 과산화라디칼로부터 보호할 수 있다. 과산화라디칼은 대부분 미토콘드리아 안에 있다가 밖으로 빠져나가기 때문이다. 이와 대조적으로 세포바탕질 SOD는 세포질만 부분적으로 보호할 수 있다. 내가 아는 한, 형질전환 초파리 실험 중에서 미토콘드리아 SOD와 카탈라아제를 **동시에** 더 만들도록 조작한 경우는 아직 없다. 만일 그랬다

SOD와 카탈라아제가 함께 작용해야 한다는 점에서 항산화제 네트워크의 중요성을 알 수 있다. 물론 SOD와 카탈라아제는 따로 떨어뜨려놓으면 아무 작용도 하지 않는다. 스트레스 내성은 효율적인 단백질 교체와 DNA 복구 등 많은 요소가 합쳐져 이루어진 결과다. 여기서 두 번째 증거가 나온다.

사람에게 DNA 복구는 아주 중요하다. 복구작업이 제대로 이루어지지 않았을 경우에 얼마나 무서운 일이 벌어지는지를 잘 보여주는 예가 바로 베르너 증후군이다. 베르너 증후군은 드물게 나타나는 유전성 질환인데, 이 병에 걸리면 아주 빠른 속도로 노화가 일어난다. 머리가 하얗게 세고, 백내장이나 근육 위축, 뼈 소실, 당뇨, 죽상경화증, 암 등 여러 가지 조로早老 증상이 나타난다. 그리고 40대 초반에 심장병이나 암 같은 노인병으로 죽는다. 과학자들은 이 어려운 증후군을 연구하면서 일반적인 노화 과정에 대해 뭔가 알아내 인류 전체에 도움이 될 수 있기를 기대했다. 하지만 사실상 이 병의 여러 증상들이 정말로 정상적인 노화를 대표하는 것은 아니었다. 마침내 지친 과학자들은 베르너 증후군을 '노화의 모방' 정도로 취급해버리게 되었다. 그러나 그 후에 큰 진전이 있었다. 1997년에 이 증후군을 일으키는 유전자가 분리된 것이다. 이 유전자가 만드는 효소는 특이하게도 이중으로 작용한다. DNA 이중나선을 풀어서(헬리카아제helicase 작용) 그중 잘못된 글자를 잘라내고 새로 끼워넣는다(엑소뉴클레아제exonuclease 작용). 복제나 재조합 중에 일어난, 또는 자연적인 돌연변이로 인해 생긴 DNA의 결함을 복구하는 것이다. 그런 결함은 대부분 산소 자유라디칼이 만든다.

베르너 증후군 환자들은 이 효소의 헬리카아제 부분에 돌연변이가 생겨 손상된 DNA를 제대로 복구하지 못하게 된다. 무엇보다도 이렇게 돌연변이가 생기면 자외선에 더 취약해진다. 자외선은 DNA에 손상을 입힌다. 강한 자외선을 이겨낼 수 있는 스트레스 저항성 생물과는 정반대 경우라고 하겠

면 당연히 수명이 훨씬 더 늘어났을 것이다.

다. 따라서 *daf-2* 돌연변이 선충류처럼 수명이 길어진 돌연변이체 생물이 더 많이 만들어내는 물질들 중에는 DNA 복구효소도 포함된다고 볼 수 있다. 공식적으로 증명되지는 않았지만, 스트레스 내성과 장수는 높은 DNA 복구 능력과 관계가 있다. 최대 수명이 각기 다른 동물들의 세포를 배양해 자외선이나 다른 스트레스(예를 들면 과산화수소)에 노출시키면 DNA 복구가 얼마나 일어나는지 측정할 수 있다. 그 결과 대체로 동물의 최대 수명과 DNA 복구 능력 사이에는 양(+)의 상관관계, 즉 한쪽이 증가하면 다른 쪽도 증가하는 관계가 있다는 사실이 드러났다.

이 두 가지 예에서, 수명은 스트레스 내성에 의해 조절된다는 사실을 알 수 있다. 스트레스 내성은 다시 SOD나 카탈라아제, 메탈로티오네인, DNA 복구효소 등의 스트레스 단백질이 변화해 (적어도 일부는) 조절된다. *daf-16*의 지배 스위치 역할을 통해서, 단순한 동물의 경우에 이 유전자들이 서로 어울려 발현된다는 점을 알 수 있다. 세 번째 예인 칼로리 제한에서는, 복잡한 동물의 경우에도 스트레스 반응이 비교적 단순한 스위치로 조정될 수 있다는 사실이 드러난다. 하지만 그 반응 자체는 단순한 생물의 경우와 항상 똑같지는 않다.

칼로리 제한이 수명을 늘리는 메커니즘은 이제 막 밝혀지기 시작한 상태다(제11장 310쪽). 이 메커니즘에서 중요한 것은 지방이나 탄수화물 등 특정한 칼로리 공급원의 산화가 아니라 칼로리 자체가 얼마인가 하는 점이다. 대개 칼로리 제한 식이요법으로는 전체 칼로리 섭취만 약 30~40퍼센트 정도 줄이면서 나머지 부분은 균형 잡힌 식생활을 유지하도록 한다. 따라서 영양실조나 단식과는 (이때는 칼로리가 50~60퍼센트 정도 제한된다) 전혀 다르다.

1930년대에 칼로리 제한의 효과가 처음으로 알려진 이래, 학자들은 줄곧 대사율 이론의 관점에서 해석해왔다. 즉 덜 먹으면 대사율과 산소 소비가 줄어든다는 것이다. 이런 점에서, 사실상 모든 동물의 수명을 30~50퍼센트까지 늘릴 수 있음에도 칼로리 제한은 애초부터 무익한 것으로 여겨졌다. 아무리 수명이 50퍼센트 늘어난다고 한들, 그저 열심히 다이어트를 하는 정도가 아니라 에너지의 50퍼센트를 줄여야 한다는데 누가 좋다고 하겠는가? 하는 일 없이 빈둥거리는 사람이라도 차라리 빨리 살고 일찍 죽는 편이 낫다고 할 것이다. 하지만 칼로리 제한에는 사람들이 상상하던 것보다 훨씬 더 흥미로운 점이 많다는 사실이 계속 드러나고 있다. 먼저, 대사율을 줄일 필요가 전혀 없다. **마른** 사람의 경우에 킬로그램당 대사율을 측정해보면 산소 소비는 사실상 늘어난다. 따라서 칼로리 제한으로 LEP가 증가할 수 있다. 심장 박동률이 빨라지는 것이다. 수컷 쥐의 경우엔 심장 박동률이 약 50퍼센트 늘어난다. 유전자 발현이 그에 맞춰 변하면서 칼로리 제한의 효과가 조정된다. 여기서 얻는 이익은 크다. 지금까지 연구된 모든 동물의 경우, 칼로리 제한으로 죽는 시기뿐 아니라 노화가 진행되는 과정도 지연시킬 수 있다. 설치류를 대상으로 신체활동, 행동, 학습, 면역반응성, 효소 활성, 유전자 발현, 호르몬작용, 단백질 합성, 포도당 내성 등 300가지 노화지표를 시험해본 결과에 따르면 그중 80퍼센트가 영향을 받았다.

칼로리 제한의 최종 효과는 결국 스트레스 내성을 키우는 것이다. 혈당량이 떨어지고, 인슐린 농도도 따라서 떨어진다. 대사작용의 방향은 성에서 신체 유지 쪽으로 바뀐다. 산화성 스트레스에 대한 저항성도 늘어나는데, 특히 뇌나 심장, 골격근처럼 대개 손상되었을 때 피해가 큰 조직의 경우 더욱 그렇다. 정확히 **어떻게** 이런 효과가 생기는가 하는 질문에는 아직 해답이 없다. 항산화 효소의 지속적인 변화가 현재 학계에 보고되고 있다. SOD나 카탈라아제, 메탈로티오네인, DNA 복구효소 등 다양한 스트레스 저항성 유전자들이 활성화할 것이라고 예측하기 쉽겠지만 모든 경우에 다 이렇지는 않다.* 우리에게 이익만 된다면 그런 것은 '상관없다'고 생각할 수도 있겠다.

---

* 쥐의 경우, 칼로리 제한의 영향으로 이미 진행 중인 스트레스 반응이 또 일어나지는 않지만 칼로리 섭취를 제한받은 쥐는 정상적으로 노화 중인 쥐보다 열 충격(잠시 정상보다 높은 온도에 노출시키

그러나 다시 얘기하지만 이익이 될지 안 될지는 아직 확실하지 않다. 사람에게 직접 실험을 하려면 결과가 나올 때까지 몇십 년씩 걸리기 때문이다.

1987년, 미국 메릴랜드 주 볼티모어에 있는 국립노화연구소와 위스콘신 주 매디슨 대학의 위스콘신 지역영장류연구센터는 붉은털원숭이와 다람쥐원숭이 200마리를 대상으로 두 가지 실험을 시작했다. 그리고 2001년 4월, 리하르트 바인트루흐가 이끄는 위스콘신 연구팀은 칼로리 제한이 붉은털원숭이의 유전자 발현과 그에 따라 합성되는 단백질의 종류와 양에 미치는 영향에 대해 중간발표를 했다. 영향을 측정하기 위해 그들은 칼로리 제한을 받은 원숭이 집단에서 7000개 유전자 표본을 선택해 그중 어떤 것이 켜지고 어떤 것이 꺼졌는지를 조사했다. 그리고 먹이 제한을 받지 않은 같은 나이의 원숭이들을 대조군으로 했다. 놀랍고도 흥미로운 결과가 나왔다. 칼로리 제한을 받은 집단은 예상했던 대로 스트레스 내성이 늘어났다. 그러나 먹이를 충분히 먹은 원숭이 집단에서 스트레스 단백질이 만들어진 양은 칼로리 제한을 받은 중년의 원숭이 집단과 비교할 때 거의 차이가 없었다. 대신에 칼로리 제한으로 세 가지 큰 효과가 있었다. 첫째, 세포의 내부구조가 튼튼해졌다. 거의 모든 구조 단백질의 합성속도가 두 배 이상 빨라졌다. 둘째, 종양괴사인자TNF-α나 일산화질소 합성효소 등 염증을 촉진하는 단백질의 합성이 줄어들었다. 셋째, 산소 호흡을 담당하는 유전자의 발현이 줄어들었다. 특히 시토크롬 c는 정상의 23분의 1밖에 되지 않았다. 이 마지막 효과는 대사율 감소와 통한다. 즉 천천히 살고 늦게 죽는 것이다.[*]

는 것)에 대해 스트레스 반응을 더 잘 일으켰다. 다시 말해 정상적으로 노화할 때는 미토콘드리아 누출로 인한 스트레스 반응 때문에 갑작스러운 스트레스(예를 들면 열 충격)에 대한 반응이 둔해진다는 얘기다. 반면에 칼로리 제한을 받을 때는 만성적인 스트레스 반응이 억제되어 갑작스러운 스트레스에 예민하게 반응할 수 있는 것이다.

[*] 여기서 또 다른 흥미로운 가능성이 있다. 미토콘드리아에서 시토크롬 c가 방출되면 아포토시스, 즉 예정된 세포의 죽음이 시작된다. 세포 안에 시토크롬 c의 양이 적으면 노화하고 있는 기관에서 아포토시스를 겪는 세포의 수가 줄어든다고 생각할 수 있다. 따라서 그 기관의 작용이 더 오래 유지될 것이다. 이것은 순전히 추측이지만, 리하르트 바인트루흐도 아마 이 가능성을 연구하게 될 것이다.

칼로리 제한을 받은 원숭이의 유전자 발현이 변하는 것을 보면 원숭이는 스트레스에 대항할 준비를 하기는커녕 문제를 피해가는 듯하다. 어쨌거나 스트레스 단백질의 발현은 늘어나기보다는 줄어든다. 이 부분에 대해 다음과 같이 설명할 수 있다. 우리 인간은 이미 침팬지보다 두 배나 오래 살고, 침팬지는 붉은털원숭이보다 오래 산다. 우리가 이렇게 오래 사는 것은 스트레스 저항성이 더 높기 때문일 것이다. 다음 장에서 보게 되겠지만, 노인병도 스트레스 반응을 일으킨다. 이 반응은 똑같은 유전산물에 의존한다. 예를 들어 노화 중인 붉은털원숭이는 적어도 열여덟 개의 스트레스 단백질 합성을 늘린다. 이 단백질에는 메탈로티오네인과 여러 가지 DNA 복구효소도 포함된다. 칼로리 제한을 아주 어릴 때 시작하지 않는 한은, 한 가지 스트레스 반응에 또 다른 스트레스 반응이 더해졌을 때 어떻게 해서 우리 수명이 늘어나는지 알기 어렵다. 대신에 적어도 붉은털원숭이의 경우에는 중년에 시작한 칼로리 제한에 의해 유전자 발현의 변화가 일어났는데, 이는 몸에 더해진 대사 스트레스의 강도를 줄이기 위한 듯하다. 바꿔 말하자면 중요한 요소는 스트레스 반응 자체가 아니라 몸에 가해지는 전체적인 스트레스의 강도라는 것이다. 이것은 스트레스 반응을 높이거나 새로 주어진 스트레스의 강도를 낮춰 떨어뜨릴 수 있다.

§

이제 잠시 쉬면서 정리를 해보도록 하자. 일회용 체세포 이론에 따르면, 생식에 쓰이는 자원과 신체 유지에 쓰이는 자원은 양립할 수 없는 관계이며 그 사이의 균형점이 바로 수명이다. 신체를 유지하는 데에는 두 가지 방법이 있다. 애초에 손상이 일어나지 않도록 미리 막는 것, 그리고 이미 손상된 부분을 복구하는 것이다. 손상을 얼마나 예방하느냐 하는 것은 대개 자유라디칼이 생기는 속도와 없어지는 속도에 따라 달라진다. 손상된 부분을 복구하는 일은 DNA와 막, 그리고 단백질의 회전율, 다시 말해 손상된 분자를 새것으로 바꿔놓는 속도에 달려 있다. 복구작업이 효율적으로 이루어지려면 복구 장치 자체가 망가지지 않아야 한다. 자유라디칼은 상대를 가리지 않고 공격하기 때문에 복구 장치와 그 장치를 만드는 암호를 가진 DNA도 다른 것들과 똑같이 망가뜨릴 수 있다. 결국, 손상을 제대로 방지하지 못하면 복구도 할 수 없는 것이다.

노화속도를 결정하는 것은 예방과 복구에 쓰이는 자원의 양이다. 이 자원이 어떤 것인지는 유전적으로 미리 정해져 있지만 그 자원을 배치하는 일은 구할 수 있는 음식의 양이나 생식 가능성 같은 환경요소의 영향을 받는다. 선충류와 초파리, 쥐, 인간은 모두 성과 장수를 조절하는 스위치를 가지고 있지만 그 스위치가 켜지고 꺼지는 데에 대한 유전자의 반응은 각기 다르다. 선충류의 경우, 스트레스 단백질을 더 많이 만들면 오래 살게 된다. 붉은털원숭이는 산소대사 작용을 제한해 대사율을 낮춘다. 자연선택은 원래 아주 인색하기 때문에 항상 제일 효율적인 반응을 하게 된다. 따라서 이미 그 생물이 가지고 있는 스트레스 내성이 어느 정도인지에 따라 반응이 달라질 것이다. 선충류가 가지고 있는 스트레스 단백질은 종류도 몇 개 안 되고 양도 적다. 따라서 그 양을 쉽게 늘릴 수 있다. 반면에 붉은털원숭이는 여러 가지 스트레스 단백질을 많이 가지고 있다. 그래서 이 단백질들을 전부 다 만드는 대신에 대사작용을 억제하는 쪽을 선택해 손실을 줄이는 것이다. 실제로 작용이 어떻게 이루어지든, 모든 경우 결과는 똑같다. 스트레스를 줄여 힘든 시기를 견디고 나중에 상황이 나아졌을 때 다시 번식을 하도록 하는 것이다. 따라서 스트레스 단백질의 저항활동으로 스트레스를 피할 수도 있고 호흡속도와 염증의 강도를 낮춰 스트레스를 피할 수도 있다. 양쪽의 경우 모두, 장수의 비밀은 낮은 대사 스트레스다.

포식자와 기근을 피한 종이 오래 살도록 진화한 사실도 비슷한 메커니즘으로 설명할 수 있다. 수명은 손상이 쌓이는 속도를 반영하는데, 그 속도는 대사속도, 자유라디칼이 생기고 제거되는 속도, 복구할 수 있는 능력에 따라 달라진다. 이런 점에서 대사속도는 제5장에서 얘기했던 거대 생물의 진화에도 한 요소로 작용했다고 볼 수 있다. 몸 크기가 커지면 대사속도를 줄일 수 있고, 따라서 수명이 더 길어진다. 현생 생물들은 산소 농도가 높아지면 수명이 줄어들게 된다. 그래서 석탄기의 경우, 몸 크기가 커진 것은 대사속도를 떨어뜨려 높아진 대기 중 산소 농도에 대항하기 위한 수단이었다고 볼 수 있다. 어쨌든 모든 경우에 수명을 연장하는 일관된 요인은 자유라디칼이 일으킨 손상에 대한 효과적인 예방과 복구다. 따라서 산소 자유라디칼은 노화의 주된 원인이며 이론적으로 신체 유지를 담당하는 유전자의 발현에 변화를 주면 노화를 늦출 수 있다고 결론 내릴 수 있겠다.

§

만약 노화의 원인이 정말로 자유라디칼이라면, 두 가지 의문점이 생긴다. 첫째, 성적인 성숙 후에는 어떻게 해서 노화가 미뤄질까? 인간의 경우에는 성적으로 성숙한 후 30년 이상이 지나야 노화가 일어난다. 둘째, 세균이나 암세포, 성세포 같은 세포들은 어떻게 해서 노화를 피할까? 사실, 노화를 피하는 것은 단세포만이 아니다. 히드라*Hydra*(민물에 살며 촉수가 달린 자그마한 동물인데, 말미잘과 친척이다) 같은 동물들도 노화를 피하고 있는 듯하다. 얕고 산소가 많은 물에 사는데도 노화하는 기미가 보이지 않는다. 이런 동물들은 자유라디칼의 해로운 영향을 어떻게 피하는 것일까?

　첫 번째 질문인 노화의 지연에 대해서는 미토콘드리아의 특별한 성질과 세포 안에서 작용하는 방법을 생각해보면 답을 찾을 수 있다. 미토콘드리아가 예전에는 독립생활을 하는 세균이었다가 나중에 진화를 통해 동식물 공통으로 산소대사를 담당하는 세포소기관이 되었다는 사실을 떠올려보자. 제8장에서 본 것처럼, 미토콘드리아에는 예전에 독립생활을 했던 흔적이 남아 있다. 특히 자기 DNA를 아직도 가지고 있으며 단순히 이분법으로 나눠지는 예전 분열 방법을 유지하고 있다. 이것은 무성생식에 해당한다. 따라서 미토콘드리아는 유전적으로 무성이며, 유성생식을 하는 생물 속에서 무성생식으로 자기를 복제하고 있는 것이다. 미토콘드리아가 갖고 있는 DNA는 미토콘드리아의 작용에 아주 중요하다. 이 DNA가 망가지면 미토콘드리아는 기능을 수행하지 못한다. 핵 유전자만으로는 미토콘드리아를 만들 수 없다. 따라서 산소 호흡을 하는 모든 동물은 미토콘드리아 DNA가 완전한지 여부에 전적으로 의존하고 있다고 볼 수 있다. 만일 미토콘드리아가 망가진 채 다음 세대로 전달된다면 그 자손은 장애가 있거나 아예 죽을 것이다.

　　노화의 원인에 대한 이론 중에서 미토콘드리아 이론을 처음으로 주장한 사람은 데넘 하먼이다. 그는 전에 세웠던 자유라디칼 이론을 다듬어 이 이론을 내놓았다. 후에 에스파냐 알리칸테에 있는 신경과학연구소의 하이메 미켈과 다른 학자들이 이 이론을 발전시켰다. 내용을 한번 살펴보자. 자유라디칼은 미토콘드리아 DNA 바로 근처에서 계속 만들어진다. 미토콘드리아 DNA는 단백질로 싸여 있지 않기 때문에 공격에 노출되어 있다. 게다가 미토콘드리아 DNA의 복구 기능은 아주 약하다고 알려져 있다. 그 결과로 결함이 금방 쌓이게 된다. 미토콘드리아는 **성**을 이용해 서로 결합하는 일이 거의 없기 때문에 일단 결함이 생기면 재조합으로 없어지지 못하고 그대로 남는다. 돌연변이가 그대로 남는다는 점은 진화를 거치면서 미토콘드리아 DNA가 돌연변이를 일으키는 속도가 핵 DNA와 비교할 때 빠르다는 사실로부터 알 수 있다.[*] 그러니까 세포 중에서도 제일 독성이 강한 부분에 제일

---

[*] 미토콘드리아 DNA는 몇천 년에 걸쳐 진화하지만 성을 이용해 재조합되지는 않는다. 따라서 미토콘드리아 유전자들이 '섞이는' 일은 없다. 터키 여성이 아메리카 원주민과 결혼할 경우, 태어나는 아이들은 모두 터키 여성의 미토콘드리아 DNA만 갖게 될 것이다. 진화속도가 서로 다르기 때문에, 몇천 년 전에 서로 갈라진 인종들은 미토콘드리아 DNA가 서로 다르다. 한편, 집단 내에서는 미토콘드리아 DNA가 모계를 따라 전달되기 때문에 모든 구성원의 미토콘드리아 DNA가 비슷하다. 이것이 바로 '미토콘드리아 이브' 이론의 토대다. 오늘날 지구에 사는 모든 인간들에게 미토콘드리아 DNA를 물려준 어머니가 존재한다는 가설이다. 영국 옥스퍼드 대학의 미토콘드리아 DNA 전문가이자 『이브의

약한 DNA가 들어 있는, 아주 기묘한 상황에 놓인 셈이다. 악순환은 계속 진행된다. 돌연변이를 일으킨 미토콘드리아 유전자가 만드는 호흡 단백질에는 결함이 있고, 따라서 자유라디칼이 더 많이 새어나가 DNA 손상은 더욱 심해진다. 이런 악순환은 가차없이 노화와 죽음으로 이어진다. 사실 우리가 이 정도로 오래 살아남는 게 놀라운 일인 것이다.

1988년에 미국 버클리 대학의 크리스토프 리히터, 박진우, 브루스 에임스는 미토콘드리아 DNA의 손상이 핵 DNA와 비교해 어느 정도나 되는지 측정했다(물론 핵 DNA는 핵막 안에 숨어 있고 단백질에 둘러싸여 있기 때문에 미토콘드리아와는 안전하게 떨어져 있다). 실험을 통해 미토콘드리아 이론을 뒷받침하는 결과가 나왔다. 미토콘드리아 DNA에 가해지는 산화성 손상이 핵 DNA의 약 20배였던 것이다. 1990년대에 몇몇 연구팀이 이 실험을 다시 해 보았다. 약 20건의 논문에 발표된 각 결과는 분산 범위가 너무 넓어서 신뢰성이 거의 없었다. 브루스 에임스와 케네스 베크만이 1999년에 새로 재검토해 발표한 바에 따르면(과학자들이 자기 이론에 집착하지 않는 모습은 늘 보기 좋다) 미토콘드리아 DNA에 가해지는 산화적 손상의 추정치는 최소값과 최대값이 6만 배 이상이나 차이가 났다. 누군가 데이터를 조작했을 가능성은 없다. 단지 현대 과학기술이 아무리 복잡하고 정교해도 막대한 인위적 오차가 생기는 것뿐이다. 에임스와 베크만은 다음과 같이 결론을 내렸다.

요약해보면 비록 대중성이 높고 직관적인 장점도 상당하지만 미토콘드리아 DNA가 핵 DNA보다 더 심한 산화성 손상을 입는다는 이론에는 확실한 근거가 없다. 산화성 손상을 분석하는 방법에 따라 변동폭이 크기 때문에, 미토콘드리아의 산화성 손상이 자연 수준에서 어느 정도인지는 아직 확실하게 밝혀지지 않았다고 보아야 한다. 또한 비교의 대상이 될 핵 DNA의 산화성 손상의 확실

일곱 딸들』을 쓴 브라이언 사이크스의 주장에 따르면, 현대의 모든 유럽인에게는 일곱 명의 어머니가 있다. 이 일곱 명은 각기 다른 시기에 유럽으로 이주해온 일곱 부족을 나타낸다.

한 측정치도 존재하지 않는다.

실험결과가 이렇게 말도 안 되게 너저분해서야 차라리 미토콘드리아 이론을 버리는 편이 낫지 않을까? 원래 이론 그대로라면 아마 그럴 것이다. 생물학적 면에서도 결함이 많다. 예를 들어 노화 중인 조직의 미토콘드리아는 숫자가 적고 크기가 크면서 덜 효율적이지만, 그래도 어느 정도 정상적으로 작동한다. 미토콘드리아 이론에서 예측하는 비극적인 손상의 징후는 거의 나타나지 않는다. 한편으로 심각하게 손상된 미토콘드리아는 세포를 불안정하게 만들어 자살 프로그램, 즉 아포토시스를 시작한다. 하지만 노화 중인 기관에 대해 실험한 결과에 따르면 미토콘드리아 이론에서 예상한 규모의 아포토시스는 일어나지 않는다. 그렇다면 구멍 난 미토콘드리아는 어떻게 온전하게 유지될까? 미토콘드리아는 자기 유전자를 여러 개 복제해서 작용집단에 보관한다. 그러니까 각 유전자마다 적어도 한 개씩은 기능을 수행하고 있는 것이다. 게다가 미토콘드리아의 DNA 복구 능력은 기존에 알려졌던 것보다 더 뛰어나다. 1997년에 미토콘드리아 DNA의 산화성 손상을 바로잡는 효소가 분리되었다. 또한 미토콘드리아는 많은 돌연변이를 이겨낼 수 있다. 잘못된 RNA를 교정해서 제대로 작용할 수 있는 단백질을 만드는 메커니즘을 갖추고 있기 때문이다. 결국 진화적으로 보았을 때, 만일 미토콘드리아 DNA가 정말로 그렇게 취약하다면 어째서 여전히 그 자리에 있겠는가? 왜 전부 핵으로 이동하지 않았을까? 유전자 연구를 보아도 그렇게 되지 않았어야 할 물리적인 이유는 없다. 따라서 DNA가 미토콘드리아에 남아 있는 것은 뭔가 이익이 있기 때문이다.[*] 그러니까 이런 점에서 보면 원래 형태의 미

---

[*] 존 앨런은 이 점에 대해 한 가지 가능성을 제시했다 (이 사람은 이번 장 뒤쪽에 다시 나온다). 미토콘드리아 유전자는 갑작스러운 산소 농도의 변화, 영양 공급, 호흡 과정에서 나온 유해물질의 존재 여부에 세포가 빨리 반응하도록 해준다. 세포의 에너지 상태는 아주 중요하기 때문에 세포는 갑작스러운 변화에 빠르고 적절하게 대처해야만 한다. 절차가 복잡한 핵 유전자에 의존해 이런 일을 하는 것은 전쟁이 났을 때 육군의 배치를 정부가 결정하기를 기다리는 것과 마찬가지다. 따라서 미토콘드리아

토콘드리아 이론에는 생물학적 지식이 부족했던 셈이다.

그렇기는 해도, 미토콘드리아 이론을 버리기에는 모든 종에 걸쳐 대사작용과 노화의 관계가 너무 깊다. 확실히 미토콘드리아 DNA의 염기서열은 비교적 빨리 변하는데(그래도 여러 세대를 거쳐야 한다), 그 점에서 핵 DNA보다 돌연변이가 더 많이 일어난다고 볼 수 있다. 또한, 노화 중인 조직의 미토콘드리아는 파멸에 이르지는 않더라도 분명히 어느 정도 손상된다. 미토콘드리아 이론을 미묘하게 조금 더 고치면 사실이 될 수 있다. 톰 커크우드가 독일의 생화학자 악셀 코발트와 함께 제시한 모델이 있는데, MARS(Mitochondria, Aberrant proteins, Radicals, Scavengers의 머리글자) 모델이라고 한다. 이 모델은 커크우드가 얼마나 노화 연구에 큰 공헌을 했는지 단적으로 보여준다. 원래 수학자가 되려고 했던 그는 서로 대립하는 이론들의 상세한 부분에서 벗어나 더 넓은 시야로 세포 내에서 일어나는 상호작용의 네트워크를 바라보았다. 특히 커크우드와 코발트는 미토콘드리아의 기능이 아주 약간만 줄어든다면 단백질 교체가 어떻게 이루어질지 의문을 품었다. 두 사람은 세 가지 가정을 해보았다. 첫째, 자유라디칼이 미토콘드리아에서 빠져나가면 단백질 합성기구 같은 세포의 다른 구성요소에 손상을 입힐 것이다. 둘째, 손상을 방지하고 복구하는 기능은 100퍼센트 효율적이지는 않다. 셋째, 작용은 하고 있지만 약간의 손상을 입은 미토콘드리아는 손상을 입지 않은 미토콘드리아보다 에너지를 적게 만들고, 결과적으로 세포에 에너지가 부족하게 된다(세포가 필요한 만큼 에너지를 만들 수 없게 된다는 얘기다).

커크우드와 코발트는 이 세 가지 가정을 컴퓨터 모델로 만들어 노화가 일어나는 동안에 변화의 속도가 얼마나 비슷하게 재현되는지 알아보았다.

DNA는 최전방에서 빠르게 반응해 중요한 유전자 발현과 호흡작용을 국소적으로 민감하게 조절하는 역할을 하는 것이다. 미토콘드리아 DNA는 세포 전체에 이익을 가져다준다는 점에서 '이타적'이라고 할 수 있다. 실제로 세포와 각 기관들은 미토콘드리아 안에 DNA를 계속 간직하는 편이 자연선택에 유리하며, 따라서 '이타적' 유전자를 제거한 세포보다 더 잘 살아남을 것이다. '선택의 단위'는 항상 생물(그 생물이 단세포라 하더라도)이지 개별 유전자가 아니라는 사실을 다시 한번 생각하게 된다.

두 사람이 1996년에 발표한 논문에 실린 방정식들은 대부분의 생화학자들이 머리를 쥐어뜯을 정도이지만, 실험결과는 굳이 상세하게 따져보지 않더라도 직관적으로 이해할 수 있다. 자유라디칼이 생기는 속도와 세포가 손상을 복구할 수 있는 능력이 약간 어긋난 상태에서 에너지가 점점 더 부족해질 경우, 미토콘드리아의 기능이 서서히 떨어진다. 그렇게 수십 년 동안 기능이 떨어지다가 마침내 한계를 넘어서게 된다. 이 시점에서 미토콘드리아는 노화한 조직에서 분리해낸 것과 비슷해진다. 이제 중심은 미토콘드리아에서 단백질 합성 장치로 넘어간다. 전체 과정과 비교할 때 비교적 짧은 시간 안에, 생화학적 평형을 유지하는 세포의 능력이 무너진다. 일단 평형이 깨지고 나면 세포가 죽는 것은 시간 문제다. 이 과정은 시간상으로 보나 노화의 가속도로 보나 실제 생물계에서 관찰되는 것과 딱 맞는다. 중요한 것은, 이 모델에서는 신체를 유지하는 조직의 기능이 절대로 떨어지지 않는다는 점이다. 사실상 세포의 자원은 애초부터 부족했고, 바로 그 때문에 서서히 손상된 것이다.

연립방정식으로 나타내느라 어쩔 수 없이 실제 세포를 단순화하기는 했지만, 이 모델은 노화 과정을 이해하는 데에 믿을 만한 틀이 된다. 이 모델에서는 이론상 가능한 것과 불가능한 것을 구별하고 있다. 설득력 있는 실험 데이터는 없지만 두 사람의 주장은 옳은 듯하다. 만약 이 모델이 옳다면, 여기에는 중요한 의미가 있다. 미토콘드리아 호흡은 결국 세포를 서서히 손상시킬 것이다. 그 속도는 세포가 자기를 지키는 능력에 따라 달라진다. 하지만 어떤 세포도 100퍼센트 효율적이지는 못하다. 따라서 미토콘드리아를 가진 모든 생물은 죽을 수밖에 없다. 여기서 두 번째 질문으로 돌아간다. 그렇다면 어떤 세포들은, 또 심지어 일부 단순한 동물들은 어떻게 노화를 피해갈까?

아우구스트 바이스만은 19세기 초에 처음으로 수명이 한정된 체세포와 죽지 않는 생식세포 계열을 구분하면서 놀라운 예측을 했다. 모든 체세포는 수명이 정해져 있다는 것이었다. 20세기 대부분에 걸쳐 바이스만의 예측은 계속 논란이 되었다. 그러다가 1965년에 미국의 생물학자 레너드 헤이플릭의 주장으로 좀 더 실험상의 토대를 갖추고 논쟁이 이루어지게 되었다. 헤이플릭은 인간의 섬유모세포*가 50~70번 이상은 분열하지 못하며, 그다음에는 '복제 노화replicative senescence'를 일으켜 죽는다는 사실을 밝혀냈다. 따라서 세균과는 달리 섬유모세포는 무한정 배양할 수가 없다. 결국, 집단 전체가 노화로 죽는 것이다. 세포 한 개가 죽기 전에 분열할 수 있는 횟수(더 정확히 말하자면 집단이 두 배가 되는 횟수)를 가리켜 헤이플릭 한계Hayflick limit라고 하게 되었다. 세포 종류가 다르면 헤이플릭 한계도 각각 다르지만, 본질적으로 모든 체세포는 노화하고 결국 죽는다는 사실은 이미 밝혀져 있다.

여기서 몇 가지 흥미로운 사실이 있다. 쥐처럼 짧게 사는 종에서 추출한 섬유모세포는 인간처럼 오래 사는 종에서 추출한 섬유모세포보다 헤이플릭 한계가 더 낮다(인간은 70번인 반면 쥐는 15번이다). 이런 관계는 실험한 모든 종에서 확실하게 나타난다. 또 헤이플릭 한계는 실험대상의 나이에 따라 달라진다. 나이가 많은 개체에서 추출해 배양한 섬유모세포는 노화해 죽기 전까지 분열하는 횟수가 어린 개체에서 추출한 경우보다 적었다. 아마도 추출되기 전에 분열을 하면서 이미 한계의 일부를 소모해버려 남아 있는 분열 횟수가 적었을 것이다. 노화속도를 빠르게 하는 베르너 증후군 환자의 세포 역시 금방 죽었다. 여기에는 놀라운 의미가 담겨 있다. 세포가 수를 셀 수 있는 것이다. 한계까지 수를 다 세고 나면 죽는다. 그 한계는 유전자에 암호로 들

---

* 섬유모세포는 상처를 치유하는 데에 관여하는 결합조직 세포로 배양하면 쉽게 성장한다.

어 있다. 노화를 가속하는 유전성 질환의 경우는 한계가 더 낮다.

암세포는 예외다. 암세포의 행동은 세균과 더 비슷하다. 암세포는 어떻게든 헤이플릭 한계를 피해 끝없이 증식을 계속한다. 가장 유명한 예는 1951년에 미국 볼티모어에서 자궁경부암으로 죽은 헨리에타 랙스라는 아프리카계 미국인 여성의 몸에 있던 종양이다. 의사들은 1940년대에 그녀의 몸에서 종양 표본을 채취해 종양의 종류를 알아보기 위해 배양했다. '헬라세포'라고 알려진 이 세포들은 엄청나게 성장이 활발해서 60년이 지난 후에도 전 세계의 연구소에서 계속 성장하고 있다. 노화의 기미는 전혀 보이지 않는다. 무게를 다 합쳐보면 헨리에타의 몸무게보다 400배 이상 나간다.

헤이플릭 한계 이야기는 1990년에 크게 화제가 되었다. 미국 캘리포니아 주의 생명공학 회사인 제런 사의 설립자 칼 할리는, 수를 세는 세포의 능력이 **텔로미어** 때문이라고 주장했다. 텔로미어란 각 염색체의 끄트머리를 가리키는데, 종종 구두끈의 끝처리에 비유되기도 한다. 그 목적이 '닳는 것'을 막기 위해서라는 점 때문이다. 다시 말해 텔로미어는 염색체를 온전히 유지하기 위해서 존재한다는 얘기다. 이 텔로미어를 영생의 비밀이라고 하는 사람도 있는데, 앞으로도 보게 되겠지만 그런 것은 아니다.

텔로미어는 생물의 전형적인 회피 수단이다. 이것이 필요한 이유는 우리가 DNA 복제 장치를 세균 조상한테서 물려받았기 때문이다. 세균의 염색체는 원형이지만 모든 진핵생물의 염색체는 직선이다. DNA를 복제하는 생화학 장치가 작용하는 방법 때문에 직선인 DNA 분자의 맨 끝을 복제하는 일은 불가능하다. 그 결과로 염색체는 매번 복제될 때마다 점점 짧아진다. 이 문제를 해결할 방법이 있을까? 피해버리면 된다. 진화는 마술사처럼 새 DNA 복제 장치를 모자에서 휙 꺼내놓지는 못한다. 하지만 각 염색체의 맨 끝에 아무런 암호도 없는 여분의 DNA를 더해놓는 일은 쉽다. 복제를 시작할 때와 끝낼 때 바로 그 자리에 효소가 붙도록 되어 있다. 이 여분의 DNA는 없어져도 상관없다. 적어도 다 써버릴 때까지는 말이다. 그런 다음에는 염색체가 닳기 시작하고 세포는 더 이상 분열할 수 없게 된다.

이렇게 아무런 암호도 없으면서 염색체 끄트머리에서 마개 역할을 하는 DNA가 바로 텔로미어다. 칼 할리는 이 텔로미어가 배양 중인 인간의 섬유모세포에서 계속해서 짧아진다는 사실을 보여주었다. 세포가 분열할 때마다 DNA를 복제해야 하고, 따라서 텔로미어는 매 세포분열마다 조금씩 없어진다. 인간의 섬유모세포는 최대 약 70번 세포분열을 하고 나면 텔로미어를 전부 잃는다. 따라서 점점 짧아지는 텔로미어는 생체시계 역할을 한다고 말할 수 있다. 세포가 분열할 수 있는 한계 횟수에 이 시계가 맞춰져 있다. 이러한 한계는 텔로미어의 원래 길이와 그것이 소비되는 속도에 따라 달라진다. 하지만 대개는 애초에 텔로미어가 길수록 세포가 분열할 수 있는 횟수도 늘어난다.

암세포는 이런 일을 어떻게 피할까? 방법이 있다. **텔로머라아제**라는 효소를 이용해 텔로미어를 재생하는 것이다. 그러면 길이가 계속해서 줄어들 일이 없다. 텔로머라아제는 모든 암세포에 존재한다고 알려져 있다. 암세포가 난데없이 마술처럼 효소를 만들어내는 것은 아니다. 우리 몸의 모든 세포에도 이 효소를 만드는 유전자가 들어 있지만 보통 꺼져 있다. 우리 몸에서 대개 이 유전자를 이용하는 것은 **줄기세포**와 성세포뿐이다. 줄기세포는 아직 분화하지 않은 세포로, 분열해서 분화 과정을 거치면 새 조직을 만들 수 있다. 성세포는 그 존재 이유가 생식이다. 따라서 양쪽의 경우에 모두 분열을 많이 하기 때문에 텔로머라아제가 필요한 것이다. 1997년에 제런 사의 과학자들은 텔로머라아제 유전자의 일부를 복제하는 데에 성공했다. 복제한 유전자를 미리 배양한 인간의 체세포에 주입하면서 텔로머라아제가 확실히 활동하도록 촉진 유전자를 함께 넣어주었다. 그러자 새로운 유전자 덕분에 세포들은 본질적으로 죽지 않게 되었다. 세포 집단은 끝도 없이 분열할 수 있었다. 하지만 배양접시에서조차 종양 비슷한 덩어리를 만드는 암세포와는 행동이 전혀 달랐다. 이 발견이 1998년에 『사이언스』에 발표되자 학계는 흥분으로 들끓었다. 영원한 젊음의 비밀이 나타나다니! 유전자 한 개가 만드는 물질이 노화를, 또는 적어도 체세포의 복제 노화를 극복할 수 있는 것이다.

텔로머라아제 소동은 영생을 추구하는 인간의 오랜 꿈을 그대로 나타낸다. 길가메시가 알았다면 기뻐서 어쩔 줄 몰랐을 것이다. 노화가 미리 정해져 있다는 이론을 지지하는 유전자 중심적 분자생물학자들은 의기양양했다. 만약 우리 인간의 수명이 DNA 한 조각의 길이로 정해진다면, 그 특정한 길이는 어떻게든 '정해져서' 우리가 적당한 기간만 살도록 할 것이다. 종 전체의 이득을 위해서다. 하지만 진화생물학자들은 견해가 달랐다. 지난 장에서도 보았듯이, 나이가 들면서 선택압력이 감소한다면 노화를 위한 프로그램을 전개하는 일은 없어야 한다. 만일 이것이 사실이라면 텔로미어는 분명히 뭔가 다른 중요성을 가지고 있을 것이다. 배양 중인 세포에서 텔로머라아제가 노화를 조절하는 것은 몸속에서 하는 역할과 관계없는 인위적인 결과일 것이다.
　이렇게 해석은 정반대이지만, 그 중심에 있는 사실 자체는 논쟁의 여지가 없다. 어쨌든 텔로머라아제는 배양 중인 세포에게 영원한 생명을 주는 것이다. 이런 것을 보면 과학에서 이론이 얼마나 중요한지를 알 수 있다. 사실 자체만 떼어놓고 보면 별 의미가 없다. 그 사실을 이론이라는 넓은 틀에서 해석할 때 가치가 있는 것이다. 그리고 대개 정설을 무너뜨리는 것은 바로 어떤 이론으로도 해석이 되지 않는 작은 사실이다. 하지만 텔로머라아제의 경우에 근본적으로 해석을 다시 할 필요는 없다. 직선 형태의 염색체를 가진 세포가 무한정 복제를 계속하려면 텔로머라아제가 반드시 필요하지만, 그 자체만 가지고는 미흡하다. 우리 몸의 노화와는 거의 관계가 없는 것이다.
　성인의 경우에 많은 세포들이 아예 분열을 하지 않는다. 따라서 텔로미어의 길이도 줄어들지 않는다. 텔로미어가 줄어드는 문제가 없기 때문에 텔로머라아제도 필요 없다. 뇌, 심장, 주동맥, 그리고 우리가 움직이는 데에 필요한 '골격'근은 대체로 특별히 분화한 세포로 이루어져 있다. 이 세포들은 각각 하는 일이 있으며 분열하지도 않고 쉽게 다른 것으로 교체되지도 않는다. 100세 노인의 뇌에는 100년 된 신경세포(뉴런)가 들어 있다. 의식이 어떤 식으로 작용하는지는 몰라도, 일생 전체를 통해 신경세포들이 연결되어 거대한 네트워크를 이루고 있는 가운데 의식이 존재하는 것은 분명하다. 신경세포 1000억 개로 시작하면 200조 개의 연결 부분이 생긴다. 이렇게 엄청나게 연결된 거미줄이 단지 기존의 신경세포를 새것으로 바꾼다고 해서 복제될 수 있다고는 생각하기 어렵다. 새로 생긴 신경세포는 죽은 세포가 전에 있던 자리에 정확하게 들어가 연결 부분을 다시 만들어야 할 것이다. 만일 그렇게 못한다면 우리 정신이 바뀌고, 기억이 지워지거나 변해버릴 것이다. 새가 매년 다른 노래를 부른다면 특정한 신경세포를 새것으로 바꿨기 때문이라고 생각하면 된다. 우리에게도 분명 비슷한 일이 일어날 것이다. 영원히 살 수 있을지는 모르지만 어디에 적어놓지 않는다면 그 사실조차 모를 것이다. 이처럼 문제는, 이렇게 진화된 인간의 몸 구조는 영원한 생명과 양립하지 못한다는 점이다. 다 써버린 신경세포를 교체할 방법을 찾을 수 있다면 사정이 다르겠지만 그건 공상과학소설의 영역이다.

줄기세포나 정자를 만드는 세포처럼 규칙적으로 분열하는 세포의 경우에는 텔로머라아제가 활동한다. 역시 텔로미어가 줄어드는 문제는 없다. 심지어 순환면역 세포들조차 활동하지 않을 때는 텔로머라아제를 만들지 않다가 세균이 들어와 증식하도록 자극을 받으면 그때 텔로머라아제를 활성화한다. 다시 말해 우리 면역세포가 여러 차례 세포분열을 해야 한다고 해도 필요한 텔로미어는 다 가지고 있다는 얘기다. 그럼 이제 남은 것은 콩팥세포나 간세포, 섬유모세포 같은 특정한 종류의 상피세포다. 이 세포들은 분열을 하긴 하지만 필요할 때만 한다. 이런 세포는 텔로머라아제를 만들지 않기 때문에 헤이플릭 한계를 맞을 수도 있다. 하지만 그 정도까지 분열을 하느냐

하는 것은 의문의 여지가 있다. 나이 든 몸에서 추출한 섬유모세포는 노화해 죽기 전까지 20~50번 분열한다. 확실히, 몸 안에서는 그 정도까지 가지 않는다. 만일 텔로머라아제가 없다면 그건 필요가 없기 때문이다.

그 밖의 다른 잡다한 사실들에서도 똑같은 결론을 확인할 수 있다. 텔로미어의 길이를 가지고 서로 다른 종의 최대 수명을 비교해봐야 별 소용이 없다. 쥐의 텔로미어는 인간보다 훨씬 길지만 인간이 쥐보다 25배나 오래 산다. 쥐에도 여러 종이 있는데, 최대 수명은 똑같지만 텔로미어의 길이는 종마다 또 다르다. 놀랍게도 텔로머라아제 유전자를 없앤 '유전자 적중' 생쥐는 세 번째 세대까지 정상적인 수명을 누렸다. 세 번째 세대부터는 노화가 빨라지는 기미가 보였는데, 의미 있는 데이터로 받아들여야 하는지는 확실하지 않다. 마지막으로, 몸 하나를 만들기 위해 세포의 수가 두 배로 늘어나야 하는, 즉 세포가 분열해야 하는 횟수는 그 후의 노화속도와 관계가 없다. 코끼리 한 마리를 만들기 위해 코끼리의 세포가 분열해야 하는 횟수는 쥐의 세포가 쥐 한 마리를 만들기 위해 분열해야 하는 횟수보다 훨씬 많다. 하지만 코끼리 쪽이 훨씬 오래 산다. 요컨대 이런저런 소란에도 불구하고 텔로머라아제에는 영생의 비밀이 없다. 진핵생물의 경우 텔로머라아제가 없이는 영원한 세포 복제가 불가능하다. 진화를 통해 DNA 복제 장치의 결함을 물려받았기 때문이다. 따라서 텔로머라아제는 조명 스위치가 방을 환하게 하도록 돕는 것과 똑같은 방법으로 세포분열을 쉽게 해준다. 기술적으로는 도움이 되지만, 조명 스위치에서 빛이 나오는 게 아니듯 텔로머라아제는 영생의 원천이 아니다. 그러면 왜 상피세포의 텔로머라아제 유전자는 꺼져 있을까? 세포가 복제할 수 있는 횟수를 제한함으로써 암을 막는다는 주장도 있지만 신빙성은 없는 것 같다. 그러기에는 헤이플릭 한계가 너무 높기 때문이다. 중국 정부가 인구 증가를 막기 위해 한 가정에 자녀의 수를 70명으로 제한하는 법령을 발표하는 것이나 마찬가지다. 헤이플릭 한계는 암을 예방하는 것과 관계가 없다. 가장 그럴듯한 설명이라면, 우리 몸 대부분의 세포가 가진 유전자들이 대부분 그렇듯이 텔로머라아제 유전자도 단지 필요하지 않기 때문에 꺼져 있는 것이다.

그렇다면, 텔로머라아제 유전자를 더해주기만 해도 정상 세포가 죽지 않는 세포로 바뀌는 것은 어떻게 된 일일까? 미토콘드리아는 어떻게 될까? 나는 이 문제를 몇 년 전에 어렴풋이 알게 되었다. 콩팥세뇨관 세포를 배양하기 시작했을 때였는데, 실험실에서 몇 주를 그냥 날려버렸다. 나는 다른 종류의 세포를 배양하고 있는 사람들한테서 배운 방법을 내 실험에 그대로 적용했다. 그런데 매번 내 배양접시에는 거미같이 생긴 세포들이 지나치게 많이 자랐다. 나는 그 세포들이 섬유모세포일 것이라고 짐작했다. 섬유모세포는 배양이 아주 잘 되는 데다가 조금이라도 오염이 되면 배양접시를 꽉 채우게 자라버린다. 나는 섬유모세포들을 내다 버리고 다시 시작했다. 이번에는 신경을 더 많이 써서 배양했다. 하지만 계속해서 똑같은 일이 생겼다. 마침내 나는 섬유모세포 전문가를 찾아갔다. 그 사람은 내 배양접시를 보더니 웃으면서 이렇게 대답해주었다. "이건 섬유모세포가 아닌데요. 이게 뭔지는 모르겠지만 섬유모세포는 확실히 아니에요. 아마 콩팥세포가 맞는 것 같네요."

나는 충격을 받았다. 그리고 몇 시간을 현미경과 씨름해가며 콩팥 표본들을 들여다본 끝에 세뇨관 세포가 어떻게 생겼는지 알아냈다. 수많은 미세융모가 솔모양가장자리brush border를 이루어 용질을 재흡수하도록 표면적을 늘려주고, 수천 개의 미토콘드리아가 로마 군대처럼 잔뜩 몰려 있었다. 하지만 내가 배양한 세포에는 솔모양가장자리가 없었고, 미토콘드리아도 조금밖에 보이지 않았다. 결국 교과서와 논문들을 찾아볼 수밖에 없었다. 그리고 또 충격을 받았다. 내가 내다 버린 불쌍한 세포들은 콩팥세뇨관을 배양했을 경우에 예상되는 모습과 딱 맞았던 것이다. 나는 그 세포들이 산소에 얼마나 취약한지, 그리고 그 세포들을 항산화제로 보호할 수 있을지 알아보는 실험을 계획하고 있었다. 하지만 여러 자료들을 읽고 나자 몸 밖에서 배양되는 콩팥세뇨관 세포한테는 산소가 전혀 필요하지 않다는 사실을 알게 되었다. 무산소 호흡을 하며 행복하게 잘 살고 있었던 것이다. 사실 이 세포들이 산소 호흡을 하게 하려면 배지medium(배양할 때 쓰는 영양물질—옮긴이)에서 포도당을 빼버리고, 세포들이 성장해서 접시를 완전히 뒤덮어버리기 전에 얼른 실험하는 것 말고는 방법이 없었다. 나는 실험을 포기했다. 실제 콩팥과 관계도 없는 실험을 할 필요는 없었기 때문이다. 고생은 했지만 좋은 공부가 되었다.

이런 유형은 배양되어 자라는 세포들의 특징이다. 에너지를 그리 많이 소모하지 않고, 따라서 미토콘드리아도 많지 않다. 실제로 배양되는 세포들뿐 아니라 에너지를 적게 소비하는 세포들은 다 마찬가지다. 의외로 이런 세포들 중에는 줄기세포나 암세포처럼 활발하게 분열하는 세포들도 있다. 이 세포들이 소모하는 에너지는 특수하게 분화한 대사작용에 필요한 양보다 훨씬 적다. 뇌를 생각해보자. 뇌는 우리가 휴식을 취하고 있을 때에도 전체 산소 소비량의 무려 20퍼센트를 차지하지만, 뇌의 무게는 기껏해야 체중의 2퍼센트에 달할 뿐이다. 뇌에 산소 공급이 몇 분만 중단되어도 사람은 의식을 잃게 된다. 신경세포는 분열하지 않는다. 그리고 뇌의 네트워크를 이루는 신경아교세포는 가끔씩만 분열한다. 그러니까 뇌는 그 많은 산소를 정상적인 대사작용에만 쓰는 것이다. 대사작용이 활발한 다른 조직들도 산소를 많이 소모한다. 간이나 콩팥, 심장근육을 이루는 세포에는 각각 미토콘드리아가 2000개씩이나 있는데, 너무 빽빽하게 들어차서 세포질이 안 보일 정도다. 이와 대조적으로 피부세포처럼 계속해서 새 세포가 필요한 곳에 세포를 공급해주는 일을 맡은 줄기세포는 미토콘드리아의 수가 놀라울 정도로 적다. 마찬가지로 림프구 같은 면역계 세포들도 일단 활성화하면 자주 분열을 하는데, 사실상 미토콘드리아가 없는 것이나 다름없다.

대체로 세포의 분화, 즉 어떤 대사작용을 맡는가 하는 것과 미토콘드리아의 개수 사이에는 놀라울 정도로 뚜렷한 관계가 있다. 특수하게 분화한 세포들은 미토콘드리아가 많고, 그 결과로 심각한 산화성 스트레스를 겪는다. 스트레스를 받은 세포는 스트레스 내성이 발달할 때 가장 이익을 많이 본다. 칼로리 제한의 방어 효과를 기억해보자. 뇌나 심장, 골격근처럼 산화성 스트레스가 제일 심한 조직의 세포에서 그 효과가 가장 뚜렷했다. 집단에 정말로 영원한 생명을 가져다주는 것은 텔로머라아제가 아니라 바로 이것이다. 살아남으려면 미토콘드리아를 내다 버려야 한다. 배가 가라앉지 않으려면 무거운 짐을 몽땅 내다 버려야 하는 것이다. 암세포가 바로 이렇게 하고 있다. 암세포는 증식하면서 덜 분화한 상태가 되고, 그 과정에서 미토콘드리아를 잃는다. 그리고 무산소 호흡을 이용해 마구 성장한다. 대부분의 종양은 산소를 별로 소모하지 않는 조직이 조밀하게 뭉쳐 있는 상태다. 실제로 산소는 많은 종양에 독이 된다. 종양에 산소를 투입했을 경우, 방사선요법의 효과는 서너 배나 커진다. 흔히 있는 일이지만, 예외는 규칙을 증명한다. 일부 암세포는 미토콘드리아를 많이 가지고 있다. 특히, 어떤 분비샘 종양(호산소성 과립종양oncocytomas)과 간 종양(노비코프 간 종양Novikoff hepatomas)의 세포에는 미토콘드리아가 잔뜩 있다. 하지만 양쪽의 경우에 모두 생화학적으로 검사를 해보면 종양의 미토콘드리아는 실제로 활동하지 않는다. 그러니까 세포는 활동 중인 텔로머라아제와 비교적 활성이 없는 약간의 미토콘드리아를 갖는다면 영원히 증식할 수 있는 것이다.

빠른 속도로 분열하는 세포를 보호하는 요인이 또 있다. 바로 교체가 빠르다는 점이다. 세포가 분열할 때는 DNA뿐 아니라 세포질과 미토콘드리아도 복제해야 한다. 즉 미토콘드리아는 분열하지 않는 세포에서보다 빠르게 분열하는 세포에서 더 빨리 자기를 복제한다는 얘기다. 분열하지 않는 세포에 미토콘드리아가 아무리 많더라도 이 점은 마찬가지다. 대부분의 세포에서, 미토콘드리아 집단은 상태가 좋은 것부터 산산조각 난 것까지 다양한 개체로 이루어져 있다. 손상되지 않은 미토콘드리아는 손상된 미토콘드리아보다 더 빨리 복제한다. 세포 한 개가 분열할 때마다 기존의 미토콘드리아들

중에서 가장 손상을 적게 입고서 살아남은 미토콘드리아가 새로 생겨 집단에 자리를 차지한다. 따라서 빠르게 분열하는 암세포의 경우에 미토콘드리아의 수는 적지만 그 상태는 비교적 좋다고 봐야 한다.

분열하지 않는 세포의 경우는 미토콘드리아의 복제속도가 훨씬 느리기 때문에, 그 대신 미토콘드리아가 파괴되는 속도가 더 중요해진다. 이때 미토콘드리아는 보통 몇 주마다 새것으로 바뀐다. 분열하지 않는 세포에서 부분적으로 손상된 미토콘드리아는 건강한 미토콘드리아보다 훨씬 늦게 파괴될 것이고, 이러한 차이 때문에 손상된 미토콘드리아가 자꾸 자리를 차지하게 된다.* 이런 현상을 '가장 느린 개체의 생존survival of the slowest', 약자로 SOS라고 하는데, 분화한 세포가 오래되면 죽는 것은 바로 이 때문이다.

이렇게 해서, 미토콘드리아가 얼마나 활발하게 활동하는가 하는 것과 손상을 예방하고 복구하는 체계가 얼마나 효율적인가에 따라 세포의 수명이 달라진다고 결론 내릴 수 있다. 손상을 예방하고 복구하는 일이 100퍼센트 효율적인 것은 아니다. 그래서 활동을 많이 하는 세포에는 결함이 있는 미토콘드리아가 쌓일 것이다. 결국 이것이 세포를 좀먹게 된다. 이런 상황은 분열하지 않는 세포에서 더 심해진다. 덜 손상된 미토콘드리아를 골라서 채워넣을 수가 없기 때문이다. 그래서 세포마다 수명이 다양하다. 줄기세포와 암세포는 사실상 죽지 않는다. 신경세포와 몸의 근육세포, 심장근육 세포는 많은 에너지를 소모하는 일을 맡도록 분화한 그 순간부터 이미 죽을 운명이다. 원칙적으로 이렇게 대사활동이 활발한 세포들은 산화성 스트레스에 대항할 능력을 키워 수명을 늘릴 수 있다. 하지만 세포의 재생에 쓰이는 에너지를 얻으려면 보통 때 세포가 수행하는 일에 쓰여야 할 에너지를 줄일 수밖

---

* 영국 케임브리지 대학의 오브리 드 그레이가 주장한 바에 따르면, 미토콘드리아 DNA가 손상을 입으면 산소대사 작용이 이루어지지 않고, 그래서 오히려 자유라디칼이 줄어들게 된다. 그 결과로 미토콘드리아 막은 정상적인 것들보다 손상을 **덜** 입게 되고, 따라서 새것으로 교체되려면 시간이 더 걸린다. 믿기 어려운 얘기 같지만 실험 데이터가 이를 뒷받침하고 있다.

에 없다. 자유라디칼의 공격에 대항해 신경세포를 지키려면 생각을 하거나 몸의 각 부분을 조정하는 데에 쓰일 에너지를 돌려서 써야 하는 것이다. 확실히 신체작용에 해가 되는 일이다. 이렇게 수명과 건강은 양립할 수 없다. 그래서 최적의 균형점을 찾아야만 한다. 우리 인간이 과연 더 오래 살 수 있을까? 아마 그럴 수 있을 것이다. 어떤 거북이는 200년이나 살지만, 움직임이 빠르고 똑똑해서 그렇게 오래 사는 게 아니다. 거북이의 등딱지는 좀 다른 종류의 방어 수단으로, 대사활동을 줄여준다. 그러니까 거북이는 우리와 다른 균형점을 갖고 있는 것뿐이다.

이 분석을 통해서 대강 두 가지 결론을 내릴 수 있다. 첫째, 바이스만의 주장은 역시 틀렸다. 생식세포 계열과 체세포 계열 사이에 근본적인 차이는 없다. 암세포 등의 일부 체세포는 미토콘드리아를 버리고 복제를 빨리해서 영원히 산다. 촉수가 달린 단순한 동물인 히드라도 바로 이런 식으로 영원한 생명을 얻는다. 히드라에는 줄기세포가 아주 많은데, 이 줄기세포는 몸의 어느 부분에서든 성숙한 세포로 발달할 수 있다. 히드라는 계속해서 소모된 세포를 교체한다. 이렇게 하기 위해서는 몸의 구조가 단순해야 한다. 그래야 전체 기관의 작용에 영향을 미치지 않고 세포를 교체할 수 있기 때문이다. 우리 인간의 줄기세포도 비슷한 재생력을 가지고 있을 것이다. 생물복제 cloning만 생각해보아도 쉽게 알 수 있다. 하지만 우리 몸의 구조는 히드라와 근본적으로 다르다. 앞서 지적한 대로, 우리는 연속성과 경험을 유지하면서 동시에 뇌의 신경세포를 교체하지는 못한다. 하나의 신체 조직이 소모되기 시작하면 그 영향을 다른 조직에서 감지한다. 만일 뇌에 위치한 뇌하수체가 노화하면서 호르몬을 더 적게 만들기 시작한다면 피부에 있는 줄기세포의 생명력도 영향을 받을 수밖에 없을 것이다. 이 문제를 피해갈 방법을 찾기 전까지 우리 인간은 신경세포보다 더 오래 살지 못할 것이다.

둘째, 일회용 체세포 이론은 단지 성에만 관련된 것이 아니다. 성은 우리가 살아남는 데에 사용해야 할 자원을 훔친다. 하지만 한편으로는 인간으

로서 존재한다는 것도 마찬가지다. 우리가 생각하고, 달리고, 뭔가 창조하고, 상호작용을 하는 등 인간다운 일을 하려면 그 대가로 수명이 짧아진다. 어쩌면 레이먼드 펄의 주장이 결국 옳았을지도 모른다. 아마 게으름은 이득이 될 것이다. 먹고 마시는 일을 귀찮아하다가 일찍 죽지 않는 이상은 말이다. 이 생각을 뒷받침하는 책이 최근 베스트셀러가 되었다. 『오키나와 사람들이 사는 법』이라는 책으로, 일본의 심장의학자와 미국인 동료 두 명이 같이 썼다. 이 책에서는 25년간의 연구를 바탕으로 오키나와沖繩 사람들의 장수 비밀(일본 오키나와에는 세계 다른 어느 곳보다도 장수하는 사람들이 많다)이 유전자와 식이요법, 운동을 뛰어넘어 느긋한 생활방식과 낮은 스트레스에 있다고 주장한다. 이런 태도를 가리켜 오키나와 사람들은 **테게**て―げ―라고 하는데, '적당히, 대강'이라는 뜻이다. 예정표 따위는 무시하고, 오늘 할 일은 내일로 미뤄도 된다는 식이다. 그 사람들의 태도가 옳은 것이 아닐까 하는 생각이 든다.

§

이제 마지막 문제가 남았다. 지금까지 해온 이야기를 확증할 수도 뒤집을 수도 있을 정도로 중요한 부분이다. 앞에서 미토콘드리아 호흡이 우리를 죽음으로 내몰 것이라는 얘기를 했다. 세포를 죽일 때 미토콘드리아가 제일 먼저 자기 자신에게 손상을 입힌다. 하지만 만일 모든 미토콘드리아가 자기를 망가뜨린다면, 미토콘드리아를 가진 생물들은 어떻게 여러 세대가 지나도 쇠퇴하지 않을까? 또 어떻게 자손들이 어린 상태로 태어날 수 있을까?

이 상황을 보면 비잔틴 제국의 흥망이 생각난다. 18세기의 역사학자 에드워드 기번의 말대로라면, 제국은 1000년 동안 계속해서 쇠퇴하는 상태였다. 몇몇 황제들이 다해가는 운을 잠시 되살리기는 했지만 그리스인들의 '타락해가는 정신'은 제국의 멸망이 시간문제라는 사실을 드러내고 있었다. 기번이 말한 '타락해가는 정신'에 딱 들어맞는 것이 바로 미토콘드리아다. 미토콘드리아가 주인을 죽이는 일은 시간문제여야 한다. 비록 1000세대가 걸리더라도 말이다. 하지만 자연에서는 콘스탄티노플의 멸망이 되풀이되지 않는다. 그럼 우리는 어떻게 타락해가는 정신을 피해왔을까?

　문제를 명확하게 해보자. 손상되지 않은 미토콘드리아 DNA는 어떤 생물의 기능에도 **반드시 필요하다**. 성세포는 반드시 새로 만든 미토콘드리아를 물려줘야 한다. 그래서 미토콘드리아 DNA는 어떻게든 다시 젊어진다. 문제는 미토콘드리아가 자기 DNA를 무성생식으로 복제한다는 점이다. 앞에서도 보았듯이, 성은 유전자가 다시 활기를 띠도록 해준다. 하지만 성이 없는데, 미토콘드리아 게놈은 도대체 어떻게 자기 자신을 재생시킬까? 미토콘드리아는 어떻게 생체시계를 영으로 돌려 어린 상태로 다시 태어날까? 세균처럼 독립생활을 하면서 무성생식을 하는 생물들은 빠른 생식과 심한 자연선택을 연계해 세대가 지나도 유전자를 온전하게 유지한다. 그렇지만 미토콘드리아가 세균과 같은 방법을 사용하지 않는 것은 틀림없다. 만일 그랬다면 미토콘드리아는 암세포와 똑같은 속도로 자기를 복제했을 것이고, 그러면 우리는 거대한 미토콘드리아 종양이 되어버렸을 것이다. 미토콘드리아가 유성생식으로 DNA를 재조합하거나 세균처럼 엄격한 자연선택을 받지 않고서도 자기 자신을 재생하는 이러한 모순은 '멀러의 톱니바퀴'로 알려져 있다. 도저히 풀 수 없는 수수께끼 같지만 사실 그런 것은 아니다. 그러면 미토콘드리아는 어떻게 그런 일을 해낼까?

　이 수수께끼를 이해하기 위해서, 만일 유성생식을 한다면 미토콘드리아가 어떻게 될지 잠시 생각해보자. 특히 정자의 미토콘드리아는 어떨까? 인간의 정자가 꿈틀거리며 헤엄쳐나가는 장면을 텔레비전에서 흔히 보았을 것이다. 정자의 힘과 지구력이 엄청나다는 사실은 우리 모두 잘 알고 있다. 하지만 정자가 정확히 어떻게 해서 활동에 필요한 에너지를 얻는지에 대해서는 의외로 아직 헷갈릴 여지가 많다. 흔히, 정자의 크기가 너무 작아서 미토콘드리아를 갖지 못할 거라고 오해하기 쉽다. 그렇지만 사실 정자는 중편에 약 40~60개의 미토콘드리아를 가지고 있다(정자는 머리와 중편과 꼬리 세부분으로 되어 있다―옮긴이). 정자의 미토콘드리아는 중편과 함께 수정란에 **들어간다.** 하지만 그 안에서 그리 오래 살지는 못한다. 그다음에 미토콘드리아가 어떻게 되는지는 아직 분명하게 밝혀지지 않았지만, 기본적으로 우리가 가진 **모든** 미토콘드리아는 어머니한테서 물려받은 것이다. 우리 인간뿐 아니라 유성생식을 하는 생물들은 대부분 똑같다. 심지어 식물도 그렇다.

남성의 미토콘드리아가 다음 세대로 전달되지 않는 **이유**를 밝히느라 몇몇 훌륭한 생물학자들이 골치를 앓았다. 가장 널리 받아들여지고 있는 일반적인 설명을 존 메이너드 스미스와 외르스 사트마리가 저서 『생명의 기원』에서 명료하게 표현해놓았다. 본질적으로 만일 미토콘드리아가 양쪽 부모에게서 유전된다면, '이기적인' 세포소기관인 미토콘드리아가 진화할 무대가 갖춰진 셈이 된다. 두 사람의 주장은 다음과 같다. 세포가 분열할 때, 핵 DNA가 전부 복제되고 그 절반이 각 딸세포로 들어간다. 두 딸세포들은 똑같은 유전자를 갖게 되고, 따라서 불공평한 경쟁이 벌어질 여지는 없어진다. 그런데 미토콘드리아의 경우에는 얘기가 다르다. 미토콘드리아는 자기 DNA를 가지고 있으면서 그것을 이용해 독립적으로 증식한다. 그렇기 때문에 한 세포 안에서 미토콘드리아 집단의 전체적인 짜임은 미토콘드리아 각 개체가 스스로를 복제하는 (또는 분해되는) 속도에 따라 달라진다. 그리고 이 때문에 세포는 공격에 취약해진다. **미토콘드리아** DNA에 돌연변이가 일어나 복제속도가 빨라지기만 한다면 설령 그 돌연변이 때문에 산소 호흡을 잘하지 못하게 되더라도 세포 전체와 그 세포의 자손을 돌연변이체가 장악하게 될 것이다. (실제로도 그런 돌연변이가 일어나면 호흡을 잘하지 못하게 된다. 자기 자신에게 손상을 덜 입히기 때문이다.) 만일 돌연변이를 일으킨 미토콘드리아가 성세포에 있다면, 그 생물 전체가 성장하면서 점점 돌연변이 미토콘드리아를 찾게 된다. 이기주의 이론에 따르면, 이기적인 미토콘드리아의 증식을 막는 것이 바로 **편친성 유전**이다. 그러니까 부모 중 한쪽이 미토콘드리아 전체를 제공하는 것이다. 서로 닮은 (하지만 다른 점에서는 관계가 없는) 성세포 두 개가 합쳐져 서로 무관한 미토콘드리아를 섞는 대신에 한쪽 성이 미토콘드리아 전부를 제공하도록 특수화하고, 다른 한쪽 성은 주지 않도록 특수화한다. 따라서 성별은 이기적인 미토콘드리아를 막기 위한 진화적 방편으로 생긴 것이다.

이 이론은 어떤 경우에는 거의 다 맞지만 일반적인 경우를 설명하다 보면 두 가지 문제점이 생긴다. 첫째, 편친성 유전을 유발하는 돌연변이가 이득이 되려면 우선 미토콘드리아가 유리한 입장을 차지하기를 기다려야만 한다. 불가능한 일이다. 이기적인 미토콘드리아를 가진 생물이 건강한 생물을 누르고 살아남아 생식을 하지는 못한다. 쇠약해진 할아버지가 아가씨 한 명을 두고 용감하고 씩씩한 젊은이와 싸워보겠다는 것이나 마찬가지다. 사실상 미토콘드리아에 결함이 있는 생물은 배아 발생도 제대로 되지 않는다. 그 많은 부부들이 아이를 갖는 데에 어려움을 겪고 있는 것을 생각해보자. 몇몇 연구결과를 보면 임신 초기의 배아가 발생에 실패하는 비율이 높은 것은 미토콘드리아에 문제가 있기 때문이라는 사실을 알 수 있다. 복제 실험에서 실패율이 높은 것도 그 때문이다.

둘째, 편친성 유전에 전혀 의지하지 않는 생물도 많다. 미토콘드리아를 양쪽 부모한테서 물려받는다는 얘기다. 이런 생물들은 이기적인 미토콘드리아 문제를 어떻게든 피해간다. 앞에서 보았듯이, 정도는 덜하지만 우리 인간도 마찬가지일지 모른다. 정자의 미토콘드리아가 나중에 어떻게 되는지는 아직 확실하게 밝혀지지 않았다. 일부 학자들은 난자에 들어간 미토콘드리아가 사라진 것처럼 보이는 것이 단순한 희석 효과라고 주장하고 있다. 지금까지의 연구를 보면 이 주장이 틀렸다고 할 수는 없다. 정자 한 마리에는 40~60개의 미토콘드리아가 있는 반면, 인간의 난자에는 10만 개가 넘게 있다고 알려져 있다. 희석배수dilution factor는 적어도 1000으로, 미토콘드리아 DNA를 검출하는 여러 기술의 검출한계보다 훨씬 밑이다. 쥐에 대한 몇몇 연구에서 더 섬세한 기술을 이용해 실험을 했더니 쥐의 수정란에 수컷의 미토콘드리아 DNA가 존재하는 빈도는 어머니 쪽에서 물려준 것과 비교해 1000분의 1에서 1만 분의 1 사이라는 결과가 나왔다. 희석이라는 말만 가지고도 누구나 이 비슷한 결과를 예상할 것이다. 이 문제는 아직 해결되지 않았지만 머지않아 최신 연구를 통해 해답이 제시될 것이다.

이런 두 가지 문제점 때문에, 이기적 미토콘드리아 이론이 성의 진화를 설명하는 이론으로 타당한지는 의심스럽다. 하지만 일부 동물들이 다양한 방법으로 수컷 미토콘드리아를 없애는 것은 사실이다. 초파리 중 몇 종은, 배아가 발생하는 동안 정자 미토콘드리아를 유충의 소화관에 격리시켜 놓았다가 부화하자마자 금세 없애버린다. 특이한 일이 또 있다. 성세포 수준에서 미토콘드리아의 전달로 사실상 성별의 차이가 정해진다. 왜 이럴까? 여기에 대해 1996년에 스웨덴 룬드 대학의 생물학자 존 앨런이 명쾌하게 설명했다. 『이론생물학 저널』이라는 학술지가 있는데, 아주 탁월한 것부터 터무니없는 것까지 온갖 학식이며 이론이 그득하다. 이 학술지를 통해 앨런은 노화의 미토콘드리아 이론을 끌어와 두 가지 성별이 진화한 이유를 설명했다. 본질적으로 수컷의 미토콘드리아가 다음 세대로 전달되지 않는 것은 그것이 시한폭탄이기 때문이다. 미토콘드리아가 산소로 인해 치명적인 손상을 입은 채 유전된다면 자손은 늙은 상태로 태어나게 된다. 산소를 호흡하기 때문에 두 가지 성별이 필요한 것이다. 만일 이대로라면 산소는 성별이 존재하는 궁극적인 이유가 된다.

앨런의 주장은 기본적으로 다음과 같다. 만일 미토콘드리아가 산소를 호흡해서 자기 DNA를 손상하고, 성이든 이분법이든 어느 쪽으로도 게놈의 오류를 구조적으로 없앨 수 없다면, 미토콘드리아가 손상된 DNA를 다음 세대에 전하지 못하도록 하는 유일한 방법은 아예 호흡을 못하게 하는 것뿐이다. 바꿔 말해서 미토콘드리아를 온전하게 유지하려면 스위치를 꺼버리는 방법밖에 없다는 얘기다. 이 명제에서 출발해 여러 가지 예측을 해볼 수 있다. 그중 대부분은 실제와 확실히 맞아떨어지며, 모두 실험으로 검증할 수 있다. 만일 이런 예측이 각각 사실로 드러난다면 우리는 유성생식의 상세한 과정을 이용해 노화의 미토콘드리아 이론이 타당한지를 확인할 수 있다.

앨런의 주장을 따라가자면 유성생식의 근본 문제들 중 하나로 돌아갈 필요가 있다. 바로 어떻게 적당한 짝을 찾느냐 하는 것이다. 이 문제는 외로운 싱글들뿐 아니라 각각의 세포에도 영향을 미친다. 해결 방법은 다소 비슷하다. 양쪽이 서로 찾느라 계속 돌아다니는 것보다는 한쪽은 가만히 있고 다른 한쪽이 찾아다니는 편이 더 효율적이다. 결혼 정보 회사의 이면에는 이런 생각이 있는 것이다. 성세포의 경우, 세포 한 개는 **반드시** 움직여 다니면서 알맞은 짝을 찾아야 하지만 양쪽 세포들이 다 같이 돌아다닌다고 최상의 짝을 만날 가능성이 높아지는 것은 아니다. 한쪽 세포는 그 자리에 있어도 된다. 단, 자기가 여기 있다거나 지금 짝을 찾고 있다는 신호를 보내야 한다. 인간의 경우도 그렇고, 그 밖의 많은 동물들의 경우에도 정자는 움직이는 반면에 난자는 움직이지 않는다. 사실상 관습적으로 '수컷'은 작고 운동성이 있는 배우체를 많이 만드는 성을 가리키며 '암컷'은 크고 운동성이 없는 배우체를 만드는 성을 가리킨다.

물론 운동을 하려면 미토콘드리아 호흡이 활발해야 한다. 그러다 보면 미토콘드리아 DNA는 손상된다. 목표는 손상된 미토콘드리아를 자손에게 물려주지 **않는** 것이기 때문에, 당연히 정자는 자기 미토콘드리아를 다음 세대로 전달하지 않을 것이다. 또한 만일 수컷이 미토콘드리아를 자손에게 물려주지 않는 이유가 정말로 손상 때문이라면, 수정되면서 난자에 들어간 정자의 미토콘드리아는 손상된 상태일 것이고 따라서 수정란 안에서 파괴될 것이다. 이 이야기가 사실이라는 증거가 몇 가지 있다. 미국 오리건 주에 있는 오리건 보건과학대학의 피터 수토프스키가 이끄는 연구팀이 1999년에 『네이처』에 발표한 논문을 보면, 소의 경우에 수컷의 미토콘드리아에는 유비퀴틴이라는 단백질 꼬리표가 붙는다. 이 꼬리표는 보통 손상된 단백질을 가리키는 표지로, 이렇게 표시된 단백질은 파괴된 후 새것으로 교체된다. 그러니까 정자의 미토콘드리아는 결함이 있는 것으로 점찍혀 배아 발생 초기 단계에 제거되는 것이다. 수토프스키의 최근 연구에 따르면, 적어도 소의 경우에는 이 메커니즘이 확실하다. 따라서 수컷 미토콘드리아와 암컷 미토콘드리아의 구별은 앨런의 이론에서 예측한 대로 **손상**을 근거로 이루어지는 듯하다.*

또 성세포가 만들어지는 시기에 대해서도 예측을 해볼 수 있다. 유성생식이 이루어지는 동안에 염색체 재조합으로 핵 유전자 계열이 깨끗이 정리되기 때문에 새로 생긴 조합은 생존 능력을 선택당하게 되고, 따라서 정확히 **언제** 새 성세포가 만들어지는지는 문제가 되지 않는다. 양쪽의 성세포가 평생 계속해서 만들어지면 안 될 이유는 딱히 없다. 그런데 어째서 정자는 **평생** 만들어지는 반면, 난자는 발생 초기에 만들어진 다음에 일생의 반을 그대로 지내게 되는 것일까? 미토콘드리아를 생각해보자. 정자의 미토콘드리아는 다음 세대로 전해지지 않는다. 이 미토콘드리아가 망가졌든 말든 정자가 난자까지 갈 수 있을 정도로만 작용하면 아무래도 상관없다. 우리 몸속의 미토콘드리아는 평균적으로 이런 상태에서 일생의 대부분을 보낸다. 즉 망가졌지만 움직이기는 하는 것이다. 따라서 정자가 평생 동안 계속해서 만들어지지 않을 이유는 없다. 유일한 조건이라면 미토콘드리아에서 빠져나오는 자유라디칼에 대항해 항산화 방어 작용을 해서 **핵** DNA를 반드시 지켜야 한다는 것뿐이다. 실제로도 이런 일이 일어난다. 정자의 중편에 미토콘드리

---

* 또 일부 종의 경우에 어떻게 양쪽 부모한테서 미토콘드리아를 받는지도 이러한 측면에서 설명할 수 있다. 우선, 손상되지 않은 미토콘드리아만 살아남는 것일 수도 있다. 유비퀴틴 꼬리표가 붙지 않은 것이 수정란에서 살아남는 것이다. 아니면 위에서 얘기한 것처럼 양쪽 성에 스위치가 꺼진 상태인 미토콘드리아의 부차 집단이 있을 수도 있다. 또한, 성세포의 운동성이 양쪽 모두 제한되어 있어서 미토콘드리아가 별로 손상되지 않고 따라서 양쪽 성을 굳이 차별해 물려줄 필요가 아예 없을 수도 있다. 예를 들어 꽃가루와 꽃이 수정하는 데에는 에너지가 거의 들지 않는다.

아가 들어 있는데, 셀레늄을 가진 단백질로 꼭꼭 싸여 있다. 정자는 몸속의 어느 세포보다도 셀레늄을 많이 가지고 있다. 어느 지역에서는 셀레늄 결핍이 불임의 공통된 원인이 되기도 한다. 셀레늄 단백질들 중에는 글루타티온 과산화 효소라는 효소가 있는데, 과산화수소를 처리하는 일을 담당한다. 미토콘드리아를 보호해주는 것이 아니라 과산화수소가 핵으로 확산되지 못하게 막아주는 것이다. 과산화수소가 핵에서 철과 반응해 수산화라디칼을 만들면 큰일이기 때문이다.

그러면 난자는 어떨까? 난자의 미토콘드리아는 다음 세대로 전달된다. 만약 난자가 평생에 걸쳐 만들어진다면 미토콘드리아는 시간이 지나면서 점점 더 망가질 것이다. 핵 DNA는 유성생식을 통해 재생될 수 있지만 미토콘드리아 DNA는 그렇지 못하다. 이 문제를 해결하려면 손상이 없는 미토콘드리아를 아주 일찍부터 보호해야 한다. 그래서 스위치를 끄고 난자 안에 가둔 다음에 그 난자를 필요할 때까지 휴면 상태로 보존하는 것이다. 실제로 일어나는 일도 이와 아주 비슷하다. 여기서 다시 예측을 해보자면, 난자에 있는 미토콘드리아는 스위치가 꺼져 있을 것이다.

미토콘드리아의 스위치를 끄는 제일 쉬운 방법은 호흡 단백질을 만들지 않는 것이다. 방 안에 도미노가 한 줄로 길게 서 있다고 상상해보자. 이 도미노 줄 전체가 넘어지지 않게 하려면 중간에 도미노 한두 개를 빼내서 넘어진 도미노가 다음 줄을 건드리지 못하도록 해야 한다. 미토콘드리아의 호흡 단백질 사슬도 이와 마찬가지다. 만일 꼭 필요한 단백질 몇 개가 중간에 빠진다면 호흡은 이루어지지 않을 것이다. 중간에 빠진 중요한 단백질을 만들기 위한 암호는 미토콘드리아 유전자에 들어 있다. 쥐와 아프리카발톱개구리의 경우에는 확실히 그렇다. 쥐의 경우에 미토콘드리아 게놈은 대개 난자와 초기 배아 때는 활성이 없다. 아프리카발톱개구리의 경우에는 DNA에 붙는 단백질이 미토콘드리아 전사를 방해한다고 알려져 있다. 그러니까 적어도 알려져 있는 몇 가지 경우에서는 난자의 미토콘드리아가 정말로 '스위치가 꺼져' 있다는 얘기다.

만약 이런 식으로 미토콘드리아의 활동을 억제하는 것이 보편적인 경우라면, 난자는 호흡을 할 수 없으므로 자기한테 필요한 에너지를 전혀 만들지 못할 것이다. 이 점에 대해 예측해보자면, 발생 중인 난자를 둘러싸고 있는 난포들이 ATP의 형태로 난자에 에너지를 공급할 것이다. 이것이 사실인지는 밝혀지지 않았지만 난포의 형태적 구조를 보면 사실일 가능성이 높다.

§

이렇게 종합적으로 볼 때 사실과 이론이 들어맞는다. 미토콘드리아를 한 세대에서 다음 세대로 전달하는 것은 아주 부담스러운 일이다. 그러기 위해서는 특별한 수단이 필요하다. 그래서 두 가지로 분화한 유형의 성세포, 즉 이형배우자가 진화하게 되었을 것이다. 이형배우자는 두 가지 성별의 기원이나 다름없다. 일단 두 종류의 성세포가 서로 의존하게 되면 돌이킬 수 없게 되어, 결국 양쪽 성의 특징이 달라지도록 점점 더 분화할 수밖에 없다. 따라서 산소를 호흡하는 일은 노화와 성별의 기원 양쪽에 밀접하게 연결되어 있다.

생명의 다른 쪽 끝에서 상황을 생각해보면, 미토콘드리아 시계를 다음 세대에서 영으로 다시 맞추기 위해 복잡한 예방조치가 필요하다는 점은 노화의 미토콘드리아 이론에서 주로 주장하는 바를 확증해주는 듯하다. 만일 그렇다면, 여기서 아주 중요한 결론을 내릴 수 있다. 바로 노인병과 무관한 노화 과정이 정말로 존재한다는 것이다. 상반 다면발현 이론에서 주장하는 것과는 달리, 노화는 단순히 늦게 활동하는 돌연변이가 쌓여 일어나는 것이 아니다(제12장 325쪽 참조). 굳이 유전성 질환에 걸리지 않더라도 결국은 미토콘드리아가 소모되어 죽게 될 것이다. 미토콘드리아가 신경세포나 심장세포 또는 골격근 세포처럼 오래 사는 세포에서 소모되는 데에 걸리는 시간이 인간의 최대 수명인 115~120년이라는 점은 상당히 설득력이 있다.

최대 수명을 넘어서까지 사는 사람은 거의 없다. 대부분의 서양 사람들은 70대나 80대가 되면 질병에 걸려 죽는다. 대개 유전성 질환이다. 만일 극소수의 사람들만 그렇게 오래 산다면 인간의 최대 수명을 늘리는 방법을 찾아내려고 애써봤자 소용없는 일이다. 그래서 다음 장에서는 암이나 심장병 같은 노인병이 미토콘드리아 이론에 얼마나 잘 들어맞는지 살펴볼 것이다. 전혀 관계가 없을까? 아니면 숨은 노화 과정을 지연시켜 그런 질병의 시작을 뒤로 미루는 게 가능한 일일까?

만일 **보편적인** 메커니즘을 통해 **특정한** 질병의 발병을 미룰 수 있다면 질병의 유전적 원인을 정확히 찾아내는 데에 중점을 두고 있는 현재의 의학 연구는 방향이 틀렸다고 봐야 한다. 인간 게놈 프로젝트를 둘러싼 흥분으로, 그리고 사회적인 관심이 개인의 권리 쪽으로 쏠리면서, 제약 연구는 처방을 개인에게 맞추는 쪽으로 가고 있다. 각 개인 사이의 미세한 유전적 차이에 큰 무게가 실린다. 이를테면 단일 염기 다형성은 전체 DNA 중에서 글자 딱 하나가 바뀐 데에서 일어나는 각 개인 간의 차이인데, 요즘 크게 주목을 받고 있다. 하지만 지엽적인 부분에서 헤매느라 길을 잃고 있는 것은 아닌가 하는 생각이 든다. 만일 노화의 진행을 늦추어서 노인병의 발병을 미루는 일이 선충류 벌레나 초파리, 쥐, 원숭이, 인간에 이르기까지 다양한 종에서 가능하다면, 거기서 개별적으로 특수한 부분을 찾을 게 아니라 공통되는 부분을 찾아야 한다. 다음 장에 가면, 유전자 연구가 약물치료 쪽으로만 몰리는 것이 잘못된 방향이라고 생각할 만한 충분한 근거가 있다는 사실을 알게 될 것이다.

14

유전자와 운명

노화의 이중인자 이론과 질병

오이디푸스는 아버지를 죽이고 어머니를 아내로 삼는다. 모르고 저지른 일이다. 그는 태어나자마자 버려져 다른 나라에서 자랐다. 어른이 되어 아무것도 모른 채 고향으로 돌아온 그는 훌륭한 왕이 되지만 운명의 장난이 그를 무너뜨린다. 그의 끔찍한 미래를 예언한 사람은 늙은 현자 테이레시아스다. "밝았던 눈은 멀고, 고귀하던 몸은 걸인이 되어 지팡이 하나에 의지해 낯선 땅을 헤매고 다니게 될 것입니다. 함께 사는 자식들에게는 형제이자 아버지요, 낳아준 여인에게는 남편이자 아들이요, 아버지에게는 살해자인 분이시여!"

소포클레스의 이 위대한 비극을 처음 읽었을 때, 이야기의 전개가 프로이트 이론과 너무 달라서 깜짝 놀랐다. 오이디푸스는 자기가 저지른 일을 깨닫자 예언대로 눈동자를 도려내고 스스로 방랑의 길에 들어선다. 자기 어머니에게 욕망을 품은 사람이 할 행동은 아니다. 흥미롭게도 그의 아내이자 어머니인 이오카스테는 더 애매하다. 그녀는 사정을 맨 처음 알아차렸으면서도 진실이 드러나는 것을 막으려고 한다. 오이디푸스가 진실을 알게 되고 난 다음에야 그녀는 그를 저주하고 스스로 목을 맨다. 만일 진실이 밝혀지지 않았다면 그녀가 계속 예전처럼 지냈을지 궁금해진다. 하지만 설사 소포클레스가 여기서 부차적인 줄거리를 생각했다 하더라도 그 부분에 대해서는 별 신경을 쓰지 않았을 것이다. 『오이디푸스 왕』과 그 밖의 많은 그리스 비극에서 가장 두드러진 요소는 무자비한 운명의 역할이다. 등장인물들은 그 달변에도 불구하고 그저 꼭두각시에 불과하다. 동기는 거의 중요하지 않다. 이오카스테가 운명의 손길을 모른 척하려고 했던 것은 그저 그녀가 운명을 거스를 수 없다는 것을 보여주고, 만일 시도하려는 자가 있다면 누구든 형벌을 받을 것임을 보여주는 것뿐이다.

오늘날 수백만 명의 사람들이 매일 신문에서 오늘의 운세를 즐겨 읽고 있으며, 의심 없이 그 내용을 믿는 사람들도 있다. 하지만 운명을 피할 수 없다는 관념은 기독교가 등장하면서 물러났다. 아담과 이브가 선악과를 먹었을 때, 인류는 해방되어 자유의지로 고통을 겪든지 번영하든지 하게 되었다. 죄악이라는 개념은 기독교 신앙의 근본이지만 고대 그리스인들에게는 이질적이었을 것이다. 오이디푸스가 죄를 지었다고 어떻게 말할 수 있겠는가? 그는 태어나기도 전에 신탁에 의해 그렇게 되도록 운명이 정해진 사람이었다. 반면에 기독교인들에게 죄악은 선택이고, 우리는 자기가 한 선택에 대해 심판을 받는다. 비극에서 그 차이는 명확하다. 그리스인들의 비극에 대한 인식은 셰익스피어의 비극과는 다르다. 햄릿은 극 내내 선택에 직면한다. 특히 궁극적인 질문은 "죽느냐, 사느냐?"였다. 끔찍한 마지막 장면은 일련의 우발적인 사건에서 나온 결과물이다. 햄릿의 비극은 모든 것이 사실은 전부 피해갈 수도 있는 일이었다는 데에 있다. 작품을 풍자적으로 고쳐서 평화 중개인이 나타나 양편을 한자리에 모아놓고 해법을 찾도록 중재하는 내용으로 만들 수도 있겠다. 하지만 오이디푸스의 경우에는 중재자가 있어도 별 소용이 없었을 것이다. 사실 중재자 역할로 이오카스테가 있었지만, 그녀는 분명 실패했다. 그러고 보면 우리 인간은 참으로 비극적인 종족이다. 오이디푸스의 비극은 그것을 피할 수 없었다는 데에 있고, 햄릿의 비극은 그것을 피할 수 있었다는 데에 있다. 그리스도의 선택으로부터 2000년이 지난 오늘날, 우리에게 충격을 주는 것은 그리스 비극의 필연성이다.

고대 문명 이후 처음으로 운명을 피할 수 없다는 인식이 돌아오고 있다. 그리스 희곡의 필연성은 현대 유전학의 필연성으로 바뀌었다. 때로는 불안할 지경이다. 심장병이나 암, 알츠하이머병의 '원인'인 유전자에 대한 이야기가 많이 들린다. 일반인들은 물론이고 심지어 그 분야 연구를 하고 있는 과학자들조차 이 유전자들이 정확히 무슨 일을 하는지 분명히 알지 못한다. 하지만 우리는 그 유전자들을 의심스러운 눈으로 바라본다. 또한 유전자를 엿보려는, 즉 우리가 받은 신탁을 훔쳐 보려는 보험회사들의 강요에 저항한다. 하지만 그런 저항은 유전학을 신뢰하지 못해서라기보다는 사생활을 침해받는 기분이 들기 때문에 일어난다. 대체로 다발성 경화증의 '원인이 되는' 유전자를 가지고 있다면 꼭 그 병이 생길 거라고 믿는 듯하다. 그리스인들이 운명을 피할 수 없는 것으로 받아들였듯이, 우리는 유전적 성질을 피할 수 없는 것으로 받아들이고 있는 것이다. 지금까지 많은 병의 진행을 바꾸지 못했다는 무력감 때문에 더욱 그렇게 된다. 테이레시아스는 2500년 전에 이 기분을 이렇게 표현했다. "아아, 지혜가 아무런 쓸모도 없을 때, 안다는 것은 얼마나 무서운 일인가!"

§

유전자가 질병의 '원인'이라는 개념에 짜증을 내는 학자들이 많다. 비행기가 추락의 '원인'이 아니듯, 유전자는 질병의 '원인'이 아니다. 하지만 유전자는 비행기처럼 고장날 수는 있다. 역사적으로 의학은 이것이 불행이며 인간의 운명 중 일부라는 태도를 취해왔다. 인간의 몸은 굉장히 복잡하다. 그래서 고장날 여지는 많다. 유전자도 그런 경우 중 하나다. 유전자 하나가 일을 '잘 못'하면 그 결과는 엄청나다. 전형적인 예가 바로 암이다. 우연히 돌연변이가 조금만 일어나도 인간은 끔찍한 운명을 맞이하게 된다. 이런 돌연변이가 세포 15조 개 중에 딱 한 개에만 일어나도 그렇게 된다. 불운이나 환경의 독소, 유전적인 취약성 등의 불충분한 설명 말고는 '이유'가 없다.

인간 게놈 프로젝트를 이끄는 원동력은 이렇게 이상적인 생각이다. 유전자는 고장나면 몸에 질병을 일으킨다. 따라서 질병을 치료하기 위해서는 잘못된 유전자를 찾아서 바로 돌려놓아야 한다. 현재는 불가능할지 몰라도, 미래에는 분명히 유전자요법을 완성시킬 수 있을 것이다. 불완전한 유전자를 삭제하고 그 자리에 새로 좋은 유전자를 집어넣기만 하면 된다. 카뷰레터(가솔린기관에서 가솔린을 공기와 적당한 비율로 섞어서 실린더로 보내는 장치—옮긴이)를 교체하면 엔진이 다시 작동하는 것이나 마찬가지다. 원칙적으로 혈우병이나 근육퇴행위축증 같은 단일 유전자 질환의 경우에는 이렇게 접근해도 괜찮다. 혈우병의 경우에 혈액을 응고시키는 단백질인 VIII 인자를 만드는 유전자에 돌연변이가 일어나고, 따라서 그 단백질은 없어진다. 수혈로 그 단백질을 채워넣든지, 아니면 궁극적으로 그 유전자를 유전자요법으로 고칠 수 있다. 극복해야 할 실질적인 장애가 많지만, 개념적으로 볼 때 알맞은 양의 VIII 인자가 알맞은 때에 존재하도록 만드는 것 말고는 어려운 부분이 없다.

문제는 단일 유전자 질환이 아주 드물다는 점이다. 질병 중 절대 다수는, 특히 노인병은 유전자 전체가 몸을 질병에 취약하게 만들어버린다. 대체로 유전적인 '결함' 자체는 없다. 사실, 그 표현은 너무 흑백이 뚜렷하다. 활동을 하는 유전자와 망가진 유전자 사이에는 선과 악 사이만큼이나 많은 회색지대가 존재한다. 생각을 해보자. 유전자 하나가 단백질을 만드는 암호를 가지고 있다. 만일 진화 도중에 유전자 서열이 변하면 단백질의 구조도 바뀐다. 때로는 새 단백질이 전혀 작용을 못할 때도 있을 것이다. 만일 그

것이 중요한 단백질이라면 자연선택으로 그 유전자는 돌연변이 개체와 함께 제거된다. 간혹 그 변화가 단백질의 작용에 아무런 영향을 미치지 않을 때도 있다. 단백질이 살짝만 달라졌기 때문이다.[*] 거기에 어느 정도쯤 작용을 하는 몇몇 다른 변이들도 있을 것이다. 특정한 환경에 처하게 되면 이 중 하나가 가장 활동을 잘할 것이다. 하지만 그렇다고 다른 단백질들이 '망가졌'고 할 수는 없다. 다시 환경을 바꿔주면 다른 형태의 단백질이 더 일을 잘할 것이다. 트랙터가 도시에서 달리기에는 맞지 않지만, 시골길에서는 진가를 발휘하는 것이나 마찬가지다. 만일 시골에서 도시로 이사를 오면서 새로 차를 살 형편이 안 되어 트랙터를 몰고 다닐 경우, 전처럼 편하지는 않겠지만 그래도 걸어다니는 것보다는 훨씬 나을 것이다. 트랙터가 망가지지 않았기 때문이다.

같은 작용을 하는 유전자가 이렇게 변이되어 존재하는 것을 **다형성 대립 유전자**라고 한다. 이런 유전자는 아주 중요하다. 바로 개체의 본질이라 할 수 있는 변이와 적응의 분자 단위인 것이다. 사람들끼리 유전자에 차이가 나는 것은 유전자 자체가 서로 다르기 때문이 아니라 똑같은 유전자 상에 아주 작은 차이가 있기 때문이다. 평균적으로 인간의 DNA는 글자 1000개마다 1~10개꼴로 변형되어 있다. 이것을 '단일 염기 다형성single-nucleotide polymorphism', 약자로는 SNP라고 한다('스닙'이라고 읽는다). 속속들이 목록이 작성되고 있지만 앞으로도 갈 길이 멀다. 인간 게놈에는 100만 개의 SNP이 존재한다고 예상되고 있다. 생식 과정에서 뒤섞이고 재조합되는 이 SNP 덕분에 우리 인간은 끝없는 유전적 다양성을 갖게 되는 것이다.

---

[*] 서로 다른 종에서는 똑같은 유전자의 서열이라도 거의 모든 글자마다 달라질 수 있지만 기능에는 영향이 없다. 그런 차이는 '유전적 표류' 때문에 생기는데, 이때 단백질의 기능에 영향이 없는 돌연변이는 다음 세대로 유전되고 각 종의 유전자는 시간이 지나면서 점점 서로 멀어진다(제8장). 하지만 단백질의 용도는 변하지 않기 때문에 단백질의 3차원 구조와 활성 부위 근처에 있는 특정 아미노산을 살펴보면 종종 서로 다른 종 사이에 유전적 관계가 나타나기도 한다. 이렇게 변했더라도 단백질은 충분히 제 기능을 다한다. 서로 다른 100만 가지 종이 있다면 조금씩 다른 모습의 똑같은 유전자도 100만 개 있을 것이다.

같은 이유로 질병과 치료에 대한 우리 몸의 민감성도 개인마다 달라진다.

일부 다형성 유전자들은, 다시 말해 특정한 SNP 배열은 진화를 거치면서 선택압력의 결과로 집단 내에서 우위를 차지할 수도 있다. 선택압력은 질병과 진화상 균형점 사이의 구분을 흐려놓기도 한다. 유전자는 이렇게 어려운 상황에서도 최대한으로 결과를 내야 한다. 앞에서 질병인 것 같지만 사실은 질병이 아닌 여러 예를 살펴보았다. 이를테면 당뇨병의 인슐린 저항성은 어려운 상황에 놓인 유전자가 보이는 반응이 수많은 세대를 거치는 동안 선택되어 나타나는 것이다. '절약' 유전자형에 고열량의 서구식 식생활이 더해질 때만 진짜 질병이라 할 수 있다. 마찬가지로 낫모양적혈구빈혈증과 지중해성 빈혈thalassemia은 헤모글로빈 구조의 작은 변화를 통해 말라리아로부터 몸을 지켜준다. 이런 빈혈은 말라리아가 만연한 지역에서 높은 빈도로 유지되는데, 보인자가 빈혈에 걸리지 않으면서도 말라리아로부터 보호받기 때문이다. 숨겨진 이익 덕분에 인간의 유전자 전체에 보존되어 있는 질병이 얼마나 더 많을지는 짐작할 수도 없다.

지금 우리는 흥미로운 상황에 놓여 있다. 우리 유전자는 질병을 일으킨 책임을 뒤집어쓰고 있지만 사실 유전자는 아무런 죄도 없다. 그저 변하기 쉬울 뿐인 것이다. 유전적 다형성을 기초로 질병을 치료하려고 들자면 모든 개인이 서로 다르기 때문에 치료도 그런 식으로 이루어져야 한다. 제약업계를 이끄는 인물들이 **실제로** 이와 비슷한 얘기를 하고 있다. 영국의 큰 제약회사인 글락소웰컴의 전 회장 리처드 사이크스 경 같은 유명인사들은 의료사업에 혁명이 일어났다고 이야기한다. 알츠하이머병 같은 게 있다고 생각한다면 그것은 오해다. 사실은 다형성 유전자들의 독특한 조합으로 생기는 미심쩍은 몸 상태가 거울의 방에 들어선 것처럼 끊임없이 펼쳐지는 것이다. 그래서 겉으로는 비슷해 '보이는' 여러 질병이 생긴다. 알츠하이머병과 비슷해 보여도 사실은 전혀 다른 병이라 치료를 달리해야 하는 경우도 있다. 지금까지 질병을 치료하는 데에 그다지 성공을 거두지 못했던 것은 바로 이런 이유 때문이라고들 한다. 성공적인 반응과 그렇지 못한 반응이 뒤섞여 치료 효과를 감소하는데, 특정한 치료법에 맞지 않는 유전자를 가진 사람도 있기 때문인 것이다. 지금까지는 병에 걸리기 쉽게 만드는 특정한 유전자를 찾아 왔지만 이제는 유전자형 전체를 보아야 한다. 각 개인의 유전자형을 파악하고 표적을 정하기 시작하면 치료법은 훨씬 특수화할 것이다. 지금 대세인 약물치료는 앞으로 각 개인에게 맞춘 유전자요법에 자리를 내주게 될 것이다.

이것이 바로 요즘 새롭게 성장하고 있는 **약물유전체학**pharmacogenomics(약물유전학pharmacogenetics과 기능유전체학functional genomics의 합성어—옮긴이)이라는 분야다. 언뜻 생각하면 절대적으로 옳은 것 같지만 사실은 방향이 틀렸다. 특정한 유전자, 또는 유전자형 전체가 우리 몸을 일반적인 노인병에 잘 걸리게 만들 수도 있기는 하다. 하지만 넓은 의미에서 보면 이것은 엉뚱한 얘기다. 지금 차도를 건너고 있다고 치자. 차에 치어 죽을 가능성은 분명히 있다. 하지만 이때 본인이 어떤 행동을 하느냐에 따라 생존 가능성이 달라진다. 차들이 씽씽 달리는 차도에 내려서서 사방을 살피지도 않고 무작정 건넌다면, 횡단보도 앞에서 차분하게 차들이 멈추기를 기다렸다 건널 때보다 죽을 확률이 훨씬 높다. 속도 제한을 도입한다거나, 안전턱을 만들거나, 육교와 지하도를 만들거나, 아니면 공공질서 교육을 잘한다든지 음주운전 단속을 강화하면 교통사고 사망률을 줄일 수 있다. 이 모든 작은 변화들을 유전자가 조절한다고 해보자. 각 유전자를 겨냥하는 것은 작은 일이지만 교통사고 건수를 줄이는 효과는 높아진다. 하지만 사망률을 크게 줄이려면 모든 '유전자들'을 한꺼번에 목표로 삼아야 한다. 그래도 죽는 사람은 분명히 생길 것이다. 결국 교통사고를 방지하는 유일한 방법은 비현실적이기는 하지만 차가 다니는 것을 금지해버리는 일뿐이다. 마찬가지로 질병의 경우에도 질병에 걸리기 쉽게 만드는 유전자들을 조작해서 위험 수준을 살짝 떨어뜨릴 수는 있겠지만, 결국 노인병을 막는 유일한 방법은 **나이를 먹지 않는 것**이다. 이것이 도로에 자동차를 못 다니게 하는 것만큼 어이없는 일일까?

아니면 정말로 그렇게 할 수 있을까?

이 질문에 대한 해답을 찾기 전에, 우선 노화와 노인병의 관계로 돌아가보자. 지난 장에서 살펴본 것처럼, 노인병과 무관한 노화 과정이 분명히 **존재한다.** 미토콘드리아 호흡은 우리가 병에 걸리든 말든 상관없이 세포와 신체기관을 조금씩 손상한다. 미토콘드리아 호흡은 인간의 최대 수명에 115~120세라는 상한선을 긋는다. 하지만 반대의 경우는 어떨까? 노화가 노인병과 관계없다 하더라도, 이런 질병들은 반드시 노화와 관계가 없을까? 다시 말해, 나이를 먹지 않아도 치매나 심장병에 걸릴까? 질병에 걸릴 위험을 높이는 노화에는 뭔가 유전적인 부분이 있을까? 직관적으로 볼 때는 별 것 아닌 이야기 같지만 사실은 엄청난 속뜻이 숨어 있다. 질병에 민감한 유전자를 가지고 있든 그렇지 않든, 무조건 노화를 몰아내기만 하면 많은 질병을 물리칠 수 있다는 얘기다.

나이를 먹을수록 병에 걸릴 위험이 높아진다면, 우리가 생각해보아야 할 것은 **왜** 특정한 유전자 변형이 알츠하이머병에 걸리기 쉽게 만드는가가 아니라, **왜 그 효과가 나이 들 때까지 지연되는가.** 의학에서는 이런 질문을 하는 일이 아주 드물다. 본래 의학이란 이미 특정한 병을 얻은 사람들을 치료해야 하는 학문이기 때문이다. 하지만 이 질문에 대한 답은 진화생물학자들이 내주고 있다. 나이를 먹을수록 우연히 죽을 확률이 높아진다. 따라서 나이 든 사람들은 젊은 사람보다 생리작용을 유지해야 하는 진화적 압박이 덜하다. 따라서 자연선택은 140세에 알츠하이머병을 일으키는 유전자를 없앨 수 없다. 우리 중 누구도 그 나이까지 살지 못하기 때문이다. 선택압력은 영으로 떨어진다. 정리를 하자면 이런 것이다. 노인병은 효과가 늦게 나타나는 해로운 유전자가 일으키는데, 이 유전자는 나중에 나타내는 효과가 어린 시절에 나타내는 유익한 효과로 상쇄되기 때문에 계속 유전자 전체에 남아 있게 된다. 초기의 유리함과 나중의 불리함 사이에 균형점이 있다. 이것이

제12장에서 얘기한 상반 다면발현 이론이다. 노화에 대한 설명으로는 별로 좋지 않지만(자연에서 관찰되는 빠르고 유연한 수명 변화를 설명하지 못하기 때문이다) 노인병을 설명하는 데에는 좋은 예가 된다.

상반 다면발현 이론의 공통된 견해는, 유전자와 생활양식이 서로 조화를 이루지 않는다는 것이다. 우리 인간은 5000만 년 동안 진화하면서 수렵과 채취생활을 해왔다. 먹을 것을 구하기 위해 끊임없이 돌아다녀야 했고, 몇 주일이나 또는 몇 달씩 빈약한 식생활로 버텨야 하기도 했다. 그러다가 겨우 몇천 년 전에야 농사를 짓기 시작했다. 음식은 풍부해졌지만 주된 식생활은 전에 비해 훨씬 다양하지 못했고, 결국 영양실조를 초래했다. 예를 들어 쌀은 좋은 탄수화물 공급원이고 몇 가지 단백질도 들어 있지만 다른 여러 단백질이나 다수의 비타민은 부족하다. 당연히 건강이 나빠졌다. 화석 유골을 보면 최초의 농부들은 수렵과 채취로 생활하던 조상들에 비해 훨씬 허약했다는 사실을 알 수 있다. 그렇기는 하지만 일단 음식이 양적으로는 풍부해졌기 때문에 훨씬 많은 인구를 먹여 살릴 수 있었다. 사람들은 마을과 도시를 이루어 함께 살았다. 그러자 감염병이 만연하게 되었다. 감염병이 도시 전체를 쓸어버리기도 했다. 그 후 몇천 년 동안, 감염은 인간 게놈에 대해 가장 강한 선택압력이 되었다. 지구 대륙 전체에 걸쳐서 사람의 유전자형은 말라리아 등의 질병에 맞춰졌다. 아프리카와 아시아에 낫모양적혈구빈혈증의 발병률이 높은 것이 바로 직접적인 결과다. 농경시대에 들어서 굶어 죽는 사람은 적어졌겠지만 대신에 어릴 때 감염으로 죽는 사람은 많아졌다.

지난 수백 년 동안 이 모든 것이 변하기 시작했다. 위생이 발달하고 영양 상태가 좋아졌으며 의학이 발달해 새로운 세계를 만들었다. 이제 대부분의 사람들이 70세 또는 그 이상 살기를 기대할 수 있게 되었다. 200년은 겨우 10세대다. 새롭고 쉬운 생활에 적응하기에는 너무 짧은 시간이다. 우리는 하는 일 없이 빈둥거리며 과식을 하고 있다. 우리 몸의 유전자는 5000만 년 동안 굶주림에 적응했고, 수천 년 동안 감염에 적응했다. 그렇지만 이 새로운 생활에는 혼란스러워하고 있다. 바로 얼마 전까지만 해도 불모의 환경에서 최대한 많은 것을 끌어내도록 적응되어 있었는데, 갑자기 풍족한 환경에 뚝 떨어진 것이다. 어릴 때는 아무런 문제가 없다. 하지만 나이를 먹어가면서 발목이 잡힌다. 상반 다면발현 이론에 따르면 이것은 아주 안 좋은 일이다. 일단 나이가 40~50세를 넘어서면 선택압력이 다시 낮아진다. 비만 등의 질환이 생식 가능한 집단에 나타나기 전까지는 변화를 위한 선택압력은 거의 없다. 따라서 유전자는 풍족한 세계에서 우리가 점점 쇠약해지도록 운명을 결정짓는다. 참으로 우울한 시나리오다.

질병에 대한 이런 비관적인 시각에 진실이 하나도 없는 것은 아니지만 몇 가지 문제도 있다. 먼저, 노인병은 나이가 많이 들 때까지 운 좋게 살아남은 소수의 사람들 사이에 계속 존재해왔다. 이런 질병들은 지난 몇백 년 또는 몇천 년 동안 나타나지도 않았다. 더 중요한 것은, 이 질병들이 노화 중인 동물들한테서도 나타난다는 점이다. 사람이 키우는 동물들뿐 아니라 포식자를 피한 야생동물도 그런 질병에 걸린다. 늙은 쥐는 나이 든 사람이 겪는 것과 똑같은 종류의 병에 걸린다. 관절이 뻣뻣해지고, 피부에 주름이 생기고, 기억력과 학습 능력이 떨어지고, 면역체계가 퇴화하고, 심장병과 암 발병률이 높아진다. 피부의 콜라겐 섬유 사이의 교차결합의 개수(피부에 주름살을 만든다)처럼 단 하나의 한정요소를 가지고 비교해도 나이 든 쥐나 나이 든 사람이나 차이는 거의 없다. 어느 면에서 보아도 우리가 나이를 먹는 방법은 놀라울 정도로 비슷하다. 차이점이라면 속도뿐이다. 쥐는 4년 안에 노화와 관련된 변화를 차례로 겪는다. 반면에 우리 인간이 그렇게 되려면 70년이 걸린다.

다른 동물들의 경우에도 유형은 비슷하다. 노화와 관련된 다양한 변화는 비슷하지만 노화하는 속도는 서로 다르다. 작은 선충류 벌레는 겨우 몇 주일밖에 못 살지만 눈에 띄게 계속 나이를 먹는다. 움직이는 것도 먹는 것도 전보다 느려지고, 불임이 되고, 외부 큐티클에 주름이 생기고, 리포푸신

lipofuscin이라는 노화 색소가 쌓인다. 우리 신경세포와 근육에서 일어나는 일과 똑같다. 선충류의 반대편에는 새가 있다. 새는 100년도 넘게 사는 경우가 있을 정도로 수명이 길다. 하지만 역시나 나이를 먹으면서 관절이 뻣뻣해지고 울혈성 심부전이나 죽상경화증, 백내장, 다양한 암을 비롯해 포유류와 똑같은 퇴행 상태를 겪는다. 그렇다면 동물계 전체가 환경과 조화를 이루지 못한다는 얘기일까? 유전자와 환경 사이의 부조화 말고 뭔가 다른 것이 있을 것이다.

우리 인간은 굳이 환경과 이루는 조화를 생각하지 않더라도 상반 다면 발현의 효과를 경험한다. 제12장에서 살펴본 것처럼, 헌팅턴병 같은 유전적 조건은 다면발현이 활동한다는 예라 하겠다. 젊은 시절에 아주 조금만 생식력이 높아져도 나중에 몸의 기능이 끔찍하게 떨어지는 것을 상쇄하기에 충분하다. 식생활은 관계가 없다. 그 효과는 유전자 한 개가 결정한다. 만일 우리가 헌팅턴병 유전자를 가지고 있다면, 무엇을 먹더라도 그 병에 걸릴 것이다. 다른 질병에 대해서도 어느 정도 비슷한 점이 있다. *ApoE* 유전자의 대립 유전자인 *ApoE4* 유전자 등 다형성 유전자의 일부 변이체는 알츠하이머병에 걸릴 위험을 높인다.* 집단의 25퍼센트가 *ApoE4* 유전자 한 개를 물려받는다. 이 유전자는 치매의 위험을 네 배나 높인다. 집단의 2퍼센트는 유전자 두 개를 물려받는데, 이때 치매가 생길 위험은 여덟 배나 된다. 유전자 하나가 이렇게 높은 빈도로 집단에 존재한다는 점을 미루어볼 때, 뭔가 어린 시절에 이득을 가져다준다는 것을 짐작할 수 있다. *ApoE4*의 경우, 그 이득이 무엇인지는 아직 밝혀지지 않았다. 중요한 것은, 치매 위험이 높아지는

---

* 집단에는 세 가지 공통된 *ApoE* 대립 유전자가 있다. 각각 *ApoE2*, *ApoE3*, *ApoE4*다. 이 유전자들은 아포지질단백질 E라는 단백질의 각각 다른 변체를 만드는 암호를 가지고 있다. 이 단백질은 지질과 콜레스테롤을 온몸의 세포에 전달하도록 돕는다. 이런 이유로 *ApoE* 유전자들은 심장병과 발작을 일으킬 위험성에 영향을 준다. 이 유전자들이 어떻게 해서 알츠하이머병에 관여하는지는 비밀에 싸여 있지만, 아포지질단백질 E는 어떻게든 신경세포의 복구를 돕는다고 알려져 있다. *ApoE4*가 만드는 단백질은 아밀로이드가 심하게 쌓이게 만드는데, 이 아밀로이드는 알츠하이머병 환자의 뇌에서 발견되는 초로성 반점의 주된 성분이다.

것 정도로는 *ApoE4* 대립 유전자를 우리 몸에서 없앨 수 없다는 점이다. 노인병에는 대개 유전적 요소가 있다. 그렇다면 알츠하이머병과 비슷한 경우가 도대체 얼마나 많을지 의문이 생길 법도 하다.

여기서 짚고 넘어갈 부분이 있다. 이번 장 앞쪽에서도 단언했듯이, 민감성 유전자를 표적으로 삼는 것은 알츠하이머병이나 그 밖의 노인병을 치료하는 방법이 되지 못한다. 대신에 노화 과정 전체의 속도를 늦춰야 한다. 그 열쇠는 상반 다면발현 이론에 숨어 있다. 상반 다면발현이라는 개념은 단순하게 들리지만 그 중심에는 어려운 문제가 있다. 그 뒤늦은 효과라는 것은 도대체 **언제** 나타나는 것일까? 일생 중 어느 시점에 가야 유전자들이 좋은 효과 대신에 나쁜 효과를 나타내기 시작할까? 이 '나쁜 효과가 나타날 시간'을 햇수나 또는 다른 종류의 단위로 잴 수 있을까? 만일 그 단위가 연年이라면, 상반 다면발현의 효과는 오이디푸스의 운명만큼이나 확실하게 정해져 있다. 만일 우리가 *ApoE4* 유전자를 두 개 갖고 있다면 운명으로 정해진 시간에 치매에 걸릴 것이다. 시간을 막을 방법이 없는 것처럼 그 일을 멈출 기회는 없다. 하지만 만약 그 효과가 시간이 아닌 **발달상** 나이에 따라 달라진다면 알츠하이머병이라는 비극에는 **늙는다**는 조건이 따라붙는다. 알츠하이머병이 시작되는 문턱에 도착하기 전까지 걸리는 시간이 아니라 나이의 문턱을 넘는 것 자체가 중요해진다. 햄릿처럼, 우리의 운명은 과거에 일어난 우발적 사건, 즉 문턱을 넘는 것에 달린 문제가 된다. 오이디푸스의 운명과는 확실히 다른 것이다.

알츠하이머병의 경우에 발병하는 나이가 다양한 것은 바로 이 문턱 때문이다. *ApoE4*는 알츠하이머병에 걸리기 쉬운 나이를 더 어린 쪽으로 끌어내린다. *ApoE4* 유전자를 두 개 가지고 있는 사람들은 65세까지 알츠하이머병에 걸릴 가능성이 더 높다. 하지만 *ApoE4* 유전자를 두 개 갖고 있다고 치매의 강도가 높아지지는 않으며, 경과가 눈에 띄게 달라지거나 진행이 빨라지지도 않는다. 양쪽의 경우 발병하는 나이를 제외하면 병 자체는 모든 면에서 똑같다. 이런 점에서 볼 때, *ApoE4*는 그 병을 '일으키는' 게 아니라 어떻게든 시간의 틀을 더 이른 쪽으로 옮겨 놓는다고 해야 할 것이다. 여기서 나이의 문턱이 존재한다는 것을 알 수 있다. 일단 문턱을 넘어서면 *ApoE4* 대립유전자를 갖고 있든 말든 병은 똑같은 방식으로 진행된다. 문턱을 넘어서는 나이는 햇수를 단위로 60세부터 140세까지 다양하다.* 아인슈타인의 말대로, 시간은 상대적이다. 하지만 노화의 경우에는 무엇에 대해 상대적일까?

같은 나이라도 젊어 보이는 사람이 있는가 하면 나이보다 늙어 보이는 사람이 있다. 신체 나이와 햇수로 따진 나이가 서로 다르기 때문이다. 75세라는 평균 수명은 그야말로 '평균'이라 실제로는 막대한 편차가 숨어 있다. 심장마비나 암 등의 노인병으로 50대에 죽는 사람은 드물지 않다. 반대로 오늘날 100세가 넘게 사는 사람들도 보기 드문 경우는 아니다. 이렇게 햇수로 따진 나이가 신체 나이만큼 평균 수명의 척도로 유용한지는 의심의 여지가 있다. 신체 나이를 알아내는 방법은 아주 많지만 그것을 숫자로 재자면 각 세포와 신체기관에 생기는 산화성 손상으로 환산하는 것이 가장 믿을 만한 방법이다. 건강한 100세 노인의 DNA와 지질, 단백질에 쌓인 손상이 건강하지 못한 50세 중년과 비슷한 경우가 종종 있다.

그 차이를 단순하게 그려보려면, 방사선에 노출된 세포 집단을 생각해 보자. 세포가 평균 100번 공격당하면 죽는다고 하자. 이때 방사선 강도를 두 배로 높이면 세포가 공격을 100번 당하는 데에 걸리는 시간은 절반으로 줄어든다. 이렇게 해서 두 배 빨리 **나이를 먹는다.** 이 나이를 재는 데에 시간은 적당한 단위가 아니다. 공격을 받는 횟수가 단위로 훨씬 더 적절하다. 이 경우에는 공격 횟수가 신체 나이를 나타낸다.

이번 장에서는 질병에 걸릴 위험성에 대해 신체 나이가 아주 중요하다는

---

* 리처드 사이크스 경은 강연 도중 알츠하이머병의 위험인자에 대한 질문을 받자 "*ApoE2* 대립인자를 두 개 가진 사람들이 치매에 걸릴 확률이 가장 낮은데, 이 사람들도 140세쯤 되면 어떻게든 치매에 걸리게 될 것"이라고 대답했다.

이야기를 할 참이다. 신체 나이는 살아오면서 받은 '공격'의 숫자와 같다. 이는 우리가 산소를, 특히 산화성 스트레스를 어떻게 처리하느냐에 따라 달라진다. 바꿔 말하자면, 늙는다는 것은 단순히 시간이나 햇수로 따진 나이가 아니라 시간에 따라 증가하는 산화성 스트레스와 상관이 있다. 따라서 산화성 스트레스를 막는다면 퇴행성 질환을 예방할 수 있을 것이다. 치매의 치료법을 찾으려면 치매에 잘 걸리게 만드는 유전자는 그만 잊어버리고 대신에 산화성 스트레스로부터 우리를 지켜줄 수 있는 유전자나 다른 요인을 찾아야 한다. 그렇게 하면 치매를 막기 위해 준비를 하게 될 뿐 아니라 동시에 암이나 당뇨병 같은 노인병들도 물리칠 수 있게 될 것이다.

의료 서비스가 널리 보급되는 시대를 맞아, 정부와 제약회사에서는 매년 수많은 예산을 들여가며 각 개인에게 맞춘 약물치료법을 만들기 위해 연구와 개발에 힘을 쏟고 있다. 세세한 부분에 얽매이다 보면 평범하고도 중요한 사실을 잊기 쉽다. 바로 우리 인간은 모두 다소 비슷한 방식으로 나이를 먹고 있다는 점이다. 노화를 늦추려는 도전은 치매 치료법을 찾기 위한 도전보다 어려울 것이 없다. 그리고 이 편이 더 쉬울 거라고 생각할 만한 타당한 이유도 있다.

§

노인병은 살아온 햇수보다는 몸 자체가 나이를 먹는 것과 연결되어 있다. 그러니까 살아온 시간이 얼마나 되느냐가 아니라 나이의 문턱을 넘었는지 여부가 문제인 것이다. 광범위한 관찰 연구가 이 점을 뒷받침한다. 앞에서도 벌써 보았듯이, 종이 다르면 나이를 먹는 속도도 완전히 다르다. 하지만 걸리는 질병은 똑같다. 똑같은 종 안에서도 비슷하지만 더 작은 편차가 발생한다. 방사선 피폭이나 흡연은 노화속도를 높인다. 암 같은 노인병에 걸릴 위험도 물론 높아진다. 베르너 증후군 같은 병리적인 노화의 경우에는 초기부터 백내장이나 근육퇴행위축증, 뼈 소실, 당뇨병, 죽상경화증, 암 등이 나타난다. 증후군 환자는 대개 심장병이나 암 등의 노인병으로 40대 초반 정도에 죽는다. 반면에 대부분의 사람들은 건강한 식생활을 하면 심장병, 암, 치매 등의 여러 노인병에 걸릴 위험을 낮출 수 있다. 마찬가지로 앞서 본 깃처럼 칼로리 제한은 적어도 설치류의 경우에는 신체활동이나 행동, 학습, 면역반응, 효소 활성, 유전자 전사, 호르몬작용, 단백질 합성, 포도당 저항성 등이 저하되는 것을 늦춰준다. SOD(과산화물 제거효소)나 카탈라아제 등의 효소를 많이 만들면 초파리의 노화속도가 늦어지고, 나이가 들어도 활동성이 좋아진다는 사실 또한 이미 앞에서 보았다.

여기서 중요한 점이 두 가지 있다. 첫째, 노인병은 몸이 나이를 먹는 것과 관계가 있다. 시간이 얼마나 걸리든 그건 상관없다. 둘째, 잠재적인 노화속도를 바꾸는 요인은 우리가 병에 걸린 **다음에야** 작용한다. 노화속도가 늦춰진다면 노인병에 걸리는 것도 미뤄진다. 노화가 빨라질 경우 중년에도 질병이 찾아온다. 다시 말하자면, 모든 경우에 질병 자체는 비슷하지만 그 병이 나타나기까지 걸리는 시간은 다양하다는 얘기다. 한 걸음 더 나아가, 진화적으로 볼 때 노인병 전체를 없애는 것보다 잠재적인 노화속도를 늦추는 편이 더 쉽다. 동물들은 수명이 서로 다르지만 걸리는 질병은 비슷하다. 현대 의학 연구와 반대되는 얘기다. 톰 커크우드가 2001년 BBC 강의 마지막 시간에 한 말을 보면 그 차이가 뚜렷이 드러난다.

꼭 수명을 연장하지는 않더라도 알츠하이머병처럼 무능력한 상태가 되는 것을 뒤로 미루는 일이 과학의 목표가 되어야 한다는 생각은 이제 무슨 주문처럼 되어버렸습니다. '질병의 압축'이라는 이름으로 통하는 주문이지요. 그 목적은 인생 마지막에 우리에게 일어나는 나쁜 일을 가능한 한 말년의 짧은 기간으로 밀어넣어버리는 것입니다. 달리 표현하자면 수명은 그대로 둔 채 건강하게 사는 기간을 늘리고 싶은 것이겠죠. 대체로 사람들은 생명 연장에 힘쓰는 과학자들의 노력보다 질병의 압축을 더 믿음직스러워하더군요. 하지만 이것도 문제가 있어요. 바로 노화와 질병을 어느 정도 분리할 수 있다고 우리가 미리 가정하고 있다는 점입니다.

만약 노화와 노인병이 자연 상태에서 함께 진행한다는 주장을 옳다고 친다면, 의학에서 이 두 가지를 분리하는 게 어렵다고 말하는 것도 이해가 간다. 돼지한테서 꿀꿀 우는 소리를, 뇌에서 정신을 떼어놓는 것과 마찬가지 일인 셈이다. 말이 나온 김에 덧붙이자면, 단지 그 주문이 틀렸다고 비난만 해서는 모자란다. 우리가 수명 문제는 잘못 인식한 채 그대로 두고서 건강하게 사는 기간을 늘리려고 든다 치자. 그러면 대안으로 제시할 만한 실제적이고도 성공 가능성이 높은 다른 방법이 뭐가 있겠는가? 어쨌든 일부 유전자가 우리 몸을 노인병에 잘 걸리도록 만든다는 것은 이미 알려져 있다. 지금까지는 알츠하이머병과 당뇨병, 암을 몇 년쯤 뒤로 미루는 데에 일종의 성공을 거뒀다. 만일 이 접근법을 포기한다면 그 대신에 어떤 방법을 써야 할까?

해답은 끝없이 늘어가는 데이터 안에 숨겨져 있다. 크게 세 가지 연구가 열쇠를 제시하는데, 앞선 장에서 이미 세 가지 연구를 전부 살펴보았다. 문제는 이 세 가지 분야가 크게 볼 때 서로 관계가 없다는 점이다. 자기 분야의 경계를 넘어서는 일을 편안해하는 학자는 별로 없다. 의학 연구가 점점 더 특수화할수록, 개인이 지닌 전문 지식의 경계를 벗어나는 일은 점점 받아들이기 힘들어지면서도 반드시 필요한 일이 되어가고 있다. 과학자들은 이 부분에서 대단히 가치 있는 역할을 맡는다. 학자들은 일상적으로 자신의 전문 분야를 넘어서지 않으면 안 된다. 상상의 날개는 전문가들에 의해 적어도 현실로 돌아온다. 내 경우에 지금 하고 있는 이야기는 전부 다른 사람들의 연구를 근거로 하고 있다. 하지만 그 세 분야 모두에 다리를 걸친 종합적인 문헌은 어디에도 없다. 따라서 틀린 부분이 있거나 나도 모르게 표절을 해버릴 위험을 무릅쓰고 내 생각을 밝히도록 하겠다.

첫 번째 열쇠는 노화의 미토콘드리아 이론에 숨어 있다. 산화성 스트레스는 살아가면서 점점 더 커지고, 특히 미토콘드리아의 경우에는 더 심하다. 바로 이 사실이 노화의 **인과관계를 나타내는** 근거가 된다(노인병에 대한 것이 아니다). 이 주장에는 두 가지 문제점이 있다. 첫째, 산화성 스트레스의 증가는 실제로 측정하기가 어렵다. 그리고 그런 일이 일어난다는 것 자체에 이의를 제기하는 학자들도 있다. 제13장에서 미토콘드리아가 단독으로 산화성 스트레스를 일으키며 이것이 노화의 인과적 근거라고 얘기했다. 현재 미토콘드리아가 노인병도 일으킬 수 있는지는 아직 입증되지 않았다. 두 번째 문제는 더 도움이 안 된다. 바로 항산화 보조제를 이용해 산화성 스트레스의 증가를 막는 데에 그다지 성공하지 못했다는 점이다. 산화성 스트레스의 증가가 아예 일어나지 않거나 증가되어봤자 하찮은 것이라는 증거로 종종 이 실패가 언급된다. 하지만 이것은 겉핥기식 논리다. 항산화제 식품이 그 일을 감당하지 못하는 것일 수도 있다. 그리고 실제로도 그 일을 감당하지 **못한다**. 제10장 말미에서 항산화제 보조식품은 만병통치약이 아니라고 얘기했다. 항산화제는 심지어 역효과를 불러올 수도 있다. 산화성 스트레스에 대항해서 유전자가 헴산소화 효소나 메탈로티오네인 같은 단백질을 이용해 강하게 반응하지 못하도록 **억제**할 수도 있기 때문이다. 따라서 첫 번째 열쇠는 두 가지 의미를 담고 있다. 산화성 스트레스는 우리가 나이를 먹으면서 점점 커진다. 하지만 항산화제를 먹더라도 이득은 얼마 안 된다.

두 번째 열쇠는 사실 항산화제 보조식품으로 수명을 늘릴 수 없다는 데에서 출발하는데, 세포신호전달론cellular signalling이라는 분야에 속한다. 현대 사회에서 전자통신이 중요한 것처럼, 신호는 세포의 행동에 아주 중요하다. 화학 신호는 유전자의 스위치를 켜기도 하고 끄기도 하면서 발현을 조절한다. 정보가 사회에 속한 개인인 우리의 결정을 좌우하는 것과 마찬가지다. 세포가 분열을 할지 아니면 신경세포로 성숙할지, 죽을지 아니면 암이 될지, 호르몬을 분비할 것인지 염류를 흡수할 것인지, 이런 결정은 유전자에 의존하지 않는다. 우리 세포들은 모두 똑같은 유전자를 가지고 있다. 세포의 행동은 그 순간에 **어느** 유전자가 활성화해 있는지에 따라 달라진다. 그리고 유전자의 활성화 여부는 어떤 신호를 받느냐에 따라 달라진다. 전달된 신호는 전사인자의 활동을 통해 적절한 반응으로 바뀐다. 전사인자는 DNA에 붙어 특정 유전자의 전사를 유도해 단백질을 만들게 하는 조절 단백질이다. 제10장에서도 본 것처럼, 몇 가지 중요한 전사인자들은 산화된 상태에 따라 다른 행동을 한다. 감염, 방사선 피폭, 염증 등의 많은 생리적인 스트레스가 **산화성 스트레스의 증가**를 불러온다. NFkB나 Nrf-2 같은 전사인자는 산화된 다음에 핵으로 들어가 DNA에 붙어서 '스트레스' 유전자의 전사를 조정한다.* 이 유전자들이 만드는 물질은 위협에 대한 저항을 불러일으킨다. 따라서 두 번째 열쇠는 첫 번째 열쇠와 정반대라고 할 수 있다. 어떤 종류의 산화성 스트레스는 세포가 생리적 스트레스에 대한 유전자의 반응을 유도하는 데에 **반드시 필요하다.** 만일 산화성 스트레스를 막아버린다면 감염에 더 취약해질 수도 있다. 이런 점에서 볼 때, 우리가 대용량의 항산화제 식품을 '감당할 수 없다'는 것도 그럴듯한 얘기다. 항산화제가 스트레스에 대한 우리 몸의 반응을 방해하기 때문이다.

세 번째 열쇠는 상반 다면발현이라는 진화 이론에 숨어 있다. 똑같은 한 개의 유전자가 나이 든 후에는 해로운 영향을 미치고 어릴 때는 이득을 안겨주는데, 그 사이에 균형점이 있다는 개념이다. 이 이론은 1957년에 조지 C. 윌리엄스가 처음으로 제시한 이래 대부분의 진화생물학자들에게 받아들여지고 있지만, 의학계에서는 널리 알려져 있지 않다. 1994년에 윌리엄스와 정신의학자 랜돌프 네스는 '다윈 의학의 새로운 세계'에 대한 저서인『진화와 치유』를 통해 노인병에서 다면발현이 어떤 역할을 하는지 설명했다. 이

---

* NFkB는 산화되어야 핵으로 갈 수 있다. 하지만 일단 핵으로 들어가면, DNA에 붙기 전에 산화되지 않은 형태로 돌아가야 한다. 이렇게 NFkB의 활동은 조심스럽고 효과적으로 조종된다. 그리고 세포가 핵의 산화 상태를 계속해서 억제해야만 효과를 발휘한다. 만일 핵과 세포질이 양쪽 다 산화되었다면, 세포는 반응을 일으키는 데에 실패해 죽고 말 것이다.

책의 대부분은 생생한 예시들로 가득하지만 다면발현에 대한 부분은 실망스러웠다. 현재 알츠하이머병과 혈색소증(이 경우 어릴 때는 철을 모으는 데에서 얻는 이익이 빈혈의 위험을 누르지만 중년이 되면 재난을 맞이하게 된다. 제10장 참조) 외에 한두 가지 예가 밝혀져 있다. 그런데 안타깝게도 두 사람은 폴 터크의 주장을 예로 삼았다. 터크는 진화인류학자이자 의학자로, 면역체계 전체가 나이에 의존하고 있으며, 침입한 미생물을 죽이기 위해 면역세포가 내놓는 독한 산화제가 우리 몸까지 손상시킬 수 있다고 주장한다. 꽤 옳은 얘기이기는 하지만 마무리가 되지 않았다. 그 이론 자체로는 쥐가 복잡한 면역체계를 갖추고 있는데도 인간처럼 70년을 살기는커녕 4년만 지나면 노인병으로 죽어야 하는 이유를 설명할 수 없다. 좀 더 최근인 1997년에 스위스에서 열렸던 학회에서 발표된 내용을 바탕으로 진화 의학에 대한 서적이 출간되었는데, 그 책에서는 토론을 이렇게 마무리지었다. "현재 균형점에 대해 입증된 예는 거의 없다." 따라서 세 번째 열쇠는, 이론상으로는 유용한데도 불구하고 다면발현의 균형점에 대한 구체적인 예가 설명된 일이 거의 없다는 점이다. 뭔가 빠진 부분이 있었던 것은 아닐까?

감염에 대항해 방어작용을 일으키는 신호전달 과정인 산화성 스트레스와 노화의 원인인 산화성 스트레스 사이에 균형점이 있다면 어떨까? 사실 노인병은 우리가 어릴 때 감염이라든지 그 밖의 다른 여러 스트레스를 처리하기 위해 만들어놓은 길을 지나는 통행료라 할 수 있다. 양쪽의 경우 모두, 배후에는 산화성 스트레스가 있다. 하지만 결과는 정반대로 나타난다. 어린 시절에는 질병에 대한 저항성이 나타나고, 나이를 먹으면 질병에 취약해지는 것이다. 산화성 스트레스의 이중 역할은 양쪽 모두에 아주 중요하다. 그런 의미에서 노화와 질병의 **이중인자** 이론이라는 이름을 붙이기로 하겠다(〈그림 12〉).
　문제는, 우리 몸이 감염에 반응하려면 산화성 스트레스가 **꼭 필요하다**는 점이다. 산화성 스트레스가 없다면 유전자가 병원체에 대항해 방어활동을

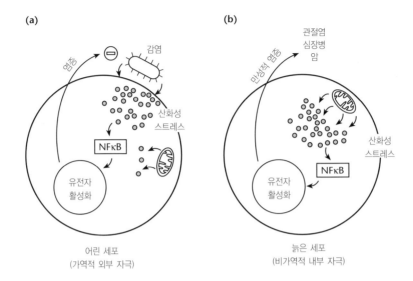

(a)

면역

감염

산화성
스트레스

NFκB

유전자
활성화

어린 세포
(가역적 외부 자극)

(b)

관절염
심장병
암

만성적 염증

산화성
스트레스

NFκB

유전자
활성화

늙은 세포
(비가역적 내부 자극)

그림 12 노화의 '이중인자' 이론을 그림으로 설명해보았다. 어린 세포(a)의 경우, 감염(가역적 외부 자극)은 세 포 내에 산화성 스트레스를 늘린다. 산화성 스트레스는 NFκB를 활성화한다. 그것이 핵으로 들어가 '보복적인' 유전자들의 전사를 조정한다. 이런 유전자에는 스트레스 단백질을 만드는 암호 말고도 종양괴사인자나 산화질소 합성효소 등 염증을 매개하는 단백질을 만드는 암호도 들어 있어, 적극적인 염증반응으로 감염을 없앤다. 이렇게 자극 요인이 제거되면 산화성 스트레스는 정상으로 돌아온다. 늙은 세포(b)의 경우엔 구멍 난 미토콘드리아(비가 역적 내부 자극) 때문에 산화성 스트레스가 똑같이 커지는데, 역시 NFκB와 염증반응이 활성화한다. 이때는 자 극이 사라지지 않기 때문에 염증반응은 만성이 된다. 그래서 노인병의 원인이 되며, 또한 감염이나 다른 신체적 스트레스에 우리 몸이 예리하게 반응하지 못하게 만든다. 산화성 스트레스는 어린 시절 감염에서 회복되는 데 에 매우 중요하고 따라서 자손을 볼 때까지 살아남을 가능성에 영향을 주기 때문에 자연선택을 통해 선택되어 나이를 먹었을 때 손해를 입히게 되는 것이다.

시작할 수 없다. 산화성 스트레스는 NFκB 같은 전사인자를 활성화하고, 전 사인자는 폭넓게 유전자 반응을 조정해 염증과 스트레스에 대한 저항을 촉 진한다.* 불행히도, 노화 중에 산화성 스트레스가 높아져도 NFκB가 활성화 한다. 어릴 때의 감염을 없애야 하는 부담은 나이가 든 후 염증을 없애야 하 는 부담보다 훨씬 높다. 그러니 NFκB를 버릴 수도 없고(그랬다가는 곧장 감

---

* 산화성 스트레스에 반응하는 전사인자는 NFκB만 있는 게 아니다. Nrf-2, AP-1, Rel-1, P53, 그 밖 에도 몇 가지가 더 있다. 하지만 의학계에서는 NFκB가 사실상 스트레스 반응의 동의어처럼 되어 있 다. 그래서 여기서는 NFκB에 초점을 맞추기로 한다.

염되고 말 것이다), 게다가 NFkB가 염증을 촉진하면서 발휘하는 영향력 때문에 나이를 먹을수록 몸 전체의 균형이 바뀌어버린다. 다른 유전자들의 경우에도 부정적인 다면발현 효과가 나타나는 것은 일정한 시간이 지났기 때문이 아니라 이런 식으로 균형이 이동했기 때문이다.

도대체 왜 감염이 산화성 스트레스를 높이는지에 대해서는 확실하지 않다. 하지만 그렇게 한다는 것만큼은 분명해 보인다. 많은 경우에 산화성 스트레스는 호중성구(강력한 산화제를 만들어 병원체를 죽인다) 등의 면역세포가 활성화하는 탓에 더 심해진다. 하지만 면역세포를 빼고 세포배양 실험을 해보면 그 메커니즘은 이보다 더 미묘하고도 기초적이다. 이 점은 아주 중요하다. 일단 감염되기만 하면 면역체계가 관여하든 관여하지 않든 무조건 산화성 스트레스가 높아지는 것이다. 예를 들어 독일 프라이부르크 대학의 하이케 팔과 파트리크 바윀레의 인플루엔자 실험에서, 적혈구응집소hemagglutinin라는 바이러스 단백질 단 하나만으로도 배양 중인 세포에 산화성 스트레스가 나타났다.* 두 사람은 이렇게 산화성 스트레스가 높아지면 NFkB가 활성화해 감염에 대한 생물의 유전자 반응을 조정한다는 사실을 증명했다. 반대로 디티오트레이톨dithiothreitol 같은 항산화제를 이용해 산화성 스트레스를 제거해버린 경우에는 NFkB와 종속된 유전자 모두 활성화하지 못했다. 그 밖에도 인체 면역결핍 바이러스 1HIV-1, 간염 바이러스, 단순포진 바이러스 등 여러 바이러스 감염 실험을 통해서도 면역반응이 산화성 스트레스에 의존하고 항산화제가 더해지면 사라진다는 사실이 증명되었다. 또 내독소(세균 세포벽에만 존재하는 독소인데, 세균이 살아 있는 동안에는 외부로 유출되지 않는다—옮긴이)나 지질 다당류lipopolysaccharide 같은 세균의 세포벽 성분도 마찬가지 효과를 냈다. 각각의 경우에 감염으로 산화성 스트레스가 일

---

* 팔과 바윀레의 주장에 따르면, 그 메커니즘은 세포의 전달 경로인 소포체에 바이러스 단백질이 다량으로 축적되어 일어나는 듯하다. 소포체에 단백질이 너무 많이 들어오면 칼슘이 분비되는데, 이 칼슘이 시클로 산소화 효소와 지질 산소화 효소 같은 효소들을 차례로 활성화해 산소 자유라디칼의 생산을 늘린다.

어나 NFkB가 활성화하고, 이것이 다른 수많은 유전자들의 전사를 조정한다. 항산화제를 이용해 산화성 스트레스가 늘어나지 못하게 하면 면역반응 전체가 중단된다.

NFkB에 대한 세포의 반응은 대개 양면이다. 염증에 대한 반응, 즉 스트레스 반응을 튼튼하게 뒷받침해주면서 동시에 침입해 들어온 미생물에 대항해 염증 공격을 한다.[*] 염증 공격은 때로 아주 심해지기도 한다. 열이 나는 것도 감염되었을 때 나타나는 방어작용 중 하나다. 체온이 올라가면 감염을 물리치는 데에 도움이 되기 때문이다. 하지만 장기적으로 볼 때는 몸을 손상시킬 수도 있기 때문에 건강에 해롭다고 봐야 한다. 이런 상태가 계속되어서는 안 된다. 마찬가지로 내독소나 말라리아에 대한 반응 또한 지나치게 심해질 수도 있다. 감염이 심각해 면역반응이 너무 맹렬해지다 보면 패혈성 쇼크나 뇌말라리아를 일으키기도 한다. 그렇게 되면 죽는다. 일부 병원체는 염증성 반응을 조절하는 법을 익혔고 심지어 역이용하기까지 한다(예를 들면 HIV는 NFkB에 의해 활성화하는 방어 유전자를 몇 개 가지고 있다. 그리고 염증을 증식 신호로 이용한다). 하지만 일반적으로 염증에는 긍정적인 효과가 있고, 진화를 거치는 동안에 그 효과가 선택되었다. 감염을 해결하는 데에 도움이 되기 때문이다. 일단 감염이 해결되고 나면 염증 공격은 사라지고 우리는 건강한 상태로 돌아온다. 달리 말하자면, 일단 병원체가 가버리고 나면 산화성 스트레스가 줄어들고 NFkB는 스위치가 꺼진다는 얘기다. 그 결과, 스트레스와 염증반응을 조절하는 유전자도 스위치가 꺼진다. 평소에 살림을 하던 유전자의 스위치가 다시 켜진다. 이제 우리 몸은 '평화스러운' 일상으로 돌아가게 된다. 이렇게 과정 전체는 가역적, 그러니까 역순으로도 진행된다.

이제 노화 중에 일어나는 일을 생각해보자. 미토콘드리아에서 자유라디

---

[*] 사실 NFkB는 적어도 일곱 가지나 있어서 각각 조금씩 다른 방법으로 활성화하고 서로 다른 유전자를 선택해 활성화한다. 이를테면 스트레스 내성을 높이면서도 염증은 일으키지 않는 것도 있다. 여기서 얘기하는 NFkB는 가장 흔한 종류로 염증을 일으킨다.

칼이 새어나와, 나이를 먹는 동안 산화성 스트레스가 어느 새 점점 커진다. 그러다가 산화성 스트레스가 어느 한계점에 이르면 NFkB 같은 전사인자를 활성화하게 된다. 이제 낮은 단계의 스트레스 반응과 염증이 나타난다. 사실상 모든 노인병의 특징은 스트레스 단백질이 만성적으로 활성화한 상태에서 계속 염증이 나타나는 것이다. 망가진 미토콘드리아는 복구되지 못하기 때문에 이 상황은 언제까지나 계속될 수 있고 심지어 갈수록 심해진다. 염증은 세포와 몸 구조를 손상하고, 과민해진 면역체계에 '진짜' 표적을 던져준다. 보통 때는 세포 내부에 숨어 있거나 뇌-혈관 장벽blood-brain barrier (혈액에서 뇌 조직으로 물질이 이동하는 것을 막아주어 보호하는 역할을 한다―옮긴이)에 가려져 있던 단백질들이 면역체계의 감시와 공격에 노출된다. 나쁜 상황이 점점 더해진다. 소염제를 써서 이 공격을 일단 가라앉힐 수는 있겠지만 감염의 경우와는 달리 주된 원인을 제거할 수가 없다. 망가진 미토콘드리아를 수선할 길이 없는 것이다. 항산화제 보조식품을 먹더라도 미토콘드리아가 새는 것을 막을 수는 없다. 따라서 항산화제도 세포의 산화에 대항할 수 없다. 그러기는커녕, 앞서도 보았지만 항산화제는 스트레스 반응을 약화할 수도 있다. 게다가 이때의 스트레스 반응은 진짜 생리적 스트레스에 대한 반응이다.

인간은 섬이 아니듯, 유전자도 섬이 아니다. 만일 유전자 하나가 활동을 더하거나 덜하게 된다면 그 영향을 다른 유전자들이 감지한다. 모든 유전자의 활성은 직접적인 환경, 다시 말해 세포 내의 화학적 균형에 따라 달라진다. 산화성 스트레스는 활동을 하는 유전자의 범위를 바꿔놓는다. 스트레스의 정확한 원인이 무엇이든 그것은 관계없다. 산화성 스트레스가 살아가면서 점점 커진다는 것은, 20세에 활발하게 활동하던 많은 유전자들이 70세가 되면 활동을 덜하고, 거꾸로 20세에 활동을 않던 유전자들이 70세에 활발해진다는 얘기가 된다. 다른 유전자들은 평생에 걸쳐 계속 활동하지만 역시 그 영향은 달라진다. 환경이 변하기 때문이다. 똑같은 노래라도 작은 방에서 솔로 바이올린 반주로 부를 때와 풋볼 경기장에서 록밴드의 반주로 부를 때는 다른 법이다. 우리가 나이를 먹으면서, 다면발현 유전자들은 나쁜 영향을 발휘하기 시작한다. 환경이 산화되었고 염증이 일어났기 때문이지, 특정한 시간이 지났기 때문은 아니다. 다면발현의 나쁜 영향을 이겨내고 싶다면 나이를 먹으면서 세포와 조직이 산화되는 것을 막아야 한다.

몇 가지 특정한 예로 들어가기 전에, 나이를 먹으면서 동시에 유전자 발현에도 변화가 일어난다는 실험적 증거가 있는지 그것부터 살피도록 하자. 세포와 조직은 정말로 나이를 먹을수록 점점 더 산화될까? 만일 그렇다면, 정말로 그 때문에 스위치가 켜지는 유전자의 유형이 변할까? 붉은털원숭이를 기준으로 본다면(붉은털원숭이의 유전자는 95~98퍼센트 인간과 똑같다) 답은 거의 확실히 **그렇다**. 제13장에서 미국 위스콘신 주 매디슨에 있는 위스콘신 지역영장류연구센터의 리하르트 바인트루흐가 이끄는 연구팀이 2001년에 발표한 내용을 살펴보았다. 실험에서, 어린(8세) 개체들의 집단과 노화 중인(26세. 붉은털원숭이의 최대 수명은 40세다) 개체들의 집단에서 7000개씩 똑같은 유전자를 골라 활성을 비교했다. 결과는 놀라웠다. 7000개의 유전자 중에서 약 6퍼센트가 18년 사이에 두 배 이상 활성이 변해서, 어떤 것(300개)은 더 활동을 많이 하게 되었고 어떤 것(149개)은 활동이 줄었다.[*] 나이를 먹으면서 활동을 **더** 하게 된 유전자들은 대개 염증과 산화성 스트레스에(NFkB 유전자의 활성을 높이는 일도 포함해서) 관련되어 있었다. 나이가 들면서 활동을 **덜** 하게 된 유전자들은 대체로 미토콘드리아 호흡과 세포 성장에 관련되어 있었다.

바인트루흐와 연구팀의 주장에 따르면, 손상된 미토콘드리아가 일으키는 산화성 스트레스가 유전자 발현의 변화를 **유발한다**. 측정된 변화 정도는 비슷해서 제대로 인과관계가 나타나지 않았지만, 미토콘드리아가 손상을 입었다는 점은 호흡 유전자의 활동이 줄어들고(필요하지 않기 때문에 전사

---

[*] 이 숫자가 너무 작아 보일까봐 덧붙이자면, 유전자 한 개, 이를테면 헴산소화 효소 유전자가 이 정도로 활성이 변하면 감염병과 싸울 때 삶과 죽음이 뒤바뀔 수도 있다. 따라서 450개의 유전자에서 이 정도로 변화가 일어났다는 것은 아주 심각한 일이다.

되지 않을 것이다) 미토콘드리아 DNA와 단백질, 지질에 산화성 손상이 심하다는 사실로 미루어 알 수 있다. 산화성 손상의 정도는 염증성 유전자와 스트레스 유전자의 활성과 관련되어 있었다. 역시 인과관계는 밝혀지지 않았다. 하지만 여기서 가장 사리에 맞는 결론을 내리자면, 미토콘드리아가 쇠약해지면서 산화성 스트레스를 높였고 그 때문에 스위치가 켜지는 유전자의 범위가 달라졌다고 할 수 있겠다. 그렇다면, 예상했던 대로 산화성 스트레스는 우리가 나이를 먹을수록 유전자 균형을 스트레스 내성과 염증 쪽으로 움직여 놓는다는 얘기가 된다.

그래서 이중인자 이론은 다음과 같다. 감염병은 산화성 스트레스를 높인다. 산화성 스트레스는 대개 우리 몸의 감염에 대한 유전자 반응을 조정하는 **책임**이 있다. 우리가 나이를 먹어가면서, 미토콘드리아 호흡도 산화성 스트레스를 높인다. 산화성 스트레스는 NFkB 같은 전사인자와 관련된 공통된 메커니즘을 통해 똑같은 유전자를 활성화한다. 하지만 감염과는 달리 노화는 쉽게 예전 상태로 돌아오지 않는다. 미토콘드리아의 손상이 계속해서 쌓이기 때문이다. 따라서 스트레스 반응과 염증이 계속되고, 이로 인해 '정상적인' 유전자가 발현하기에는 가혹한 환경이 되어버린다. 산화된 환경에서 정상적인 유전자가 발현되는 것은 나이가 들었을 때 부정적인 다면발현 효과가 일어나는 토대가 된다(〈그림 12〉).

세포 내의 산화성 스트레스를 이루는 요소 두 가지가 나왔다. 하나는 자유라디칼이 새어나오는 미토콘드리아, 또 하나는 감염같이 미토콘드리아와 관계없는 요소다. 전체적인 산화성 스트레스 정도를 덧셈이라고 해보자. 미토콘드리아가 낡아서 생기는 스트레스에 감염 때문에 생기는 스트레스까지 더하면 우리 몸이 당해낼 도리가 없을 것이다. 인플루엔자나 폐렴 같은 감염병에 걸리면 젊은 사람들보다 노인들이 더 쉽게 죽는 경향이 있는데, 그 이유 중에는 이런 부분도 있다. 젊을 때는 미토콘드리아에 의한 스트레스가 그다지 심각하지 않다. 하지만 다른 인자들 때문에 전체적인 스트레스가 커질 수도 있다. 감염의 경우, 산화성 스트레스는 정상 수준으로 억제하거나 되돌릴 수 있지만 다른 요소, 그러니까 흡연이라든지 혈당량이 높다든지 하는 상태는 더 지속적이기 쉽다. 어떤 요인이든 산화성 스트레스를 전체적으로 높이기만 한다면 똑같은 유전자를 통해 비슷한 효과가 나타난다. 만일 산화성 스트레스가 지속된다면 적어도 일부 조직이나 신체기관에서는 노화한 상태를 흉내내는 것이나 다름없는 상태가 될 것이다. 산화성 스트레스가 '너무 일찍' 커질 경우에 결과적으로 노화가 너무 일찍 찾아올 것이고, 다른 질병의 위험도 커질 것이다.

지금부터는 이런 일이 실제로 어떻게 일어나는지 알아보자. 알츠하이머병을 예로 들도록 하겠다. 치매에 대해 살펴보다 보면 지금까지 했던 이야기들이 많이 나올 것이다. 어지러울 정도로 복잡한 유전학 이야기도 등장한다. 알츠하이머병에 걸릴 위험을 높인다고 입증된 유전자들이 몇 가지 있는데, 산화성 스트레스와는 관계가 없어 보인다. 그래서 이 병은 산소와 관계가 없는 듯한 민감성 유전자가 실제로는 어떻게 미토콘드리아와 산화성 스트레스, 염증의 영향을 받는지 알아볼 수 있는 좋은 예가 된다.

§

유전자가 취약하지 않은데도 알츠하이머병에 걸리는 사람이 있는 것은 왜일까? 이 질문은 정반대의 질문과도 통한다. 어째서 일부 유전자 돌연변이가 치매의 위험을 높일까? 어쨌거나 알츠하이머병에 걸린 사람들 중 절반이상이 유전적인 위험인자를 갖고 있지 않다. 유전 대 환경이라는 극히 단순한 시각에서 볼 때, 유전이 이유가 아니라면 환경이 이유가 될 것이다. 알루미늄이나 수은이 알츠하이머병을 일으킨다는 증거를 찾으려고 학자들이 30년이나 헛되이 애썼지만 명확한 관계는 나타나지 않았다. 관련이 있더라도 아주 조금뿐일 것이다. 그럼 바이러스는 어떨까? 많은 사람들이 단순포진 바이러스에 감염되어 있다(흔히 헤르페스라고 하는데, 감염되면 물집이 생긴다). 이 바이러스는 알츠하이머병에 걸렸을 때 퇴화하는 뇌 부분에 특히 잘 모인다. 다시 이야기하겠지만, 바이러스와 치매는 관련이 있다. 하지만 단순포진 바이러스에 감염된 사람들 중 절반밖에 치매에 걸리지 않는다. 따라서 이 바이러스가 유일한 답이 될 수는 없다. 최근 들어 학계의 관심은 유전인자에 집중되어 있다. 단지 그 실마리가 어디엔가는 있을 것이라고 기대하기 때문이다. 그 실마리가 알츠하이머병을 앓는 대부분의 사람들과는 **다른 방향**으로 통한다는 점은 지식이 더 발달될 때까지 미결인 채 두고 있다. 아직 이해를 못해서 그렇지 사실은 어떻게든 분명히 연결되어 있으리라고 굳게 믿고 있는 것이다.

알츠하이머병의 경과를 나타내는 두드러진 특징이 두 가지 있다. 이 병을 처음으로 학계에 보고한 알로이스 알츠하이머가 1906년 설명한 바에 따르면, 그 두 가지 특징은 바로 신경섬유의 다발성 병변tangle과 초로성 반점plaque이다. 신경섬유의 다발성 병변은 **타우**tau라는 단백질의 원섬유로 이루어져 있다. 이 원섬유는 평소에 신경세포의 구조와 기능을 유지하는 광범위한 미세관의 네트워크가 남긴 흔적이다. 다발성 병변이 형성되면 신경세포들이 그 주변에서 죽게 되고, 결국 뒤틀리고 꼬인 원섬유가 해골처럼 드러난다. 공동묘지를 파헤친 것과 비슷한 풍경이 된다. 반면에 초로성 반점은 신경세포 바깥에 생긴다. **아밀로이드**라는 단백질 파편이 염증세포(일종의 신경아교세포와 침입해 들어오는 백혈구)들과 잡다한 찌꺼기와 함께 뒤섞인 채 빽빽하게 쌓여 이루어진다. 과학계에서 논쟁이 벌어질 때면 의례히 그랬듯이, 학자들은 초로성 반점과 신경섬유의 다발성 병변 양쪽으로 갈라져 각각 자기네 쪽이 치매의 원인이라고 굳게 믿었다. 하지만 대부분의 학자들은 편견을 버리고 그 두 가지 특징이 서로 관련이 있다고 보는 것에 문제가 있음을 인정하고 있다. 둘 중 하나가 먼저 생겨 나머지 하나를 만들 것이라는 전제는 입증하기 어렵다. 뇌의 생체 검사, 즉 생체조직을 일부 떼어내 조사하는 일은 환자가 죽은 다음에 검사를 할 때나 가능하고, 따라서 대부분의 데이터는 말기의 것이다. 이 문제를 해결하는 데에 동물 모델이 도움이 될 듯하지만 지금까지 알츠하이머병의 동물 모델은 모든 면에서 인간의 경우와 비슷하지 않았다.

아밀로이드 독성이 알츠하이머병의 주된 이유라는 이론은 1990년대 중반에 크게 유행했다. 병에 걸리기 쉽게 만드는 돌연변이가 모두 아밀로이드의 침착을 촉진하기 때문이다. 아밀로이드는 아밀로이드 전구 단백질amyloid precursor protein(APP)이라는 커다란 단백질의 파편이다. APP는 신경세포의 바깥쪽 막에 붙어 있다. 건강한 뇌의 경우, APP는 쪼개져서 물에 녹는 파편인 아밀로이드가 된다. 이 아밀로이드는 뇌척수액을 따라 순환한다. 여기서 아밀로이드가 하는 역할이 무엇인지는 명확하지 않지만 몇몇 실험결과를 보면 정상적인 신경작용에 반드시 필요하다는 점만은 알 수 있다. 아밀로이드는 서로 엉겨붙어 조밀한 덩어리를 이룰 때만 독성이 생긴다. *APP* 유전자에 아주 드문 돌연변이를 물려받은 사람들한테서 이 사실에 대한 실마리를 처음으로 얻게 되었다. 이 돌연변이 유전자는 중년 초에 치매를 일으킨다(가족성 알츠하이머병). 돌연변이는 APP가 갈라지는 부분의 위치를 바꿔놓기 때문에 이때 생기는 아밀로이드 파편은 더 길고 잘 달라붙는다. 서로 잘 달라붙는 파편들끼리 한데 뭉쳐 초로성 반점을 형성하기는 훨씬 쉽다. 1995년에는 유전자 두 개가 더 발견되었다. 프레세닐린 1*presenilin 1*과 프레세닐린 2*presenilin 2*라는 유전자인데, 역시 돌연변이가 일어나면 중년에 치매를 일으킨다. 프레세닐린 유전자가 만드는 단백질은 APP를 가공하는 작용에 도움을 주는 것으로 생각된다. 역시나 이 돌연변이를 가진 사람은 더 길고 잘 달라붙는 아밀로이드 파편을 만들게 되고, 이런 아밀로이드는 마찬가지로 쉽게 서로 엉겨붙는다. *ApoE* 대립 유전자가 만드는 아포지질단백질 E4도 아밀로이드 침착을 악화시킨다. 하지만 정확히 어떻게 그런 작용을 하는지는 명확하지 않다. 이 이야기는 나중에 다시 하도록 하자. 정확한 메커니즘

이야 어떻든, 지금까지 밝혀진 유전인자들은 모두 알츠하이머병의 일차적 단계로 아밀로이드를 침착시킨다.

이런 식의 해석에는 두 가지 문제점이 있다. 우선, 아밀로이드가 초로성 반점을 만들기 **전에** 다발성 병변이 생기는 경우도 종종 있다. 그리고 사실상 전형적인 알츠하이머병의 증세를 보이는 환자들 중에는 초로성 반점이 없는 사람도 있다. 일반적으로 치매가 일어나는 것은 뇌에 들어 있는 아밀로이드 의 양이 늘어났기 때문이 아니라 신경세포가 손실되기 때문이다. 또 *APP*나 프레세닐린 유전자에 돌연변이를 일으킨 형질전환 생쥐는 초로성 반점을 만들지만 다발성 병변은 노화한 다음에야 생긴다. 일단 다발성 병변이 생기 고 나면 늙은 쥐는 신경세포를 잃기 시작하면서 치매 증세를 보인다. 붉은털 원숭이에게 아밀로이드를 주입해도 결과가 비슷하다. 늙은 개체**만** 다발성 병변을 만들고 신경세포를 잃는다. 지금까지 알려진 모든 유전자 돌연변이 가 아밀로이드를 가장 유력한 용의자로 지목하고 있지만, 아밀로이드 혼자 알츠하이머병을 일으켰다고 보기에는 무리가 있는 듯하다. 흔히 있는 일이 다. 어쨌든 *APP*나 프레세닐린 유전자에 돌연변이를 일으킨 사람들조차 중 년까지는 알츠하이머병을 나타내지 않는다. 중년이라면 어린 시절이 지나 고도 한참 후다. 혈색소증 같은 단일 유전자 질환과는 다르다. 아무래도 뭔 가 빠진 것이 있는 듯하다. 유전적인 민감성이 없는 사람들에게 치매를 일으 키는 무언가가 바로 그것일까?

초로성 반점과 다발성 병변의 비밀은 유전학에서 찾을 것이 아니라 화학에 서 찾아야 한다. 우선 아밀로이드를 생각해보자. 아밀로이드 침착에 대해 유 전적으로 민감하지 않은 사람은 계속해서 뇌에 아밀로이드를 쌓는다. 정상 적인 아밀로이드의 침착이(심지어 잘 달라붙는 변이체의 침착도) 산화 여부에 달려 있기 때문이다. 아밀로이드는 산화되면 한 덩어리로 모인다. 빽빽하게 쌓인 초로성 반점을 살펴보면, 각 아밀로이드는 반드시 산화되어 있다. 아밀로이드는 뇌의 산화성 스트레스가 커짐에 따라 나이 든 후에 산화되는 경향이 있다. 앞서도 보았듯이, 산화성 스트레스는 유전자 구조와 관계없이 모든 사람에게 생긴다. 미토콘드리아 호흡이 어쩔 수 없이 신경세포를 손상하기 때문이다. 그런데, 산화성 스트레스가 먼저 일어나 아밀로이드 침착을 **유발**하는 것일까? 확실히는 모른다. 하지만 질문을 좀 더 실제에 가깝게 고쳐볼 수는 있겠다. 만일 산화성 스트레스가 어떤 이유로든 젊을 때 일어난다면, 아밀로이드가 일찍 침착되고 알츠하이머병도 일찍 나타날까?

산화성 스트레스와 치매의 관계에 대한 실마리 하나를 다운 증후군 환자들한테서 찾아볼 수 있다. 다운 증후군 환자들은 종종 중년 초반에 알츠하이머병에 걸린다. 역시나 병에 걸리는 시간대가 '앞으로 당겨진' 듯하다. 제10장에서 이야기했듯이, 다운 증후군 환자들은 항산화 효소의 불균형 때문에 산화성 스트레스에 시달린다.* 이렇게 산화성 스트레스가 늘어나는 것이 다운 증후군 환자들이 일찍 치매를 겪는 배후일까? 미국 클리브랜드에 있는 케이스 웨스턴 리저브 대학의 병리학자 조지 페리와 마크 스미스가 이끄는 연구팀이 2000년에 발표한 바에 따르면 그럴 가능성이 높다. 이 연구팀은 다운 증후군 환자의 단백질과 DNA가 어느 정도 산화되어 있는지 측정하고, 아밀로이드가 침착되기 전에 매번 산화성 스트레스가 뚜렷하게 늘어난다는 사실을 발견했다. 산화된 단백질과 DNA는 10대 후반에서 20대에 쌓이기 시작하는데, 아밀로이드 침착은 30대가 되어서야 나타난다. 따라서 산화성 스트레스가 늘어나면 나이와 상관없이 알츠하이머병이 생길 위험성이 높아졌다는 경고가 되는 것이다.

---

* 다운 증후군 환자들은 21번 염색체를 하나 더 물려받는다. 이 염색체에는 SOD를 만드는 유전자가 들어 있다. SOD는 과산화라디칼을 없애지만 그 과정에서 과산화수소를 만든다. 과산화수소가 카탈라아제에 의해 제거되지 않으면 여분의 SOD는 산화성 스트레스를 **높인다**. 21번 염색체에 있는 다른 유전자들 중에 *APP* 유전자도 들어 있다. 그래서 다운 증후군 환자들은 아밀로이드 전구 단백질을 지나치게 많이 만들고 따라서 아밀로이드도 많이 생긴다. 하지만 아밀로이드 파편은 길고 잘 달라붙는 변이체가 아니라 정상적이다.

알츠하이머병의 또 다른 병리적 특징인 다발성 병변의 주된 구성성분인 타우 단백질은 어떨까? 1995년 독일 함부르크에 있는 막스플랑크 구조분자 생물학연구소의 올라프 슈베르스는 타우 단백질이 산화되었을 때**만** 응집한다는 사실을 발견했다. 반면에 항산화제로 산화를 막으면 타우는 응집하지 않는다.[*] 다시 말해서 초로성 반점과 마찬가지로 다발성 병변은 보통 산화성 스트레스 상태에서 형성된다는 얘기다. 형질전환 생쥐나 붉은털원숭이의 경우 아밀로이드는 엄청나게 침착되면서 다발성 병변이 생기지 않는 것은 바로 이러한 이유에서일 것이다. 산화성 스트레스가 전체적으로 더 증가하기를 **기다려야** 했던 것이다.

이렇게 산화성 스트레스는 대부분의 알츠하이머병 환자들에게 최초로 나타나는 병적인 변화이며, 주된 특징인 다발성 병변과 초로성 반점을 만드는 원인이 된다. 아포지질단백질 E의 효과를 근거로 삼을 수 있다. *ApoE* 유전자가 다형성 유전자, 즉 똑같은 유전자이면서 서로 다른 변이가 몇몇 존재한다는 사실을 떠올려보자. 이 변이체 중에 망가진 것이 하나도 없다는 점에서 돌연변이는 아니라고 보아야 한다. 모두 진화를 거치면서 보존되었고, 따라서 모두 긍정적인 이익을 가지고 있을 것이다. 이러한 이득 중 하나는 항산화 활동인 듯하다. 하지만 나이가 들면 앞서 본 것처럼 *ApoE4*가 알츠하이머병에 대한 민감성을 높인다. 사실 '민감성을 높인다'는 표현은 잘못된 것이다. 만약 *ApoE4*가 어릴 때 유익했다면 나중에도 유익하다고 보는 쪽이 이치에 맞는다. 단지 같은 무리의 유전자들보다 덜 유익한 것뿐이다. 달리 말하자면, 위험성을 높인다기보다 위험성을 억제하는 효율이 줄어든 것이다. 왜 그렇게 되어야 하는지는 밝혀지지 않았지만 *ApoE4* 단백질은

---

[*] 이때 타우의 가장 뚜렷한 변화는 인산염과 일으키는 반응이다. 알츠하이머병에 걸리면 타우는 비정상적으로 많이 인산화한다. 타우 원섬유가 응집해 다발성 병변을 만들기 위해서는 인산화가 반드시 필요하다는 것이 학자들의 암묵적인 견해였다. 슈베르스는 이 견해를 부정했다. 인산화는 타우가 응집하는 데에 반드시 필요한 것이 **아니며** 타우 원섬유는 인산염이 전혀 없어도 만들어질 수 있다. 이러한 사실은 더 최근의 연구로 입증되었다.

유난히 자유라디칼의 공격에 더 민감하다고 알려져 **있다**. 따라서 *ApoE4* 단백질이 나이를 먹으면서 우선적으로 '소실된다'는 것은 신빙성 있는 이야기다. 어린 시절 선택압력이 높을 때는 이 차이가 느껴지지 않는다. 산화성 스트레스가 낮기 때문이다. 하지만 더 나이를 먹고 나서 산화성 스트레스가 높아지면 *ApoE4*가 주는 이득은(항산화 효과이든 콜레스테롤 운반에 대한 더 일반적인 효과이든) 서서히 줄어들고, 그동안 *ApoE4* 단백질은 자유라디칼의 공격을 받아 못 쓰게 된다.

산화성 스트레스가 높아지면서 *ApoE4* 단백질이 없어진다는 사실을 바탕으로 전에는 해석이 어려웠던 연구결과 두 가지를 설명할 수 있다. 첫째, 앞에서 잠깐 얘기한대로 단순포진 바이러스에 감염되면 알츠하이머병에 걸릴 확률이 높아진다. 이런 효과는 *ApoE4* 유전자를 두 개 갖고 있는 사람의 경우에 두드러지지만, *ApoE3*나 *ApoE2*를 갖고 있는 사람의 경우에는 거의 찾아보기 힘들다. 뇌에서 단순포진 바이러스가 활성화하면 산화성 스트레스와 염증이 생긴다. *ApoE4* 단백질은 높은 산화성 스트레스에 민감하기 때문에, 특히 *ApoE4*와 단순포진 바이러스를 양쪽 다 갖고 있는 사람의 경우에는 이로운 효과를 우선적으로 잃게 된다. 그러니까 *ApoE4*를 갖고 있는 사람은 어쨌든 산화성 스트레스에 민감하고, 만일 이 사람이 우연히 단순포진 바이러스에 감염될 경우에 산화성 스트레스는 훨씬 더 심해질 것이다. 따라서 알츠하이머병에 걸리기가 쉬워진다.

둘째, 이번에는 좀 밝은 이야기로 *ApoE4* 유전자 두 개를 가진 사람에게는 항산화제 요법이 아주 잘 듣는다. 치매, 심장병, 발작 등 *ApoE4*가 위험인자인 모든 질병에 해당되는 얘기다. 그런데 여기서 걸리는 부분이 하나 있다. 앞에서 본 것처럼, 항산화제는 미토콘드리아 호흡에 거의 영향을 미치지 않는다. 또 유전자의 스트레스 반응을 억제해 세포 내의 산화성 스트레스를 도리어 심하게 만들 수도 있다. 그런데 어떻게 도움이 될 수 있을까? 항산화제는 세포 밖에서 자유라디칼의 공격으로부터 *ApoE4* 단백질을 보호할 수 **있다**.

세포 외액은 일단 항산화제에 접근하기 쉽고 세포 내부보다 유전자의 통제가 덜 미치기 때문이다. 따라서 항산화제는 *ApoE4* 단백질이 산화되지 않도록 막아주거나 점점 떨어지는 항산화 능력을 보충해줄 수 있다. 그렇게 되면 발병이 뒤로 미뤄지고, 치매의 진행은 느려진다. 알츠하이머병의 발병을 늦춰 주는 항산화제 중 하나가 바로 비타민 E다. 만일 독자 여러분 중에 *ApoE4* 유전자를 두 개 갖고 있는 사람이 있다면 의사와 상담해서 비타민 E 보조식품을 먹는 것이 좋겠다. 만일 다른 *ApoE* 유전자를 가지고 있을 경우에는 비타민 E를 따로 먹어봐야 별로 얻는 것이 없을 것이다. 하지만 먹는다고 손해 볼 것은 없다(지나치게 많이 먹지만 않는다면 말이다).

다발성 병변과 초로성 반점은 일단 형성되고 나면 직간접적으로 산화성 스트레스를 악화시킨다. 직접적인 아밀로이드 독성은 금속 이온의 결합에 좌우된다. 철이나 구리 등의 금속은 자유라디칼을 만드는 반응을 촉매할 수 있다. 그런 금속들이 알츠하이머병 환자의 뇌에 있는 초로성 반점에 붙는다. 배양 중인 세포에 아밀로이드를 더해주면 아밀로이드의 독성은 이런 식의 자유라디칼 형성에 따라 달라진다. 거꾸로 자유라디칼 제거제 또는 금속 킬레이트 화합물을 넣어주면 아밀로이드 독성이 없어진다(철이나 구리의 활동을 막기 때문이다). 이렇게 자유라디칼이 아밀로이드에 작용해서 초로성 반점이 **형성되고**, 초로성 반점은 자유라디칼을 더 많이 만들어 독성 효과를 **발휘한다**. 자유라디칼의 효과를 증폭하는 역할을 하는 것이다. 뇌에서 아밀로이드는 이런 식으로 초로성 반점 주변의 신경세포에 손상을 입힌다. 하지만 멀리 떨어진 신경세포에는 해를 입히지 못하는 듯하다.

　다발성 병변과 초로성 반점 양쪽 모두, 그 간접적인 독성은 염증 때문인 것이 거의 확실하다. 초로성 반점과 다발성 병변은 뇌에 있는 염증세포인 미세신경아교세포microglial cell에게 침입자로 인식된다. 미세신경아교세포는 '침입자'들을 집어삼켜 화학물질로 공격한다. 이 화학물질에는 자유라디칼도 포함되어 있다. 그러면 특히 초로성 반점은 소화도 되지 않은 채로 상대방을 괴롭힌다. 깜짝 놀란 미세신경아교세포들은 염증 메신저들을 마구 내보내 뇌의 다른 곳에 있는 면역세포는 물론 혈액에 있는 것까지 끌어모아 활성화한다. 뇌 전체에 공습경보가 그칠 날이 없어진다. 뇌의 화학적 균형은 사정없이 산화성 스트레스 쪽으로 이동하고, 민감한 신경세포들이 죽어 나가기 시작한다. 제일 취약한 신경세포는 종종 '흥분성 독성excito-toxicity'으로 죽는데, 이때 신경세포는 자극을 받아 전기불꽃을 마구 튀기다가 지쳐서 약해지고는 결국 명을 다하지 못하고 죽는다. 이렇게, 뇌에 염증이 생기면 다발성 병변과 초로성 반점이 점점 더 많이 생기고, 마침내 신경세포가 대규모로 죽고 만다. 표준 임상 기준에 따라 알츠하이머병이 진단될 수 있을 때쯤이면 뇌신경세포의 4분의 1인 250억 개의 신경세포가 이미 죽어 있다. 이런 염증의 악순환이 얼마나 중요한지, 캐나다의 학자 패트릭 맥기어와 이디스 맥기어는 알츠하이머병을 뇌의 관절염이라고 표현했을 정도다.

여기에 염증성 전사인자인 NFkB가 관여할 것임은 당연하다. 실제로도 그렇다. NFkB는 학자들 사이에 큰 고민거리다. 생물의 화학작용은 질릴 정도로 복잡하기 때문에, 학자들은 금세 어린애 같은 선악 관념으로 퇴행해버린다. '좋은 편'과 '나쁜 편' 사이에 싸움을 붙이는 것이다. 분자에 대한 이런 순진한 시각을 제약업계는 기꺼이 받아들여 '나쁜 편'을 표적으로 삼아 물리치려고 힘쓴다. 그래서 좋은 편과 나쁜 편을 번갈아 오가는 분자는 약물에게 지독히 어려운 표적이 된다. 유감스러운 일이다. 제9장에서도 보았듯이, 비타민 C 같은 선의 화신조차 '좋은' 효과와 '나쁜' 효과를 뒤섞어 예측 불가능하게 발휘한다. 우리 편이냐 아니냐 하는 식의 극단적으로 단순화한 도덕적 질서를 적용하다 보면 반드시 '패러독스'에 빠진다. 학술지에서는 이 말을 대규모로 남용하고 있다. 메드라인(메드라인은 전 세계의 주요 의학 논문을 검색할 수 있는 데이터베이스다)에서 '패러독스'로 빠른 검색을 해보면 논문이 거의 4000건이나 나온다. '또 다른 칼슘 패러독스'라든지, '항산화제와 암의 패러독스', 또는 '베타카로틴: 적인가 아군인가?' 하는 식이다. 생화학자들은 패러독스를 해결하는 일을 참 좋아하는 모양이라고 생각할지도 모르겠지만, 이런 논문에서 뭔가 해결하는 경우는 드물다. 오히려 찬반의 증거만 잔뜩 쌓아놓고 판단은 후세로 미루는 식이다. 데이터의 분석은 상세하고 과학적인데도 불구하고 많은 논문들이 사방에 혼란을 일으키고 있다. 차라리 '성장 호르몬은 노화를 예방할까, 가속시킬까?' 하는 식의 제목이 더 마음에 든다. 의학은 놀라울 정도로 발전했지만 몇몇 기초적인 질문은 개략적인 해답조차 없이 그대로 남아 있다는 인상을 피하기 어렵다.

문제는 의학의 전통적인 접근방식에서 출발한다. 잠깐 들여다보고는(생화학반응이 순식간에 끝나버린다는 점을 생각하면 채 몇 초도 들여다보지 않는 경우도 종종 있겠다) 분자들 사이의 고정된 관계를 종합하는 식이다. 이런 접근은 과학 수사와 비슷하다. 살인 현장의 단서들을 과학적으로 세밀하게 조사해 살인이 어떤 식으로 이루어졌는지 알아내면서 정작 동기는 빼먹는 것이다. 과학도 좋지만 동기를 알아야만 사건을 제대로 이해할 수 있다. 동기는 종종 과거에 속한 일에 뿌리를 두고 있다. 이를테면 몇 년 전의 굴욕적인 기억 같은 것 말이다. 우리 몸이 만들어진 방식도 이와 마찬가지다. 심지어 분자 수준에서도 그렇다. 우리 몸은 진화라는 과거에 속하는 사건들로 이루어져 있다. 궁극적으로 우리 몸을 이해하려면 진화적 관점에서 바라보아야만 한다. 어떻게 해서 지금의 모습을 갖추게 되었는지를 생각해야 한다는 얘기다. 이런 점에서 좋은 편 대 나쁜 편으로 양분하는 태도는 NFkB처럼 복잡한 분자를 생각하기에는 심히 부적절한 방법이다. 비록 그렇다 하더라도 이것이 일반 수준이기는 하다. NFkB는 대개 두 얼굴을 가진 것으로 묘사되고 있다. 좋은 편에서 나쁜 편으로 금방 돌아설 수 있다는 것이다. 때로는 신경세포를 파괴하고, 때로는 지켜준다. 아주 중요한 존재이지만 약물의 표적으로는 썩 좋지 않다.

하지만 감염이라는 견지에서 바라보면 NFkB의 행동은 일관성 그 자체다. 알츠하이머병에서 NFkB의 활성화는 감염의 경우와 마찬가지로 두 가지 서로 보완적인 효과가 있다. 염증이라는 불에 부채질을 하고, 동시에 그 불에 건강한 세포들이 다치지 않도록 지키는 것이다. 감염의 경우, 원리는 명확하다. 면역체계는 자유라디칼로 침입자를 공격한다. 그런데 그 자유라디칼은 우리 몸의 세포를 해치기도 쉽다. 세포에 손상을 입지 않기 위해서 산화성 스트레스에 대한 유전적 저항이 생긴다. 우리 몸의 세포를 죽이거나 자살하도록(아포토시스) 만들 수도 있는 충격은 이러한 폭풍이 가라앉을 때까지 중단된다. 이때 어떤 세포는 분열하도록 자극을 받는다. 폭풍에 대비한 준비가 덜 되어서 피해를 입은 조직을 채워넣기 위해서다.

알츠하이머병의 경우에는 이 폭풍이 덜 심하지만 대신에 끝이 나질 않는다. 뇌의 염증성 신경아교세포는 화학적인 메신저의 자극을 받아 초로성 반점과 다발성 병변을 공격하지만 건강한 신경세포들도 똑같이 손상을 입을 위험이 있다. 그래서 여기에 반응해 공격에 대한 자기 저항성을 높이는 것이다. 헴산소화 효소나 SOD 같은 강력한 보호장치가 진지를 방어하는 모래주머니처럼 잔뜩 만들어져(제10장) 신경세포를 지킨다. 하지만 그런 강력한 보호 장치도 한없이 도움이 되지는 못한다. 세포들에게 등화관제 명령을 내려도 진짜 공습이 계속될 때는 등화관제를 지키기 힘든 것처럼 세포들이 긴장을 이겨낼 수 있는 기간에는 한계가 있는 것이다. 이것은 패러독스가 아니다. 산화성 스트레스에 대한 규칙적인 반응이며, 세포들은 이것을 살아가는 내내 견뎌낸다.

만일 NFkB의 '스위치가 꺼진다'면, 건강한 신경세포들은 손상에 **더** 취약해진다. 물론 쌓아올릴 모래주머니도 없어진다. 하지만 적어도 염증은 끝이 난다. 그래서 방어의 필요성이 덜해진다. 그 균형은 미묘하고도 예측이 불가능하다. 실제적인 해결법은 감염성 세포에서만 NFkB의 활성화를 막는 것이다. 아스피린이나 비스테로이드 항염제NSAID를 사용하면 어느 정도는 가능하다.[*] 몇몇 연구에서, 류머티즘의 통증을 억제하기 위해 몇 년 동안 계속 아스피린이나 NSAID를 처방받아온 사람들은 동년배와 비교해 치매에 걸릴 위험이 **절반**밖에 되지 않는다는 사실이 드러났다. 반대로 발작을 자주 일으키거나 뇌에 외상을 입거나 또는 바이러스에 감염되는 등 뇌에 염증이 일어날 다른 원인이 있는 사람들은 치매에 걸릴 위험이 몇 배나 더 높았다. 이렇게 취약한 집단은 아스피린이나 항산화제의 효과를 가장 크게 볼 수 있을 거라 생각하지만, 이를 증명한 체계적인 연구가 있는지는 모르겠다.

　다른 노인병과 몇 가지 비교를 하고 이번 장을 마무리할 참이다. 그전에 알츠하이머병을 통해 알게 된 것을 잠시 정리해보자. 첫째, 지금까지 밝혀진 유전자 돌연변이는 알츠하이머병에 걸린 극히 일부의 사람들에게 영향을 미치며, 그 영향은 중년까지 미뤄진다. 그러니까 쥐나 원숭이의 실험에서 본 것처럼 신경세포가 대량으로 죽고 치매가 임상적으로 진단되기 이전에 이미 산화성 스트레스는 어느 한계를 넘어버린다는 얘기다. 둘째, 다운 증후군, *ApoE4*, 단순포진 바이러스 감염 등 알츠하이머병의 다른 위험인자들은 모두 산화성 스트레스가 늘어나는 것과 연관되어 있다. 셋째, 위험인자를 갖고 있지 않은 사람들의 경우에 산화성 스트레스 하나만으로도 나이를 먹은 후 치매를 일으키기에 충분하다(노령에 치매에 걸린 사람들의 절반 정도). 넷째, 아스피린이나 비타민 E처럼 산화성 스트레스를 줄이는 인자

---

[*]　아스피린과 NSAID를 고용량으로 또는 장기간 복용하면 위장관 출혈이나 궤양이 일어날 수도 있다. 매년 수천 명의 환자들이 이 부작용으로 병원을 찾는다(97퍼센트는 적당한 양의 아스피린을 먹어도 아무런 문제가 없다. 나머지 3퍼센트만이 저 수천 명에 해당된다). COX-2 억제제라는 더 특수화한 아스피린이 새로 개발되어 팔리고 있는데, 효과는 비슷하면서도 부작용은 줄어들었다. 하지만 COX-2 억제제와 아스피린 둘 다 저용량을 복용할 경우에 시클로 산소화 효소라는 효소의 활동을 방해하고, 따라서 종양괴사인자나 일산화질소 합성효소처럼 NFkB의 조절을 받아 만들어지는 다른 단백질에 대해서는 제한된 효과만 나타낸다. 고용량을 복용할 경우, 아스피린은(COX-2 억제제는 빼고) NFkB의 활동을 방해한다. 이는 이전까지 이유가 밝혀지지 않은 효과들 중 일부의 원인이 될 수도 있다. 1994년에 미국 예일 대학의 엘리자베스 코프와 산카르 고시가 『사이언스』에 이 놀라운 내용을 발표했다. 부신겉질 호르몬인 글루코코르티코이드는 NFkB의 활동을 훨씬 더 강하게 억제하는데, 그래서 강력한 면역억제 효과를 갖게 된다. 하지만 글루코코르티코이드를 약으로 복용하면 체중 증가나 만성적 감염, 뼈 소실, 분비샘 위축 등의 달갑지 않은 부작용이 따른다.

들은 비록 영원히는 아니더라도 몇 년 정도는 치매의 발병을 미룰 수 있다.

결론적으로 알츠하이머병은 나이와 관계가 있다. **왜냐하면 나이는 산화성 스트레스와 상관관계가 있기 때문이다.** 젊을 때 산화성 스트레스를 심하게 만드는 인자들은 치매의 발병을 가속한다. 반면에 산화성 스트레스를 완화하는 인자들은 치매를 늦춘다. 하지만 산화성 스트레스를 아예 없애버리지 않는 한은 알츠하이머병을 막을 수 없다. 문제는 우리가 산화성 스트레스를 없앨 수가 없다는 점이다. 산화성 스트레스는 감염이나 그 밖의 신체적 스트레스에 대한 우리 몸의 저항성을 조정하는 데에 반드시 필요하기 때문이다. 하지만 그것을 좀 더 미묘하게 조절할 수는 있다. 알츠하이머병에 대한 이야기를 시작하면서 앞에서 이런 질문을 던졌다. 어째서 위험인자를 가지고 있지 않은 사람들도 치매에 걸릴까? 답은 이미 나와 있다. 바로 그 사람들도 산화성 스트레스를 겪고 있기 때문이다. 똑같은 질문에서 말을 바꿔보면 치매를 막는 일에 더 실제적인 도움이 될 것이다. 유전적인 위험요소(예를 들면 *ApoE4*)를 **가지고 있는** 사람들 중에 알츠하이머병에 걸리지 **않는** 사람들도 있는 것은 왜일까? 이 질문에 대해서는 마지막 장에서 이야기하도록 하자.

§

노화와 노인병은 미토콘드리아의 자유라디칼 누출과 산화성 스트레스, 만성적인 염증이 합쳐져 일어나는 퇴행성 과정이다. 몇몇 유전자, 감염, 환경요인이 산화성 스트레스를 이른 나이에 악화시키고, 이는 적어도 일부 신체기관에서 노화 과정을 빠르게 한다. 아밀로이드 침착이나 아포지질단백질 E4, 다운 증후군, 잠복성 바이러스 감염의 재활성화 모두 산화성 스트레스를 악화시킨다. 담배를 피우거나 혈당량이 높거나 환경에 여러 독성물질들이 있을 때도 마찬가지다.

니코틴이 여러 가지로 나쁘다고는 하지만, 중독성은 있을지 몰라도 흡연이 유발하는 치명적인 질병에는 책임이 없다. 그래서 니코틴 껌이나 패치가 안전한 금연 수단이 되는 것이다. 담배 **연기**가 위험한 것은 지금까지 알려진 중에 가장 극악한 자유라디칼 발생원이기 때문이다(나도 담배를 피우지만 이 책만 다 쓰고 나면 끊을 생각이다). 담배 연기에는 세미퀴논semiquinone, 폴리페놀, 황화 카르보닐carbonyl sulfide 등 여러 화학물질이 들어 있는데, 산소와 반응해 과산화라디칼과 수산화라디칼, 과산화수소, 게다가 일산화질소와 과산화아질산염peroxynitrite까지 만든다. 담배를 한 모금 피울 때마다 1000조 개의 자유라디칼이 생긴다고 한다. 상상도 할 수 없는 일이다. 그것도 모자라 염증세포를 활성화해 우리 몸에서까지 독성을 내게 한다. 그 결과 특히 허파와 혈관 벽에 산화성 스트레스가 나타난다. 세포 내의 글루타티온 농도가 억제되고(담배를 끊으면 혈액 내의 글루타티온 농도가 3주 만에 20퍼센트나 높아진다), 이는 NFkB 등의 전사인자를 활성화한다. 흡연자들은 비타민 C 등의 항산화제를 훨씬 빨리 써버리기 때문에 위협에 맞서려면 식생활에서 항산화제를 더 많이 섭취해야 한다. 하지만 대부분은 그러지 않는다. 따라서 흡연은 염증을 유발하고, 이는 심장병과 암의 위험을 높이는 주된 이유가 된다.

혈당량이 높은 것도 현대에는 큰 위험거리인데, 그 이유는 방금 이야기와 놀라울 정도로 비슷하다. 혈당량을 제대로 조절하지 못하는 것은 당뇨병의 보증서나 마찬가지다(제12장). 당뇨병 환자들은 식사 후에 혈당량이 아주 높아진다. 포도당은 복잡한 방법으로 단백질과 반응해 갈색 캐러멜 비슷한 물질을 만드는데, 나이를 먹으면서 이것이 점점 몸에 쌓인다. 이 물질을 최종 당산화물advanced glycation endproduct(AGE)이라고 한다(고기를 요리하면 갈색이 되는 것도 이 물질 때문이다). 백내장에 걸렸을 때 수정체가 흐려지는 원인이 바로 이런 캐러멜 물질이다. 단백질의 캐러멜화를 가속하는 것이 산소이며, 대부분의 AGE는 사실 산화물이다. 짐작대로 캐러멜화는 단백질의 기능을 방해하지만 더 나쁜 일이 따라온다. AGE는 아밀로이드와 마찬가지로 자유라디칼의 효과를 증폭한다. 그러니까 자유라디칼에 의해 만들어지고 스스로 자유라디칼을 더 만들어 유독한 효과를 더 심하게 만드는 것이다. 결국 산화성 스트레스와 염증이 나타난다. 포도당은 혈액을 따라 각 세포에 전달되기 때문에 혈관 벽이 제일 심하게 영향을 받는다. 당뇨병에 걸리면 눈이나 콩팥, 팔다리의 작은 혈관벽이 손상되고 막혀서, 시력을 잃고 콩팥 기능이 떨어지며 절단 수술이 필요해지는 경우도 많다. 이 모든 과정이 당뇨병의 경우에는 빠르게 일어나지만 사실 모든 사람들의 몸속에서도 천천히 진행되고 있다. 나이를 먹으면서 모든 조직의 미토콘드리아에서 자유라디칼이 빠져나온 결과로 AGE가 쌓이기 때문이다. 이런 이유로 당뇨병은 종종 일종의 가속된 노화라고 하기도 하는데, 바꿔 말하자면 가속된 형태의 산화성 스트레스라고 하겠다.

혈관 벽의 염증은 세포의 증식, 콜레스테롤의 산화와 침착, 그리고 죽상경화증을 일으킨다. 이렇게 되면 클라미디아 프네우모니아이Chlamydia pneumoniae 같은 질긴 세균들이 자라기 딱 좋은 환경이 된다. 손상된 동맥 벽에 감염되어 안전하게 둥지를 틀고는 면역세포에 대항하는 것이다. 심장 혈관 질환 환자들 중 80퍼센트 이상이 클라미디아에 감염되어 있다. 하지만 이것이 심장병의 원인인지 또는 결과인지는 아직 논란의 여지가 있다. 아주 간단히 말하자면 양쪽 다일 수 있다. 죽상경화증의 **원인**은 산화성 스트레스이며, 그 과정은 흡연이나 AGE, 산화된 콜레스테롤, *ApoE4*, 감염, 또는 그냥 노령으로 시작되거나 계속될 수 있다. 이러한 인자들 중 어느 하나만 있어도 다른 것들이 생기기 쉬워진다. 모두 산화성 스트레스로 연결되어 있고, NFkB 일족의 작용으로 다 함께 염증반응으로 통한다. 이런 인자들 중 여럿이 '외적인 것'이기 때문에(우리 세포 안에서 미토콘드리아 때문에 생긴 것이 아니라는 뜻) 쉽게 되돌릴 수 없는 미토콘드리아의 노화에 비해 항산화제 요법이 더 잘 듣는다. 그래서 건강한 식생활 또는 항산화제 보조식품이 심장병의 진행을 뒤로 미룰 수는 있어도 궁극적으로 노화를 막지는 못하는 것이다.

　암도 산화성 스트레스와 염증 때문에 생긴다. 앞서도 보았지만 방사선을 쐬면 물이 쪼개져 산소 자유라디칼이 생기고(제6장), 그다음에 DNA과 단백질, 지질을 공격한다. 산소 자체도 똑같은 라디칼을 만들기 때문에 사실은 발암물질이라 할 수 있다(더 전문적으로는 발암성 전구물질이라고 해야 한다). 우리가 공기를 더 많이 호흡할수록 암에 걸릴 위험이 높아진다. 따라서 암과 나이는 관계가 깊다. 벤젠benzene이나 퀴논quinone, 이민imine, 금속 등의 여러 발암물질 역시 자유라디칼을 만든다. 이 과정에서 산소 자유라디칼이 중요한 역할을 한다는 사실은 DNA에 수산화라디칼이 공격한 흔적이 고스란히 남기 때문에 금방 알 수 있다. 공격을 받으면 8-히드록시디옥시구아노신8-OHdG(제6장 참조) 등의 물질이 소변으로 배출된다. 담배를 피우면 8-OHdG가 배설되는 양이 35~50퍼센트 늘어난다. 대체로 산화된 파편은 DNA에서 잘려 나가고 그 자리에 새로 정확한 글자가 들어간다. 하지만 짝을 잘못 맞추는 경우도 생기기 마련이다(예를 들면 구아닌[G]이 티민[T]으로 바뀌는 식이다). 세포가 분열할 때 이 유전암호의 실수가 돌연변이로서 다음 세대에 전달된다. 산화성 손상과 돌연변이가 시간이 갈수록 쌓인다. 쥐 한 마리가 늙을 때쯤(2세) DNA의 손상 부위는 세포당 100만 개 가까이 되는데, 이는 어린 쥐의 두 배나 된다.

　암세포에서 빈번한 돌연변이는 대개 암의 원인이라고 생각되지만, 사실은 돌연변이가 먼저 일어난 다음에 암세포가 증식하도록 자극하는지 아니면 이미 증식하고 있는 암세포에 돌연변이가 축적되는지는 밝혀지지 않았다. 확실히 종양은 시간이 지나면서 점점 더 많은 돌연변이를 '개발'하고 축적한다. 산화성 스트레스와 염증은 애초부터 세포분열에 도움이 되는 환경을 만든다. 방사선, 흡연, 발암물질, 노화와 연계된 산화성 스트레스를 제외하고, 전 세계 암의 3분의 1은(특히 개발도상국에서) B형 간염과 C형 간염, 주혈흡충증 등의 만성적인 감염증에 의해 유발된다. 당연히 산화성 스트레스가 도처에 깔린 상태에서 NFkB가 관여한다. 대부분의 암세포에서는 활성화한 NFkB 수치가 높다. 정상 세포가 암세포로 변할 때도 이 수치는 높게 유지되어야 할 것이다. 왜 이래야만 할까? 여기서도 감염에 대한 정상적인 반응에서 힌트를 얻을 수 있다. 첫째, NFkB는 산화성 스트레스에 대한 세포의 저항성을 강화한다. 그래서 암세포가 강해진다. 둘째, NFkB는 세포의 증식을 자극한다. 감염의 경우에 원리는 손상된 조직을 새로운 세포로 교체하는 것이다. 그러나 암의 경우에 NFkB의 활성화는 단순히 증식만 더 많이 되도록 한다. 따라서 NFkB가 끊임없이 활성화하면 암세포를 강하게 하고 그 증식을 자극한다. 무엇보다도 바로 이 점 때문에 종양은 화학요법과 방사선요법 같은 치료에 더 내성이 있는 것이다. NFkB의 스위치를 꺼버릴 수만 있다면 종양은 더 쉽게 치료될 것이고, 따라서 NFKB의 스위치를 끄는 일은 암 치료약 개발에 유망한 길이 될 것이다.*

산화성 스트레스가 중요한 역할을 한다고 알려진 질병은 수백 가지나 된다. 이 몇 가지 예만 가지고도 전체적인 논점인 노화의 이중인자 이론을 증명하기는 충분한 듯하다. 산화성 스트레스는 나이를 먹으면서 점점 커지고, NFkB 등의 전사인자를 이용해 감염에 맞서 싸우는 유전자를 활성화한다. 이 유전자들은 한 번에 몇 달 또는 몇 년씩이나 스위치가 켜진 채 있지는 않는다. 우리가 어릴 때 감염을 이기고 살아남아 다 자란 후에 생식을 하도록 만드는 것이 이 유전자들의 목적인 것이다. 선택압력, 또는 다면발현의 균형점이라는 점에서 보면 이러한 과제는 노화나 노인병 같은 개인적인 불행보다 훨씬 더 중요하다. 그렇더라도 이번 장에서 하고 싶은 이야기는 긍정적인 부분이었다. 인간은 우리를 '해치우려는' 임의의 무수한 유전자 악당들의 희생양이 아닌 것이다. 오히려 정반대다. 우리가 가진 유전자들의 행

---

* 암의 경우에 NFkB를 활성화하는 유전자는 종종 돌연변이를 일으켜 계속해서 활동을 한다. NFkB의 활성을 막을 때 생길 수 있는 문제 하나는, 이것이 면역억제를 일으킨다는 점이다. 면역이 억제되면 암이 더 쉽게 진행된다. 면역계는 보통 암세포를 표적으로 삼아 없애기 때문이다. 이런 복잡한 관계를 해결하는 일은 불가능한 것은 아니더라도 매우 어렵다.

동은 산소와 산화성 스트레스에 따라 달라진다. 우리가 더 솜씨 좋게 산화성 스트레스를 조정할 수 있게 되는 날, 그때가 되면 우리는 유전자와 운명을 뛰어넘을 수 있을 것이다.

15

삶과 죽음, 그리고 산소

노화의 미래에 대해 진화에서 얻는 교훈

닭이 먼저일까, 달걀이 먼저일까? 우리가 얼마나 인과관계에 사로잡혀 있는지를 상징적으로 보여주는 질문이다. 이 질문은 이렇게 고쳐볼 수 있다. 닭이 달걀의 원인일까, 아니면 달걀이 닭의 원인일까? 끝도 없이 계속해서 한쪽이 다른 한쪽을 따라가는 한, 질문에 대답하기란 불가능해 보인다. 철학자들이 좋아하는 일종의 무한회귀無限回歸인 것이다. 어떤 사람들은 이를 원동자原動者가 존재한다는 증거라고 여기기도 한다. 누군가 닭과 달걀을 동시에 만들었을 것이라는 얘기다. 거기에 현학자들은 고집스레 질문에 대한 답을 찾는다. 지금부터 이 질문에 대한 답을 잠시 생각해보도록 하자. 그 답에서 삶과 죽음, 그리고 산소에 대한 더 중요한 질문의 실마리를 얻을 수 있을 것이다.

해답은 논리가 아니라 역사에서 나온다. 감히 머리로 생각할 수 없을 정도로 긴 시간과 역사의 우연성을 무한회귀와 헷갈려서는 안 된다. 닭과 달걀이 늘 존재했던 것은 아니다. 둘 다 진화한 것이다. 뿐만 아니라, 그 진화는 성과 자연선택에 의해 특별한 방법으로 이루어졌다. 유성생식을 하는 종의 경우, 유전자에 작은 변화가 일어나 그것이 세대가 지나면서 쌓이려면 반드시 성세포를 거쳐야 한다. 성세포의 유전자는 그 생물의 경험으로는 크게 달라지지 않는다. 흡연이나 방사선으로 돌연변이를 일으킬 수는 있지만 운동을 열심히 해서 키운 근육을 자녀에게 물려줄 수는 없다(다만 체격이라든지 운동을 좋아하는 성격을 물려줄 수는 있다). 이것이 바로 다윈의 이론과 프랑스의 박물학자 장 바티스트 피에르 앙투안 드 모네의 이론 사이의 차이다. 드 모네는 라마르크로 더 잘 알려져 있다. 라마르크는 획득 형질, 즉 살면서 생긴 변화가 유전된다고 믿었고, 이 이론은 스탈린 시대에 소련에서 크게 유행했다. 스탈린은 리센코의 마르크스주의 사이비과학에 이끌려, 몇 세대 동안만 공산주의를 강요하면 러시아 사람들에게 공산주의 '유전자'가 남을 것이라고 기대했다.

만일 라마르크의 이론이 옳았다면, 새는 자라면서 점점 닭으로 변했을 것이다. 러시아 사람들이 교육을 받아 더 훌륭한 공산주의자가 되는 것이나 마찬가지다. 새는 새로 생긴 닭 유전자를 자손에게 물려줄 것이다. 만일 이런 식이었다면 닭이 달걀보다 먼저 나왔을 것이다. 이 시나리오에 비논리적인 부분은 없다. 사실상 세균이 바로 이런 경우에 해당된다. 세균은 성세포를 만들지 않는다. 새로 얻은 형질이 있으면 분열할 때 무조건 딸세포에게 물려준다. 그런데 유성생식을 하는 종은 이런 식으로 유전자를 물려주지 않는다. 유성생식의 경우, 신체는 유전자의 도구로서 한 번 쓰이고 버려지는 반면에 성세포는 물려줄 수 있는 모든 유전자를 보존한다. 따라서 닭이 진화하도록 이끈 유전자 변화는 두 성세포 중 하나 또는 양쪽 모두에 일어난 것이고, 이 둘이 모여 수정란이 된다. 그러니까, 최초의 닭이 부화해 나온 달걀은 닭이 아닌 새가 낳은 것이라는 얘기다. 그러면 확실히 달걀이 먼저 나온 것이 된다.

물론 최초의 닭은 갑자기 나타나지 않았다. 닭이 아닌 새(사실은 적색야계赤色野鷄인 갈루스 갈루스Gallus gallus)가 서서히 변해 집에서 키우는 닭이 된 것이다. 따라서 닭 이전에 있던 새의 알부터 진화했다고 봐야 한다. 실제로 단단한 껍데기에 둘러싸인 알을 처음 낳은 것은 2억 5000만 년 전의 파충류 였다. 석탄기 이후에 기후는 춥고 건조해졌고, 거대한 석탄 늪지는 말라버 렸다. 물에 의존해 사는 양서류는 어려움을 겪었지만, 최초의 파충류는 몸 에 비늘을 두르고 알을 껍데기로 둘러싸 이 문제에서 벗어났다. 껍데기가 생 긴 덕분에 알이 말라버릴 걱정이 없어졌고, 그래서 물이 아닌 육지에도 알 을 낳을 수 있었다. 이렇게 시작된 '파충류 시대'는 6500만 년 전 공룡이 멸 종될 때까지 계속되었다. 알에 껍데기가 생기면서 교미가 반드시 필요하게 되었다. 물에서는 알을 낳은 다음에 몸 밖에서 수정을 했지만, 껍데기는 알 을 낳기 전에 만들어지기 때문에 몸 안에서 수정이 이루어질 수밖에 없었 다. 따라서 모든 파충류는 교미를 했고, 이런 형질을 후손인 새와 포유류에 게 물려주었다. 이렇게 역사에 대해 조금만 이해하더라도 교미와 알이 닭보 다 먼저 존재했다는 것을 알 수 있다. 역사 전체를 생각하면 무한회귀라는 개념은 어리석어 보인다.

산소와 자유라디칼이 노화와 질병에 어떤 역할을 하는가에 대해서도 이와 비슷한 문제를 내놓을 수 있다. 자유라디칼과 질병 중 어느 쪽이 먼저일까? 1950년대에 레베카 거쉬먼, 대니얼 길버트, 데넘 하먼은 산소 호흡 중에 생 기는 반응성 높은 중간 생성물이 노화와 질병의 **원인**이라고 주장했다. 이 엄청난 주장은 심지어 오늘날까지도 아직 실험적으로 증명되지 못했다. 그 런데도 많은 사람들은 물론이거니와 저명한 학자들조차 항산화제가 기적의 치료제라는 믿음에 집착하고 있다. 하지만 이 분야의 학자들 대부분은 존 거 터리지와 배리 할리웰의 날카로운 견해에 동의하고 있다. "항산화제가 노화 와 질병에 대한 만병통치약이 아니라는 사실은 1990년대에 이르러 확실해 졌다. 비정통 의학에서만 이런 개념을 계속 팔고 있다."

과학 분야 중에서 자유라디칼 분야만큼 명성을 얻을 가능성이 높은 분야는 별로 없다(노화를 치료한다니 엄청나지 않은가!). 하지만 동시에 이 분야만큼 반전이 많았던 분야도 없다. 1970년대 말 SOD(과산화물 제거효소)가 발견되자 학계가 온통 술렁거렸지만, 조제 약물로 기대했던 기적을 얻지 못하자 흥분은 금세 가라앉았다. 고용량 항산화제 요법도 마찬가지로 별다른 인상을 남기지 못했다. 가짜 과학이 이 분야에서 너무 쉽게 판을 쳤다. 확실하고 구체적인 증거로 뒷받침되지 않는 주장들이 마구 쏟아졌다. 제9장에서 잠깐 등장했던, 혈장의 비타민 C 농도가 사망률과 반비례한다는 주장도 이런 예다. 반비례 관계 자체는 사실이지만 이 연구가 의학 전문 학술지인『란셋』에 발표된 이유가 문제다. 비타민 C를 더 많이 먹으면 죽을 확률이 줄어든다고 은근히 주장하고 있는 것이다. 아마 이것도 사실일지 모른다. 하지만 그 연구는 전혀 증명되지 못했고, 연구자들도 스스로 그렇게 인정했다. 오히려 그 반대로 비타민 C 보조제를 먹은 사람들이 별다른 이익을 얻지 못한 것으로 판명되었다. 저런 주장은, 말하자면 우리가 일어서 있는 시간과 사망률이 반비례하기 때문에 더 자주 일어서면 오래 살 것이라는 얘기나 마찬가지다.

이렇게 잘못된 주장이 자꾸 나오다 보니 다른 의학 분야에서 미심쩍은 눈으로 보는 것은 당연한 일이었다. 내가 이 책의 제안서를 보냈다가 받은 답신 중 하나에도 이런 인상이 아주 잘 나타나 있다.

솔직히 말씀드려서, 저는 자유라디칼 분야에 대해 안 좋은 편견을 가지고 있습니다. 학문 자체도 복잡하고 산만한 데다, 사람들을 맹목적으로 끌어들이는 듯합니다. 자유라디칼이 노화는 물론 모든 질병의 원인이라고 (그래서 자유라디칼 제거제를 많이 먹는다면 영원히 살 것이라고) 믿게 만드는 식으로 말입니다. 물론 자유라디칼이 중요하지 않다거나 시시하다는 얘기는 아닙니다. 단지 과학과 사이비를 구분하기 어렵다는 것이지요.

사이비는 별 문제로 치더라도, 여기에는 진짜로 과학적인 문제들이 있다. 자유라디칼이 질병의 **원인**이라는 것을 직접 실험을 통해 증명하는 일이 과연 가능한가 하는 것이다. 문제는 대부분의 자유라디칼이 아주 낮은 농도로 굉장히 짧은 시간 동안만 존재한다는 점이다. 생기자마자 다른 것으로 바뀌어버리는 것이다. 자유라디칼을 직접 측정하는 방법으로 유일하게 알려져 있는 것은 전자 스핀 공명법electron spin resonance(ESR)이라는 것인데, 자유라디칼의 홑전자(짝이 없는, 즉 쌍을 이루지 못한 전자 — 옮긴이) 스핀에서 나오는(제6장) 아주 미세한 자기 신호를 감지할 수 있다. 하지만 유감스럽게도 이러한 일시적인 신호는 배경 노이즈에 파묻혀 금방 지워지며, 이 방법을 쓰더라도 10억 분의 1초 만에 사라져버리는 수산화라디칼처럼 반응성이 강한 라디칼은 검출할 수가 없다. 이런 문제들을 피해갈 방법은 있지만 거기에는 또 해석의 문제가 생긴다.

이러한 문제들을 피하는 가장 좋은 방법은 자유라디칼을 간접적으로 측정하는 것이다. 그러니까 자유라디칼 반응으로 생긴 물질, 특히 산화된 DNA이나 단백질, 지질 등이 축적되거나 배설되는 양을 이용하는 것이다. 여기서 귀속성에 관한 문제가 생긴다. 산화된 물질들이 정말로 몸속의 자유라디칼 공격으로 생긴 것일까? 예를 들어 DNA가 산화되어 파괴되면 8-히드록시디옥시구아노신8-OHdG이라는 물질이 생긴다. 앞서도 보았듯이 8-OHdG는 수산화라디칼이 DNA를 공격했을 때 생기지만 어떤 경우에는 인공적으로 생길 수도 있고, 또 일부는 효소에 의해 생길 수도 있다. 이 물질의 양을 가지고 수산화라디칼에 의해 DNA 전체가 산화된 정도를 계산한다 해도 결국은 추측일 뿐이다. 자유라디칼이 실제로 질병을 유발한다고 **암시**하는 대부분의 증거를 무시하는 것은 잘못된 일이겠지만, 단정적인 주장은 사이비나 다를 바 없다. 지질이나 단백질 산화물을 기준으로 실험을 해도 마찬가지다. 이런 실험을 통해 얻은 결과를 가지고 자유라디칼이 관련되어 있다고 명확하게 추측할 수는 없다. 건물 안에 담배를 피운 흔적이 남아 있다고 누군가 고의로 불을 지르려고 했다고 추측할 수는 없는 것이다. 설령 산화된 단백질이나 DNA, 지질을 자유라디칼이 존재한다는 명백한 증거로 받아들인다 하더라도 그 자유라디칼이 질병의 원인인지는 아직 모르는 일이다. 그 타이밍이나 인과관계에 대해 아는 것이 거의 없다. 산화의 표시는 종종 질병의 표시와 함께 나타난다. 하지만 그렇다고 한쪽이 다른 한쪽의 원인이 된다는 뜻은 아니다. 자유라디칼이 **정말로** 질병의 원인이라는 사실을 증명하는 가장 단순한 방법은, 항산화제를 사용해 자유라디칼의 활동을 한 번 막아보는 것이다. 앞서도 이야기했듯이, 항산화제는 질병을 거의 치료하지 못한다. 노화는 말할 것도 없다. 거기에 대해서는 실험에 사용한 항산화제가 그리 강한 것이 아니었다든지, 또는 제때 제 장소에 제 양이 작용하지 못했다든지, 그 밖에도 여러 가지로 설명할 수 있다. 그중에서도 가장 믿을 만한 설명이라면, 자유라디칼이 문제의 일부일 뿐이라는 것이다. 심지어 항산화제가 도움이 되는 경우에도 정말 항산화제로서 작용해 도움이 되었는지를 증명하는 것은 쉽지 않다. 비타민 C는 여러 작용을 하지만 그중 많은 부분이 항산화작용과는 관계가 없다. 카르니틴의 합성이나 펩티드 호르몬과 신경전달물질의 생산을 자극하는 작용을 할 수도 있는 것이다. 방법론적인 면에서 뭔가 획기적인 돌파구 없이는 현재 실험 기술로 이 점을 넘어서기란 어렵다.[*]

실험 연구가 막다른 골목에 몰려 있음에도 불구하고 자유라디칼을 노화와 질병의 원인으로 보는 근거는 직관적인 해석상의 힘이다. 지금까지 알려진 사실상 모든 질병에서 자유라디칼이 검출된다는 점, 그리고 원칙적으로

---

[*] 그런 돌파구 하나가 이미 마련되었다. 바로 '유전자 적중' 생쥐의 출현이다. SOD 같은 효소를 만드는 유전자를 못 쓰게 해서 그 효소가 아예 만들어지지 않도록 하는 것이다. 그런 실험은 매우 유용하며 새로 태어난 생쥐에게 SOD가 매우 중요하다는 것을 보여준다. 그러나 SOD가 어린 생쥐에게 반드시 필요하다고 해서 노화 중인 사람들에게 중요하다고 말할 수는 없다. 비슷한 예로 초파리의 경우에 SOD와 카탈라아제가 많이 만들어지면 수명이 늘어난다는 것이 밝혀졌지만, 이는 아직 초파리에게만 해당된다.

노화의 진행과 노인병의 발병률 상승을 자유라디칼로 설명할 수 있다는 점은 분명히 사실이다. 지금까지 대량으로 축적된 데이터를 보면 자유라디칼은 적어도 그 양이 많을 경우에는 **원인이 되는** 역할을 하고 있다고 생각할 수 있다. 이런 해석을 뒷받침하는 다른 요소들도 많다. 하나만 예를 들어보자. 만일 자유라디칼이 미토콘드리아에서 나온다면, 미토콘드리아의 DNA가 핵 DNA보다 더 많이 손상을 입을 것이라고 예상할 수 있다. 제13장에서 보았듯이, 이렇게 예상한 차이를 실제로 측정하는 데에는 실험에 따라 결과가 6만 배나 차이가 날 정도로 어려움이 따른다. 하지만 DNA가 손상되는 비율이 높으면 돌연변이가 일어나는 비율이 높아지고, 미토콘드리아 유전자에 돌연변이가 일어나는 비율은 핵 유전자에 돌연변이가 일어나는 비율보다 굉장히 높다. 따라서 자유라디칼이 원인이라는 설명의 근거는 다른 방향에서 찾게 되는 것이다.

산소 자유라디칼의 중요성을 이해하려면 시야를 더 넓혀야 한다. 달걀이 닭의 원인이라는 것을 논리적으로 증명할 수 없듯이, 자유라디칼이 질병의 원인이라는 것을 실험적으로 증명할 수는 없다. 하지만 산소에 대해 알아보면 자유라디칼이 진화의 틀에 얼마나 잘 들어맞는지를 알 수 **있다**. 이 책에서 지금까지 종합해본 산소 이야기에는 다소 해결하기 어려운 실험적인 질문에 대한 해답이 들어 있으며, 그 해답에는 의학의 미래에 관한 중요한 암시가 담겨 있다. 우리가 만들 수 있는 미래 세계를 엿보기 전에, 우리 인간의 삶과 죽음에 가장 중요한 원소인 산소에 대한 지금까지의 이야기를 정리해보도록 하겠다.

§

태초에는 산소가 없었다. 하지만 자외선과 물이 있었다. 오존층이 없었기 때문에 공기와 바다 표면에 쏟아지는 자외선은 지금보다 적어도 30배는 더 강했다. 자외선은 물을 쪼개 반응성 강한 산소 중간 생성물을 만든다. 우리가 호흡을 할 때도 똑같은 물질이 생기는데, 바로 수산화라디칼, 과산화라디칼, 과산화수소다. 이 불안정한 중간 생성물들은 서로 반응하기도 하고 물과 반응하기도 하면서 수소와 산소를 만들었다. 수소는 가볍기 때문에 우주공간으로 날아가버렸다. 산소는 암석에 들어 있는 철과 화산에서 솟아 나오는 유황가스와 반응해 그대로 지구에 붙잡혔다. 화성의 경우, 희박하고 건조한 공기 속에서 산소 중간 생성물들은 문자 그대로 돌처럼 굳어져 붉은 산화철이 되었고, 그래서 오늘날 화성은 붉은 색을 띤다.

하지만 지구에서는 이와 다른 일이 일어났다. 생물은 바다 표면층에 적응했다. 지구 생물의 마지막 공통조상인 LUCA(제8장)는 진화를 통해 벌써 항산화 효소를 갖추고 방사선 때문에 생긴 반응성 강한 산소 중간 생성물들로부터 자신을 스스로 보호했다. 유전자 연구를 통해 LUCA가 SOD, 카탈라아제, 페록시레독신 등의 항산화 효소를 가지고 있었다는 사실을 알 수 있다. 게다가 LUCA는 복잡한 대사작용을 하고 있었다. 일종의 헤모글로빈을 이용해 산소를 붙잡을 수 있었고, 시토크롬 산화효소를 이용해 거기서 에너지를 만들 수 있었다. 이 시토크롬 산화효소의 먼 후손들은 지금도 똑같은 일을 하고 있다. LUCA는 38억 5000만 년 전이라는 먼 옛날부터 이런 일을 해낼 수 있었다. 이 시기는 달과 지구를 만든 운석 폭격이 끝난 직후다. 아직 공기 중에 자유 산소는 축적되지 않았지만 우리가 아는 한 가장 옛 조상은 이미 산소 호흡을 통해 에너지를 만들고 산화성 스트레스에 대항하고 있었다.

방사선을 쐬어서 생긴 산소 중간 생성물들은 물에 녹은 철염류와 황화수소와 반응해 서서히 이 물질들을 얕은 바다와 호수에서 없애나갔다. 두 가지 모두 광합성의 초기 재료였고, 그래서 이 물질들이 없어지자 선택압력은 뭔가 대신할 다른 물질을 찾도록 몰고 갔다. 그렇게 고립된 환경에서 과산화수소는 비교적 풍부했고, 항산화 효소인 카탈라아제를 이용해 쪼갤 수 있다는 점에서도 쓸 만한 대체 재료가 되었다. 카탈라아제는 이렇게 광합성 효소 역할까지 맡게 되었다. 광합성반응이 일어나는 중심 부분에 여러 효소들이 모이자, 카탈라아제 두 개가 서로 묶여 '산소 방출 복합체'가 되었다. 이 복합체는 햇빛의 에너지를 끌어와 물을 쪼개 산소를 만들 수 있었다. 물을 쪼개고 산소를 만드는 광합성은 지구상에서 **단 한 번**에 진화되었다. 운명은 갑자기 변해, 광합성 재료로 물을 사용하는 지구상의 **모든** 생물은 카탈라아제 단위를 기반으로 한 물을 쪼개는 복합체를 물려받았다. 생물이 먼저 방사선에 저항하는 능력을 갖추지 못했다면 결코 일어날 수 없는 일이었다. 아마도 카탈라아제가 없었다면 불가능한 일이었을 것이다. 그리고 화성에서는 이런 일이 일어나지 않았던 것이 거의 확실하다. 화성의 모습이 그렇게 황량한 것은 이렇게밖에 설명할 수 없다.

지구에서는 광합성을 하는 시아노박테리아가 산소를 공기 중에 내보냈다. 그 속도는 아주 빨라서, 화산이 유황가스를 뿜어내는 것보다도 빨랐고 풍화작용으로 새 암석이 공기 중에 드러나는 것보다도 빨랐다. 지각이 산화되었지만 그래도 남는 산소가 있었다. 방사선이 물을 쪼개자, 수소는 더 이상 우주공간으로 날아가지 못했다. 그 대신에 남은 산소와 반응해 다시 물을 만들었다. 산소가 쌓이면서 오존층이 형성되었고, 이 오존층은 하층 대기로 뚫고 들어오는 자외선을 막아주었다. 바닷물이 손실되는 속도가 서서히 줄어들었다. 하지만 화성과 금성에서는 산소라는 완충제가 만들어지지 않았기 때문에 계속 바닷물이 없어졌다. 이런 식으로 물이 없어진 탓에 화성과 금성에는 지금도 바다가 없다.

물을 잃지 않은 것은 광합성이 가져다 준 첫 번째 선물이었다. 두 번째 선물은 산소 자체였다. 길고 긴 선캄브리아대 동안에 몇 번씩이나 무서운 지질변동이 일어났다. 빙하기가 몇 번씩 찾아와 지구가 눈덩이가 되었고 불쑥불쑥 산이 생겼다. 그 때문에 오랜 진화적 정체 상태가 뒤집혔고, 너무 많은 유기물질들이 파묻혀버려 여분의 산소가 그대로 공기 중에 남았다. 그때마다 생물은 크게 도약했다. 27억 년 전 처음으로 산소가 공기 중에 주입되었을 때 인간의 조상인 진핵생물이 최초로 희미하게 모습을 드러냈다. 그리고 콜레스테롤과 비슷한 스테롤이라는 분자를 지문처럼 남겼다. 그다음, 23억 년 전부터 22억 년 전 사이에 빙하기와 지각변동에 이어 더 큰 규모로 산소가 공기 중에 주입되자 진핵생물은 화석기록에 최초로 뚜렷한 흔적을 남겼다. 곧이어, 화석기록에 다세포 조류가 등장하기 시작했다. 하지만 그 후 10억 년 동안은 별다른 일이 일어나지 않았다. 그다음에 가장 큰 지각변동이 일어났다. 적어도 두 번이나 눈덩이 지구가 형성되었다. 얼음이 1억 6000만 년이라는 기간에 걸쳐 지구를 뒤덮었고, 마침내 대기 중 산소 농도가 현대 수준으로 높아졌다.

그 직후에 얼음이 물러나고 환경이 안정되면서 최초의 큰 동물이 등장했다. 바로 해파리처럼 생긴 원형질 주머니인 채식주의 벤도비온트였다. 덩치가 큰 벤도비온트는 소화관을 가지고 있었고 배설을 했다. 무거운 배설물 덩어리는 가라앉아 바다 깊은 곳에 쌓여 바닷속의 유기물질을 고갈시켰다. 뿐만 아니라, 배설물이 매장되는 바람에 유기물질이 호흡으로 분해되지 못했고(따라서 산소도 소비되지 않았다) 결국 바다 전체에 산소가 들어찼다. 세균은 어쩔 수 없이 물러났고, 악취가 나는 황으로 이루어진 어두운 세계도 함께 물러났다. 산소가 풍부한 새로운 생태계는 이제 기지개를 켰다. 텅 빈 거대한 도화지가 자연의 손길을 기다리고 있었다. 산소를 호흡에 이용하면서 먹이에서 에너지를 뽑아내는 생물의 능력이 네 배로 뛰었고, 포식 습성이 나타났다. 이제 처음으로 먹이에서 얻은 에너지가 남아돌게 되었고, 따라서 먹이사슬이 더 길어질 수 있었다. 5억 4300만 년 전, 캄브리아기 대폭발로 빈 생태공간에 갑자기 생물들이 퍼져 나갔다. 바다에서는 사냥꾼들과 먹이 사이에 쫓고 쫓기는 숨바꼭질이 벌어졌다. 포식 습성으로 인해 진화적 경쟁이 벌어졌다. 사냥꾼들과 먹이들은 서로 경쟁하듯 몸 크기를 키웠다(산소에 의존해 커진 몸을 지탱하고 에너지를 공급했다). 몸 크기가 커지면서 복잡한 적응이 일어났고, 결국 생물은 육지에서도 살게 되었다.

그 배후에 산소가 있었다. 최초의 단세포 진핵생물은 부지런한 세균들 틈에서 청소부로 전락했다. LUCA의 훌륭한 대사작용 솜씨를 잃고 유기물질 찌꺼기를 발효하거나 세균을 잡아먹고 근근히 살아가고 있었다. 산소가 필요하기는 했지만 너무 많으면 견뎌내지 못했다. 그러던 어느 날, 진핵생물은 산소를 먹어치우는 자색세균을 잡아먹었다. 그리고 갑자기 아무런 무리 없이 산소가 풍부한 얕은 바다를 헤엄쳐 다닐 수 있게 되었다. 몸속에 들어온 진공청소기가 산소를 다 빨아들여 보호해준 것이다. 내부에서는 음험한 거래가 이루어지고 있었다. 자색세균은 현대의 미토콘드리아로 변하는 한편, 여분의 에너지와 생명을 맞바꾸는 모험을 하게 되었다. 산소는 DNA에 돌연변이를 일으켜 유전자가 변하고 진화하도록 몰고 갔다. 산소야말로 가장 효율적인 유전자 청소 메커니즘인 유성생식의 유전자 재조합이 진화하도록 만든 요인들 중 하나가 분명하다. 하지만 미토콘드리아의 경우에는 특이하고도 중요한 문제가 있었다. 진핵생물 전체의 활동에 꼭 필요한 유전자 몇 가지를 계속 갖고 있게 된 것이다. 이제 오도가도 못하는 처지에서 주인인 진핵세포 때문에 세균처럼 빠르게 분열하는 일은 불가능했다. 미토콘드리아 유전자는 유성생식으로도, 세균처럼 자연선택으로도 유전자를 재생하지 못하게 되었다. 퇴화할 수밖에 없었다. 이 문제의 해결 방법은 성이 아니라 성별이었다. 성세포 두 개가 합쳐져 다음 세대를 만드는 것이다. 한쪽 성세포는 미토콘드리아에서 에너지를 얻은 다음에 로켓이 연료탱크를 버리듯 내버리고, 반면에 다른 쪽에서는 동면 중인 우주비행사들처럼 휴면 상태로 미토콘드리아를 유지하게 되었다. 동면 중인 우주비행사들이 목적지에 도착하면 임무를 수행할 준비가 되어 있는 것처럼, 미토콘드리아도 다음 몸으로 넘어가 작용을 시작할 준비가 되어 있었다. 배아 발생 초기에, 잠들어 있던 미토콘드리아는 다시 뽑혀 다음 세대를 위해 '대기'하게 되었다.

성과 성별과 함께 잉여성이 등장했다. 일부 유전자들만 다음 세대로 전달될 경우, 다른 모든 특성들은 이 유전자들이 다음 세대로 전달되기 위한 보조 역할을 한다. 잉여성 덕분에 이를 지원하는 세포들이 특수하게 분화할 수 있으며, 결국 몸 전체가 분화한다. 신체는 근본적으로 유전자를 한 세대에서 다음 세대로 넘겨주기 위한 잉여장치가 되었다.[*] 신체는 성세포를 손상과 기아, 돌연변이로부터 보호하고 잡아먹히거나 감염되지 않도록 지켜주며 단백질 산물을 공공연히 과시해 그 유전자의 질을 광고한다. 생존장치이면서 동시에 진열 판매대인 셈이다. 유전자가 신체 유지에 얼마나 투자하느냐에 따라 다음 세대에 전달될 확률이 결정된다. 그리고 이는 다시 두 가지 주된 요소에 따라 좌우된다. 바로 생식력(단위 시간당 만드는 자손의 수)과 가용시간이다.

생식과 생존 사이의 균형, 즉 유전자를 다음 세대에 전달하는 것과 그렇게 할 수 있을 정도로 오래 살아남는 것 사이의 균형을 바탕으로 최적 수명이 결정된다. 생식은 죽을 가능성이 생기기 전까지의 시간 범위 내에 맞춰 이루어져야 한다. 만약 우리가 70년을 마음대로 쓸 수 있다면 천천히 생식을 하고 자손들을 키울 수 있을 것이다. 하지만 태어난 지 10년 이내에 검치호랑이의 먹이가 될 것이 확실하다면 생식주기를 가능한 10년 안으로 압축하지 않으면 하나의 종으로 살아남지 못할 것이다. 주머니쥐의 경우에 포식자들 때문에 죽게 되는 것은 태어나서 3년 내인 듯하고, 따라서 거기에 맞춰 살고 있다. 하지만 잡아먹힐 위험이 제거되었을 경우에는 더 오래 살도록 진화할 수 있다. 살아남는 일, 즉 신체가 더 오래가도록 하는 일에 더 많은 자원을 할당하고, 그러기 위해 생식에 사용할 자원을 그쪽으로 돌려 사용하게 된다. 한배에 낳는 새끼의 수와 생식력이 당연히 줄어든다. 하지만 새로 수

---

[*] 이 말은 리처드 도킨스의 '이기적 유전자selfish gene' 이론을 달리 표현한 것이다. 대부분의 생물학자들은 이 개념을 과격한 이론이 아니라 자연선택을 바라보는 데에 도움이 되는 시각으로 여기고 있다. 물론 도킨스가 애초에 주장했던 것과는 달리 우리 신체는 유전자가 설계한 기계 이상의 존재다. 하지만 질병이나 노화, 죽음 등 인생의 가혹한 요소들은 이런 시각에서 가장 합리적으로 이해할 수 있다.

명이 바뀐 주머니쥐가 새끼를 낳을 수 있는 기간은 더 길어진다. 그래서 단위 시간을 기준으로 하면 생식력이 줄어들지만 평생으로 따지면 그렇지 않다(한 시기에 배당하는 자원은 적지만 대신에 그 시기가 여러 번 온다는 얘기다).

모든 동물 연구에서, 생식에 쓰일 자원을 세포 수준에서 손상의 예방과 복구 쪽으로 돌리면 노화는 미뤄진다. 이런 식의 자원 이동은 여러 세대에 걸쳐 일어날 수도 있고(그럴 경우 수명의 차이가 고정된 채 유전된다) 또는 일생 동안 한 번에 걸쳐 일어날 수도 있다(이때는 기존의 유전자 발현이 변한다). 양쪽의 경우 모두 수명을 늘리는 유전자는 비슷하며 항상 세포의 손상을 막는 효과를 발휘한다. 효과가 어느 정도냐 하는 것은 그 유전자의 성질보다는 어떻게 동원되어 얼마나 효율적으로 작용하는가에 따라 달라진다. 정규군과 징집병이 조직 방법보다는 훈련 정도와 기강에서 차이가 나는 것과 마찬가지다.

일생 중 자원의 할당은 호르몬 변화로 조절된다. 인슐린과 인슐린 유사 성장인자들이 그것인데, 음식을 구할 수 있는지 여부와 생식 가능성에 반응해 달라진다. 선택은 단순하다. 지금 생식을 할지, 아니면 생식을 뒤로 미루고 그동안 살아남을지 하는 것이다. 칼로리 제한은 기아에 대한 생리적인 반응을 자극한다. 즉 지금은 우선 살아남고 생식은 나중에 하자는 것이다. 그 결과 선충류 벌레부터 쥐까지 다양한 종에서 최대 수명이 늘어난다. 칼로리 제한은 유전자 수준에서 작용한다. 신체를 온전하게 유지하는 일을 맡은 유전자들의 발현을 변화시키는 것이다. 이렇게 유전자의 활동이 변하면 전체적으로 식량이 부족할 동안에 **대사 스트레스가 줄어드는** 효과가 있다 (여기서 대사 스트레스란 미토콘드리아에서 자유라디칼이 새어나와 세포의 건강이 위협받는 일을 말한다).

오래 사는 종은 환경이 어려울 때만이 아니라 평생에 걸쳐 대사 스트레스를 제한할 수 있다. 대사 스트레스가 수명에 얼마나 중요한지는 각 종을 비교해보면 알 수 있다. 많은 경우에 수명은 단순히 대사속도에 따라 달라진다. 대사속도가 느리면 수명이 길어지는 것이다. 이 개념에 예외가 너무 많다고 종종 비판을 받기도 하지만, 예외가 있다는 것 자체가 오히려 규칙이 존재한다는 증거가 된다. 대사속도는 미토콘드리아에서 나오는 자유라디칼의 양을 나타낸다. 미토콘드리아에서 빠져나와 세포 구성성분과 반응하는 자유라디칼이 많을수록 우리는 더 빨리 죽는다. 따라서 수명은 자유라디칼이 생기는 속도와 그 영향에 대항하는 방어의 정도에 따라 달라진다.* 대사속도가 빠른데도 새가 오래 사는 것은 미토콘드리아에서 새어나오는 자유라디칼의 양이 비교적 적고(훌륭한 1차 방어) 복구체계가 뛰어나기 때문이다. 우리 인간의 경우에는, 새어나오는 자유라디칼은 새보다 많지만 항산화 방어활동에 더 많이 투자하고(훌륭한 2차 방어) 새처럼 복구체계가 뛰어난 덕분에 오래 산다. 반면에 쥐는 수명이 짧은데, 대사속도가 빠르고, 미토콘드리아에서 자유라디칼이 많이 새어나오고, 항산화 방어활동이 부족하고, 복구체계가 발달되지 않았기 때문이다.

2차 방어는 1차 방어보다 효율이 떨어진다. 방어활동 자체가 자유라디칼에 의해 손상을 입을 수 있기 때문이다. 말하자면 인간 사회에서 폭동이 일어나기 전에 미리 막는 편이 이미 극에 달한 폭동을 진압하는 것보다 더 나은 것이나 마찬가지다. 그렇기는 하지만, 2차 방어만으로도 최대 수명인 약 120년은 충분히 살 수 있어야 정상이다. 그런데 우리 대부분은 그렇게까지 살지 못하고 나이 때문이 아니라 노인병으로 죽는다. 이 점에서 삶 자체의 중심이 근본적인 긴장 상태에 놓여 있다는 사실을 알 수 있다. 생물의 두 가지 주요 특성인 생식과 대사작용 사이에 팽팽한 줄다리기가 벌어지고 있는 것이다. 노화와 질병에서 벗어나고 싶다면 이 오래된 줄다리기와 타협을 이루어야만 한다.

---

* 이를 방사선 피폭으로 바꿔 생각해보자. 방사선이 강할수록 우리는 더 잘 죽는다. 이때, 만일 우리가 보호막을 쳐서 방사선을 완전히 막는다면 방사선이 약해지지 않더라도 죽을 확률은 줄어든다. 우리가 죽을 확률은 '외적인' 방사선 강도와(대사속도에 해당된다) 보호막의 두께에 따라(항산화 방어활동에 해당된다) 달라진다. 간단히 얘기하자면 막을 뚫고 들어오는 방사선의 강도에 따라 달라지는 것이다.

§

독자 여러분이 LUCA라고 상상해보자. 지금 절절 끓는 태양 아래 얕은 바다 위를 둥둥 떠다니고 있다. 여러분은 에너지가 필요하고 생식도 해야 한다. 만일 생식을 하지 않는다면 언젠가 산산조각 나서 없어져버릴 것이다. 육체를 가진 모든 것은 복제를 하지 않으면 영원히 남을 수 없다. 하지만 만일 자기를 복제한다면, 즉 성공적으로 자기와 똑같은 개체를 만들어낼 수 있다면 어떤 의미에서는 살아남는다고 할 수 있다. 자기를 복제하려면 에너지가 필요하고, 또 복제할 원형이 필요하다. 제일 좋은 에너지 공급원은 태양이다. 심지어 태초에도, 태양광선은 얕은 바다에서 계속 물을 쪼개고 여러분은 산소를 붙잡아 쓰고 있다. 몇억 년만 지나면 여러분의 후손들은 이 기술을 이용해 광합성을 하면서 엄청난 양의 산소를 공기 중에 내뿜게 될 것이다. 다른 후손들은 이 산소를 빨아들여 에너지를 이용하고 생물이 보여줄 수 있는 잠재력을 뽐내며 눈부신 도약을 할 것이다. 몸 크기를 키우고, 스스로 움직이고, 힘을 갖게 되고, 포식 습성이 생기고, 마침내 의식과 정신까지 발달시킬 것이다.

중요한 것은 바로 이 점이다. 애초부터 LUCA는 햇빛을 에너지원으로 이용하고 있었다. 하지만 여기에는 부정적인 면이 있었다. 태양 복사선은 자유라디칼을 만든다. 에너지가 높을수록 자유라디칼도 많아진다. 자유라디칼은 중요한 DNA 주형을 파괴할 수 있다. LUCA는 에너지를 얻기 위해 어떻게든 태양 가까이 다가가야 했으며 동시에 DNA가 자유라디칼의 공격에 위태로워지지 않도록 너무 가까이 가서는 안 되었다. 최초의 세포의 건강은 **분명** 이 균형을 제대로 유지하는 일에 달려 있었다. 그러니까 자유라디칼을 감지하고 만일 너무 많을 경우(또는 너무 적을 경우)에 어떻게든 반응을 했다는 얘기가 된다. 어떻게 이런 일을 할 수 있었을까? 자유라디칼로 인해 산화되었을 때 작용을 바꾸는 단백질을 이용해 자유라디칼을 감지하고 반응하는 일을 했을 것이다. 확실히 생물의 세 분류군 모두 산화에 반응하는 단백질을 가지고 있다. 제10장에 나왔던 헤모글로빈이나 SoxRS, OxyR, NFkB, Nrf-2, AP-1, P53 말고도 이런 단백질들은 계속 새로 발견되고 있다. 오늘날 이 단백질들이 산화되면 세포는 그에 대한 반응으로 자유라디칼 균형을 바로잡거나, 위험한 곳에서 멀리 도망치거나, 항산화 방어활동과 복구 메커니즘을 강화한다.

따라서 자유라디칼은 세포의 에너지 수준과 전체적인 '건강'을 알려주는 역학적인 표지가 된다. 세포의 건강을 나타내는 가장 오래되고도 가장 중요한 척도라 하겠다. 결국 자유라디칼은 생물의 가장 기본 성질인 대사작용과 생식 사이를 잇는 독특한 화학적인 다리이기 때문이다. 자유라디칼의 수가 '적당하다'는 것은 에너지와 생식 사이의 균형이 '적당하다'는 뜻이 된다(〈그림 13〉). 이 점은 아주 중요하다. 진화는 기존의 체계 위에 이루어진다. 에스

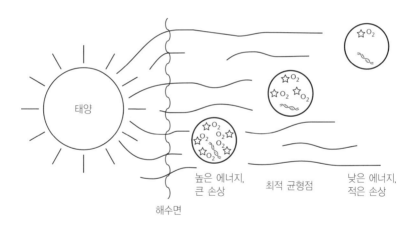

태양

높은 에너지,
큰 손상

최적 균형점

낮은 에너지,
적은 손상

해수면

그림 13 대사작용과 생식 사이의 원시적 관계. LUCA(모든 생물의 마지막 공통조상)는 간접적으로 자외선의 에너지를 이용해 에너지를 만들 수 있었다. 자외선은 물을 쪼개 산소를 만든다(이때 자유라디칼 중간 생성물을 거친다). LUCA는 헤모글로빈으로 산소를 붙잡아 시토크롬 산화효소를 이용해 환원시켜 에너지를 만든다. 자외선 강도가 강할수록 산소가 많이 만들어지고, 따라서 생식에 필요한 에너지를 더 많이 얻을 수 있다. 하지만 자유라디칼 중간 생성물들은 DNA를 손상하기 때문에 생식에 성공할 기회는 줄어든다. 따라서 원시 세포의 생존 능력은 만들어지는 자유라디칼의 수를 감지하고 그에 따라 적절히 반응하는 일(최적 균형점)에 달려 있다. 이런 최초의 건강 감지기 체계는 우리 인간의 면역체계 같은 더 복잡한 방어활동의 토대가 된다.

파냐 정복자들이 잉카 제국의 수도인 쿠스코의 단단한 성벽으로 바로크 양식의 성당을 세운 것과 똑같은 방식이다. 생물계에서 예전의 토대가 완전히 지워지는 일은 드물다.

살아 있는 세포의 최초의 건강 감지기가 자유라디칼을 감지하는 작용을 했다는 것이 사실이라면, 이를 토대로 면역체계처럼 더 최근에 생긴 기술이 발달했다고 생각할 수 있다. 나는 산화성 스트레스가 방사선과 중금속 중독부터 감염과 노화에 이르기까지 모든 생리적 스트레스 상태의 공통요소가 되는 이유에 대해 종종 의문을 가졌다. 하지만 이런 시각에서 보면 이해가 간다. 진화를 거치면서 서로 다른 종류의 위협에 대한 반응은 점점 더 복잡해지고 자율적이 되었지만, 모두 산화성 스트레스에 의존하고 있다. 응급구조 기관이 119 전화에 의존해 실제 응급상황인지를 확인하고 전화 건 사람에게 적절한 조치를 취하는 것과 마찬가지다. 우리 몸에서 이런 일이 어떻게 이루어지는지를 알아보자면, 면역체계를 생각해보면 된다. 골치가 아플 정도로 복잡한 우리의 면역체계는 10억 개의 서로 다른 항원을 인식하고 파괴할 수 있다. 그 항원들은 대부분 우리 면역체계가 절대로 만날 일이 없는 가상의 미생물들이다. 하지만 간단한 약물로 이 네트워크 전체를 억제하고 장기이식 같은 수술이 수월하게 이루어지도록 할 수 있다. 아직도 우리 면역체계의 토대가 되고 있는 자유라디칼 '건강 감지기', 즉 119 전화를 방해하면 이런 일이 가능하다. 감지기 하나, 즉 NFkB의 활성을 글루코코르티코이드나 시클로스포린으로 억제하면 신체에 큰 스트레스가 되는 이식된 장기에 대한 거부 반응을 몇 달 또는 몇 년씩 억제할 수 있다.*

---

* 프레드니솔론 같은 글루코코르티코이드는 NFkB의 자연 억제제인 IkB의 합성을 자극해 NFkB를 억제한다. 프레드니솔론을 다량으로 투여하면 면역억제 효과가 너무 강하고 전반적으로 나타나기 때문에 초기의 장기이식 환자들 중에는 감염이나 암으로 죽은 사람들이 많았다. 그러다가 1980년대에 시클로스포린이라는 약물이 이식 분야에 돌파구를 열었는데, T 임파구에 더 선택성이 있어서 건강 전반에 미치는 나쁜 영향이 덜하다. 이 약물은 특히 T 임파구의 NFkB 활성을 조절하는 칼시뉴린 calcineurin이라는 효소를 억제하지만 다른 대부분의 면역세포에는 영향을 주지 않는다.

이런 개념들은 지난 장에서 이야기한 노화의 '이중인자' 이론의 토대가 된다. 산화성 스트레스는 단순히 병에 걸린 상태가 아니라 모든 종류의 손상에 대한 세포의 유전적 반응의 토대가 되는 생체 신호 메커니즘이다. 특히, 산화성 스트레스는 감염에 대한 우리 몸의 저항을 이끈다. 이 저항은 적극적인 염증 공격으로 나타나며(침입자를 제거한다) 스트레스 반응을 동반한다(공격에 대항해 우리 세포들을 지킨다). 이런 메커니즘은 어린 시절에 감염병에 걸리더라도 회복해 살아남을 가능성을 높인다는 점에서 생식이 성공할 가능성을 매우 높이며, 불리한 점이 존재하지만 그 작용은 늙을 때까지 뒤로 미뤄지기 때문에 생식에는 거의 영향이 없다. 나이가 들면 미토콘드리아에서 세포로 자유라디칼이 새어나오면서 산화성 스트레스가 높아진다. 우리 몸은 이를 위협으로 감지하고 그에 따라 반응한다. 하지만 감염의 경우와는 달리 이 새로운 위협은 끝날 수가 없다. 망가진 미토콘드리아를 고칠 방법이 없기 때문이다. 만성적인 염증반응은 끝없이 계속되고 결국 우리의 신체적·정신적 죽음의 원인이 된다.

이렇게 진화적인 시각으로 보면, 산소 자유라디칼은 노화와 노인병 양쪽의 근원적인 이유라고 결론을 내릴 수 있다. 항산화제 보조식품이 수명을 연장하는 데에 별다른 효과가 없는 이유는 '이중인자' 이론으로 설명할 수 있다. 항산화제 보조식품은 미토콘드리아에서 자유라디칼이 새어나오는 것을 막을 수 없고, 세포는 지나치게 많은 항산화제를 감당하지 못한다. 항산화제가 손상에 대한 세포의 강력한 유전적 반응을 막아버리기 때문이다. 이렇게 산화성 스트레스가 높아지면 노인병을 일으키고 항산화제는 그것을 되돌릴 수 없다. 단지 어느 정도 늦출 뿐이다.

그렇다면 노인병을 막을 방법은 없을까? '민감성' 유전자를 표적으로 삼는 것은 잘못된 일이다. 유전자에는 잘못이 없기 때문이다. 그런 유전자들의 부정적인 효과는 산화성 스트레스 때문에 나타나며, 원칙적으로 이 유전자들의 긍정적인 작용을 되돌리는 가장 좋은 방법은 산화성 스트레스를 완화하는 것이다. 항산화제로는 해결되지 않더라도 그게 불가능한 일은 아니다. 자연에서 수명은 탄력적이다. 석탄기 생물이 높아진 산소 농도를(분명히 산화성 스트레스도 늘어났을 것이다) 극복한 흔적은 여러 군데에서 나타난다. 건강하게 장수하는 사람들도 있는 것을 보면 늙는다고 반드시 질병이 따라오는 것은 아니라는 사실을 알 수 있다. 그 사람들은 어떻게 노인병을 피할까? 이중인자 이론이 옳다고 할 때, 우리가 도움을 구할 곳이 두 군데 있다. 바로 감염병과 미토콘드리아다.

§

말라리아는 노령이라는 문제에 대한 해답으로서 감염병이 가진 가능성과 결점을 양쪽 모두 보여준다. 부끄럽게도 그 병을 뿌리 뽑겠다는 정책적 의지가 부족한 탓에 매년 5억 명이나 되는 사람들이 여전히 말라리아에 감염되고 있다. 가장 무서운 합병증인 뇌 말라리아는 뇌의 작은 혈관에 염증이 일어나 생기는데, 고열과 경련을 일으키다 혼수상태에 빠지고 끝내 죽는다. 매년 100만 명이 이 병에 희생된다. 앞에서도 보았듯이, 염증과 발열은 감염에 대한 **숙주**의 반응 가운데 일부다. 만일 누군가 뇌 말라리아로 죽는다면 기생충의 독성보다는 자기 몸의 면역체계가 기생충에 가하는 심한 반격을 못 이긴 것이 원인이다.

　말라리아가 가하는 선택압력은 매우 강해서, 낫모양적혈구빈혈증과 지중해성 빈혈은 아프리카와 아시아에 걸쳐 높은 빈도로 유지되고 있다. 이런 상황은 그냥 일어난 신기한 일이 아니라 말라리아가 만연하는 지역에 사는 사람들이 살아남을 수 있도록 해주는 연속적인 적응의 일부다. 이런 적응 중에서 가장 중요한 것이 **말라리아 내성**이다. 내성은 어린 시절에 감염된 후에 생겨서 평생 유지된다. 이런 내성은 기생충을 죽이는 힘이 강해졌기 때문(백신을 맞는 경우처럼)이 아니라 현실정책의 승리다. 말하자면 너도 살고 나도 살자는 식으로, 면역체계가 **억제되어** 기생충에게 가하는 공격이 몸을 손상하지 않는 것이다. 말라리아에 내성이 있는 사람들은 간혹 혈액에 기생충을 잔뜩(보통 사람이라면 죽을 정도로) 가지고 있기도 하지만 질병의 징후는 거의 또는 전혀 나타내지 않는다.

장기이식과 AIDS 문제가 워낙 유명해서, 면역억제가 아주 심각한 부작용이라는 사실은 누구나 알고 있다. 면역체계가 무력해지면 다른 감염에 훨씬 더 민감해져 생명이 위험할 수도 있고, 일부(전체는 아니다) 암에 걸릴 확률도 높아진다. 심지어 오늘날에도 장기이식 환자들이 수술 후 몇 년 안에 암에 걸릴 확률이 5퍼센트 가까이 되는데, 이는 일반인의 100배나 된다. 그래도 장기이식 면역억제는 지난 20년 동안 발전했고 앞으로도 발전하리라는 사실에는 의심의 여지가 없다. 한편 AIDS의 경우, HIV는 면역세포 자체를 감염하며 따라서 면역체계에 순전히 병리적인 변화를 일으킨다. 그와는 반대로 말라리아 내성의 경우에는 면역체계가 생리적인 방법으로 조절되며 말라리아 내성과 건강의 다른 면에 계속 영향을 미친다.

현재 영국 런던 대학교 보건대학원에 재직 중인 브라이언 그린우드는 1968년에 열대에 사는 아프리카인은 자가면역질환(다발성 경화증, 류마티스 관절염, 루푸스 등)에 잘 걸리지 않지만 북아메리카에 사는 아프리카인은 그렇지 않다는 사실에 주목했다. 그는 이 차이가 어린 시절에 기생충 감염, 특히 말라리아에 걸리는 빈도와 관계가 있다고 주장했다. 그 후 30년 동안 계속해서 쌓인 증거들 역시, 아프리카에 자가면역질환 발병률이 낮은 것이 정말로 말라리아 내성과 관계가 있다는 사실을 뒷받침했다.

그린우드의 주장을 어디까지 받아들여야 하는지는 의문이다. 자가면역질환과 다른 형태의 질병을 나누는 선을 어디로 정해야 할까? 자가면역질환은 우리 몸의 면역체계가 우리 몸의 구성요소를 잘못 공격하는 상태를 말한다. 노화가 본질적으로 산화성 스트레스에 대항하는 만성적인 염증반응이라고 할 때, 우리 면역세포들이 우리 몸을 공격한다는 점에서 노인병을 일종의 자가면역질환으로 보아야 할까? 전통적인 의미에서는 그렇지 않을 것이다. 하지만 알츠하이머병을 자가면역질환으로 보는 것은 건설적인 발상이다. 만일 그렇다면, 예를 들어 열대 아프리카에서 알츠하이머병의 발병률이 낮을 것이라고 추측할 수 있다. 그리고 **실제로** 아프리카에서는 치매가 드물다. 아프리카 사람들이 치매에 걸릴 정도로 나이가 들기 전에 많이 죽는다거나 모종의 사회적인 압력으로 가족들이 진짜 발병 사실을 숨기기 때문이 아니다. 2001년에 미국 인디애나 대학의 휴 헨드리가 이끄는 연구팀과 나이지리아의 이바단 대학 연구팀은 나이지리아와 미국에서 5년 동안 치매를 연구한 결과를 발표했다. 연구팀은 나이지리아의 아프리카인과 65세 이상의 아프리카계 미국인 약 5000명을 대상으로 해서, 이바단 시(말라리아가 만연하는 지역)에 사는 집단과 인디애나폴리스에 사는 집단으로 나누어 조사를 벌였다. 연구를 시작할 때는 치매에 걸린 사람이 아무도 없었다. 그리고 5년 후, 치매 진단을 받은 사람의 비율은 인디애나폴리스 집단에서 3.24퍼센트, 이바단 집단에서 1.35퍼센트였다. 이바단 집단 쪽이 절반 이하였다.

이 보고는 관심을 불러모았다. 그리고 미국 보스턴 대학의 린지 패러는 『미국의학협회 저널』의 같은 호 논설에서 '나쁜 유전자 사냥을 위한 전 세계적 접근법'을 주장했다. 양쪽 논문 모두 흥미로운 발견을 논의하고 있었다. 이바단 집단에서 *ApoE4* 대립 유전자와 알츠하이머병 사이에는 아무런 연관이 없다는 점이었다. 고혈압과 다른 혈관계의 치매 위험 요소 등 가능성 있는 다른 유전적·환경적 이유가 다양하게 조사되었다. 하지만 의외로 두 논문 중 어느 쪽도 아프리카의 말라리아 면역억제에 대해서는 언급하지 않았다. 하지만 나는 그것이 가장 가능성 있는 설명이라고 생각한다. 지난 장에서 보았듯이, *ApoE4* 단백질은 산화성 스트레스에 쉽게 산화되며 이 점에서 알츠하이머병과 관련이 있다. 또 *ApoE4* 대립 유전자 두 개를 가진 사람은 항산화제와 항염제가 잘 듣는다. 이바단 집단의 경우, 말라리아 면역억제가 뇌의 염증을 둔화시켰고 따라서 알츠하이머병의 위험을 줄였다는 설명이 그럴듯하다.

인디애나폴리스-이바단 치매 연구 프로젝트에는 동전의 다른 면이 드러나 있다. 그리고 이것 역시 별다른 언급 없이 넘어갔다. 아프리카 집단은 심장혈관 계통이 더 건강한데도 불구하고 사망률이 미국 집단의 거의 두 배나 되었다. 사망 원인에 대해서는 언급되지 않았다. 내 생각에는 많은 사람들이 감염이나 암으로 죽었을 것이다. 역시 말라리아가 만연한 지역인 탄자니아에서 실시된 연구를 보면, 늪을 없애 말라리아를 억제한 지역에서는 사망률이 상당히 떨어졌다. 이 효과는 단순히 말라리아 감염이 줄어들었기 때문이라고 보기에는 규모가 너무 컸고, '말라리아의 숨은 질병률'에 대한 연구를 부추겼다. 이 연구로 의심이 더 확실해졌다. 말라리아가 만연한 지역의 면역억제는 기회감염(건강한 사람에게는 감염되지 않는 미생물이 면역 기능이 떨어진 사람에게 감염되어 심각한 증상을 일으키는 것을 뜻한다—옮긴이)을 계속 유지하고 결핵 같은 질병을 퍼뜨린다. 게다가 버킷림프종Burkitt's lymphoma(B세포의 악성 종양) 등의 암이 흔한데, 이것도 말라리아 면역억제와 연관이 있다. 아마 어린 시절에 엡스타인-바 바이러스Epstein-Barr virus에 감염된 후, 그것이 완전히 없어지지 않고 남은 듯하다.

면역억제는 확실히 나이 든 후 건강에 영향을 미치지만 그 잠재적인 대가는 심각하다. 그래도 희망을 가질 여지는 있다. 특히 감염병을 이겨낸다면 더욱 그렇다. 앞서도 얘기했지만 면역체계를 조정해 노인병에 걸릴 확률을 낮추는 일은 **가능하다.** 이것이 실행 가능한 목표인지 아닌지는 실행하는 방법에 달려 있다.

말라리아 면역억제의 메커니즘은 잘 알려져 있지 않으며 현재 다양한 이론이 나와 있다. 과학자들도 사람이고, 각자 자기의 전문 지식과 경험, 성향을 끌어와 연구하는 문제에 적용한다. 이는 철학자들이 생각하는 과학과 크게 동떨어져 있다. 그러니까 과학적인 방법이 축적된 데이터에서 사실이 드러나는 귀납적 과정이라는 개념은 잘못 알려진 것이다. 사실 실험은 특정한 가설에 입각해서 이해되고 해석된다. 데이터는 문제 전체가 아니라 문제의 특정한 단면에 대한 것이다. 그래서 내가 생각하기에 가장 흥미로우면서도 가장 옳을 법한 이론들을 소개해보도록 하겠다.

말라리아의 면역억제의 경우, 2000년에 이탈리아 밀라노 대학의 도나텔라 타라멜리가 『실험 연구』에 발표한 논문이 매우 인상적이었다. 분리된 면역세포의 행동에 관한 연구였는데, 말라리아 색소를 면역세포에 주입했더니 산화성 스트레스가 나타났다. 스트레스 단백질인 헴산소화 효소의 활성은 다섯 배나 높아졌다. 똑같은 면역세포에 다시 실험을 했더니, 이번에는 정상적으로 염증 메신저를 쏟아내는 대신에 이웃 세포들에 '억압적인' 영향을 나타내 반응을 둔화시켰다. 타라멜리는 이를 근거로 사람의 경우를 추정해, 어린 시절 자주 말라리아에 감염되면 전체 면역체계가 활성을 띠었다가 억제되는 쪽으로 바뀌며, 이는 지속적인 헴산소화 효소의 활성화로 나타난다고 주장했다.

타라멜리의 발견을 더 폭넓게 적용해보자. 만일 우리가 말라리아가 만연한 지역에서 자란다면 어린 시절에 빈번하게 말라리아에 감염될 것이다. 처음 몇 번은 병에 걸릴 것이고, 뇌말라리아로 죽을지도 모른다. 하지만 만일 살아남으면 적응을 하게 된다. 적어도 면역체계는 적응할 것이다. 그러면 감염에 활발하게 반응하는 대신에 면역체계는 어느 정도 억제된다. 세포 수준에서 상세하게 일어나는 일은 명확하지 않지만 새로운 균형점이 정해지는 것은 가능성 있는 일이다. NFkB가 억제되고, 헴산소화 효소 같은 스트레스 유전자 또는 항산화 유전자가 활성을 띤다(아마 반대 작용을 하는 전사인자인 Nrf-2를 통해서일 것이다). 헴산소화 효소가 지속적으로 활성을 띠면 면역체계는 자기 몸에 부차적인 손상을 너무 많이 입히지 못하게 된다. 만일 정말로 이렇다면, 이 시나리오는 매우 중요하다. 그 메커니즘이 말라리아에만 국한된 것이 아니기 때문이다. 헴산소화 효소와 다른 스트레스 단백질은 흔한 세균감염에 대한 내성을 길러주며, 패혈성 쇼크를 거의 완벽하게 방어할 수 있다.* 따라서 어린 시절에 자주 감염되면 나중에 계속해서 면역이 억제된다는 것은 신빙성 있는 얘기다. 말라리아의 경우, 감염에 대한 면역반응을 한풀 죽이면 당장에는 감염에 더 취약해지겠지만 자가면역질환과 노인병에는 덜 취약해진다.

이것이 사실이라고 생각할 만한 이유가 세 가지 있다. 첫째, 헴산소화 효소는 우리 몸의 건강을 위해 반드시 필요한 듯하지만 실상은 스트레스 단백질이며 정상적인 상황에서는 '스위치가 꺼져' 있다. 제10장에서 얘기가 나왔던 여섯 살 꼬마를 생각해보자. 헴산소화 효소 결핍증으로 진단받은 이 어린 환자는 혈관 염증, 심한 성장장애, 비정상적인 혈액 응고, 용혈성 빈혈, 심각한 콩팥 손상을 겪다가 결국 일곱 살에 죽었다. 확실히, 헴산소화 효소가 늘 소량씩 존재해야 염증을 조절할 수 있다는 얘기다. 유전자 적중 생쥐를 이용한 실험으로도 이 점을 확인할 수 있다. 쥐의 헴산소화 효소 유전자에 돌연변이를 일으켜 단백질을 만들지 못하게 하면 이 생쥐는 혈색소증 같은 만성염증질환을 앓는 사람들과 비슷하게 간섬유화, 관절염, 운동성 제한, 체중 감소, 생식샘 위축 등의 증세를 보이다가 일찍 죽게 된다. 이렇게 헴산소화 효소 결핍증은 만성적인 염증을 유발하며 사람과 생쥐 모두 수명을 짧게 한다. 반면에 헴산소화 효소가 많으면 면역체계를 억제하고 수명을 늘리는 일도 가능하다.

둘째, 인슐린 의존성 당뇨병, 크론병, 류마티스 관절염 등의 자가면역질

---

* 헴산소화 효소에는 강력한 면역억제 효과가 있다. 지나치게 많이 만들어질 경우에는 생쥐의 심장 이식 거부반응을 막을 수 있으며, 심지어 다른 종에서 떼어낸 비장세포를 쥐에게 이식하더라도 이식 편대숙주병graft-versus-host disease을 일으키지 않는다. 헴산소화 효소가 직접 NFkB의 활성을 억제하는지는 알려져 있지 않다. 하지만 폭넓은 스트레스 반응은 분명히 NFkB의 활동을 억제하며 헴산소화 효소는 스트레스 반응에서 가장 두드러진 역할을 한다. 미국 신시내티 대학의 헥터 왕의 실험에 따르면 스트레스는 NFkB의 자연 억제제인 IkB의 증가를 유도한다. 또한 미리 스트레스를 받으면 그 후에는 패혈성 쇼크가 일어나지 않는다. 애기가 나온 김에 덧붙이자면, 면역억제를 일으킨다고 잘 알려진 심리적 스트레스도 헴산소화 효소가 관여하는 스트레스 반응을 통해 작용한다.

환 발병률은 전 세계적으로, 특히 서구화한 나라에서 점점 늘어나고 있다. 유럽과 미국의 경우에 인슐린 의존성 당뇨병의 발병률은 지난 20년 동안 대략 3~5퍼센트 정도 늘어났다. 과민반응hypersensitivity reaction이란 면역체계가 외부 항원을 정확히 인식하지만 지나치게 반응해버리는 것을 말하는데, 이것 역시 증가하는 추세다. 알레르기와 천식 발병률은 지난 10년 동안 두 배가 되었다. 이렇게 발병률이 높아진 이유는 여러 가지로 생각해볼 수 있겠지만 그중에 특히 우세한 이론이 바로 '위생 가설hygiene hypothesis'이다. 간단히 얘기해서 어릴 때 너무 깨끗하게 자라면 좋지 않다는 것이다. 면역체계가 제대로 발달하려면 일상적인 감염이 필요하다는 얘기다. 주변에 대한 시각적인 이해를 발달시키려면 눈을 사용해야 하는 것이나 마찬가지다.

많은 연구를 통해 어린 시절 감염이 잦으면 나중에 커서 알레르기와 자가면역질환의 발병률이 낮아지고, 감염에 노출되지 않으면 발병률이 높아진다는 사실이 밝혀졌다. 추측을 해보자면 이렇다. 면역체계는 어린 시절 '길들이기'가 필요하며, 만일 적절한 자극이 주어지지 않으면 아주 조그만 자극에도 큰 말썽을 일으키게 된다. 반면에 어린 시절의 일상적인 감염이 말라리아의 경우처럼 지속적인 면역억제 효과를 가져올 수도 있다. 이런 해석을 뒷받침하는 임상 데이터에 대해서는 아는 바가 없지만 흥미로운 동물 실험이 한 가지 있다. 쥐의 전사인자 Nrf-2를 없애 헴산소화 효소와 다른 스트레스 단백질을 만들지 못하게 했더니 루푸스와 비슷한 자가면역질환을 일으켜 콩팥에 이상이 생겼다. 바꿔 말하자면, 만일 균형이 면역억제에서 멀어져 염증 쪽으로 넘어갈 때 자가면역질환의 위험이 더 높아진다는 것이다.

어린 시절의 감염과 수명이 관계있다고 보는 마지막 이유는, 이탈리아 칼라브리아 대학의 세포생물학자 조반나 데 베네딕티스와 독일 로스토크에 있는 막스플랑크 인구통계학연구소의 인구통계학자 아나톨리 야신의 연구에 근거를 두고 있다. 야신과 데 베네딕티스는 1990년대에 걸쳐 오래 사는 사람들의 '장수' 유전자를 찾으려고 노력했다. 기본적인 생각은 단순하다. 어떤 유전자들은 우리가 노인이 될 때까지 살 가능성을 높여주지만 반면에 다른 유전자들은 부정적 또는 중립적인 효과를 낸다는 것이다. 생존을 지속시키는 유전자는 실제로 살아남은 사람들한테서 가장 발견하기 쉬울 것이고, 따라서 그 유전자를 찾을 가장 좋은 장소는 현재 장수하고 있는 사람들의 몸속이 된다. 보통 수명을 늘려주는 유전자는 어떤 의미에서 우리를 '더 튼튼하게' 해줄 것이라고 상상하기 쉽다. 어떤 유전자의 경우에는 분명히 사실이다(나중에 잠깐 이야기할 것이다). 하지만 야신과 데 베네딕틱스는 실제로는 사정이 더 복잡하다는 것을 발견했다. 어린 시절의 **허약함**(또는 질병에 대한 민감성)에 관여하는 '장수' 유전자의 수는 놀라울 정도로 많았다. 다시 말해서, 어린 시절에 병에 잘 걸린 사람은 이미 죽지 않은 한 다른 대부분 사람들보다 노령까지 살아남을 확률이 높다는 얘기다. 야신과 데 베네딕티스는 이런 내성을 일종의 적응으로 보았다. 니체의 표현을 빌리자면, 죽지 않을 정도의 고난은 사람을 강하게 만드는 것이다. 정말로 심각한 질병을 피하는 한, 약한 체질은 자기 몸에 지속적인 면역억제를 제공하고, 이는 나이 든 다음에 보답을 받는 것이다.

감염병 이야기에서 내릴 수 있는 결론은 무엇일까? 아마 미래에는 지금보다 더 솜씨 좋게 면역체계를 조절할 수 있을 것이고, 그 결과 노년의 우리 건강은 향상될 것이다. 헴산소화 효소 같은 스트레스 단백질이 그 열쇠를 쥐고 있으며, 우리는 그 양을 식생활로 조절할 수 있을 것이다. 식물들은 잡아먹히지 않기 위해 독소를 만든다. 카레의 노란색을 내는 쿠르쿠민 같은 향료는 헴산소화 효소와 다른 스트레스 단백질의 활성을 자극한다고 알려져 있다(그리고 항암제로 작용할 가능성도 보이고 있다). 쿠르쿠민의 문제점은 생체 이용률이다. 음식으로 먹더라도 혈액으로 흡수되는 양은 아주 적다. 스트레스 단백질의 활성을 자극하면서 생체 이용률이 더 높은 다른 식물 독소가 얼마나 많이 있는지는 아무도 모를 일이다. 제10장에서 얘기한 것처럼,

과일과 채소를 많이 섭취하는 일이 몸에 좋은 이유는 항산화제 성분 때문만은 아니다. 식물 독소는 몸에 맞기만 하다면(우리는 진화를 거치면서 많은 식물 독소에 적응했다) 우리 면역체계에 이로운 영향을 미친다. 식물이 확실히 우리 몸에 좋은 반면에 항산화제 보조식품이 훨씬 효과가 덜한 것은 바로 이런 이유 때문이다.*

그렇다고 해도, 면역 조절의 중심에는 딜레마가 숨어 있다. 면역체계를 아무리 정교하게 조절하더라도 거기서 얻는 이익은 항상 감염에 대한 민감성과 노인병 사이의 균형점의 일부라는 점이다. 미세한 균형에 따라 얻는 이익이 달라지고, 그 균형에는 유전자와 식생활, 환경, 행동, 운이 모두 하나씩 역할을 한다. 여기서는 노화를 늦추거나 노인병을 막는 체계적인 방법을 찾을 수가 없다. 이를 '과학적으로' 실행하는 유일한 방법은 미토콘드리아를 주시하여 감염의 근본 원인을 막고, 감염으로 인해 산화성 스트레스가 늘어나는 일을 애초에 막는 것뿐이다.

§

문제는, 어떻게 하면 새처럼 될 수 있는가 하는 것이다. 인류는 항상 새의 나는 힘을 부러워해왔다. 하지만 이제는 새의 미토콘드리아도 부러워해야 할 듯하다. 새의 미토콘드리아에서는 자유라디칼이 거의 새어나오지 않는다. 왜일까? 단순한 해답은 알 수 없지만 옳은 방향을 알려주는 실마리는 몇 가지 있다. 하지만 이 실마리에 대해 생각해보기 전에, '새와 비슷한' 미토콘드리아를 가지고 있어서 더 오래 사는 사람들은 없을까? 이번에도 지금 장수

---

* 흥미롭게도 영국 런던에 있는 임피리얼 대학의 크리스 불핏이 한 연구에 따르면(2001년, 『대학원 의학 저널』에 발표) 나이보다 늙어 보이는 여성은 혈액 내 빌리루빈 농도가 낮고, 젊어 보이는 여성은 빌리루빈 농도가 높다. 빌리루빈은 헴산소화 효소의 최종산물이다. 그러니까 헴산소화 효소 활성이 높으면 여성이 젊어 '보인다'는 얘기다. 남성의 경우에는 헤모글로빈(물론 헴산소화 효소가 파괴한다) 농도와 깊은 관계가 있었다. 남성도 역시나 헴산소화 효소 활동이 많으면 젊어 '보인다'.

하고 있는 사람들한테서 답을 찾아야 할 것이다.

1998년 『란셋』에 실린 짧은 연구 소식에 해답이 숨어 있다. 일본 기후 현岐阜縣에 있는 기후국제생명공학연구소의 다나카 마사시田中雅嗣가 이끄는 연구팀은 건강한 지원자와 병원 환자로 이루어진 장수 노인들 수백 명의 미토콘드리아 DNA를 연구했다. 그들이 얻은 결과는 전 세계적으로 장수 유전자 사냥에 새로운 활기를 불어넣었다. 다나카가 이끄는 연구팀이 발견한 것은, 한 개의 특정한 미토콘드리아 유전자 변형을 가진 사람들이 노령까지 산다는 점이었다. 장수 노인들의 62퍼센트가 Mt5178A라는 유전자 변형을 가지고 있었다. 그에 비해 건강한 사람들의 혈액 표본을 무작위로 조사한 결과 유전자 변형 비율이 45퍼센트밖에 되지 않았다. 또 나고야 대학 병원의 입원환자와 외래환자의 개별 집단에서 45세 이상인 환자들의 3분의 1만이 변형 유전자를 가지고 있었고, 반면에 나머지 3분의 2는 정상 유전자를 가지고 있었다. 다시 말해서 '정상적인' 유전자를 가진 노인들이 더 많이 병원 신세를 졌는데, 아마도 그 이유는 노인병에 더 민감하기 때문인 듯했다. 이 차이는 양쪽 유전자를 대략 똑같은 양으로 공유한 젊은 환자들에게는 해당되지 않았다. 즉 정상적인 유전자는 어릴 때 건강에는 영향을 미치지 않는다는 것이다. 따라서 병원에 오는 젊은 사람들은 전체적으로 집단의 혼합된 유전자를 반영한다는 사실을 나타낸다고 보면 된다. 종합해볼 때, Mt5178A 변형 유전자를 가진 사람들은 정상적인 사람들보다 오래 살 확률이 더 높고 노인병에 걸릴 확률이 더 낮다는 결과가 나온다.

이 연구에 대해 이야기하고 싶은 것은 두 가지다. 첫째, 일본에서 건강한 혈액 제공자들의 무작위 표본 중 거의 절반이 Mt5178A 미토콘드리아 변형 유전자를 가지고 있었다. 세계 다른 곳에서는 이 변형 유전자가 훨씬 드물다. 이를테면 어떤 연구에서는 147개의 표본 중 아시아인 5명과 유럽인 1명만 이 변형 유전자를 갖고 있었다. 따라서 미토콘드리아 변형 유전자를 가진 일본의 장수 노인들은 대부분 그 변형이 이미 흔한 집단에서 선택된 사람들이라는 얘기다. 일본인들의 평균 수명은 현재 여성이 84세, 남성이 77세로 유난히 길다. 집단 전체의 Mt5178A 변형 유전자 빈도가 높다는 점이 어느 정도 이유가 될 것이다. 일본인들 중 절반이 약간 넘는 인구가 이 변형 유전자를 갖고 있지 않은데, 이 사람들은 노인병으로 병원을 찾는 비율이 **거의 두 배**다. 미토콘드리아의 건강과 노년의 전반적인 건강 사이에 이보다 더 명확한 연관성은 없을 것이다.

둘째로 얘기하고 싶은 것은 변형 유전자 자체에 관한 것이다. 이 변형 유전자는 미토콘드리아 유전자 중에서 글자 한 개가 바뀌어(C가 A로 바뀌었다) 생긴 것이다. 그러고 보면 운명이란 참으로 종이 한 장, 아니 여기서는 글자 한 개 차이인 것이다. 우리 인간의 유전자는 약 3만 5000개이며, 그중 겨우 열세 개의 단백질 암호를 가진 유전자들이 핵이 아닌 미토콘드리아에 들어 있다. 이 유전자 열세 개 중에서 글자 딱 하나가 바뀐 것이 노인병에 걸릴 위험을 **반으로 줄이고**, 사실상 우리가 100세까지 살 확률을 두 배로 높여주는 것이다. 도대체 글자 하나가 바뀐다고 뭐가 어떻게 달라지기에? 조금 복잡한 이야기가 되겠는데, 그렇게 되면 그 유전자가 만드는 단백질에서 아미노산 한 개가 바뀐다. 정확히 말하자면 류신leucine이 메티오닌methionine으로 바뀐다. 이 변화가 어떤 영향을 미치는지는 밝혀지지 않았지만, 진짜 중요한 것은 아미노산보다도 단백질 자체가 아닐까 한다. 그 단백질은 호흡 사슬, 그러니까 전자를 산소에 전달해 에너지를 만드는 작용을 하는 긴 단백질 사슬의 구성요소다. 그것도 그 사슬의 첫 번째 작용 복합체인 1번 복합체(NADH 탈수소효소)의 일부다. 1번 복합체는 호흡 사슬에서 특히 약한 부분으로 유명하다. 산소 자유라디칼이 새어나가는 것도 거의 이 부분에서다. 이 점을 증명한 연구에 대해서는 들어본 바가 없지만, 유전자에서 글자 한 개의 변화가 정말로 미토콘드리아에서 빠져나가는 자유라디칼에 큰 영향을 미친다면 놀라운 일일 것이다. 더 생각해보면, 이렇게 자유라디칼의 누출을 방지하는 유전자 변형은 바로 새의 미토콘드리아에서 찾아볼 수 있는 일종의 진화적인 변화일지도 모른다. 새에게 가해지는 변화에 대한 선택압력은 사람에 비해 훨씬 높다. 왜냐하면 날아다니는 것 자체가 체중 그램당 효율이 아주 높은 에너지 생산을 요구하기 때문이다(날아다니는 데에 사용하는 근육은 가벼우면서도 힘이 강해야, 즉 효율적이어야 한다).

인간의 노화와 질병과 관련된 미토콘드리아 유전자 변형이 Mt5178A만은 아니다. 다른 변형도 몇 가지 발견되었지만 그 영향은 비교적 폭이 좁은 편이다. 시각을 더 넓혀 보면 이런 유전자 변형의 총체적인 중요성을 알 수 있다. 바로, 장수는 어머니에게서 물려받는 것이라는 점이다. 앞서도 보았듯이, 미토콘드리아는 난자로만 전해지며 따라서 미토콘드리아 유전자 열세 개도 모두 어머니한테서 물려받는다. 만일 이 유전자들이 정말로 수명에 영향을 미친다면 우리는 그것을 어머니한테서 물려받을 수밖에 없고, 그렇다면 우리는 아버지가 아니라 어머니의 수명을 따라가게 된다. 생존에 영향을 미치는 요인은 다른 것도 많지만 이 점은 사실인 듯하다. 19세기 미국의 의학자이자 시인이며 유머 넘치는 작가였던 올리버 웬들 홈스는 벌써 그 점을 깨닫고 있었다. 그의 유명한『아침 식탁』수필집 시리즈 중 하나에서, 홈스는 장수하기 위해서는 부모를 현명하게 선택해야 할 뿐 아니라 '특히 어머니는 80~90세까지 거뜬히 사는 민족 출신이어야 한다'고 했다.

다 좋은 얘기다. 그런데 여기서 우리가 할 수 있는 일이 무엇일까? 일부 학자들은 입심도 좋게 태아의 미토콘드리아를 성인의 세포에 이식하는 이야기를 한다(전문적으로는 '미토콘드리아 이식에 의한 유전자요법'이라고 한다). 하지만 이것은 노화의 '치료'만큼이나 어리석은 발상이다. 우리는 각 세포마다 평균 100개씩 미토콘드리아를 가지고 있고, 따라서 몸 전체로 계산하면 1500조 개의 미토콘드리아를 가지고 있다. 그렇게 많은 집단에 겨우 미토콘드리아 몇 개를 새로 집어넣는다고 무엇이 달라질지 모르겠다. 반면에 난자에 미토콘드리아를 주입하는 얘기는 썩 그럴듯하다. 벌써 불임 치료에 이용되고 있는 방법인데, 정상적인 여성의 난자 내용물을 정자와 함께 불임인 여성의 난자에 주입하는 것이다. 이런 절차를 난세포질 이식이라고 한다. 이 기술을 이용해 태어난 아기가 벌써 적어도 30명이나 되며, 그중 제일 먼저 태어난 아기는 2001년 6월에 네 살 생일을 맞았다. 하지만 불임 치료로 개인적인 행복을 얻을 수는 있다 하더라도 '생식유전공학을 이용한 미래형 맞춤 아기'는 도저히 환영할 수가 없다. 어른의 경우는 말할 것도 없다.

난세포질 이식에는 윤리적인 난점을 제외하더라도 아직 기술적으로 고려할 어려운 부분이 남아 있다. 난자는 자연선택에 취약하다. 태아 때 발생하는 난자 700만 개 중에서 성적으로 성숙했을 때 배란되는 난자는 겨우 몇백 개 정도다. 2만 분의 1의 경쟁인 셈이다. 이러한 선택의 근거는 비밀에 싸여 있지만 핵과 미토콘드리아 사이에 복잡한 혼선이 있는 듯하다. 난자 내 미토콘드리아의 공간 배치에서도 영향을 받는다. 본질적으로 만일 미토콘드리아에 결함이 있다면 그 난자는 결코 생식에 성공하지 못한다.

만일 난자가 인공적으로 발생하게 될 경우, 그 자손은 '생에너지 질환'에 걸리기 쉽다. 생명 복제 실험에서 실패율이 높은 것은 이런 점에서 어느 정도 설명할 수 있다. 복제 실험에서는 난자의 핵을 제거한 후 그 자리에 다른 핵을 넣고 전기충격으로 발생을 자극하게 된다. 제13장에서 등장했던 존 앨런과 그의 아내 캐럴은 복제양 돌리의 경우처럼 복제된 동물들이 빨리 늙는 이유를 난자가 미토콘드리아로 오염되었기 때문이라고 보고 있다. 돌리를 복제할 때 난자에서 핵을 빼낸 후 체세포 한 개를 통째로 집어넣었다. 물론 체세포의 미토콘드리아도 함께였다. 두 사람의 주장에 따르면 돌리가 그렇게 빨리 늙은 것은(다섯 살에 벌써 관절염을 앓았다) 많은 미토콘드리아가 벌써 여섯 살이었던 양한테서 나온 것이기 때문이었다. 따라서 돌리는 겉보기보다 훨씬 늙어 있었던 것이다. 돌리의 생체 나이는 다섯 살이 아니라 열한 살에 가까웠을 것이다. 앨런 부부는 1999년에 발표한 논문에서 이 이론을 실험으로 증명할 여러 실제적인 방법을 설명해놓았다(더 읽어보기 참조).

놀라운 사실은, 난세포질 이식과 생물복제가 그나마 성공을 한다는 점이다. 여러 기술적인 문제들은 시간이 지나면서 해결되겠지만, 노화를 막는 일에 관한 한 우리는 우리 자신과 사회 전체에게 질문을 던져야 한다. 우리는 과연 그 일을 시도하기를 정말로 원하고 있을까? 하지만 그런 유전자 조작을 그만둔다면 우리가 할 수 있는 것이 달리 뭐가 있을까? 지금까지 우리는 계속해서 미토콘드리아가 종 사이에서 어떻게 다른지, 우리 인간의 유전자가 살아가는 동안 어떻게 변하는지를 배워왔다. 그러한 차이는 유전자에 의해서만 조절되는 것이 아니라 식생활, 운동, 호르몬에 의해서도 조절된다.

장수와 관련이 깊은 종들 사이의 차이점 하나는 미토콘드리아 막의 지질 구성이다. 모든 생체막은 두 겹의 지질층으로 되어 있다. 각 층에서는 물을 싫어하는 지질 분자의 꼬리가 막 안쪽을 향하고 있다. 그리고 막에는 단백질들이 많이 박혀 있는데, 지방질의 바다에 부석浮石처럼 둥둥 떠 있는 모습을 하고 있다. 미토콘드리아 막의 안쪽은 특히 단백질이 풍부하다. 이들 단백질이 세포를 위해 에너지를 만드는 수백 개의 호흡 사슬을 이루고 있다. 미토콘드리아 막의 60퍼센트가 단백질로 되어 있다. 호흡 사슬의 기능은 자동차 엔진처럼 윤활유에 따라 달라진다. 윤활성은 막의 지질 성분에 달려 있다. 그러니까 막을 이루는 지질의 구성은 미토콘드리아의 작용에 큰 영향을 미친다. 윤활유를 바꾸면 엔진의 가동이 달라지는 것과 마찬가지다. 막의 윤활성이 떨어지면 미토콘드리아에서 자유라디칼이 더 많이 새어나가고 에너지는 적게 생긴다. 따라서 세포의 손상과 대사작용의 비효율성이 증가한다. 미토콘드리아에게 최고급 윤활유는 카디오리핀이라는 지질 성분이다.

각 카디오리핀 분자에는 네 개의 지방산이 합쳐져 있다. 이 지방산은 불포화지방산(이중결합을 가지고 있는 것)일 수도 있고 포화지방산(이중결합이 없는 것)일 수도 있다. 불포화지방은 막에 유동성을 준다(불포화한 식물성 기름이 포화한 라드보다 유동성이 있는 것이나 마찬가지다). 이중결합이 지방산 사슬을 비틀어서 깔끔하게 한 줄로 늘어서지 못하도록 하기 때문이다(그래서 굳어지기가 힘들다). 하지만 유동성에는 대가가 있다. 바로 이중결합이 쉽게 산화된다는 점이다. 그래서 일종의 절충안이 필요하다. 가장 좋은 절충안은 요구되는 작업에 따라 달라진다. 이를테면 대사속도를 높이려면 유동성 있는 막이 필요한 반면, 오래 살기 위해서는 산화를 피해야 한다.

　이 점을 염두에 두고, 에스파냐 레리다 대학의 레이날드 팜플로나와 구스타보 바르하는 쥐와 말, 비둘기와 잉꼬 등 각기 다른 종끼리 미토콘드리아의 지방산 구성을 비교했다. 그러자 놀라운 관계가 나타났다. 수명이 긴 동물들은 도코사헥사노엔산docosahexanoic acid(DHA)(이중결합 여섯 개)이나 아라키돈산arachidonic acid(이중결합 네 개) 등의 고도 불포화지방산이 적었고, 리놀레산linoleic acid같이 이중결합 두 개나 세 개짜리 불포화지방산이 더 많았다. 다시 말해서, 수명이 길수록 지방산의 불포화도가 낮은 것이다. 지질 구성은 식생활에 따라 다소 달라지지만 대체로 잘 변하지 않는다. 동물들은 지방산 하나를 다른 것으로 바꿔 미토콘드리아의 요구에 맞춘다. 이를테면 실험실 생쥐에게 주는 먹이에는 DHA가 들어 있지 않지만(쉽게 산화되기 때문이다), 미토콘드리아에는 8퍼센트나 들어 있다. 반면에 말의 먹이에는 DHA 전구물질이 풍부하지만, 말의 미토콘드리아에는 DHA가 겨우 0.4퍼센트밖에 들어 있지 않다. 여기서 아직 문제가 남아 있다. 미토콘드리아의 구성은 그 작용과 우리의 수명에 영향을 미치지만 식생활로 쉽게 바꿀 수 없다는 점이다.

　게다가 더 나쁜 일이 있다. 동물은 나이를 먹을수록 '점점 더 불포화한다'. 늙은 쥐의 경우 고도 불포화지방산이 두 배나 되는 반면에 덜 포화한 지방산은 그에 따라 줄어든다. 결과적으로 미토콘드리아는 나이를 먹을수록 더 산화에 취약해지고 윤활제인 카디오리핀을 잃게 된다. 쥐의 미토콘드리아에 들어 있는 카디오리핀 성분은 나이가 들면 반으로 줄어든다. 비슷한 변화가 사람에게도 일어난다. 따라서 오래 살기 위해서는 미토콘드리아에서

고도 불포화지질이 차지하는 비율을 제한해야 한다. 하지만 우리가 나이를 먹을수록 그 비율은 점점 높아진다. 식생활이 별 도움이 되지 않는다면, 달리 어떻게 할 방법이 없을까?

해답은 '있다'다. 미토콘드리아의 구성은 식생활의 영향을 부분적으로밖에 받지 않는다. 하지만 동시에 우리가 나이를 먹으면서 일어나는 변화도 유전자의 조절을 부분적으로밖에 받지 않는다. 내가 하고 싶은 얘기는, 유전자의 **서열**은 변하지 않더라도 그 활동은, 그러니까 발현될지 말지라든지 얼마나 발현될 것인지 등은 거의 항상 변한다는 것이다. 나이를 먹으면서 일어난 변화를 되돌리기 위해서는 유전자 발현에 일어난 변화를 되돌려야 하고, 이것은 유전자 서열 자체를 바꾸는 일보다 훨씬 쉽다. 예를 들어 쥐의 경우, 칼로리 제한으로 미토콘드리아의 구성과 기능에 일어난 노화 관련 변화를 되돌려 미토콘드리아가 산화에 덜 취약하게 만들 수 있다. 바꿔 말하자면, 나이를 먹으면서 미토콘드리아의 기능이 가차없이 떨어지는 것은 순전히 병적인 변화가 아니라 부분적으로는 생리적인 변화라는 얘기다. 칼로리 제한이 사람에게 비슷한 변화를 줄 수 있는지는 밝혀지지 않았지만 그러지 못할 이유는 없다고 본다.

흥미롭게도 카르니틴도 비슷한 효과를 발휘할 수 있다. 카르니틴에 대해서는 제9장에서 비타민 C 이야기를 할 때 잠시 살펴보았다. 지방을 태우기 위해 미토콘드리아 안으로 들여보내고 찌꺼기인 유기산을 밖으로 내보낼 때 카르니틴이 필요하다. 비타민 C를 이용해 카르니틴을 몸에서 직접 합성할 수도 있지만 일부는 음식으로 섭취하기도 한다. 괴혈병의 증상 중 하나가 전반적인 피로감인데, 이는 카르니틴이 부족하기 때문이다. 카르니틴 보조식품은 오래전부터 에너지 보충제로 이용되고 있으며(규제 승인을 받았다) 심장 약화와 근육 손실을 막기 위해서도 사용된다. 그 효과는 지방과 유기산을 태우고 다니는 셔틀버스 서비스 이상이다. 카르니틴은 미토콘드리아 막의 지질 구성을 바꿔 카디오리핀량을 젊을 때 수준으로 되돌린다. 이런 효과는 단지 표면적인 것이 아니다. 늙은 쥐에게 카르니틴을 먹이면 에너지를 얻고 두 배나 활동성이 높아진다.

하지만 카르니틴은 만병통치약이 아니다. 자유라디칼이 새어나오고 산화성 스트레스가 커지는 것은 마찬가지다. 알츠하이머병 등의 노인병에서 실망스러운 효과를 낸 것도 이런 이유 때문이다. 하지만 그렇더라도 산화 촉진 효과는 여러 항산화제를 이용해 억제할 수 있으며, 그중에서도 특히 리포산을 함께 사용했을 때 효과가 높다. 2002년 2월 『미국 국립과학원 회보』에 발표된 일련의 논문에서, 버클리 캘리포니아 대학의 브루스 에임스는 늙은 쥐에게 카르니틴을 리포산과 함께 투여했더니 미토콘드리아 기능이 향상되고 건강이 좋아졌으며 에너지 수준이 높아졌다고 보고했다. 브루스 에임스의 표현을 빌리자면, "이 늙은 쥐들은 벌떡 일어나 마카레나 춤을 췄다". 또한 이 쥐들은 기억력과 지능에 대한 다양한 시험에서 더 좋은 성적을 냈다. 카르니틴에서 얼마나 많은 이익을 얻을 수 있을지는 또 다른 문제이지만, 적어도 학계의 진지한 관심을 얻기 시작했으며 임상실험도 이루어지고 있다. 아마도 고용량 비타민 C 역시 노인에게 카르니틴 합성을 촉진시킬 것이다. 하지만 여기에 대해서는 놀라울 정도로 알려진 바가 없다. 그동안 비타민 C가 지닌 항산화제의 특성에만 초점을 맞춰왔던 탓인 듯하다.

운동도 미토콘드리아에 도움을 준다. 제13장에서 본 것처럼 미토콘드리아 집단의 건강은 복제되고 파괴되는 속도에 따라 달라진다. 오래된 조직에서 손상된 미토콘드리아는 건강한 미토콘드리아보다 더 천천히 파괴된다. 그런 조직에서는 미토콘드리아가 복제되는 속도가 아주 느리기 때문에 결과적으로 손상된 미토콘드리아가 자리를 다 차지하게 된다. 이런 악순환을 적당한 운동으로 깨뜨릴 수 있다. 운동을 하게 되면 에너지 요구량이 많아지기 때문에 미토콘드리아 복제를 자극한다. 이제 가장 건강한 미토콘드리아가 제일 빨리 복제되고, 생존 가능한 미토콘드리아 무리가 재생된다. 하지만 여기에도 역시 함정이 있다. 심한 운동은 몸이 알아서 고칠 수 있는 것보다 더 큰 산화성 손상을 일으키기도 한다. 그리고 우리가 어느 점에서 해를 입기 시작하는지를 알기는 어렵다. 걷기나 수영처럼 격하지 않은 유산소 운동이 아마 제일 적당할 것이다. 정신운동도 비슷한 효과가 있지 않을까 생각한다. 교육과 정신활동은 알츠하이머병을 예방하는 경향이 있다. 그 이유는 알려져 있지 않다. 지적인 운동으로 뇌의 미토콘드리아가 계속 교체되어 집단 전체가 젊어지게 된다는 정도로 설명할 수 있겠다.

이제 막 발전하기 시작한 미토콘드리아 의학은 앞으로 유망한 분야다. 과거에 항산화제 연구가 시작되었을 때 학계를 들썩였던 흥분이 또 시작되는 듯하다. 우리는 힘든 교훈을 얻었다. 항산화제를 그냥 '던져넣고' 최선의 결과를 기대하는 것만 가지고는 충분치 않다는 것이다. 우리는 미토콘드리아 막을 표적으로 삼을 방법을 찾아야 한다. 카르니틴 같은 대사작용 촉진제를 이용할 수도 있고, 리포산이나 보조효소 Qcoenzyme Q 같은 항산화제를 이용할 수도 있고, 멜라토닌이나 티록신 같은 호르몬을 이용할 수도 있고, 또는 상상도 못할 다른 요소를 이용할 수도 있을 것이다. 미토콘드리아가 작용하는 방법에 대해 아직 배울 것이 많다. 실패할 수도 있겠지만 결국은 문제의 핵심에 다가서고 있다고 나는 믿는다. 만일 인류가 건강하게 130세까지 살도록 수명을 늘리는 데에 성공한다면, 그 큰 발전의 시작은 분명히 미토콘드리아 의학이 될 것이다.

§

진화를 산소라는 프리즘을 통해 들여다보면 우리 인간의 삶과 죽음에 대해 놀라운 시각을 갖게 된다. 물이 생명의 토대라면 산소는 생명의 엔진이다. 산소가 없었다면, 지구상의 생물은 바다 밑바닥의 진흙을 결코 벗어나지 못했을 것이고, 지구는 아마 화성이나 금성처럼 황량해지고 말았을 것이다. 산소가 있었기에 생물은 이토록 다양하게 꽃필 수 있었다. 동물, 식물, 유성생식, 성별, 인간의 의식 자체가 산소 덕에 존재할 수 있는 것이다. 또한 산소로 인해 노화와 죽음의 진화가 이루어졌다.

진화를 통해 그 원인을 이해하지 못한다면 복잡한 노인병들을 이해하기란 감히 바랄 수도 없는 일이다. 진화 이론과 함께 우리는 여기까지 왔지만 실험적인 증거가 뒷받침해주지 않는다면 실패하고 말 것이다. 16세기 과학자 프랜시스 베이컨의 유명한 주장처럼, 철학은 실험이라는 등대가 없이는 삶과 죽음이라는 위대한 질문에 결코 대답할 수 없다. 과학이 철학으로부터, 다시 말해 세계에 대한 체계적인 사고에서 나왔다는 사실을 잊지 말아야 한다. 실험을 통해 우리는 논리를 근거로 해서는 결코 구분할 수 없는 이론들의 가치를 잴 수 있다. 하지만 과학이 의미를 지니려면 실험은 세계가 어떻게 움직이는가에 대한 생각의 틀, 즉 가설 안에서 이루어져야만 한다. 과학은 귀납법, 다시 말해 잡다한 데이터를 그물로 모아 그중에서 어떤 유형이나 사실을 발견하기를 기대하는 것이 아니다. 가설과 반박으로 이루어지는 것이다. 오늘날 의학 연구는 지나치게 실험적으로 흐를 위험이 있다. 엄청난 양의 데이터를 쌓아놓기만 할 뿐 당연한 고찰을 하지 않는 것이다. 노화와 질병에 관해 수많은 이론들이 쏟아져 나오지만 논리적인 데이터가 뒷받침하는 경우는 드물다. 의학 연구는 거침없이 앞으로 달려나가고 있지만 새로운 발견을 더 넓은 맥락에서 해석할 시간은 없다. 그 사이에는 뭔가 불안한 틈이 있다. 의료 서비스가 넘쳐나면서도 아직 체계가 잡히지 않은 이 시대에, 우리는 의학 연구가 우리를 옳은 길로 인도하는지 의문을 품어야 한다.

유전자 연구는 생물학, 건강, 질병에 대한 우리의 인식을 바꿔놓았다. 이 책에 등장한 많은 이론들은 분자유전학의 큰 발전이 없었다면 생각도 할 수 없는 일이었다. 그러나 도구와 해답을 헷갈려서는 안 된다. 의학 연구 뒤편에는 유전자가 잘못되어 질병을 유발한다는 발상이 존재하고 있다. 우리는 인간 게놈 프로젝트의 완성을 기뻐한다. 어떤 유전자가 잘못되었는지 훨씬 더 잘 알게 되기 때문이다. 엄청난 돈과 시간을 들여 특정한 질병을 일으키는 불완전한 유전자를 추적하는 동안, 노화 자체의 근본적인 진행에 대한 연구는 위축되고 있다. 수천 개의 학술지가 있지만 노화 연구를 다루는 경우는 아주 소수다. 유전자 연구는 진행속도가 아주 느려서, 지금 '돌파구'가 마련되면 그 성과는 20년 후에나 나오는 식이다. 그런데도 우리는 유전자의 효과가 복잡하고 어렵기 때문에 그렇다고 받아들인다. 마냥 기다려야 하는 것이다. 그 약속이 과연 실현될까, 아니면 우리가 단순히 속고 있는 것일까? 추측해볼 수 있는 유일한 방법은 진화적 관점에서 생각하는 것이다. 그러다 보면 어떤 종류의 접근법이 실제로 효과가 있을지에 대한 명확한 생각을 덤으로 얻게 된다.

산소가 노화를 촉진한다는 생각은 새로운 것이 아니다. 조지프 프리스틀리는, 만일 우리가 순수한 산소를 호흡한다면 촛불처럼 더 빨리 '타버릴 것'이라고 했다. 그때부터 이미 은연중에 드러나 있었던 것이다. 실험만을 근거로 해도 산소 자유라디칼이 노화와 일부 질병의 원인을 제공하며 아마 다른 질병의 중요한 요인일 것이라고 논리적으로 주장할 수 있다. 실험적인 관점에서 항산화제가 수명을 늘리거나 질병을 치료하지 못한다는 사실로 미루어 자유라디칼의 역할은 다른 여러 요인들 중 하나로 제한적이라는 사실을 알 수 있다. 진화적인 시각은 우리 눈앞에 전혀 다른 풍경을 펼쳐 보인다. 생물은 무수한 적응을 통해 산소에 대항하는 법을 익혔다. 행동부터 몸 크기와 생식까지 전부 적응의 결과다. 어떻게 해서 두 가지 성별이 진화하게 되었는지, 또 왜 난포 안에서 난자가 발생하는지 생각하다 보면 예상치 못한 부분에서 진화적 시각의 타당성을 증명하게 된다. 복제 실험의 실패나 노인병에 대한 말라리아의 영향에 대해서도 마찬가지다. 이런 점에서 볼 때, 산소는 진화와 생명의 엔진일 뿐 아니라 노화와 노인병의 가장 중요하고도 유일한 원인이 된다.

이러한 시각은 자연에서 우리 인간의 자리를 돌아보는 데에 도움이 된다. 노화가 미리 정해진 것도 아니고 피할 수 없는 것도 아니라는 점을 생각하면, 비록 쉽게 노화를 미루지는 못하더라도 희망을 가질 수는 있다. 노인병에 대한 '민감성' 유전자를 추적하는 일이 그릇된 믿음에서 나온 것이라는 사실도 바로잡을 수 있다. 또한 노화라는 문제를 다루는 가장 좋은 방법이 될 연구 분야(면역 조정과 미토콘드리아 의학)를 제시한다는 점에서 이 시각은 건설적이다. 그리고 건강한 노년을 위한 합리적인 길을 제시하는 실용적인 시각이기도 하다. 결국 골고루 먹되 과식은 피하고 지나칠 정도로 깨끗하게 살거나 스트레스를 너무 받지 말것, 그리고 금연하고 규칙적으로 운동하며 활기찬 마음을 갖는 게 제일인 것이다. 지금 시작해도 늦지 않았다. 생물학과 의학이 아무리 발전해도 결론은 이렇게 어른들의 지혜에서 벗어나지 못한다면, 현명한 노년 세대에게 잃어버린 위엄을 상당 부분 돌려드려야 하지 않을까 싶다.

감사의 말

누구보다 특히 세 사람에게 감사의 말을 전하고 싶다. 이 사람들이 없었다면 이 책은 내 머릿속에서 생각만으로 끝나버렸을 것이다. 제일 먼저 매력 넘치는 과학 저술과 넓은 아량, 그리고 탐구 정신으로 수많은 화학자들과 저술가들에게 영감을 심어준 존 엠슬리 박사에게 감사한다. 존은 옥스퍼드 대학 출판부에 나를 소개해주었고, 과학과 사회와 언어에 대해 자주 이야기를 나누며 큰 힘을 주었다. 그리고 옥스퍼드 대학 출판부의 마이클 로저스 박사에게 감사를 보낸다. 날카로운 시각과 뛰어난 편집 능력으로 이 시대의 과학 저술가들을 양성한 분이다. 이 책에서 다룰 이야기를 처음 정리했을 때 그 가능성을 알아봐준 데에 대해 깊이 감사한다. 마이클은 내가 명확하고 꾸밈없는 문체로 글을 쓰도록 적절하게 충고해주었으며 이 책을 쓰는 내내 용기를 주었다. 마지막으로 내 아내 아나 이달고 박사에게 크게 감사한다. 아내는 이 책을 쓰는 동안 줄곧 나와 함께했다. 폭넓은 지식과 균형 잡힌 시각으로 내 어리석은 실수를 미소지으며 지적해주었고, 이 책에서 내가 이야기하고자 하는 바에 힘을 실어주었다. 워낙 불분명한 것을 참지 못하는 사람이라 그런 부분이 눈에 띌 때마다 따지고 드는 것이 가끔은 견디기 힘들었지만, 덕분에 나 말고는 아무도 이 책을 이해하지 못하는 게 아닌가 하는 걱정은 하지 않게 되었다.

시간을 내서 내 원고를 읽고 전문가답게 아낌없이 비평을 해준 수많은 분들에게 큰 빚을 졌다. 특히 난데없이 내 메일을 받고도 즉시 상세한 답변을 해준 여러 대학 교수들에게 참으로 감사드린다. 그런 의미에서 미국 예일 대학의 지질학 및 지구물리학 교수 로버트 버너, 덴마크 오덴세에 있는 덴마크 남부대학의 생태학 교수 도널드 캔필드, 독일 하이델베르크에 위치한 유럽분자생물학연구소 바이오컴퓨팅 팀의 호세 카스트레사나 박사, 던디 시에 있는 애버테이 대학의 응용화학 강사인 데이비드 브레너 박사, 뉴캐슬 대학의 생물노화현상학 교수 톰 커크우드, 스웨덴 룬드 대학의 식물세포생물학 교수 존 앨런, 에스파냐 마드리드에 있는 콤플루텐세 대학의 생리학 교수 구스타보 바르하 교수에게 이 자리를 빌어 감사의 말을 전한다. 또한 숱한 토론을 나누며 깊은 통찰력으로 나를 도와준 동료들에게도 감사한다. 특히 런던에 위치한 왕립시료병원에서 외과의학 강사로 있는 배리 풀러 박사, 애버테이 대학에서 식물생화학과 생명공학 강사를 맡고 있는 에리카 벤슨 박사, 런던의 노스윅파크 의학연구소에서 헴산소화 효소의 연구를 개척한 로베르토 모텔리니 박사와 로버타 포레스티 박사, 노스윅파크 의학연구소에서 정력적으로 연구에 몰두하고 있는 콜린 그린 교수에게 감사한다.

그리고 원고의 대부분을 읽고 평해준 몇몇 친구들에게도 감사의 말을 전한다. 덕분에 독자들이 재미를 느낄, 아니 적어도 참고 읽어줄 수 있는 부분에 대해 더 잘 알게 되었다. 특히 빈스 데즈먼드, 이언 앰브로즈, 앨리슨 존스, 폴 애즈버리, 맬컴 젱킨스 박사, 마이크 카터에게 감사한다. 또 부모님과 형 맥스에게도 감사의 말을 하고 싶다. 어떤 표현이 좋을지 열심히 의견을 나눠주었고, 이쪽 분야에 전문 지식이 없는데도 기꺼이 과학책과 씨름해가며 전적으로 나를 지지해주었다. 이런 가족들이 없었다면 나는 감히 이 책을 쓸 생각조차 하지 못했을 것이다.

이렇게 많은 도움을 받았지만, 이 책 어딘가에 오류나 부적절한 표현이 남아 있을지도 모르겠다. 그래도 다행히 출간하기 전에 지식이 풍부하고 문학적인 재능이 뛰어난 편집자 엘리너 로렌스를 만난 덕에 미리 원고를 점검하고 모호한 부분을 많이 고칠 수 있었다. 마지막으로 옥스퍼드 대학 출판부의 애비 히던에게 감사한다. 애비는 편집 과정에 대해 내가 물어볼 때마다 신속히 성의껏 대답해주었다. 그래도 이 책에 아직 뭔가 오류가 남아 있다면, 그것은 전적으로 지은이인 내 몫이다.

옮기고 나서

옛말에 열 손가락 깨물어 안 아픈 손가락 없다지만, 요즘은 손가락 주인도 사람인지라 깨물었을 때 좀 덜 아픈 손가락도 있고 더 아픈 손가락도 있기 마련이라고들 한다. 생각해보니 나도 그렇다. 그간 여러 책을 번역했지만 신경이 좀 덜 쓰이는 책이 있는가 하면 훨씬 더 마음이 가는 책도 있다.

처음 이 책을 번역했던 게 2003년이었던 것으로 기억한다. 생물학과 출신이니 본격적인 과학책 한번 번역하면 어떻겠냐는 제안을 두 번도 생각 않고 덥석 받아들였다. (지지난번에 과학 교양서를 번역하면서 얼마나 고생했는지는 이미 까맣게 잊은 뒤였다. 보통 엄마들이 이런 식으로 둘째 아이를 낳는다.) 원서를 받아들고 오는 길에 어깨에 느껴지는 무게가 예상 밖으로 묵직했던 것이 앞으로 닥칠 고난의 예고였던가 보다. 이 두껍고 묵직한 책의 내용은 더더욱 묵직했다. 그래도 읽을 때는 재미라도 있었지만 번역을 시작하고 나니 그야말로 난코스의 연속이었다. 전공을 했으니 괜찮겠지 라는 안일한 생각은 잽싸게 꼬리를 말고 사라졌다.

사람마다 다르겠지만 내 경우 과학책을 번역할 때 가장 힘든 부분은 인명과 용어를 우리말로 옮기는 일이다. 특히 용어가 까다롭다. 학생 시절 만날 쓰던 단어들이지만, 어느 분야나 그렇듯 실제 현장에서 쓰는 말은 일반 독자들이 알아듣기 어렵다. 과학 분야의 경우는 대개 영어로 된 용어들을 그대로 쓴다. 이를테면 'knockout mutant는 target gene을 mutation시켜서 gene의 발현을 제거했을때 생기는 현상을 보고 target gene의 기능을 알아보는 것인데…' 하는 식이다. 하지만 번역을 이따위로 한다는 건 아니 될 말씀이고, 어차피 생소하더라도 최소한 우리말로 옮겨는 놓아야 하지 않겠는가 말이다. 문제는 똑같은 용어라도 우리말로 옮겨진 것이 의학에서 다르고 생물학에서 다르고 생화학에서 또 다르고 하는 경우가 많다는 점이다. 그래서 이 책을 번역하면서는 지은이가 해당 용어를 사용한 분야가 어디인지에 최대한 맞춰서 옮기려고 노력했다. 이번에 재출간 작업을 하면서는 대체로 〈오파비니아 시리즈〉의 용례를 따랐다.

번역을 시작한 지 6개월을 훌쩍 넘긴 2004년에야 책이 나왔다. 문자 그대로 씨름을 해가며 작업한 결과물은 가벼운 마음으로 집어 들기엔 부담스러울 정도로 두툼했고, 이런 덩치의 과학책이 흔히 그렇듯 1쇄를 끝으로 절판되는 운명을 맞이했다. 그 후로도 번역한 책들은 더 있었지만 10년 넘게 지난 지금까지도, 번역하면서 가장 고생했고 그만큼 가장 뿌듯했고 개정판이 나와 준다면 고치고 싶은 부분이 가장 많았던 이 책은 '어른의 사정'이 더해지며 그렇게 묻혔고 내 아픈 손가락이 되었다.

그간 이 책은 아픈 손가락의 역할을 충실히 해왔다. 생각만 해도 마음이 짠해지는, 그런 것 말이다. 여러 아쉬움 중에 가장 컸던 것은 이게 이렇게 묻힐 책이 아닌데 하는 것이었다. 이 책을 도서관에서 접한 후 구입을 문의하거나 재출간 여부를 묻는 이메일이 간간히 오기도 했던 것을 보면 나 혼자만의 생각은 아니었던 모양이다. 그저 옮긴이에 불과한 나로서는 '저도 참 안타깝습니다'라고밖에는 답변을 할 수 없었다.

그리고 처음 출간된 지 12년 만에 이 책이 다시 빛을 볼 기회를 얻었다. 그 덕분에 내게도 기존의 번역을 보완하고 첫 출간 때 편집 과정에서 생겼던 다소간의 오류를 수정할 기회가 생겼다. 이제 이 책은 더 이상 아픈 손가락이 아니게 되었다.

제목부터 '산소'다. 그러니까 이 책은 당연히 산소에 대한 이야기다. 하지만 동시에 그 산소 이야기를 바탕으로 지구에서 생물이 어떻게 살아왔는지, 또 그 속에서 우리 인간이 어떻게 하면 건강하고 오래 살 것인지 하나하나 짚어가며 풀어낸다.

산소를 중심으로 지구의 역사와 진화 그리고 건강 문제까지 다루다 보니, 생물학은 물론 화학, 지질학, 의학 등 여러 분야에 걸친 내용을 담고 있다. 당연히 분량이 만만치 않고, 조금쯤 부담스러울 수도 있을 것이다. 하지만 지은이가 워낙 세심하게 설명을 잘해놓았고 쉬운 비유를 자주 사용하고 있어서 그다지 어렵다는 느낌은 들지 않는다. 게다가 계속 질문을 던지고 그에 대한 답을 찾는 형식이라, 함께 생각하며 따라가기만 하면 된다. 이 책을 손에 들어볼 정도로만 과학에 관심이 있다면 예전에 배운 것을 하나하나 기억해가면서 재미있게 읽을 수 있을 것이다. (앞서도 이야기했지만 읽을 때는 정말 재미있었다!) 다양한 분야를 다루는 만큼 흥미로운 내용도 많다. 지금 공부를 하고 있는 학생이라면 특히 권하고 싶다. 이 두툼한 책의 묵직함을 조금이나마 덜어보려는 마음에 가능한 한 쉬운 표현을 쓰려고 애썼는데, 읽는 데에 방해가 되지 않았으면 한다.

처음 번역했을 때는 출간된 지 겨우 1년 남짓 되어 따끈따끈했던 이 책이 지금은 15년이 다 되어가는 묵은 책이 되었다. 문학도 아니고 인문학도 아닌 과학책인데, 이대로 괜찮을지 불안하지 않았다면 거짓말일 것이다. 그야말로 빛의 속도로 발전하는 분야이며 어제까지 진리이던 이론이 손바닥 뒤집듯 뒤집히기 십상인 분야가 바로 과학 아닌가. 거기에 10년이 넘게 시간이 지났으니, 그간 얼마나 많은 내용이 바뀌었을까. 그러나 재출간을 앞두고 지은이가 한국 독자들을 위해 보내온 서문을 읽으며 내 생각이 무척 짧았다는 사실을 깨달았다. 그동안 지은이의 시각이 일부 바뀌었을 수는 있어도 진실을 찾아가는 긴 여정을 볼 때 그것은 잠시 돌아가는 길일 뿐인 것이다.

이 책의 재출간을 권해주시고 이전 출간본을 세심하게 감수해주신 아주대학교 약학대학 김홍표 교수님께 감사드린다. 그리고 좋은 기회를 만들어주신 뿌리와이파리 정종주 대표님과 유난히도 더웠던 여름 내내 고생하신 편집부 분들께도 감사의 인사를 전하고 싶다.

2016년 가을, 양은주

더 읽어보기

Brown, G. *The Energy of Life*. HarperCollins, London, 1999.

Cairns-Smith, G. *Seven Clues to the Origin of Life*. Cambridge University Press, Cambridge, 1985.

Cowen, R. *History of Life*. Blackwells, New York, 2000.

Davies, P. *The Fifth Miracle. The Search for the Origin of Life*. Penguin Books, London, 1998.

Dawkins, R. *The Selfish Gene*. Oxford University Press, Oxford, 1989.

Djerassi, C. and Hoffman, R. *Oxygen*. Wiley-VCH, Weinheim, 2001.

Dyson, F. *Origins of Life*. Revised Edition. Cambridge University Press, Cambridge, 1999.

Emsley, J. *Molecules at an Exhibition*. Oxford University Press, Oxford, 1998.

Fenchal, T. and Finlay, B. J. *Ecology and Evolution in Anoxic Worlds*. Oxford University Press, Oxford, 1995.

Fortey, R. *Life: An Unauthorised Biography*. HarperCollins, London, 1997.

Fortey, R. *Trilobite!* Flamingo, London, 2001.

Gould, S. J. *Wonderful Life. The Burgess Shale and the Nature of History*. Penguin Books, London, 1989.

Hager, T. *Linus Pauling and the Chemistry of Life*. Oxford University Press, Oxford, 2000.

Halliwell, B. and Gutteridge, J. M. C. *Free Radicals in Biology and Medicine*, Third Edition. Oxford University Press, Oxford, 1999.

Holliday, R. *Understanding Ageing*. Cambridge University Press, Cambridge, 1995.

Hughes, R. E. *Vitamin C. Cambridge World History of Food* (Eds. Kiple, K. F. and Ornelas, K. C). Cambridge University Press, Cambridge, 2000.

Jacob, F. *Of Flies, Mice and Men*. Harvard University Press, Cambridge, 2001.

Jones, S. *The Language of the Genes*. Second edition. Flamingo, London, 2000.

Kirkwood, T. *The End of Age. Reith Lectures* 2001. Profile Books, London, 2001.

Kirkwood, T. *Time of Our Lives. Why Ageing is Neither Inevitable nor Necessary*. Phoenix, London, 2000.

Lovelock, J. *The Ages of Gaia: A Biography of Our Living Earth*. Oxford University Press, Oxford, 1995.

Margulis, L. and Sagan, D. *Microcosmos. Four Billion Years of Microbial Evolution*. University of California Press, Berkeley, 1986.

Maynard Smith, J. and Eörs Szathmáry, E. *The Origins of Life: From the Birth of Life to the Origin of Language*. Oxford University Press, Oxford, 1999.

Medawar, P. *An Unsolved Problem of Biology*. HK Lewis, London, 1952.

Nesse, R. M. and Williams, G. C. *Evolution and Healing*. Phoenix, London, 1995.

Porter, R. *The Greatest Benefit to Mankind*. HarperCollins, London, 1999.

Ridley, M. *Genome*. Fourth Estate, London, 1999.

Stearns, S. C. (Ed.). *Evolution in Health and Disease*. Oxford University Press, Oxford, 1999.

Tudge, C. *The Variety of Life*. Oxford University Press, Oxford, 2000.

Watson, J. *The Double Helix*. Penguin Books, London, 1999.

Weatherall, D. *Science and the Quiet Art*. Oxford University Press, Oxford, 1995.

Willcox, B. J., Willcox, C. and Suzuki, M. *The Okinawa Way*. Mermaid Books, London, 2001.

제1장

Discovery of oxygen

Lavoisier, A. *Elements of Chemistry*. Dover Publications, New York, 1965 (first published

Paris, 1789).

Priestley, J. *Experiments and Observations on Different Kinds of Air*. Birmingham, 1775.

Szydlo, Z. A new light on alchemy. *History Today* 47: 17–24; 1997.

Szydlo, Z. *Water Which Does Not Wet Hands. The Alchemy of Michael Sendivogius*. Polish Academy of Sciences, Warsaw, 1994.

Bernard Jaffe. *Crucibles*. Newton Publishing Co, New York, 1932.

Oxygen therapies

Haldane, J. S. *Respiration*. Yale University Press, New Haven, 1922.

Greif, R., Akca, O., Horn, E. P., Kurz, A., and Sessler, D. I. Supplemental perioperative oxygen to reduce the incidence of surgical-wound infection. *New England Journal of Medicine* 342: 161–167; 2000.

Diving and barometric pressure

Martin, L. *Scuba Diving Explained: Questions and Answers on Physiology and Medical Aspects of Scuba Diving*. Best Publishing Co, Flagstaff, AZ, 1999.

Ashcroft, F. *Life at the Extremes: The Science of Survival*. HarperCollins, London, 2000.

Bert, P. *La Pression Barometrique*. Paris, 1878.

Haldane, J. B. S. *Possible Worlds and Other Essays*. Chatto and Windus, London, 1930.

제2장

Factors controlling oxygen in the atmosphere

Berner, R. A. Biogeochemical cycles of carbon and sulfur and their effect on atmospheric oxygen over Phanerozoic time. *Palaeogeography, Palaeoclimatology, Palaeoecology* 75: 97–122; 1988.

Oxygen and evolution

Cloud, P. Atmospheric and hydrospheric evolution on the primitive earth. *Science* 160: 729–736; 1968.

Knoll, A. H. and Holland, H. D. Oxygen and Proterozoic evolution: an update. In *Effects of Past Global Change on Life* (Eds.: Panel on Effects of Past Global Change on Life). National Academy of Sciences, Washington, DC, 1995.

제3장

Spiegelman's monsters and loss of complexity

Spiegelman, S. An *in vitro* analysis of a replicating molecule. *American Scientist* 55: 3–68; 1967.

First signs of life and carbon isotopes

Mojzsis, S. J., Arrhenius, G., McKeegan, K. D., Harrison, T. M., Nutman, A. P. and Friend, C. R. L. Evidence for life on earth before 3,800 million years ago. *Nature* 384: 55–59; 1996.

Molecular fossils of cyanobacteria and eukaryotes

Brocks, J. J., Logan, G. A., Buick, R. and Summons, R. E. Archean molecular fossils and the early rise of eukaryotes. *Science* 285: 1033–1036; 1999.

Knoll, A. H. A new molecular window on early life. *Science* 285: 1025–1026; 1999.

Canfield, D. E. A breath of fresh air. *Nature* 400: 503–504; 1999.

Banded iron formations

Widdel, F., Schnell, S., Heising, S., Ehrenreich, A., Assmus, B. and Schink, B. Ferrous iron oxidation by anoxygenic phototrophic bacteria. *Nature* 362: 834–836; 1993.

Noah's Flood and the Black Sea

Ryan, W., Pitman, W. and Haxby, W. (illustrator). *Noah's Flood: the New Scientific Discoveries about the Event that Changed History*. Simon and Schuster, New York, 1999.

Sulphur isotopes, iron pyrite and oxygen

Canfield, D. E. A new model of Proterozoic ocean chemistry. *Nature* 396: 450–452; 1998.

Canfield, D. E, Habicht, K. S. and Thamdrup, B. The Archean sulfur cycle and the early history of atmospheric oxygen. *Science* 288: 658–661; 2000.

Natural nuclear reactors in Gabon

Cowan, G. A. A natural fission reactor. *Scientific American* 235: 36–41; 1976.

Snowball Earth and Kalahari manganese field

Kirschvink, J. L., Gaidos, E. J., Bertani, L. E., Beukes, N. J., Gutzmer, J., Maepa, L. N. and Steinberger, R. E. Paleoproterozoic snowball earth: extreme climatic and geochemical global change and its biological consequences. *Proceedings of the National Academy of Sciences USA* 97: 1400–1405; 2000.

Oxygen and eukaryotic evolution

Rye, R. and Holland, H. D. Paleosols and the evolution of atmospheric oxygen: a critical review. *American Journal of Science* 298: 621–672; 1998.

Knoll, A. H. The early evolution of eukaryotes: a geological perspective. *Science* 256: 622–627; 1992.

Kurland, C. G. and Andersson, S. G. E. Origin and evolution of the mitochondrial pro-teome. *Microbiology and Molecular Biology Reviews* 64: 786–820; 2000.

제4장

Evolution of early animals

Nash, M. When life exploded. *Time Magazine* 146: 66–74; 4 December, 1995.

Briggs D. E. G. and Fortey, R. A. The early radiation and relationships of the major arthro-pod groups. *Science* 246: 241–243; 1989.

Knoll, A. H and Carroll, S. B. Early animal evolution: emerging views from comparative biology and geology. *Science* 284: 2129–2137; 1999.

Valentine, J. W. Late Precambrian bilatarians: grades and clades. *Proceedings of the Na-tional Academy of Sciences USA* 91: 6751–6757; 1994.

Molecular clocks

Conway Morris, S. Molecular clocks: defusing the Cambrian explosion? *Current Biology* 7: R71–R74; 1997.

Bromham, L., Rambaut, A., Fortey R., Cooper, A. and Penny, D. Testing the Cambrian explosion hypothesis by using a molecular dating technique. *Proceedings of the National Academy of Sciences USA* 95: 612386–612389; 1998.

Ayala, J., Rzhetsky, A. and Ayala, F. J. Origin of metazoan phyla: molecular clocks confirm paleontological estimates. *Proceedings of the National Academy of Sciences USA* 95: 606–611; 1998.

Snowball Earth

Hoffman, P. F., Kaufman, A. J., Halverson, G. P. and Schrag, D. P. A Neoproterozoic snowball Earth. *Science* 281: 1342–1346; 1998.

Hoffman, P. F. and Schrag, D. P. Snowball Earth. *Scientific American* January 2000. Walker, G. Snowball Earth. *New Scientist* 6th November 1999.

Isotope ratios and oxygen

Canfield, D. E. and Teske, A. Late Proterozoic rise in atmospheric oxygen concentration inferred from phylogenetic and sulphur-isotope studies. *Nature* 382: 127–132; 1996.

Knoll, A. H. Breathing room for early animals. *Nature* 382: 111–112; 1996.

Kaufman, A. J., Jacobsen, S. B. and Knoll, A. H. The Vendian record of C- and Sr-isotopic variations: Implications for tectonics and paleoclimate. *Earth and Planetary Science Letters* 120: 409–430; 1993.

Brasier, M. D., Shields, G. A., Kuleshov, V. N. and Zhegallo, E. A. Integrated chemoand biostratigraphic calibration of early animal evolution: Neoproterozoic— early Cambrian of southwest Mongolia. *Geological Magazine* 133: 445–485; 1996.

Logan, G. A., Hayes, J. M., Hieshima, G. B. and Summons, R. E. Terminal Protero-zoic reorganization of biogeochemical cycles. *Nature* 376: 53–56; 1995.

제5장

Giant dragoflies

Rutten, M. G. Geologic data on atmospheric history. *Palaeogeography, Palaeoclimatology, Palaeoecology* 2: 47–57; 1966.

Wakeling, J. M. and Ellington, C. P. Dragonfly flight. III. Lift and power requirements. *Journal of Experimental Biology* 200: 583–600; 1997.

Fires and methane generation

Watson, A., Lovelock, J. E. and Margulis L. Methanogenesis, fires and the regulation of atmospheric oxygen. *Biosystems* 10: 293–298; 1978.

Photorespiration

Beerling, D. J., Woodward, F. I., Lomas, M. R., Wills, M. A., Quick, W. P. and Valdes P. J. The influence of Carboniferous palaeo-atmospheres on plant function: an experimental and modelling assessment. *Philosophical Transactions of the Royal Society of London. B.* 353: 131–140; 1998.

Beerling, D. J. and Berner, R. A. Impact of a Permo-Carboniferous high O2 event on the terrestrial carbon cycle. *Proceedings of the National Academy of Sciences USA* 97: 12428–12432; 2000.

Carbon burial and calculation of atmospheric oxygen

Berner, R. A. and Canfield D. E. A new model for atmospheric oxygen over Phanerozoic time. *American Journal of Science* 289: 333–361: 1989.

Gas bubbles in amber

Berner, R. A. and Landis, P. Gas bubbles in fossil amber as possible indicators of the major gas composition of ancient air. *Science* 239: 1406–1409; 1988. Technical comments on Berner and Landis. *Science* 241: 717–724; 1988.

Carbon isotopes and calculation of atmospheric oxygen

Berner, R. A., Petsch, S. T., Lake, J. A., Beerling, D. J., Popp, B. N., Lane, R. S., Laws, E. A.,

Westley, M. B., Cassar, N., Woodward, F. I. and Quick, W. P. Isotopic fractionation and atmospheric oxygen: implications for Phanerozoic O2 evolution. *Science* 287: 1630–1633; 2000.

Plant adaptations to fire and fossil charcoal

Robinson, J. M. Phanerozoic O_2 variation, fire and terrestrial ecology. *Palaeogeography, Palaeoclimatology, Palaeoecology* 75: 223–240; 1989.

Jones, T. P. and Chaloner, W. G. Fossil charcoal, its recognition and palaeoatmospheric significance. In: Kump, L. R., Kasting, J. F. and Robinson, J. M. (Eds.), *Atmospheric Oxygen Variation through Geologic Time. Global and Planetary Change* 5: 39–50; 1991.

K-T boundary and global firestorm and tsunami

Wolbach, W. S., Lewis, R. S., Anders, E., Orth, C. J. and Brooks, R. R. Global fire at the Cretaceous–Tertiary boundary. *Nature* 334: 665–669; 1988.

Kruger, M. A., Stankiewicz, B. A., Crelling, J. C., Montanari, A. and Bensley, D. F. Fossil charcoal in Cretaceous–Tertiary boundary strata: evidence for catas- trophic firestorm and megawave. *Geochimica et Geophysica Acta* 58: 1393–1397; 1994.

Flight mechanics of dragonflies in high-oxygen atmospheres

Graham, J. B., Dudley, R., Aguilar, N. M. and Gans, C. Implications of the late Palaeozoic oxygen pulse for physiology and evolution. *Nature* 375: 117–120; 1995.

Dudley, R. Atmospheric oxygen, giant paleozoic insects and the evolution of aerial loco-motor performance. *Journal of Experimental Biology* 201: 1043–1050; 1998.

Harrison, J. F. and Lighton J. R. B. Oxygen-sensitive flight metabolism in the dragonfly *Erythemis simplicicollis. Journal of Experimental Biology* 201: 1739–1744; 1998.

Polar gigantism and oxygen

Chapelle, G. and Peck, L. S. Polar gigantism dictated by oxygen availability. *Nature* 399: 114–115; 1999.

제6장

Life of Marie Curie

Quinn, S. *Marie Curie: A Life*. Simon & Schuster, New York, 1995.

Radiation poisoning, radium girls and Hiroshima

Clark, C. *Radium Girls: Women and Industrial Health Reform*, 1910–1935. University of North Carolina Press, Chapel Hill, 1997.

Hersey, J. *Hiroshima*. Penguin Books, London, 1990.

Radiation chemistry

Von Sonntag, C. *Chemical Basis of Radiation Biology*. Taylor and Francis, London, 1987.

Oxygen free radicals

Fridovich, I. Oxygen is toxic! *BioScience* 27: 462–466; 1977.

Gerschman, R., Gilbert, D. L., Nye, S. W., Dwyer, P. and Fenn W. O. Oxygen poisoning and X-irradiation: A mechanism in common. *Science* 119: 623–626; 1954.

Gilbert, D. L. Fifty years of radical ideas. *Annals of the New York Academy of Science* 899: 1–14; 2000.

Liquefaction of oxygen

Wilson, D. *Supercold. An Introduction to Low Temperature Technology*. Faber and Faber, London, 1979.

Free radical damage from breathing

Shigenaga, M. K., Gimeno, C. J. and Ames B. N. Urinary 8-hydroxy-2′ -deoxyguanosine as a biological marker of in *vivo* oxidative DNA damage. *Proceedings of the National Academy of Sciences USA* 86: 9697–9701; 1989.

Radiation tolerance in bacteria

Hoyle, F. *The Intelligent Universe*. Michael Joseph, London, 1983.

White, O., Eisen, J. A. and Heidelberg J. F., et al. Genome sequence of the radioresistant bacterium *Deinococcus radiodurans* R1. *Science* 286: 1571–1577; 1999.

Surface of Mars

Oyama, V. I. and Berdahl B. J. The Viking gas exchange experiment results from Chryse and Utopia surface samples. *Journal of Geophysical Research* 82: 4669–4676; 1977.

제7장

Evolution of photosynthesis

Des Marais, D. When did photosynthesis emerge on Earth? *Science* 289: 1703–1705; 2000.

Xiong, J., Fischer, W. M., Inoue, K., Nakahara, M. and Bauer, C. E. Molecular evidence for the early evolution of photosynthesis. *Science* 289: 1724–1730; 2000.

Hartman, H. Photosynthesis and the origin of life. *Origins of Life and Evolution of the Biosphere* 28: 515–521; 1998.

Schiller, H., Senger, H., Miyashita, H., Miyachi, S. and Dau, H. Light-harvesting in *Acaryochloris marina*— spectroscopic characterization of a chlorophyll d-dominated photosynthetic antenna system. *FEBS Letters* 410: 433–436; 1997.

Hoganson, C. W., Pressler, M. A., Proshlyakov, D. A. and Babcock, G. T. From water to oxygen and back again: mechanistic similarities in the enzymatic redox conversions between water and dioxygen. *Biochimica et Biophysica Acta* 1365: 170–174; 1998.

Catalase and the oxygen-evolving complex

Blankenship, R. E. and Hartman, H. The origin and evolution of oxygenic photosynthesis. *Trends in Biological Sciences* 23: 94–97; 1998.

Ioannidis, N., Schansker, G., Barynin, V. V. and Petrouleas, V. Interaction of nitric oxide with the oxygen evolving complex of photosystem II and manganese catalase: a comparative study. *Journal of Biological and Inorganic Chemistry* 5: 354–563; 2000.

Hydrogen peroxide on the early Earth

Kasting, J., Holland, H. D. and Pinto, J. P. Oxidant abundances in rainwater and the evolution of atmospheric oxygen. *Journal of Geophysical Research* 90: 10497–10510; 1985.

Kasting, J. F. Earth's early atmosphere. *Science* 259: 920–926; 1993.

McKay, C. P. and Hartman, H. Hydrogen peroxide and the evolution of oxygenic photo-synthesis. *Origins of Life and Evolution of the Biosphere* 21: 157–163; 1991.

제8장

Chimpanzee and human genomes

Chen, F. C. and Li, W. H. Genomic divergences between humans and other hominoids and the effective population size of the common ancestor of humans and chimpanzees. *American Journal of Human* 68: 444–456; 2001.

Eukaryotes and mitochondria

Gray, M. W., Burger, G. and Lang, B. F. Mitochondrial evolution. *Science* 283: 1476–1481; 1999.

Kurland, C. G. and Andersson, S. G. E. Origin and evolution of the mitochondrial proteome. *Microbiology and Molecular Biology Reviews* 64: 86–820; 2000.

Last Universal Common Ancestor

Woese, C. Interpreting the universal phylogenetic tree. *Proceedings of the National Academy of Sciences USA* 97: 8392–8396; 2000.

Woese, C. The universal ancestor. *Proceedings of the National Academy of Sciences USA* 95: 6854–6859; 1998.

Doolittle, W. F. and Brown, J. R. Tempo, mode, the progenote, and the universal root. *Proceedings of the National Academy of Sciences USA* 91: 6721–6728; 1994.

Evolution of cytochrome oxidase and aerobic respiration

Castresana, J. and Saraste, M. Evolution of energetic metabolism: the respiration-early hypothesis. *Trends in Biological Sciences* 20: 443–448; 1995.

Castresana, J. and Moreira, D. Respiratory chains in the last common ancestor of living organisms. *Journal of Molecular Evolution* 49: 453–460; 1999.

Castresana, J., Lübben, M. and Saraste, M. New Archaebacterial genes coding for redox proteins: implications for the evolution of aerobic metabolism. *Journal of Molecular Biology* 250: 202–210; 1995.

Castresana, J., Lübben, M., Saraste, M. and Higgins, D. G. Evolution of cytochrome oxidase, an enzyme older than atmospheric oxygen. *EMBO Journal* 13: 2516–2525; 1994.

Hoganson, C. W., Pressler, M. A., Proshlyakov, D. A. and Babcock, G. T. From water to oxygen and back again: mechanistic similarities in the enzymatic redox conversions between water and dioxygen. *Biochimica et Biophysica Acta* 1365: 170–174; 1998.

Haemoglobins and cytochrome oxidase

Preisig, O., Anthamatten, D. and Hennecke H. Genes for a microaerobically induced oxidase complex in *Bradyrhizobium japonicum* are essential for a nitrogen-fixing endosymbiosis. *Proceedings of the National Academy of Sciences USA* 90: 3309–3313; 1993.

Shaobin, H., Larsen, R. W., Boudko, D., *et al.* Myoglobin-like aerotaxis transducers in Archaea and Bacteria. *Nature* 403: 540–544; 2000.

Trotman, C. Life: All the time in the world? *The Biologist* 45: 76–80; 1998.

제9장

Fruit, vegetables and vitamin C

Key, T. J., Thorogood, M., Appleby, P. N. and Burr, M. L. Dietary habits and mortality in 11,000 vegetarians and health-conscious people: results of a 17-year follow up. *British Medical Journal* 313: 775–779; 1996.

Gutteridge, J. M. C. and Halliwell, B. Free radicals and antioxidants in the year 2000: a historical look to the future. *Annals of the New York Academy of Sciences* 899: 136–147; 2000.

Khaw, K. T., Bingham, S., Welch, A., Luben, R., Wareham, N., Oakes, S. and Day, N. Relation between plasma ascorbic acid and mortality in men and women in EPIC-Norfolk prospective study: a prospective population study. *Lancet* 357: 657–663; 2001.

Recommended daily allowances

Levine, M., Conry-Cantilena, C. and Wang, Y., et al. Vitamin C pharmacokinetics in healthy volunteers: Evidence for a recommended dietary allowance. *Proceedings of the National Academy of Sciences USA* 93: 3704–3709; 1996.

Panel on Dietary Antioxidants and Related Compounds. *Dietary Reference Intakes for Vitamin C, Vitamin E, Selenium and Carotenoids.* National Academy Press, Washington, DC, 2000.

Mechanisms and functions of vitamin C(and see General texts)

Levine, M., Dhariwal, K. R., Washko, P. W., Welch, R. W. and Yang, Y. Cellular functions of ascorbic acid: a means to determine vitamin C requirement. *Asia Pacific Journal of Clinical Nutrition* 2 (suppl. 1): 5–13; 1993.

Padayatty, S. J. and Levine, M. New insights into the physiology and pharmacology of vitamin C. *Canadian Medical Association Journal* 164: 353–355; 2001.

Wang, W., Russo, T., Kwon, O., Chanock, S., Rumsey, S. and Levine, M. Ascorbate recycling in human neutrophils: induction by bacteria. *Proceedings of the National Academy of Sciences USA* 94: 13816–13819; 1997.

McLaran, C. J., Bett, J. H., Nye, J. A. and Halliday J. W. Congestive cardiomyopathy and haemochromatosis— rapid progression possibly accelerated by excessive ingestion of ascorbic acid. *Australia New Zealand Journal of Medicine* 12: 187–188; 1982.

제10장

Avoidance of oxygen(see also General texts)

Bilinski, T. Oxygen toxicity and microbial evolution. *Biosystems* 24: 305–312; 1991.

Superoxide dismutase

McCord, J. M. and Fridovich, I. Superoxide dismutase. An enzymic function for erythrocuprein (hemocuprein). *Journal of Biological Chemistry* 244: 6049–6055; 1969.

Fridovich, I. Oxygen toxicity: a radical explanation. *Journal of Experimental Biology* 201: 1203–1209; 1998.

Lebovitz, R. M., Zhang, H., Vogel, H., Cartwright, J., Dionne, L., Lu, N., Huang, S. and Matzuk M. M. Neurodegeneration, myocardial injury and perinatal death in mitochondrial superoxide dismutase-deficient mice. *Proceedings of the National Academy of Sciences USA* 93: 9782–9787; 1996.

Peroxiredoxins

Chae, H. Z., Robison, K., Poole, L. B., Church, G., Storz, G., Rhee, S. G. Cloning and sequencing of thiol-specific antioxidant from mammalian brain: alkyl hydroperoxide reductase and thiol-specific antioxidant define a large family of antioxidant enzymes. *Proceedings of the National Academy of Sciences USA* 91: 7017–7021; 1994.

McGonigle, S., Dalton, J. P. and James, E. R. Peroxidoxins: a new antioxidant family. *Parasitology Today* 14: 139–145; 1998.

Thiol oxidation, signalling and stress proteins

Arrigo, A. P. Gene expression and the thiol redox state. *Free Radical Biology and Medicine* 27: 936–944; 1999.

Marshall, H. E., Merchant, K. and Stamler, J. S. Nitrosation and oxidation in the regulation of gene expression. *FASEB Journal* 14: 1889–1900; 2000.

Groves, J. T. Peroxynitrite: reactive, invasive and enigmatic. *Current Opinion in Chemical Biology* 3: 226–235; 1999.

Yachie, A., Niida, Y., Wada, T., Igarashi, N., Kaneda, H., Toma, T., Ohta, K., Kasahara, Y. and Koizumi, S. Oxidative stress causes enhanced endothelial cell injury in human heme oxygenase-1 deficiency. *Journal of Clinical Investigation* 103: 129–135; 1999.

Cai, L., Satoh, M., Tohyama, C. and Cherian, M. G. Metallothionein in radiation exposure: its induction and protective role. *Toxicology* 132: 85–98; 1999.

Foresti, R., Clark, J. E., Green, C. J. and Motterlini, R. Thiol compounds interact with nitric oxide in regulating heme-oxygenase-1 induction in endothelial cells. Involvement of superoxide and peroxynitrite anions. *Journal of Biological Chemistry.* 272: 18411–18417; 1997.

Motterlini, R., Foresti, R., Bassi, R., Calabrese, V., Clark, J. E. and Green, C. J. Endothelial heme oxygenase-1 induction by hypoxia: modulation by inducible nitric oxide synthase and S-nitrosothiols. *Journal of Biological Chemistry* 275: 13613–13620; 2000.

제11장

Replication(see also General texts)

Orgel, L. E. The origin of life on the earth. *Scientific American* 271: 76–83; 1994.

Sexual reproduction(see also General texts)

Atmar, W. On the role of males. *Animal Behaviour* 41: 195–205; 1991.

Clark, W. *Sex and the Origins of Death*. Oxford University Press, Oxford, 1998.

Disposable soma theory

Kirkwood, T. B. L. Evolution of ageing. *Nature* 270: 301–304; 1977.

Kirkwood, T. B. L. and Holliday, R. The evolution of ageing and longevity. *Proceedings of the Royal Society of London* B 205: 531–546; 1979.

Modulating lifespan

Austad, S. N. Retarded senescence in an insular population of Virginia opossums(Didelphis virginiana). *Journal of Zoology* 229: 695–708; 1993.

Rose, M. R. Can human aging be postponed? *Scientific American* 281: 106–111; 1999.

Westendorp, R. G. and Kirkwood, T. B. L. Human longevity at the cost of reproductive success. *Nature* 396: 743–746; 1998.

제12장

Pacific salmon and senescence(see also General texts)

Partridge L. and Barton N. H. Optimality, mutation and the evolution of ageing. *Nature* 362: 305–311; 1993.

Late-acting genes and antagonistic pleiotropy(see also General texts)

Haldane, J. B. S. *New Paths in*. Harper, London, 1942.

Williams, G. C. Pleiotropy, natural selection and the evolution of senescence. *Evolution* 11: 398–411; 1957.

Shokeir, M. H. Investigation on Huntington's disease in the Canadian Prairies. II. Fecundity and fitness. *Clinical* 7: 349–353; 1975.

Walker, D. A., Harper, P. S., Newcombe, R. G. and Davies, K. Huntington's chorea in South Wales: mutation, fertility, and genetic fitness. *Journal of Medical* 20: 12–17; 1983.

Genes in nematode worms

Friedman, D. B. and Johnson, T. E. A mutation in the *age-1* gene in *Caenorhabditis elegans* lengthens life and reduces hermaphrodite fertility. *Genetics* 118: 75–86; 1988.

Kenyon, C., Chang, J., Gensch, E., Rudner, A. and Tabtiang, R. A C. elegans mutant that lives twice as long as wild type. *Nature* 366: 404–405; 1993.

Morris, J. Z., Tissenbaum, H. A. and Ruvkun, G. A phosphotidylinositol-3-OH kinase family member regulating longevity and diapause in *Caenorhabditis elegans*. *Nature* 382: 536–539; 1996.

Kimura, K. D., Tissenbaum, H. A. and Ruvken G. *daf-2*, an insulin-receptor-like gene that regulates longevity and diapause in *Caenorhabditis elegans*. *Science* 277: 942–946; 1997.

Ogg, S., Paradis, S., Gottlieb, S., Patterson, G. I., Lee, L., Tissenbaum, H. A. and Ruvkun, G. The fork head transcription factor DAF-16 transduces insulin-like metabolic and longevity signals in *C. elegans*. *Nature* 389: 994–999; 1997.

Insulin and insulin-like growth factors

Tissenbaum, H. A. and Ruvkun, G. An insulin-like signalling pathway affects both longevity and reproduction in *Caenorhabditis elegans*. *Genetics* 148: 703–717; 1998.

Clancy, D., Gems, D., Harshman, L. G., Oldham, S., Stocker, H., Hafen, E., Leevers, S. J. and Partridge, L. Extension of lifespan by loss of CHICO, a *Drosophila* insulin receptor substrate protein. *Science* 292: 104–106; 2001.

Thrifty genes and insulin-resistance

Chukwuma, C. Sr. and Tuomilehto, J. The 'thrifty' hypotheses: clinical and epidemiological significance for non-insulin-dependent diabetes mellitus and cardiovascular disease risk factors. *Journal of Cardiovascular Risk* 5: 11–23; 1998.

Groop, L. C. Insulin resistance: the fundamental trigger of type 2 diabetes. *Diabetes, Obe-*

sity and Metabolism 1 (suppl. 1): S1–S7; 1999.

제13장

Rate of living, metabolism and free radicals

Pearl, R. *The Rate of Living*. Knopf, New York, 1928.

Harman, D. Aging: a theory based on free radical and radiation chemistry. *Journal of Gerontology* 11: 298–300; 1956.

Birds, metabolic rate and free radical production

Austad, S. N. Birds as models of aging in biomedical research. *ILAR Journal* 38: 137–141; 1998.

Barja, G. Mitochondrial free radical production and aging in mammals and birds. *Annals of the New York Academy of Sciences* 854: 224–238; 1998.

Free radicals, stress resistance and ageing

Honda, Y. and Honda, S. The *daf-2* gene network for longevity regulates oxidative stress resistance and Mn-superoxide dismutase gene expression in *Caenorhabditis elegans*. *FASEB Journal* 13: 1385–1393; 1999.

Barsyte, D., Lovejoy, D. A. and Lithgow, G. J. Longevity and heavy-metal resistance in *daf-2* and *age-1* long-lived mutants of *Caenorhabditis elegans*. *FASEB Journal* 15: 627–634; 2001.

Orr, W. C. and Sohal, R. S. Extension of life-span by overexpression of superoxide dismutase and catalase in *Drosophila melanogaster*. *Science* 263: 1128–1130; 1994.

Gray, M. D., Shen, J. C., Kamath-Loeb, A. S., Blank, A., Sopher, B. L., Martin, G. M., Oshima, J. and Loeb, L. A. The Werner syndrome protein is a DNA helicase. *Nature Genetics* 17: 100–103; 1997.

Kapahi, P., Boulton, M. E. and Kirkwood, T. B. Positive correlation between mammalian lifespan and cellular resistance to stress. *Free Radical Biology and Medicine*. 26: 495–500; 1999.

Calorie restriction

Sohal, R. S. and Weindruch, R. Oxidative stress, caloric restriction and aging. *Science* 273: 59–63; 1996.

Kayo, T., Allison, D., Weindruch, R. and Prolla, T. A. Influences of aging and caloric restriction on the transcriptional profile of skeletal muscle from rhesus monkeys. *Proceedings of the National Academy of Sciences USA* 98: 5093–5098; 2001.

Mitochondrial theory of ageing

Harman, D. The biological clock: the mitochondria? *Journal of the American Geriatric Society* 20: 145–147; 1972.

Miquel, J. An update on the oxygen stress–mitochondrial mutation theory of aging: genetic and evolutionary implications. *Experimental Gerontology* 33: 113–126; 1998.

Richter, C., Park, J. W. and Ames, B. N. Normal oxidative damage to mitochondrial and nuclear DNA is extensive. *Proceedings of the National Academy of Sciences USA* 85: 6465–6467; 1988.

Beckman, K. B. and Ames, B. N. Endogenous oxidative damage of mitochondrial DNA. *Mutation Research* 424: 51–58; 1999.

Kirkwood, T. B. and Kowald, A. A network theory of ageing: the interactions of defective mitochondria, aberrant proteins, free radicals and scavengers in the ageing process. *Mutation Research* 316: 209–236; 1996.

Haflick limit and telomerase

Hayflick, L. The limited in vitro lifetime of human diploid cell strains. *Experimental Cell Research* 37: 614–636; 1965.

Harley, C. B., Futcher, A. B. and Greider, C. W. Telomeres shorten during ageing of human fibroblasts. *Nature* 345: 458–460; 1990.

Bodnar, A. G., Ouellette, M., Frolkis, M., Holt, S. H., Chiu, C. P., Morin, G. B., Harley, C. B., Shay, J. W., Lichtsteiner, S. and Wright, W. E. Extension of life-span by introduction of telomerase into normal human cells. *Science* 279: 349–352; 1998.

Goyns, M. H. and Lavery, W. L. Telomerase and mammalian ageing: a critical appraisal. *Mechanisms of Ageing and Development* 114: 69–77; 2000.

Mitochondria and cellular differentiation

von Wangenheim, K. H. and Peterson, H. P. Control of cell proliferation by progress in differentiation: clues to mechanisms of aging, cancer causation and therapy. *Journal of Theoretical Biology* 193: 663–678; 1998.

Kowald, A. and Kirkwood, T. B. L. Accumulation of defective mitochondria through delayed degradation of damaged organelles and its possible role in the ageing of postmitotic and dividing cells. *Journal of Theoretical Biology* 202: 145–160; 2000.

Mitochondria and gender(see also General texts)

Allen, J. F. Separate sexes and the mitochondrial theory of ageing. *Journal of Theoretical Biology* 180: 135–140; 1996.

Birky, C. W. Jr. Uniparental inheritance of mitochondrial and chloroplast genes: mechanisms and evolution. *Proceedings of the National Academy of Sciences USA* 92: 11331–11338; 1995.

Cummins, J. Mitochondrial DNA in mammalian reproduction. *Reviews of Reproduction* 3: 172–182; 1998.

Sutovsky, P., Moreno, R. D., Ramalho-Santos, J., Dominko, T., Simerly, C. and Schatten, G. Ubiquitin tag for sperm mitochondria. *Nature* 402: 371–372; 1999.

제14장

Infections and oxidative stress

Pahl, H. and Baeuerle, P. Expression of influenza virus hemagglutinin activates transcription factor NF-kappa B. *Journal of Virology* 69: 1480–1484; 1995.

Pahl, H. and Baeuerle, P. Activation of NF-kappa B by endoplasmic reticulum stress requires both Ca2+ and reactive oxygen intermediates as messengers. *FEBS Letters* 392: 129–136; 1996.

Inflammation in ageing rhesus monkeys

Kayo, T., Allison, D., Weindruch, R. and Prolla, T. A. Influences of aging and caloric restriction on the transcriptional profile of skeletal muscle from rhesus monkeys. *Proceedings of the National Academy of Sciences USA* 98: 5093–5098; 2001.

Alzheimer's disease

Selkoe, D. J. The origins of Alzheimer disease: A is for amyloid. *Journal of the American Medical Association* 283: 1615–1617; 2000.

Geula, C., Wu, C. K., Saroff, D., Lorenzo, A., Yuan, M. and Yankner, B. A. Aging renders the brain vulnerable to amyloid beta-protein neurotoxicity. *Nature Medicine* 4: 827–831; 1998.

Schweers, O., Mandelkow, E. M., Biernat, J. and Mandelkow, E. Oxidation of cysteine-322 in the repeat domain of microtubule-associated protein tau controls the in vitro assembly of paired helical filaments. *Proceedings of the National Academy of Sciences USA* 92: 8463–8467; 1995.

Sano, M., Ernesto, C., Thomas, R. G., et al. A controlled trial of selegiline, alpha-tocopherol, or both as treatment for Alzheimer's disease. The Alzheimer's Disease Cooperative Study. *New England Journal of Medicine* 336: 1216–1222; 1997.

Down syndrome and Alzheimer's disease

Nunomura, A., Perry, G., Pappolla, M. A., Friedland, R. P., Hirai, K., Chiba, S. and Smith, M. A. Neuronal oxidative stress precedes amyloid-beta deposition in Down syndrome. *Journal Neuropathology and Experimental Neurology* 59: 1011–1017; 2000.

Herpes simplex infection and Alzheimer's disease

Itzhaki, R. F., Lin, W. R., Shang, D., Wilcock, G. K., Faragher, B. and Jamieson, G. A. Herpes simplex virus type 1 in brain and risk of Alzheimer's disease. *Lancet* 349: 241–244; 1997.

Inflammation and Alzheimer's disease

McGeer, E. G. and McGeer, P. L. The importance of inflammatory mechanisms in Alzheimer's disease. *Experimental Gerontology* 33: 371–378; 1998.

Smith, M. A., Rottkamp, C. A., Nunomura, A., Raina, A. K. and Perry, G. Oxidative stress in Alzheimer's disease. *Biochimica et Biophysica Acta* 1502: 139–144; 2000.

Mattson, M. P. and Camandola, S. NF B in neuronal plasticity and neurodegenerative disorders. *Journal of Clinical Investigation* 107: 247–254; 2001.

Cigarette smoke

Kodama, M., Kaneko, M., Aida, M., Inoue, F., Nakayama, T. and Akimoto, H. Free radical chemistry of cigarette smoke and its implication in human cancer. *Anticancer Research* 17: 433–437; 1997.

Lane, J. D., Opara, E. C., Rose, J. E. and Behm F. Quitting smoking raises whole blood glutathione. *Physiology and Behaviour* 60: 1379–1381; 1996.

Diabetes, glycoxidation and AGEs

Brownlee, M. Negative consequences of glycation. *Metabolism* 49 (suppl): 9–13; 2000.

Inflammation and atherosclerosis

Becker, A. E., de Boer, O. J. and van Der Wal A. C. The role of inflammation and infection in coronary artery disease. *Annual Review of Medicine* 52: 289–297; 2001.

Oxidative stress and inflammation in cancer

Kovacic, P. and Jacintho, J. D. Mechanisms of carcinogenesis: focus on oxidative stress and electron transfer. *Current Medical Chemistry* 8: 773–796; 2001.

Mercurio, F. and Manning, A. M. NF B as a primary regulator of the stress response. *Oncogene* 18: 6163–6171; 1999.

제15장

Malarial tolerance

Greenwood, B. M. Autoimmune disease and parasitic infections in Nigerians. *Lancet* ii: 380–382; 1968.

Clark, I. A., Al-Yaman, F. M., Cowden, W. B. and Rockett K. A. Does malarial tolerance, through nitric oxide, explain the low incidence of autoimmune disease in tropical Africa? *Lancet* 348: 1492–1494; 1996.

Enwere, G. C., Ota M. O. and Obaro S. K. The host response in malaria and depression of defence against tuberculosis. *Annals of Tropical Medicine and Parasitology* 93:

669–678; 1999.

Alzheimer's disease in Nigeria

Hendrie, H. C., Ogunniyi, A., Hall, K. S., et al. Incidence of dementia and Alzheimer disease in two communities: Yoruba residing in Ibadan, Nigeria, and African Americans residing in Indianapolis, Indiana. *Journal of the American Medical Association* 285: 739–747; 2001.

Farrer, L. A. Intercontinental epidemiology of Alzheimer disease. A global approach to bad gene hunting. *Journal of the American Medical Association* 285: 796–798; 2001.

Haem oxygenase and immunosuppression

Taramelli, D., Recalcati, S., Basilico, N., Olliaro, P. and Cairo, G. Macrophage preconditioning with synthetic malaria pigment reduces cytokine production via heme iron-dependent oxidative stress. *Laboratory Investigation* 80: 1781–1788; 2000.

Soares, M. P., Lin, Y., Anrather, J., et al. Expression of heme oxygenase-1 can determine cardiac xenograft survival. *Nature Medicine* 4: 1073–1077; 1998.

Motterlini, R., Foresti, R., Bassi, R. and Green, C. J. Curcumin, an antioxidant and anti-inflammatory agent, induces heme oxygenase-1 and protects endothelial cells against oxidative stress. *Free Radical Biology and Medicine* 28: 1303–1312; 2000.

Hygiene hypothesis

Rook, G. A. and Stanford, J. L. Give us this day our daily germs. *Immunology Today* 19: 113–116; 1998.

Frailty genes in centenarians

Yashin, A. I., De Benedictis, G., Vaupel, J. W., et al. Genes and longevity: lessons from studies of centenarians. *Journal of Gerontology* 55A: B319–B328; 2000.

Mitochondrial variants and ageing

Tanaka, M., Gong, J. S., Zhang, J., Yoneda, M. and Yagi, K. Mitochondrial genotype associated with longevity. *Lancet* 351: 185–186; 1998.

Vandenbroucke, J. P. Maternal inheritance of longevity. *Lancet* 351: 1064; 1999.

Ooplasmic transfer and cloning

Barritt, J. A., Brenner, C. A., Malter, H. E. and Cohen, J. Mitochondria in human offspring derived from ooplasmic transplantation. *Human Reproduction* 16: 513–516; 2001.

Allen J. F. and Allen C. A. A mitochondrial model for premature ageing of somatically cloned mammals. Hypothesis paper. *IUBMB Life* 48: 369–372; 1999.

Lipid composition of mitochondria

Pamplona, R., Portero-Otín, M., Riba, D., Ruiz, C., Prat, J., Bellmunt, M. J. and Barja, G. Mitochondrial membrane peroxidizability index is inversely related to maximum life span in mammals. *Journal of Lipid Research* 39: 1989–1994; 1998.

Laganiere, S. and Yu, B. P. Modulation of membrane phospholipid fatty acid composition by age and food restriction. *Gerontology* 39: 7–18; 1993.

Mitochondrial medicine

Hagen, T., Ingersoll, R. T., Wehr, C. M., Lykkesfeldt, J., Vinarsky, V., Bartholomew, J. C., Song M. H. and Ames B. N. Acetyl-L-carnitine fed to old rats partially restores mitochondrial function and ambulatory activity. *Proceedings of the National Academy of Sciences USA* 95: 9562–9566; 1998.

Hagen, T. M., Liv, J., Lykkesfeldt, J., Wehr, C. M., Ingersoll, R. T., Vinarsky, V., Bartholomew, J. C. and Ames, B. N. Feeding acetyl-L-carnitine and lipoic acid to old rats significantly improves metabolic function while decreasing oxidative stress. *Proceedings of the National Academy of Sciences USA* 99: 1870–1875; 2002. Brierley, E. J., Johnson, M. A., James, O. F. and Turnbull, D. M. Effects of physical activity and age on mitochondrial function. *Quarterly Journal of Medicine* 89: 251–258; 1996.

Fosslien, E. Mitochondrial medicine— molecular pathology of defective oxidative phosphorylation. *Annals of Clinical Laboratory Science* 31: 25–67; 2001.

용어풀이

감수분열meiosis 생식세포를 형성할 때 일어나는 세포분열의 유형. 세포핵이 두 번 연속 분열하여 한 벌의 염색체를 갖는 생식세포를 만든다.

개체선택individual selection 진화에서 집단보다는 개체에게 이익을 주는 형질이 선택되는 것. 자연선택에서 단연 가장 중요한 형태다.

게놈genome 한 생물의 유전자 정보 전체.

고세균Archaea 생물을 크게 세 가지 분류군으로 나누는데, 그중 하나. 여러 면에서 볼 때 세균과 진핵생물의 중간 단계라 할 수 있다.

고압산소hyperbaric oxygen 높은 압력 하의 산소(사실상 농도가 증가한다).

공생symbiosis: 두 생물이 밀접한 관계를 맺어 상대한테서 서로 이익을 얻는 것.

과산화라디칼superoxide radical($O_2^{\bullet-}$) 반응성이 그다지 높지 않은 산소 자유라디칼. 전자 공여체로 작용해 전자 하나를 내주고 산소로 돌아가려는 경향이 있다.

과산화수소hydrogen peroxide(H_2O_2) 산소와 물 사이의 중간 화학물질로 불안정한 상태다. 펜턴반응에서 특히 철과 강하게 반응한다.

광자photon 특정한 에너지량을 지닌 전자기 파동 입자.

광합성photosynthesis 태양에너지를 이용해 이산화탄소와 물을 합성하여 탄수화물이나 다른 유기분자들을 만들어내는 것.

광호흡photorespiration 일련의 복잡한 생화학반응으로, 햇빛이 있을 때 식물의 성장을 방해한다. 산소를 소비하고 이산화탄소를 방출한다는 점에서는 산소 호흡과 비슷하지만 에너지를 생성하지는 않는다. 식물을 산소 독성으로부터 보호하는 작용이라 여겨진다.

글루타티온 glutathione 황이 소량 들어 있는 항산화제. 세포들의 산화 상태를 '단속'한다.

기공 stomata 잎의 표면에 있는 구멍들. 식물 조직과 공기 사이에 가스 교환을 하는 통로가 된다.

눈덩이 지구 snowball Earth 빙하시대를 가리키는 표현으로 지구 전체가 꽁꽁 얼어붙은 상태.

다면발현 pleiotropy 단일 유전자에서 여러 형질이 발현하는 것.

다형성 대립 유전자 polymorphic allele 한 집단 안에서 같은 유전자가 서로 다르게 발현되는 것.

단백질 protein 긴 아미노산 사슬이 3차원으로 접혀서 만들어진 커다란 분자. 이 3차원 모양에 따라 각 단백질의 기능이 달라진다. 세포는 여러 종류의 단백질을 만드는데, 단백질은 세포 구조의 대부분을 이루며, 세포의 모든 기능을 수행한다. 단백질의 아미노산 서열은 유전자에 암호화해 있다.

단일항 산소 singlet oxygen 산소 분자의 활성 형태로, 전자 하나가 튀어 올라 에너지가 더 높은 오비탈로 들어가 스핀을 한다.

당분해작용 glycolysis 무산소 호흡의 한 형태로 해당작용이라고도 한다. 이 작용에서는 포도당이 약간의 에너지를 내며 피루브산 pyruvate이 된다. 호기성 세포에서는 산소 호흡과 짝을 이루어 더 많은 에너지를 낸다.

대립 유전자 allele 염색체 상에서 같은 위치에 있지만 염기서열이 다른 유전자. 보통 두 가지 이상이다.

대사율 metabolic rate 한 생물이 활동하거나 휴식을 취할 때 산소를 소비하는 비율. 휴식 중일 때의 대사율을 기초대사율이라고 한다.

대사율 이론 rate-of-living theory 수명이 대사율에 따라 좌우된다고 주장하는 이론.

덮개 탄산염 cap carbonate 빙하기 직후에 쌓인 빙하 퇴적물 위를 덮고 있는 두꺼운 석회암 띠.

돌연변이 mutation 다음 세대로 전달된 유전자의 염기서열이 변하는 것.

동위원소 isotope 같은 원소지만 원자 형태가 서로 다른 것. 양성자 수가 같아서 화학적 성질은 같지만 중성자 수가 달라서 분자량이 다르다.

루비스코 Rubisco(ribulose-1,5-bisphosphate carboxylase/oxygenase) 광합성에서 이산화탄소(CO_2)를 붙잡아 탄수화물 분자에 집어넣는 효소. 산소를 붙잡아 광호흡에 사용하기도 한다.

리그닌 lignin 식물의 구조를 이루는 중합체. 목본식물의 지지조직이 단단하면서도 신축성 있는 것은 리그닌 덕분이다.

리보솜 ribosome 단백질을 합성하는 세포소기관. 모든 세포에 공통적으로 존재한다.

리보솜 RNA ribosomal RNA(rRNA) 리보솜의 구성성분인 리보핵산. 지금까지는 서로 다른 종의 rRNA를 비교해 생물의 진화 계통수를 작성해왔다.

만성적 염증 chronic inflammation 치유되지 않고 계속되는 염증.

말라리아 내성 malarial tolerance 감염되었는데도 말라리아 원충에 대해 반응이 없는 것. 말라리아 증상이 없거나 억제된다.

메신저 RNA messenger RNA 단백질을 만들라는 유전 명령을 해독해 전달하는 리보핵산. 명령을 내린 DNA에 붙어서 각 염기를 나타내는 '글자'의 서열로 명령을 해독한다. DNA에서 단백질 합성기구인 리보솜으로 유전 명령을 전달하는 데에 이용된다.

메탈로티오네인 metallothionein 황이 많이 들어 있는 스트레스 단백질. 방사선과 산소 중독 같은 물리적 스트레스에 대항한다.

면역억제 immunosuppression 항원에 대한 면역체계의 반응성이 낮아지는 것.

미세신경아교세포 microglia 뇌에 있는 염증세포.

미오글로빈 myoglobin 산소를 붙잡는 단백질로, 헴 색소가 들어 있다. 헤모글로빈과 비슷하며 포유류의 근육세포에서 발견된다.

미토콘드리아 mitochondria(단수형은 mitochondrion) 진핵세포에서 에너지를 내는 '발전소'. 산소 호흡이 일어나는 장소다. 원래는 공생하는 자색세균이었으며 아직도 세균의 특성을 간직하고 있다.

미토콘드리아 누출 mitochondrial leakage 산소 자유라디칼이 호흡 중에 미토콘드리아에서 새어나가는 것.

미토콘드리아 이론 mitochondrial theory of ageing 인접한 호흡 단백질에서 자유라디칼이 누출되어 미토콘드리아 DNA가 손상되는 것이 노화의 근본 원인이라고 주장하는 이론.

미토콘드리아 DNA mitochondrial DNA 미토콘드리아 내부에 있는 유전물질. 그 구조와 염기서열이 세균의 DNA와 유사하다.

미토콘드리아 SOD mitochondrial SOD 진핵세포의 미토콘드리아와 그 밖의 여러 세균에서 발견되는 Mn-SOD(망간-과산화물 제거효소 manganese superoxide dismutase).

반수체 haploid 정상적으로는 쌍을 이룬 염색체 두 벌이 있어야 하지만 이 경우에는 절반, 즉 한 벌만 포함하고 있다. n으로 표시.

발효 fermentation 무산소 호흡의 한 형태. 효모는 발효의 최종산물로 에탄올을 만들어낸다.

방사선 중독radiation poisoning 방사선의 독성 효과. 대다수는 산소 자유라디칼이 형성되어 일어난다.

배우체gamete 완전한 생물을 만드는 데에 필요한 유전물질의 반을 가지는 반수체의 성세포나 생식세포.

번역translation 단백질이 합성될 때 RNA 암호가 아미노산 서열로 전환되는 것.

벤도비온트Vendobiont 최초의 거대 동물로 지름이 약 1미터에 달했으며, 약 5억 7000만 년 전 벤드기 동안에 진화했다. 그들의 몸은 해파리와 비슷한 원형질 주머니였으며, 대부분 방사형으로 대칭을 이루고 있었다.

보조인자cofactor 효소가 적절한 작용을 하기 위해 필요한 분자.

분자시계molecular clock 각기 다른 종에서 동등한 유전자들 사이의 서열이 분기한 속도를 근거로 진화가 일어난 시기를 추정하는 것.

분화differentiation 근육세포의 수축이라든지 신경세포의 전기 전달 등 특정한 기능을 수행하기 위해 세포가 특수화하는 것.

불포화 지방 unsaturated fat 탄소 원자들 사이에 이중결합을 하나 이상 갖고 있는 지방산으로 이루어진 지방.

비산소 발생 광합성anoxygenic photosynthesis 원시 형태의 광합성. 햇빛을 이용해 물 대신에 황화수소 또는 철염류를 분해하며, 산소를 발생시키지 않는다.

산소 발생형 광합성oxygenic photosynthesis 광합성의 한 형태로, 빛에너지를 이용하여 물을 분해하고 노폐물로 산소를 낸다.

산소 방출 복합체oxygen-evolving complex(OEC) 광합성을 할 때 물에서 전자와 양성자를 뽑아내는 효소. 이 과정에서 노폐물로 산소 기체가 나온다.

산소 중독oxygen poisoning 고농도의 산소를 호흡할 때 유독성 효과가 나타나는 것. 산소 자유라디칼이 형성되기 때문에 일어난다.

산화oxidation 산소 같은 산화제에 전자를 빼앗기는 것. 환원의 반대.

산화성 손상oxidative damage 산화의 결과로 생체분자가 입는 손상.

산화성 스트레스oxidative stress 산소 자유라디칼이 생기는 속도와 항산화제가 이를 제거하는 속도 사이의 균형이 깨져서 세포 내의 화학적 균형이 산화 상태 쪽으로 기우는 것.

산화 촉진제pro-oxidant 항산화제의 반대. 다른 분자의 산화를 촉진하는 분자.

상반 다면발현antagonistic pleiotropy 유전자 한 개가 형질을 두 개 이상 지배하는 것을 다면발현이라고 하는데, 이때 서로 반대의(상반되는) 형질이 한꺼번에 나타나지 못하는 것을 말한다.

상피세포epithelial cell 신체 안팎의 표면을 덮고 있는 세포를 말한다.

생식세포 계열germ line 다음 세대로 유전자를 전달하는 일을 담당하는 세포들.

생체지표biomarker 특정한 생물에 의해서만 만들어지는 물질. 생화학적 '지문'이라고 할 수 있다.

선택압력selection pressure 불리한 형질이 자연선택에 의해 집단에서 도태될 가능성. 번식을 위태롭게 하는 형질은 다음 세대에 전달되지 않으며, 따라서 집단에서 사라진다. 크게 불리하지 않은 형질들은 숨은 이득 덕분에 사라지지 않고 전달된다.

석탄기Carboniferous 약 3억 6000만 년 전부터 2억 8600만 년 전까지의 지질시대.

선캄브리아기Precambrian 지구가 형성된 약 46억 년 전부터 5억 4300만 년 전 캄브리아기가 시작되기 전까지, 지구 역사의 10분의 9에 해당되는 지질시대.

섬유모세포 fibroblast 결합조직 세포로 피부와 신체기관에 있다. 상처 치료에 중요한 역할을 한다.

세균엽록소 bacteriochlorophyll 산소를 발생시키지 않는 원시 광합성 세균에서 발견되는 형태의 엽록소.

세포바탕질cytosol 세포질을 이루는 액상의 바탕물질.

세포소기관organelle 세포 안에 있는 작고 특수한 기관. 미토콘드리아나 엽록체 등.

세포질cytoplasm 세포에서 핵 바깥 부분. 액상의 세포바탕질과 미토콘드리아처럼 막으로 둘러싸인 세포 구조물 양쪽 모두를 가리킨다.

수산화라디칼 hydroxyl radical($^{\bullet}$OH) 반응성이 매우 강한 산소 자유라디칼. 어떤 생체분자와도 불과 몇 빌리초(10억 분의 1초) 안에 반응할 정도다.

수평적 유전자 교환lateral gene transfer 한 집단 안에서 개체 간에 '수평적으로' 이루어지는 유전자 이동. 부모에게서 자손으로 이어지는 '수직적인' 유전자 이동과 반대 개념.

스트레스 단백질stress protein 방사선이나 열, 감염 같은 물리적 스트레스에 반응하여 생산되는 단백질. 스트레스에 대항한다.

스트레스 반응stress response 스트레스 단백질들이 동시에 생산되어 물리적 스트레스나 그 재발에 저항하는 것. 그 효과는 며칠 동안 지속되며 그보다 훨씬 오래가기도 한다.

쓰레기 DNAjunk DNA 겉보기에 아무런 역할도 하지 않으며 유전암호를 정하는 것과 관계없는 DNA. 편승하고 있는 '이기적' 유전자로 바이러스의 DNA 서열이 삽입된 것이며, 죽은 유전자로 알려져 있다.

시아노박테리아cyanobacteria 청록색을 띠는 광합성 세균. 진화 기간에 걸쳐 공기 중 산소의 가장 중요한 생산자였다. 예전에는 남조류라고도 불렀다.

시토크롬 산화효소cytochrome oxidase 산소를 이용하는 호흡에서 꼭 필요한 효소. 당이 나 지방에서 전자와 양성자(즉 수소 원자)를 받아 산소와 결합시켜 물을 만드는 작용을 한다.

신경섬유 다발성 병변tangle 알츠하이머병의 특징. 신경세포가 서서히 죽음에 이르면서 산화된 타우 단백질로 이루어진 미세섬유를 남긴다.

아미노산amino acid 모든 생물에서 단백질을 형성하는 기본 구성단위. 사슬로 연결되며, 단백질 내에서 각기 다른 스무 종이 발견되었다. DNA 암호가 아미노산이 연결되는 순서를 결정한다.

아밀로이드amyloid 알츠하이머병 환자의 뇌에 나타나는 초로성 반점(노인성 반점senile plaque이라고도 한다)에서 발견되는 단백질 조각.

아스코르빌 라디칼ascorbyl radical 반응성이 낮은 자유라디칼로, 비타민 C가 부분적으로 산화되어 생긴다.

아스코르브산ascorbate 비타민 C의 화학명.

아포토시스apoptosis 세포의 예정된 죽음으로 네크로시스necrosis(괴사)와 반대 개념. 네크로시스는 계획되지 않거나 외부 요인에 의한 세포의 죽음을 말한다.

알파토코페롤alpha tocopherol 비타민 E의 가장 흔한 형태를 가리키는 화학명.

양성자proton 원자의 핵 안에 들어 있는, 양전하를 띤 입자. 수소 핵은 양성자 한 개로 이루어져 있다.

에디아카라 동물군 Ediacaran fauna 약 5억 7000만 년 전인 벤드기 원시 동물들의 화석. 오스트레일리아의 에디아카라 언덕에서 처음 발견되었다.

에욱시닉euxinic 황화수소가 잔뜩 녹아 있는 고인 상태의 물. 흑해의 수심 깊은 곳이 대표적인 예다. 흑해의 고대 이름인 에욱시네Euxine에서 따온 말.

연쇄반응 차단 항산화제chain-breaking antioxidant 자유라디칼의 연쇄반응을 차단하는 화학물질.

염색체chromosome 세포 안에서 수많은 유전자를 암호화한 DNA 가닥. 단백질로 싸여 있다.

염증inflammation 감염이나 손상에 대한 일반적인 방어작용. 발열이나 발적, 부종, 통증을 일으킨다. 정도가 심하지 않은 만성적 염증은 노인병에서 거의 공통으로 나타난다.

염증 메신저inflammatory messenger 염증세포가 만들어내는 화학 신호로, 몸의 다른 장소에 있는 염증세포들을 보충하고 활성화한다.

염증세포 inflammatory cell 염증을 퍼뜨리는 데에 관여하는 세포. 대식세포나 호중성구 등.

엽록소 chlorophyll 광합성에서 태양에너지를 포착해 화학에너지로 바꾸는 식물 색소.

엽록체chloroplast 엽록소를 함유하고 있는 세포소기관. 조류와 식물에서 광합성이 일어나는 장소다. 원래 시아노박테리아에서 유래되었다.

오페론operon 세균의 유전단위. 서로 관련된 기능을 하는 유전자들로 구성되며, 다 같이 전사되고 발현된다.

우성dominance 부모에게서 각각 하나씩 물려받은 동등한 한 쌍의 유전자 중에서 한쪽 유전자의 힘이 '더 약한 쪽(열성recessive)' 유전자를 누르고 그 형질을 드러내는 것.

원핵세포prokaryote 핵이 없는 세포. 세균이 대표적인 예다.

유기탄소organic carbon 탄수화물, 지방, 핵산 등 생체분자에 들어 있는 탄소. 석탄, 석유, 천연가스처럼 생물에서 만들어진 물질에 들어 있는 탄소도 가리킨다.

유사분열mitosis 진핵세포의 세포분열 유형. 염색체가 두 배가 되고 그런 다음에 갈라져서 유전적으로 부모와 똑같은 두 개의 딸세포를 만드는 것.

유전자gene 하나의 단백질 또는 RNA 분자를 만들기 위해 필요한 염기서열을 가지고 있는 DNA 단위.

유전자 발현gene expression 유전자가 암호화한 단백질 또는 RNA가 실제로 생산되는 것.

유전자 적중 생쥐(녹아웃 생쥐knock-out mouse) 유전적으로 조작된 생쥐. 특정한 유전자에 돌연변이를 일으켜 해당 단백질 산물이 발현되지 않도록 만든 것.

유전자형genotype 한 개체가 가진, 하나 또는 여러 유전자의 독특한 개별형. 각 개체를 유전적 수준에서 구별하는 데에 이용할 수 있다.

이배체diploid 두 개의 동등한 염색체 쌍을 가진 상태. 2n으로 표시.

이분법binary fission 세균의 세포분열 방법. 우선 세포의 물질이 두 배로 늘어난 다음에 두 개로 나뉘어진다.

이온화 방사선ionizing radiation 화합물에서 전자를 떼어내 전하가 생기게 하는 방사선.

이중인자 이론double-agent theory 산소가 건강에서 이중 역할을 한다는 이론. 젊은 신체에서는 감염이 일어나면 산소 자유라디칼이 염증반응을 이끌어내 감염을 치료한다. 노화한 신체도 미토콘드리아에서 자유라디칼이 새어나오면 똑같이 염증반응을 유도하지만, 미토콘드리아에서 일어나는 누출은 막을 수 없기 때문에 염증이 계속되어 만성 노인병을 일으키게 된다.

인슐린insulin 혈액에서 포도당이 흡수되는 것을 촉진하는 호르몬. 단백질 합성, 지방 축적, 체중 증가, 성적 성숙을 유도한다.

인슐린 저항성insulin-resistance 인슐린의 작용에 대한 유전적 또는 후천적 저항성.

일산화질소nitric oxide(NO) 기체상의 신호전달 분자로 혈관, 면역체계, 신경계, 성적 자극에 생리적 영향을 크게 미친다.

일산화질소 합성효소nitric oxide synthase 일산화질소 기체를 만드는 몇 가지 효소들을 포괄적으로 가리키는 용어.

일회용 체세포 이론disposable soma theory 말 그대로 '한 번 쓰고 버리는 신체'라는 이론. 우리 몸이 자원을 생식과 신체 유지에 한꺼번에 쓰지 못하고 한쪽을 위해 다른 쪽을 희생시키기 때문에 그 결과로 노화가 나타난다는 주장이다.

자가면역질환autoimmune disease 면역체계가 실수로 세균이나 다른 '외부' 인자가 아닌 자기 몸의 구성요소를 공격하는 질병.

자외선ultraviolet radiation 파장이 약 400나노미터보다 짧은 전자기선.

자유라디칼free radical 쌍을 이루지 않은 전자를 가지고 있는 원자나 분자. 이 책에서 자유라디칼은 대체로 과산화라디칼이나 수산화라디칼처럼 반응성이 높은 형태의 산소를 가리킨다.

자유라디칼 이론free-radical theory of ageing 산소 호흡을 하는 동안 계속해서 생기는 산소 자유라디칼이 노화의 근본 원인이라고 주장하는 이론.

자유라디칼 제거제free-radical scavenger 자유라디칼과 반응하여, 즉 중화해서 제거하는 분자.

재조합recombination 같은 유전자에 해당하는 대립 유전자들이 염색체 사이에서 무작위로 교환되는 것. 이로 인해 염색체 상에서 대립 유전자의 새로운 조합이 생긴다.

적외선infrared radiation 파장이 약 800나노미터보다 긴 전자기선.

전사transcription 단백질을 합성하기 위한 준비 과정으로 한 유전자의 유전암호를 DNA에서 메신저 RNA로 복사하는 것.

전사인자transcription factor DNA에 결합하는 단백질로, 하나 또는 그 이상의 유전자가 전사되는 것을 자극하거나 방해한다.

전자electron 음전하를 띠는 아원자 파동입자.

전자 공여체electron donor 한 개 이상의 전자를 다른 분자에게 내주는 화학적 성향을 지닌 분자. 환원제라고도 한다.

전자기선electromagnetic radiation 파장에 따라 분류되는 일련의 에너지 파동-입자. 가시광선, 적외선, 자외선이 여기에 속한다.

절약 유전자형thrifty genotype 에너지가 풍부할 때, 남는 에너지를 저장하도록 촉진하는 특정한 유전적 구성.

접합conjugation 세균의 생식행위에 해당하는 것. 보통은 플라스미드plasmid라는 작고 둥근 염색체 형태로 된 여분의 유전자가 한 세균에서 다른 세균으로 전달된다.

종양괴사인자tumour necrosis factor 염증에서 중요한 단백질로, 염증세포를 끌어들이거나 활성화한다. 처음 발견했을 때 종양을 없애는 기능을 확인했기에 이런 이름이 붙었다.

줄기세포 stem cell 아직 분화되지 않은 전구세포. 유사분열로 분열해서 여러 조직으로 분화한 세포들을 보충한다.

줄무늬철광층banded-iron formation 자철석이나 적철석 같은 철광석과 석영 또는 플린트가 교대로 줄무늬를 이루고 있는 암석층.

지방산fatty acid 친수성親水性 머리와 기다란 소수성疏水性 꼬리로 이루어진 분자. 지방 (고체), 기름(액체), 생체막 지질을 구성하는 성분이다.

진핵생물 eukaryote '진짜 핵'을 가진 세포로 이루어진 생물. 생물을 크게 세 가지 분류군으로 나누는데, 진핵생물이 그중 하나다. 동물과 식물, 균류, 조류, 원생동물은 진핵생물에 속한다.

집단선택group selection 개체보다는 집단에 이익이 되는 형질이 선택되어 유전되는 것. 대부분의 환경에서 그 선택 효과는 약하다.

체세포 somatic cell(soma) 생식세포에 반대되는 개념으로 몸을 이루는 세포를 말함.

체세포 돌연변이 이론somatic mutation theory 살아가면서 축적된 체세포 DNA의 돌연변이가 노화의 근본 원인이라고 주장하는 이론.

초로성 반점plaque 단백질과 염증세포들이 응집하는 질병 현상. 알츠하이머병에서 초로성 반점은 주로 아밀로이드, 미세신경아교세포, 손상된 신경 말단으로 이루어진다.

촉매catalyst 반응 전후를 비교할 때, 결과적으로 자신은 바뀌지 않으면서 화학반응의 속도를 빠르게 하는 분자로 반응물질 이외의 것이다.

카디오리핀cardiolipin 미토콘드리아 막에 많이 있는 지질. 윤활유 역할을 하며, 심장근육처럼 생리적으로 활발한 조직에서 특히 많이 발견된다.

카르니틴carnitine 호흡을 위해 지방산을 미토콘드리아 안으로 들여보내고, 유기산 찌꺼기들을 처리하기 위해 밖으로 다시 내보내는 역할을 담당하는 물질. 분자들의 '셔틀버스'라 할 수 있다.

카탈라아제catalase 과산화수소를 산소와 물로 분해하는 일을 담당하는 효소.

칼로리 제한calorie restriction 동물의 건강과 장수에 유익한 효과가 있는 균형 잡힌 식이 요법. 칼로리 섭취를 30~40퍼센트 정도로 제한한다.

캄브리아기Cambrian 약 5억 4300만 년 전부터 5억 년 전까지를 이르는 지질시대.

캄브리아기 대폭발 Cambrian explosion 캄브리아기 초기 무렵, 갑자기 수많은 여러 형태의 복잡한 동물들이 폭발적으로 증가한 사건.

타우tau 신경세포에서 미세소관의 구조와 기능을 유지하는 단백질. 알츠하이머병에 걸리면 비정상적으로 산화되어 인산화한다.

탄산염암 carbonate rock 주로 탄산칼슘과 탄산마그네슘으로 이루어진 석회암.

탄소 매장물 carbon burial 땅속에 매장된 유기물질. 사암 같은 암석에 눈에 띄지 않게 들어 있는 탄소 퇴적물은 물론 석탄이나 석유, 천연가스도 여기에 포함된다.

탄소 지문 carbon signature 암석에 나타나는 탄소 동위원소비의 불균형. 생물의 활동이 있었다는 사실을 나타낸다.

탈수소아스코르브산 dehydroascorbate 비타민 C가 산화된 형태.

텔로머라아제 telomerase 염색체에서 텔로미어를 재생하는 효소로, DNA 복제 과정에서 염색체 양끝이 '닳아' 암호를 가진 유전자를 잃게 되는 것을 막는다. 텔로머라아제 유전자가 영구히 활동하면 배양 중인 세포들은 영원한 생명을 갖게 된다.

텔로미어telomere 진핵생물에서 염색체의 양끝을 덮어씌우는 DNA로 유전암호는 들어 있지 않다. DNA 복제 과정에서 유전암호를 가진 염기서열이 유실되는 것을 막는다.

토코페릴 라디칼tocopheryl radical 반응성이 약한 자유라디칼로, 비타민 E가 부분적으로 산화되었을 때 형성된다.

티오레독신thioredoxin 황이 많이 들어 있는 단백질로, 전자를 내보내 페록시레독신 같은 항산화 효소들을 재생시킨다.

티올thiol(-SH) 아미노산인 시스테인에서 황이 들어 있는 기基. 많은 전사인자에서 그 세포의 산화 상태를 '보고'하는 중요한 분자 스위치다.

페록시레독신peroxideredoxin 황이 들어 있는 항산화 효소로, 티오레독신을 전자 공여체로 이용하여 과산화수소를 물로 분해한다.

페름기Permian 약 2억 8000만 년 전부터 2억 4500만 년 전까지의 지질시대.

페리틴ferritin 철을 세포 안에 붙잡아 가두는 감옥 같은 역할을 하는 단백질.

펜턴반응 Fenton reaction 철이 과산화수소를 만나 수산화라디칼을 만드는 반응.

포화지방saturated fat 탄소 원자들 사이에 이중결합이 없는 지방산으로 이루어진 지방.

항산화제antioxidant 지방이나 단백질 등 다른 분자의 산화를 방해하는 화학물질.

항원antigen 면역체계에서 항체나 세포가 인식하는 세균성 단백질 또는 다른 '외부' 인자.

핵nucleus 진핵세포의 중앙 '관리실'로, 단백질에 결합된 유전물질(DNA)이 들어 있으며,

세포의 다른 부분과는 이중막으로 분리되어 있다.

핵산nucleic acid DNA(디옥시리보핵산)와 RNA(리보핵산)를 가리키는 총칭.

헤모글로빈hemoglobin 척추동물의 적혈구 속에 있으며 조직으로 산소를 전달하는 분자. 헴을 가지고 있다.

헤이플릭 한계 Hayflick limit 체세포 한 개가 최대한 분열할 수 있는 횟수. 모든 체세포에 해당된다.

헴heme 철이 들어 있는 색소 분자. 철은 포르피린 고리 안에 파묻혀 있다. 헤모글로빈, 시토크롬 산화효소, 카탈라아제 등의 여러 단백질에 들어 있다.

헴산소화 효소heme oxygenase 중요한 스트레스 단백질로, 헴을 분해해 철이나 일산화탄소(낮은 농도에서 신호를 전달하는 역할), 빌리루빈(항산화제) 같은 생물학적으로 활동적인 산물을 만든다.

현생이언Phanerozoic 식물, 동물, 균류의 '현대' 시대. 5억 4300만 년 전에 캄브리아기 대폭발로부터 현재까지를 이른다.

혐기성anaerobic 호흡하는 데에 산소를 사용하지 않는 생물들을 가리킨다. 호기성aerobic의 반대.

형질전환transgenic 하나 이상의 유전자가 유전공법을 통해 대체되거나 더해진 생물을 가리킨다.

호중성구 neutrophil 세균이나 다른 '외부' 입자를 삼켜 소화하는 염증세포. 숫자가 많고 속성이 특수하지 않으며 없어도 그만이기 때문에 종종 면역체계의 '보병'이라고도 불린다.

호흡 respiration 생화학반응을 통해 에너지가 생성되는 것.

호흡 사슬 respiratory chain 미토콘드리아와 세균에서 에너지를 생성하는 일을 담당하는 단백질들의 사슬. 이 사슬을 따라 전자가 전달된다.

혹스 유전자 Hox genes 선충류나 파리, 쥐, 인간 등 다양한 동물의 배아 발생을 조절하는 '지배 스위치' 유전자.

환원reduction 분자에 전자가 더해지는 것. 산화의 반대.

황산염환원세균 sulphate-reducing bacteria 산소 대신 황산염을 전자 수용체로 사용해 유기물질에서 에너지를 생성하는 혐기성 세균. 이들 세균은 호흡 노폐물로 물(H_2O) 대신에 황화수소(H_2S) 기체를 낸다.

황철석iron pyrite(FeS_2) 세균이나 화산에서 나온 황화수소와 물에 녹은 철이 반응하여 생긴다.

8-히드록시디옥시구아노신8-hydroxydeoxyguanosine(8-OHdG) 수산화라디칼이 DNA를 공격하여 산화된 DNA 염기. 자유라디칼을 대리측정하는 데에 이용된다.

AGE(advanced glycation end-product) 최종 당화산물. 단백질이 포도당과 산소와 반응하여 생기는 물질. 캐러멜과 비슷하다.

age-1 유전자 돌연변이를 일으킬 경우에 선충류(회충, 십이지장충 등)의 수명을 연장하는 유전자.

ApoE4 유전자 알츠하이머병의 발병률을 높이는 것과 관련된 변이 유전자.

ATP(adenosine triphosphate) 아데노신삼인산. 세포의 에너지 '화폐'라고 할 수 있다. 광합성은 물론 모든 종류의 산소 호흡과 무산소 호흡에서 발생된다.

daf-2, daf-16 유전자 돌연변이를 일으킬 경우에 선충의 수명을 연장하는 유전자.

DNA(디옥시리보핵산deoxyribonucleic acid) 모든 세포의 유전물질. 그 유명한 이중나선을 이루며 꼬여 있다. 각각 다른 염기를 나타내는 네 개의 '글자', 즉 A(아데닌adenine), T(티민thymine), C(시토신cytosine), G(구아닌guanine)의 배열순서는 단백질의 기본 단위인 아미노산이 사슬을 이루는 순서를 결정하는 암호다.

IGF(인슐린 유사성장인자insulin-like growth factors) 호르몬과 밀접하게 연관되어 있는 물질. 여러 작용을 하지만 그중에서도 특히 성적 성숙에 중요한 영향을 미친다.

LUCA(Last Universal Common Ancestor) 세균, 고생물, 진핵생물을 포함하여 지구상에 알려진 모든 생물들의 마지막 공통조상.

NFkB(nuclear factor kappa B) 염증성 유전자와 항산화 유전자의 발현을 자극하는 중요한 전사인자.

Nrf-2(nuclear factor erythroid-2-related factor 2) 중요한 전사인자. 항산화 유전자의 발현을 자극하면서도 염증성 유전자의 발현은 억제한다.

RNA(리보핵산ribonucleic acid) 한 줄로 이루어진 핵산 가닥으로, 각각 다른 염기를 나타내는 글자들이 서열을 이루고 있다는 점에서 DNA와 비슷하다. 메신저 RNA, 리보솜 RNA, 운반 RNA 등 여러 종류의 RNA가 있는데, 모두 세포에 반드시 필요하다.

SNP(단일 염기 다형성single-nucleotide polymorphism) 유전암호의 한 글자, 즉 염기 하나가 개체 간에 서로 달라져, 같은 유전자에서 미세하게 여러 차이가 나는 변이를 일으키는 것.

SOD(과산화물 제거효소superoxide dismutase) 항산화 효소로, 과산화라디칼을 산소와 과산화수소로 바꾼다.

찾아보기

지은이 **닉 레인**Nick Lane은 런던 유니버시티 대학UCL에서 유전·진화·환경학과 교수로 몸담고 있는 진화생화학자이며, UCL 생명의 기원 프로그램을 이끌고 있다. 런던 임피리얼 대학에서 생화학을 공부했고, 왕립시료施療병원에서 '장기이식에서의 산소 자유라디칼과 대사 기능에 관한 연구'로 박사학위를 받았다. 2015년에는 분자생명과학 분야에서 뛰어난 공로를 인정받아 생화학학회상을 수상했다. 저서로는 2010년 영국 왕립학회에서 과학도서상을 수상한 『생명의 도약』과 『바이털 퀘스천』, 『미토콘드리아』가 있다.

웹사이트 www.nick-lane.net에서 지은이와 그의 글에 대해 더 많은 정보를 얻을 수 있다.

옮긴이 **양은주**는 연세대학교 생물학과를 졸업했다. KBS 방송아카데미에서 번역작가 과정을 수료하고 번역가의 길에 들어섰다. 옮긴 책으로는 『집단 정신의 진화』, 『야노마모』, 『아쿠아마린』 등이 있다.

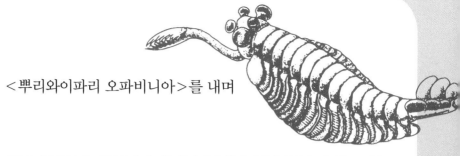

<뿌리와이파리 오파비니아>를 내며

지금부터 5억 년 전, 생물의 온갖 가능성이 활짝 열린 시대가 있었다. 우리는 그것을 캄브리아기 대폭발이라 부른다. 우리가 아는 대부분의 생물은 그때 열린 문들을 통해 진화의 길을 걸어 오늘에 이르렀다.

그러나 그보다 많은 문들이 곧 닫혀버렸고, 많은 생물들이 그렇게 진화의 뒤안길로 사라졌다. 흙을 잔뜩 묻힌 화석으로 발견된 그 생물들은 우리의 세상을 기고 걷고 날고 헤엄치는 생물들과 겹치지 않는 전혀 다른 무리였다. 학자들은 자신의 '구둣주걱'으로 그 생물들을 기존의 '신발'에 밀어넣으려고 안간힘을 썼지만, 그 구둣주걱은 부러지고 말았다.

오파비니아. 눈 다섯에 머리 앞쪽으로 소화기처럼 기다란 노즐이 달린, 마치 공상과학영화의 외계생명체처럼 보이는 이 생물이 구둣주걱을 부러뜨린 주역이었다.

뿌리와이파리는 '우주와 지구와 인간의 진화사'에서 굵직굵직한 계기들을 짚어보면서 그것이 현재를 살아가는 우리에게 어떤 뜻을 지니고 어떻게 영향을 미치고 있는지를 살피는 시리즈를 연다. 하지만 우리는 익숙한 세계와 안이한 사고의 틀에 갇혀 그런 계기들에 섣불리 구둣주걱을 들이밀려고 하지는 않을 것이다. 기나긴 진화사의 한 장을 차지했던, 그러나 지금은 멸종한 생물인 오파비니아를 불러내는 까닭이 여기에 있다.

진화의 역사에서 중요한 매듭이 지어진 그 '활짝 열린 가능성의 시대'란 곧 익숙한 세계와 낯선 세계가 갈라지기 전에 존재했던, 상상력과 역동성이 폭발하는 순간이 아니었을까? <뿌리와이파리 오파비니아>는 두 개의 눈과 단정한 입술이 아니라 오파비니아의 다섯 개의 눈과 기상천외한 입을 빌려, 우리의 오늘에 대한 균형 잡힌 이해에 더해 열린 사고와 상상력까지를 담아내고자 한다.

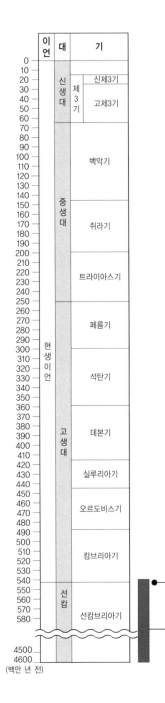

이언	대	기
	신생대	신제3기
		고제3기
	중생대	백악기
		쥐라기
		트라이아스기
현생이언	고생대	페름기
		석탄기
		데본기
		실루리아기
		오르도비스기
		캄브리아기
	선캄	선캄브리아기

0
10
20
30
40
50
60
70
80
90
100
110
120
130
140
150
160
170
180
190
200
210
220
230
240
250
260
270
280
290
300
310
320
330
340
350
360
370
380
390
400
410
420
430
440
450
460
470
480
490
500
510
520
530
540
550
560
570
580

4500
4600
(백만 년 전)

이 장구한 시간의 흐름 속에서
생명이 태어났나니…

생명 최초의 30억 년 —지구에 새겨진 진화의 발자취

오스트랄로피테쿠스, 공룡, 삼엽충……. 이러한 화석들은 사라진 생물로 가득한 잃어버린 세계의 이미지를 불러내는 존재들이다. 하지만 생명의 전체 역사를 이야기할 때, 사라져버린 옛 동물들은, 삼엽충까지 포함한다 하더라도 장장 40억 년에 걸친 생명사의 고작 5억 년에 불과하다. CNN과 『타임』지가 선정한 '미국 최고의 고생물학자' 앤드루 놀은 갓 태어난 지구에서 탄생한 생명의 씨앗에서부터 캄브리아기 대폭발에 이르기까지 생명의 기나긴 역사를 탐구하면서, 다양한 생명의 출현에 대한 새롭고도 흥미진진한 설명을 제공한다.

과학기술부 인증 우수과학도서!

앤드루 H. 놀 지음 | 김명주 옮김

"이 책은 고세균처럼 생명의 시작이 되는 아주 오래된 화석을 연구하는 사람이 그리 많지 않다는 점에서 매우 드물고 귀중한 책이다." —'남극 박사' 장순근(『지구 46억 년의 역사』 지은이)

"전공자뿐 아니라 일반 독자도 재미있어할 만큼 잘 쓰인 이 책에서 지은이는 흥미진진한 과학적 발견과 복잡한 과학적 해석이라는 두 마리의 토끼를 멋지게 잡고 있다." —『퍼블리셔스 위클리』

눈의 탄생 – 캄브리아기 폭발의 수수께끼를 풀다

동물 진화의 빅뱅으로 불리는 캄브리아기 대폭발! 캄브리아기 초 500만 년 동안에 모든 동물문이 갑작스레 진화한 이 엄청난 사건의 '실체'와 '시기'에 관해서는 그동안 잘 알려져 있었으나, 그 '원인'에 대해서는 지금까지 수많은 가설과 억측이 난무했다. 왜 그때 진화의 '빅뱅'이 일어났던 걸까? 무엇이 그 사건을 촉발시켰을까? 앤드루 파커가 제시하는 놀라운 설명에 따르면, 바로 이 시기에 눈이 진화해서 적극적인 포식이 시

작되었다. 곧, 동물이 햇빛을 이용해 시각을 가동한 '눈'을 갖게 되는 사건이 캄브리아기 벽두에 있었고, 그 하나의 사건으로 생명세계의 법칙이 뒤흔들리며 폭발적인 진화가 일어났다는 것이다. 이 책은 영향력을 넓히면서 더욱 인정받아가는 그 이론을 본격적으로 소개한다. 생물학, 역사학, 지질학, 미술 등 다양한 분야를 포괄한 과학적 탐정소설 형식의 『눈의 탄생』은 대중에게 더욱 쉽게 다가가기 위해 간결한 문체와 흥미로운 에피소드를 다양하게 사용하여 대중과학서의 고전으로 자리 잡기에 손색이 없다.

한국출판인회의 선정 이달의 책!
과학기술부 인증 우수과학도서!

앤드루 파커 지음 | 오숙은 옮김

"파커는 꼼꼼한 동물학 변호사처럼 자신의 흥미로운 주장을 정리한다 — 찰스 다윈과 똑같은 방식으로." – 매트 리들리(『이타적 유전자』 지은이)

이언	대	기
	신생대	신제3기
		고제3기
	중생대	백악기
		쥐라기
		트라이아스기
현생이언		페름기
		석탄기
	고생대	데본기
		실루리아기
		오르도비스기
		캄브리아기
	선캄	선캄브리아기

0
10
20
30
40
50
60
70
80
90
100
110
120
130
140
150
160
170
180
190
200
210
220
230
240
250
260
270
280
290
300
310
320
330
340
350
360
370
380
390
400
410
420
430
440
450
460
470
480
490
500
510
520
530
540
550
560
570
580

4500
4600
(백만 년 전)

삼엽충 — 고생대 3억 년을 누빈 진화의 산증인

삼엽충은 5억 4,000만 년 전에 홀연히 등장하여 무려 3억 년이라는 장구한 세월을 살다가 사라졌다. 리처드 포티는 고대 바다 밑에 우글거렸던 이 동물들을 30년 넘게 연구한 학자다. 그는 징그럽게 보일 수도 있는 이 동물들이 우리에게 경이롭고 사랑스럽고 대단히 많은 교훈을 전해준다고 말한다. 이 책에는 그가 삼엽충을 대할 때 느끼는 흥분과 열정, 그리고 그들을 연구하면서 얻은 지식이 고스란히 녹아 있다. 리처드 포티는 이 색다른 동물들의 이야기 속에 진화가 어떻게 이루어졌으며, 과학이 어떤 식으로 발전하고, 얼마나 많은 괴짜 과학자들이 활약했는지를 흥미진진하게 풀어낸다.

한국간행물윤리위원회 선정 이달의 읽을 만한 책!

리처드 포티 지음 | 이한음 옮김

"책은 고대 생물을 그저 단순히 설명하는 방식으로 독자에게 삼엽충을 보여주지 않는다. 삼엽충을 만나기 위해 깎아지른 절벽을 오르내리는 과학자의 여정이 함께 담겨, 읽는이의 호기심을 한층 끌어올린다." —『한국일보』

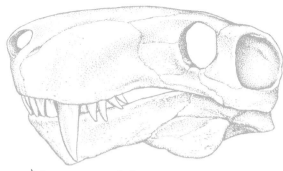

페름기 말,
모든 것이 바람과 함께 사라졌으나

대멸종 —페름기 말을 뒤흔든 진화사 최대의 도전

지금부터 2억 5,100만 년 전, 고생대의 마지막 시기인 페름기 말에 대격변이 일어났다. 육지와 바다를 막론하고 무려 90퍼센트가 넘는 동물종이 감쪽같이 사라지고 말았다. 지금은 희미한 화석으로만 겨우 알아볼 수 있는 갖가지 동물군이 펼쳐냈던 장엄한 페름기의 생태계가 순식간에 몰락해버렸다. 생명의 역사상 그처럼 엄청난 대멸종의 회오리를 일으킬 만한 것이 대체 무엇이었을까? 운석이 충돌했던 것일까? 초대륙 판게아에서 대규모로 화산활동이 일어났던 것일까? 이 책은 단순한 교과서적 사실의 나열이 아니라 이러한 숱한 궁금증들을 풍부한 자료를 가지고 치밀하게 그려내면서 동시에 페름기 대멸종이라는 주제와 관련된 과학자들의 연구와 숨 막히는 경쟁이 어떻게 펼쳐졌는지를 보여준다.

과학기술부 인증 우수과학도서!

마이클 J. 벤턴 지음 | 류운 옮김

"고생물학 서적이 매력적인 이유는 화석과 지구 환경을 조사해 지질학적 연대기를 구성해내는 과정을 추적자의 심정으로 즐길 수 있어서다. 범인을 추리해나가는 탐정소설을 읽는 기분이랄까? 그런 점에서 벤턴의 글쓰기 방식은 고생물학의 매력을 잘 드러낸다."
─정재승(카이스트 교수)

또 다시 펼쳐지는
위대한 영웅들의 대서사시!

이언	대	기	
현생이언	신생대	제3기	신제3기
			고제3기
	중생대	백악기	
		쥐라기	
		트라이아스기	
	고생대	페름기	
		석탄기	
		데본기	
		실루리아기	
		오르도비스기	
		캄브리아기	
선캄		선캄브리아기	

0
10
20
30
40
50
60
70
80
90
100
110
120
130
140
150
160
170
180
190
200
210
220
230
240
250
260
270
280
290
300
310
320
330
340
350
360
370
380
390
400
410
420
430
440
450
460
470
480
490
500
510
520
530
540
550
560
570
580

4500
4600
(백만 년 전)

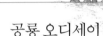

공룡 오디세이
―진화와 생태로 엮는 중생대 생명의 그물

몸길이 15미터에 몸무게 5톤의 '폭군' 티라노사우루스 렉스는 난폭한 포식자의 제왕이었는가, 죽은 동물이나 뜯어먹는 비루한 청소부였는가? 공룡은 왜 그리 거대한 몸집을 진화시켰고, 어떻게 유지할 수 있었을까? 중생대의 온실세계에서 산 공룡은 온혈동물이었을까, 냉혈동물이었을까? 이 책은 진화사에서 가장 성공적이고 가장 매혹적인 동물이 초대륙 판게아에서 보잘것없는 존재로 생겨나 지구상의 가장 큰 육상동물이 되고 결국은 느닷없는 비극적 죽음을 맞기까지의 한 편의 대서사시다.

과학기술부 인증 우수과학도서!
아시아태평양이론물리센터 선정 '2011 올해의 과학도서'

스콧 샘슨 지음 | 김명주 옮김

"공룡과 공룡이 살아간 세계에 관한 가장 포괄적인 책이다. 공룡 팬 누구에게에나 적극 추천한다." ―『퍼블리셔스 위클리』

공룡 이후 – 신생대 6500만 년, 포유류 진화의 역사

진화사에서 가장 매혹적인 동물이자 중생대를 지배했던 공룡은 지구상에서 홀연히 사라졌다. 그 생태적 빈자리를 채운 것은 엄청난 속도로 신생대의 기후와 환경에 적응한 다양한 육상동물, 특히 포유류였다. 『공룡 이후』는 신생대 지구와 생명의 역사를 개괄하면서 포유류는 물론 해양생물, 식물, 플랑크톤에 이르기까지 신생대 생물 진화의 맥락을 소개한다. 『공룡 이후』는 과거 지구에 살았던 놀라운 생명체들에 매료된 모든 사람을 위한 책이다.

아시아태평양이론물리센터 선정 `2013 올해의 과학도서`

도널드 R. 프로세로 지음 | 김정은 옮김

노래하는 네안데르탈인 – 음악과 언어로 보는 인류의 진화

인류를 다른 종과 비교했을 때 가장 의아하고 경이로운 특성을 보이는 것이 음악활동이다. 그렇다면 인간은 왜 음악을 만들고 들을까? 스티븐 미슨은 이 의문을 추적하면서 음악과 언어의 밀접한 관계, 음악이 인류의 진화에 미친 영향을 찾아나선다. 그에 따르면, 현생 인류에게 비교적 최근에 언어능력이 생기기 전까지, 음악은 이성을 유혹하고 아기를 달래고 챔피언에게 환호를 보내고 사회적 연대를 다지는 구실을 했다. 음악과 언어는 공통의 뿌리가 존재하고 공진화해온 역사적 환경으로 말미암아 따로 떼어 설명할 수 없다고 말하는 『노래하는 네안데르탈인』은 언어에 가려져 상대적으로 간과되어왔던 음악의 진화적 지위를 되찾아줄 것이다.

스티븐 미슨 지음 | 김명주 옮김

그러나 미토콘드리아 없이는
이 세상도 없을 터이며,

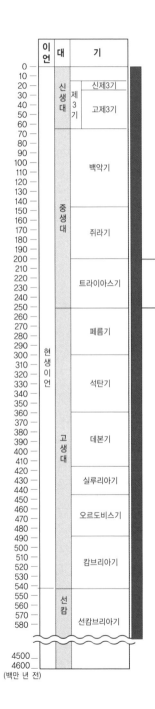

이언	대	기	
	신생대	제3기	신제3기
			고제3기
	중생대	백악기	
		쥐라기	
		트라이아스기	
현생이언	고생대	페름기	
		석탄기	
		데본기	
		실루리아기	
		오르도비스기	
		캄브리아기	
선캄		선캄브리아기	

0
10
20
30
40
50
60
70
80
90
100
110
120
130
140
150
160
170
180
190
200
210
220
230
240
250
260
270
280
290
300
310
320
330
340
350
360
370
380
390
400
410
420
430
440
450
460
470
480
490
500
510
520
530
540
550
560
570
580

4500
4600
(백만 년 전)

미토콘드리아
―박테리아에서 인간으로, 진화의 숨은 지배자

몸속 가장 깊은 곳에서 소리 없이 우리 삶을 지배하는 생명에너지의 발전소이자, 다세포생물의 진화를 이끈 원동력인 미토콘드리아. 핵이 있는 복잡한 세포를 위해 일하는 기관으로만 여겨졌던 미토콘드리아가 이제는 복잡한 생명체를 탄생시킨 주인공으로 인정받고 있다. 이 책은 복잡한 생명체의 열쇠를 쥐고 있는 미토콘드리아를 통해 생명의 의미를 새롭게 바라본다. 우리가 사는 세상을 미토콘드리아의 관점에서 살펴보며 최신 연구결과들을 퍼즐조각처럼 맞춰가면서, 복잡성의 형성, 생명의 기원, 성과 생식력, 죽음, 영원한 생명에 대한 기대와 같은 생물학의 중요한 문제들의 해답을 모색한다.

아시아태평양 이론물리센터 선정 '2009 올해의 과학도서'
책을만드는사람들 선정 '2009 올해의 책(과학)'

닉 레인 지음 | 김정은 옮김

"미토콘드리아를 통해서 본 지구 생물의 역사 최신판"―『한겨레』

"이 책은 단순한 교양과학도서가 아니다. 여느 전문서적에서도 접하기 힘든, 혹은 수많은 전문서적과 논문을 뒤져야 알아낼 법한 연구결과들을 일목요연하고 유려하게 정리하고 있기 때문이다."
―『교수신문』

O_2

진화도 대멸종도,
모든 것은 산소 농도가 결정하도다!

진화의 키, 산소 농도 –공룡, 새, 그리고 지구의 고대 대기

공룡이 그토록 오랜 기간 궤멸하지 않았던 비결은 무엇인가? 캄브리아기 생명체들이 폭발적으로 출현하도록 자극한 요인은 무엇인가? 동물들은 왜 바다에서 육지로 올라왔고, 그중 일부는 왜 다시 바다로 돌아갔는가?

"이 이야기의 결론들은 모두 다 산소의 수준에 관한 새로운 통찰에서 나온다."

지구의 대기 중 산소 농도는 35%에서 12% 사이를 오르내렸다. 산소가 급감하면 생명체 대부분이 사라졌고, 호흡계를 개발하고 몸설계를 바꾼 자만 살아남아 새 세계를 열었다. 이제 여기, 산소와 이산화탄소 농도의 변동을 보여주는 GEOCARB-SULF로 그려낸 폭발적인 진화와 대멸종의 파노라마가 펼쳐진다.

한겨레신문 선정 '2012 올해의 책'(번역서)

피터 워드 지음 | 김미선 옮김

"워드의 발상들은 면밀하게 살펴볼 가치가 있으며 아마도 널리 논의될 것이다."
—『퍼블리셔스 위클리』

"워드라면 항상 믿어도 된다. 흥미로운 이론을 가정하는 건실한 글을 제공할 것이라고."
—『라이브러리 저널』

이언	대	기	
	신생대	제3기	신제3기
			고제3기
	중생대	백악기	
		쥐라기	
		트라이아스기	
현생이언	고생대	페름기	
		석탄기	
		데본기	
		실루리아기	
		오르도비스기	
		캄브리아기	
	선캄	선캄브리아기	

0
10
20
30
40
50
60
70
80
90
100
110
120
130
140
150
160
170
180
190
200
210
220
230
240
250
260
270
280
290
300
310
320
330
340
350
360
370
380
390
400
410
420
430
440
450
460
470
480
490
500
510
520
530
540
550
560
570
580

4500
4600
(백만 년 전)

지구 이야기
—광물과 생물의 공진화로 푸는 지구의 역사

별먼지에서 살아 있는 푸른 행성까지, 지구는 진화한다. 유기분자와 암석 결정 사이의 반응이 지구 최초의 유기체를 낳고, 그 유기체에서 차례로 행성을 이루는 광물들 3분의 2 이상이 생겨났다. 달의 형성, 최초의 지각과 대양, 산소의 급증과 광물 혁명, 눈덩이–온실 지구의 순환을 겪으며 지구는 끊임없이 변화해왔다. 이 책은 지권(암석과 광물)과 생물권(살아 있는 물질)의 공진화로 푸는 파란만장의 지구 연대기다.

로버트 M. 헤이즌 지음 | 김미선 옮김

"『지구 이야기』는 당신의 세계관을 바꿀 수도 있는 참으로 드문 책이다. 폭넓은 시간과 지식을 엮어 빚어낸 또렷하고 유쾌한 글을 통해, 헤이즌은 그야말로 우리 행성을 하나의 이야기로, 그것도 설득력 있는 이야기로 만들어낸다."
—찰스 월포스(『자연의 운명』과 『고래와 슈퍼컴퓨터』 지은이)

"헤이즌은 대중의 언어로 과학을 설명할 줄 아는 재능을 타고났다. 지질학, 화학, 물리학에 최소한의 지식밖에 없는 독자라도 이 책에 매혹될 것이다."—『라이브러리 저널』

"헤이즌이 누구나 읽을 수 있는 책에서 지구와 생명의 기원을 조명하며 다양한 과학 분야를 골고루 섞어 잊지 못할 이야기를 들려준다."—『퍼블리셔스 위클리』

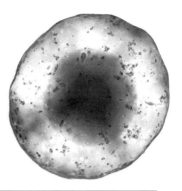

별과 세포와 생명은 하나로
이어져 있다!

최초의 생명꼴, 세포 —별먼지에서 세포로, 복잡성의 진화와 떠오름

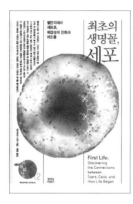

데이비드 디머 지음 | 류운 옮김

별에서 모든 게 시작된다. 그리고 칸에 싸담긴 분자계, 즉 원세포들이 셀 수도 없이 많이 만들어지고, 그 가운데 하나 또는 몇이 성장하고 촉매 기능과 유전정보가 관여하는 어떤 순환을 통합해냈을 때 생명은 비로소 시작되었다. 그런 의미에서 최초의 생명꼴은 분자가 아니라 세포였다. 생명이 탄생하기 이전 환경에서 생명의 기원을 추적해가는 데이비드 디머의 새로운 차원의 답을 발견해가는 과정은 과학의 지형에 생기를 불어넣었다.

"생명의 기원은 도무지 헤아릴 길 없이 아득한 옛날에 일어났을 것이다. 그러나 데이비드 디머 같은 과학자들은 어떻게 첫 미생물체들이 우리 행성에서 비등하기 시작했는지, 그리고 궁극적으로 어떻게 그 미생물들이 오늘날 살아 있는 모든 종들을 낳게 되었는지 이해하는 일에서 큰 진전을 이루어내고 있다. 이 책에서 디머는 생명의 여명기 연구와 생명이 태어난 방식에 대한 그 자신의 시각을 유쾌하게 합성해내고 있다."
—칼 짐머, 『바이러스 행성』(『기생충 제국』 지은이)

"데이비드 디머가 참으로 멋진 책을 썼다. 생명의 기원 분야에서 출중한 과학자인 그가 개괄적이고, 지혜롭고, 온정 어린 논의를 만들어냈다. 이 우주에서 우리가 어떻게 존재하게 되었느냐는 문제에 관심을 가진 사람이라면 누구나 이 책을 신나게 읽었을 것이다."
—스튜어트 카우프만(『다시 만들어진 신』 지은이)

이언	대	기
	신생대	제3기 신제3기
		고제3기
	중생대	백악기
		쥐라기
		트라이아스기
현생이언	고생대	페름기
		석탄기
		데본기
		실루리아기
		오르도비스기
		캄브리아기
	선캄	선캄브리아기

0
10
20
30
40
50
60
70
80
90
100
110
120
130
140
150
160
170
180
190
200
210
220
230
240
250
260
270
280
290
300
310
320
330
340
350
360
370
380
390
400
410
420
430
440
450
460
470
480
490
500
510
520
530
540
550
560
570
580

4500
4600
(백만 년 전)

내 안의 바다, 콩팥
―물고기에서 철학자로, 척추동물 진화 5억 년

발 달린 물고기가 머리를 들고 물에서 뭍으로 올라오고, 양서류와 파충류와 포유류가 건조한 육지에서 살아남기 위해서는 염류와 물을 몸 밖으로 빼앗기지 말아야 했다. 하지만 몸안의 노폐물을 내보내려면 물을 쓰지 않을 수 없었다. 염류가 물을 따라 나가는 건 당연지사였다. 척추동물들은 이를 해결하기 위해 콩팥을 다양하게 진화시켰고, 그 덕분에 지구 위를 활보하고 생태자리를 넓힐 수 있었다. 콩팥이 자신의 일을 제대로 수행하지 않고서는, 생명체가 살아남아 뼈나 근육, 뇌 같은 다른 기관을 진화시킬 수가 없기 때문이다. 피상적으로 보면 콩팥이 하는 일은 오줌을 만드는 것이다. 그러나 좀 더 생각해보면 콩팥은 존재 자체의 철학을 만들어낸다고 볼 수 있다.

호머 W. 스미스 지음 | 김흥표 옮김

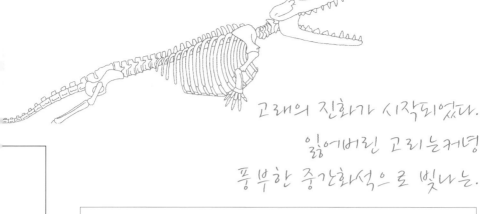

고래의 진화가 시작되었다.
잃어버린 고리는커녕
풍부한 중간화석으로 빛나는.

걷는 고래─그 발굽에서 지느러미까지, 고래의 진화 800만 년의 드라마

고래의 진화는, 최고의 공학자들로 팀을 짜서 이를테면 배트맨의 자동차 '배트모빌'을 해체한 다음, 그 부품들로 비틀스의 '노란 잠수함'을 만드는 일에 비유할 수 있다. 단, 공학자들은 퇴근할 때마다 여전히 작동하는 모종의 탈것을 제시해야 한다. 도저히 불가능해 보이는 그 일을 해낸 것이 고래다. 고래는 육상생활에 고도로 적응한 몸을 800만 년 만에 대양에 완벽하게 조율된 몸으로 바꾸었다. 이동기관을 비롯해 감각기관과 번식기관에 이르기까지 땅 위에서 잘 작동했던 거의 모든 기관계를 깡그리 바꿔낸 것이다.

J. G. M. '한스' 테비슨 지음 | 김미선 옮김

"『걷는 고래』는 고래 고생물학 분야의 최첨단에 있는 책이다. 이 분야는 지난 15년 사이에 중대한 변화를 겪으며 이해의 차원이 달라졌다. 누가 들어도 재미난 테비슨 자신의 이야기가 과학에서 초기의 고래들을 발견해온 우여곡절과 얼마나 기막히게 들어맞는지 감탄스러울 뿐이다."
─니컬러스 피엔슨(스미스소니언 국립자연사박물관 화석 해양 포유류 학예사)

"테비슨이 고생물학에서 많은 주목을 받고 있는 연구 영역인 초기 고래의 진화사를 설득력 있게 전달한다. 이 모험과 발견의 이야기를 따라가다 보면 테비슨이 현장에 나가 고래의 진화를 뒤쫓아온 지난날들이 다시금 생생하게 펼쳐진다"
─애널리사 베르타(『고래』 지은이)

산소
세상을 만든 분자

2016년 10월 31일 초판 1쇄 펴냄
2024년　5월 20일 초판 4쇄 펴냄

지은이　닉 레인
옮긴이　양은주

펴낸이　정종주
편집주간　박윤선
마케팅　김창덕
디자인　조용진

펴낸곳　도서출판 뿌리와이파리
등록번호　제10-2201호 (2001년 8월 21일)
주소　서울시 마포구 월드컵로 128-4 (월드빌딩 2층)
전화　02)324-2142~3
전송　02)324-2150
전자우편　puripari@hanmail.net

종이　화인페이퍼
인쇄 및 제본　영신사
라미네이팅　금성산업

값 28,000원
ISBN 978-89-6462-078-6 (03470)